W0260892

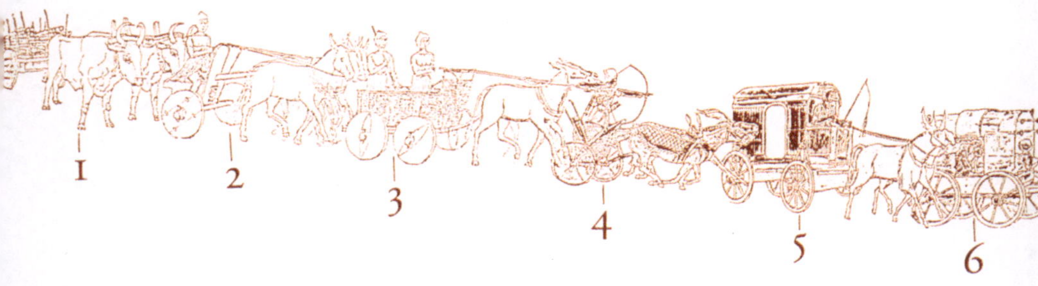

Zwei Jahrhunderte Straßenverkehr mit Wärmeenergie

Fünf Jahrtausende Radfahrzeuge

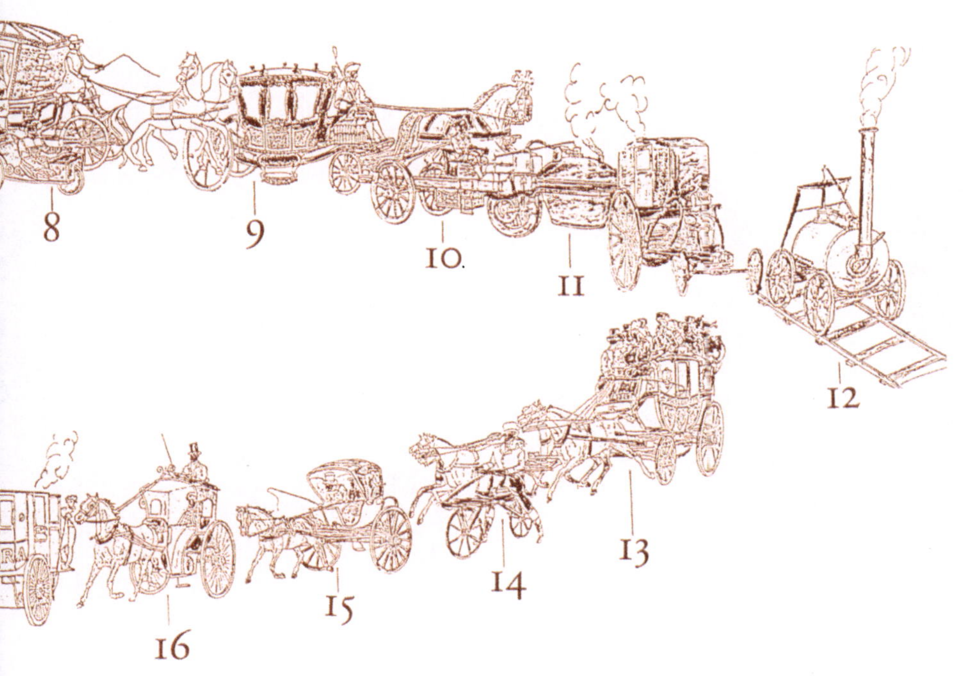

Über hundert Jahre Automobil

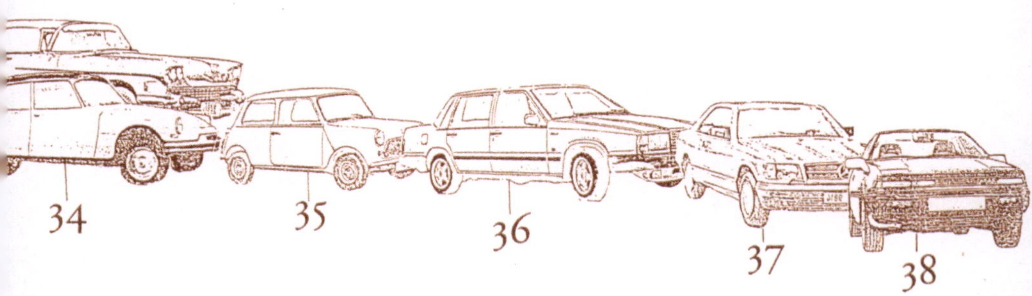

Fünf Jahrtausende Radfahrzeuge

Rudolf Krebs

Fünf Jahrtausende Radfahrzeuge

2 Jahrhunderte Straßenverkehr mit Wärmeenergie

Über 100 Jahre Automobile

Mit 319 Abbildungen und 2 Ausklapptafeln

Springer-Verlag Berlin Heidelberg GmbH

VORWORT

Im Rahmen der Vorbereitungen für die 100-Jahr-Feier des Automobils im Jahre 1986 wurde in einer Vielfalt von Veröffentlichungen erneut die Frage aufgeworfen, wer letztendlich der Erfinder des Automobils ist. Mehrere Nationen hatten schon vorher Anspruch darauf erhoben, daß einem ihrer Bürger die Erfindung zusteht. Dabei spielte nationales Prestigedenken oft eine größere Rolle als technisch und geschichtlich nachvollziehbare Daten.

Die Technik bietet aber den Vorteil, Vergleiche anzustellen, die klare Antworten erlauben. Wird beim Automobil die Frage gestellt, welche Erfindung tatsächlich die Basis für unser heutiges Automobil ist und zu dessen Produktion geführt hat, so kann es nur eine Antwort geben. Andererseits stellt dies keinerlei Einschränkung oder gar Schmälerung der Leistungen der Erfinder oder Entdecker dar, die lange Zeit vorher naturwissenschaftliche oder technische Probleme angegangen sind und so ihren Beitrag zur Technik heutigen Standes beigetragen haben. Man denke hier – willkürlich herausgegriffen – an Huygens oder Newton, an Watt oder Carnot oder generell an Mathematiker, Physiker, Thermodynamiker oder an Techniker und »Bastler«, ohne die der gesamte technische Fortschritt nicht hätte erzielt werden können.

Im vorliegenden Buch wird ein weiter Bogen über diese Entwicklung gespannt – über die Fortbewegungsmittel, angefangen von der Walze, vom Rad bis etwa zur Jahrhundertwende 1900, eben dort, wo das Auto begann, seinen Siegeszug anzutreten. Besonders auffällig ist dabei, daß der Mensch über lange Perioden seine eigene Muskelkraft, später die der Tiere, eingesetzt hat, darüber hinaus aber der Einsatz technischer Mittel kaum möglich war.

Mit dem Wachsen der Bevölkerung und der Städte, dem Aufblühen des Handels und mit der hiermit verbundenen Notwendigkeit, größere Lasten auch über längere Strecken transportieren oder Lasten wie im Bergbau heben zu können, kam allmählich der Gedanke und Bedarf auf, sich technischer Hilfsmittel zu bedienen. Es begann mit der Dampfmaschine, dem Dampfwagen, dem Muskelkraftfahrzeug und wurde fortgesetzt mit dem Dampfautomobil, dem Automobil und zusätzlich als dessen Variante dem Elektromobil. Trägt man diese Entwicklung auf der Zeitachse auf, so ist die Verdichtung der Erfindungen besonders deutlich etwa ab 1800 ausgeprägt. Man kann – zumindest grob – einen Gleichlauf der Technik mit dem Bevölkerungswachstum erkennen.

Heute wird »Technik« systematisch, wissenschaftlich betrieben. Die Erfolge sind für jeden greifbar. Die Umsetzung der Erkenntnisse vollzieht sich in wenigen Jahren. Durch weltweite Kommunikationsmöglichkeiten, Zugang zu Veröffentlichungen und Patenten ist der technische Stand schnell überschaubar. Erst dadurch wird verständlich, wie groß die Leistungen der Menschen waren, die früher oft als »Einzelkämpfer« ohne die notwendigen Informationsmöglichkeiten und oft auch mit nur geringen naturwissenschaftlichen Möglichkeiten Grundlagen für die Technik heutigen Standes schufen.

GELEITWORT

So alt wie der Mensch ist sein Wunsch, Neues zu entdecken. Eine schon 5000 Jahre alte Entdeckung hat die Welt tiefgreifend verändert und bis heute weder ihre Faszination noch ihre Bedeutung verloren: Es ist die Entdeckung, daß ein mit Rädern ausgestattetes Gefährt besser als alles andere geeignet ist, Güter und Personen zu transportieren.

Dank dieser Entdeckung und all den anderen Erfindungen, die seither und insbesondere in den letzten 200 Jahren gemacht wurden – das vorliegende Buch informiert umfassend und mit bewundernswerter Detailkenntnis darüber – sind heute die Menschen mehr unterwegs als jemals zuvor; gibt es einen Warenaustausch über geographische und politische Grenzen hinweg, wie er noch vor wenigen Jahren unvorstellbar war.

Das »Auto-Mobil«, mit dem man selbst bestimmen kann, an welchem Ort man schnell sein möchte, erfüllt im Wortsinn ein Urbedürfnis des Menschen. Daraus resultiert die immerwährende Verbesseruung und Weiterentwicklung. Und daraus speist sich letzten Endes der Erfinderfleiß von Tausenden von Ingenieuren, deren Wirken dieses Buch beschreibt.

Aber heute werden bereits die Automobile für morgen erdacht. Neue Herausforderungen müssen bewältigt werden: Der schonende Umgang mit den natürlichen Ressourcen, die Verringerung der Emission und die Erhöhung der Sicherheit der Verkehrsteilnehmer sind nur einige davon.

Wie schon in der Vergangenheit die Probleme nur Anreiz waren, eine Lösung zu finden, wird das Automobil auch die neuen Anforderungen meistern. Vielleicht kann eine Neuauflage dieses Buches eines Tages in einer Fortschreibung auch darüber berichten.

Die ganze Geschichte des Automobils aber wird wohl nie geschrieben werden können.

Prof. Dr.–Ing. Hartmut Weule   Stuttgart, im August 1994

Mein besonderer Dank gilt meinem langjährigen Mitarbeiter
Herrn CLAUS-PETER SCHULZE,
der bei der Erstellung des Buches, insbesondere auch durch seine Beiträge zu
den Abbildungen und Tafeln, tatkräftig mitgewirkt hat. Ebenfalls danke ich
Herrn Prof. Dr. Ing. HORST HARDENBERG
für die Durchsicht des Buches und seine Korrekturhinweise.

DARSTELLUNGEN IM BUCHDECKEL

24   Frankreich, Jenatzy, geschoßförmig karossiertes Rekordfahrzeug mit Antrieb durch Elektromotor. Überschritt als erstes Fahrzeug die Geschwindigkeitsgrenze von 100 km/h (1899)

25   Deutschland, Daimler/Maybach: Erster »Mercedes«, mit dem ein bis heute gültiges Gesamtkonzept des Personenkraftwagens verwirklicht wurde (1901)

26   Frankreich, Mors: Luftwiderstandsarm karossierter Rennwagen für das Straßenrennen Paris-Madrid (24.05.1903)

27   Österreich, Austro-Daimler: Wettbewerbswagen für die Prinz-Heinrich-Fahrt (1910)

28   USA, Ford: Personen-Kraftwagen Modell T; bis zum Erscheinen des Volkswagen das meistgebaute Automobil der Welt (1923)

29   Deutschland, Hanomag: erstes Serienautomobil mit Pontonkarosserie (»Kommißbrot«, 1924)

30   Deutschland, F. Porsche: »Volkswagen«, bis heute das meistgebaute Automobil der Welt; Alternativkonzept zum »Mercedes« (1936)

31   Deutschland, Horch: 2sitziges Cabriolet Typ 951, stilbildende Formgestaltung der Karosserie (1937)

32   England, Rolls Royce: Typ Silver Dawn; Repräsentant konservativer Stilistik (1950)

33   USA, Cadillac: Fleetwood 60 Special Sedan; stilbildender Repräsentant der »Heckflossen-Ära« (1956)

34   Frankreich, Citroen: Repräsentant avantgardistischer Formgebung und Technik (Hydraulisch-pneumatische Federung, 1956)

35   England, BMC: Morris 1100 (1962)

36   Schweden, Volvo: Typ 780 Turbo (1983)

37   Deutschland, Daimler-Benz AG: Mercedes-Benz Coupe der S-Klasse (Baureihe 126) der S-Klasse, stilbildende Formgestaltung der Karosserie (1983)

38   Daimler-Benz Forschungsfahrzeug-Studie (1991)

VOM SINNGEHALT DER BEZEICHNUNG AUTOMOBIL
UND IHRER ALTERNATIVEN

Der heute überwiegend nur in Wortverbindungen erhalten gebliebene Ausdruck »Automobil«, in der Umgangssprache zu »Auto« verkürzt, wurde erstmals um das Jahr 1600 von dem holländischen Mathematiker SIMON STEVIN angewandt. Er hatte einen vierrädrigen Zweimast-Segelwagen gebaut, den er »Le vol a voile automobile«, also sinngemäß »der automobile Laufsegler«, nannte.

Das Wort »automobil«, hier als Eigenschaftswort verwendet, ist eine willkürliche Konstruktion aus griechisch autos (αυτος), selbst, und lateinisch mobilis, beweglich. Als einheitlich griechisches Wort müßte der zweite Bestandteil kinetos (κινητος) lauten. Das gesamte Wort hieße also autokinetos (αυτοκινητος). Diese Form findet man im heutigen Neugriechisch in der Neutrumform »Autokineton« (αυτοκινητον). Die meisten der übrigen Sprachen übernahmen aber die griechisch-lateinische Hybrid-Konstruktion, die sich bis heute – weltweit verbreitet – gehalten hat. Der Impuls dazu ging von Frankreich aus. Hier bezeichnete man in den achtziger Jahren des 19. Jahrhunderts das mit Verbrennungsmotor angetriebene Straßenfahrzeug als »voiture automobile«, das heißt »selbstbeweglicher Wagen«. Etwa um die Jahrhundertwende wurde umgangssprachlich das Wort »voiture« weggelassen und das bisherige Eigenschaftswort »automobile« zum Hauptwort gemacht. Daraus entstand als Parallelbildung zu »Lokomobile« und »Lokomotive« die »Automobile«.

In dieser Wortart übernahm es auch die deutsche Sprache, verlagerte es jedoch grammatikalisch vom weiblichen in das sächliche Geschlecht und gab dem Plural zunächst nach dem Muster »die Locomobilen« die Form »die Automobilen« (Abb.2), später die noch heute bestehende Form die »Automobile«. Anfangs hatte der deutsche Sprachgebrauch allerdings keinen Bedarf an diesem Hybridwort, da der 1886 von CARL BENZ erstmals angewandte Begriff »Motorwagen« diese Fahrzeugart völlig eindeutig kennzeichnete.

Der Begriff »Motor« als Bezeichnung für eine Kraftmaschine wurde bereits 1629 von GIOVANNI BRANCA angewandt. In seinem Buch »Le Machine« schreibt er »La presente machine è fabricata per carro semovente, pero con dargli il motore con il vento,...« – »Das gezeigte Fahrzeug ist für einen selbstbewegenden Wagen hergestellt worden, jedoch mit einem Wind-Motor,...«. Gleichzeitig beschrieb BRANCA hier auch das erste Motorfahrzeug der Welt.

Simon Stevin: vierrädriger Zweimast-Segelwagen

Das Substantiv »Motor« hat denselben Ursprung wie das zuvor aus der Zerlegung des Wortes »Automobil« gewonnene Adjektiv »mobilis«, nämlich das lateinische Verbum »movere« mit dem Sinngehalt »bewegen«. Die Substantivierung »-tor« läßt daraus im betrachteten Beispiel den Begriff »Beweger« entstehen. Diese allgemeine Grundbedeutung des Wortes »Motor« spezialisierte Branca erstmals im Sinne von »bewegende Antriebsmaschine«. Im Laufe der Zeit gelangte der Begriff »Motor« in seiner noch heute gültigen Bedeutung in fast alle europäischen Sprachen. Die Bezeichnung »Motorwagen« übernahmen von Carl Benz auch andere Herstellerfirmen wie Adler, Opel, Panther, Rex, Wartburg. Mit demselben Ausdruck benannte sich auch der »Motorwagen-Verein«, der die Zeitschrift »Der Motorwagen« herausgab. 1898 gab es in Berlin die erste »Motorwagen-Ausstellung«.

Allmählich kam aber auch jene Bezeichnung französischer Herkunft in Gebrauch: So wurde 1899 »Der Deutsche Automobil-Club« gegründet und die »Allgemeine-Automobil-Zeitung« gedruckt. Die gleichzeitige aber seltene Wortkombination »Automobilwagen« knüpfte eng an die französische Ur-

Werbung der Fa. A. Pallavicini, in der das Wort Automobil im Akkusativ Plural die Form Automobilen angenommen hat. Die übrigen Kasusformen waren damals gleichlautend

sprungsform »voiture automobile« an. Die Firma DAIMLER-MOTOREN-GESELL-SCHAFT begnügte sich zunächst mit der Bezeichnung »Wagen« in mannigfaltigen Wortverbindungen, wobei der im Firmennamen enthaltene Begriff »Motor« stillschweigend vorausgesetzt wurde: »Reitwagen«, »Stahlradwagen«, »Riemenwagen«. Mit der Übernahme gängiger Bauarten aus der Fuhrwerksbranche folgten dann nach 1890 Typenbezeichnungen wie »Daimler-Taxameter-Droschke«, »Daimler-Motor-Kutsche« und verallgemeinernd schließlich auch »Motorfahrzeuge« (Abb. 4). In Amtsdeutsch hieß es 1909 in Zusammen-

Werbeschrift der Firma Benz & Cie., die ihr Erzeugnis »Motorwagen« nannte

hang mit der Einführung der Versicherung motorisierter Fahrzeuge ebenfalls verallgemeinernd »Kraftfahrzeug«, worunter Automobile und Motorräder zu verstehen waren. Diese Fülle an Bezeichnungen für ein- und denselben Gegenstand läßt sich in zwei Gruppen einteilen:

1. Bezeichnungen, die den Begriff »Wagen« enthalten,
2. Bezeichnungen, die den Begriff »Wagen« nicht enthalten.

Damit sind für die Definition des Begriffs »Kraftfahrzeug mit Verbrennungsmotor« zwei verschiedene Formulierungen möglich. Im Ausdruck »Motor-

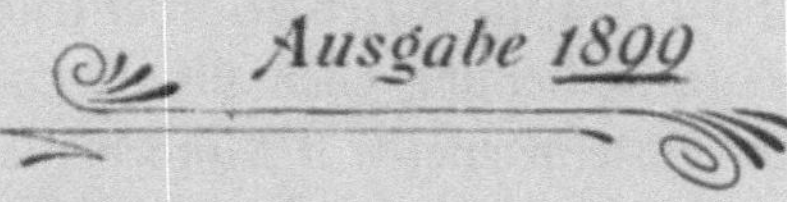

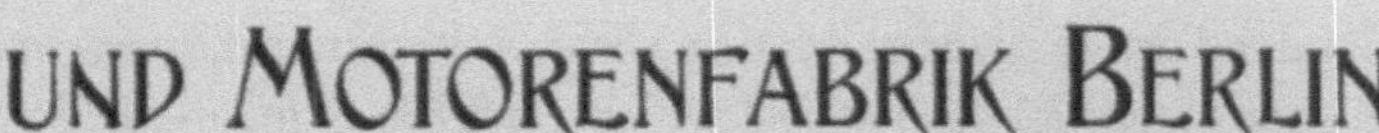

Prospekt der Motorfahrzeug- und Motorenfabrik Berlin zur Daimler-Motor-Kutsche

wagen« ist der Hinweis auf den Werdegang vom pferdegezogenen Wagen zum motorisierten Fahrzeug impliziert. Eine andere Variante des Motorwagens entwickelte sich aus dem zweispurigen Velociped (Fahrrad). Vom Velociped wurde die vom Fahrer zu bedienende Lenkanlage übernommen. Ein »Motorwagen« läßt sich also definieren als »aus dem pferdegezogenen Wagen oder zweispurigen Velociped entwickeltes Straßenfahrzeug, das von einem Verbrennungsmotor angetrieben wird und mit einer vom Fahrzeugführer zu bedienenden, wie am Velociped üblichen Lenkanlage ausgerüstet ist.« Bei Definition des »Kraftfahrzeugs mit Verbrennungsmotor« ohne »Wagen« müssen in »Wagen« implizierte Kriterien in die Definition aufgenommen werden. Bei Berücksichtigung des Antriebs ergeben sich folgende Kriterien:

1. Antrieb durch eine Kraftmaschine mit innerer Verbrennung, z. B. den Verbrennungsmotor.
2. Einsatz auf schienenlosen Verkehrswegen, speziell Straßen; geländegängige Sonderkraftfahrzeuge sind also nicht in der Definition enthalten.
3. Das Fahrzeug ist zum Transport von Personen und/oder Gütern bestimmt. Renn- und Sonderkraftfahrzeuge sind aus der Definition ausgeschlossen.
4. Festlegung der Zahl der Laufräder auf mindestens drei und der Spuren auf zwei; damit ist das Motorrad ausgegrenzt.
5. Die vom Fahrzeugführer zu bedienende Lenkanlage als Voraussetzung für den schienenlosen Einsatz.
6. Die für den Fahrbetrieb erforderlichen Vorrichtungen, deren situationsgerechte Bedienung ebenfalls durch den Fahrzeugführer erfolgt. Diese dienen im einzelnen zur Motorbedienung einschließlich Anlassung, zur Anpassung des Motordrehmoments bei nicht automatischen Schaltgetrieben, zur Betätigung der Bremsanlage und der Signalanlage.

Erfolgt der Antrieb nicht durch den Verbrennungsmotor, sondern durch andere Arbeitskraftmaschinen, so wird der Name der Maschine in die Bezeichnung des Fahrzeugs aufgenommen: Elektromobil, Dampfautomobil, Turbinenauto. In der »Systematik der Straßenfahrzeuge« nach DIN 70010 ist der Begriff »Kraftwagen« im Sinne von »Automobil« in der Rubrik »Kraftfahrzeug« eingeordnet. Dort heißt es: »Kraftfahrzeuge sind selbstfahrende, maschinell angetriebene Landfahrzeuge, die nicht an Gleise gebunden sind. Sie sind mehrspurig. Kraftfahrzeuge dienen zur Arbeitsleistung, zum Ziehen von Fahrzeugen oder zum Transport von Personen und/oder Gütern im eigenen Nutzraum oder auf eigener Ladefläche.« Der Internationale Standard ISO 3833 definiert unter Pos. 3.1 den Begriff »Motorvehicle«, der der DIN-Bezeichnung »Kraftwagen« entspricht, als: »Jedes maschinell angetriebene Straßenfahrzeug mit vier oder mehr Rädern, das nicht schienengebunden ist und normalerweise benutzt wird für:

– den Transport von Personen und/oder Gütern,
– das Ziehen von Fahrzeugen zum Transport von Personen und/oder Gütern,
– Sondereinsatz.«

In den Begriffsbestimmungen nach DIN und ISO sind die Kriterien »vom Fahrzeugführer bedienbare Lenkanlage« und »für den Fahrbetrieb erforderliche Vorrichtungen« nicht enthalten. Außerdem legen sie die Antriebsart nicht auf Verbrennungsmotoren fest. In der ISO 3833 sind zusätzlich Sonderfahrzeuge berücksichtigt. Durch den jahrzehntelangen Umgang mit dem Auto werden diese Punkte automatisch mit dem Kraftfahrzeug in Beziehung gebracht. Deshalb werden sie in den Begriffsbestimmungen der Normen stillschweigend vorausgesetzt, sind also dort nicht enthalten. Aus historischer Sicht ist diese Definition aber unvollständig bzw. falsch, da z.B. die Lenkung im Entstehungsprozeß des Motorwagens aus dem Velociped wesentlicher Bestandteil ist. Da Konversationslexika ebenfalls nicht unter historischen Gesichtspunkten definieren, sind sie ähnlich ungenau. Die historisch richtige Definition kann auf Begriffen aufgebaut werden, die die für die Entwicklung wichtigen Dinge implementieren. Gegen Ende des vorigen Jahrhunderts traf das z.B. auf die Ausdrücke »Wagen« und »Velociped« zu. Bei Fahrzeugen, in deren Namen z.B. »Wagen« vorkam, genügte es, jede Neuerung zu definieren.

Das Wort »Automobil« hatte in dieser Zeit noch keinen festgelegten Bedeutungsinhalt im deutschen Sprachgebrauch. Zur Definition dieses Begriffes müssen also alle wesentlichen Merkmale, die in historischer Hinsicht wichtig sind, berücksichtigt werden, auch wenn sie in der heutigen Definition nicht enthalten sind. Nur so ergibt sich unter technik-historischen Gesichtspunkten der richtige Bedeutungsinhalt.

Voraussetzung für die Motorisierung des Straßenverkehrs war, daß die zunächst nur für den stationären Betrieb verwendbaren Wärmekraftmaschinen mit innerer Verbrennung dem mobilen Einsatz angepaßt wurden. Geringeres Leistungsgewicht und kleinere Abmessungen waren zu verwirklichen. Dies wurde in erster Linie durch Erhöhung der Betriebsdrehzahl erreicht. Der Motor von OTTO erfüllte diese Anforderungen als erster.

Das mit der Schnelläufigkeit verbundene Ziel der Raum- und Gewichtsersparnis ließ zunächst nur verhältnismäßig geringe Leistungen zu. Fahrzeuge, die mit Verbrennungskraftmaschinen angetrieben werden sollten, mußten also möglichst leicht sein und einen genügend großen Einbauplatz an geeigneter Stelle aufweisen. Beides traf nicht auf das hippomobile Fahrzeug zu. Der Dampfwagen in seiner bis dahin üblichen Bauweise (vergl. Kap. 6) war zu schwer. Deshalb begann die Entwicklung des motorgetriebenen Gefährtes aus einer anderen, schon bestehenden Fahrzeuggattung, die leicht genug war, um mit einer geringen Antriebsleistung funktionsfähig zu sein. Es fehlte nicht an Versuchen, auch die schnelläufige Dampfmaschine mit kleinen Abmessungen und geringem Gewicht als Fahrzeugantrieb zu verwenden. Die Wärmekraftmaschine mit äußerer Verbrennung hatte sich vielfältig bewährt.

Voraussetzung für die Motorisierung mit Verbrennungskraftmaschinen innerer oder äußerer Verbrennung war in jedem Fall ein entsprechend leichtes Fahrzeug. Mit dessen Herkunft und seiner Anpassung an den maschinellen Betrieb befaßt sich Kap. 2.

DER WEG VON DEN VORLÄUFERFORMEN DES WAGENS
— SCHLEIFEN, SCHLITTEN, TRANSPORTWALZE — ZUM RADFAHRZEUG

*D*er »selbstfahrende Wagen« steht – wie in Kap. 1 angedeutet wurde – am Ende einer etwa 5000 Jahre langen Entwicklung. Diese begann mit der Erfindung von Vorgängern des durch Muskelkraft bewegten Fahrzeugs. Dieser im Vergleich zum durchschnittlichen Lebensalter des Menschen gewaltige Zeitraum kann nur in abschnittsweiser Gliederung nach Epochen am Beispiel betrachtet werden.

In der Altsteinzeit entwickelten die Menschen zum ersten Mal die Fähigkeit, Werkzeuge herzustellen. Sie waren nun nicht mehr allein auf die in der Natur vorkommenden Dinge angewiesen, sie konnten diese auch bearbeiten. Zu jenen bearbeiteten Hilfsmitteln gehören auch die Vorläufer des Wagens. Die Wurzel dieser zum Transport von Lasten benutzten »Transportgeräte« ist der gegabelte Ast. Die Astgabel wurde am einen Ende gezogen, das andere Ende, auf dem die Last lag, wurde auf dem Boden nachgeschleift. Ein solches Gerät wird als »Schleife« bezeichnet. Zum Ziehen der Schleifen wurden, sofern nicht Menschen dies übernahmen, domestizierte Rinder, später auch Esel und Pferde eingesetzt. Von Tieren gezogene Schleifen wurden größer bemessen und aus einem Baumstamm hergestellt, an dessen vorderem Ende ein doppeljochiges Querholz montiert war. Das geschleifte hintere Ende war zur Aufnahme der Last abgeflacht und mit Querhölzern versehen.

Der Baumschleife folgte die konstruktiv und handwerklich anspruchsvollere Stangenschleife, die aus zwei Tragstangen und sie verbindenden Querhölzern bestand. Diese leiterartigen Gestelle trugen am vorderen Ende mittig ein Doppeljoch. Diese Anordnung geht aus den Felszeichnungen im ligurischen VAL FONTANALBA aus dem 2. Jahrtausend v. Chr. hervor (Abb. 5). Sie stellen Tragstangen sowohl winklig zueinander in »A-Form« wie auch in paralleler Anordnung in »H-Form« dar. Derartige Transportgeräte blieben weltweit bis ins 19., stellenweise, wie im irischen Antrim-Tal, bis ins 20. Jahrhundert in Anwendung (Abb. 6).

Ein anderes über den Boden geschleiftes Tranportmittel entstand in schnee- und sandreichen Gebieten. Dort passen sich auf ganzer Länge aufliegende Tragstangen dem Boden besser an als die schräggestellten, die den Boden nur punktförmig berühren. Sie haben sich in Gestalt von Schlittenkufen bis heute bewährt und erhalten. Dem sandgängigen Schlitten, der als

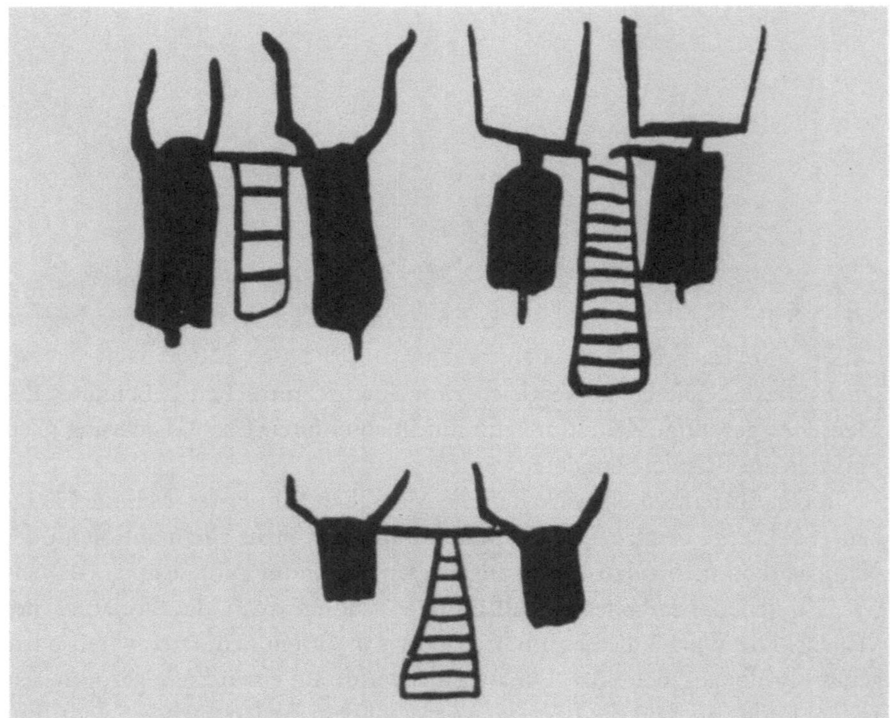

Felszeichnung zweijochiger Stangenschleifen in A- und in H-Form, jeweils mit Zugrindern dargestellt (VAL FONTANALBA)

Modernisierte Schleife ohne Joch für Pferdeanspannung (ANTRIM-TAL, Irland)

Grabbeigabe der sumerischen Königin Schub-ad von Ur aus der Zeit um 2500 v. Chr. rekonstruierbar ist, waren Wildesel vorgespannt (Abb. 7).

In bewaldeten Siedlungsgebieten standen dem Menschen im Baumstamm Hebel und Transportwalze zur Verfügung. Die zu bewegende Last wurde mit geglätteten Hebelstangen einseitig soweit angehoben, daß andere Baumstämme zwischen die Last und den Erdboden gelegt werden konnten. Im Vergleich zur schleifenden Bewegung war zu dieser rollenden Bewegung ein wesentlich geringerer Energieaufwand nötig (Abb. 8).

Ein Nachteil des Verfahrens war die Notwendigkeit, den überrollten Baumstamm vom hinteren Ende der Last unter das vordere Lastende zu legen. Dieser Mühe war der Mensch erst enthoben, als es gelungen war, die Walzen unter der floßartigen Plattform so zu fixieren, daß sie weiterhin rollfähig blieben. Der österreichische Physiker Ernst Mach hat die Ansicht vertreten, daß eine solche Fixierung einer Baumstammrolle durch zwei unter der Plattform befestigte dünnere Baumstämme (Abb. 9) erfolgt sein könnte. Sie würden der Tragwalze gestattet haben, um die Mittellinie zu rotieren, eine geradlinige

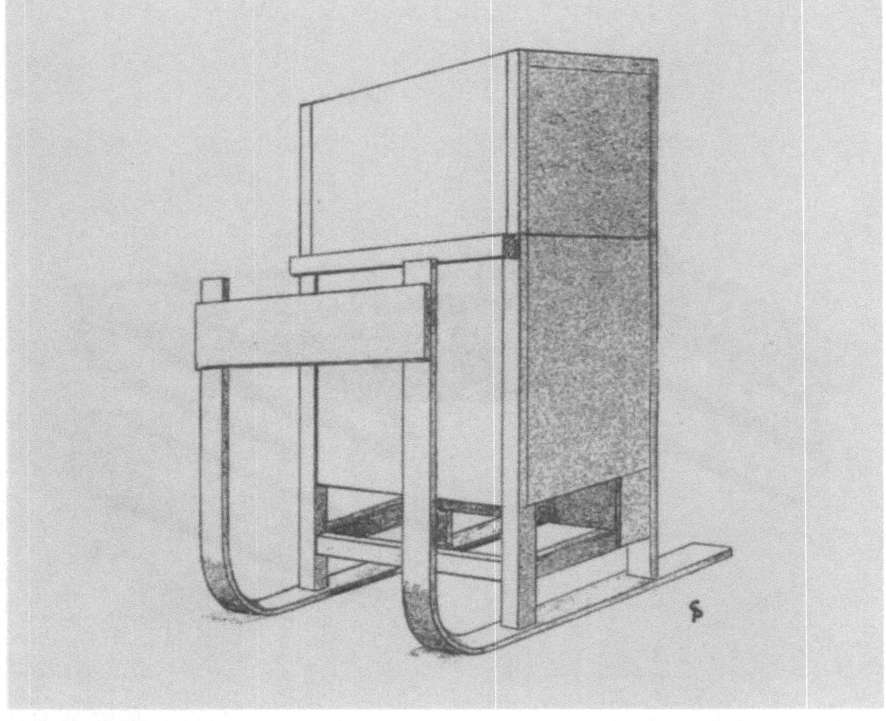

Rekonstruktion des sandgängigen Schlittens der Königin Schub-ad von Ur als Grabbeigabe

Lastentransport mittels Baumstämmen als Tragwalzen, rollende Bewegung. Dünnere Stämme dienten als Hebel mit kurzem Last- und langem Kraftarm zur Übertragung der Muskelkraft

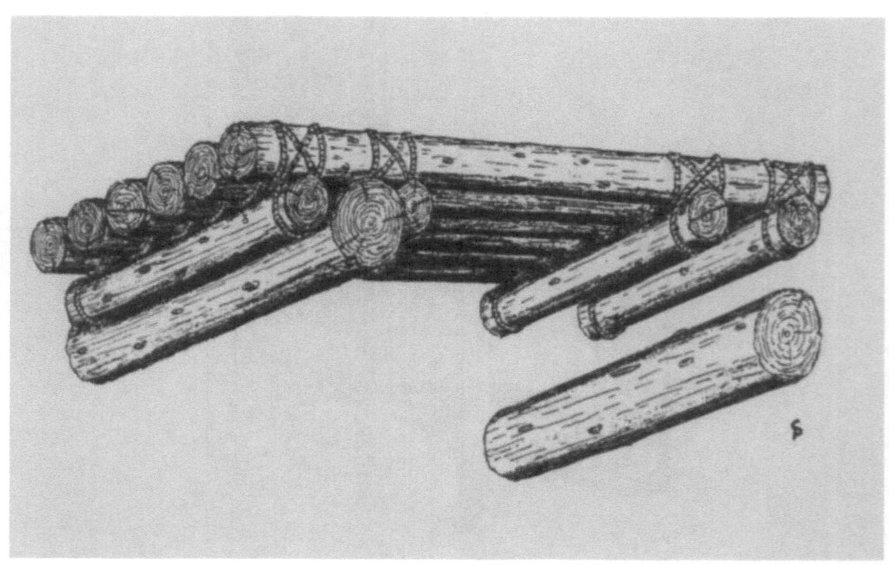

ERNST MACH: mögliche Lagerung zweier Tragwalzen unter einer Transportplattform; die Walzen sind durch Führungsstämme an der Plattform geführt

Relativbewegung gegenüber der Plattform wäre aber ausgeschlossen. Eine solche Vorrichtung wurde jedoch nie gefunden.

Die Weiterentwicklung der gelagerten Walze, das gelagerte Rad, trat im 4. Jahrtausend v. Chr. auf. Zur Führung des gelagerten Rades sind drei Bauelemente nötig:

DAS RAD,
das durch seine Rotation um die Achse die translatorische Bewegung des Traggestells ermöglicht
DIE ACHSE,
an der sich das Traggestell auf den Rädern in deren Rotationszentrum abstützt,
DAS LAGER,
das nur die Drehbewegung des Rades oder der Achse zuläßt; die Führung des Rades/der Achse im Lager verhindert eine lineare Relativbewegung zum Traggestell.

Das System »Rad/Achse/Lager« hat kein Vorbild in der Natur. Diese Erfindung, die bis heute nur verfeinert, aber nicht ersetzt werden konnte, ist intellektuell hoch einzustufen.

Das Rad entwickelte sich nicht aus der Transportwalze als vom Baumstamm geschnittene Scheibe, wie die gleichzeitig nachweisbare Töpferscheibe. Eine vom Baumstamm geschnittene Radscheibe würde unter der auftretenden Belastung radial reißen. Das älteste bekannte Rad wurde aus einer längs zum Baumstamm geschnitteten Bohle herausgearbeitet. Mehrere Fundstücke aus dem Raum zwischen dem Nord-Ostsee-Bereich und den Alpen aus dem 3. Jahrtausend v. Chr. belegen diese Frühform des Rades. Ein solches mit Steinwerkzeugen hergestelltes Scheiben-Bohlenrad stammt aus de Eese in der holländischen Provinz Overijssel bekannt (Abb. 10). Derartige Vollscheibenräder wurden im Kaukasus bis zum Beginn des 20. Jahrhunderts verwendet. Aus einer einzigen Bohle konnten sie nur aus Baumstämmen entsprechend großen Durchmessers gefertigt werden. Für das Rad aus de Eese z. B. ist der nötige Durchmesser mit etwa 1,35 m anzunehmen. Da Bäume dieser Größe nicht überall wuchsen und mit Steinwerkzeugen schlecht zu fällen waren, wurden Räder aus zwei oder drei schmaleren Bohlen zusammengesetzt. Funde von Wagenresten und Modellen, Darstellungen in Malereien und Reliefs belegen diese Entwicklungsstufe des Rades im südlichen Mesopotamien. Dort siedelten im 3. Jahrtausend v. Chr. die Sumerer.

Zuvor – im 4. Jahrtausend v. Chr. – muß ein bis dahin schleifend bewegtes Transportgerät mit gelagerten Rädern bzw. Achsen versehen worden sein. Die Sumerer kamen aus dem Gebiet des heutigen Iran nach Mesopotamien, was vermuten läßt, sie könnten den Wagen von dort ansässigen Nomaden mitgebracht haben. Die ältesten Hinweise auf die Entstehung des Radfahrzeugs aus

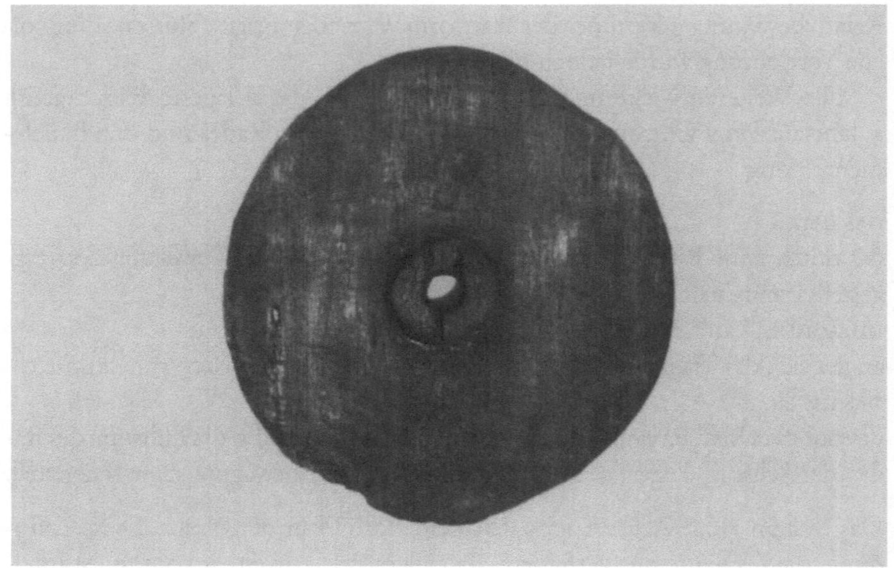

Scheiben-Bohlenrad mit eingesetzter Buchse, Durchmesser 920 mm (DE EESE)

geschleiften Transportgeräten enthält die frühsumerische Schrift mit den Bild-
zeichen für »Schlitten« und »Wagen« aus dem 4. Jahrtausend v. Chr. (Abb. 11).
Das Ideogramm für Schlitten ist die vereinfachte Seitenansicht eines auf Kufen
gesetzten Kastens, dessen Giebeldach ihm das Aussehen eines Hauses oder
eines Schreines gibt. Das Schriftzeichen für Wagen zeigt denselben Schlitten.
Unter dessen Kufen sind zwei ausgefüllte Kreise eingezeichnet. Sie deuten zwei
Radpaare an.

Eine frühsumerische Reliefplakette zeigt als Zugtier vor dem auf Kufen
gleitenden Schlitten ein Rind (Abb. 12). Zugstränge verbinden die Hörner des
Rindes mit dem Schlitten.

Frühsumerische Schriftzeichen: Schlitten und Schlittenwagen mit Kastenaufsatz in Hausfom; der Schlittenwagen ist ein mit vier Rädern fahrbar gemachter Schlitten

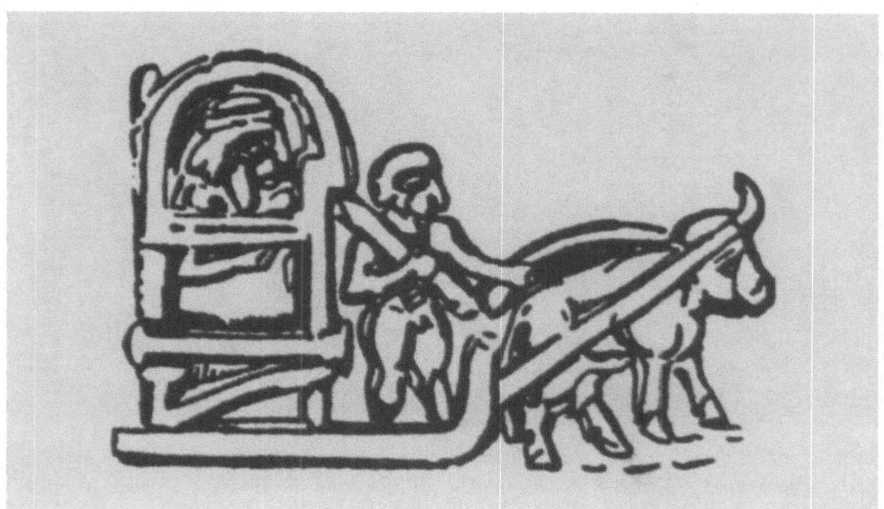

Nachzeichnung eines frühsumerischen Reliefs auf einer Steinplakette: von Rindern gezogener Schlitten mit hausartigem Aufsatz

Im 3. Jahrtausend v. Chr. wurde der Hausaufsatz auf zwei niedrige Seitenwände und eine sie überragende, brüstungsartige Frontwand reduziert. Dieser kanzelartige Aufsatz wurde auf einem vierrädrigen Fahrzeugtyp verwendet. Die Darstellung eines solchen »Kanzel-Kastenwagens« zeigt ein Steinrelief, das einen Holzkasten aus der Zeit um 2700 v. Chr. ziert (Abb. 13). In dieser »Standarte von Ur« ist die Vorderansicht der Kanzel in die Seitenansicht des Wagens hineingedreht. Das Fahrzeug ist mit einem Lenker und einem Kämpfer besetzt; es handelt sich um einen Streitwagen. Die vorgespannten Tiere ziehen das Fahrzeug an einer Stange, der »Deichsel«. Die Wurzel von Deichsel, TENGH (=ziehen) ist indogermanischen Ursprungs. Wie bei der urtümlichen, von Rindern gezogenen Baumschleife sind die Tiere ins Joch gespannt. Die Deichsel war nach oben gekrümmt, so daß die vier vorgespannten Wildesel beim Richtungswechsel mit der Hinterhand unter die Deichsel treten konnten. Das Größenverhältnis zwischen Deichselbogen und Zugtieren ist aus dem Mosaik nicht zu erkennen; die gebogene Form der Deichsel kann also auch andere Gründe haben.

Die Scheibenräder des Fahrzeugs sind aus drei Bohlensegmenten zusammengesetzt. Im mittleren befindet sich die Nabe. Die beiden äußeren Segmente berühren sich in der Lauffläche des Rades in zwei Stoßstellen (Abb. 14). Die Herstellung der Mittelbohle wird einfacher, wenn sich die äußeren Bohlen nicht berühren, allerdings ergeben sich dadurch in der Lauffläche vier Stoßstellen (Abb. 15).

Ausschnitt aus der Standarte von Ur: ein mit vier Onagern bespannter Streitwagen, dessen Frontpartie kanzelartig gestaltet ist (→ Kanzel-Kastenwagen). Die vier Räder sind jeweils aus drei Segmenten und der Nabe zusammengesetzt. Die Nabe rotiert auf dem Schenkel der fest mit dem Wagenkasten verbundenen Achse frei. Ein durch das Achsende gesteckter Keil, der »Vorstecker«, hindert das Rad am Absringen

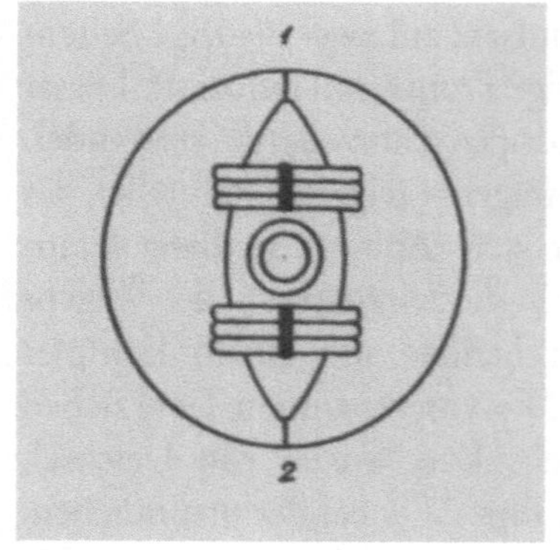

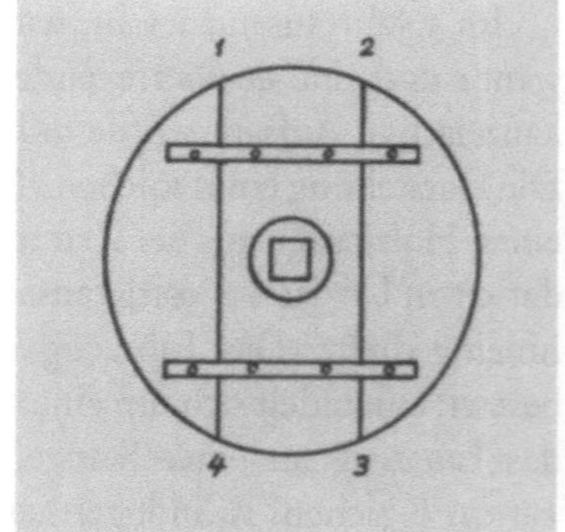

Sumerisches Rad aus drei Bohlensegmenten mit zwei Stoßstellen am Radumfang (1, 2)

Rad aus drei Bohlensegmenten mit vier Stoßstellen am Radumfang (1-4)

Die in der Standarte nur angedeuteten Verbindungselemente der drei Bohlensegmente könnten aus Seilen, Tiersehnen oder Weidenruten bestanden haben. Die Darstellung der Nabe durch drei konzentrische Kreise und eines senkrecht durch die Achsenden hindurchgestreckten Sicherungskeiles (Vorstecker) weisen darauf hin, daß die Achsen fest am Fahrzeugboden angebracht sind. Auf den gerundeten Achsenden rotieren die Räder frei. Die in der »Standarte von Ur« überlieferte Entwicklungsstufe des Systems Rad/Achse/Lager zeigt den Übergang von der Achswelle zum nicht rotierenden Achsstock. Die zu Lagerzapfen ausgearbeiteten Enden des Achsstocks heißen Achsschenkel. Die Achsschenkel sind das Rotationszentrum der Räder. Die Führung der Räder auf Achsschenkeln war neu (vgl. Abb. 13).

Der Vierradwagen entstand aus dem Schlitten, der etwa gleichalte mesopotamische Zweiradwagen direkt aus der Baumschleife. Eine kupferne Modellplastik eines solchen Zweiradwagens stammt aus Tall Agrab in Südmesopotamien, ihre Entstehung wird auf den Beginn des 3. Jahrtausends v. Chr. datiert (Abb. 16).

Das Kernstück des Wagens ist der Sattelblock mit Trittplatten auf beiden Seiten. Mit je einem Fuß auf den Trittplatten stand der Lenker spreizbeinig über dem Sattelblock, der ihm auch als Sitz diente. An der Stirnseite des Sattelblocks ist ein hoher Frontbügel befestigt, den einige Querriegel versteifen. Die Deichsel ist aus einem geraden Baumstamm gefertigt. Sie liegt auf dem Sattelblock auf und ist an ihm befestigt. Am Vorderende der Deichsel ist ein

Abb. 16
um 3000
v. Chr.

Deichsel-Reitwagen (TALL AGRAB, Südmesopotamien)

Doppeljoch angebracht. Zwei Onager waren über »Kummete« ins Joch gespannt. Im Gegensatz zum später in der antiken Welt allgemein verbreiteten Halsriemengeschirr kann mit Kummeten die Zugkraft der Tiere besser übertragen werden. Kummete sind dem Körperbau der Equiden besser angepaßt als andere Geschirre, sie schneiden weniger ein. Erst im frühen Mittelalter kam das Kummet wieder in Gebrauch.

Die beiden äußeren Onager des Viergespannes sind über ihre Kummete durch kurze Zugriemen mit den Enden des Joches verbunden, unter dem die beiden mittleren Tiere gehen. Eine große Kupferlasche umschlingt den Sattelblock und das hintere Deichselende. Die Lasche fixiert auch die Achse in Wagenmitte. Auf den zylindrisch ausgearbeiteten Enden der Achse – den Achsschenkeln – rotieren die Bohlen-Scheibenräder. Ein Seil, das mit der Achse und der Deichsel verknotet ist, verhindert, daß sich die Achse unter der Einwirkung des Fahrwiderstandes nach hinten verlagert. Diesen als Deichsel-Reitwagen bezeichneten Fahrzeugtyp verdrängte im Laufe des 3. Jahrtausends v. Chr. der einachsige Deichsel-Stehwagen, in dem die Besatzung stehend untergebracht war. Form und Konstruktion lassen auf die Entwicklung aus dem vierrädrigen Kanzel-Kastenwagen schließen. Beispiele für diesen Wagentyp sind der Streitwagen der Assyrer und – im 6. Jahrhundert v. Chr. – der der Perser.

Im 2. Jahrtausend v. Chr. war der Zweiradwagen bei den meisten Kulturvölkern Europas, Asiens und Nordafrikas in Gebrauch. Die Herkunft eines einachsigen Radfahrzeugs aus der Stangenschleife sieht man dem sardinischen Karren des 19. Jahrhundert noch an (Abb. 17). Sein Ladegestell zeigt deutlich die Form einer A-Schleife. Am vorderen Ende ist ein zweijochiges Querholz, über der Achse eine Ladefläche mit zwei Seitenwänden aus Latten angebracht. An der Unterseite des Schleifengestells befindet sich an beiden Längsträgern eine hölzerne Wange mit einer nach unten offenen Aussparung, in der die Achswelle geführt ist. So kann sie sich mitsamt den Rädern drehen, aber nicht unter dem Gestell hin- und herbewegen.

Dieser Form des deckellosen, offenen Lagers ging eine noch einfachere Konstruktion voraus. Sie bestand lediglich aus 2 Holzdübeln, deren Abstand dem Achsdurchmesser entsprach. Auch dieser Vorläufer des Achslagers war noch im 19. Jahrhundert an taiwanischen Karren zu finden (Abb. 18). Bei diesen taiwanischen Karren dreht sich im Achslager die Achswelle, mit der die Räder fest zum Radsatz verbunden sind. Im Gegensatz dazu sind beim sumerischen Kanzel-Kastenwagen nur die Räder selbst – im Radlager – drehbar gelagert.

Ist die gesamte Achse – Achswelle und Räder, wie beim taiwanischen Karren – gelagert, so drehen sich die Räder immer mit der gleichen Drehzahl. Beim Durchfahren einer Kurve hat das kurveninnere Rad einen kürzeren Weg

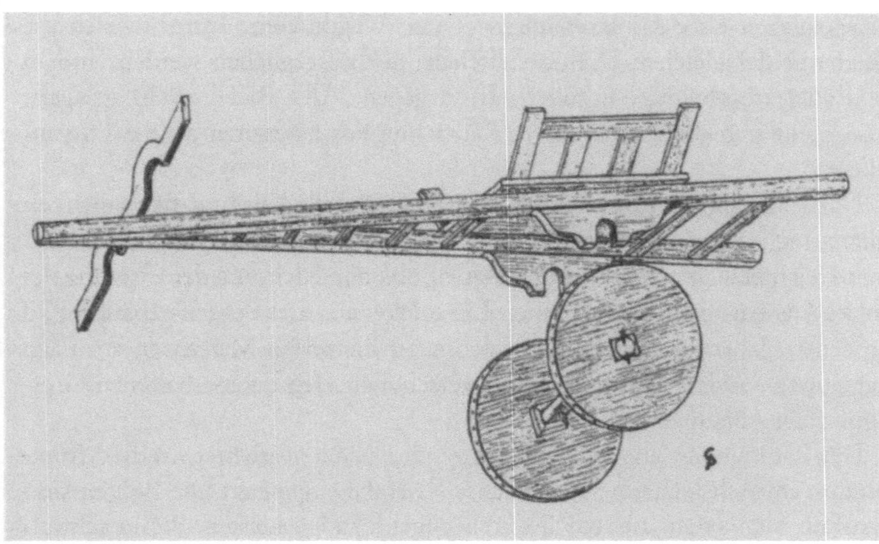

Sardinischer Karren als Kombination einer A-Schleife und einer Achswelle; die Achswelle wird in nach unten offenen Lagern geführt. Die Lager sind halbkreisförmige Aussparungen in einer hölzernen Wange

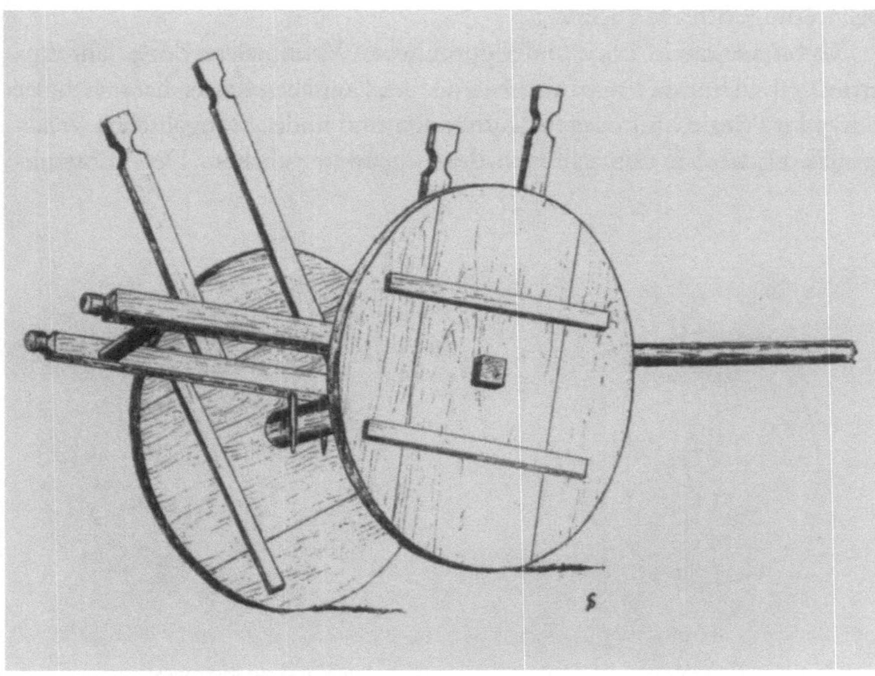

Karren aus Taiwan: die Achse ist in zwei Dübelpaaren geführt

zurückzulegen als das kurvenäußere. Diese Wegdifferenz kann, da sich die Räder mit der gleichen Drehzahl drehen, nur ausgeglichen werden, indem die Räder mit Schlupf abrollen. Ist dagegen jedes Rad einzeln gelagert, dann dreht sich das kurveninnere Rad schlupflos langsamer als das kurvenäußere.

Das Scheibenrad konnte dort, wo es auf Schnelligkeit und Beweglichkeit ankam, nicht eingesetzt werden, weil es zu schwer war. Um das Scheibenbohlenrad leichter zu machen, wurden in die Bohlen in Richtung der Faserung des Holzes Aussparungen eingearbeitet. Ein solches aus drei Bohlen gebautes Rad aus dem 2. Jahrtausend v. Chr. wurde im Torfmoor bei Mercurago am Lago Maggiore gefunden. Das Original ist verschollen, den noch erhaltenen Gipsabguß zeigt Abb. 19.

Der Radkranz ist aus zwei gleich großen Bohlen gearbeitet. In die Mittelbohle ist im Achsloch eine Holzbuchse als Nabe eingesetzt. Die Bohlen sind verstiftet. Sie werden zusätzlich durch bogenförmige Leisten, die in schwalbenschwanzförmigen Nuten auf Vorder- und Rückseite des Rades eingeschoben sind, zusammengehalten. In die Randbohlen sind halbmondförmige Aussparungen eingeschnitten. Die Mittelbohle des Strebenrads aus Mercurago ist als kräftige Mittelstrebe ausgelegt. Die Nabe ist durch Scheiben verstärkt, in die eine Buchse aus Holz eingesetzt ist. Neben der Nabe sind vier dünne, bogenförmige Streben angesetzt.

Das Strebenrad ist noch in der griechischen Vasenmalerei des 4. Jahrhunderts v. Chr. zu finden. Im spanischen und mexikanischen Karren hat sich dieser Radtyp im Prinzip bis in das 19. Jahrhundert und in der Mongolischen Volksrepublik Dschabhan Aimak bis in die Gegenwart gehalten. Der Konstruk-

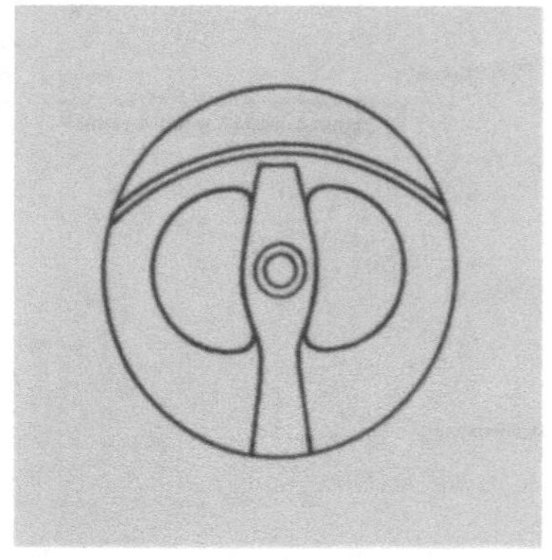

Dreiteiliges Scheibenbohlenrad aus Mercurago (MERCURAGO I)

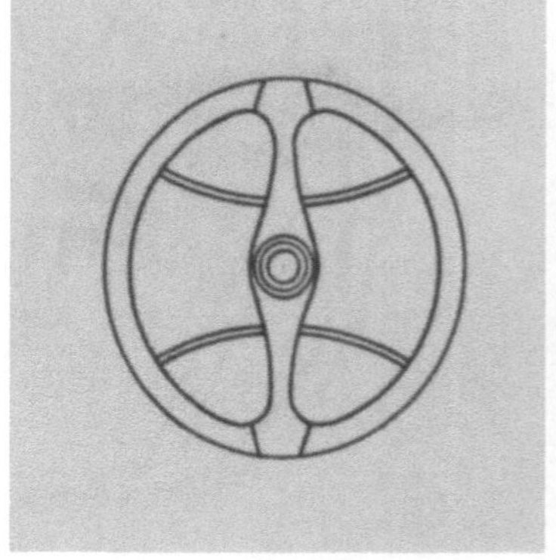

Strebenrad aus Mercurago (MERCURAGO II)

tionsidee nach jünger, in Anatolien aber schon für das 3. Jahrtausend v. Chr. nachweisbar, ist das Speichenrad. Es läßt sich aus dem Strebenrad ableiten, indem man sich zwei Mittelbohlen über Kreuz verbunden denkt. Die Gliederung des Speichenrads in die Nabe als Rotationszentrum, von der Nabe radial ausgehendem Speichenstern und Felgenkranz war damit vollzogen (Abb. 21).

Das Speichenrad wurde nur im Detail verändert, hauptsächlich wurden mehr Speichen und andere Werkstoffe verwendet. Auch die Formgebung und die Verbindung der Bauteile änderte sich. Es hatte sich als zweckmäßig ergeben, die Lauffläche des Scheibenrades mit einem Schutzreifen zu umgeben, um es haltbarer zu machen. Als Werkstoff wählten die Sumerer Leder, das in Streifen aufgenagelt wurde. Die Speichenräder in keltischen Gräbern der Hallstattzeit (8. bis 5. Jahrhundert v. Chr.) gefundener Wagen waren mit Eisenreifen umschlossen. Diese Art des Felgenschutzes wird bis heute angewendet. Im Laufe des 19. Jahrhunderts wurden Versuche mit federnden Radstreifen unternommen. Der heute noch gebräuchliche Gummireifen setzte sich durch. Experimente mit federnden Speichen führten zu keinem befriedigenden Ergebnis. Die Entwicklung des Wagens war abhängig von der Verbesserung des Speichenrades. Für einfache Wagen, die nur langsam fuhren, blieben das Scheiben- und das Strebenrad weiterhin in Gebrauch.

Durchfährt ein Wagen eine Kurve, so dreht er sich um die Hochachse. Beim einachsigen zweirädrigen Wagen liegt die Hochachse in der Achsebene. Die seitlichen Kräfte, die in den Radaufstandspunkten angreifen, haben also keinen Hebelarm bezüglich der Hochachse. Zum Durchfahren einer Kurve muß deshalb kein Moment aufgebracht werden. Beim zweiachsigen Wagen mit starren Achsen liegt die Hochachse zwischen den Achsen. An den Rädern

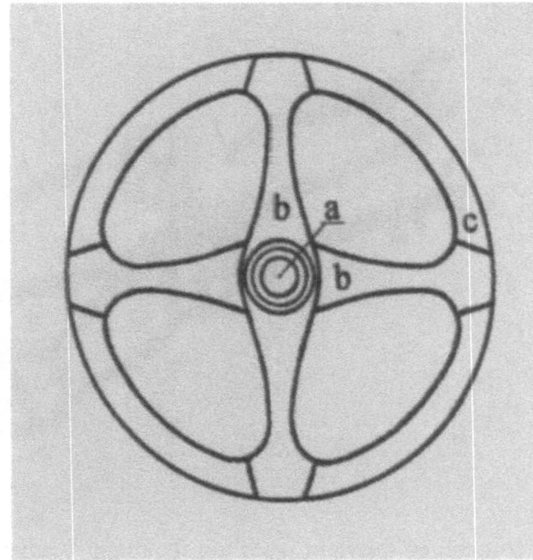

Abb. 21
4.-3. Jahrtausend
v. Chr

Historische Entwicklung des Vierspeichenrades aus dem Strebenrad.
a) Radnabe
b) Speichenstern aus zwei Mittelstreben,
c) Felgenkranz

angreifende seitlichen Kräfte haben also einen Hebelarm bezüglich der Hochachse. Zum Durchfahren einer Kurve müssen von den Rädern Seitenkräfte übertragen werden. Diese Seitenkräfte haben beim Zweiachswagen mit starren Achsen ein Moment um die Hochachse zur Folge, das von den Zugtieren zusätzlich aufgebracht werden muß. Auf kurvigen Strecken waren deshalb z. T. Spurrillen in den Boden eingearbeitet, die die Führung des Wagens übernahmen. Da dies nicht überall möglich war, wurde bereits im 2. Jahrtausend v. Chr. der lenkbare zweiachsige Vierradwagen erfunden. Ihn zeigt ein Felsbild aus dem schwedischen Langön (Abb. 22).

Der lenkbare Vierradwagen war im Prinzip aus zwei Einachswagen zusammengesetzt. Die Deichsel des hinteren Wagens war mit dem vorderen Wagen gelenkig verbunden. Sie war an einem Querholz vor dem Achsstock des vorderen Wagens mit einem Metallbolzen, dem Reib- oder Schloßnagel, verbunden. Beim Durchfahren einer Kurve drehte sich jeder der zwei aneinandergehängten Einachswagen nicht um die Hochachse des gesamten Fahrzeugs, sondern um die Mittelachse der jeweiligen Wagenachse. Der lenkbare Zweiachswagen war also in Kurven ähnlich gut beherrschbar wie der Einachswagen.

Wie bei der beräderten Stangenschleife eine Gliederung des Wagens in die Baugruppen Radsatz-Traggestell-Aufbau erfolgt, kann man am lenkbaren Vierradwagen die Räder mit dem Vorder- und dem Hinterwagengestell als Fahrgestell oder Unterwagen bezeichnen. Der Aufbau, auch Kasten- oder Oberwagen, der aufmontiert war, konnte relativ frei gestaltet sein. Diese Baugruppenbezeichnungen können auch auf den Zweiradwagen in seinen verschiedenen Ausführungen angewandt werden. Zusammenfassend kann

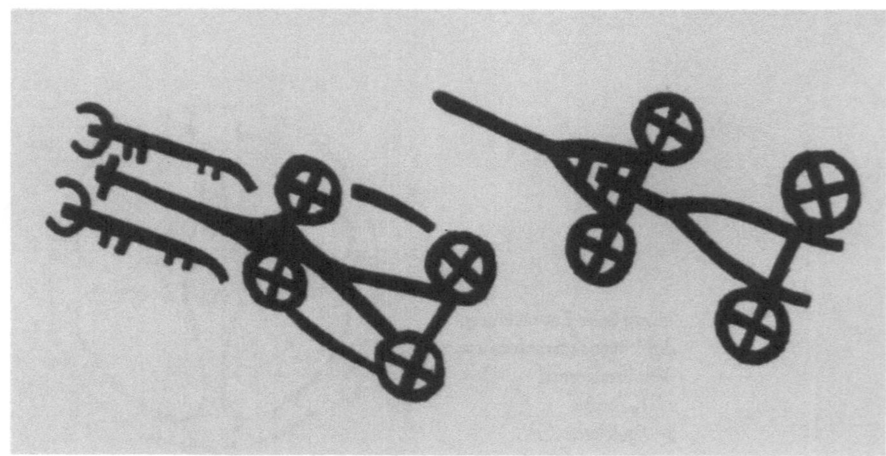

Felsbild eines Vierradwagens mit lenkbarer Vorderachse (LANGÖN, Südschweden)

man sagen, daß das Radfahrzeug sich aus der Schleife entwickelte. Voraussetzung war nicht nur die Erfindung des Rades, sondern vor allem des Systems Rad/Achse/Lager (Abb. 23).

Im Gegensatz zu der Schleife, dem Schlitten und der Walze, die vom Gelände relativ unabhängig waren, brauchten Radfahrzeuge möglichst ebenen und festen Untergrund. Die Vorteile der rollenden Bewegung müssen mit aufwendigem Straßenbau erkauft werden.

Abb. 23

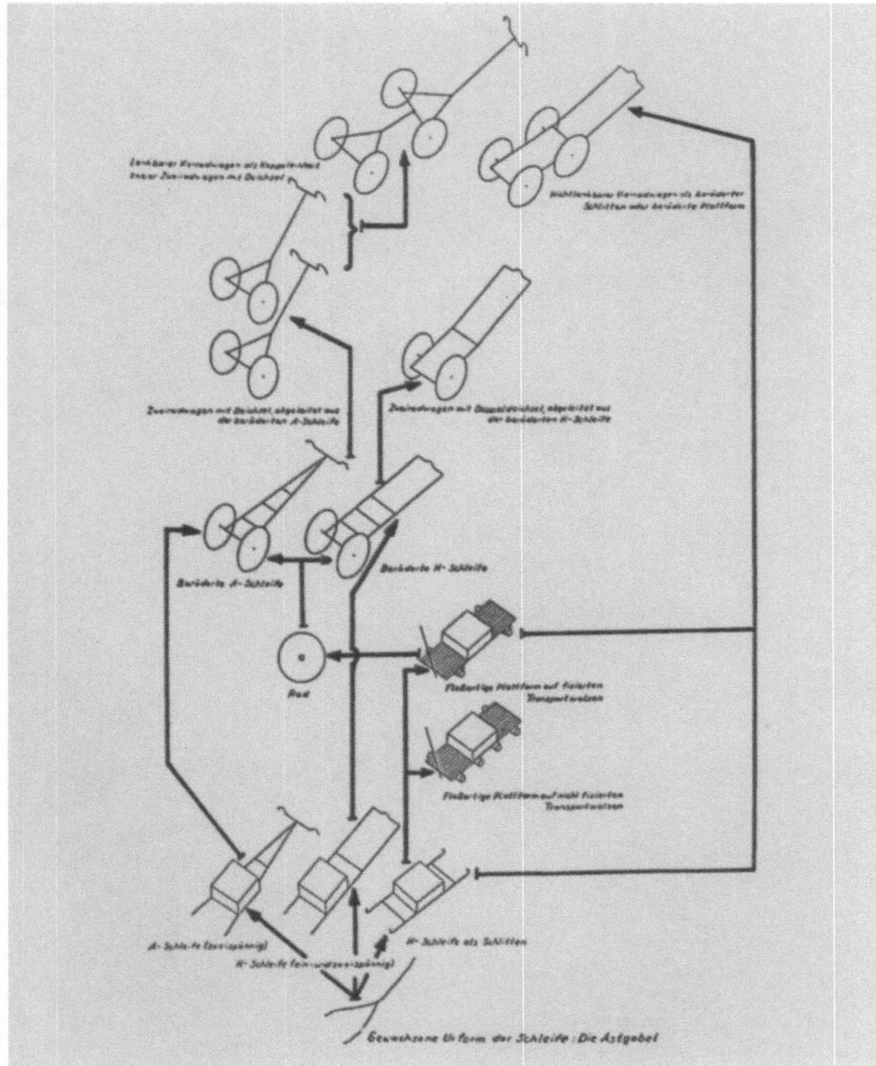

Vom radlosen Transportgerät zum lenkbaren Vierradfahrzeug

DAS RADFAHRZEUG BEDINGT DEN STRASSENBAU

Radfahrzeuge können nur auf genügend ebenem und festem Boden gefahren werden. Auf nicht geeignetem Untergrund wurde deshalb auch nach der Erfindung des Wagens gelaufen oder geritten. Die Verbreitung des Wagens in Gebieten, die wegen des Geländes nicht ohne weiteres befahren werden konnten, setzte den Straßenbau voraus. Zunächst wurde nur eingeebnet und befestigt.

Die Substantive »Weg« und »Wagen« gehen wie das Verb *bewegen* aus der indogermanischen Wurzel WEGH hervor. »Wegh« bedeutete ursprünglich auch ziehen und fahren. Das lateinische Wort für Fahrzeug, »vehiculum«, geht ebenfalls auf die Wurzel »wegh« zurück, während lateinisch »via«, wörtlich Weg, denselben Stamm wie »vis«, Kraft, hat.

War die Via mit einer Steinschicht gepflastert, wurde sie als »via strata« bezeichnet, woraus das deutsche Lehnwort »Straße« entstanden ist. Das Partizip »strata« bedeutet ausgebreitet, geebnet, gepflastert. Das französische Wort »Chaussee«, das im 18. Jahrhundert aufkam, geht ebenfalls auf eine lateinische Wurzel zurück; »calciata via« bedeutet mit in Kalk verlegten Steinen gepflasterte Straße.

Viehzüchtende Steppenbewohner mußten die Weiden wechseln, auch dies gab einen Impuls auf die Entwicklung des Radfahrzeugs; die Kombination von Zelt und Wagen ergab den Wohnwagen. In derartigen Konstruktionen waren Radfahrzeug und jurtenartige Behausung verbunden. Die Abb. 24 zeigt ein Tonmodell eines skythischen Nomadenwagens aus dem 2. Jahrhundert v. Chr. Da die Nomaden den Wagen auch zur Jagd, zum Reisen und im Krieg benutzten, brauchten sie schnellere Zugtiere als die von seßhaften Völkern gezüchteten Rinder. Die Nomaden domestizierten deshalb den Onager und das Wildpferd, die sie anschließend kreuzten und so das ausdauernde Maultier züchteten. Der schnelleren Gangart der neuen Zugtiere mußten die Fahrzeuge angepaßt werden. Die Wagen waren z. T. durch die Straße zwangsgeführt. In die Straßenoberfläche waren zur Zwangsführung des Wagens Spurrillen eingearbeitet. Auf der Insel Malta wurden schon in der Jungsteinzeit solche gleisartige Spurrillen in den Felsenboden eingemeißelt (Abb. 25).

Der maltesische Historiker THEMISTOKLES ZAMMIT gibt als Grund für die aufwendige und mühsame Anlegung solcher Gleisstraßen die heftigen Regen-

Tonmodell eines skythischen Wohnwages; das Flechtwerk der Überdachung ist nur angedeutet

güsse an, die während der Wintermonate über die sonst heiße, trockene Insel niedergingen. Sie spülten die dünnen Erdschichten von den Hochflächen in die Täler hinunter. Die zum Anbau von Feldfrüchten nötige Erde mußte jedes Jahr in Karren wieder hinaufgeschafft werden. Auch das zur Bewässerung nötige Wasser wurde über die Rillengleise, die von der Sankt-Georgs-Bucht bis zur Hochfläche reichen, transportiert. Weil die zweirädrigen Karren in den Gleisrillen geführt waren, mußte die Straße nur wenig breiter als die Spurweite der Karren aus dem Fels herausgearbeitet werden. Das Aushauen zweier enger Furchen war erheblich weniger aufwendig als das Anlegen einer breiteren Straße.

Neben solchen lebensnotwendigen Transportstraßen wurden aus religiösen Gründen Kultstraßen angelegt. Auf ihnen wurde zu Wallfahrtsorten gepilgert. Die Wallfahrtsziele hatten im Orient und in Ägypten schon im 3. Jahrtausend v. Chr. die Gestalt eines Tempels. Zu den bekanntesten Anlagen dieser Art gehört die Prozessionsstraße Babylons, die NEBUKADNEZAR II (605 bis 562 v. Chr.) zwischen dem Hochtempel Etemenanki und dem Ischtar-Tor anlegen ließ. Zeitlich gingen ihr ähnliche Kultstraßen der Assyrerkönige SARGON II (721 bis 705 v. Chr.) und SANHERIB (704 bis 681 v. Chr.) in Assur voraus.

Gleisrillenstraße auf Malta

Abbildung 26 läßt den grundsätzlichen Aufbau der Straße erkennen, die in Babylon zum Ischtartempel führte. Auf einer tragenden Grundlage aus Steinschutt und Kies sind zwei Lagen gebrannter Ziegel in Bitumen verlegt. Auf den Ziegeln liegen Natursteinplatten, die über eine Breite von 3,5 m den Straßenbelag bilden. Zwei Reihen hochkant gestellter Randsteine säumen die Straße. Symmetrisch zur Straßenmitte sind im Abstand von 0,7 m zwei Gleisrillen eingemeißelt, in denen die vier Räder des Kultwagens rollten. Er trug die Götterstatuen, die in der Prozession mitgeführt wurden.

Ein dritter Beweggrund zur Anlage steinerner Straßen war der Wunsch, bestehende Verkehrswege dauerhaft zu befestigen. Das erste Straßensystem in Europa, das dem Handel, der Botschaftsübermittlung und der Reise diente, existierte auf der Insel Kreta schon im 3. Jahrtausend v. Chr.. Die minoische Hochkultur auf Kreta war die erste Europas; sie war nach dem König Minos bezeichnet. Sie brachte nicht nur berühmte Paläste wie Knossos und Phaistos hervor, die Insel wurde auch im 2. Jahrtausend v. Chr. durch Straßen erschlossen, die mit Steinen gepflastert waren (Abb. 27). Für die minoischen Straßen wurden dreieinhalb bis vier Meter breite Flachgräben auf etwa 0,2 m Tiefe aus-

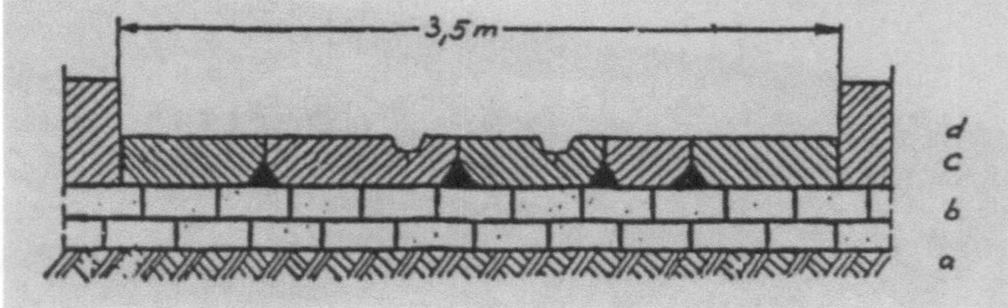

Zum Ischtartempel führende Prozessionsstraße mit Rillengleis für einen vierrädrigen Kultwagen (ASSUR, Babylon): *a)* Steinschutt und Kies, *b)* gebrannte Ziegel, *c)* Natursteinplatten, *d)* Randstein

Abb. 26
7. Jahr-
hundert
v. Chr.

gehoben. Die Grabensohle wurde geebnet, gestampft und mit einer Schicht aus grobem Schotter und Bimsstein belegt. Diese Schicht wurde mit einer aus Ton und Gips bereiteten Masse zur wasserdichten Grundlage der Straße vergossen. Darüber wurde eine etwa sechs Zentimeter dicke Lehmmörtellage als elastische Zwischenschicht aufgebracht. In Straßenmitte trug diese Schicht Deckplatten aus Kalkstein oder Basalt. Unregelmäßig gebrochene und in Gipsmörtel verlegte Kalksteinplatten bedeckten die verbleibenden Seitenzonen. Die Straßenoberfläche wies von der Straßenmitte aus eine leichtes Gefälle zu beiden Seiten auf. Die Ränder der Fahrbahn wurden von langen Steinblöcken mit quadratischem Querschnitt gesäumt, in die tiefe Rinnen eingemeißelt waren. Aufgrund des Gefälles floß das Regenwasser von der Straßenmitte in diese Rinnen. Gleisrillen wiesen die kretischen Straßendecken nicht auf. Daraus kann man schließen, daß die darauf verkehrenden Wagen Zweiradfahrzeuge waren, die im Gegensatz zum vierrädrigen Wagen nicht in Spurrillen zwangsgeführt werden mußten. Das Ideogramm für »Wagen« der kretischen »Linearschrift B« vermittelt eine Vorstellung vom Aussehen solcher

Abb. 27
2000
bis 1600
v. Chr.

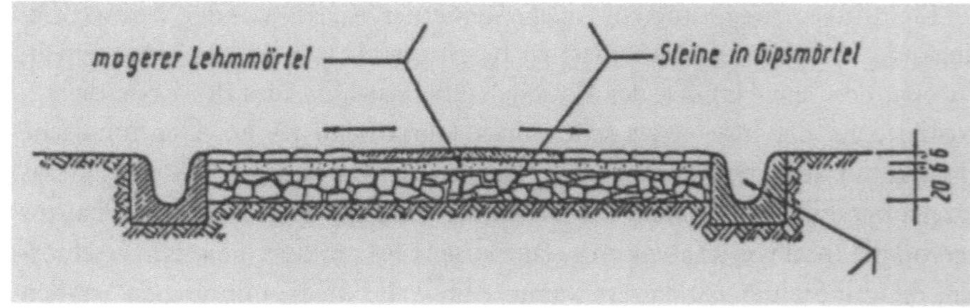

Altkretische (minoische) Steinstraße

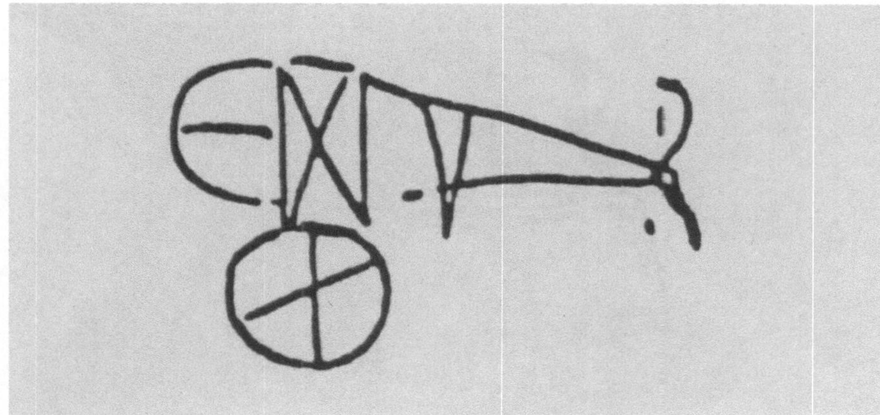

Ideogramm für Wagen in der spätminoischen Linearschrift B

Fahrzeuge (Abb. 28). Detailliert ist ein solches Fahrzeug im Jagdfries von Tiryns wiedergegeben (Abb. 29).

Die Kultur des griechischen Festlandes war in der zweiten Hälfte des 2. Jahrtausends v. Chr. stark von der minoischen Kultur beeinflußt. Die Kultur des Festlands blieb patriarchalisch bestimmt, obwohl die Inselkultur matriarchalisch geprägt war. Die bildhaften Schriftzeichen der Inselkultur wurden auf dem Festland z.T. auch mit anderen Inhalten belegt. Der Jagdwagen von Kreta z.B. wurde als Streitwagen übernommen. Ein halbes Jahrtausend später wurde er in den homerischen Epen »Ilias« und »Odyssee« besungen. In ihnen nimmt das Zweiradfahrzeug einen bedeutenden Raum ein. Das Fehlen geeigneter Straßen und hindernisfreier Ebenen sowohl auf dem trojanischen Kriegsschauplatz der Ilias wie auch auf dem griechischen Festland selbst setzte der Verwendung des Streitwagens jedoch enge Grenzen. Er wurde überwiegend zum Transport ranghoher Kämpfer auf dem Schlachtfeld eingesetzt, um deren Kräfte für den Kampf zu sparen. Als im 6. Jahrhundert v. Chr. in Griechenland berittene Truppen aufgestellt wurden, verlor dort der Zweiradwagen an militärischer Bedeutung und diente vorzugsweise als Repräsentations- und Rennwagen (Abb. 30).

Auf italienischem Boden schufen die Etrusker ein umfangreiches Straßensystem. Es bildete die Grundlage für das Straßennetz der Römer, mit dem fast ganz Europa, Vorderasien und Ägypten verkehrstechnisch erschlossen und unter staatliche und militärische Kontrolle gebracht wurde.

Ein vierter Beweggrund zur Anlage von Straßen in allen Imperien des Altertums war, unterworfene Staaten zur Verwaltung und Kontrolle untereinander und mit dem Sitz der Zentralregierung durch sogenannte Heerstraßen

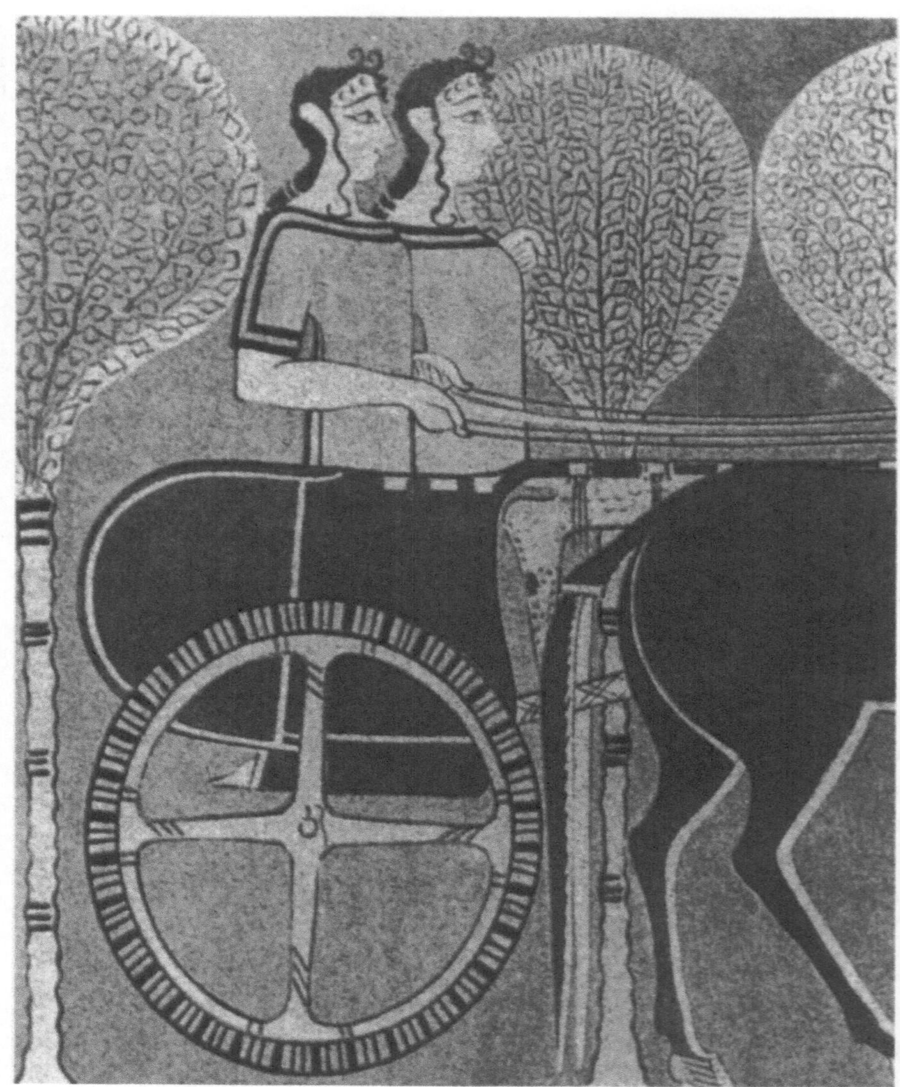

Ausschnitt aus dem Jagdfries (TIRYNS); in spätminoischem Zweiradwagen ausfahrende Frauen

zu verbinden. Im Reich des persischen Königs Dareios i, der von 550 bis 482 v. Chr. regierte, gab es eine 2500 km lange Heerstraße zwischen den Städten Susa im Südosten und Sardes im Nordwesten (Abb. 31).

Das römische Straßennetz übertraf technisch, organisatorisch und in der Ausdehnung sämtliche Verkehrssysteme des Altertums. Der befestigte Ausbau begann im Jahre 312 v. Chr., als der Zensor Appius Claudius den Befehl zum

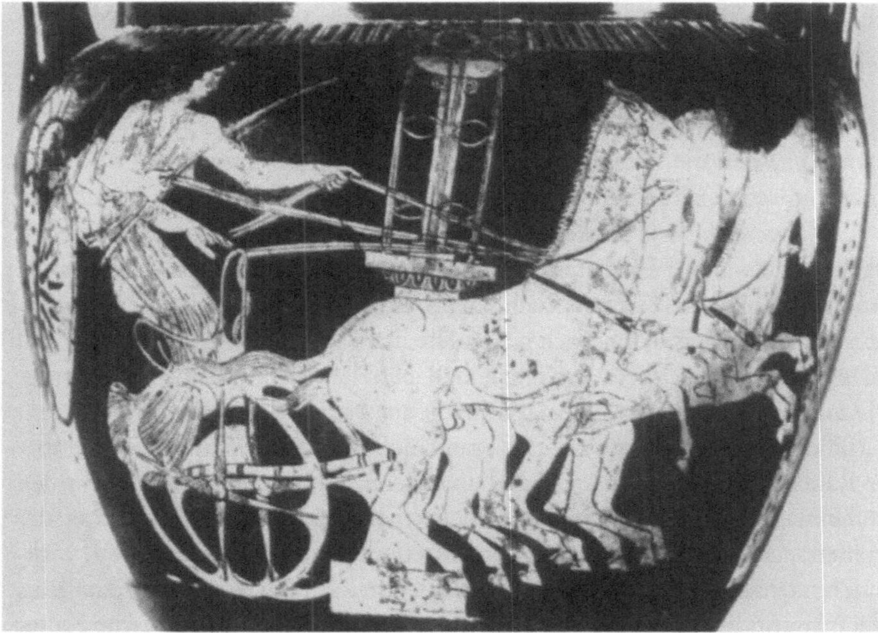

Abb. 30
5. Jahrhundert
v. Chr.

Attischer Krater aus dem Museum von Arezzo: Darstellung eines vierspännigen Rennwagens (QUADRIGA) an der Wendemarke

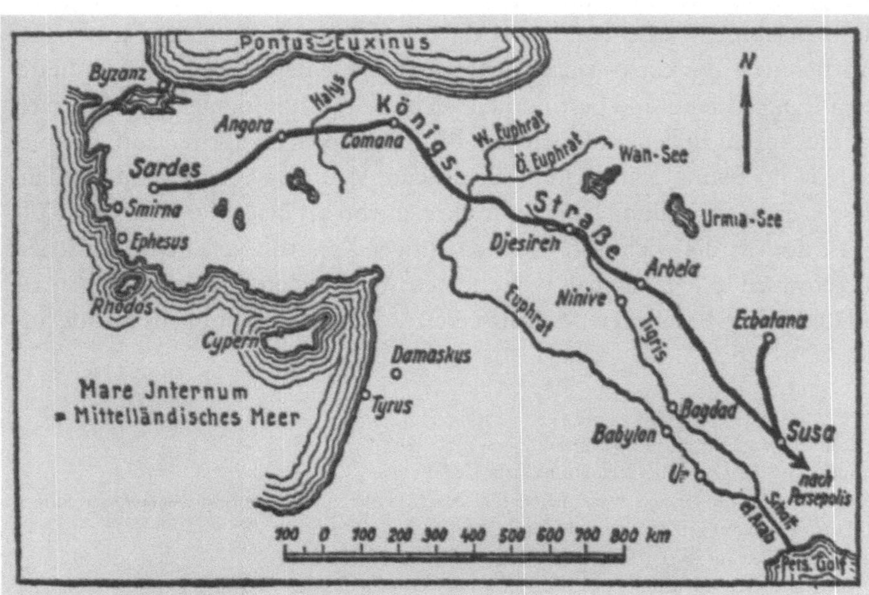

Karte des persischen Reiches z. Z. des Königs DAREIOS I

Bau der nach ihm benannten Fernstraße »Via Appia« gab, die von Rom nach Capua und weiter nach Sizilien führte.

Zunächst dienten die römischen Straßen dem staatlich organisierten Kurier- und Transportdienst, dem cursus publicus. Kaiser HADRIAN (76 bis 138 n. Chr.) ließ die reitenden durch fahrende Kuriere ersetzen. Den Aufbau einer römischen Hauptverkehrsstraße für den Wagenverkehr zeigt die Abb. 32.

Die Straße war auf beiden Seiten von je zwei Steineinfassungen begrenzt. Dazwischen war auf einer starken und dichten Trageschicht aus vermörtelten Bruchsteinen eine Zwischenschicht aus Kiesbeton verlegt. Sie heißt »caementum«; daraus ist das heute noch gebräuchliche Wort »Zement« abgeleitet. Auf das *caementum* war die aus Kopfsteinen bestehende Straßendecke gebettet. Die Straße fiel von der Mitte nach außen auf beiden Seiten um fünf Prozent ab. Beiderseits dieser befahrbaren Zone schloß sich je ein schmalerer begehbarer Randstreifen aus Kies und Sand an. Dieser Seitenstreifen wurde von den Steineinfassungen begrenzt. Das Fehlen einer elastischen Schicht unter der Straßendecke, wie sie im Aufbau der altkretischen Straße zu finden war, wirkte sich nachteilig aus. Die römischen Pflasterstraßen erwiesen sich deshalb als bruchempfindlicher. Um die Straßen zu schonen legte der oströmische Kaiser THEODOSIUS II (408 bis 450 n. Chr.) 438 n. Chr. in dem nach ihm benannten »codex Theodosianus« die Höchstgrenzen der Nutzlastgewichte für die einzelnen Wagentypen fest. Überschreitungen dieser Maximalwerte wurde streng bestraft. Die Gewichtsgrenzen bewegten sich von 66 kg für die leichte birota[1], über 330 kg für die reda[2] und das carpentum[3], bis zu 492 kg für die augaria[4] und die clabula[5]. Außerdem legten die Vorschriften fest, welche Fahrzeugart dem Benutzer des cursus publici entsprechend seinem zivilen oder militärischen Rang zustand und bestimmten auch die Zuordnung der Zugtiere nach Art und Anzahl zu den verschiedenen Fahrzeugtypen. So durften zum Beispiel der reda im Sommer acht, im Winter zehn Maultiere vorgespannt werden. Diese Gesetzessammlung behielt für die Zeit von 315 bis 407 n. Chr. ihre Gültigkeit und ist die wichtigste Quelle heutiger Kenntnis von dem römischen Straßenwesen und der damals verwendeten Wagentypen. Außerdem gilt sie als Vorläufer aller bekannten Verkehrsgesetze. Der cursus publicus wurde in-

---

[1]   leichter zweirädriger Transport- und Reisewagen
[2]   meist vierrädriger offener oder geschlossener Reisewagen
[3]   als Fahrzeug für Damen zweirädriger, für Kaiser, Priester und hohe Staatsbeamte vierrädriger Prunkwagen mit geschlossenem Aufbau
[4]   bisher keine eindeutigen Kriterien bekannt
[5]   auch clabulare (neutrum), zweirädriger (carrus clabularis) oder vierrädriger (carrus clabulare) Transportwagen

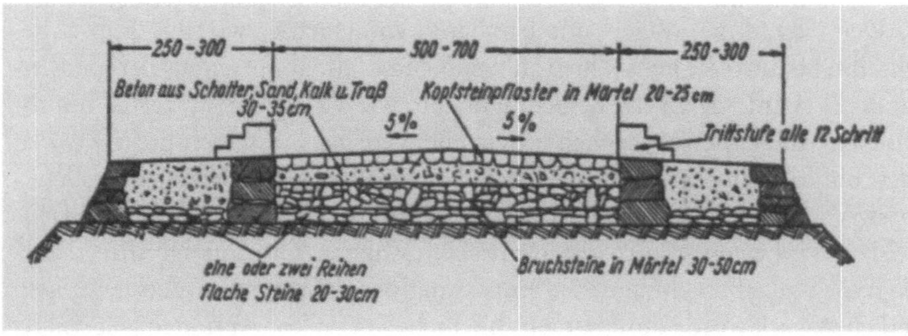

Abb. 32
Römisches Reich.

Aufbau einer befestigten Straße des cursus publici

standgehalten, Stützpunkte eingerichtet und Reit-, Trag- und Zugtiere sowie Fahrzeuge bereitgestellt. So waren in etwa gleichen Abständen Raststationen eingerichtet, die als »mansio«, das heißt »Herberge«, bezeichnet wurden. Ein Wechsel der Tiere konnte auf einer »mutatio«, was etwa mit »Wechselstelle« zu übersetzen ist, vorgenommen werden. Das geschah auf einer Tagesstrecke von 71 bis 88 km etwa fünf- bis achtmal. Unter Kaiser SEPTIMUS SEVERUS (142 bis 211 n.Chr.) wurde der cursus publicus unterteilt in eine Schnellpost (cursus velox) mit Pferde- und Maultierbespannung und eine Lasten- und Güterpost (cursus clavularis oder clabularis) mit Ochsen als Zugtieren. Neben dieser Staatspost, die nur von Beamten und im Auftrag des Staates von Reisenden benutzt werden durfte, bildeten sich Fuhrunternehmen für den privaten Reisebedarf und vermieteten Tiere und Fahrzeuge. Nach dem meist benutzten Wagentyp, dem leichten, zweirädrigen cisium, wurden die Vermieter als cisarii bezeichnet. Vornehme Personen bevorzugten allerdings den wesentlich komfortableren Vierradwagen, der in zwei Bauarten, als reda und carruca, zur Verfügung stand. Aus der letztgenannten Bezeichnung entstand das im heutigen Sprachschatz noch gebräuchliche Wort »Karosse«. Das cisium ist der Urahn des Cabriolets, obwohl die Namen ganz anders lauten. Zum Lastentransport dienten der carrus, heute in den Wörtern »Karre« und »Karren« wiederzufinden, und das plaustrum.

Die römischen Straßen waren möglichst geradlinig gebaut. Die römischen Wagner bauten den Vierradwagen mit einem relativ geringen Abstand der Radachsen, also kurzem »Radstand«, um kleinen Standflächen gerecht zu werden. Mit beiden Maßnahmen wurde erreicht, daß bei Richtungsänderungen der Wagen nur wenig versetzt werden mußte. Nur dort, wo das Gelände ausgeprägte Richtungswechsel erforderlich machte, insbesondere bei Paßstraßen, wurden Gleisrillen in die Fahrbahn eingehauen.

Der vierrädrige Wagen mit lenkbarer Vorderachse, wie ihn Kap. 4 beschreibt, bedurfte keiner solchen aufwendigen Maßnahme seitens der Straßenbauer. Er wurde den Verkehrsbedingungen, wie sie nach dem Verfall des römischen Straßennetzes gegeben waren, eher gerecht. Für seinen Einsatz waren auch ohne Steinbelag befestigte Straßen ausreichend. Die Vorzüge der lenkbaren Vorderachse, die in Nordeuropa schon im 2. Jahrtausend v. Chr. nachweisbar ist, bewogen auch die römischen Wagner, sie in einige ihrer Fahrzeugtypen zu übernehmen. Die Anpassung des Fahrzeugs an den jeweiligen Verkehrszweck wurde durch unterschiedliche Spezialkonzeptionen gelöst. Die damit aufkommende Vielfalt an Wagentypen nahm nach einem vorübergehenden Rückgang vom Ende des Mittelalters bis zur Mitte des 19. Jahrhunderts ständig zu. Noch lange nach Untergang des Römischen Kaiserreiches gingen im Wagenbau starke Impulse von den römischen Reisewagen der Bauart *carruca* und *reda* aus.

ENTWICKLUNGSSTADIEN DES FUHRWERKS VOM 2. BIS INS 20. JAHRHUNDERT: CARRUCA / KAROSSE — KUTSCHE — BERLINE

Die Entwicklung einer Fahrzeuggattung läßt sich am besten in ihren markantesten Entwicklungsphasen darstellen. Hier wird das Grundkonzept der Fahrzeuggattung in Entwicklungsstufen von den Anfängen bis zu einer historischen oder gegenwärtigen Endstufe behandelt. Die Entwicklungen werden soweit möglich chronologisch aufgeführt. Der Entwicklungsprozeß hat das Erscheinungsbild des Automobils, das zuerst in Europa erschien, mitgeprägt. Deshalb werden auch hauptsächlich Entwicklungen, die in Europa abliefen, betrachtet. Außereuropäisches Ideengut wird daher nur am jeweiligen Beitrag erörtert, ohne dessen Entstehung und Anwendung innerhalb des betreffenden Kulturkreises selbst zu verfolgen.

Unter diesen Gesichtspunkten soll nun der geschichtliche Werdegang einer Fahrzeuggattung dargestellt werden. Diese Fahrzeuggattung, die seit dem 16. Jahrhundert »Kutsche« genannt wird, erstreckt sich auf alle vierrädrigen von Pferden gezogenen Personenwagen mit geschlossenem Aufbau und lenkbarer Vorderachse. »Kutsche« entstand aus dem ungarischen »Kocsi« und fand Eingang in die meisten europäischen Sprachen. Im Italienischen wurde es zu cocchio, zu coach im Englischen, zu Koets im Niederländischen, zu coche im Französischen und im Spanischen. Wie Fahrzeugbenennungen aus späterer Zeit – beispielsweise Berline, Landauer, Limousine – ist auch »Kutsche« eine Herkunftsbezeichnung. Sie weist auf die ungarische Stadt Kocs bei Raab hin, die im 16. Jahrhundert ein bedeutendes Zentrum der Wagenherstellung war.

Zu einem besonderen Merkmal der als »Kutsche« bezeichneten Fahrzeugart war die frei schwingende Aufhängung des Wagenkastens über dem Fahrgestell geworden. Sie löste die bis dahin starre Verbindung von Oberwagenaufbau und Radgestell ab. Die Verbindung beider Baugruppen erfolgte nun durch bewegliche oder elastische Koppelelemente. In der Anfangsphase war es das Seil oder die Kette, später der Lederriemen. Im 17. Jahrhundert wurde gelegentlich, ab dem 19. Jahrhundert fast ausschließlich die Stahlfeder verwendet. Die Stahlfeder war für die Steigerung des Fahrkomforts im wesentlichen verantwortlich. Der federnd aufgehängte Wagenkasten ist im 2. Jahrhundert n. Chr. belegbar; erwähnt wird der hängend gelagerte Wagenkasten aber bereits im fünften Gesang der Ilias (8.-7. Jahrhundert v. Chr.). Dort heißt es in den Versen 727 und 728:

διφρος δε χρυδοισι και αργυρεοισιν ιμασιν
εντεταται, δοιαι δεπεριδρομοι αυτυγες ειδι.

(Der) Sitz (aber) goldenen und silbernen Riemen (Gurten) eingespannt, die von zwei umfassenden Rändern (umgeben) sind. διφρος ist pars pro toto sowohl als »Sessel«, wie auch als »Wagen« zu deuten.

Sieht man von dieser nicht eindeutig übersetzbaren Formulierung ab, liegen die ältesten Belege für die schwingende Aufhängung der Oberwagens in Fundstücken aus den römischen Provinzen Thrakien und Pannonien vor. Sie sind in das 2. bis 4. Jahrhundert n. Chr. zu datieren. Im Römischen Reich war nur in diesen beiden Provinzen die Sitte der Wagenbestattung gepflegt worden. Man nahm daher an, nur dort seinen diese Wagen gebaut worden. Heute gilt es als gesichert, daß der Wagen mit schwingender Kastenaufhängung im Römischen Reich allgemein verbreitet war und sowohl vom cursus publicus als auch von privaten Fuhrunternehmen eingesetzt wurde. Eine eindrucksvolle

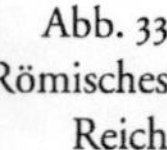

Abb. 33
Römisches
Reich

Geschlossener römischer Reisewagen; Rekonstruktion nach Funden aus dem Wardartal. Tonmodell eines skythischen Wohnwages; das Flechtwerk der Überdachung ist nur angedeutet

Vorstellung von einem solchen Wagen vermittelt der Anfang der siebziger Jahre nach Einzelfundstücken rekonstruierte römische Reisewagen im Römisch-Germanischen Museum in Köln (Abb. 33). Es ist ein Vierradwagen mit geschlossenem Kasten. Es könnte sich also um die römischen Typen »carruca« und »reda« handeln. Mangels eindeutiger Beschreibungen ist es jedoch nicht möglich, anhand von Funden und Bildern allein zwischen der carruca und der geschlossenen reda zu unterscheiden. Der Wardartalwagen (Abb. 33) könnte demnach beide Bezeichnungen tragen. Deswegen werden diese Fahrzeugtypen in der Fachliteratur unter dem Begriff »römischer Reisewagen« zusammengefaßt. Seine beiden anderen Merkmale sind nicht an einen bestimmten Wagentyp gebunden, es sind dies lenkbare Vorderachse und schwingende Kastenaufhängung. Der in Köln gezeigte Wagen stammt aus der Zeit zwischen dem Ende des 2. und dem Anfang des 3. Jahrhunderts n. Chr. und wurde im Wardartal nahe Saloniki gefunden. Tafel 1 (s. Kap. 12) zeigt den rekonstruierten Wagen im Detail.

Die Theorie von der Entstehung des lenkbaren Vierradwagens aus der Kombination zweier Zweiradwagen kann anhand des Fahrwerks belegt werden. In die rechteckige Aussparung in der Mitte des Hinterachsblocks ist das Ende eines hölzernen Balkens, der »Langbaum«, eingelegt. Der Hinterachsblock wird in Fahrtrichtung links und rechts von je einem Scherarm, der mit seinem hinteren Ende ebenfalls in den Achsblock eingelassen ist, abgestützt. Scherarme, Achsblock und Langbaum bilden zusammen mit den beiden Hinterrädern die hintere Wageneinheit. Der »Langbaum« oder »Langwiede« genannte Balken entspricht einer starr montierten Deichsel. Das Vorderende des Langbaums ist an einem Bolzen im Vorderachsschemel, dem »Reib-« oder »Schloßnagel«, angelenkt. Der Vorderachsschemel, die beiden Vorderräder und das deichseltragende »Scherarmpaar« bilden die vordere Wageneinheit. Die vorderen Scherarme stützen sich zur Entlastung des Reibnagels von Biegekräften auf einem Querbrett, dem »Reibscheit«, ab.

Auf jedem Ende der beiden Achsblöcke ist eine senkrechte Stütze befestigt. Aus der Antike ist die griechische Bezeichnung »Thairos« überliefert. Das deutsche Wagnergewerbe verwandte dafür den Ausdruck »Kipfen«. Das obere Ende dieser Kipfen trägt einen Gurthalter, der mit seinem tüllenartigen Unterteil aufgestülpt ist. In seine beiden Ösen, die die Gestalt gekrümmter Zeigefinger haben, ist je ein Ledergurt eingehängt. Die unteren Enden der Gurte umschlingen die ringförmigen Enden zweier Eisenbänder, der »Bodenschienen«. Die Bodenschienen sind unter dem Wagenkasten parallel zu den Achsen befestigt. Die eisenbereiften Räder werden von zehn Speichen aus Eschenholz versteift und sind in ausladenden Naben aus Ulmenholz auf den Achsen gelagert. Der Durchmesser der Vorderräder, der etwa 1 m beträgt, ist um 10 cm kleiner

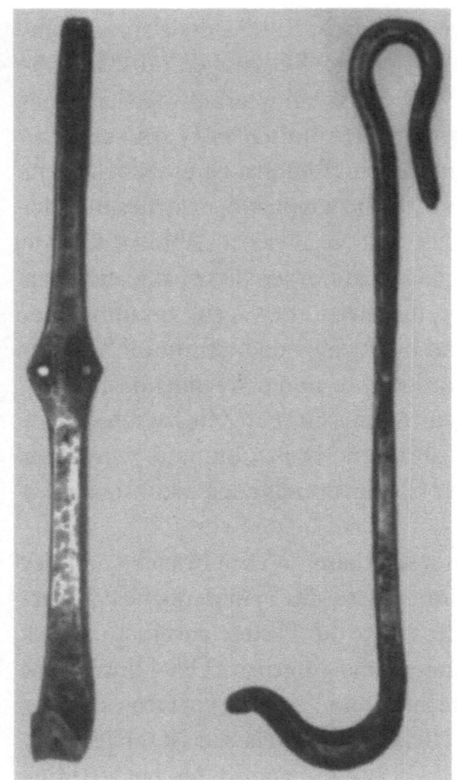

Bronzehaken zur Lagerung des Bremsstabes: An den Enden eines auf dem Langbaum aufliegenden Querholzes ist links und rechts vor den Hinterrädern je ein massiver Flachstab aus Bronze mit seinem oberen hakenförmigen Ende eingehängt Das untere, nach hinten weisende, aufwärtsgebogene Ende dient zur Lagerung eines »Bremsstab« genannten Rundholzes, das bei Bedarf quer zur Fahrtrichtung durch zwei gegenüberliegende Speichenzwischenräume der beiden Hinteräder geschoben werden kann. Die Hinterräder werden damit blockiert und das haltende Fahrzeug am Weiterrollen gehindert. Die beiden Bronzestäbe werden durch ein zweites Querholz gegeneinander fixiert. Mit dieser Blockiervorrichtung begann die Entwicklung der Bremssysteme.

als der der Hinterräder. So kann die Vorderachse weiter eingeschlagen werden, ehe die Räder am Wagenkasten streifen. Dadurch wird das Fahrzeug wendiger.

Das Wageninnere bietet Sitzgelegenheiten für mindestens zwei Personen und ist über einen Einstieg auf der linken Seite zugänglich. Auf der gegenüberliegenden Seite befindet sich ein Fenster. An der Vorderseite ist der Sitz für den Wagenlenker angebracht; der verlängerte Kastenboden ist das Trittbrett. An der Hinterseite ist der Kastenboden auch als Trittbrett für Bedienstete verlängert. Zwei senkrecht stehende Griffstangen, die zwischen den vorragenden Längsträgern an der Ober- und der Unterseite des Wagenkastens eingespannt sind, boten ihnen während der Fahrt den nötigen Halt.

Bemerkenswert am römischen Reisewagen ist der üppige Zierat, so z.B. Bronzefiguren am Wardartalwagen (Kap. 12, Tafel 1). An den Gurthaltern steht je eine Statuette der Siegesgöttin Victoria (gr. *Nike;* A), im Giebelfeld der Vorderseite der Weingott Bacchus (gr. *Dionysos*) mit zwei Begleitern (B), im Giebelfeld der Rückseite eine Büste der Göttin Minerva (gr. *Athene;* C). Die Haltestangen an der Rückseite werden oben von je einer Herkulesbüste (D), unten von je einer Mäandenstatuette (E) gehalten. Den Lenksitz flankiert auf jeder Brüstung die Kleinplastik einer Tigerin (F). Auf jedem der vier Achsenden ist innerhalb des äußeren Nabenrings eine löwenkopfförmige Zierblende angebracht (G). Die Kipfen sind mit Bronzebeschlägen verziert (H). Silbereinlagen heben die Vorderkipfen besonders hervor. Der Deichselkopf schließlich ist eine halb kniende Figur. Die Hauptabmessungen des Wardartalwagens sind:

Länge des Wagenkastens	3,00 m	Spurweite	1,60 m
Breite des Wagenkasten	1,06 m	Raddurchmesser vorn	1,00 m
Radstand	1, 45 m	Raddurchmesser hinten	1, 10 m

Über die Inneneinrichtung einer carruca informiert die zeitgenössische Literatur. Ihr ist zu entnehmen, daß es sehr komfortable Fahrzeuge gab, die dem Reisenden sogar die Möglichkeit zum Speisen und zum Brettspiel boten. Die bis dahin üblichen Buchrollen wurden in Bücher gebunden, da diese im engen Innenraum leichter zu handhaben und unterzubringen waren. Höchsten Komfort gab es in einem zum Schlafen eingerichteten Reisewagen, der »carruca dormitoria«. Mit ihr ließen sich auch Nachtfahrten unternehmen, wodurch sich die für eine bestimmte Wegstrecke erforderliche Reisezeit erheblich verkürzte.

Unter den Resten eines römischen Vierradwagens, die 1963 in Scafati in der Provinz Salerno gefunden und als carruca dormitoria identifiziert wurden, weisen gebogene Eisenbänder darauf hin, daß der Oberwagen tonnenartig mit einer Plane abgedeckt war. Diese Bauweise wird auch durch eine Reliefdarstellung aus Maria Saal in Kärnten belegt, die einen Vierradwagen mit aufgehängtem Kasten zeigt (Abb. 35). Dessen rückwärtiger Teil ist durch Seile diagonal verspannt. Das läßt auf ein senkrecht gestelltes Strebengerüst mit Stoffplane schließen. Die andere, ebenfalls sehr verbreitete Bauart des vierrädrigen Reisewagens war die ähnlich gestaltete reda (Abb. 36). Die Reda hatte offene und geschlossene Oberwagen. Als Zugtiere wurden beiden Fahrzeugarten Maultiere oder kleine, schnellfüßige Pferde aus Gallien vorgespannt. JOHANN CHRISTIAN GINZROT stellt in seinem Buch »Die Wagen und Fuhrwerke« eine »bedeckte Reda« dar. Der Oberwagen des lenkbaren Vierradfahrzeugs ist direkt auf den Achsblöcken gelagert, das Unterteil besteht aus Korbgeflecht und ist von einem tonnenartigen, mit Leder überspannten Aufsatz überdacht.

Mit der carruca und der reda hatte der antike Wagenbau seine höchste technische Stufe erreicht. Der Niedergang des Römischen Reiches setzte einer weiteren Entwicklung ein vorläufiges Ende. Der Verfall des römischen Strassensystems tat ein übriges. Das bevorzugte Reise- und Verkehrsmittel wurde wieder das Reitpferd. Erst im 6., 7. und 8. Jahrhundert unserer Zeit setzte der

Grabrelief aus Maria Saal (Kärnten), geschlossener römischer Reisewagen

Geschlossene reda mit Vorderachslenkung. Direkt auf dem Untergestell gelagerter Oberwagen mit einem Unterteil aus Korbgeflecht und mit Leder bespannter Dachtonne

Abb. 35
um 150
n.Chr.

Abb. 36
Römisches
Reich

Wagenbau wieder ein. Da die Straßenverhältnisse schlechter waren, spannte man zugkräftigere Rinder vor. Im Jochgeschirr konnten die Tiere die Zugkraft gut auf das Fahrzeug übertragen. Diese älteste Art der Anschirrung, wie sie schon in vorgeschichtlicher Zeit zum Ziehen der Schleife angewandt wurde, wurde auch im frühen Mittelalter wieder eingesetzt. Die Anatomie des Pferdes, das erst wesentlich später als das Rind als Zugtier eingesetzt wurde, verlangte eine andere Geschirrart. Während des Altertums versuchte man zunächst das Jochgeschirr dem Pferdekörper anzupassen. Das ergab das mit der Wagendeichsel verbundene Doppeljoch für die paarweise Anspannung. Es lag im Nacken der beiden Pferde und wurde durch Hals- und Unterbrustgurte festgehalten. Beim Anziehen drückte der Halsgurt auf die Halsschlagader und die Luftröhre des Tieres, wodurch es gezwungen wurde, den Kopf unter Anspannung der Halsmuskeln zurückzunehmen (Abb. 37). Unter dieser starken Behinderung konnten die Pferde nur einen kleinen Teil ihrer Kraft einsetzen. Auf festem Untergrund und befestigten Wegen wirkte sich dies nicht so stark aus wie auf losem oder aufgeweichtem Boden. Diese Art des Geschirrs wird als »Halsriemen-Geschirr« bezeichnet. Es war vom 4. Jahrhundert v. Chr. bis zum 4. Jahrhundert n. Chr. in allen Kulturkreisen des Mittelmeerraumes verbreitet. Es wurde in zahlreichen Malereien und Reliefs dargestellt. Das Pferd versuchte

Abb. 37
2. Jahrtausend v. Chr. bis 7. Jahrhundert n. Chr.

Antikes Halsriemen-Geschirr

die Einschnürung durch den Halsriemen zu mildern, indem es den Kopf zurückwarf. Durch den zurückgeworfenen Kopf und die angestrengt geblähten Nüstern entstand der Ausdruck feurigen Temperamentes, den die griechischen Bildhauer und Vasenmaler in ihren Werken festhielten (s. Abb. 30).

Die Chinesen erkannten den Mangel des Halsriemen-Geschirrs bereits im 3. Jahrhundert v. Chr. und entwickelten das Brustblattgeschirr (Abb. 38). Es bestand im wesentlichen aus einem breiten, die Brust des Pferdes umfassenden Riemen, an dem die schräg nach unten laufenden Zugstränge befestigt waren. Über den Nacken und die Kruppe gelegte Tragriemen fixierten die Zugstränge am Pferdekörper. Das Pferd konnte sich in diesem Geschirr unbehindert mit der Brust gegen das Brustblatt stemmen. Erst im Laufe des 6. und 7. Jahrhunderts unserer Zeit gelangte das Brustblattgeschirr nach Europa. In der deutschen Sprache wird es als Sielen-Geschirr bezeichnet. Ein Sprichwort für große Kraftentfaltung lautet »sich in die Sielen legen«. Sprachlich ist »Siele« mit »Seil« verwandt und auf die indogermanische Wurzel »sai« mit der Bedeutung »binden« zurückzuführen.

Während des 5. und 6. Jahrhunderts n. Chr. kam in China eine Geschirr auf, das die Zugbelastung auf die Schultern des Pferdes übertrug und als Schultergeschirr bezeichnet wurde. Das Pferd konnte im Schultergeschirr

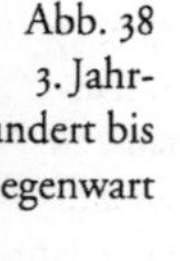

Abb. 38
3. Jahr-
undert bis
Gegenwart

Brustblatt-(Sielen-)Geschirr

auch unter Schwerstbelastung ungehindert atmen. Das wesentliche an diesem Geschirr ist ein kragenartiger, gepolsterter Stoff- oder Lederbalg, der dem Pferd über den Hals gestülpt wird. Die in Schulterhöhe ansetzenden Zugstränge übertragen die Zugkraft auf das Fahrzeug (Abb. 39). Das Schultergeschirr ist vermutlich im Laufe des 9. Jahrhunderts n.Chr. nach Europa gelangt. Sein charakteristischer Balgkragen wurde mit dem slawischen Wort »Kummet« und das Ganze als »Kummetgeschirr« bezeichnet. Im Kummetgeschirr konnte das Pferd im Vergleich mit antiken Halsgeschirren die drei- bis vierfache Zugleistung übertragen. Bei entsprechend geringerem Leistungsbedarf reichte deshalb oft ein Pferd. Für leichte Fahrzeuge entwickelten die Chinesen daraufhin die Gabeldeichsel. Die römischen Straßen gestatteten es ebenfalls, leichtgebaute Zweiradwagen einspännig zu fahren. Daher war auch für diese zu Zeiten des Römischen Reiches die Gabeldeichsel in Gebrauch. Ein Beispiel dafür zeigt ein römisches Sarkophagrelief des 3. Jahrhunderts aus Trier (Abb. 40).

Mit dem Schultergeschirr war das Pferd dem Rind als Zugtier überlegen, weil es seine größeren Schnelligkeit voll zu Geltung bringen konnte. Die Stellmacher waren gezwungen, die Fahrzeuge den Anforderungen anzupassen. Impulse zu Entwicklungen gingen nun vor allem von der Verwendung des Pfer-

Abb. 39
5./6. Jahrhundert bis Gegenwart

Schulter-(Kummet-)Geschirr

Reliefdarstellung eines Karrens mit Gabeldeichsel

des als Zugtier aus. Im Französischen wurden pferdegezogene Radfahrzeuge als »hippomobile« bezeichnet. Dieses Hybridwort ist wie »automobile« aus dem lateinischen Wort »mobilis«, beweglich, und einem griechischen Wort, hier »hippos« (ιππος), Pferd, zusammengesetzt. Wie bei »automobile« wird das Substantiv »voiture«, Wagen, weggelassen. »hippomobile« bedeutet also »durch das Pferd beweglicher Wagen«. In der deutschen Sprache nimmt das Hybridwort analog zu »Automobil« die Form »Hippomobil« an.

Die »Kutsche« war zunächst nur Herkunftsbenennung und wurde erst später zur Gattungsbezeichnung. Da »Automobil« und »Hippomobil« Hybridwörter gleicher Struktur sind und der Begriff »Hippomobil« alle pferdegezogenen Fahrzeuge umfaßt, werden im folgenden Pferdefuhrwerke bevorzugt als »Hippomobile« bezeichnet.

Die Erfindung des Hufeisens ermöglichte es, Pferde universell und weitgehend unabhängig von der Geländebeschaffenheit einzusetzen.

Der frühmittelalterliche Wagen weist drei wesentliche Neuerungen auf: das Ortscheit, den Rad- und Achsensturz und als drittes eine schwingende Wagenkastenaufhängung. Das Ortscheit war Bestandteil des Geschirrs und leitete die Zugkraft immer im selben Punkt ins Fahrzeug ein. Das Fahrzeug wurde also immer ähnlich belastet, konnte entsprechend stabil ausgelegt und schneller bewegt werden. Um es schneller bewegen zu können, mußten aber zuerst die Fahreigenschaften verbessert werden.

Bei der üblichen zweispännigen Anschirrung erfolgte die Kraftübertragung vom Zugtier auf das Fahrzeug über ein »Wagscheit« oder »Schwengel« genanntes Querscheit. Die Ortscheite waren an beiden Enden des Schwengels angebracht. In der Mitte des Schwengels war ein Lagerbolzen eingelassen, über den die Zugkraft in den Wagen, meist über den Langbaum, eingeleitet wurde (Abb. 41).

Ein weiterer Schwachpunkt des Wagens war die Sicherung des Achslagers. Auf das Achsende, den Achszapfen bzw. -schenkel, war das Rad aufgesteckt. Der Vorstecker sicherte es gegen seitliches Abgleiten. Die Nabe des Rades lief an der inneren Stirnseite am Achskörper bzw. der Stoßscheibe (s. Abb. 42), an

Abb. 41
um 1476

Zweispännige Ortscheit-Anschirrung mit zwischengeschaltetem Wagscheit oder Schwengel (Budapest)

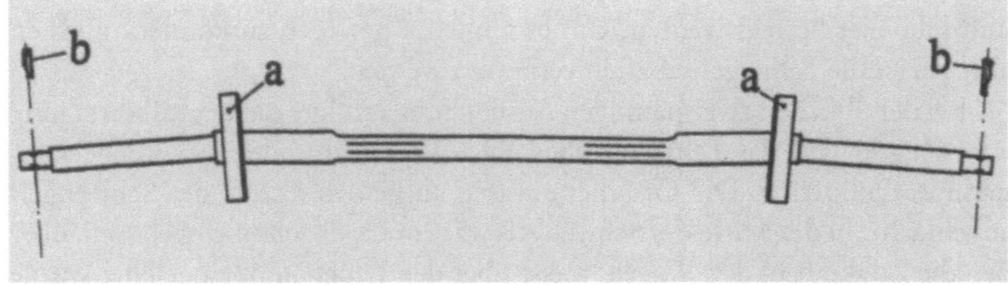

Achse mit gestürzten Achszapfen (Achsschenkeln). Die Stoßscheiben *(a)* sind mitgestürzt, um der inneren Nabenstirn eine parallele Anlauffläche zu bieten. Der Vorstecker *(b)* fixiert die Radnabe auf dem Zapfen

der Außenseite am Vorstecker an. Da der Durchmesser des Achsschenkels begrenzt und der Vorstecker durch eine Bohrung im Achsschenkel gesteckt war, konnte der Vorstecker selbst nicht beliebig groß werden. Er bot in Verhältnis zum Achskörper bzw. der Stoßscheibe wesentlich weniger Anlauffläche. Fahrbahnunebenheiten ließen das Rad zwischen Stoßscheibe und Vorstecker hin- und herschlagen. Der Vorstecker war der Belastung auf Schub durch die Nabe oft nicht gewachsen und brach. Das Rad konnte dann vom Achszapfen gleiten und das Fahrzeug umkippen. Die Wagner behoben diesen Mangel durch ein Abwärtsbiegen der Achszapfen, was sie als »Achsensturz« oder »Achsenstürzung« bezeichneten (Abb. 43). Das auf diese Achse montierte Rad war oben nach außen »gestürzt«. Ein Rad, das gegen die Senkrechte nach außen geneigt ist, hat »positiven Sturz«, auch »Radsturz« oder »Radstürzung« genannt. Da das »gestürzte« Rad sich aufrichtet, wird der Vorstecker entlastet und die Gefahr, daß er zerbricht, verringert.

Der Achsensturz hatte aber auch einen nachteiligen Gesichtspunkt. Die Speiche, die gerade unter der Achse stand und die ganze Radlast trug, war durch die Schrägstellung des Rades neben dem Knickmoment zusätzlich mit einem Biegemoment beaufschlagt (Abb. 43). Damit waren die Speichen des durch Achsensturz gestürzten Rades einer erhöhten Bruchgefahr ausgesetzt. Die Wagner halfen ab, indem sie die Speichen schräg stellten (Speichensturz). Wenn man den Achsensturz auf den »Gegensturz« oder »Speichensturz« abstimmte, war die mit der Radlast belastete Speiche senkrecht zur Fahrbahn und daher ohne Biegemoment (Abb. 44).

Der Radsturz hatte auch noch andere Vorteile. Zwischen den schräggestellten Rädern war nach oben mehr Platz für den Wagenkasten. Seit dem Römischen Reich gab es gesetzlich vorgeschriebene Höchstabmessungen, die sich vornehmlich auf die Spurweite bezogen. Sie beschränkten damit auch die Breite des Wagenkastens (Abb. 45). Bei nicht gestürzten Rädern war ein brei-

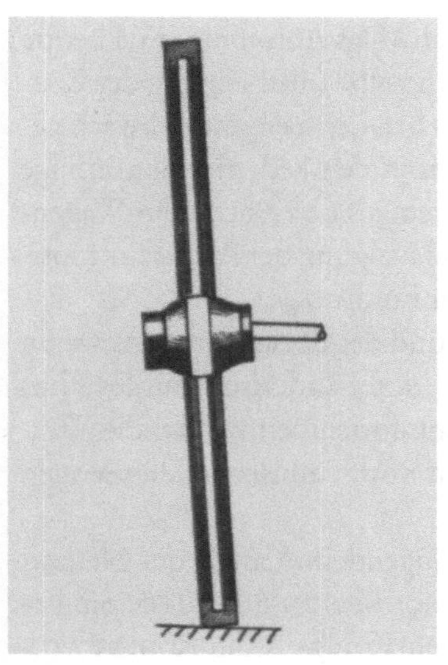

Abb. 43

Rad mit Sturz durch Achsensturz

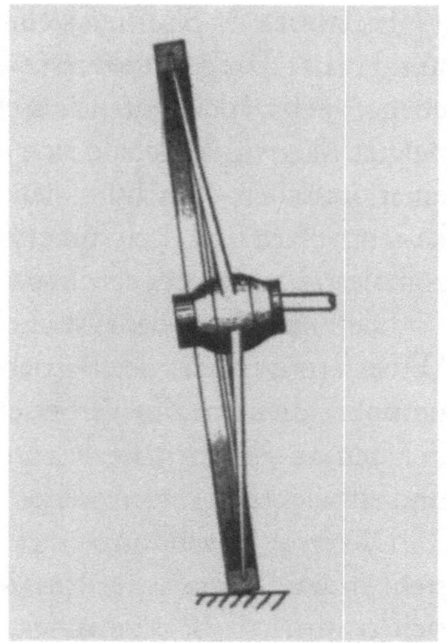

Abb. 44

Rad mit Sturz durch Achsensturz und Speichensturz

Abb. 45

Räder mit Sturz gestatten eine Breitenzunahme im Sturzwinkel des Wagenkastens, die in der Herstellung keine Schwierigkeiten bereiten

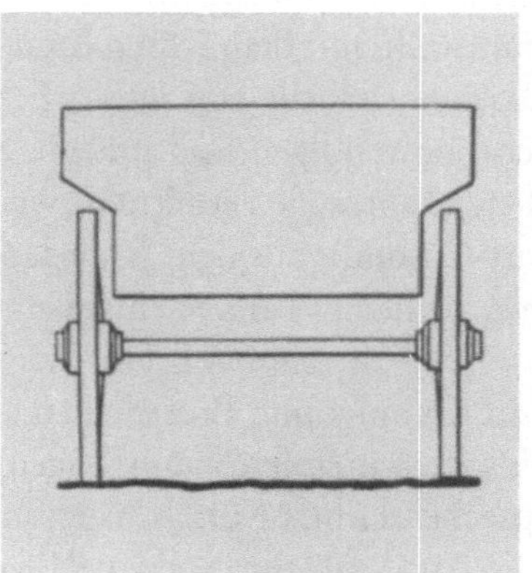

Abb. 46

Räder ohne Sturz ermöglichen die Verbreiterung des Wagenkastens nur durch eine in der Herstellung aufwendige Auskragung oberhalb des Radkranzes

ter Wagenkasten nur durch eine technisch aufwendige Auskragung oberhalb der Räder zu verwirklichen (Abb. 46). Außerdem zeigte sich, daß man mit gestürzten Rädern leichter aus Furchen und Fahrrinnen in hartem Boden herausfahren konnte. Die bedeutendste Auswirkung des Radsturzes wurde erst im Verlauf des 19. Jahrhunderts erkannt: der Lenkwiderstand wird geringer.

L. Baudry de Saunier stellte in seinem Buch »Das Automobil in Theorie und Praxis«, Band II, 1901 fest: »Übrigens trägt dieselbe (die Neigung der Radebene) auch zu dem guten Aussehen des Wagens bei, denn ein nur schwach geneigtes Rad würde, sobald sich der Wagenkasten in den Federn senkt, infolge einer optischen Täuschung den Eindruck machen, als ob er sich dem Wagenkasten nähern und nach innen fallen wollte. Die Neigung der Achse zur Horizontalen beseitigt jedoch diesen unvorteilhaften Eindruck.«

Die Einführung des Ortscheites, des Achs- und des Speichensturzes waren Verbesserungen, die der Betriebssicherheit und den Fahrleistungen des Hippomobils dienten. Zur Verbesserung des Fahrkomforts übernahmen die Wagner den an Kipfen aufgehängten Wagenkasten vom römischen Reisewagen und entwickelten diesen weiter.

Die erste Erwähnung eines Wagens mit hängendem Kasten der Neuzeit steht in der Chronik des Johannes Archidiaconus von Küküllö. Sie berichtet über das Begräbnis des 1343 verstorbenen Königs Karl Robert von Ungarn und erwähnt einen »currus mobilis« bzw. »currus ostilarius« (inkorrekte Schreibweise von »currus oscillarius«, das bedeutet »schwingender Wagen«)

Wie der Chronist Villaret ausdrücklich feststellt, waren Fahrzeuge dieser Art in seiner französischen Heimat noch unbekannt. Er beschrieb ein solches Fuhrwerk, mit dem König Karl VI anläßlich seiner Trauung mit Isabeau de Baviere (Isabella von Bayern) 1385 in Paris einzog, als einen »schaukelnden, sehr aufwendigen und prächtigen Wagen«. Eine Vorstellung vom Aussehen dieser Fahrzeuge vermitteln zwei Miniaturen im Breslauer Codex der »Froissart-Chronik« aus dem Jahre 1468. Eine davon zeigt den Einzug der Königin von Sizilien in Paris in einem currus oscillarius (Abb. 47).

Das Fahrzeug wird von vier Pferden gezogen, die in einer Kombination von Kummet und Brustriemen angeschirrt sind. Das links laufende Tier wird als sog. »Sattelpferd« vom Wagenführer geritten. Der Wagenkasten ist dementsprechend ohne Kutschensitz und hängt an vier auswärts gebogenen Kipfen. Die Art der Hängeelemente ist nicht erkennbar. Ein indirekter Hinweis auf eine lenkbare Vorderachse sind die im Vergleich zu den Hinterrädern deutlich kleineren Vorderräder. Der hölzerne Wagenkasten, der in der Höhe etwa mit den Hinterrädern abschließt, ist tonnenartig überdacht. Ein Gerüst aus Querspanten, die mit Spannholmen in Fahrtrichtung verbunden sind, trägt eine Plane. An den überstehenden Enden der Spannholme sind zur Verzierung scheibenförmige Knöpfe angebracht. Eine zusätzliche Plane gestattet, die beiden Einstiegöffnungen völlig zu schließen. Auf den Boden gelegte Kissen dienten als Sitzgelegenheit. Mit dieser Dachkonstruktion, dem »Kobel«, ausgestattete Wagen heißen »Kobelwagen«. Mit »Kobel« wurden in Süddeutschland enge, verschlagartige Behausungen, aber auch kugelförmige Nester, wie sie

Abb. 47
5./6. Jahr-
hundert bis
Gegenwart

Aus dem Breslauer Kodex der »Froissart-Chronik«: Einzug der Königin von Sizilien in Paris; Kobelwagen mit Drehschemel, wegen der Wagenkasten-Aufhängung als »currus oscillarius« bezeichnet

beispielsweise Eichhörnchen aus pflanzlichem Material anfertigen, benannt.
Die tragende Konstruktion des Daches war beim Kobelwagen ein Gerüst.
Dieses Gerüst war z.T. oder ganz mit Stoff bespannt. Das Fahrzeug konnte also
offen oder geschlossen benutzt werden. Daraus entwickelten sich alle Kasten-
bauarten, die später als »halboffen« bezeichnet wurden.

Mit dem Kobelwagen wurde die schwingfähige Kastenaufhängung eingeführt. Die schwingfähige Kastenaufhängung löste die ursprüngliche Konstruktion des selbsttragenden Oberwagens, wie ihn beispielsweise die »Standarte von Ur« (Abb. 13) zeigt, ab. Um den Kasten auch für höhere Geschwindigkeiten auf schlechten Straßen schwingfähig lagern zu können, brauchte man zunächst ein ausreichend stabiles Fahrgestell. Im 19. Jahrhundert wurde der Boden des Oberwagens erstmals mit eisernen Bodenschienen verstärkt. An diesen Längsversteifungen war der Oberwagen an stählernen Doppelelliptikfedern aufgehängt. Die Kopplung des Oberwagens an das Fahrgestell war also erstmals elastisch. Das Fahrgestell war ohne Langbaum (Abb. 48). Diese selbsttragende Kastenkonstruktion tauchte erst in den dreißiger Jahren des 20. Jahrhunderts beim Automobil wieder auf.

Der Kobelwagen mit aufgehängtem Kasten war im 16. Jahrhundert allgemein verbreitet. Dabei setzte sich die Anordnung der Kipfen an den Stirnseiten des Wagenkastens durch, weil die zur Verbesserung des Schwingverhaltens erforderliche Vergrößerung des Kipfenabstands in Fahrtrichtung eher möglich war als quer dazu. Seit dem Römischen Reich war nämlich nur die Spurweite, nicht aber der Radstand reglementiert worden. Der Breite der Wagen, und damit der Spurweite, waren durch die Straßenbreite Grenzen gesetzt. Die Ver-

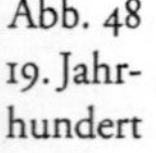

Abb. 48
19. Jahrhundert

Leichter Vierradwagen ohne Langbaum der Bauart »Duc«

lagerung der Kipfen von den Längs- auf die Stirnseiten hatte sich wegen der günstigeren Aufhängung des Wagenkastens bewährt. Deshalb wurden die c- oder s-förmig geschwungenen Federpakete, die die Kipfen im Verlauf des 18. Jahrhunderts ablösten, an denselben Stellen eingebaut. Wagen mit in Kipfen hängendem Kasten wurden im 16. Jahrhundert in Schwedisch mit »hengiande wagn« und in Deutsch mit »behangener Wagen« bezeichnet.

Dieses Verbindungskonzept von Unter- und Oberwagen des späten Mittelalters war eine Weiterentwicklung der bei den römischen Wagen reda und carruca ausgeführten Wagenkastenaufhängungen. Im selben Jahrhundert wurde das bis dahin nur Frauen, Kranken und den höheren Klassen vorbehaltene Pferdefuhrwerk auch für den Adel gesellschaftsfähig, obwohl mancher Landesherr Tadel und Erlasse dagegenhielt. Damit konnte jedoch der Umschwung nicht aufgehalten werden. An den europäischen Fürstenhöfen gab es immer mehr prunkvolle Repräsentationsfahrzeuge. Aus einem Inventar des königlichen Marstalls zu Paris geht hervor, daß im Jahr 1576 ein »Karosse« genannter Prunkwagen am Königshof eingeführt wurde. In Italienisch hieß ein solcher Prunkwagen »carrozza«. Die Bauform des Wagenkastens der Karosse läßt darauf schließen, daß der Wagen eine Weiterentwicklung des Kobelwagens ist. Das Dach ist auf einen Baldachin reduziert, der von vier Eckpfosten – und nötigenfalls zusätzlich von vier Binnenpfosten – gestützt wurde. Diese Aufbauform wurde schon beim römischen »pilentum« (Abb. 49) und verschiedenen Typen der römischen Sänfte, beispielsweise der »sellula« (Abb. 50) verwendet. Der an den Seiten offene Baldachin gab den Blick auf die Insassen frei.

Der römische Senat war der Auffassung, es sei nur für Vestalinnen und ehrwürdige Matronen schicklich, das pilentum zu benutzen. Dies waren Repräsentantinnen des Staatskultes, das pilentum wurde deshalb zum Kultwagen. Da im Römischen Reich die Eheschließung ebenfalls eine Kulthandlung war, konnte das pilentum auch als Hochzeitswagen in Dienst genommen werden. So wurde auch der »Brautkobel« und der später als Karosse gestaltete »Brautwagen« des 16. Jahrhunderts verwendet. Hauptsächlich war die Karosse jedoch das Repräsentationsfahrzeug der Könige, Minister und Botschafter.

Die Baldachin-Karosse hatte den Kobelwagen abgelöst. Die weitere Entwicklung brachte den geschlossenen Kasten hervor. Vom Baldachin wurde das Skelett übernommen. Die Stützpfosten trugen die Baldachindecke über einem rechteckigen Grundriß. Die Verkleidung aus Stoff war von Zierwerk und Holztafeln, Fenster- und Einstiegöffnungen durchbrochen. Durch eine ähnliche Entwicklung war möglicherweise der massive Redakasten aus dem Oberwagen des pilentum hervorgegangen. Auch die heutige Automobilkarosserie geht strukturell aus der Skelettbauweise des Baldachins hervor. Die Stützpfosten des Baldachins wurden »Säulen« genannt, die klassische Gliederung wie

Abb. 49
Römisches
Reich

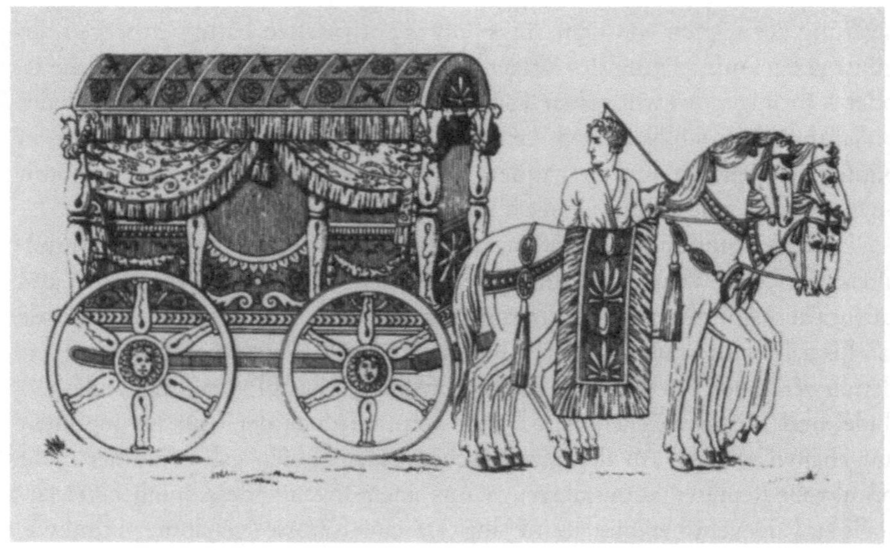

Vierspänniger mit Baldachintonne überdachter Kultwagen, der als »pilentum« bezeichnet wurde

Abb. 50
Römisches
Reich

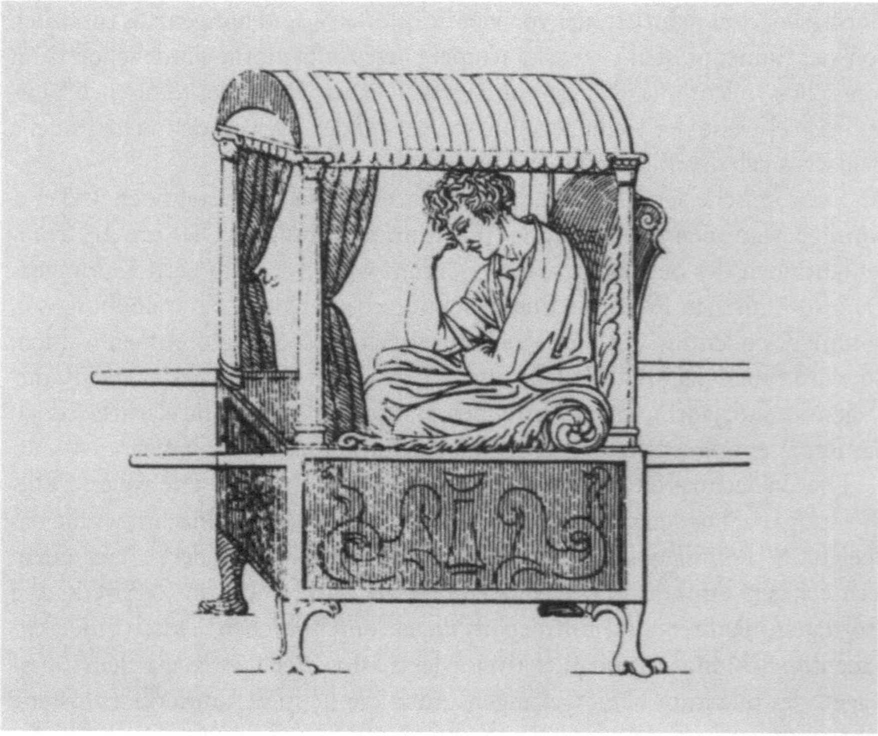

Mit Baldachintonne überdachte Sänfte, die als »sellula« bezeichnet wurde

bei der architektonischen Säule in Basis, Schaft und Kapitell ist in Abb. 50 klar zu erkennen. Auch beim heutigen Automobil werden die Pfosten, die das Dach tragen, von vorne nach hinten noch als A-, B- und C-Säule bezeichnet.

Aus dem Kobelwagen ging im 16. Jahrhundert neben der geschlossenen Karosse ein Wagentyp mit »halbgeschlossenem« Wagenkasten hervor. Der Oberwagen konnte nach Wunsch geöffnet oder geschlossen werden. Die Tonnenbügel des Kobels waren an ihren unteren Enden in einem Drehpunkt fächerartig zusammengefaßt. Die Tuch- oder Lederplane zwischen den Bügeln konnte gespannt werden, indem man die Bügel aufrichtete. Der Oberwagen war bei aufgerichteten Bügeln und gespannter Plane verdeckt, der Innenraum gegen Witterungseinflüße abgeschirmt. Faltete man das Dach zusammen, so wurde die Plane zwischen den einzelnen Bügeln zusammengelegt, der Wagen war nach oben offen. Die Abb. 51 zeigt einen Holzschnitt von GEORG LANG aus dem Jahre 1593, der Wagen des Erzherzog ERNST VON ÖSTERREICH ist dargestellt. Am festen Unterteil des Wagenkastens sind zwei Faltdächer angebracht. Die Drehpunkte der Dächer sind links und rechts des Einstiegs. Die Abb. 52 zeigt einen weiteren »Rollwagen« mit Doppelverdeck, den Wagen der Kammerdiener des Königs LEOPOLD VON UNGARN UND BÖHMEN. Dieser Kasten-

Abb. 51
1593

Holzschnitt von GEORG LANG; Rollwagen des Erzherzogs ERNST VON ÖSTERREICH mit zwei gegeneinander aufschlagbaren Faltverdecken, der Eingangsbereich zwischen den Sitzen bleibt offen

JOHANN CHRISTIAN GINZROT: Rollwagen der Kammerdiener des Königs LEOPOLD VON UNGARN UND BÖHMEN

typ entwickelte sich im 18. Jahrhundert weiter zum »Landauer« und später in der »koupierten« Automobil-Variante zum »Landaulet« (Abb. 53).

Im Laufe des 17. Jahrhunderts wurden die Fensteraussparungen verglast. Ein Beispiel für eine halboffene, teils verglaste Karosse, die in Deutschland auch als »Gläserwagen« bezeichnet wurde, ist der Reisewagen des Königs PHILIPP III VON SPANIEN aus dem Jahre 1618 (Abb. 54). Die hier schon angedeutete Trapezform der Langseiten des Oberwagens wurde in der Folgezeit stärker betont. Sie gehörte wie die in den Einstieg integrierten Trittkästen und der zwischen den vorderen Kipfen angebrachte Kutschersitz zu den charakteristischen Merkmalen der Karosse.

Abb. 53
1910

BENZ-PARZIFAL, 24/39 PS, Landaulet

Reisekarosse des Königs PHILIPP III VON SPANIEN

Römische Wagner verbesserten um 1650 die Wendigkeit des lenkbaren Hippomobils. Sie kröpften den Langbaum hinter dem Vorderachsschemel nach oben zum »Schwanenhals«. Der »Schwanenhals« war aus Schmiedeeisen gefertigt. Klein genug bemessene Vorderräder konnten den Langbaum beim Wenden frei unterlaufen. Der Bogen des Schwanenhalses wurde deshalb auch »Durchlauf« genannt (Abb. 55). Diese Gestaltgebung der Langwiede war von dem jeweils verwendeten Oberwagen völlig unabhängig.

Karosse der Königin MARIA FRANCISCA VON PORTUGAL; Langbaum mit Schwanenhals

Gegen Ende des 17. Jahrhunderts war der Wandlungsprozeß vom offenen in den geschlossenen Wagenkasten beendet. Der Wagentyp mit geschlossenem Aufbau wurde zu der Zeit als »Kutsche« bezeichnet. Wie schon angedeutet, ist damit die Herkunft dieser Wagengattung aus dem ungarischen Ort Kocs zum Ausdruck gebracht. Die Bezeichnung »Kutsche« ersetzte die bis dahin gebräuchlichen Typennamen »reda« bzw. »currus oscillarius«. Mit dem Ausdruck »Kutsche« wurde ursprünglich jedoch nicht ein geschlossener Wagen mit aufgehängtem Kasten bezeichnet, sondern ein offener, leichter Bauernwagen. Dessen aus leiterartigem Rahmenwerk und Weidengeflecht bestehender Kasten war fest auf den Achsblöcken montiert (Abb. 56). Dieser Fahrzeugtyp gelangte 1509 durch den Kardinal IPPOLITO D'ESTE von Ungarn nach Italien und wurde dort als »cocchio« bezeichnet. Als LUCREZIA BORGIA ihren Besuch bei der Herzogin URBINO vorbereitete, wandte sie sich mit der Bitte an den Kardinal, ihr mit einem solchen Wagen auszuhelfen. Dabei bezeichnete sie ihn einfach als »l'ongaro«, d.h. »der Ungar«. Der österreichische Staatsmann und Historiker Freiherr SIGMUND VON HERBERSTEINE bezog »Kutsche« eindeutig auf den Ort Kocs. 1518 reiste er in einem solchen Fahrzeug, das er »Kotschi-Wagen« nannte, nach Buda. In der zeitgenössischen Literatur erscheint auch der Ausdruck »Gutsch-Wagen«. Die Ungarn nannten diese Fahrzeugart »kocsi szeker« und unterschieden sie ausdrücklich von dem Wagen mit hängendem Kasten, den sie mit dem Wort »hinto« bezeichneten. Trotzdem wurde in allen

Abb. 56
1568

Ungarischer Kotschi-Wagen als Korbwagen, wie er aus dem Leiterwagen mit nichtlenkbarer Vorderachse hervorging

europäischen Sprachen »behangene Wagen« mit geschlossenem Kasten mit aus dem Ortsnamen Kocs abgeleiteten Worten bezeichnet.

Da die Karosse vor allem zum Repräsentieren benutzt wurde, war sie meist reich dekoriert. Besonders eindrucksvoll war der reiche Figurenschmuck an den zu Gestellbrücken zusammengefaßten Kipfenpaaren (Abb. 57). Die barocke Pracht der allgemein als »Grand carrosse« bezeichneten Zeremonienwagen entfaltete sich während des 18. Jahrhunderts voll (Abb. 58).

Für den Alltag brauchte man einen komfortablen, aber schlichteren Wagentyp. Im letzten Quartal des 17. Jahrhunderts verbreitete sich die »Berline« von Frankreich aus und wurde bald zum beliebtesten Allzweckwagen. Als Erfinder der Berline gibt der Schriftsteller CHRISTOPH FRIEDRICH NICOLAI (1733-1811) den Generalquartiermeister des in Berlin residierenden Kurfürsten FRIEDRICH WILHELM VON BRANDENBURG, PHILIPPE DE CHIEZE, an. Zwischen 1661 und 1663 hatte dieser einen Reisewagen in Auftrag gegeben und war mit

Abb. 57
Ende
17. Jahrhundert

Gala-Karosse des EARL OF CASTLEMAINE; Rückansicht der zu einer reich verzierten Gestellbrücke zusammengefaßten Kipfen über deren Hinterachsblock

Gala-Karoß-Coupé des Königs LUDWIG II VON BAYERN

diesem nach Paris gefahren. Das Fahrzeug erregte so große Aufmerksamkeit, daß es nachgebaut wurde. Da es in Berlin gebaut worden war, wurde es als »Berline« bezeichnet. Da aber erst 1699, das sind mehr als 30 Jahre nach der Erteilung des Auftrags zum Bau des Fahrzeugs, die Bezeichnung »Berline« zum ersten Mal verwendet wurde, erscheint Nicolais Schilderung zweifelhaft.

Das Hauptmerkmal der Berline war eine verbesserte Aufhängung des Oberwagens an zwei parallelen Langwieden (Abb. 59). Der Abstand der Langwieden betrug etwa Wagenkastenbreite. Zwischen ihnen war hinter dem Kutschbock ein Querholz eingefügt, an dem zwei lange Lederriemen befestigt waren. Die Riemen, die den Wagenkasten trugen, konnten über eine im Hintergestell liegende Zahnradwinde gespannt werden. Um einen ausreichenden Federweg des Kastens zu gewährleisten, waren die Langwieden unterhalb der Riemen abwärts gekrümmt. Die Trittkästen zum Besteigen des Wagens waren immer unten an den Wagenkasten angehängt gewesen. Da jetzt aber auf beiden Seiten unterhalb des Wagenkastens die Langwieden verliefen, mußten statt der Trittkästen am Oberwagen an den Langwieden Trittbretter angebracht werden. Auch wenn eine Berline reich verziert war und als »Galawagen« oder »Galakut-

Abb. 59
um 1720

Entwurfszeichnung zu einer Berline

Abb. 60
1738

Berline als Galawagen; sogenannter Goldener Wagen des Hauses LIECHTENSTEIN

sche« (Abb. 60) zu Repräsentationszwecken eingesetzt wurde, konnte man sie anhand der Kastenaufhängung von der »grand carrosse« (Abb. 61) unterscheiden.

Zu Beginn des 17. Jahrhunderts beschäftigten sich die Wagenbauer mit der Konstruktion eiserner Federn zur elastischen Kopplung von Wagenkasten und

Karosse als Kaiserlicher Krönungswagen des Wiener Hofes (*grand carrosse*)

Achsen. Die älteste überlieferte Konstruktion stammt von dem Venezianer FAUSTO VERANZIO und ist ca. auf das Jahr 1615 zu datieren (Abb. 62).

Die Berline erhielt gegen 1730 ein neuartiges Federungssystem, das aus der Aufhängung des Wagenkastens der Karosse hervorging (Abb. 63). Die bis dahin in sich steifen Kipfen wurden durch Blattfederpakete ersetzt. Da die Federn zum Wagenkasten hin gekrümmt waren, wurden sie als »c-Federn« bezeichnet. Ihre oberen Enden waren zu Ösen gebogen. Da die c-Federn so hoch waren, konnte der Wagenkasten nicht mehr wie seither auf Höhe der Langbäume auf vorgespannte Lederriemen aufgesetzt werden. Längs des Kastenbodens wurde ein Stahlband angebracht. Dessen beiderseits überstehende Enden waren zu Ösen aufgebogen. Zwischen den Ösen der c-Federn und der Stahlbänder war ein Lederriemen gespannt. Dieses modifizierte Aufhängesystem erhöhte den Fahrkomfort der Berline bedeutend und machte sie beliebt. Die Berline wurde auch in – auf den jeweiligen Verwendungszweck zugeschnittenen – Varianten gebaut. Dies waren z.B. die Stadtberline für den innerstädtischen Verkehr, die Postkutsche für den kommerziellen Überlandverkehr und der prunkvolle Galawagen für Zeremonien an Königshöfen. Außerdem wurde – wie schon von der Karosse – auch von der Berline ein kleinerer zweisitziger Wagentyp abgeleitet. Die Enstehung des kleineren Wagens läßt sich durch Wegschneiden der Frontpartie des Berline-Kastens einschließ-

Entwurfszeichnung zu einer Berline

Berline mit an c-Federn aufgehängtem Kasten; Langwieden mit Schwanenhals

lich der beiden Vordersitze denken (Abb. 64). Dieser gedankliche Vorgang wurde in Französisch als »couper« (abschneiden), der entstandene Wagenkasten als »Coupé«, also das Abgeschnittene, bezeichnet. In Italienisch hieß der kleine Wagen »Berlinetta«, was »Berlinchen« oder »Kleinberline« entspricht. Im Coupé befand sich die in der Berline mittig angeordnete Einstiegtür nun im Vorderteil des Wagenkastens. Damit der gewölbte Boden über eine möglichst große Länge auf den Traggurten bzw. den Stahlbändern aufliegen konnte, wurde er über die Senkrechte zur Vorderwand hinaus verlängert. Die Vorderwand wurde in ihrem unteren Teil entsprechend aufwärts verlängert. So entstand als charakteristisches Merkmal des Coupés ein spornartiger Vorsprung. Dieser »Coupé-Sporn« tauchte, obwohl er längst funktionslos geworden war, noch an Automobil-Karosserien bis zum Ende der dreißiger Jahre auf (Abb. 65 und Abb. 66).

Die Verkehrstauglichkeit des geschlossenen Reisewagens wurde stets gesteigert, indem einzelne Bauelemente verbessert wurden. Begriffe wie »Fahrverhalten«, »Nutzungsfaktor«, »Wirtschaftlichkeit« tauchten mit den Verbesserungen auf. So verbesserte sich das Fahrverhalten durch die Einführung der lenkbaren Vorderachse entscheidend. Auch der Fahrkomfort wurde durch die schwingende Aufhängung des Wagenkastens deutlich gesteigert. Die Wirtschaftlichkeit erhöhte sich mit der Einführung von Geschirren, die die Zugtiere weniger belasteten; so konnte die Zugleistung gesteigert werden. Da-

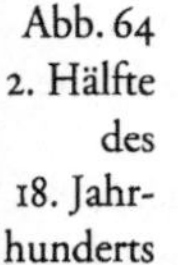

Abb. 64
2. Hälfte
des
18. Jahr-
hunderts

Coupé: beschnittene Variante der Berline

Abb. 65
1925

Werbung der Firma
ALEXIS KELLNER AG:
Cabriolet-Karosserie
mit Coupé-Sporn als
Stilelement

durch erhöhte sich die Fahrgeschwindigkeit. Das Fahrwerk wurde durch die
Einführung des Achsen- und des Speichensturzes und der Stahlfeder der höheren Geschwindigkeit angepaßt.

Zu Beginn des 19. Jahrhunderts waren die Voraussetzungen für den Bau
fahrsicherer, bequemer Wagen größerer Sitzkapazität gegeben. Da der Berline-
und der Coupékasten in sich vollständige Baueinheiten waren, konnten sie auf
einem größeren Langbaum-Fahrgestell hintereinander gesetzt werden. Öffentliche Verkehrslinien waren bereits mit herkömmlichen Fahrzeugen gewinn-
bringend eingerichtet worden. Der Bedarf an großräumigen Fahrzeugen für
den Personenverkehr war vorhanden. Der Entwicklung der Berline zum
Massenverkehrsmittel in zahlreichen Varianten stand in den ersten beiden

N.A.G-Cabriolet Typ v8 mit zurückhaltender Andeutung des Coupé-Sporns

Jahrzehnten des 19. Jahrhunderts nichts mehr im Wege. Da diese Wagen großzügig bemessen und stabil gebaut waren, boten sie die besten Voraussetzungen für den maschinellen Antrieb durch die Dampfmaschine. Andererseits war der Berlinekasten als in sich geschlossene Baueinheit zu Beginn des 20. Jahrhunderts auch gut auf ein Automobil zu montieren. Während in Frankreich und Italien die motorisierte Berline ihren Namen behielt, nahm sie im deutschen Sprachgebrauch die französische Herkunftsbezeichnung »Limousine« an.

ÖFFENTLICHE VERKEHRSLINIEN ZIEHEN DIE ENTWICKLUNG VIELSITZIGER PERSONENWAGEN NACH SICH: POSTKUTSCHE – FIAKER – OMNIBUS

Kaiser MAXIMILIAN I, der mit Italien einen regen Postverkehr unterhielt, beauftragte 1489 JUANITO DE TASSIS mit der Einrichtung einer Verkehrsverbindung dorthin. In den folgenden Jahrzehnten wurde daraus ein Verkehrsnetz. Wegen dieser verdienstvollen Leistung wurde DE TASSIS unter dem Namen THURN UND TAXIS in den Fürstenstand erhoben. Die Fahrzeuge, die auf diesen Verkehrswegen eingesetzt wurden, dienten ebenso wie die des römischen cursus publicus ausschließlich der staatlichen Nachrichtenübermittlung. Es gab allerdings schon zu früherer Zeit vorübergehende Ansätze zur Einrichtung einer allgemeinen Personenpost, zum Beispiel 1479 zwischen Halle und Leipzig. Kurfürst FRIEDRICH WILHELM VON BRANDENBURG führte Ende des 17. Jahrhunderts auf Landesebene eigene Postlinien für den Personenverkehr ein. Außerdem setzte er in der Landeshauptstadt Berlin zwölf Mietwagen ein, deren Benutzung je Person vier Groschen[1] kostete. Dieser sehr niedrige Fahrpreis konnte nur durch eine jährliche Subvention von neunzig Talern je Fahrzeug aufrecht erhalten werden. Aus der Bezeichnung »Drozki« (Дрожкн) für den Petersburger Mietwagen entstand für das Berliner Gegenstück der Name »Droschke«, der sich bald über ganz Deutschland verbreitete. Dieser Ausdruck stammt vom russischen »Daroga« (Допога), Weg.

In England begann die Personenbeförderung gegen Entgelt etwa um 1500. Sie erfolgte seit den vierziger Jahren des 17. Jahrhunderts fahrplanmäßig. In Frankreich bestand bereits im Jahre 1647 eine Verbindung durch Postfahrzeuge zwischen Paris und 40 Städten. Außerdem standen für die Tagesmiete von zehn bis fünfzehn Livres[2] Mietwagen für den Personenverkehr zur Verfügung, deren Benutzung jedoch nur für die wohlhabende Bürgerschaft erschwinglich war. 1641 führte der Pariser Fuhrunternehmer NICOLAS SAUVAGE die stundenweise Vermietung seiner Fahrzeuge ein. Für die erste Stunde verlangte er 36 Sous[3], für

---

[1] verkürzter Ausdruck, der aus der mittellateinischen Münzbezeichnung »denarius grosses« entstanden ist: 1 Groschen = 12 Heller oder Pfennige

[2] »Livre« ist die alte Bezeichnung für »Franc«

[3] 1 Sou = 5 Centimes (vergleichbar mit 5 Pfennig; 1 Centime = ein hundertstel Franc)

Fiaker (»fiacre«) von NICOLAS SAUVAGE

jede weitere 30 Sous. Die Wagen hatten ihren Standplatz vor dem »Hotel de Saint Fiacre«, das mit dem Bildnis dieses Heiligen geschmückt war. In Verbindung damit bezeichnete der Volksmund den Mietwagen des Herrn Sauvage als »fiacres«, was in fast alle europäischen Sprachen übernommenen wurde. Im Deutschen entstand daraus die Bauartbezeichnung »Fiaker« (Abb. 67).

Für die weniger bemittelte Bevölkerung gründete im Jahre 1661 der französische Philosoph und Mathematiker BLAISE PASCAL in Paris eine Verkehrsgesellschaft, die ein Jahr später vom König privilegiert wurde. Ab 18. März des gleichen Jahres verkehrten sieben Kutschen zwischen dem Tor St. Antoine und dem Palais de Luxembourg. Der Fahrpreis für diese Strecke betrug fünf Sols[4] (Groschen). Die Fahrzeuge wurden deshalb als »Carosse a cinq sols«, das heißt »Fünfgroschenkutsche«, bezeichnet. Hier taucht das Wort »carruca« in neusprachlicher Fassung als »Carosse«, im heutigen Deutsch »Karosse«, wieder auf. Nach etwa zehnjährigem Bestehen wurde diese Verkehrseinrichtung eingestellt. Großen Zuspruch erlebte die Überlandverbindung zwischen Paris und Versailles, die täglich zweimal stattfand. Die dazu verwendeten Fahrzeuge, »carabas« genannt, wurden von sechs Pferden gezogen und boten zwanzig bis vierundzwanzig Fahrgästen Platz (Abb. 68). In Preußen wurden 1745 fahrplanmäßig Kutschen zwischen der Residenz Potsdam und der Hauptstadt Berlin eingesetzt. Große Bedeutung für die Verkehrserschließung hatten die 1784 für den Transport von Postsendungen und Fahrgästen zwischen London und Bristol

---

4   Sol ist die ältere Form von »Sou«, die aus der karolingischen Bezeichnung »Solidus« (Schilling) = ein zwanzigstel Livre hervorgegangen ist.

Abb. 68
1760

Modell des Fahrzeugmuseums in Compiègne: Carabas, der die Strecke Paris-Versailles befuhr

Abb. 69
um 1820

Englische Mail-coach im kombinierten Eildienst für Personen- und Postbeförderung. Deutlich ist der Berlinekasten als zentrales Bauelement des 18-24sitzigen Aufbaus erkennbar. Die vorn und hinten angesetzten Kästen dienen als Sitzbänke und zur Aufnahme von Postsachen und Gepäck

eingesetzten Postkutschen des Eildienstes. Es handelte sich um einen neuen Fahrzeugtyp, der als Mail-coach bekannt wurde (Abb. 69). Diese Bezeichnung läßt sich wörtlich mit »Post-Kutsche« übersetzen. Derartige Hippomobile konnten mit Durchschnittsgeschwindigkeiten bis zu elf Meilen in der Stunde, also etwa 17,5 km/h, verkehren und waren damit etwa sechsmal so schnell wie der carabas. In Frankreich wurde für die Eilpost mit der »Diligence«[5], in

---

5   Substantiv zu französisch »diligenter«, was so viel wie »schnell betreiben«, »beschleunigen« bedeutet

Deutschland mit dem »Eilwagen« schnelle Fahrzeugtypen entwickelt, deren Einsatz eine ständige Erweiterung der Verkehrslinien ermöglichte.

Wie zuvor mit dem Fiaker und der »Fünfgroschenkutsche« gingen zu Beginn des 19. Jahrhunderts von Frankreich erneut Bestrebungen aus, das preiswerte Massenverkehrsmittel für jedermann zu verwirklichen. Monsieur BAUDRY erhielt schließlich die Genehmigung, eine Verkehrslinie in Betrieb zu nehmen. Am 30. Januar 1828 richtete er in Nantes zwischen den Thermalbädern und dem Marktplatz einen Pendelverkehr mit Großraumkutschen ein. Sie hatten ihre Haltestelle auf der Place du Commerce vor dem Geschäft eines Hutmachers, der OMNES hieß. Auf einem großen Werbeschild, das dieser an seinem Laden angebracht hatte, wandte er sich an die Käuferschaft mit dem Hinweis, daß seine Erzeugnisse für jedermann da seien. Im Lateinischen bedeutet »omnes« (Nominativ Plural) alle, »omnibus« (Dativ Plural) »allen«. Der Werbespruch »Omnes omnibus« heißt also »Omnes (ist) für alle (da)« bzw »Alles ist für alle da«. Wenn man dieser Überlieferung glauben darf, wurden die Fahrzeuge dieser Linie deshalb »Omnibus« genannt.

In den Jahren 1828 bis 1855 wurden allein in Paris neunzehn Omnibusgesellschaften gegründet, die miteinander in Wettbewerb standen. Eine der bekanntesten setzte weiß lackierte Wagen ein, die aus der konstruktiven Verbindung von zwei Berline-Kästen und einem vorgelagerten Coupé-Kasten hervorgegangen waren (Abb. 70). Durch eine blau abgesetzte Bemalung wur-

Französischer Omnibus, als »Dame Blanche«, »weiße Dame«, bezeichnet; der einheitlich kastenförmige Aufbau zeigt mit der Bemalung seine Entstehung aus zwei Berlinekästen und einem Coupékasten. Der Einstieg ist in die Rückseite verlegt

den diese einzelnen Kastenelemente auf den Seitenflächen der Fahrzeuge ange-
deutet. Diese Stadtomnibusse wurden aufgrund ihrer weißen Bemalung als
»Dame Blanche«, d. h. »Weiße Dame« bezeichnet. Der für alle Omnibusse typi-
sche Hintereingang war über eine dreistufige Treppe erreichbar. In dieser
Bauform wurde das in Frankreich entstandene Massenverkehrsmittel unter der
Bezeichnung »Omnibus« bald von anderen europäischen Ländern übernom-
men. England machte den Anfang. 1829 eröffnete ein Mister SHILLIBEER in
London Verkehrslinien mit Fahrzeugen, die auf ihren Langseiten die Aufschrift
»Omnibus« trugen (Abb. 71). Nur am zur Zierde gewordenen »Coupé-Sporn«
war noch zu erkennen, daß der Wagenaufbau ursprünglich aus mehreren
Wagenkästen zusammengesetzt wurde.

Die erste deutsche Omnibuslinie wurde im Jahre 1835 zwischen Hamburg
und Altona eingerichtet. Im 19. Jahrhundert wurde in Berlin bis in die Außen-
bezirke gebaut. Die Naherholungsgebiete entfernten sich immer weiter vom
Stadtkern. Ohne Wagen konnte man kaum in die grüne Umgebung der
Reichshauptstadt gelangen. Dies rief den kommerziellen Ausflugsverkehr mit
Hippomobilen ins Leben. Er begann zwar schon vor der Jahrhundertwende

Abb. 71
1829

Londoner Omnibus der Firma GEORGE SHILLIBEER. Bis auf den »Coupè-Sporn« war am Kastenaufbau mit
durchgehendem Fußboden nicht zu erkennen, daß er aus einzelnen Kastenelementen konstruiert war

Berliner Omnibus; der »Coupé-Sporn« ist noch erkennbar

mit an der Stadtgrenze verkehrenden Linien. Die vor den Toren der Stadt eingesetzten Fahrzeuge, »Torwagen« genannt, durften die innerstädtischen Straßen nicht befahren. Diese Verkehrszone wurde 1846 durch vier Omnibuslinien erschlossen (Abb. 72). Gegen Ende des 17. Jahrhunderts wurde die Berline durch ihre robuste Bauweise den schlechten Straßen am ehesten gerecht. Aus der Berline entwickelte sich ein sicheres Massenverkehrsmittel. Die robuste Bauweise und das großzügige Raumangebot der »Omnibusse« waren wichtige Voraussetzungen für den Antrieb mit Dampfmaschinen. Über die Entwicklung dieser Maschinengattung von ihren Anfängen als stationäre Großanlage bis zur fahrzeuggerechten Kompaktkonstruktion informiert Kap. 6.

DIE DAMPFMASCHINE:
VON DER STATIONÄREN FEUERMASCHINE
ZUM MOBILEN FAHRZEUGANTRIEB

$\mathcal{E}$s gibt Wärmekraftmaschinen mit »äußerer« und mit »innerer Verbrennung«. Die Dampfmaschine ist, da die Wärmeenergie außerhalb freigesetzt wird, eine Wärmekraftmaschine mit äußerer Verbrennung. Der Entwicklungsprozeß der Dampfmaschine von der schweren, stationären Feuermaschine zum leichteren, mobilen Fahrzeugantrieb dauerte etwa zwei Jahrhunderte. Er soll hier skizziert werden.

JAMES WATT befaßte sich ausschließlich mit der stationären Niederdruckmaschine, die zum Antrieb eines Fahrzeugs zu schwer und daher ungeeignet war. Aus diesen schweren Niederdruckmaschinen ließ sich direkt kein Fahrzeugantrieb entwickeln. Watts Arbeit wird hier deshalb nur kurz gestreift. Die für den Fahrzeugantrieb erforderliche Hochdruckmaschine erschien ihm zu gefährlich. Deshalb war er ein strikter Gegner des Dampfwagens. Dennoch waren seine Erfindungen, die zur Vervollkommnung der stationären Niederdruckmaschine führten, von grundlegender Bedeutung. Sie waren die Basis für die Entwicklung der Hochdruckmaschine zum Fahrzeugantrieb. Dampf als Energieträger zur Gewinnung maschineller Arbeit zu verwenden versuchte zuerst PAPIN. Anders als HUYGENS, der 1673 Schießpulver einsetzte, um den Kolben einer Kolbenmaschine zu bewegen, setzte Papin Dampf ein. Papin veröffentlichte im Jahre 1690 seine dabei gewonnenen Erkenntnisse in lateinischer Sprache unter dem Titel »Nova methodus ad vires validissimas levi pretio comparendas« (Neues Verfahren zur Erzielung größter Kräfte auf billige Weise). Als Versuchseinrichtung verwendete er ein unten geschlossenes, zylindrisches Gefäß, in das dicht anliegend, aber beweglich, ein scheibenförmiger Kolben eingesetzt war (Abb. 73 a). Den Raum unterhalb des Kolbens nahm in das Gefäß eingefülltes Wasser ein. Ein unter dem Gefäßboden entzündetes Feuer brachte das Wasser zum Verdampfen. Der Dampf dehnte sich aus, drückte gegen den Kolben und schob ihn in die Höhe. Die Strecke, um die sich der Kolben während dieses Vorganges hob, wird deshalb als »Hub« bezeichnet. Die beiden Endpunkte der Kolbenbewegung werden »Totpunkte« genannt. Dort kommt der Kolben momentan zum stehen, seine Bewegungsrichtung kehrt sich um. Wurde das Feuer entfernt (Abb. 73 b), so ging der Dampf wieder in seinen flüssigen Zustand über, er kondensierte zu Wasser. Bei diesem Vorgang wurde der zuvor vom Dampf eingenommene Raum, in den

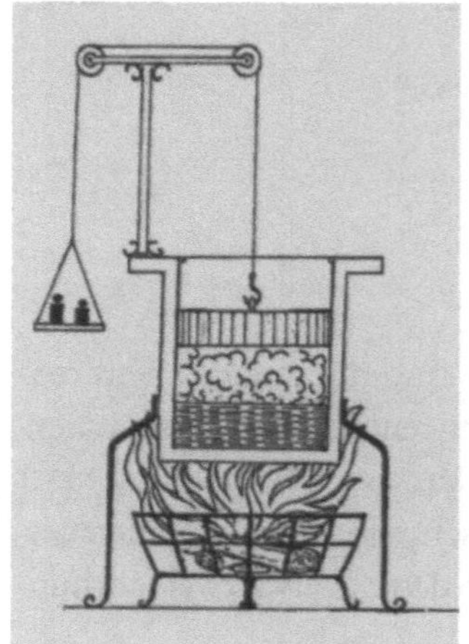

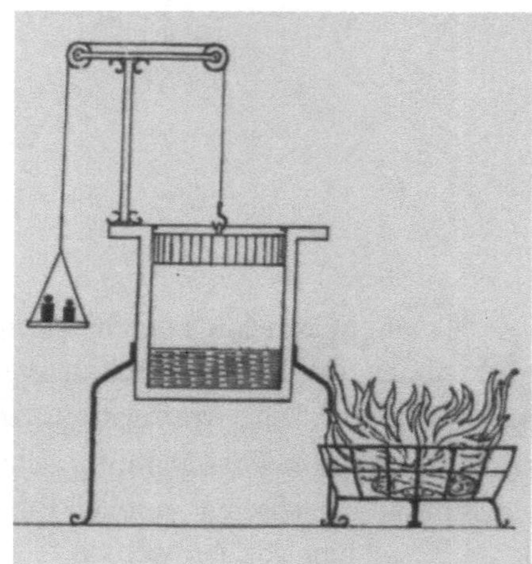

DENIS PAPIN: Experimentierapparat zur Darstellung der Auswirkung des atmosphärischen Luftdruckes auf einen Kolben mit darunter befindlichem Vakuum

die Außenluft nicht eindringen konnte, zu einem luftverdünnten Raum. Diesen luftverdünnten Raum nennt Papin Vakuum. Der atmosphärische Luftdruck, der auf der Oberseite des Kolbens lastete, bewegte den Kolben nun in seine Ausgangsposition, den unteren Totpunkt, zurück. Die hierbei gewonnene mechanische Arbeit ließ sich beispielsweise durch ein umgelenktes Seil zum Heben einer Last nutzen. Die Experimentiermaschine Papins bestand also aus einem Dampfkessel, einem Zylinder und einem Kondensator.

Im Jahre 1698 erbaute der englische Ingenieuroffizier THOMAS SAVARY eine funktionierende Dampfpumpe zur Entwässerung von Bergbauschächten. Der englische Grobschmied und Eisenhändler THOMAS NEWCOMEN, ein Mitarbeiter Savarys, entwickelte im Jahre 1712 aus Papins Konzept eine kontinuierlich arbeitende Maschine (Abb. 74). Die dazu erforderlichen Änderungen bestanden vornehmlich in der baulichen Trennung von Zylinder und Kessel und in der Hinzufügung eines geeigneten Bauelementes für die Kraftübertragung vom Kolben auf die anzutreibende Maschine. Diese Maschine war zunächst eine Kolbenpumpe zur Entwässerung von Bergwerksgruben. Die für Antriebsmaschine und Entwässerungspumpe übliche stehende Bauart und die entgegengesetzte Bewegungsrichtung des Arbeitshubes legten die Kraftübertragung fest. Zwischen beiden Maschinen war dazu ein mittig gelagerter Balken, »Schwingbaum« oder »Balancier« genannt, angebracht. Seine Gesamtlänge entsprach dem Abstand der Mittelachsen der Maschinenzylinder und war auf den »Hub« abgestimmt. An jedem Ende des Schwingbaumes war ein Kreissegment, der »Krümmling«, befestigt, dessen Radius der halben Balken-

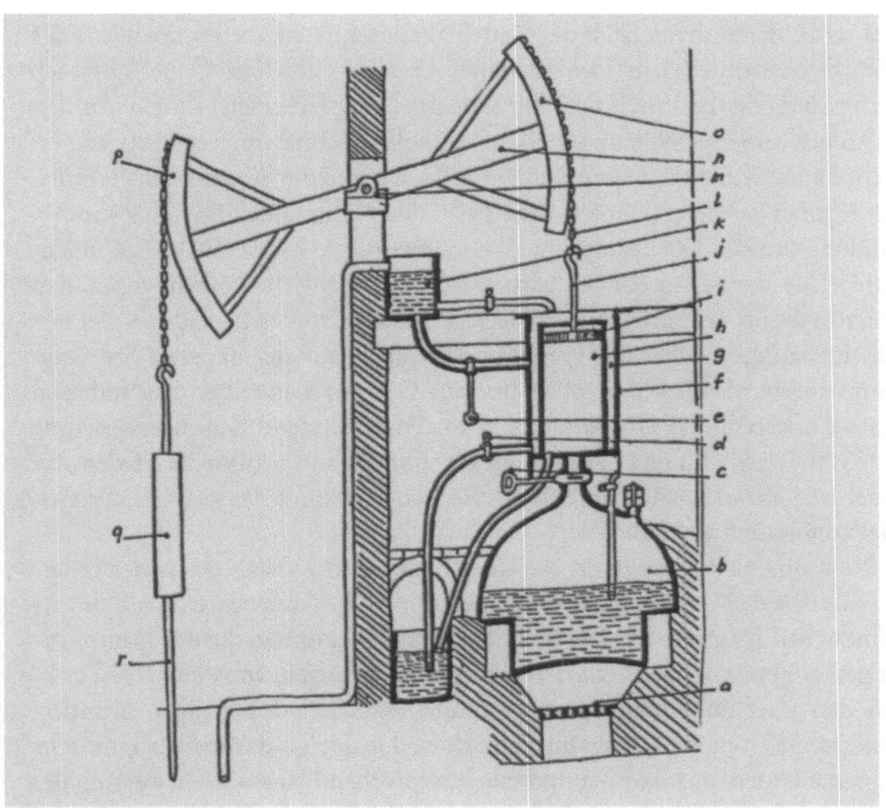

Funktionsschema NEWCOMEN-Feuermaschine, Arbeitsweise nach dem atmosphärischen Prinzip: der Dampf wird unterhalb des Kolbens mittels Kühlwasser kondensiert. Den Krafthub bewirkt der Druck der atmosphärischen Luft auf die Kolbenoberseite gegen das darunter erzeugte Vakuum. *a)* Feuerstelle, *b)* Kessel, *c)* Dampfeinlaßhahn, *d)* Kühlwasserhahn (Ablauf), *e)* Kühlwasserhahn (Zulauf), *f)* Kühlwassermantel, *g)* Hohlraum, *h)* Zylinder, *i)* Kolben, *j)* Kolbenstange, *k)* Kühlwasserbehälter, *l)* Zugkette, *m)* Schwingbaum- (Balancier-) Lager, *n)* Schwingbaum (Balancier), *o)* Krümmling (Segmentstück, Abwälzbogen der Zugkette der Maschinenseite, *p)* Krümmling der Pumpenseite, *q)* Rückholgewicht, *r)* Pumpengestänge

länge entsprach. Da zwischen dem Schwingbaum und den beiden Kolben ausschließlich Zugkräfte zu übertragen waren, konnten dazu Ketten verwendet werden. Durch die Ketten wurde die vertikale und zur Zylinderwand parallele Stellung der in das untere Kettenende eingehängten Kolbenstange sichergestellt und ein Kippen des Kolbens verhindert. Der Zylinder der Feuermaschine war über dem Scheitel eines halbkugelig gewölbten Kessels angebracht und stand mit ihm über ein kurzes Rohr in Verbindung. Das Rohr leitete den im Kessel erzeugten Dampf über ein handbetätigtes Einströmventil in den Zylinder, der Kolben wurde aufwärts gehoben.

Das an der anderen Seite des Schwingbaumes hängende Pumpengestänge bewegte sich unter dem Einfluß seines Gewichts abwärts. Dabei hob sich zwangsläufig der Balkenarm auf der Seite des Dampfzylinders. Kurz bevor dieser Kolben seinen oberen und der Pumpenkolben seinen unteren Totpunkt erreicht hatte, wurde der Dampfhahn geschlossen und ein Wasserhahn geöffnet. Das Kühlwasser lief aus einem Behälter in den Kühlmantel, der die Zylinderwandung umgab. Der Dampf im Zylinder wurde zu Wasser, d. h. er kondensierte. Der atmospärische Luftdruck konnte nun den Kolben gegen den Unterdruck im Zylinder abwärts bewegen. Dabei zog er über die Kette den Schwingbaumarm abwärts. Der Pumpenkolben auf der anderen Schwingbaumseite wurde also nach oben bewegt. Der Pumpenkolben zog während dieses Aufwärtshubes Grundwasser in das Abflußsystem. Gleichzeitig wurde der Kühlwasserhahn geschlossen und ein Abflußhahn geöffnet. Der den Zylinder umgebende Kühlmantel entleerte sich nun, und das gesamte Arbeitsspiel konnte sich wiederholen.

Newcomen erkannte in der Art des Kondensationsverfahrens seiner Feuermaschine bald einen erheblichen Mangel: Die Abkühlung des in dem Zylinder befindlichen Dampfes erfolgte über die Zylinderwandung, die der Dampf zuvor gerade erwärmt hatte. Diese Temperaturänderungen, von denen die Funktion der Maschine abhängig war, konnten sich bei den großen Zylinderabmessungen nur sehr langsam vollziehen. Die Folge davon war eine sehr langsame Unterdruckbildung und eine entsprechend langsame Bewegung des Kolbens während des Arbeitshubes. Umgekehrt traf der beim Leerhub einströmende Dampf auf die gerade abgekühlte Zylinderwand und kondensierte dort zum Teil vorzeitig. Diese Mängel zogen neben der langsamen Hubfolge einen hohen Brennstoffverbrauch nach sich. Deshalb führte Newcomen die Einspritzkondensation ein, bei der der Dampf durch einen Wasserstrahl direkt abgekühlt wurde und die Zylinderwandung selbst warm blieb. Auf diese Weise konnte die Anzahl der Hübe pro Minute von anfangs zehn bis zwölf auf zwölf bis sechzehn erhöht werden. Eine wesentliche Verbesserung an Newcomens Feuermaschine brachte 1718 die von HENRY BEIGHTON erfundene selbsttätige Steuerung der Hähne für die Dampfzufuhr und für die Wasserzu- und -abfuhr. Feuermaschinen mit dieser Vorrichtung blieben bis über die Mitte des 18. Jahrhunderts hinaus in Betrieb. Die Selbststeuerung machte sie zu den ersten Wärmekraftmaschinen, die automatisch liefen. Die Bezeichnung »Maschine« wurde erstmals in dem Sinn, in dem sie heute gebraucht wird, verwendet.

Die physikalische Leistung einer Maschine wurde danach beurteilt, wieviele Pferde sie ersetzen konnte. James Watt hatte die Leistung als Produkt aus der Gewichtskraft einer Last und der Hubhöhe pro Zeiteinheit erkannt. Als Vergleichsgröße ermittelte Watt die Leistung, die von einem Pferd durchschnittlich aufgebracht werden konnte. Eine »Pferdestärke« (Kurzform PS) ist die Leistung, die man aufbringt, wenn man eine Last von 550 englischen Pfund in einer Sekunde auf eine Höhe von einem englischen Fuß hebt. In Englisch heißt sie »horsepower«, abgekürzt h.p. Die Feuermaschinen Newcomens konnten z.B. eine Höchstleistung von 53 PS abgeben. Dieser zunächst überraschend hoch erscheinende Wert nimmt sich allerdings gering aus, wenn man weiß, daß er mit einem Zylinderdurchmesser von 1,7 m und einem Kolbenhub von 1,8 m erreicht wurde. Eine Maschine mit einem Zylinder derartiger Abmessungen konnte nur in einem entsprechend bemessenen Gebäude, dem Maschinenhaus, untergebracht werden (Abb. 75). Dies macht deutlich, wie ungeeignet eine Dampfmaschine jenes Entwicklungsstadiums für den Fahrzeugantrieb war. Um die Dampfmaschine als Fahrzeugantrieb einsetzen zu können, mußte das Leistungsgewicht noch entschieden verringert werden.

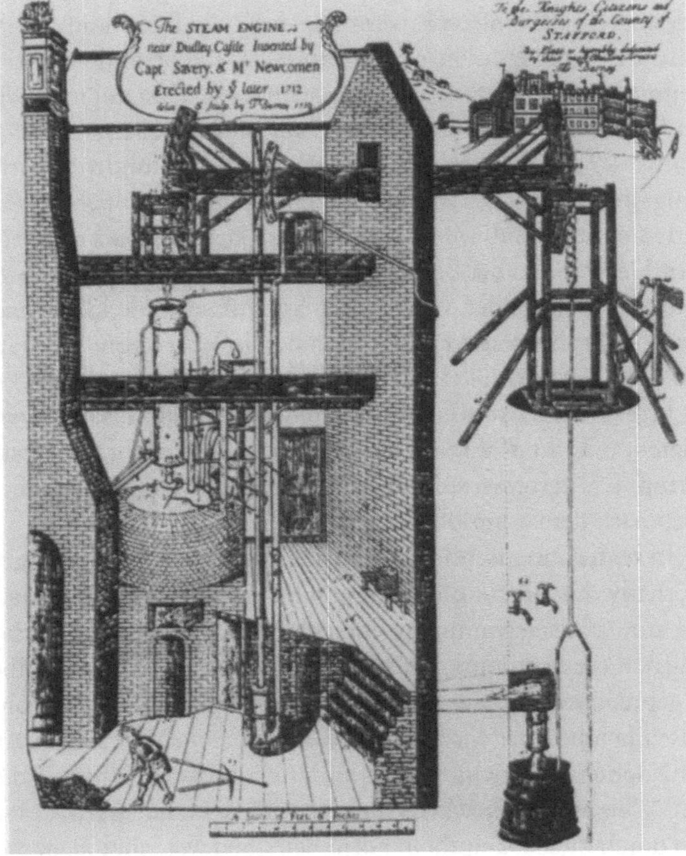

Abb. 75
1712

Newcomen-
Feuermaschine

Obwohl die Newcomen-Maschine ihre Funktionstüchtigkeit bewiesen hatte, war sie bald in den Ruf geraten, zu ihrer Herstellung sei eine ganze Eisenerzgrube und zu ihrem Betrieb ein ganzes Kohlebergwerk nötig. Bei diesem Aufwand könne man dann eine einzige Grube trocken halten.

Die Newcomen-Feuermaschine hatte einen zu geringen Wirkungsgrad; sie war zu groß und verbrauchte zuviel Kohle. James Watt war im Jahre 1764 als Feinmechaniker an der Universität Glasgow mit der Herstellung mathematischer Instrumente beschäftigt. Er erhielt den Auftrag zur Reparatur eines Modells der Newcomen-Maschine. Dabei erkannte er den Hauptgrund für ihren großen Bedarf an Feuerungsmaterial. Vor jedem Arbeitshub mußte im Zylinder Unterdruck erzeugt werden. Dazu brachte man den Dampf im Arbeitsraum zur Kondensation. Man kühlte also genau dort, wo die im Dampf enthaltene Wärmeenergie in mechanische Energie umgesetzt wurde. Selbst wenn man es schaffte, die eingespritzte Wassermenge nur auf den Dampf zu richten, hatte dies eine erhebliche Abkühlung der Zylinderwandung zur Folge. Ein großer Anteil der beim Leerhub zugeführten Wärmemenge ging jedesmal für die erneute Erwärmung der Zylinderwandung verloren. Watt verlegte die Kondensation des Dampfes in ein besonderes, vom Zylinder getrenntes Gefäß, das er »Kondensator« nannte. Es stand mit dem Zylinder über ein Ventil in Verbindung. Nach der Herstellung eines Versuchsmodells erhielt Watt 1769 das englische Patent auf »Ein neu erfundenes Verfahren zur Senkung des Verbrauches von Dampf und Brennstoff in Feuermaschinen«. Durch Parlamentsbeschluß wurde dessen Gültigkeitsdauer bis zum Jahre 1800 verlängert. Der in Soho bei Birmingham ansässige Industrielle MATTHEW BOULTON hatte die Vorzüge der Wattschen Dampfmaschine erkannt und war an deren Herstellung interessiert. Gemeinsam mit Watt gründete er 1775 die Firma BOULTON & WATT. Die Fabrik wurde zur ersten industriellen Produktionsstätte dieser neuen Art von Antriebsmaschinen. Die Erfahrungen beim Betrieb zeigten, daß ihr Kohleverbrauch nur ein Drittel der Newcomen-Maschinen betrug. Die verbesserte Feuermaschine, die »Dampfmaschine«, arbeitete aber noch nach dem atmosphärischen Prinzip.

In seiner Patentschrift hatte Watt, wie schon Papin es vorgeschlagen hatte, alternativ die direkte Einwirkung des Dampfdruckes auf den Maschinenkolben zur Arbeitsgewinnung vorgeschlagen: »Viertens beabsichtige ich in vielen Fällen, die Expansionskraft des Dampfes zum Antrieb der Kolben in der Weise zu gebrauchen, wie der Druck der Atmosphäre jetzt bei gewöhnlichen Feuermaschinen benutzt wird«. Auf die Tatsache, daß bei diesem Arbeitsverfahren der Kondensator nicht mehr erforderlich ist, wies Watt mit den Worten hin: »In Fällen, wo kaltes Wasser nicht in Fülle vorhanden ist, können die Maschinen durch diese Dampfkraft allein betrieben werden, indem man den Dampf, nachdem er seinen Dienst getan hat, in die freie Luft austreten läßt«. Mit dem Antrieb des Kolbens durch den Dampfdruck hatte Watt die Feuermaschine vom atmosphärischen Luftdruck unabhängig gemacht. Die Maschinenleistung konnte bedeutend über die seither durch das atmosphärische Prinzip gesetzte Grenze gesteigert werden. 1782 machte Watt eine Erfindung, die die Leistung der mit direktwirkendem Dampfdruck arbeitenden Maschine verdoppelte. Der Dampf wurde abwechselnd in den Zylinder auf beiden Seiten des Kolbens eingebracht. Dadurch wurde jeder Hub des Kolbens zum Arbeitshub. Bei solchen »doppeltwirkenden« Maschinen war die Steuerung der Dampfzuteilung entsprechend aufwendig und schwierig. Watt führte ein vom Balancier betätigtes Hebelsystem ein, das »Wattsche Parallelogramm«. Es öffnete und schloß in der richtigen Reihenfolge ein Einlaß- und ein Auslaßventil. Diese Art der Dampfsteuerung vereinfachte Watts Mitarbeiter, der Ingenieur WILLIAM MURDOCK, durch einen Steuerschieber.

Mit diesen Verbesserungen war aus der ungefügen Feuermaschine die leistungsfähige, kleinere Dampfmaschine geworden. Ihr Einsatzgebiet war – aufgrund der geradlinigen Bewegung des Balanciers – auf den Antrieb von Arbeitsmaschinen mit geradlinigem Bewegungsablauf beschränkt. Das waren in erster Linie Kolbenpumpen. Watt verfolgte das Ziel, den Anwendungsbereich der Dampfmaschine universell zu erweitern. Manche Arbeitsmaschinen, z.B. Mühlen, mußten aber drehend angetrieben werden. Die Linearbewegung des Kolbens der Dampfmaschine mußte also in eine Drehbewegung umgewandelt werden. Zum Antrieb eines Fahrzeugs mußte dem Kolben ebenfalls ein Bewegungswandler nachgeschaltet sein, um die Räder antreiben zu können. Der schon lange bekannte Kurbeltrieb galt damals für diesen Zweck als zu schwach. Papin hatte daher ein anderes, ebenfalls schon angewandtes Übertragungsverfahren vorgeschlagen, die in ein Zahnrad eingreifende Zahnstange. In die Enden der Kolbenstange waren Zähne eingeschnitten. Die Triebachse war mit kleinen, drehbar gelagerten Zahnrädern versehen, in die die Zahnstangen eingriffen. Die Verzahnung war während des Arbeitshubes der Kolben kraftschlüssig mit der Welle verbunden, während des Kolbenrücklaufes lief das Zahnrad frei mit. Obwohl sich diese Beschreibung, die Papin noch am Anfang der 90er Jahre des 17.Jahrhunderts in einem an den Grafen VON INDENDORF gerichteten Brief gegeben hatte, auf den Antrieb eines Radschiffes bezog, war die zugrundeliegende Idee auch auf ein Landfahrzeug übertragbar. Papin schrieb 1698 in seinem Brief an LEIBNIZ: »Ich habe ein kleines Modell eines Wagens gebaut, der sich durch diese Kraft (Wärmekraft) vorwärts bewegt.« (Brief vom 25.Juli 1698)

Der Franzose JOSEPH CUGNOT baute 1769 das erste dampfgetriebene Radfahrzeug, einen Lastwagen für den Transport von Geschützen (Abb.76). Er

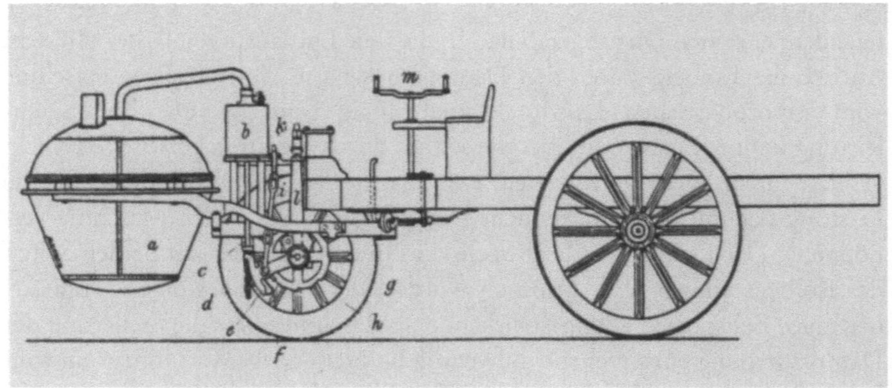

JOSEPH CUGNOT: Dampfwagen zum Transport von Feldgeschützen. *a)* Dampfkessel, *b)* Zylinder, *c)* Kolbenstange, *d)* Zugkette, *e)* Schwingbaumarm, *f)* Sperrklinke, *g)* Sperrklinkenrad, *h)* Triebrad, *i)* Zuggestänge, *k)* Umkehrhebel, *l)* Lagergabel für Triebrad, *m)* Lenkeinrichtung

baute eine Dampfmaschine mit zwei Zylindern ein, die nebeneinander angeordnet waren. Der Dampf wurde direkt auf die Kolben geleitet. Während der eine Kolben ohne Leistungsabgabe zurücklief, führte der andere Kolben seinen Krafthub aus (Abb. 77). Da ein Kolben immer Leistung abgab, lief die Maschine sehr rund. Da hier kein linear beweglicher Pumpenkolben, sondern eine Welle anzutreiben war, konnte die zweite Schwingbaumhälfte für beide Zylinder entfallen. Der verbleibende Schwingbaumarm war auf dem Achsende drehbar gelagert. Daneben befand sich auf jeder Seite ein kraftschlüssig auf der Achse befestigtes Sperrklinkenrad. Sie drehten sich bei jedem Kolbenhub um einen Sperrnocken weiter. Im Leerhub des zurücklaufenden Kolbens rastete die Sperrklinke aus und glitt über den nächststehenden Sperrnocken hinweg, um sich auf dessen Rastseite im folgenden Krafthub wieder anzulegen. Cugnot hatte ein Radfahrzeug entwickelt, das sich stetig fortbewegte. Die Kesselanlage, die Dampfmaschine und die Kraftübertragung waren erstmals zu einem kompakten Antriebsblock zusammengefaßt. Trotz ihres verhältnismäßig hohen Gewichts konnte man diese Anlage mit einem Trägergestell an die Führungsgabel des lenkbaren Vorderrades anbauen. Die Ladefläche des Fahrzeugs blieb so voll nutzbar.

Die Lenkung erfolgte vom freistehenden Fahrersitz aus über eine zweiarmige Kurbel, die am oberen Ende einer senkrecht stehenden Lenkspindel befestigt war. Ihre Drehbewegung wurde über ein Stirnräderpaar auf eine senkrechte Zwischenwelle übertragen, die an ihrem unteren Ende ein Ritzel trug. Das Ritzel griff in ein Zahnsegment ein, das mit zwei an der Radgabel montierten Längsträgern eine Art Drehschemel bildete. Im Jahre 1784 griff der

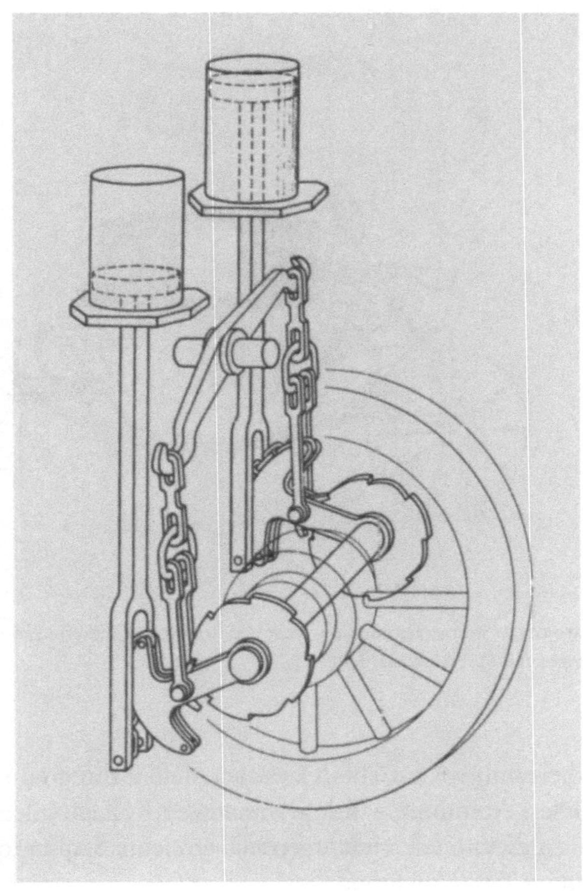

Joseph Cugnot: Antriebsschema seines Dampfwagens

Schotte William Symington den Gedanken vom Zahnstangenantrieb als Bewegungswandler wieder auf und verwirklichte ihn 1786 in dem funktionstüchtigen Modell eines Dampfwagens (Abb. 78). Der Langbaum, über dem in c-Federn ein Berline-Kasten aufgehängt war, war weit nach hinten verlängert. Über der Hinterachse war eine kompakt gebaute Dampfmaschinenanlage mit Kessel montiert. Vor jedem der beiden Hinterräder befand sich ein Zylinder. Die aus ihm nach hinten austretende Kolbenstange lief in einer Zahnstange aus, die in das Zahnrad eingriff. Beide Zahnstangen waren über eine Kette miteinander verbunden, die über eine Umlenkrolle lief. Die beiden anderen Enden der Kolbenstangen waren ebenfalls über eine umgelenkte Kette so miteinander verbunden, daß die Kolben sich gegenläufig bewegten. Die Hinterräder wurden abwechselnd über das auf der Nabe angeordnete Zahnrad von der Zahnstange angetrieben. Der Sperrklinkentrieb stellte während des

Symington-Steamer: Dampfkutsche von Symington mit Wechselantrieb der Hinterräder durch Zahnstangen mit Sperrklinkenrädern

Arbeitshubes Kraftschluß zwischen dem Zahnrad und der Hinterradnabe her.
Diese Verbindung wurde während des Kolbenrücklaufes wieder aufgehoben.
Mit diesem Gleichrichtergetriebe erreichte Symington eine stetige Fortbewe-
gung seines Wagenmodells.

Im Gegensatz zu Cugnot hatte er aber die Sperrklinkenräder mit zu vielen
Rastzähnen versehen. Die beschränkten Einbauverhältnissen innerhalb der
Radnabe ließen nur eine bestimmte Größe der Sperrklinkenräder zu. Die auf
die Zähne einwirkenden Belastungen waren zu hoch, zumal sie aufgrund der
schlechten Straßenverhältnisse stoßartig belastet wurden. Symington nahm
deshalb davon Abstand, seinen Dampfwagen groß auszuführen. Seine Idee,
den thermischen Wirkungsgrad der Dampfmaschine durch Erhöhung der
Frischdampftemperatur zu verbessern, blieb jedoch richtungweisend. James
Watt, der seine Lebensarbeit der Entwicklung und Verbesserung der stationären Dampfmaschine gewidmet hatte, riet von der Beschäftigung mit dem
Dampfwagen ab. Er empfahl in einem Brief vom 12.09.1786 an seinen Kompagnon Matthew Boulton »an das wirkliche Geschäft zu denken und die Finger
davon zu lassen und nicht wie Symington und Sadler ihre Zeit und ihr Geld mit
der Jagd nach Gespenstern zu verschwenden«. Die Umwandlung der Linearbewegung des Maschinenkolbens in die zum Fahrzeugantrieb nötige Drehbe-

wegung war noch nicht befriedigend gelöst. Weder Cugnot noch Symington war es gelungen, die Bewegungen ohne Leerlaufintervall umzuwandeln. Auch der englische Ingenieur MATTHEW WASBOROUGH schlug 1779 als entsprechende Verfahren noch mit Leerlaufintervallen arbeitende Systeme vor. Das waren z. B. das Sperrklingengetriebe und das Schubradgetriebe, die die Kraftübertragung während des Leerhubes unterbrechen sollten. Ein Maschinenwärter, dem die Instandhaltung einer damit ausgerüsteten Dampfmaschine nicht gelang, ersetzte diese Vorrichtung durch einen einwandfrei funktionierenden Kurbeltrieb. Ein Jahr später ließ sich Wasboroughs Dienstherr, der Fabrikant JAMES PICKARD, den Kurbeltrieb für die Dampfmaschine unter der Nummer 1236 patentieren. Bis zu Beginn des 19. Jahrhunderts mußten die anderen Dampfmaschinenbauer deshalb andere Bewegungswandler verwenden.

James Watt umging das Patent durch einen Planetenradsatz. Diese aufwendige Konstruktion war zwar teurer als ein Kurbeltrieb, hatte jedoch den Vorteil, die Wellendrehzahl der Dampfmaschine zu verdoppeln. Obwohl er gegen den Dampfwagen war, reichte Watt 1784 ein Patent auf ein solches Fahrzeug ein. Er dehnte damit seine Vorrangstellung unter den Patentinhabern auf dem Gebiet der Dampfmaschine auch auf den mobilen Sektor aus. In dem erläuternden Text beschrieb er ein durchdachtes Getriebe. Die Antriebsmaschine wirkte hier auf eine Vorgelegewelle, die über Zahnräder mit der Antriebsachse in Verbindung stand. Drei Zahnräder verschiedener Größe waren auf der Vorgelegewelle fest aufgekeilt und standen mit drei Gegenrädern in dauerndem Eingriff. In neutraler Schaltstellung rotierten sie frei. Durch einen Schiebekeil, der von einem Handschalthebel bewegt wurde, konnte jedes dieser drei Zahnräder wahlweise mit der Antriebswelle kraftschlüssig verbunden werden. Damit waren drei Übersetzungsstufen gegeben, ohne daß auch nur ein Rad verschoben werden mußte. Watts Wechselrädergetriebe trug die britische Patent-Nr. 1432 und seine Anwendung wurde vom Erfinder ausdrücklich festgelegt: »um der Antriebsmaschine eine größere Leistungsfähigkeit zu verleihen...«. Eine erläuternde Zeichnung hat Watt der Beschreibung seines Getriebes nicht beigefügt, doch vermitteln die klaren Formulierungen eine genaue Vorstellung von dessen grundsätzlichem Aufbau und dessen Wirkungsweise:

»Auf dem Achskörper des Wagens befinden sich zwei oder mehr Zahnräder mit verschieden großen Durchmessern, die im ausgekuppelten Zustand auf der vorgenannten Achse frei, das heißt ohne Kraftschluß rotieren können. Durch Kupplungen kann ein beliebiges Rad so mit der Welle kraftschlüssig verbunden werden, daß ihr die Drehbewegung des Zahnrades aufgezwungen wird. Diese Zahnräder stehen mit entsprechenden Gegenrädern, die fest auf dem Achsstummel der Wagenräder sitzen, in Eingriff. Bei der Kupplung eines Vorgelegerades mit seinem Achskörper wird das Gegenrad und damit das Wagenrad selbst in Drehung versetzt.«

Es handelte sich also um ein Getriebe, wie es erst anderthalb Jahrhunderte später im Automobil mit Verbrennungsmotor wieder verwirklicht wurde. Noch bevor das Patent von Pickard um die Jahrhundertwende abgelaufen war, konstruierte und baute William Murdock, der Werkmeister in Watts Fabrik, 1784 einen kleinen dreirädrigen Modellwagen mit Antrieb durch eine Dampfmaschine über einen Kurbeltrieb (Abb. 79). Dieses Studienmodell ist im technischen Museum in Birmingham aufbewahrt. Zur Lenkung dient das in einer um die Hochachse schwenkbaren Gabel gelagerte Hinterrad kleinen Durchmessers. Für die Großausführung war die Unterbringung eines flach auf dem Fahrzeugboden sitzenden Lenkers geplant. Der Kessel, den eine kleine Spirituslampe beheizte, war zusammen mit der Maschine als Einheit im Vorderwagen untergebracht. Mit dieser Kompaktbauweise vermied Murdock Energieverluste durch Abkühlung, wie sie bei der üblichen Trennung von Kessel und Zylinder in Kauf genommen werden mußten. Eine kräftige Kurbelachse, an der die beiden als Triebräder dienenden Vorderräder größeren Durchmessers befestigt sind, wird durch einen Schwingarm über ein angelenktes Pleuel in Drehung versetzt. Der kleine Dampfwagen, der auf den Straßen von Rednuth in Cornwall seine Funktionsfähigkeit und die Eignung des Kurbel-

Abb. 79
1784

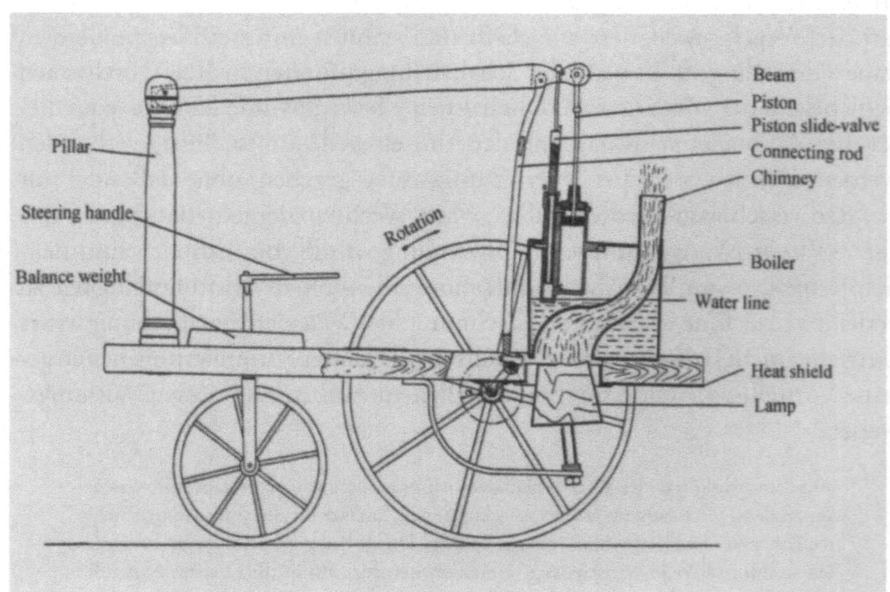

WILLIAM MURDOCK: funktionsfähiges Dampfwagenmodell mit Hochdruckkessel; erstmals mit Kurbeltrieb. Der einflußreiche Gegner des Dampfwagens und des Hochdruck-Dampfbetriebes, James Watt, überredete Murdock zur Aufgabe seiner Versuche

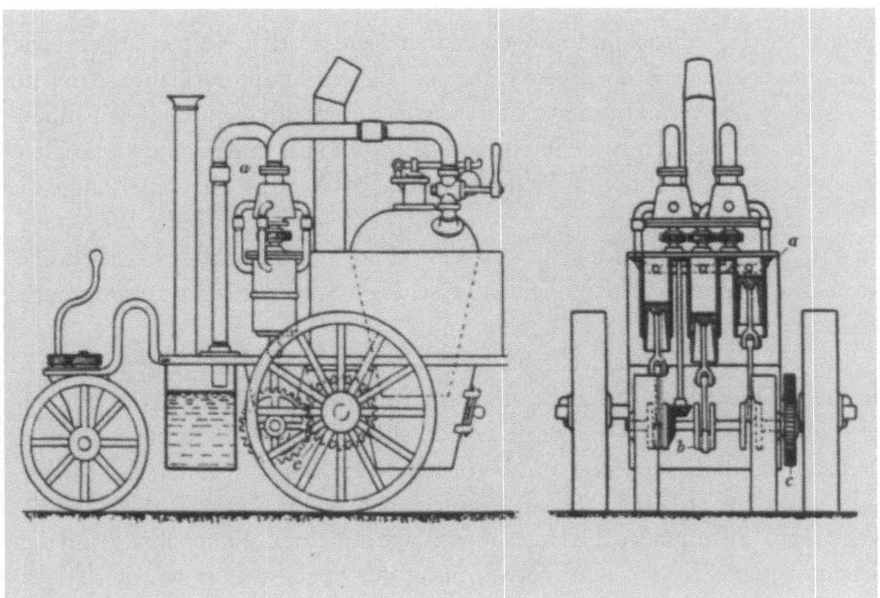

ROBERT FOURNESS: Zeichnung eines Straßendampfwagens. *a)* Dampfmaschine mit drei Zylindern, *b)* zusammengesetzte (gebaute) Scheibenkurbelwelle, *c)* Antriebsvorgelege

getriebes für den Fahrzeugantrieb bewies, erweckte großes Interesse. Murdock war mit den Versuchsergebnissen so zufrieden, daß er an eine Großausführung denken konnte. James Watt und sein Geschäftspartner Matthew Boulton überredeten Murdock, seine Fahrzeugexperimente zugunsten der Weiterentwicklung von großen Dampfmaschinen für den Pumpenantrieb aufzugeben.

Im Jahre 1788 erhielt der Engländer ROBERT FOURNESS ein britisches Patent auf einen Dampfwagen, dessen konstruktives Gesamtkonzept von sehr fortschrittlichen Ideen geprägt war (Abb. 80). Die Patentschrift beinhaltet die Vorder- und die Seitenansicht eines Vierradfahrzeuges. Um eine möglichst leichtgängige Lenkung zu erhalten, hielt Fourness die Spurweite am Drehschemel sehr schmal. Vor der Hinterachse befand sich die einfachwirkende Antriebsmaschine. Fourness hatte erkannt, daß sich am Kurbeltrieb die Größe des Drehmoments über dem Kurbelwinkel ändert, während der Drehmomentbedarf abtriebseitig konstant bleibt. Deshalb sah er drei Zylinder vor, deren Kolben er auf drei um 120° gegeneinander versetzte Kurbelzapfen wirken ließ. Diese Anordnung versprach einen gleichmäßigeren Drehmomentverlauf und daher eine ruhigere Arbeitsweise der Maschine. Die drei Kolben waren an Führungsmänteln in ihren Zylindern so gut geführt, daß Fourness die Kolbenstangen ausschließlich zur Kraftübertragung heranziehen konnte. Die Kolbenstangen waren an der dem Druckraum abgewandten Seite an den Kolben angebracht. Damit hatte er eine Kolbenform gefunden, die erst knapp 100 Jahre später für den Kolben des Verbrennungsmotors wieder aufgegriffen wurde. Die Kolbenstange lief am unteren Ende in einem Gabelkopf aus, in den eine kurze Pleuelstange eingriff. Im unteren Pleuelstangenlager übertrug die Pleuelstange die Kolbenkraft auf den Kurbelzapfen der Vorgelegewelle. Gekröpfte Wellen waren damals schwer herzustellen. Fourness wählte hier die Scheibenkurbelwelle, die aus mehreren mit Flachscheiben versehenen Wellenstücken zusammengesetzt war.

Ein auf der Vorgelegewelle befestigtes Stirnrad stand mit einem Stirnrad gleicher Zähnezahl in Eingriff, das mit dem linken Hinterrad kraftschlüssig verbunden war. Dieses Vorgelege wurde also nicht zur Drehmoment- oder Drehzahlwandlung benötigt, es überbrückte den Raum zwischen der Kurbelwelle und dem Triebrad. Die Kesselanlage nahm den Raum im Heckteil des Wagens ein. Sie umfaßte die Feuerungsanlage mit einem Rauchabzug und den birnenförmigen Kessel. Zur Vorwärmung des Speisewassers wurde der Abdampf durch den Vorratsbehälter geleitet. Sein Fahrzeug hätte allerdings, wäre es nach der Zeichnung ausgeführt worden, keinen Raum für Fahrgäste oder Ladung geboten. Man hätte es daher ausschließlich als Zugmaschine verwenden können. RICHARD TREVITHICK baute Fahrzeuge für den Transport von Personen und Gütern. Dazu mußte er neben dem Antrieb noch Nutzraum einplanen. Wie zuvor Murdock stellte er 1797 ein Wagenmodell mit Kurbeltrieb her. Im Anschluß an seine 1801 verwirklichte Großausführung erhielt er gemeinsam mit seinem Bruder ANDREW VIVIAN das britische Patent Nr. 2599 auf einen Dampfwagen mit Kurbeltrieb. Die Kesselanlage war für den Hochdruckbetrieb ausgelegt (Abb. 81). James Watts Industriedampfmaschinen arbeiteten mit einem Kesseldruck von etwa 0,5 atü. Nur in seinem Dampfwagenpatent sah er eine vorübergehende Erhöhung auf 1 atü vor. Trevithick übernahm von dem Amerikaner OLIVER EVANS seinen widerstandsfähigen Kessel und konnte den Druck auf etwas über 2 atü erhöhen. Um Abkühlungsverluste gering zu halten, legte er den Zylinder in den Kessel hinein, wie es vorher auch Murdock getan hatte. Statt des bisher üblichen senkrechten Einbaues ordnete er die Maschinenzylinder waagerecht an. Dadurch konnte er den Zylinder raumsparend dicht unterhalb der Achsmittellinie der Hinterräder verlegen.

Zur Überwindung der Totpunkte brachte er an der Kurbelwelle ein Schwungrad an, wies jedoch in seiner Patentschrift darauf hin, daß er die Maschine auch mit zwei Zylindern und einem Kurbelwinkel von 90° ausführen könne. Da die Zylinderachse und die Hinterachse parallel lagen, und das Schwungrad um die Zylinderachse rotierte, mußte der Abstand zwischen

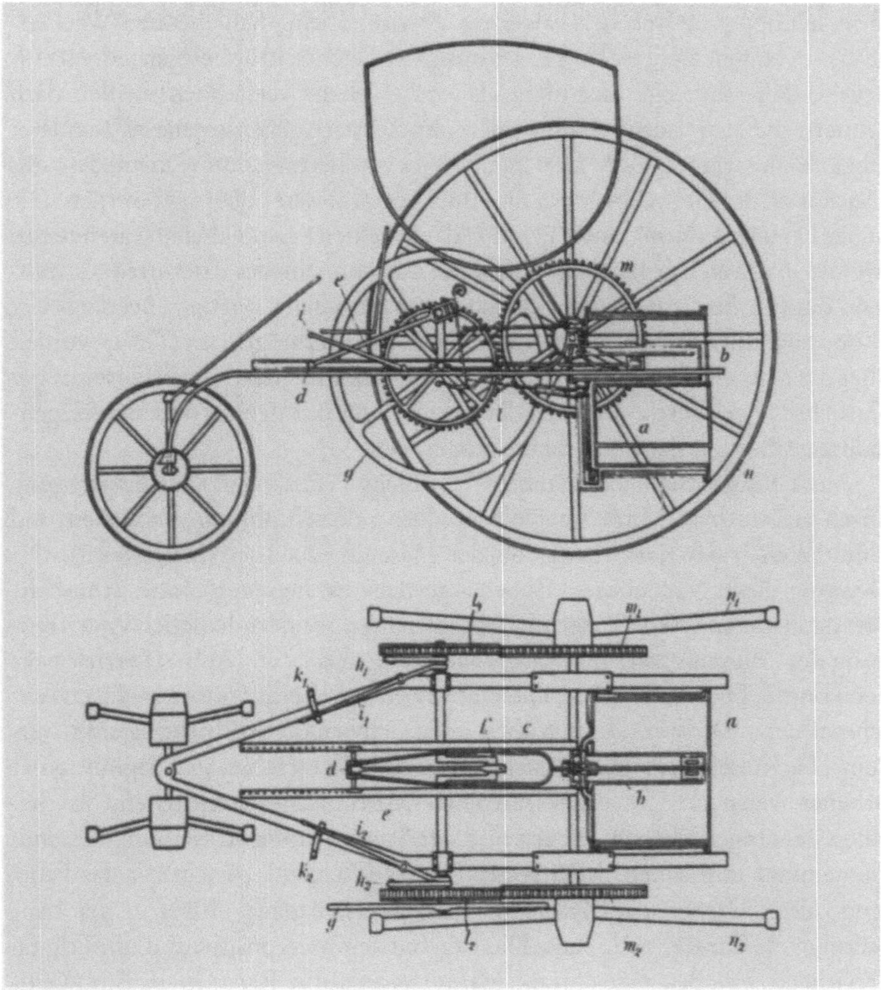

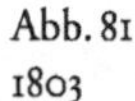

Trevithick-Steamer: Patentzeichnung des Straßendampfwagens von Trevithick nach dem britischen Patent 2599. *a)* Kessel mit Feuerung, *b)* Zylinder, *c)* gegabelte Kolbenstange *d)* Querkulisse zur Führung der Kolbenstange, *e)* Pleuelstange, *f)* Kurbel, *g)* Schwungrad, *h, h₁, h₂)* verschiebbare Mitnehmerarme, *i, i₁, i₂)* Ausrückhebel, *k₁, k₂)* Rastbögen für Ausrückhebel, *l, l₁, l₂)* Zahnräder auf der Maschinenwelle, *m, m₁, m₂)* Zahnräder auf den Triebrädern, *n, n₁, n₂)* Triebräder

Zylinder- und Hinterachse wenigstens Schwungraddurchmesser betragen. Diesen Abstand von mehr als einen Meter überbrückte Trevithick mit einem Stirnradpaar. Je nach Geländeverhältnissen konnte dieses in verschiedenen Übersetzungen ausgeführt werden, was Trevithick mit »shifting the gears or toothed wheels for others« umschrieb. Diese Formulierung wird in der Literatur häufig so interpretiert, als hätte Trevithick ein »Schieberäder-Wechselgetriebe« eingesetzt. Text und Zeichnung der Patentschrift belegen jedoch eindeutig, daß »shifting« hier nicht als »verschieben« verstanden werden darf, sondern daß ein »auswechseln« der Zahnradpaare gegen solche mit anderer Übersetzung gemeint ist. Die fragliche Formulierung müßte demnach mit »Austausch der Getriebe- oder Zahnräder gegen andere« übersetzt werden. Die in der Patentzeichnung unter i_1 und i_2 dargestellten Ausrückhebel waren nicht, wie oft irrtümlich behauptet wird, zum Auskuppeln des Triebstranges während des Fahrbetriebs vorgesehen. Sie waren eingebaut, um den »Leerlauf« der Dampfmaschine bei Stillstand des Fahrzeugs zu ermöglichen. Dazu wurden über die Mitnehmerarme h_1, h_2 die treibenden Zahnräder l_1, l_2, die lose auf der Kurbelwelle gelagert waren, aus der Verzahnung mit den getriebenen Gegenrädern m_1, m_2 auf der Hinterachse ausgerückt.

Aus heutiger Sicht beinhaltete Trevithicks Prinzip der Kraftübertragung durch ausrückbare Mitnehmer die Funktion der Kupplung (Schließen und Unterbrechen des Kraftflusses von der Maschine zu den Hinterrädern). Die Deutung dieser Vorrichtung als Schaltgetriebe im heutigen Sinne ist unhaltbar, da keine andere Übersetzung eingeschaltet, sondern lediglich eine Trennung des Zahneingriffes der Räderpaare l_1/m_1 und l_2/m_2 (Abb. 81) erzielt werden konnte. Die Vorderachse, deren Spurweite wie beim Fourness-Wagen sehr schmal bemessen war, konnte über einen Schwenkhebel direkt gelenkt werden. Die Kesselanlage befand sich hinter der Hinterachse. Zu Beginn seiner Arbeiten versuchte Trevithick mit einer Mietkutsche festzustellen, ob zwischen den angetriebenen Rädern und der Straße genügend Reibung bestand. Gemeinsam mit seinem Mitarbeiter Davies Gilberet bewegte er das Fahrzeug durch Drehen der Räder von Hand verschiedene Hügel in der Umgebung von Camborne hinauf. Die Ergebnisse waren positiv und ermutigten Trevithick zum Bau eines Straßendampfwagens mit Radantrieb. Am Weihnachtsabend des Jahres 1802 fand die erste Fahrt statt, wobei mehrere Personen auf einen Hügel hinauf befördert wurden. Die »Cornwall Gazette and Falmouth Packet« berichtete über dieses aufsehenerregende Ereignis:

> »Ein Wagen wurde angefertigt, in dem sich eine kleine Dampfmaschine befand, deren Leistung sich als ausreichend erwies, den mit mehreren Personen von insgesamt einer halben Tonne Gewicht besetzten Wagen eine Anhöhe hinaufzubewegen«.

Auf ebener Straße fuhr er acht oder neun Meilen in der Stunde (12,9 oder 14,5 km/h). Unglücklicherweise wurde während einer Straßenfahrt außerhalb von Camborne beim Überrollen eines Gullis Vivian Andrew der Lenkhebel aus der Hand gerissen, wodurch der Wagen außer Kontrolle geriet, zu Bruch ging und anschließend verbrannte. Trevithick ging anschließend mit seinem

Bruder nach London, um dort sein Patentgesuch einzureichen, nachdem er eine kleine stationäre Dampfmaschine gebaut hatte, die mit dem bis dahin unerreichten Betriebsdampfdruck von 145 psi (10,2 kg/cm²) arbeitete. Zu Coalbrookdale in Shropshire ließ er gemeinsam mit Vivian einen zweiten Straßenwagen herstellen. Die Maschine wurde in Hayle, das Fahrzeug in London gefertigt, wo 1803 mehrere ausgedehnte Fahrten stattfanden.

Wegen der schlechten Straßenverhältnisse gab Trevithick den Bau von Straßendampfwagen auf und widmete sich der Entwicklung von stationären Hochdruckdampfmaschinen. Diese Maschinenart erwies sich im Betrieb als zuverlässig genug, um sie auch für den Fahrzeugantrieb einzusetzen. Die schlechten Straßenverhältnissen verursachten Stöße auf die Maschinenanlage. Trevithick griff nun auf die seit dem 15. Jahrhundert im Bergbau üblichen Schienenwege zurück, die eine gleichmäßig ebene Oberflächenbeschaffenheit der Fahrbahn gewährleisteten. Eine solche Einrichtung baute er als Großanlage und betrieb darauf einen kleinen Dampfwagen mit dem Schienenprofil angepaßten Spurkranzrädern (Abb. 82). So wurde er zum Erfinder der Eisen-

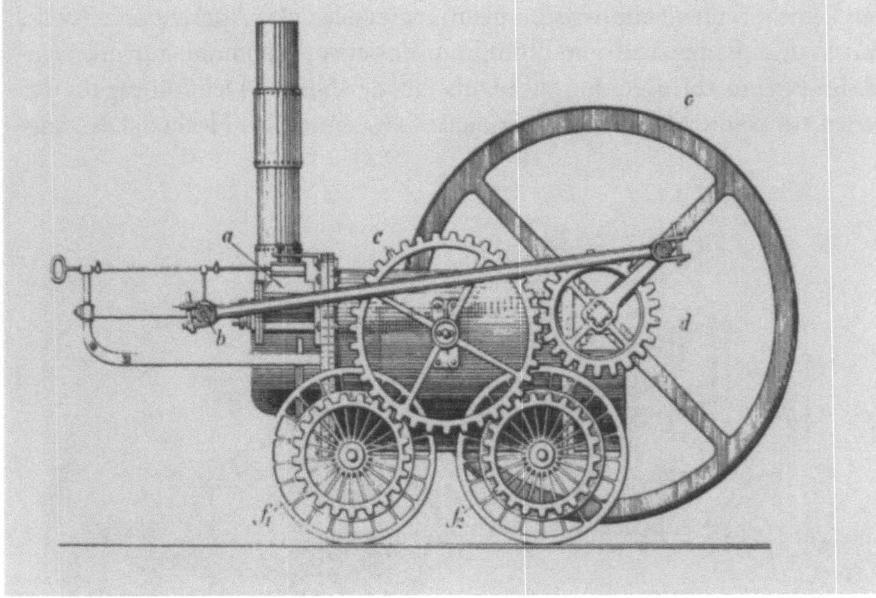

Abb. 82
1803

RICHARD TREVITHICK: erster schienengebundener Dampfwagen, für den sich die Bezeichnung »Lokomotive« durchsetzte. Sie war eine durch die schlechten Straßenverhältnisse veranlaßte Ausweichlösung in der Dampfwagenentwicklung; sie bewährte sich gut. *a)* Im Kessel eingebauter Dampfzylinder, *b)* Kolbenstange mit Geradführung, *c)* Schwungrad, *d)* Zahnrad auf der Kurbelwell, *e)* Zwischenzahnrad, *f₁, f₂)* Zahnräder auf den Triebrädern

bahn. Trevithicks Vorführungen zogen die Aufmerksamkeit anderer Techniker auf sich. George Stephenson z.B. entwickelte die Dampflokomotive weiter. Für den nicht an Schienen gebundenen Dampfwagen setzte sich die Bezeichnung »Steamer« durch (1814). Das Wort »Vapomobil« ist ein Analogon zu »Automobil« und »Hippomobil«. Im Gegensatz zu diesen ist es aber kein Hybridwort, da das erste Wort »Vapor«, Dampf, lateinischen Ursprungs ist.

Die auf Schienenwegen verkehrende Zugmaschine jüngeren Ursprungs wurde »Locomotive« genannt. »Locomotive« ist aus dem lateinischen Substantiv »locus« – Ort – und dem Verbum »movere« – bewegen zusammengesetzt. Sinngemäß heißt »Locomotive« also »Vom-Ort-Wegbewegliche«. Der Ausdruck »Locomobile« wurde auf Dampfmaschinen angewandt, die mit ihrem Kessel auf ein Fahrgestell montiert waren und bewegt werden konnten. Mit der technischen Vervollkommnung des neuen Transportmittels auf Schienen, dem Ausbau der Verkehrswege und der Einrichtung eines fahrplanmäßigen Betriebes war bald ein Verkehrssystem entstanden, das weder von schlechten Straßenverhältnissen noch durch Wegezölle gehemmt war. Bei der Bevölkerung erreichte die Eisenbahn schnell große Beliebtheit und wurde zum Inbegriff des sicheren, erholsamen Reisens. Das Interesse am Straßendampfwagen war also zunächst geringer. So wurden in England zwischen 1801 und 1821 keine Straßendampfwagen mehr hergestellt. 1821 konstruierte JULIUS GRIFFITH, ein Ingenieur aus Brompton, das erste Vapomobil für die planmäßige Personenbeförderung auf Mautstraßen (Abb. 83). Den Auftrag für den Wagen erhielt die Maschinenfabrik BRAMAH & SÖHNE. Im Heckteil des Lang-

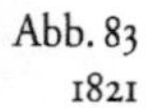

Abb. 83
1821

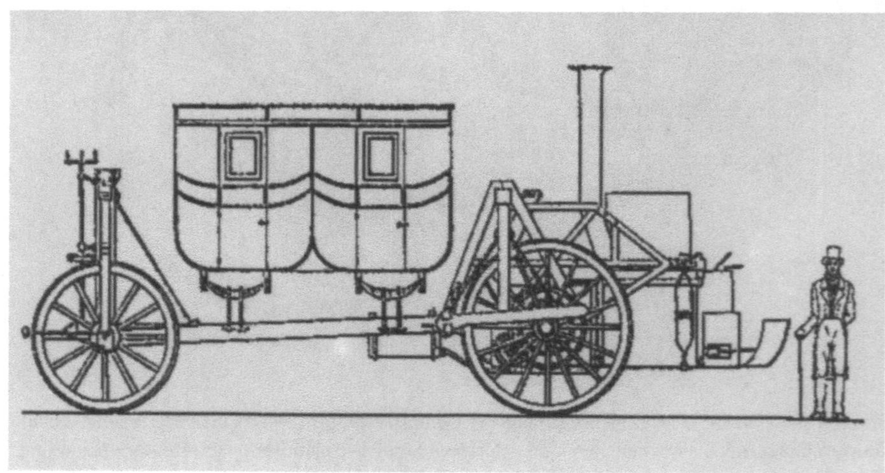

JULIUS GRIFFITH: erster für die Personenbeförderung im planmäßigen Verkehr auf Mautstraßen entworfener Dampfwagen

baumuntergestells waren der Wasserrohrkessel, die liegende Zweizylinder-Hochdruckmaschine und der offene Heizerstand untergebracht. Bemerkenswert ist die erstmalige Anwendung eines Kondensators für die Speisewasserrückgewinnung in einem Vapomobil. Die Kraftübertragung erfolgte von der Maschine auf eine Vorgelegewelle mit Ritzeln unterschiedlicher Zähnezahl, die mit verschiedenen Zahnrädern an den Triebrädern in Eingriff gebracht werden konnten. Die verschiedenen Übersetzungen waren bei Bergfahrten und zum Ausgleich der Drehzahldifferenz der Räder beim Durchfahren einer Kurve von Nutzen. Der Fahrzeuglenker saß erhöht über den lenkbaren Vorderrädern. Zur Unterbringung von zwölf Fahrgästen diente ein geräumiger Aufbau aus zwei Berlineabteilen, der von zwei Paar Halbelliptik-Federpaketen gegen den Langbaum abgestützt war. In der Hoffnung, Geldgeber für dieses Fahrzeug zu gewinnen, ließ Griffith es zu einem Lastwagen mit einer Zuladung von 3 t umbauen. Der Steamer kam aber nicht über das Versuchsstadium hinaus. Dieses sonst so durchdachte Fahrzeug hatte eine ungünstige Kesselgestaltung. Eine kontinuierliche Dampferzeugung über eine längere Zeitspanne war nicht möglich. Dennoch gab er den am Dampfwagenbau interessierten Konstrukteuren – darunter Walter Hancock – wertvolle Anregungen und nimmt daher in der Entwicklungsgeschichte des Vapomobils eine wichtige Position ein.

Im Dezember 1824 erhielt der Ingenieur David Gordon ein Patent auf einen dreirädrigen Dampfwagen, in dem der Antrieb durch Schreitfüße bewerkstelligt wurde (Abb. 84). Der für die Antriebsleistung erforderliche Dampfverbrauch überschritt jedoch die Kesselkapazität. Die Dampfmaschine

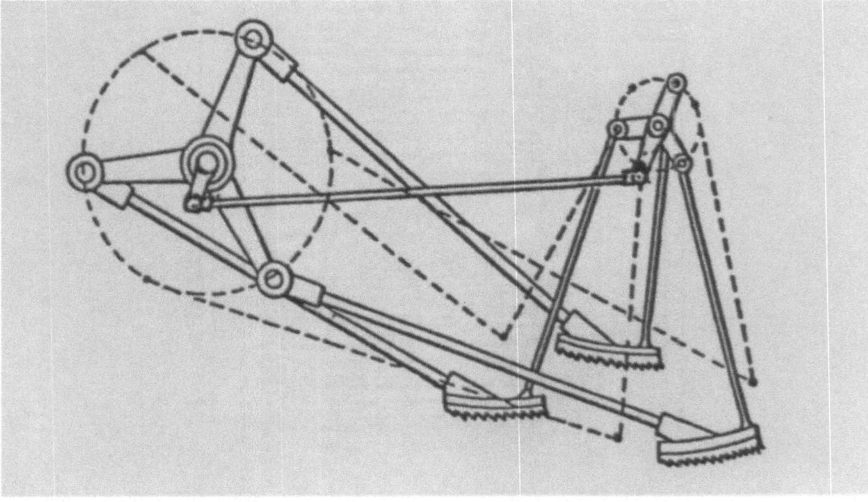

Abb. 84
1824

David Gordon: schematische Darstellung des Schreitantriebes seines Dampfwagens mit zwei Zylindern war mittig im Fahrzeugrahmen montiert. Der Schreitantrieb war in zwei Gruppen von jeweils drei Beinen unterteilt. Jedes Bein war im oberen Ende in einer Kröpfung der nicht angetriebenen Kurbelwelle gelagert. Das untere Ende trug einen Fuß, an dem Verbindungspleuel, die von der angetriebenen Kurbelwelle angelenkt wurden, gelagert waren. Dieser Antrieb hob den Fuß nach dem Schub vom Boden ab und brachte ihn in einem Bogen in die Ausgangsposition zurück (Abb. 85).

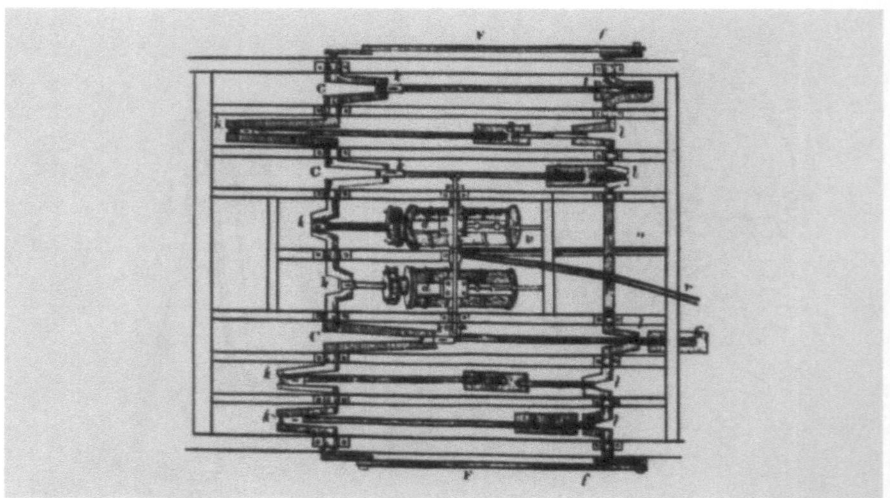

DAVID GORDON: dreirädriger Dampfwagen mit Schubantrieb durch sechs Schreitbeine (oben Seitenansicht, unten Draufsicht)

1824 wurde den schottischen Ingenieuren TIMOTHY BURSTALL und JOHN HILL ein Patent auf einen Dampfwagen erteilt (Abb. 86). Sie bauten den Wagen 1827. Er war zum Befahren starker Steigungen und zum Schleppen schwerer Anhängelasten ausgelegt. Dabei sollte lediglich die Reibung zwischen den Triebrädern und der Straße in Anspruch genommen werden, die die Erfinder »im allgemeinen als ausreichend« ansahen. Ein Artikel im Band 4 des »Mechanics Magazine« 1825, S. 433 bis S. 438, brachte die erläuternde Feststellung: »Zum Befahren steiler Straßenstücke und besonders bei Verwendung des Wagens im Schienenbetrieb oder zum Ziehen anderer (Wagen) ist auf der Fahrbahn eine größere Haftreibung erforderlich, als sie die beiden Hinterräder (allein) aufbringen; deshalb ist eine Einrichtung vorgesehen, um alle vier Räder anzutreiben.« Über einen Fußhebel wurde dazu eine Schaltkupplung betätigt, die auf der angetriebenen Hinterachse angeordnet war. Sie stellte die kraftschlüssige Verbindung mit einer Längswelle her, die das Drehmoment auf die Vorderachse übertrug. Die Kraftübertragung auf die Hinterachse erfolgte noch wie beim Modell Murdocks aus dem Jahre 1784 (s. Abb. 79) über einen einseitig gelagerten Balancier. Eine Kesselexplosion in Edinbourgh zwang die Erfinder 1827, ihre Arbeiten einzustellen. Im Laufe der zwanziger Jahre setzte sich die Übertragung der Kolbenkraft auf die Kurbelwelle mittels einer Pleuelstange durch, wie sie FOURNESS vier Jahre nach Murdocks Balancierverfahren

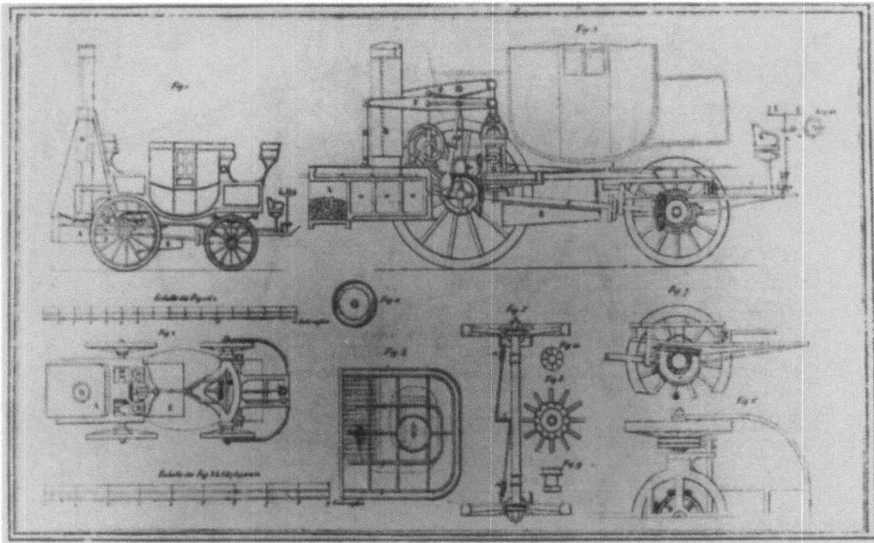

Abb. 86
1824

TIMOTHY BURSTALL und JOHN HILL: Patentzeichnung eines Dampfwagens mit Allradantrieb über eine Längswelle

in seiner Patentzeichnung (s. Abb. 80) vorgeschlagen hatte. Die damit verbundene Reduzierung der bewegten Massen war eine wichtige Voraussetzung für eine Steigerung der Kurbelwellendrehzahl, die eine vorgegebene Leistung mit kleineren Zylinderabmessungen erreichbar machte als es bei der zwangsläufig langsamer drehenden Maschine mit einem wippenden Balancier als kraftübertragendem Zwischenglied möglich gewesen wäre. Mit dem Wegfall des charakteristisch gewordenen Balanciers hatte sich das Aussehen der Dampfmaschine grundlegend gewandelt. Ihr technischer Aufbau war einfacher und einheitlicher geworden. Er wird nachstehend anhand einer doppeltwirkenden Maschine mit liegendem Zylinder erläutert (Ab. 87). Im Zylinder bewegt sich der dicht anliegende Kolben *a* hin und her. Seine Kolbenstange *b* ist durch den kurbelseitigen Zylinderdeckel hindurchgeführt; die Durchtrittsstelle ist mit einer »Stopfbuchse« *c* abgedichtet. An ihrem äußeren Ende ist die Kolbenstan-

Abb. 87

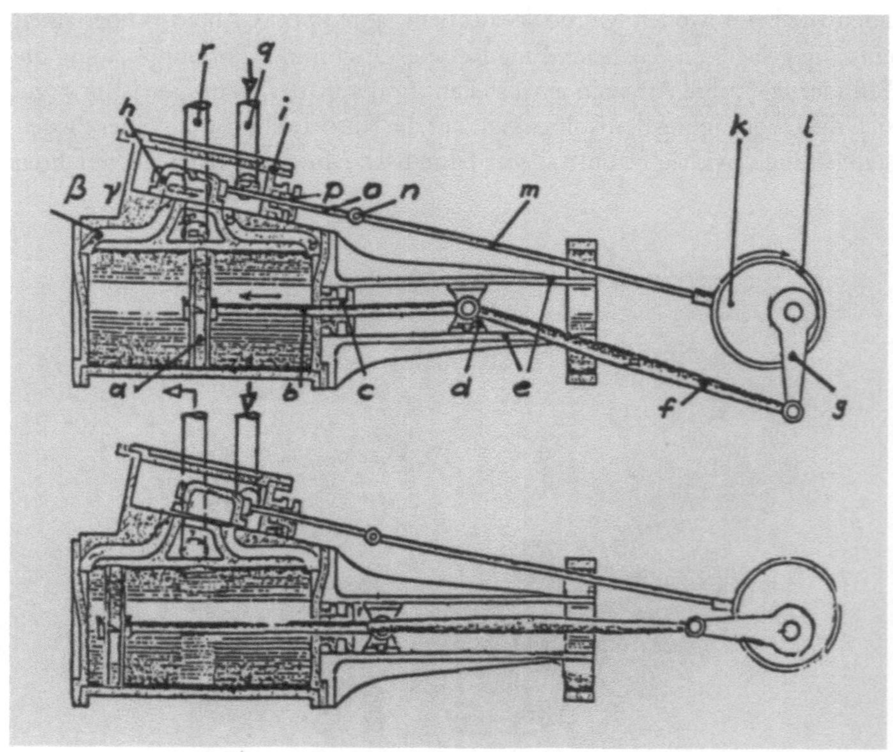

Funktionsschema einer doppeltwirkenden Dampfmaschine mit Steuerung durch einen Muschelschieber. *a)* Kolben, *b)* Kolbenstange, *c)* Stopfbuchse, *d)* Kreuzkopf, *e)* Gleitschienen, *f)* Pleuelstange, *g)* Kurbelwelle, *h)* Muschelschieber, *i)* Schieberkasten, *k)* Exzenter, *l)* Ring, *m)* Exzenterstange, *n)* Gelenk, *o)* Schieberstange, *p)* Stopfbuchse, *q)* Frischdampfrohr, *r)* Abdampfrohr, $\alpha, \beta, \gamma)$ Dampfkanäle

ge mit einem »Kreuzkopf« *d* in den Gleitschienen *e* geradlinig geführt. Die mit dem Kreuzkopf gelenkig verbundene Pleuelstange *f* überträgt die Bewegung des Kolbens auf die Kurbelwelle *g*. Die bis zum Kreuzkopf geradlinig übertragene Hin- und Herbewegung des Kolbens wird von der Pleuelstange in eine Pendelbewegung und diese von der Kurbel in eine Drehbewegung umgewandelt. Um den Kolben in Bewegung zu versetzen, wird abwechselnd am vorderen und am kurbelseitigen Zylinderende Dampf eingeleitet und nach dem jeweiligen Arbeitshub wieder ausgestoßen. Die Steuerung der Zu- und Abfuhr des Wärmeträgers bewerkstelligt der muschelförmige Schieber *h*, der in dem Schieberkasten *i* über den Mündungen der Dampfkanäle α, β und γ hin- und hergleitet. Seine Bewegung erhält er von dem Exzenter *k*, einer außermittig auf der Kurbelwelle befestigten Scheibe. Sie ist gegen die Kurbel um 90° versetzt und gleitet in einem sie umschließenden Ring *l*, an den sich die Exzenterstange *m* anschließt. Sie verwandelt, um das Gelenk *n* pendelnd, die drehende Antriebsbewegung in eine geradlinige Hin- und Herbewegung, die die Schieberstange *o* auf den Schieber überträgt. Sie wird an der Durchtrittsstelle im Schieberkasten von einer Stopfbuchse *p* abgedichtet.

Befindet sich der Kolben in der Mitte des Zylinders, so befindet sich der Schieber aufgrund der Versetzung des Exzenters um 90° gegen die Kurbel in einer Umkehrstellung. Die Abb. 87 (oben) zeigt ihn in seiner vorderen Position, in der er den Frischdampfkanal α freilegt. Durch ihn gelangt der dem Schieberkasten über das Rohr *q* zugeführte Dampf auf die kurbelseitige Fläche des Kolbens und drückt ihn in die Richtung des vorderen Zylinderdeckels. Dabei schiebt der Kolben den vom vorigen Hub auf der gegenüberliegenden Seite verbliebenen Dampf vor sich her. Der Schieber gibt den Auslaßkanal β frei, der Abdampf strömt durch das Abdampfrohr *r* ins Freie oder in einen Kondensator. Hat der Kolben seinen vorderen Totpunkt erreicht (Abb. 87, unten), öffnet der Schieber den Kanal α, der nun zum Einlaßkanal für den im Schieberkasten anstehenden Dampf wird. Dieser drückt den Kolben in die Richtung zur Kurbel zurück, wobei der auf dieser Seite befindliche Dampf, der den vorausgegangenen Hub bewirkt hatte, durch den nun zum Auslaßkanal gewordenen Kanal β in das Abdampfrohr und von dort ins Freie beziehungsweise in einen Kondensator strömt.

Je nach den Platzverhältnissen des gesamten Antriebssystems wurde die Dampfmaschine entweder in waagerechter (Abb. 78) oder in senkrechter Anordnung ihres Zylinders (Abb. 80) eingebaut. Im Hinblick auf sehr knapp bemessene Maschinenräume, wie sie auf Schiffen und in Dampfwagen gegeben waren, hatte Murdock den Zylinder um seine Querachse schwingfähig gelagert. Dadurch wurde die Kolbenstange zur pendelnden Pleuelstange, die Kolbenkraft wurde direkt auf die Kurbel übertragen. Der Kreuzkopf und seine

Geradführungsschienen waren nun entbehrlich, die Maschine nahm eine bedeutend kompaktere Gestalt an. Der Dampf wurde dem Zylinder über seine Lagerzapfen zugeführt. Dadurch ergaben sich Schwierigkeiten bei der Dampfdichtung zwischen dem feststehenden Dampfrohr und dem drehbeweglich gelagerten Zapfen des Zylinders. Die Anwendung dieser »oszillierenden« Dampfmaschinen war deshalb im wesentlichen auf die beiden genannten Gebiete beschränkt. Ein Beispiel für diese Bauart war die Antriebsmaschine des Gordon-Steamers (Abb. 85).

Die Abb. 88 zeigt die gleichen Vorgänge bei einer doppeltwirkenden Maschine. Die doppeltwirkende Maschine erkennt man an der Stopfbuchse (s. Abb. 87), durch die die Kolbenstange hindurch geht. In der schematischen Darstellung wird das Diagramm um eine spiegelbildliche Schleife erweitert. Während des Ablaufs des Kreisprozesses ändern sich die Zustandsgrößen Temperatur, Druck und Volumen. Der Wasserdampf wird als ideales Gas betrachtet. Diese Idealisierung trifft umso eher zu, je höher seine Temperatur, d. h. je »trockener« er ist. Der Engländer J. SOUTHERN erfand 1796 den »Indi-

Abb. 88

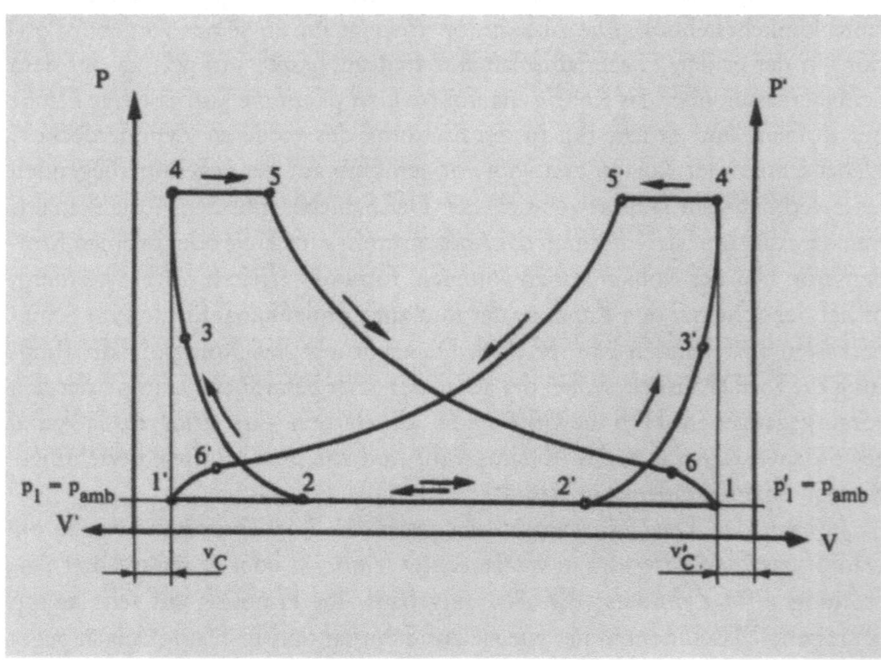

Theoretisches Arbeitsdiagramm einer doppeltwirkenden Expansions-Dampfmaschine. Wegen der Reduzierung der kurbelseitigen Kolbenfläche um die Querschnittsfläche der Kolbenstange ist das zugehörige pv-Diagramm dem deckelseitigen nicht deckungsgleich

kator« (von lateinisch indicare, anzeigen), mit dem man Kreisprozesse von Dampfmaschinen wirklichkeitsgetreu darstellen kann. Der Innenraum des zu prüfenden Maschinenzylinders wird mit dem Indikator verbunden. Der Indikator erfaßt kontinuierlich die Druck- und Volumenwerte des Wärmeträgers und stellt sie als einen geschlossenen Linienzug dar, der »Indikatordiagramm« genannt wird (Abb. 89). Die Größe der von diesem Linienzug umschlossenen Fläche ist das Maß für die im Zylinder bei einer Kurbelwellenumdrehung umgesetzte Arbeit. Der Kreuzkopf der Maschine führt einen Papierstreifen g in Abszissenrichtung mit sich, das jeweilige Zylindervolumen wird so festgehalten. Der Dampfdruck wird längs der Ordinate mit einem Schreibstift e abgetragen. Die Koordinatenachsen müssen nur noch skaliert werden, damit man die absoluten Beträge von Druck und Volumen darstellen kann. Diese Indikatordiagramme erfassen auch die beim idealisierten Arbeitsdiagramm nicht berücksichtigten Vorgänge, die Verluste verursachen, da die Zustandsgrößen direkt gemessen werden. Ein solches Diagramm zeigt Abb. 90. Die Punkte

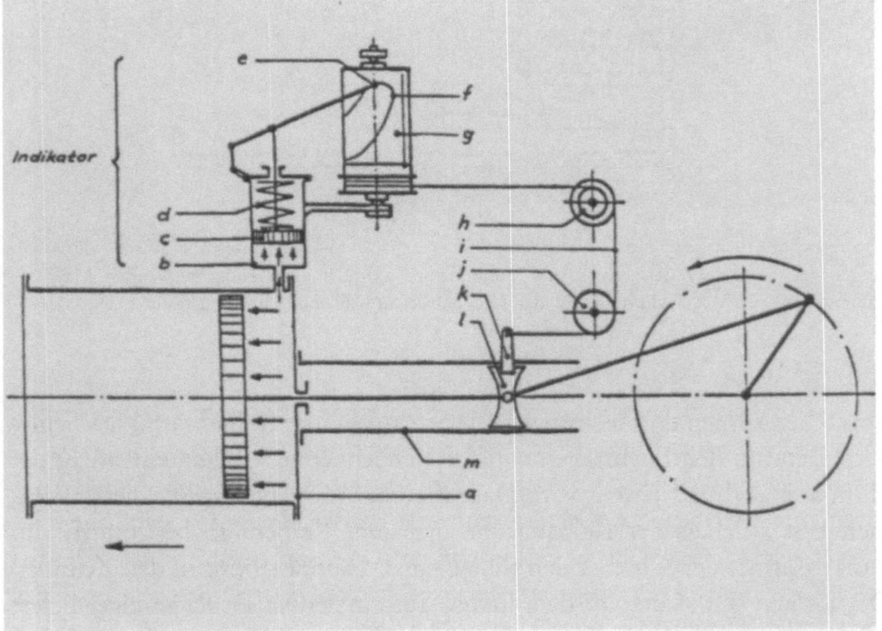

Schematische Darstellung eines Indikators zur Aufzeichnung des Arbeitsdiagramms einer doppeltwirkenden Dampfmaschine. *a)* Maschinenzylinder, *b)* Indikatorzylinder, *c)* Indikatorkolben, *d)* Belastungsfeder des Indikatorkolbens, *e)* Schreibstift an Schreibwerk, *f)* Diagramm, *g)* Trommel mit Papierstreifen, *h)* Hubminderer (Übersetzungsrolle), *i)* Schnur, *j)* Umlenkrolle, *k)* Mitnehmer, *l)* Kreuzkopf, *m)* Kreuzkopf-Gleitbahn

Abb. 90

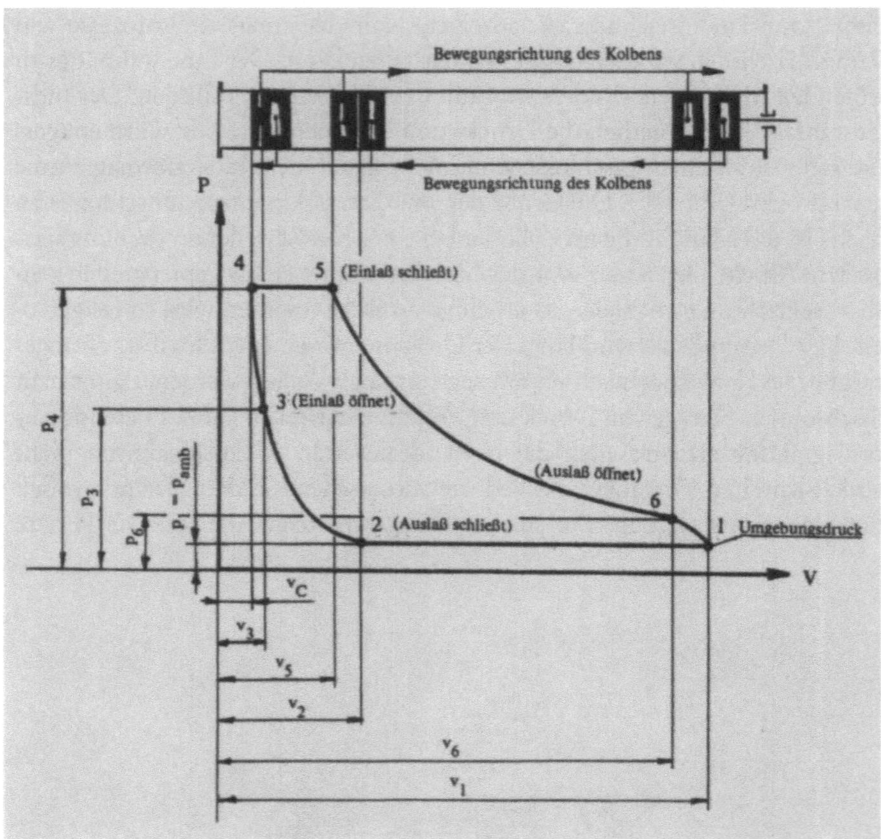

Theoretisches Arbeitsdiagramm (PV-Diagramm) einer Expansions-Dampfmaschine. Es stellt die Änderungen der Zustandsgrößen Druck und Volumen im Zylinder einer einfachwirkenden Maschine während einer Kurbelwellenumdrehung dar. Dies entspricht Kolbenhub und Rückhub

1 bis 6 bezeichnen dort ausgezeichnete Stellungen des Kolbens und des Schiebers. Den mit den Buchstaben v_1 bis v_C bezeichneten Strecken entspricht der Hub, also auch der jeweils vom Dampf eingenommene Raum. Dieses Volumen läßt sich aus der Kolbenfläche mal dem Kolbenhub bestimmen. Im Punkt 3 öffnet der Schieber den Einlaßkanal, Dampf strömt in den Zylinder. Der Kolben steht kurz vor dem linken Totpunkt. Der Druckanzeiger liefert den dazugehörigen Dampfdruck p_3. Der Abschnitt zwischen 3 und 4 wird Voreinströmung genannt. Im linken Totpunkt 4 liegt der höchste Druck p_4 vor, der während der ganzen »Füllung« genannten Phase von 4 nach 5 gleich bleibt, obwohl sich der Kolben bereits wieder nach rechts bewegt. Im Punkt 5 schließt der Schieber den Einlaßkanal. Der Kolben schließt das Dampfvolumen v_5 bei

dem Druck p_4 ein. Nun beginnt der im Zylinder eingeschlossene Dampf sich auszudehnen – zu expandieren – und bewegt dabei den Kolben weiter in Richtung seines rechten Totpunktes. Der Dampfdruck sinkt längs der »Expansionslinie« von 5 nach 6, die Wärmeenergie des Dampfes wird in mechanische Energie umgewandelt. Die Linie 5-6 ist eine Adiabate, d. h. es findet kein Wärmeaustausch des Gases mit der Umgebung statt. Da sich keine »wärmedichten« Zylinder herstellen lassen, ist die Expansionslinie in Wirklichkeit nur näherungsweise eine Adiabate.

Bevor der Kolben im rechten Totpunkt steht, öffnet der Schieber bereits in Punkt 6 den Auslaßkanal. Von 6 nach 1 findet also die »Vorausströmung« statt. So kann der Druck im rechten Totpunkt 1 auf den niedrigsten möglichen Wert $p_1 = p_{amb}$, den Umgebungsdruck, absinken. Der nun auf der rechte Kolbenseite einströmende Dampf findet so auf der linken Kolbenseite den geringstmöglichen »Gegendruck« vor. Der rechts des Kolbens einströmende Frischdampf schiebt den links noch vorhandenen Abdampf von 1 nach 2 durch den Auslaßkanal aus dem Zylinder. Das »Auspuffen« von 1 nach 2 findet beim Umgebungsdruck p_{amb} statt und kostet Energie, da der Kolben gegen diesen Druck bewegt werden muß. In Punkt 2 schließt der Schieber den Auslaßkanal auf der linken Kolbenseite wieder. Aufgrund der besonders durch James Watt vertieften Kenntnisse von den Vorgängen bei der Energieumwandlung im Maschinenzylinder konnte die Dampfmaschine durch Vorausberechnungen besser ausgelegt werden. Bei der Entwicklung von Dampfmaschinen zum Antrieb nicht an Schienen gebundener Straßenfahrzeuge wurden andere Ziele verfolgt als bei Stationärmaschinen. Während Stationärmaschinen vor allem wirtschaftlich sein mußten, waren bei Antriebsmaschinen niedriges Leistungsgewicht bei kleinstmöglichen Abmessungen gefordert. Außerdem mußte der Fahrzeugantrieb noch möglichst einfach handzuhaben und gegen Erschütterungen unempfindlich sein. Der aus dem speziellen Anwendungsgebiet zusätzlich hervorgegangene Anspruch an eine schnellstmögliche Betriebsbereitschaft und eine hohe Betriebssicherheit führte zum berstsicheren »Blitzkessel«. Um den mitzuführenden Wasservorrat und damit das Fahrzeuggewicht gering zu halten, wurde der Dampf in Kondensatoren wiederaufbereitet. Diese zur Steigerung der Wirtschaftlichkeit ortsfester Maschinen entwickelten Kondensatoren konnten erst in den zwanziger Jahren des 19. Jahrhunderts bei hoher Leistung mit so geringen Abmessungen gebaut werden, daß sie für den Fahrbetrieb geeignet waren. Zunächst konzentrierten sich die Vapomobilhersteller auf die schnellaufende Hochdruckmaschine mit leistungsfähiger Kesselanlage.

Einer der namhaftesten Konstrukteure und Hersteller von Dampfwagen wurde der Chirurg GOLDSWORTHY GURNEY. Während seiner Kindheit lernte er Trevithick kennen, als er in Cranborn, dem Wohnort Gurneys, Versuchsfahrten mit Dampfwagen unternahm. Gurney erfand einen Rohrkessel, in dem das Wasser im geschlossenen Kreislauf zirkulierte und dabei zu einer beschleunigten Dampfbildung gelangte. Wie andere Konstrukteure befürchtete auch Gurney, daß die Reibung zwischen dem Laufkranz der Antriebsräder und dem Boden zur schlupffreien Kraftübertragung nicht ausreichen würde. Darum stattete er seinen ersten Steamer mit Schubantrieb aus. Erst später erkannte er, daß diese komplizierte und störanfällige Vorrichtung nicht erforderlich war. Sein zweites Fahrzeug, das zusätzlich auch noch mit zwei Schreitbeinen ausgerüstet war, zeigt Abb. 91. Das sechsrädrige Fahrgestell dieses Steamers war mit einem Berlinekasten karossiert. Die beiden Räder der Vorderachse hatten einen kleinen Durchmesser und waren an einem Lenkschemel gelagert, den der Fahrer über eine lange, nach hinten geführte Griffstange betätigte. Waren die Vorderachsräder eingeschlagen, so wurde über eine Verbindungsstange die ebenfalls lenkbare Mittelachse angelenkt. Diese Verbundlenkung war eine einfache, kraftsparende Lenkhilfe. Den rückwärtigen Teil des Fahrgestells nahm die Kesselanlage in Anspruch.

Im Jahre 1826 baute Gurney ein verbessertes Fahrzeug ohne Schreitbeine und erprobte es auf der 85 Meilen langen Strecke London/Melksham, die er in

Abb. 91
1828

GOLDSWORTHY GURNEY: als Berline karossierter Dampfwagen mit Direktantrieb der Hinterräder über die gekröpfte Hinterachse und zusätzlichem Antrieb durch zwei Schreitbeine. Mechanische Servolenkung durch unbelastete Pilotachse

einer Gesamtzeit von zehn Stunden bewältigte. Gegner des Dampfwagens demolierten in Melksham das Fahrzeug, worauf der Erfinder nach Bath flüchtete. Trotz solcher Anfeindungen wurde der Dampfwagen allmählich zu einem gewohnten Verkehrsmittel auf den englischen Straßen. Über seine diesbezüglichen Erfahrungen berichtete Gurney 1831 vor dem Kommitee des House of Commons:

> »Im Jahre 1825 war es eine sehr verbreitete Ansicht, daß der »Biß« oder die Radreibung zur Übertragung der Antriebskraft auf den Boden nicht ausreiche, um das Fahrzeug auf einer gewöhnlichen Straße fortzubewegen, besonders auf einer Steigung. Man dachte, daß die Triebräder leerlaufend durchdrehen würden und daß das Fahrzeug nicht vorankäme. Von diesem Standpunkt aus sah ich die Anwendung eines Mechanismus vor, den ich »Füße« oder »Propeller« nenne. Zahlreiche Versuche erbrachten jedoch bald die Erkenntnis, daß die Propeller nur selten oder gar nicht benötigt wurden. Ich ließ dann die Antriebskraft in der üblichen Art wie bei einem Dampfschiff über eine gekröpfte Welle direkt auf die beiden Hinterräder wirken. Ebenso waren auch die Propeller (auf der Welle) fixiert, bewegten sich aber langsamer als die Räder und wurden immer dann aktiviert, wenn man vermutete, die Räder würden in schwierigen Situationen durchdrehen. Dieses Fahrzeug fuhr im Jahre 1826 den Highgate-Hill hinauf und nach Edgeware, ebenso nach Stanmore; es fuhr auch hinauf nach Stanmore Hill und nach Brockley Hill in der Nähe von Stanmore, wobei während dieser Hügelfahrten die Räder niemals durchdrehten.«

Sehr aufschlußreich sind Gurneys Vergleiche des Pferde- und des Dampfbetriebes im Hinblick auf die größere Wirtschaftlichkeit des Dampfes:

> »Meine gewöhnliche Antriebsmaschine leistet zwölf Maschinen-Pferdestärken. Während einer Arbeitszeit von acht Stunden benötigt eine Reisekutsche 32 Pferde. Ich schätze, daß eine etwa 45 kg schwere Maschine die Leistung eines Pferdes auf der Straße aufbringen kann. Einer Maschine von 1388 kg Gewicht würde die Leistung von dreieinhalb Pferden entsprechen, das heißt, auf jeder Station würde sie dreieinhalb bis vier Pferde überflüssig machen und etwa 30 Pferde in acht Stunden.«

Den Zusammenhang zwischen Fahrgeschwindigkeit und Wirtschaftlichkeit stellt Gurney auch her:

> »Ich stellte fest, daß beim Unterschreiten einer Geschwindigkeitsgrenze von vier Meilen in der Stunde (ca. 6,5 km/h) die Brennstoffkosten höher sind als die Kosten für Pferde; wird der Wert von vier Meilen in der Stunde überschritten, wird es billiger und im Verlauf einer sich abflachenden Kurve wird es immer billiger als Pferde, je höher die Geschwindigkeit ansteigt.«

Die Betreibung von Dampfwagen setzte die Einrichtung von Depots von Speisewasser und Koks voraus. Die Dampfwagenhersteller schlugen daher vor, auf den fahrplanmäßigen Strecken in bestimmten Abständen derartige Versorgungsstellen einzurichten. Gurney äußerte sich dazu wie folgt:

> »Die Etappen, in die die Fahrstrecken am zweckmäßigsten unterteilt werden, betragen etwa sieben Meilen (11,26 km). Die Brennstoff- und die Wassermenge für einen solchen Abschnitt stehen in einem angemessenen Verhältnis zu Größe und Leistung des Fahrzeugs.

Dreieinhalb bushel (127,3 l) Koks müßten zur Versorgung für diese Entfernung aufgenommen werden bei einem Anfangsvorrat von zwei bushel (72,74 l). Dieser Vorrat, auf den sich jede Nachfüllung naturgemäß reduziert, verbleibt (konstante Reserve). Als Mittelwert (der Nachfüllung) kann man etwa dreidreiviertel bushel (136,39 l) annehmen. Die verbrauchte Menge an Speisewasser beträgt gegenwärtig zehn Gallonen (45-46 l) je Meile (1,609 km). Das ergibt 70 Gallonen (318,2 l) (je Etappe), und da eine Gallone etwa zehn Pfund (4,5 kg) wiegt, ergibt sich ein durchschnittlicher Verbrauch von 700 Pfund (317,5 kg). Auf guten Straßen ist der Verbrauch geringer, wir können es dann mit etwa der halben Menge schaffen. Auf schlechten Straßen benötigen wir die volle Menge, womit sich ein Durchschnitt von 350 Pfund (158,75 kg) ergibt.«

Die bei der Eisenbahn von Anfang an bestehende Trennung von Zugfahrzeug und angehängten Nutzraumfahrzeugen übernahmen mehrere Dampfwagenhersteller auch auf den Straßenverkehr mit Dampfwagen. Dem damit verbundenen Nachteil der größeren Länge, die sich besonders beim Durchfahren von Ortschaften bemerkbar machte, stand der Vorteil gegenüber, mehr Wasser und Brennstoff mitführen zu können. Im Jahre 1829 löste ein leichter Vierradschlepper »Drag« (Zieher) genannt – die großen Sechsrad-Berlinen Gurneys ab. Die Gesamtanlage des Kessels und der Maschine wurde im Prinzip weiterverwendet, aber die Pilotachse gab Gurney zugunsten einer kompakteren, leichteren Bauweise auf. Der Wasserbehälter und die Kesselanlage konnten unmittelbar hintereinander angeordnet werden, weil der Berlinekasten wegfiel. Das von diesem Drag gezogene Fahrzeug war eine Barouche (Abb. 92). An den erfolgreichen Vorführungen dieses leichten Straßenzuges nahmen auch prominente Persönlichkeiten teil, darunter der Lokomotivenhersteller GEORGE STEPHENSON und der berühmte Feldherr Herzog VON WELLINGTON. Für den Einsatz im

Abb. 92
1829

GOLDSWORTHY GURNEY: Drag mit einer Barouche im Schlepp

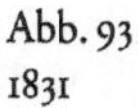

Goldsworthy Gurney: schwerer Drag zum Schleppen eines 16sitzigen Omnibusanhängers für den von Sir Charles Dance eingerichteten Linienverkehr zwischen Cheltenham und Gloucester

planmäßigen Linienverkehr stellte Gurney einen schweren Dragtyp für sechzehnsitzige Omnibusanhänger her (Abb. 93).

Am 21. Februar 1831 eröffnete Sir Charles Dance mit derartigen Zügen eine Verkehrsverbindung zwischen Cheltenham und Gloucester. Der Fahrplan sah täglich vier Fahrten vor. Bis zum 22. Juni wurden 5858 km unfallfrei zurückgelegt und mehr als 4000 zahlende Fahrgäste befördert. Die Fahrpreise betrugen die Hälfte dessen, was für die Innenplätze der Postkutsche zu bezahlen war. Die Betriebskosten beliefen sich pro Tag auf neun Shilling gegenüber 45 Shilling für den Postkutschenbetrieb, für den jeweils 18 Pferde bei gleicher Beförderungskapazität erforderlich gewesen wären. Steinbarrikaden, die von Dampfwagengegnern als Hindernisse auf der Fahrstrecke ausgelegt wurden, führten bei einem der Schlepper zum Achsbruch. Die zuvor erfolgte drastische Erhöhung der Straßenbenutzungsgebühr für Steamer und die Anschläge auf die Fahrzeuge veranlaßten Dance, den Dampfwagenverkehr einzustellen.

Ein funktionsfähiges Vapomobil mit technischen Neuerungen war auch die 1828 von William Henry James gebaute »Diligence« (Expresspostkutsche, Abb. 94). Der hoch über der Fahrbahn angeordnete Aufbau bestand aus zwei hintereinandergereihten Berlinekästen und einem offenen Kaleschekasten. Zwei stehende Hochdruckmaschinen mit einer Gesamtleistung von 20 PS bei einem Kesseldruck von 17,6 kg/cm² sorgten für den Antrieb. Bemerkenswert ist auch die Anwendung eines Kondensators zur Senkung des Speisewasserver-

WILLIAM HENRY JAMES: mit zwei Berlinekästen und einem offenen Kaleschekasten karossierter Dampfwagen

brauches. Das aufwendige Differentialgetriebe war nur zu umgehen, indem James mit einer der beiden Maschinen ein Vorderrad, mit der anderen ein Hinterrad antrieb. Die Kraftübertragung erfolgte jeweils über ein Stirnräderpaar von einer Vorgelegewelle aus. Wurde gelenkt, so regelte die Lenkung des Vorderachsschemels die Drosselventile der Antriebsmaschinen an. Kurven konnten so besser durchfahren werden. Das wiederholte Bersten von Siederohren war auf mangelhaften Kesselwerkstoff zurückzuführen.

Das Fahrzeug beförderte zwanzig Personen mit einer Geschwindigkeit von 16 km/h. Wie Gurney entwickelte auch James den Schlepper weiter. Der erfolgreichste Konstrukteur und Produzent von Dampfwagen war während dieser Entwicklungsphase der Ingenieur Walter Hancock. Er widmete sich besonders der raschen und sicheren Dampferzeugung und entwickelte verschiedene Kesselanlagen. Sein »sheet-flue«-Kessel, der aus einer Reihe flacher Kammern bestand, erwies sich in der Praxis als das am leichtesten handzuhabende und betriebssicherste System. In Stratford stellte er sein erstes Versuchsfahrzeug her und rüstete es mit einer Zweizylinder-Maschine aus (Abb. 95). Mit ihm unternahm er viele Fahrten zwischen Stratford und London. Für sein zweites Fahrzeug wählte er den Wagenkasten eines sechssitzigen Char-a-banc, in dessen rückwärtigen Teil er die Maschinen- und Kesselanlage unterbrachte. Im Fahrgestell war ein Ventilator montiert, der zur Anfachung des Feuers bei Stillstand des Fahrzeugs diente. Die Vertikalmaschine mit zwei Zylindern übertrug ihre Leistung über Ketten auf die Hinterräder. Hancock gab dem

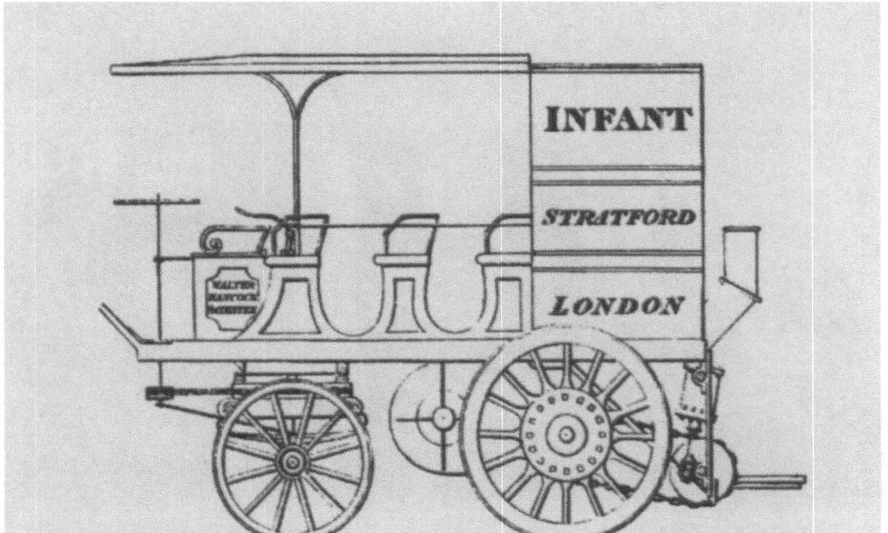

Abb. 95
1830

WALTER HANCOCK: als Char-a-banc karossierter Dampfwagen des Typs »Infant«

Fahrzeug die Typbezeichnung »infant«, was »Kleinkind« bedeutet und vom lateinischen »infans«, das heißt »nicht reden könnend«, »lallend«, abgeleitet ist. Versuche ergaben, daß das Fahrzeug in der Lage war, die Steigung in der Nähe von Pentonville bei Glatteis zu befahren. Nach Beendigung der Versuchsfahrten wurde die »Infant« überarbeitet und dabei das Fahrgestell soweit verlängert, daß eine zusätzliche Sitzreihe hinzugewonnen werden konnte.

Der vorn sitzende Fahrer lenkte die »Infant« über ein Handrad, das am oberen Ende einer senkrechten Lenksäule befestigt war. Ketten übertrugen die Lenkbewegung auf einen Drehschemel. Wie beim Hippomobil stützte sich der Aufbau am Drehschemel über zwei Blattfedern ab. Zur Abschirmung der Dampfmaschine und des sie überwachenden Mechanikers gegen Kohlenstaub und Straßenkot war zwischen dem Fahrgastraum und der Kesselanlage ein besonderes Abteil eingerichtet. Eine frei nach hinten hinausragende Plattform war der Standplatz des Heizers bzw. des Chauffeurs. Im Februar 1831 eröffnete Hancock mit der »Infant« den regelmäßigen Verkehr zwischen Stratford und London. Das Fahrzeug war gut zu lenken, schnell zu fahren und hatte eine so ausgezeichnete Laufruhe, daß Pferde nicht vor ihm erschraken. Die Betriebssicherheit zeigte sich bei einer Kesselexplosion, die von den dreizehn anwesenden Passagieren nicht bemerkt wurde. Seinem dritten Dampfwagen gab Hancock den Namen »Era« (Abb. 96). Das Fahrzeug war 1832 für die

Walter Hancock: Dampfwagen »Era«

»London and Brighton Steam Carriage Company« zum Einsatz auf der Strecke London – Greenwich fertiggestellt worden. Die Einrichtung dieser Linie unterblieb jedoch, und der Wagen verkehrte versuchsweise auf anderen Strecken, zum Beispiel nach Windsor. Er bot im Innenraum sechzehn Fahrgästen Platz, zwei außen. Im Jahre 1833 konnte Hancock zwei neue Wagen ausliefern, die er »Enterprise« (Abb. 97) und »Autopsy« (Abb. 98) nannte. Das erstgenannte Fahrzeug war für »London- and Paddington Steam Carriage Company«.

Am 22. April 1833 nahm das Fahrzeug seinen Dienst zwischen Moorgate und Paddington auf. Die »Enterprise« war der erste automobile Stadtomnibus, der von der Öffentlichkeit benutzt werden konnte. Er verkehrte auf derselben Strecke, die vier Jahre vorher der Hippomobile Shillibeer-Omnibus aufgenommen hatte. Die Enterprise konnte vierzehn Fahrgäste auf Längsbänken aufnehmen. Der Lenker saß vorn auf einem Einzelsitz. Im Oktober 1833 wurde die »Autopsy« fahrplanmäßig zwischen Finsburysquare und Pentonville eingesetzt. Innerhalb von fünf Monaten machte sie 700 Fahrten, wobei sie 12 000 Personen über eine Gesamtstrecke von etwa 6 700 Kilometern beförderte. Das Fahrzeug war in der Lage, drei Omnibus- und einen Berlineanhänger mit einer Geschwindigkeit von 16-35 km/h zu schleppen. Ein solcher Zug konnte bis zu 50 Fahrgäste aufnehmen. Hancock widmete sich auch der Konstruktion eines kleinen Dampfwagens, den der Österreicher Voigtländer in Auftrag gegeben hatte. 1834 war das Fahrzeug fertiggestellt. Es wurde im Anschluß an Probefahrten nach Wien transportiert und dort am 26. Oktober 1834

WALTER HANCOCK: »Enterprise«, erster als Omnibus karossierter Dampfwagen für geschützt untergebrachte Fahrgäste

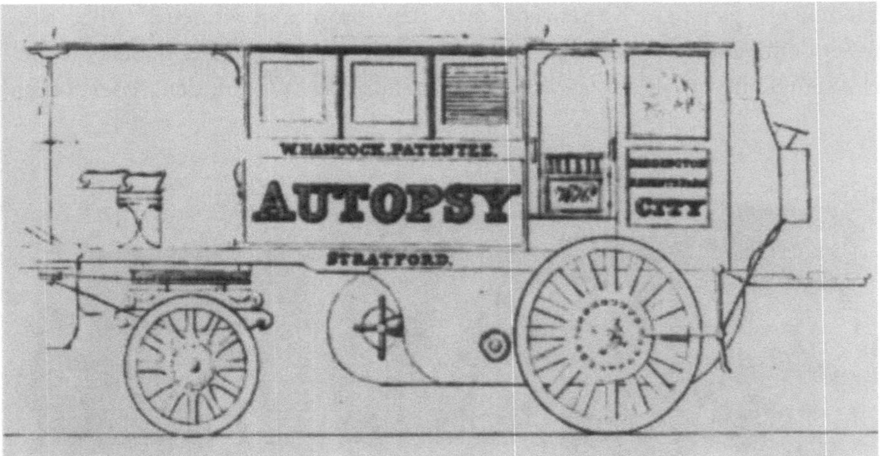

WALTER HANCOCK: Der Dampfwagen »Autopsy« war in der Lage, drei Omnibus- und einen Berlineanhänger zu schleppen

der Öffentlichkeit vorgeführt. Vom 18. August bis Ende November 1834 hatte Hancock den regelmäßigen Verkehr von Moorgate nach Paddington mit der »Autopsy« und einer neuen Variante der »Era« wieder aufgenommen. Während dieser Zeitspanne wurden fast 4000 Personen bei einer Durchschnittsgeschwindigkeit von 20 km/h befördert. Die »Era II« wurde danach in

»Erin«, der keltischen Bezeichnung für Irland, umbenannt und im Laufe des Januar 1835 zu Vorführfahrten nach Dublin und anschließend nach Reading, Marlborough und Birmingham gebracht. Im Jahre 1836 wurde mit dem »Automaton« genannten Wagen (Abb. 99) ein neues, vorn und seitlich offenes Großfahrzeug fertiggestellt.

Unter einem Sonnendach konnte die Automaton auf Querbänken 22 Personen aufnehmen. Sie erreichte eine Höchstgeschwindigkeit von 33 km/h. Am 20. September 1836 vollendeten die Hancock-Wagen auf der Strecke Moorgate-Paddington ihre 20. Einsatzwoche. Dabei unternahmen sie Einzelfahrten bis nach Islington und Stratford. Während dieser Zeit legten sie insgesamt 6758 km zurück und beförderten 12761 Fahrgäste bei einer Kapazität von 20240 Sitzplätzen. Dabei war jedes Fahrzeug täglich im Durchschnitt fünf Stunden und siebzehn Minuten in Betrieb. Alle Aufenthalte einbegriffen wurde für die Bewältigung der etwa fünfzehn Kilometer langen Strecke die Zeit von einer Stunde und zehn Minuten benötigt. Die Kosten für den Kohleverbrauch auf einer Meile, also auf 1,62 km, beliefen sich auf zwei Pence. Im Jahr 1838 hatte Hancock für den persönlichen Gebrauch ein Dampf-Phaeton hergestellt, das im Erscheinungsbild bereits den sechzig Jahre später entstandenen Fahrzeugen gleichen Kastentyps mit Benzinmotoren ähnelte (Abb. 100). Außer dem Fahrer konnte es drei Gäste befördern und erreichte dabei eine Geschwindigkeit von 32 km/h. Mit diesem handlichen Wagen, der weder Rauch

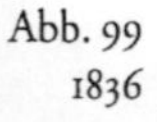

Abb. 99
1836

Walter Hancock: Dampfwagen des Typs »Automaton« für 22 Personen

Walter Hancock: als Phaeton karossierter Dampfwagen für den persönlichen Gebrauch

noch Lärm entwickelte, befuhr Hancock sicher die verkehrsreichsten Straßen Londons.

Im Jahre 1833 unternahm Roberts eine Versuchsfahrt mit einem Dampfwagen eigener Konstruktion in den Straßen von Manchester. Dabei zerbarst ein Kesselrohr, wodurch Koksstücke umhergeschleudert und dadurch mehrere Schaufensterscheiben zerstört wurden. Das Fahrzeug war mit einer bahnbrechenden Neuheit ausgestattet, die Roberts als »Ausgleichgetriebe«, d. h. »compensating-gear«, bezeichnete. Damit hatte er das Differentialgetriebe, das schon 1828 in der Patentschrift von Pecqueur als notwendig erkannt worden war, erstmals in einem automobilen Fahrzeug verwirklicht. Auch F. Hill aus Datford hatte es übernommen und 1840 und 1841 seine erfolgreichen Dampfwagen damit ausgerüstet. Auf einer seiner Fahrten bewältigte er die 128 Meilen (207 km) lange Strecke von London nach Hastings an einem Tage. Damit erwies sich sein Dampfwagen als doppelt so schnell wie eine Postkutsche.

Einen bedeutenden Beitrag für die Entwicklung des verkehrstauglichen Vapomobils bildeten die Konstruktionen eines Engländers italienischer Abkunft, des Oberst Macerone. Er arbeitete anfangs gemeinsam mit Gurney, anschließend mit John Squire, mit dem er 1832 ein Fahrzeug herstellte. Karossiert war dieser Steamer mit einem nach vorn offenen, verlängerten Berlinekasten für acht Fahrgäste, dem sich rückwärts das Kesselabteil und ein offener Heizerstand anschlossen (Abb. 101). Obwohl dieser Dampfwagen nicht für den öffentlichen Fahrdienst geplant war, verkehrte er regelmäßig achtzehn Monate lang.

MACERONE und SQUIRE: Dampfwagen mit nach vorn offenem, verlängertem Berlinekasten; dahinter Kesselabteil und offener Heizerstand

In einer Druckschrift über seinen Steamer (Treatise on locomotion S. 114) beteuerte Macerone:

»Es kann nachgewiesen werden, daß das Fahrzeug, das Mr. Squire und ich hergestellt haben, auf gewöhnlichen Straßen 1 700 Meilen (2 735 km) ohne irgendeine Reparatur zurücklegte. Die durchschnittlich erreichte Geschwindigkeit betrug 13 Meilen in der Stunde (21 km/h). Die schnellste Fahrt, über die ich Notizen machte, fand statt am 4. Oktober 1833 nach Edgware und wieder zurück, also 16 $^{1}/_{2}$ Meilen (26,5 km) in einer Stunde, sechs Minuten, 30 Sekunden, die Aufenthalte für die Aufnahme von Wasser nicht mitgerechnet. Das entspricht einem Durchschnitt, der auf dieser Streckenlänge erreicht wurde, von fünfzehn Meilen in der Stunde (24 km/h).«

Die ersten Dampfwagen hinterließen einen überwältigenden Eindruck bei den ahnungslosen Zeitgenossen. Erst eine gewisse Gewöhnung an die pferdelosen Wagen machte es den Menschen möglich, deren Vorzüge gegenüber dem Pferdefuhrwerk zu sehen. Die Schilderung einer 1834 unternommenen Versuchsfahrt auf dem Dampfwagen von Macerone spiegelt die Schockwirkung wider, mit der sich die Wende zur mobilen Phase der Maschinenepoche bemerkbar machte:

»Eine heftige Erregung unter den Bewohnern des Dorfes Bushy Heath veranlaßte uns, unsere Unterkunft zu verlassen, wobei wir eine Dampfkutsche, die dort angehalten hatte, zu Gesicht bekamen. Das Erscheinen eines derartigen Fahrzeugs an einem solchen Ort war uns unerklärlich. Bushy Heath bedeckt die Hochfläche eines Hügels, der höchsten Erhe-

MACERONE und SQUIRE: Dampfwagen mit überdachtem Fahrerabteil und anschließender Coupé-Berlinekasten-Kombination für die geschlossene Unterbringung von Fahrgästen. Dahinter 2. Berlinekasten für die Kesselanlage und offener Heizerstand

bung der Landschaft Middlesex. Obwohl er weit landeinwärts liegt, dient er der Schiffahrt als Navigationshilfe. Die Zufahrt von der London zugewandten Seite aus geschieht über eine schwierige, steile Straße. Colonel Maceroni, in dem wir erfreut einen alten Bekannten vor uns hatten, begrüßte uns und teilte uns mit, daß die Fahrt ohne Schwierigkeiten vor sich gegangen war und setzte hinzu, daß er beabsichtige, nach Watford weiter zu fahren. War schon die Strecke von Edgware nach Bushy Heath steil und schwierig, so galt das von der Gefällestrecke, die von Bushy Heath nach Watford führte, in noch weit höherem Maße. Wir sagten zu unserem Freund, er könne wohl nach Watford dampfen, aber wir seien ziemlich sicher, daß er nicht auf dieselbe Art und Weise zurückkehren werde. Dessen ungeachtet kamen wir seiner drängenden Einladung nach und stürzten uns wagemutig in das Abenteuer. Unter den Hochrufen der Dorfbewohner fuhren wir ab. Die Fahrt verlief so erschütterungsfrei, daß wir ohne Schwierigkeit hätten lesen können, und der Lärm war nicht schlimmer als der, den gewöhnliche Fahrzeuge abgeben.
Während wir die Höhe des Clay Hill erreichten, vergaß der überraschte Gehilfe, der dort postiert war, vor die Räder einen Hemmschuh zu legen. Schließlich war der Augenblick dazu verpaßt, und wir donnerten mit einer Geschwindigkeit von 48 Kilometern in der Stunde den Hügel hinunter. Mr. Squire, der Steuermann, verlor aber niemals seine Geistesgegenwart. Man kann sich das Erstaunen der Einwohner über ein derartiges Ding, das blitzschnell durch das Dorf von Bushy eilt, vorstellen. Die Leute schienen beim Anblick des Wagens ohne Pferde wie versteinert. In der betriebsamen, volkreichen Stadt Watford erregte es ähnliches Aufsehen: Die Männer starrten in sprachloser Verwunderung, die Frauen klatschten in die Hände. Am Ende der Straße wendeten wir in höchst eindrucksvoller Manier und fuhren den Clay Hill mit der gleichen Geschwindigkeit hinunter wie die fünfspännigen Postkutschen und erreichten schließlich die Stelle, von der aus unsere Fahrt begonnen hatte.«

Im Jahre 1834 bauten Macerone und Squire einen größeren Dampfwagen für achtzehn Fahrgäste (Abb. 102), bei dessen Karossierung sie sich am typischen

Pferdeomnibus Frankreichs orientierten (vgl. Ab. 70). Das überdachte Fahrerabteil war nach vorn und den Seiten offen. Ihm schlossen sich ein Coupé- und ein Berlinekasten an, dem die in einem zweiten Berlinekasten untergebrachte Kesselanlage folgte. Den Abschluß bildete ein nur seitlich und hinten verkleideter Heizerstand, dessen Wandungen in einem aufwärts geschweiften Hecksteiß ausliefen. Vor der Dachgalerie für das Gepäck standen auf drei Sitzreihen neun Außenplätze zur Verfügung. Nach der Fertigstellung dieses Steamers trennten sich die beiden Kompagnons. Macerone baute noch zwei Wagen dieses Typs und glaubte, in dem Rittmeister D'ASDA, auch in der Schreibweise DASDA überliefert, einen Käufer gefunden zu haben. Dieser Italiener jüdischer Abkunft erwies sich jedoch als Betrüger. Er zahlte beide Fahrzeuge an und ließ das eine nach Belgien, das andere nach Frankreich bringen. Nach ihrem Eintreffen am jeweiligen Bestimmungsort nahm sie d'Asda in Besitz und führte sie öffentlich vor. Über die am 4. Februar 1835 unternommene Demonstrationsfahrt in Paris liegt folgender Bericht des Journals des Debats (zitiert nach »Histoire de la Locomotion«, S. 246) vor:

> »Der Dampfwagen von M. d'Asda fuhr heute zweieinhalb Stunden lang in der Rue de la Chaussee – d'Antin ab in Richtung Neuilly durch die Rue de la Paix, die Rue de Rivoli und den Champs-Elysees. M. d'Asda wurde von Oberst d'Houdetat seiner königlichen Majestät und der Königin vorgestellt. Nachdem er M. d'Asda zum Erfolg seiner Bemühungen gratuliert hatte, ließ er sich Einzelheiten der Konstruktion und den Mechanismus der Antriebsmaschine erklären und besichtigte alles mit dem größten Interesse. Colonel d'Houdetat stieg dann in das Fahrzeug ein und fuhr unter den Augen der Majestäten eine Strecke von 1 600 Metern in acht Minuten. Der König und die Königin geruhten, M. d'Asda ihre allerhöchsten Glückwünsche zukommen zu lassen und übergaben ihm gleichzeitig als ein Zeichen der Anerkennung eine goldene, mit ihren Initialen geschmückte Tabaksdose. Der Wagen benötigte 22 Minuten für die Rückfahrt vom Schloß Neuilly zur Place Louis-XV. «

D'Asda bezahlte Macerone weder den in Paris noch den in Brüssel vorgeführten Dampfwagen, was für den Hersteller den vollständigen finanziellen Ruin bedeutete. Darüber hinaus verkaufte d'Asda seine Besitzrechte für 16 000 Pfund Sterling an eine Gesellschaft. Hochverschuldet gelang es Macerone indessen, 1841 die GENERAL STEAM-CARRIAGES COMPANY (Allgemeine Dampfwagen-Gesellschaft) zu gründen und seinen letzten Steamer zu erproben, der von der Firma BEALE OF EAST GREENWICH hergestellt worden war (Abb. 103). Seine Verkehrstauglichkeit bewies dieses Vapomobil bei einer Demonstrationsfahrt mit siebzehn Insassen durch das verkehrsreiche London bei einer Geschwindigkeit von 26 km/h und den als »Pferdemörder« (»horsekiller«) berüchtigten Shooter's Hill hinauf mit 13 km/h.

Der geplante Einsatz mehrerer Dampfwagen dieses Typs durch die General Steam Carriage Company scheiterte an dem vom Hersteller geforderten Stückpreis von 1 100 Pfund Sterling, womit der ursprünglich vereinbarte Be-

Abb. 103
1834

MACERONE: Dampfwagen mit zwei Berlinekästen für Fahrgäste und einem Berlinekasten zur Unterbringung der Kesselanlage; dahinter offener Heizerstand

trag um 300 Pfund überzogen wurde. Der dreirädrige Dampfwagen von Dr. CHURCH aus dem Jahre 1833 ist in der Populärliteratur häufig abgebildet (Abb. 104). Sein Fahrgestellrahmen bestand erstmals aus Winkelstahlträgern. Die geschweiften Speichen aus Federstahl übertrugen das Fahrzeug-gewicht elastisch von den Naben auf die Felgen. Das selbstfedernde Rad war bis nach dem Ersten Weltkrieg eine Lösung zur Milderung der Fahrbahnstöße auf den Fahrzeugaufbau. Der Church-Wagen hatte einen Berlineaufbau, dem – wie allgemein üblich geworden – in Richtung Heck ein geschlossenes Maschinenabteil folgte. Den Abschluß bildete ein Coupéabteil. Die Antriebsmaschine bewegte die beiden Hinterräder. Über das Vorderrad wurde das Fahrzeug gelenkt. Der 50 Fahrgästen Platz bietende Church-Wagen verkehrte zwischen Birmingham und London. In der Fachliteratur werden aber auch Zweifel daran geäußert, daß dieser Dampfwagen jemals öffentliche Straßen befuhr. Als gesichert gelten die schlechten Fahrleistungen. Das beeindruckende Erscheinungsbild machte den Church-Wagen durch zahlreiche Bildveröffentlichungen zum Muster des Vapomobils.

Der Dampfwagen hatte in England eine Entwicklungsstufe erreicht, die eine Basis für die kontinuierliche Weiterentwicklung hätte sein können. Im Gegensatz zur Eisenbahn, die konkurrenzlos war, stand der Dampfwagen in ständigem Wettbewerb mit dem pferdegezogenen Fuhrwerk.

Ein vom House of Commons eingesetztes Kommitee stellte im Jahre 1831 in einem Untersuchungsbericht fest, daß »der Ersatz von tierischer Kraft durch nichttierische auf öffentlichen Straßen eine der wichtigsten Verbesserungen an

Dr. Church: 3rädriger Großraumsteamer für 50 Fahrgäste, die auf der offenen Dachgalerie, im Lenker-abteil, in einem Berline- und einem Coupé-Kasten untergebracht waren.

den inländischen Verkehrsmitteln ist, die jemals eingeführt worden ist«. Die Pferde-Fuhrunternehmer waren aber nach wie vor starke Gegner des Dampf-wagens. Landwirte, die schwere Beschädigungen der Straßen durch den Dampfwagen erwarteten, befürchteten, der Verkehr mit Pferdefuhrwerken könne beeinträchtigt werden. Außerdem dachten sie, das neue Verkehrsmittel könne dem Handel mit Hafer abträglich sein. Der Ingenieur ALEXANDER GORDON, Sohn des Dampfwagenkonstrukteurs DAVID GORDON, wies auf die Vorzüge des Vapomobils hin:

> »Die preiswerte und schnelle Art der Beförderung von Personen und des Transportes sämt-licher Gütersorten zum Markt würde in hohem Maße zur Wohlfahrt aller Schichten bei-tragen, so daß Fuhrunternehmer mehr Zuspruch auf dem Gebiet der Personenbeförde-rung zur Hälfte des bisherigen finanziellen Aufwandes erhielten und weniger Kapital benötigten als derzeit für den unsicheren Aufwand für Pferde. Außerdem hätten auch die Kutscher, die Pferdejungen und die Pferdehalter ihren Vorteil, da für einen Dampfwagen mehr Personal beschäftigt werden müsse als für eine Pferdekutsche.«

Derartige Apelle an die Vernunft hatten aber nur geringen Einfluß auf die Meinung der Parlamentsmitglieder. Im Jahre 1830 war eine Anzahl von Ver-ordnungen erlassen worden, die die Straßenbenutzungsgebühren – als »Stras-senzölle« bezeichnet – für Dampfwagen sechs- bis zwölfmal höher veranschlagten als für Pferdefuhrwerke. Darüber hinaus wurde der Dampfwagenverkehr systematisch durch Steinbarrikaden sabotiert. Nachdem das »Select Commitee of The House« die Argumente der beiden streitenden Parteien zur Kenntnis genommen hatte, stellte es eine Aufzählung von Fakten zusammen, aus denen sowohl der Verkehrswert des Dampfwagens wie auch die Art seiner Beeinträchtigung durch die Gegner ersichtlich ist. Der Bericht stellte fest, daß:

1. Fahrzeuge auf gewöhnlichen Straßen mit Dampf bei einer Durchschnittsgeschwindigkeit von 10 Meilen pro Stunde (16 km/h) betrieben werden müssen.
2. Sie bei dieser Geschwindigkeit bis 14 Fahrgäste befördern.
3. Ihr Gewicht unter drei Tonnen betragen sollte.
4. Sie Steigungen von beachtlicher Steilheit sicher und mühelos hinauf- und hinunterfahren können.
5. Die Fahrgäste vollkommen sicher sind.
6. Sie (die Dampfwagen) für die Öffentlichkeit keine Belästigung sind.
7. Sie zu einer schnelleren und preiswerteren Verkehrsmittelgattung werden können als pferdegezogene Fahrzeuge.
8. Sie auf die Straßen weniger zerstörend einwirken als Pferdehufe.
9. Dampfwagen mit Straßenzöllen belegt wurden, durch die sich ihre Benutzung auf mehreren Strecken verbieten würde, wenn die Höhe dieser Gebühren bestehen bliebe.

Diese Aufstellung von Fakten zugunsten des Dampfwagens blieb ohne Einfluß. Einige Dampfwagengesellschaften hatten bereits 1832 aufgegeben und Investitionen in ein Unternehmen, das vom Staat finanziell derart beeinträchtigt wurde, blieben aus.

Dennoch eröffnete die STEAM CARRIAGE COMPANY OF SCOTLAND 1834 mit sechs Dampfwagen des Ingenieurs SCOTT RUSSELL zwischen Glasgow und Palsley einen öffentlichen Linienverkehr (Abb. 105). Diese Fahrzeuge hatten leistungsfähige Zweizylindermaschinen und ihnen angemessene Rohrkessel.

Abb. 105
1834

JOHN SCOTT RUSSELL: als Berline karossierter Drag mit Schlepptender

Kesselexplosion bei einem RUSSELL-Dampfwagen mit Todesfolge; es handelt sich um den ersten überlieferten tödlichen Unfall mit einem automobilen Fahrzeug

Diese »Drags« konnten ihren eigenen Kohle-Wasser-Tender und einen Omnibusanhänger ziehen. Ein solcher Zug war für die Beförderung von 26 Personen eingerichtet. Die 12 km lange Strecke wurde in einer Fahrzeit von 40 bis 45 Min. bewältigt, die später auf 34 Min. verringert werden konnte.

Die Fahrgeschwindigkeit betrug mehr als 27 km/h. Diese Linie war so erfolgreich, daß die 26-sitzigen Fahrzeuge mit 30 bis 40 Fahrgästen überbesetzt wurden. Die Straßenbesitzer behinderten den Dampfwagenverkehr durch Steinbarrikaden. Es zeigte sich jedoch, daß damit zwar die Pferdefuhrwerke, nicht aber die Dampfwagen zur Fahrtunterbrechung gezwungen wurden. Allerdings führte in einem Falle ein Radbruch zum Kippen eines Dampfwagens, wobei er auf dem Kessel zu liegen kam. Diese Belastung löste eine heftige Explosion aus, die fünf Personen das Leben kostete (Abb. 106).

Dieser erste überlieferte Unfall eines automobilen Fahrzeugs mit Todesfolge ereignete sich am 29. Juli 1834 auf der Straße von Paisley und zog das Fahrverbot für Dampfwagen in Schottland nach sich. Zwei Russell-Wagen wurden nach London überführt und mit ihnen einige Demonstrationsfahrten nach Greenwich, Windsor und Kew unternommen. Ohne Erfolg bemühte man sich 1835 um ihren Verkauf. Der enttäuschte Russell stellte seine Versuche daraufhin ein.

Die Vorteile des neuen Verkehrsmittels wurden trotz negativer Begleiterscheinungen allgemein erkannt. Sie zeigten sich darin, daß nun größere Entfernungen in kürzerer Zeit überwunden werden konnten als je zuvor. Für die Bewältigung der 52 Meilen (ca. 84 km) langen Strecke von London nach

Brighton benötigte man mit der Pferdekutsche zwei Tage mit Übernachtung in einem Gasthaus. Der Dampfwagen verringerte die Fahrzeit auf nur fünf Stunden. Außerdem brachte der Betrieb eines Dampfwagens Gewinn. Obwohl die Baukosten eines solchen Fahrzeugs mit 800 Pfund die eines vergleichbaren Hippomobils um 600 Pfund überstiegen, beliefen sich die Betriebskosten für die Meile (1,609 km) auf vier Pfund und waren damit um vier Shilling und drei Pence geringer als für das pferdegezogene Vergleichsfahrzeug. Der Fahrpreis für die Benutzung des Dampfwagens betrug nur die Hälfte des Preises für die Pferdekutsche. Im Jahre 1840 hatte die Dampfwagenära in England faktisch ihr Ende erreicht. Ungeachtet dieses Niederganges erzielten die Hersteller dieser Fahrzeuge noch weitere technische Fortschritte, die der späteren Entwicklung des Automobils mit Verbrennungsmotor zugute kamen.

Die erwiesenen Vorzüge des Steamers gegenüber den hippomobilen Verkehrsmitteln brachten die Anlegung einer besonderen Straße für diese Fahrzeuge von London nach Holy Head mit öffentlichen Mitteln auf den Plan. Sie sollte einen Belag aus rechtwinklig geschnittenen Blocksteinen erhalten. Wäre deren befahrene Oberfläche verschlissen, hätte sie gewendet werden können. Insgesamt wären mit jedem Stein nacheinander vier Verschleißflächen verfügbar gewesen. Diesen Plan torpedierten die LONDON & BIRMINGHAM und die HARD-TRUNK-RAILWAY-COMPANIES. Mit der schnell vor sich gehenden Verbreitung der Eisenbahn schwand das Interesse am Dampfwagen. Auch konnten sich im Gegensatz zu den mächtig gewordenen Eisenbahngesellschaften die Dampfwagenhersteller gegenüber den Interessen der Grundbesitzer nicht durchsetzen. Deren Einfluß auf die Zollverbände war so groß, daß die Dampfwagen mit überhöhten Wegebenutzungsgebühren belegt wurden. Sie waren mit 2 Pfund je Fahrzeug festgesetzt, während für eine Pferdekutsche nur 3 Shilling zu entrichten waren. Im Jahre 1861 trat ein Gesetz in Kraft, das außer den Gebühren die Größe, das Gewicht und die Geschwindigkeit der Dampfwagen reglementierte. So waren für diese Fahrzeuge nur 4 (6,4 km/h) bzw. 2 (3,2 km/h) Meilen in der Stunde erlaubt. Der entsprechende Abschnitt hatte folgenden Wortlaut (zitiert nach »Horseless carriage« S. 31/32):

> »1. ... sind mindestens 3 Personen für die Bedienung oder die Lenkung solcher Lokomotiven anzustellen, und wenn mehr als 2 Anhänger oder Wagen daran angehängt werden, ist zusätzlich 1 Person einzusetzen, die selbige Anhänger oder Wagen überwacht.
>
> 2. ... muß eine dieser Personen dann, wenn sich selbige Lokomotive in Bewegung befindet, dieser Lokomotive zu Fuß um nicht weniger als sechzig Yards (ca. 60 m) vorausgehen und dabei unausgesetzt eine rote Flagge zeigen und muß Kutscher und Reiter vor dem Herannahen besagter Lokomotiven warnen und deren Lenker erforderlichenfalls ein Haltezeichen geben und muß Pferden und pferdegezogenen Wagen behilflich sein, an derselben vorbeizugelangen.«

Im Jahre 1878 wurde dieser in die Umgangssprache als »Rote-Flaggen-Gesetz«
bezeichnete Abschnitt eingeschränkt durch folgenden Zusatz: »Ergänzung zu
achtundzwanzig und neunundzwanzig Vict, c, sec. Der unter »zweitens« nu-
merierte Paragraph des Lokomotivgesetzes von 1865 wird hierdurch für England gültig aufgehoben und durch den folgenden Paragraphen ersetzt:

> »2. Muß eine dieser Personen dann, wenn sich selbige Lokomotive in Bewegung befindet,
> dieser Lokomotive zu Fuß wenigstens zwanzig Yards (ca. 20 m) vorausgehen und muß
> bei Bedarf Pferden und pferdegezogenen Wagen behilflich sein, an selbiger vorbeizuge-
> langen.«

Obwohl damit das Zeigen der roten Flagge aufgehoben worden war, verblieb
sie mit der Bezeichnung »Red-Flag-Act« im Sprachgebrauch zur Bezeichnung
behördlicher Behinderung des technischen Fortschritts bestehen. Besonders
nachteilig wirkten sich diese Vorschriften auf die Entwicklung schneller
Leichtfahrzeuge aus, die den schweren Zugmaschinen, den »Locomotives«, in
dieser Verordnung gleichgestellt waren. Sie blieben es auch noch nach der Jahrhundertwende, als in den übrigen Industrieländern die Wärmekraftmaschine
mit innerer Verbrennung zum Antrieb solcher Fahrzeuge eingesetzt wurde.
Während der folgenden 35 Jahre beschränkte sich die englische Dampfwagen-
industrie demzufolge auf die Herstellung schwerer, langsamer Straßenfahrzeuge und Zugmaschinen für die Landwirtschaft.

Im Gegensatz zu solchen behördlichen Einschränkungen in England bestand in Frankreich seit dem 20. Januar 1865 ein Erlaß, der den Betrieb von
Dampfwagen auf öffentlichen Straßen lediglich von technischen und registra-
torischen Voraussetzungen abhängig machte. Reglementiert wurden in erster
Linie die Kessel, die denselben Prüfbestimmungen unterworfen waren wie
ortsfeste Anlagen. Diesem Erlaß ging 1843 eine Verfügung voraus. Deren Artikel 52 enthielt die Definition »Lokomotiv-Dampfmaschinen sind solche, die
sich durch ihre eigene Kraft fortbewegen und zur Beförderung von Reisenden,
Gütern oder Materialien dienen.« Der Artikel 55 nennt die Zulassungsbedin-
gungen:

> »Es kann keine Lokomotiv-Maschine zum Betrieb zugelassen werden, die nicht eine vom
> Departement-Präfekten ausgestellte Verkehrserlaubnis besitzt, in der die Abfahrtstelle der
> Kraftmaschine angegeben ist.«

Die für die Erlaubsniserteilung erforderlichen Angaben nennt der Artikel 58:
»In diesem Erlaubnisschein wurden aufgeführt:

1. Der Name der Lokomotive und der Dienst, zu dem sie bestimmt ist;
2. der höchste Druck (oder die Anzahl der Atmosphären) des Dampfes im
   Kessel und die Nummer der Stempel, mit denen Kessel und Zylinder versehen worden sind;

3. die Nennweite der Sicherheitsventile;
4. die Kapazität des Kessels;
5. das Maß der Zylinderbohrung und des Kolbenhubes;
6. schließlich der Name des Herstellers und das Baujahr.«

Diese sinnvollen und moderen Bestimmungen ließen der Entwicklung des Vapomobils in Frankreich großen Spielraum. Sie setzte allerdings erst ein, als sie in England ihrem vorläufigen Ende entgegenging. In der ersten Hälfte des 19. Jahrhunderts verlief sie in Frankreich zwar weniger stürmisch als im Inselstaat, doch brachte sie 1828 mit dem Patent des Ingenieurs ONESIPHORE PECQUEUR ein Gesamtkonzept hervor, das im Prinzip bis heute besteht.

Um der Bedeutung innerhalb der Vorgeschichte des Automobils gerecht zu werden, wird dieses Patent so ausführlich behandelt, daß die wesentlichen Konstruktionen in Aufbau, Sinn und Funktion mit den entsprechenden Bauelementen des heutigen Automobils verglichen werden können. Der Erfinder leitete seinen Patenttext ein mit der Aufstellung von fünf grundsätzlichen Bedingungen, die er für unerläßlich hielt,

»...um einen Dampfwagen herzustellen, der mit einer einfachen Lenkvorrichtung die Möglichkeit bietet, sich allen Straßenverhältnissen anzupassen und der die Antriebsleistung gut ausnützt.
– Die erste Bedingung besteht darin, dem Fahrzeug durch eine Dampfmaschine einen Antrieb zu geben, um es sowohl zum Vorwärts- als auch zum Rückwärtsfahren zu befähigen.
– Die zweite besteht darin, eine Vorrichtung zu bieten, mit der es sowohl während der Vorwärts- als auch während der Rückwärtsfahrt ohne großen Kraftaufwand und ohne jegliche Behinderung gelenkt werden kann.
– Die dritte darin, die Maschine beim Anfahren und beim Befahren von Steigungen oder schlechten Straßen zu einer erhöhten Leistungsabgabe veranlassen zu können.
– Die vierte darin, für den Kessel ein Konzept zu finden, das geringen Platzbedarf mit niedrigem Gewicht, großer Festigkeit und Explosionssicherheit verbindet.
– Und schließlich die fünfte darin, daß der Dampf auf Gefällestrecken nach Bedarf sowohl zur Verlangsamung wie auch zum Anhalten des Fahrzeugs veranlaßt werden kann, der Bewegungsrichtung des Maschinenkolbens entgegenzuwirken.«

Anschließend beschrieb Pecqueur »die mechanischen Vorrichtungen, die zur Erfüllung dieser Bedingungen beitragen« und fügte eine Reihe erläuternder Zeichnungen bei (Abb. 107). Die darin unter Fig. 1 und 2 in Einbauposition dargestellte Dampfmaschine sollte nach dem Rotationsprinzip arbeiten. Die Wärmeenergie sollte direkt – also ohne einen hin- und herbewegten Kolben über einen Kurbeltrieb – übertragen werden. Dies war bereits durch ein separates Patent geschützt, das jedoch nicht erhalten geblieben ist. Er führte dazu aus:

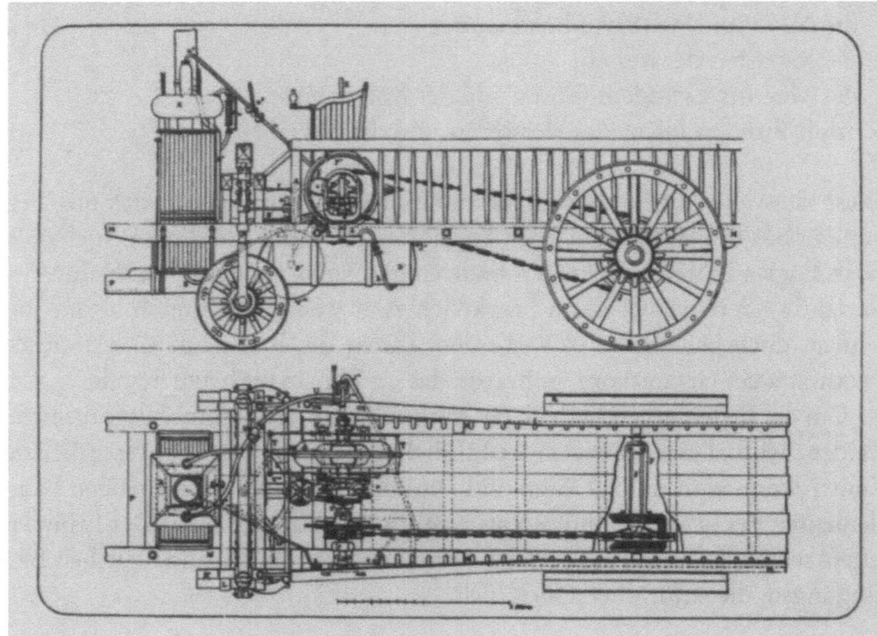

Patentzeichnung des PECQUEUR-Dampf-Lastwagens

»Jedoch veränderte ich sie (die Maschine) grundlegend, indem ich sie zu einer vereinfachten Änderung ihres Drehsinnes in beiden Richtungen auslegte. Es ist indessen nicht zwingend, daß die Dampfmaschine nach diesem Prinzip arbeitet. Sie kann ein- oder mehrzylindrig ausgeführt werden, sofern die Voraussetzungen erfüllt sind, daß sie eine Welle im jeweiligen Drehsinn, wie er mit einer Umsteuervorrichtung gewählt wird, antreiben kann, nicht zu schwer ist und keine Totpunktstellung einnimmt, mit anderen Worten: Auf die angetriebene Welle einen Impuls ausübt, der in jeder ihrer Drehstellung genau gleich bleibt, erfüllt sie ebenso ihren Zweck wie meine Rotationsmaschine. Man kann sich gut vorstellen, daß bei Befestigung der beiden Hinterräder des Fahrzeugs, die auf einer an Längsträgern gelagerten Achse, zu dessen Ingangsetzen nichts anderes erforderlich ist, als diese Achse zu drehen. Man begreift aber auch, daß das Fahrzeug nicht rollen kann, sobald es beginnt, seine geradlinige Fahrrichtung zu verlassen. Dann ergibt sich, daß dasjenige Rad, das den längeren Weg auf der Fahrbahn zurückzulegen hätte, die größere Antriebsleistung aufzunehmen hätte und den Motor und als Folge davon auch das Fahrzeug stillsetzen würde. Könnte man diesem Übelstand dadurch abhelfen, indem man zwei Maschinen einbaute, deren jede auf eines der beiden Hinterräder einwirken würde? Man kann mit »nein« antworten; denn immer wieder können gewöhnliche Dampfmaschinen gleichzeitig in Totpunktlage stehen. Ich behaupte, daß es trotz aller Sorgfalt, die man aufwenden würde, um die Maschinen in diejenige Position zu bringen, in der die eine ihre höchste Leistung abgibt, während die andere in ihrem Totpunkt angelangt ist, es immer wieder vorkommen kann, daß nach einer gewissen Betriebszeit oder nach einer bestimmten Folge von Arbeitsspielen beide Maschinen gleichzeitig in die Stellung höchster Leistungsabgabe oder in Totpunktlage gelangt sind. Doch mit meiner Vorrichtung, die ich beschreiben werde, ist es unnötig, zwei Maschinen anzuwenden, da sich durch deren Wirkungsweise eine einzige Kraft zu gleichen Anteilen auf die beiden Räder überträgt, wobei ihre gegenseitige Unabhängigkeit gewahrt bleibt und daher jedes eine längere Bogenstrecke auf der Fahrbahn zurücklegen kann als das andere, wie es sich jedesmal beim Abrollen auf einer gekrümmten Wegstrecke, also beim Befahren einer Kurve, ergibt.

Ich möchte besonders auf das Privileg Anspruch erheben, diese Vorrichtung in allen Arten von Dampfwagen anzuwenden, da ich sie als das entscheidende Bauelement betrachte, mit dessen Hilfe man den Dampfwagen erfolgreich einsetzen kann. Ich bin davon überzeugt, daß die Engländer deshalb so große Kosten für die Verlegung ihrer Schienenwege auf gerader Strecke auf sich nehmen, weil ihnen diese Vorrichtung unbekannt ist: Bei ihrer Anwendung wären sie in der Lage, mühelos allen Streckenkrümmungen zu folgen, und wenn sie ihnen bekannt wäre, hätten die Engländer dann nicht wohl schon seit langem mit Dampf betriebene Rollwagen und Eilkutschen auf gewöhnlichen Straßen eingesetzt?«

Zur besseren Verdeutlichung der Funktion des Ausgleichgetriebes folgt anstelle einer wörtlichen Übersetzung eine freie Beschreibung desselben: An jedem äußeren Ende der zweiteilig ausgeführten Achse war ein Speichenrad befestigt. Der in Fahrtrichtung gesehen rechte Teil der Achse ging am fahrzeuginneren Ende in ein hülsenartiges Gehäuse über, dessen Flansch mit den Speichen eines Tellerrades verschraubt war. Dem Flansch gegenüber befand sich in dem Gehäuse ein Lager y'', das das fahrzeuginnere Ende der anderen Achshälfte y' aufnahm. Sie war durch die Lagerhülse des Tellerrades hindurchgeführt und trug diesem gegenüber ein kraftschlüssig befestigtes Tellerrad v'. Zwischen beiden Tellerrädern befand sich nach links versetzt ein Kettenrad I, das sich auf der Lagerhülse des Tellerrades v frei drehen konnte. Ein horizontal rotierendes Kegelrad v'' stand mit den beiden Tellerrädern in Eingriff. Seine Achse, um die es sich frei drehen konnte, war an beiden Enden am Kettenrad I gelagert und dadurch kraftschlüssig mit diesem verbunden. Pecqueur beschrieb die Funktion wie folgt:

»Wenn dieses Rad ... in Drehung versetzt wird, nimmt es das Kegelrad v'' mit und läßt es um die Achse einen Kreis beschreiben, wie ein Mond seinen Planeten umkreist. Wenn auf das Rad I eine Kraft einwirkt, überträgt das Kegelrad v'' seine Bewegung auf die beiden Tellerräder, mit denen es in Eingriff steht. Dabei wirkt es als deren Schleppelement und verteilt zwangsläufig die von ihm aufgenommene Kraft auf beide Hinterräder gleichmäßig. Wie schon gesagt, sind beide ein Teil einer Achshälfte, deren jede mit einem Tellerrad verbunden ist. Aus dieser Anforderung ist ersichtlich, daß die Drehzahldifferenz zwischen beiden Hinterrädern unbegrenzt ist, daß sich das eine vom anderen unabhängig drehen kann und daß jedes der beiden stets und unter allen Umständen die Hälfte der Motorleistung aufnimmt. Das Verhältnis zwischen ihren Drehzahlen wird von nichts anderem bestimmt als von dem Gelände, über das sie rollen und von dem jedes seinen Auflagepunkt erhält.«

Anstelle der in den Patentzeichnungen dargestellten Rotationsdampfmaschine schlägt Pecqueur als Alternative eine Zweizylinder-Kolbendampfmaschine vor, die so anzuordnen ist, daß ihre Kurbelwelle parallel zur Hinterachse liegt und ihr Drehmoment über ein Zahnrad auf das zum Gegenrad umgebildete Kettenrad I überträgt.

In den Abbildungen Fig. 1, 2 der Abb. 107, Fig. 7, 8 und 9 der Abb. 108 ist mit der Antriebsmaschinenwelle achsgleich ein schaltbares Planetengetriebe dargestellt, Pecqueur bezeichnet es als »Mechanismus zur Drehzahländerung, dem das Prinzip von drei Zahnrädern in ein- und derselben Ebene zugrundeliegt.« Bei der Beschreibung des Vorderwagens erläuterte Pecqueur Einzelheiten der Lenkeinrichtung und ergänzte seine Ausführungen durch die Begründung:

> »Damit die Hand des Lenkers mühelos und prompt die Vorderräder veranlassen kann, mehr oder weniger genau den Kreis zu beschreiben, den sein Fahrzeug abfahren soll, ist es erforderlich, nach einer Vorrichtung zu suchen, um damit den Einschlag dieser Räder mit

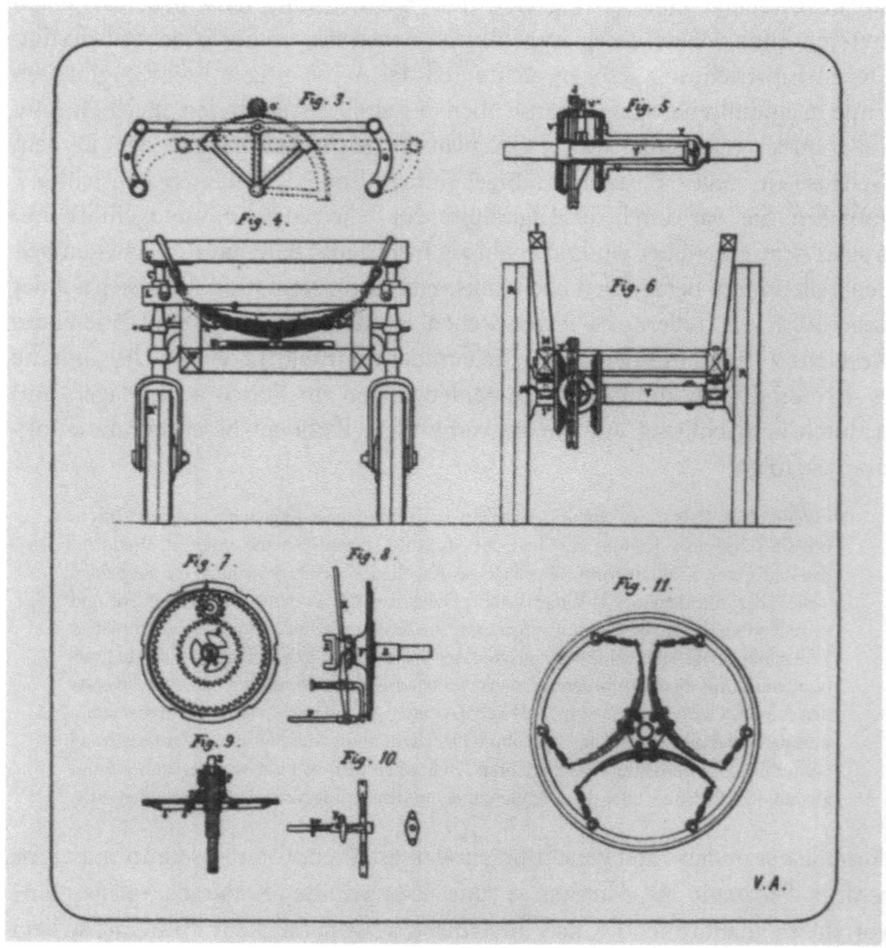

ONESIPHORE PECQUEUR: Patentzeichnung eines Differentialgetriebes. Dabei handelt es sich um den erstmaligen Vorschlag, dieses Bauelement in einem automobilen Fahrzeug anzuwenden

dem geringstmöglichen Widerstand vornehmen zu können. Für diesen Zweck habe ich
herausgefunden, daß eine solche Drehung, wie sie bei Fuhrwerken üblicherweise durch die
Zugkraft (der Pferde) erfolgt, hier um eine senkrechte Achse erfolgen muß, deren Verläge-
rung die Radachse schneidet und durch den Punkt verläuft, in dem das Rad den Boden
berührt. Diese Bedingung habe ich durch die Anwendung von Radgabeln $C'C$ erfüllt, wie
sie in zwei Ansichten unter Fig. 2 und 3 gezeigt sind.«

Die Lenkung der Räder erfolgt über eine senkrechte Lenksäule (Abb. 107, Fig.
1, 2; Abb. 108, Fig. 3), an deren oberen Ende eine Handkurbel, am unteren Ende ein Ritzel G' befestigt ist. Dieses greift nach Fig. 3 in starker Übersetzung in
ein Zahnsegment B' ein. Die Drehbewegung von B' wird von einer quer zur
Wagenlängsachse verlaufenden Schubstange O' in eine geradlinige Bewegung
umgewandelt und auf die beiden Lenkhebel O übertragen. Diese sind mit den
senkrechten Wellen der Radgabeln verbunden. Die Radgabeln werden gedreht
und so die Achse gelenkt. Pecqueur wies darauf hin, daß er zu Experimentier-
zwecken nur den Vorderwagen abfedern wollte, da er sich mit geringer Geschwindigkeit bewegen sollte.

»Aber in einem Wagen, der dazu bestimmt war, schnell zu fahren wie eine Eilpostkutsche,
wird es unerläßlich sein, ihn vollständig abzufedern.«

Die Patentzeichnung Fig. 4 (Abb. 108) läßt erkennen, daß der Vorderwagen
durch ein querliegendes Blattfederpaket abgestützt werden sollte. Die beim
Ein- und Ausfedern auftretende Vertikalbewegung wird dadurch ermöglicht,
daß die hölzernen Querriegel L' in Fig. 4 (Abb. 108) mit zwei Bohrungen versehen sind, in die die Enden der Radgabelwellen eingelassen sind. Die beiden
Querriegel L in Fig. 1, 2 (Abb. 107) und Fig. 3 (Abb. 108) sind auf jeder Seite
durch einen Eisenbeschlag verbunden, in dessen Buchse jeweils eine Gabel-
welle geführt wird. Die Querriegel L u. L' bilden mit den Gabelwellen ein
System, das die Parallelführung der Gabel auch dann sicherstellt, wenn der
Wagenaufbau schräg steht. Die Längsträger M des Fahrzeugrahmens sind
durch mehrere Querriegel zu einem Leiterrahmen versteift. Der Querriegel
unter L' ist der Träger des aufwärts geschweiften Blattfederpaketes. Zwischen
den beiden Enden des Federpakets und dem Querriegel L' stellen zwei Recht-
eckringe eine quernachgiebige Verbindung her. Das Radführungssystem kann
so die Räder dem Gelände nachführen. Neu waren das Antriebsachs-Aus-
gleichgetriebe, das Schaltgetriebe, die konsequente Trennung von Radführung
und Radabfederung und schließlich die Einzelradlenkung.

Beachtenswert sind außerdem die Antriebsmaschine mit der unmittelbaren Umsetzung der Dampfenergie in rotierende Bewegung und ihre platzsparende Unterbringung gemeinsam mit der Kesselanlage im Vorderwagen.
Bevor der elastische Radkranz aus Gummi – zunächst massiv, dann als luft-
gefüllter Schlauch – über das Velociped in den Automobilbau Eingang gefun-

den hatte, beschäftigten sich die Konstrukteure mit dem »selbstfedernden Rad«. Pecqueur zeigt ein solches in der Zeichnung Fig. 11 (Abb. 108). Drei Blattfederpakete stellen die elastische Verbindung zwischen Nabe und Radkranz her. Diese Konstruktion kann jedoch Schubkräfte, die quer zur Fahrtrichtung wirken, nicht mit einer für die Fahrsicherheit genügend kleinen Verschiebung zwischen Nabe und Radkranz übertragen.

Charles Dietz machte den schienengebundenen Eisenbahnzug »straßenfähig«. Er versah die Radkränze seiner Dampfschlepper mit einer Korkauflage, auf der er Holzsegmente befestigte. Über die Versuchsfahrt, die er am 26. September 1834 mit diesem Fahrzeug von Paris nach Saint-Germain unternahm, liegt ein Bericht vor, den Odolant Desmont am 25. Oktober 1834 vor der »Akademie der Industrie« vorlas. Es geht daraus hervor, wie das Fahrzeug die lange Steigung bei Saint-Germain bewältigt hat:

> »Hier hat der Schlepper wie alle anderen Wagen seine Fahrt verlangsamt, und er erreichte den Gipfel des Abhanges gegenüber dem Parkgitter um zwölf Uhr dreiundvierzig, nachdem er nur eindreiviertel bis zwei Atmosphären Dampfdruck benötigt hatte, das heißt, er brauchte nur dreizehn Minuten, indem er nur zwei Fünftel der ihm zur Verfügung stehenden Leistung aufwandte, um die längste und steilste Steigung zu erklimmen, die sich im Umkreis von fünfzehn Meilen um Paris vorfindet. Er hat die Steilstrecke indessen in etwas kürzerer Zeit überwunden als gewöhnlich die Postkutschen dazu benötigen, und er hätte sie in neun Minuten zurücklegen können, wenn er zwei Drittel seiner Leistung aufgewendet hätte.«

An der Fahrt nahmen Delegierte der »Akademie der Industrie« teil. Deren Sekretär, Las Cases, verfaßte ein Protokoll, das dem heutigen Leser einen Eindruck von der Leistungsfähigkeit vermittelt wie auch von der großen Anteilnahme, die die Öffentlichkeit diesen Versuchen entgegenbrachte:

> »Protokoll der Kommission der französischen Akademie der Industrie, die beauftragt ist, den Dampf-Schlepper von Herrn Charles Dietz auf seiner Reise von Paris nach Saint-Germain zu begleiten.
>
> Heute, am 26. September 1834, hat der Versuch stattgefunden, welcher die Funktion des Dampf-Schleppers von Herrn Charles Dietz feststellen sollte. Der Zweck des Versuches war nicht, die Schnelligkeit der Maschine festzustellen, sondern nur deren Fähigkeit, ein steiles Gebirge zu überfahren. Die Maschine, welche am rond point der Champs Elysees losfuhr (Abb. 109) bewegte sich mit der Schnelligkeit eines teils im Schritt, teils im Trab und teils im Galopp laufenden Pferdes fort. Am Fuße des Gebirges in Saint-Germain angekommen, welches der steilste Abhang auf fünfzehn Meilen im Umkreis von Paris ist, hat die Maschine diesen in 13 $^{1}/_{2}$ Minuten überwunden (die Postkutschen brauchen gewöhnlich etwas mehr) mit einer Gleichmäßigkeit des Ganges, die keinen Augenblick versagte. Der ungeheure Volkszulauf, der das Fahrzeug begleitete und ihm vorauslief, verhinderte den Ingenieur, dieses seine ganze Leistung gebrauchen zu lassen. Die Antriebsmaschine hatte während der Fahrt einen Kesseldruck von anderthalb und bei dieser besonderen Belastung zweieinhalb Atmosphären niemals überschritten. Wenn sie zwei Drittel ihrer Kraft entfaltet hätte, so hätte das Gebirge in weniger als neun Minuten überquert werden können.«

CHARLES DIETZ: Dampfwagenzug

Bei der Rückfahrt ereignete sich ein Zwischenfall, als ein Fuhrmann vor Staunen über den Anblick des pferdelos fahrenden Wagens vergaß, sich seinen Zugtieren zu widmen. Sie scheuten, das Fuhrwerk verhakte sich im Heck des Schleppers. Darüber berichtete Odolant Desmont, der Sekretär der »Akademie der Industrie«:

> »Schon war der Schlepper im Begriff, alles zu zerbrechen, was ihn anscheinend zurückhalten wollte, als Herr Charles Dietz, der es bemerkte, eine Bewegung machte, und das Fahrzeug trotz der Schnelligkeit von vier Meilen in der Stunde anhielt.«

Im Jahre 1841 richtete Dietz einen regelmäßigen Verkehr zwischen Bordeaux und Libourne ein. Wie in England reagierte die Bevölkerung auch in Frankreich feindselig und versuchte eines Tages, die Fahrzeuge zu zerstören. Dietz selbst wurde bei anderer Gelegenheit mit einem Schürhaken angegriffen, und man versuchte, ihn von der Brücke von Suresnes ins Wasser zu werfen. Nur der Ankunft berittener Polizisten verdankte der Erfinder seine Rettung.

Das erste Fahrzeug der in Le Mans ansässigen Fabrikantenfamilie Bollée war eine Konstruktion von AMEDÉE BOLLÉE SENIOR. Das 1873 fertiggestellte Vapomobil trug den Namen »L' Obeissante«, d.h. die »Gehorsame« (Abb. 110).

Der Wagen Bollées war zwölfsitzig und als Break karossiert. Jedes der beiden lenkbaren Vorderräder dieses Fahrzeugs war ähnlich wie beim Pecqueur-Wagen in einer schwenkbaren Gabel gelagert und gegen diese beidseitig durch ein Blattfederpaar abgestützt. Die Federpaare waren spiegelverkehrt aus zwei Federpaketen zusammengesetzt, hatten die Form einer konvexen Linse und

Amedée Bollée sen.: als Break karossierter Dampfwagen vom Typ »L'Obeissante«, d.h. die Gehorsame

hießen deshalb »Vollelliptikfeder«. Das Hinterrad der Obeissante wurde von einem »halben« Federpaar geführt, daher rührt auch der Name »Halbelliptikfeder«. Von einem Lenkrad aus, das an einer senkrecht stehenden Lenksäule befestigt war, konnten die Radgabeln um ihre senkrechte Achse so geschwenkt werden, daß sich die Verlängerungslinien der Radachsen in einem Punkt, der sich auf der Achslinie der Hinterräder oder ihrer Verlängerung befand, schnitten (Abb. III). Mit diesem System hatte Bollée dem Dampfwagen eine geometrisch korrekte Lenkung gegeben, die im Gegensatz zu der im Hippomobil angewandten Lösung von Lankensperger vom Fahrzeug aus bedient werden konnte. Für das Automobil mit Verbrennungsmotor wurde es 1889 von Maybach und 1893 mit anderer Kraftübertragung von Benz nochmals erfunden.

Die beiden Zweizylindergruppen der zwischen den Vorder- und den Hinterrädern eingebauten Dampfmaschinen waren erstmals so angeordnet, daß die Mittellinien der Zylinder den Buchstaben »v« bildeten. Der Verbrennungsmotor wurde später auch so konstruiert, zunächst um die am Einzylindermotor entwickelte Ventilsteuerung beibehalten zu können, dann mit dem Ziel, Raum und Gewicht zu reduzieren. Die v-förmige Anordnung der Zylin-

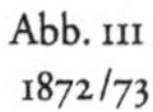

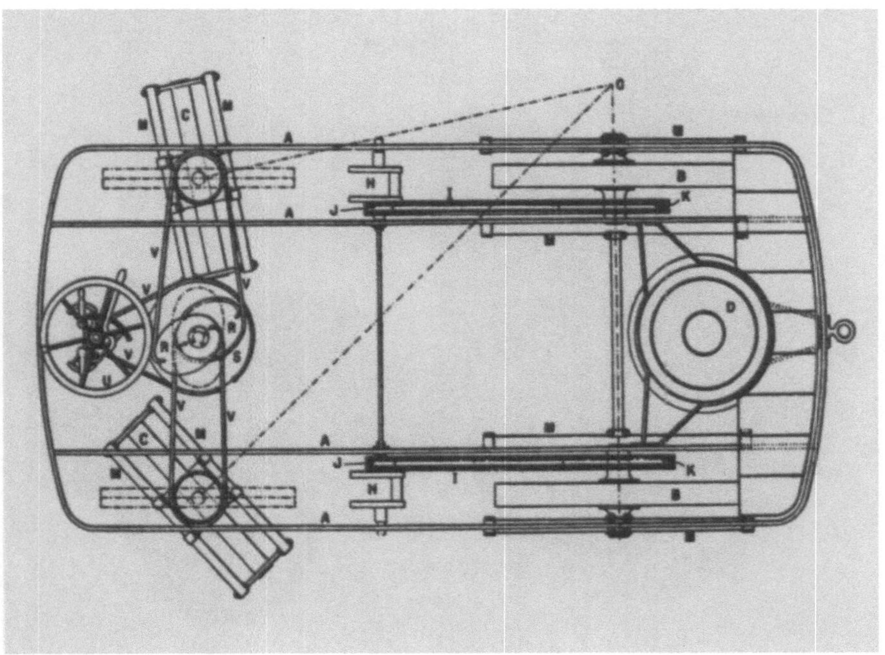

Amedée Bollée sen.: Lenksystem des Dampfwagens L' Obeissante

der und die Einbaulage der Maschine in der »Obeissante« machte die Maschine
gut zugänglich. Mit ihrer Maschinenleistung von 20 PS konnte die »Obeissante«
Fahrgeschwindigkeiten bis etwa 45 km in der Stunde erreichen. Der Wasservorrat von 360 l gestattete, eine Fahrstrecke von 25 km zurückzulegen. Mit
2,5 kg/km war der Kohleverbrauch bemerkenswert gering. Mit dem Nachfolgetyp, der »Mancelle«, etwa mit »Le-Manserin« übersetzbar, hatte Bollée
im Jahre 1878 eine automobile Victoria geschaffen, die technisch und im Er-
scheinungbild das Automobil des zwanzigsten Jahrhunderts vorwegnahm
(Abb. 112). An das Vapomobil erinnert im wesentlichen nur noch die im Heck
des Fahrzeugs aufgestellte Kesselanlage mit dem Heizerstand. Die augenfällig-
ste Neuerung bestand in der vor dem Fahrersitz angeordneten Dampfmaschine. Diese Position nahm der Verbrennungsmotor erst 1891 ein.

Beim Personenwagen war während der anschließenden fünf Jahrzehnte der
Antrieb im allgemeinen hinter der Vorderachse. Die Antriebsmaschine der
»Mancelle« war jedoch weit vor der Vorderachse untergebracht. In dieser
»Überhang-Lage« befand sich der Antrieb bei Fahrzeugen mit Verbrennungs-
motor im Lastkraftwagen erst in den zwanziger Jahren, im Personenautomobil
erst in den dreißiger Jahren. Die Antriebsmaschine der »Mancelle« war erst-

Abb. 112
1878

AMEDÉE BOLLÉE SEN.: als Victoria karossierter Dampfwagen des Typs »Mancelle« mit vor der Vorderachse angeordneter Antriebsmaschine

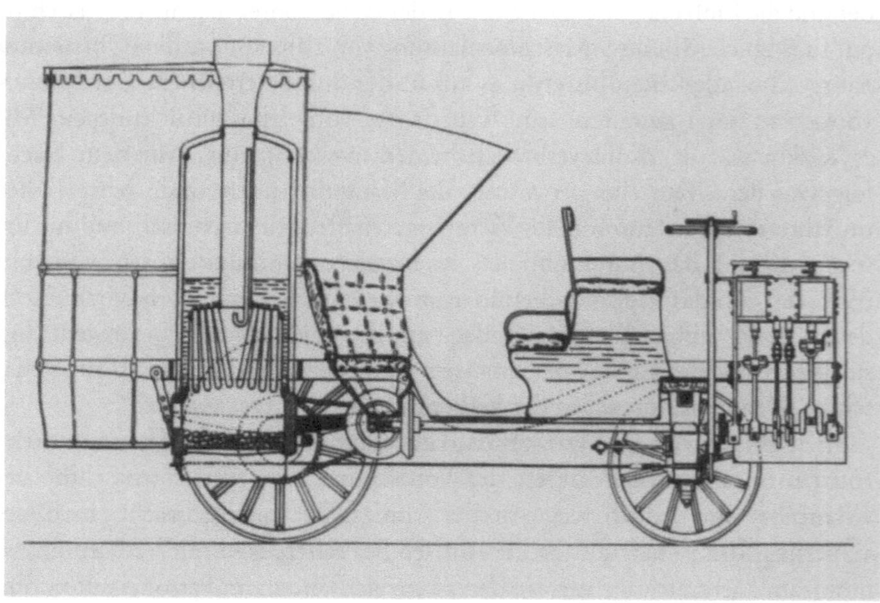

Abb. 113
1878

AMEDÉE BOLLÉE SEN.: Dampfwagen des Typs »Mancelle« im Längsschnitt

mals verkleidet. Auch der konstruktive Aufbau der Dampfmaschine mit zwei
stehenden Zylindern und untenliegender, in der Fahrzeuglängsachse gelagerter Kurbelwelle entspricht bereits der nach der Jahrhundertwende für den
Automobilmotor mit innerer Verbrennung allgemein üblichen Ausführung.
Bollée leitete die Drehkraft der Kurbelwelle in eine Längswelle ein, die am hinteren Ende ein Kegelrad trug (Abb. 113). Es stand mit einem anderen Kegelrad,
das auf einer quer liegenden Vorgelegewelle befestigt war, im Eingriff. Ein Kettenrad an jedem Ende der Vorgelegewelle übertrug deren Drehbewegung über
eine Kette auf ein anderes Kettenrad, das mit dem jeweiligen Hinterrad kraftschlüssig verbunden war. Der Kraftschluß zwischen der Kurbelwelle und der
Längswelle konnte bei Stillstand des Fahrzeugs und laufender Dampfmaschine
unterbrochen werden.

Die modernsten technische Einzelheiten der »Mancelle« waren die Vorderradaufhängung (Abb. 114) und die Lenkung (Abb. 115). Jedes Vorderrad war
auf dem Achszapfen des Achsschenkels gelagert. Der Achsschenkel war vom
Rad weggekröpft. Die gekröpfte Stelle war verstärkt, durchbohrt und ausge-
buchst. Sie trug den durchgesteckten und angeschraubten Achszapfen. An
seinen beiden Enden war der Achsschenkel in zwei Buchsen gelagert. Bolzen
verbanden die Buchsen der Achsschenkel gelenkig mit aufgebogenen Ösen
von Blattfedern. Die Achsschenkel konnten sich so über zwei Blattfedern am
Achsschemel abstützen. Dieses Prinzip der Einzelradaufhängung wurde erst
während der zwanziger Jahre dieses Jahrhunderts von der tschechischen Firma

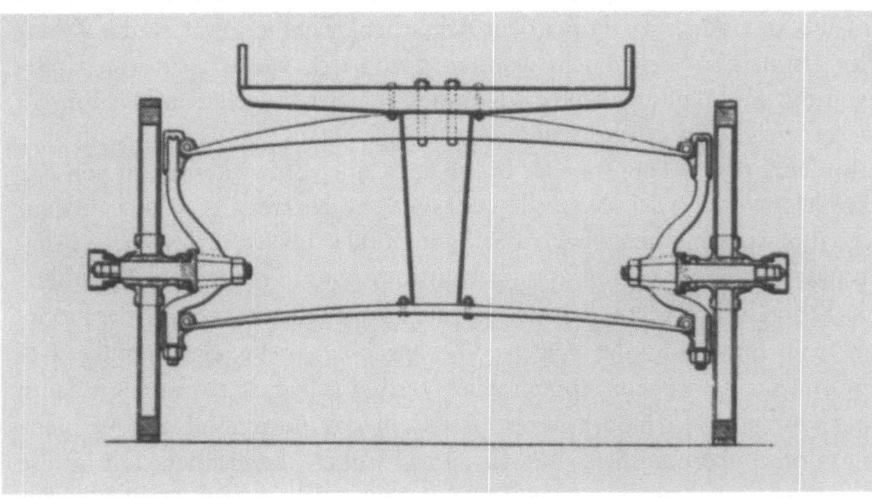

Abb. 114
1878

AMEDÉE BOLLÉE SEN.: Vorderradaufhängung an zwei Querfedern; ausgeführt am Dampfwagen des Typs
»Mancelle«

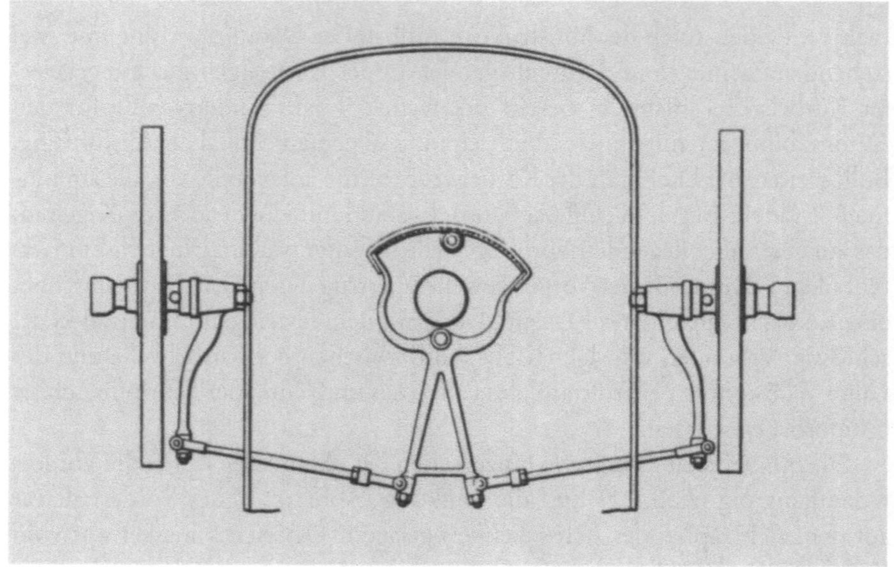

AMEDÉE BOLLÉE SEN.: Dampfwagen des Typs »Mancelle«, Vorderradlenkung in der Draufsicht. Die senkrecht stehende Lenksäule betätigt über ein Ritzel ein Zahnsegment, das mit einem winklig gespreizten Lenkstockhebel verbunden ist. Dieser lenkt je eine Spurstange an, die mit dem linken bzw. rechten Achsschenkel durch einen Lenkhebel verbunden ist

TATRA wieder in den Serienkraftwagen übernommen. Die DAIMLER-BENZ AG behielt diese Radaufhängung in der 170er Baureihe bis in die fünfziger Jahre bei (Abb. 116). Auch das Prinzip der Achsschenkellenkung war an der »Mancelle« erstmals so verwirklicht worden (s. Abb. 115), wie es später im Kraftwagen mit Verbrennungsmotor zusammen mit der Einzelradaufhängung an Querblattfedern ausgeführt wurde (Abb. 116).

Im Jahre 1890 gelang Amedée Bollée nach einer Entwicklungszeit von nur sieben Monaten mit der »Nouvelle«, der »Neuen«, ein weiterer Schritt auf dem Wege zum wirtschaftlich arbeitenden Vapomobil (Abb. 117). Dieses neue Fahrzeug war als kleiner Omnibus aufgebaut und konnte außer dem Chauffeur sechs Fahrgäste befördern. Erstmals saß der Fahrzeuglenker hinter einer Frontscheibe im Innenraum des Wagens. Dies ergab eine neue, eigenständige Kastenform, für die es kein hippomobiles Vorbild gab. Erst etwa dreißig Jahre später wurde sie in modifizierter Gestalt in das Automobil mit Verbrennungsmotor übernommen und als »Innenlenker« bezeichnet. Die große Frontscheibe war gewölbt, diese Wölbung setzte sich in den anschließenden Seitenfenstern fort. Dies war der Vorläufer der Panoramascheibe. Panoramascheiben wurden in Omnibusse kurz vor dem Ersten Weltkrieg in wenigen

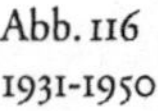

DAIMLER-BENZ AG: Vorderradaufhängung an Querblattfedern, Typ 170V/170D

Fällen wieder eingebaut. Erst in den fünfziger Jahren prägten sie einen neuen Karosseriestil, der sich von den Vereinigten Staaten aus weltweit verbreitete. Obwohl die Nouvelle länger war als die 4 800 kg schwere Obeissante, wog sie nicht mehr als 3 200 kg. Die Zweizylindermaschine leistete maximal 30 PS, der Kohleverbrauch konnte von 2,5 kg auf 1,3 kg/km gesenkt werden.

Auch der Wasserverbrauch konnte von 14 l auf 7,5 l/km Fahrstrecke gesenkt werden. Die mitgeführte Wassermenge von 460 l verschaffte dem Fahrzeug eine Reichweite von 60 km. Beide Dampfwagen Bollées erreichten zwar die gleiche Spitzengeschwindigkeit von 45 km/h, doch die Nouvelle war mit 35 km/h im Durchschnitt schneller. Diese Verbesserungen waren dem neuen Field-Kessel zu verdanken, der den Dampf auf 300 °C bei einem Betriebsdruck von 10 kg/cm² überhitzte. Dieser Hochleistungskessel war schnell betriebsbereit. War bis zum Erreichen des erforderlichen Druckes zuvor etwa eine halbe Stunde Anheizzeit notwendig, so genügten nun 17 bis 20 Min. Da die »Mancelle« eine motorisierte »Victoria« war, konnte sie mit einem stehenden Frontmotor ausgerüstet werden. Die Nouvelle hatte eine höhere Omnibuskarosserie. Bollée erschien es daher sinnvoll, die Maschine hinten unterhalb

AMEDÉE BOLLÉE SEN.: Dampfwagen des Typs »Nouvelle«, Omnibus mit Vollverglasung des Fahrgast-
raumes

des Wagenkastens einzubauen. So konnte sie direkt auf das Differentialgetriebe wirken.

Die 1881 fertiggestellte »Rapide« – die »Schnelle« – (Abb. 118) war ein Tonneau mit sechs Sitzplätzen. Er wies zwei Neuerungen auf. Der Kessel war vor
dem Lenker plaziert. Der Fahrer bediente diesen nun mit, der Heizer konnte
entfallen. Das erlaubte eine Verkürzung des Fahrgestells, wodurch der Wagen
leichter wurde und die Transmissionsketten wegfielen. Amedée Bollée ordnete
nämlich zum ersten Mal das Differentialgetriebe auf der Hinterachse an und
übertrug die Kraft direkt durch querliegende Wellen auf die Räder. In dem Wagenkasten, der als leichtes »Tonneau« gestaltet war, saßen vier Fahrgäste einander gegenüber. Diese Anordnung machte in den folgenden Jahren Schule und
führte dazu, den Aufbau über die hintere Triebachse hinaus zu verlängern. Dieser »Überhang« wurde später zu einem Merkmal der Automobilkarosserie.

Die Dampfmaschine hatte seit den siebziger Jahren des 19. Jahrhunderts im
Otto-Motor einen erfolgversprechenden Konkurrenten bekommen. Bollée erkannte, daß diese neue Wärmekraftmaschine im Begriff war, eine neue Epoche einzuleiten. Das belegt ein Brief, den er 1886 an DE COMBACERES richtete:

AMEDÉE BOLLÉE SEN.: Dampfwagen mit Tonneau-Karosserie des Typs »La Rapide«, d. h. die Schnelle. Nach BAUDRY DE SAUNIER soll dieses Fahrzeug schneller als 60 km/h gefahren sein.

»Seit 1873 bin ich ständig von den Dampfwagen in Anspruch genommen. Ich habe dafür bemerkenswerte Beträge an Zeit und Geld geopfert, vor allem aber mich selbst. Gewiß habe ich auch große Befriedigung durch ausschlaggebende Anfangserfolge erfahren; dann die großen Enttäuschungen nach ausgedehnter Fortsetzung. Schließlich bin ich an dem Punkt angelangt, wo ich mir die Frage stelle, ob ich nach dem Stand meiner praktischen Erfahrungen die Anwendung der Dampfmaschine befürworten könne.«

Das Automobil mit Verbrennungmotor war aus dem Velociped entstanden. Daher war es üblicherweise kleiner und leichter als der Dampfwagen. Der Autodidakt LEON SERPOLLET entwickelte den Dampfwagen bis ins 20. Jahrhundert hinein weiter. Er war bemüht, dem Dampfwagen ähnlich geringes Gewicht und kleine Abmessungen zu geben wie dem Automobil mit Verbrennungmotor. Mit der Erfindung des leichten und schnell in Betrieb zu setzenden »Blitzkessels« (Abb. 119) gelang ihm 1887 ein entscheidender Schritt in die angestrebte Richtung. In den Jahren 1900 und 1902 baute er Rekordfahrzeuge, mit denen er als erster die Geschwindigkeitsgrenze von 100 km/h deutlich überschritt. Diese Bestleistung gelang mit einem Fahrzeug, das durch eine Wärmekraftmaschine mit äußerer Verbrennung, der Dampfmaschine, angetrieben wurde.

Abb. 119
1887/88

Einen entscheidenden Einfluß auf die Gestaltung der Karosserie hatten vergleichende Berechnungen des Luftwiderstandes, wie sie beispielsweise der Franzose RAVEL anstellte. Die dabei gewonnenen Ergebnisse führten zu dem Schluß, daß bei gegebener Antriebsleistung die erreichbare Geschwindigkeit umso größer sein müsse, je kleiner die Größe des Luftwiderstandes durch eine entsprechende Formgebung der Fahrzeugkarosserie gehalten werden könnte. Serpollet nutzte diese Überlegungen praktisch. Er versah einen Dampfwagen mit einer einsitzigen Karosserie geringen Querschnittes. Sie hatte einen spitzen Bug und ein spitzes Heck. Der Aufbau war am Unterboden gerade, oben war er aufwärts gewölbt. Die seitlichen Verkleidungen liefen bootsförmig in Bug und Heck zusammen. In der Mitte besaßen sie im Bereich des Fahrersitzes die größte Breite (Abb. 120).

Mit der Konstruktion von Kesselanlagen für leichte Dampfwagen befaßte sich auch der französische Mechaniker GEORGES BOUTON. Auf ihn wurde Graf ALBERT DE DION aufmerksam und erteilte ihm den Auftrag für den Bau eines leichten vierrädrigen Vapomobils, das 1883 fertig wurde. Es war in vielen Punkten konstruktiv an das Velociped angelehnt (Abb. 121).

Die im Stahlrohrrahmen unter dem Fahrzeugboden montierte Dampfmaschine trieb über Ketten die beiden vorderen Drahtspeichenräder an. Zwischen den Vorderrädern war die Kessel- und Feuerungsanlage untergebracht.

Abb. 120
1902

LEON SERPOLLET: Rekordwagen »Baleine« (Walfisch), dessen Karosserie nach damaligem Erkenntnisstand aerodynamisch gestaltet war. (aus: Zeitschrift des mitteleoropäischen Motorwagenvereins, 1902, Heft 16, S. 308)

Abb. 121
1883

DE DION-BOUTON: vierrädriges Dampfvelociped

Über den lenkbaren, kleineren Rädern der Hinterachse befand sich eine Sitzbank für zwei Personen. Dieses Fahrzeug bildete die Basis für die Entwicklung weiterer Dampfwagen, die in den Jahren 1885 bis 1893 gebaut wurden. Das im Jahr 1888 fertiggestellte Dampfdreirad war eine für Frankreich typische Voiturette (Abb. 122).

Zu Beginn des 20. Jahrhunderts gewann das Automobil mit Antrieb durch den Verbrennungsmotor die Gunst der Öffentlichkeit. Obwohl die Wärmekraftmaschine mit innerer Verbrennung damals geringere Leistungen entwickelte als die mit äußerer Verbrennung, und obwohl der Motorwagen erheblich teurer war als der Dampfwagen, setzte sich der Motorwagen durch. Neben unbestreitbaren Vorzügen wies der Dampfwagen einen schwerwiegenden Mangel auf, der dem technisch noch unausgereiften Benzinautomobil den entscheidenden Vorteil verschaffte. Dies war der hohe Wasserverbrauch der Dampfmaschine. Anfangs erreichten die Dampfwagen aufgrund der schlechten Straßenverhältnisse nämlich nur so geringe Geschwindigkeiten, daß die Kondensatorleistung ausreichte, den Abdampf über eine ausreichend lange

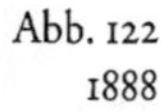

Abb. 122
1888

de Dion-Bouton: dreirädrige Dampfvoiturette

Zeitspanne dem Kreislauf immer wieder als Kesselspeisewasser aufzubereiten. Die Straßenverhältnisse wurden aber besser, die Dampfwagen konnten schneller fahren, die Abdampfmenge stieg und die Kondensatorkapazität reichte nicht mehr aus. Also erhöhte sich der Wasserverbrauch wesentlich. Der amerikanische Dampfmaschinen-Ingenieur WILLIAM BESLER mußte zugeben:

> »Dem Einsatz des Dampfwagens läutet der Kondensator die Totenglocke. Wie die Öffentlichkeit weiß, muß sein Durchsatzvermögen unbegrenzt zunehmen können: Je größer die Maschinenleistung, um so größer logischerweise der Kondensator. Sogar bei mittelgroßen Maschinen muß der Kondensator gewaltige Abmessungen erhalten, wenigstens zehn Quadratfuß – also 0,93 m² – Stirnfläche für eine Dauerleistung von 100 PS.«

Kondensatoren, die in vertretbaren Abmessungen wirtschaftlich genug arbeiteten, konnten erst in den zwanziger Jahren realisiert werden. Der Beliebtheit des Dampfwagens taten auch die häufigen Meldungen von Kesselexplosionen Abbruch, die sich im Betrieb von stationären Dampfmaschinen in Anlagen und an Bord von Schiffen ereigneten. Obwohl vom Dampfwagen nur zwei Betriebsunfälle überliefert sind, war er in den Ruf der Unzuverlässigkeit und Gefährlichkeit geraten. Bereits im Jahre 1905 hatten einige der größeren Versicherungsgesellschaften bestimmte Dampfwagentypen von der Schadensdekkung ausgeschlossen. Die zischend brennende Pilotflamme und der Kessel unter dem Fahrersitz verdrängten bald die vorteilhaften Eindrücke, die die Erfolge mit den frühen Dampfwagen hinterlassen hatten. Trotz erheblicher Mängel vermittelte das Automobil mit Verbrennungsmotor seinen Benutzern ein stärkeres Gefühl der Sicherheit.

Ohne den gewünschten Erfolg warben die Hersteller intensiv, um die Öffentlichkeit davon zu überzeugen, daß der Dampfwagen ungefährlich und betriebssicher sei. So untersuchte der französische Ingenieur J. RAVEL beide Arten der Wärmekraftmaschine nach ihrer Wirtschaftlichkeit und veröffentlichte die Ergebnisse am 26. April 1902 in der Fachzeitschrift »La France Automobil«. Anlaß dazu gaben die Erfolge von Serpollet, dem »König des Dampfes«, wie er in Frankreich genannt wurde, mit seinen Rennwagen, deren sich ständig steigernde Geschwindigkeiten von Fahrzeugen mit Otto-Motoren noch nicht erreicht wurden. Als Ursache gab Ravel an, daß die »Reaktionen, die Explosionsmotoren zu eigen sind« im leichtgebauten Wagen eher zu Betriebsstörungen führen als die ruhig und gleichmäßig arbeitenden Dampfmaschinen. »Dies ist hinsichtlich des Betriebes einer der großen Vorteile.« Beim Benzinwagen wirkten sich die Gewichtsbeschränkungen der »Rennformeln« nachteiliger aus als beim Dampfwagen. Ravel bezog seine vergleichenden Untersuchungen auf »den berühmten Serpolletwagen, der den stehenden Kilometer mit einer Geschwindigkeit von 121 km in der Stunde zurücklegte« (Abb. 120).

Die von der einfach wirkenden Vierzylinder-Heißdampfmaschine bei 220 U/min abgegebene Leistung errechnete Ravel zu 106 PS. Diesen Spitzenwert konnten die Otto-Motoren im Jahre 1902 noch nicht erreichen. Ravel fragte:

»Wer schlägt diesen Rekord, der Dampf oder das Benzin? Der Dampf hat wohl durch seine Elastizität Trümpfe in der Hand, doch ist es noch keinesfalls erwiesen, daß das Benzin dazu bestimmt ist, ewig besiegt zu werden. Ich habe mich mit dieser Frage intensiv beschäftigt, sogar mit der Begrenzung des Gewichtes (auf 1 000 kg). Ich bin von der mathematischen Seite her sicher, daß das Voranschreiten des Dampfes vom Benzin eingeholt und sogar überflügelt werden kann.«

Die rasche Entwicklung des Benzinautomobils bestätigte Ravels Prognose. Der Dampfwagen verschwand jedoch nicht plötzlich aus dem Straßenbild. Das belegen sowohl seine Vielzahl von Typen, die auf den Automobilausstellungen gezeigt wurden, als auch ausführliche Artikel in Fachzeitschriften, die sich nach wie vor mit dem »Steamer« auseinandersetzten. Als Beispiel mag der folgende Beitrag aus der Nummer 11 der »Zeitschrift des Mitteleuropäischen Motorwagen-Vereins« aus dem Jahre 1902 dienen, in dem der Ingenieur J. KÜSTER über die »Dampfwagen auf der Londoner Automobil-Ausstellung« berichtete.

»Während auf dem europäischen Kontinent die Fabrikation von mit Benzin-, bzw. Explosionsmotoren betriebenen Fahrzeugen am meisten entwickelt ist, haben sich bekanntlich die englischen und besonders die amerikanischen Konstrukteure von jeher mehr der gründlichen Durchbildung von Dampfwagen, »Vapomobilen«, gewidmet. Infolge des den Amerikanern eigenen praktischen Sinnes für richtige Abschätzung von Angebot und Nachfrage, sowie für Arbeitsteilung und Massenfabrikation haben dieselben in dem Artikel auch schon Erfolge aufzuweisen, welche ein mit den zahlenmäßigen Verhältnissen der europäischen und besonders der deutschen Automobil-Industrie Vertrauter ganz einfach als Yankee-Lüge zurückweisen würde.
Es ist hier nicht der geeignete Platz, auf die Vor- und Nachteile weiter einzugehen, welche hier den Explosionsmotoren, dort der Dampfmaschine das Feld einräumten, bei Erörterung der Frage, welches das am meisten brauchbare Betriebsmittel für automobile Zwecke sei. Doch von dem Grundsatze ausgehend, daß bei den heutigen, unter dem Zeichen des Verkehrs stehenden Verhältnissen der Geschäftsmann auch über die Ware seines Konkurrenten, die kontinentale Industrie auch über die Bestrebungen jenseits des Kanals und des Ozeans orientiert sein muß, dürfte eine kurze Umschau über den augenblicklichen Stand der englischen und amerikanischen Dampfwagen-Industrie nicht uninteressant sein. Das Interesse für Dampfwagen hat ja bei unseren Technikern in hiesigen maßgebenden Kreisen nie nachgelassen, wie ja auch aus der neuerlichen, weniger rigorosen Anwendung der Dampfkesselvorschriften für Traktions-Zwecke seitens der Behörden hervorgeht, über die noch näher berichtet werden wird.
Auch ist hierbei der Gedanke maßgebend, daß die Techniker, die ja doch die eigentlichen Schaffer der Moderichtung sind, in dem einen Lande über die Bestrebungen der Fachleute im Nachbarlande tunlichst auf dem laufenden bleiben müssen, da sie sonst Gefahr laufen, allzusehr an Erfahrungen Einbuße zu leiden bzw. neuerlich Lehrgeld zahlen zu müssen, falls sich die abweichenden Bestrebungen der Technik im Nachbarlande auf die Dauer

doch als entwicklungsfähiger erweisen sollten. Bei dem heutigen hohen Stande der Transport- und Verkehrsmittel muß ebenso streng an eine Konkurrenz der Nationen auf gewerblichem und fortschrittlichem Gebiete gedacht werden, als von einer solchen der verschiedenen Industriellen derselben Nation.«

Die letzten Erfahrungen im Dampfwagenbau soll im folgenden ein Bericht über dampfbetriebene Personenwagen aus »Autocar« vermitteln. Er handelt von der vom englischen Automobil-Club in der Londoner Agrikulturhalle arrangierten Automobil-Ausstellung. Vorauszuschicken ist noch, daß die hochentwickelte englische Dampfwagen-Industrie, soweit sie sich auf Fahrzeuge für Personenbeförderung erstreckte, hauptsächlich auf den Erfindungen des Franzosen SERPOLLET und des Amerikaners STANLEY basierte. Der Franzose baute schwerere Fahrzeuge, der Amerikaner die leichte amerikanische Type. Die leichte amerikanische Type war am häufigsten auf der Ausstellung vertreten. Bei fast allen Fahrzeugen dieser Type war ein vertikaler Röhrenkessel mit mehreren Hundert schwachwandigen Heizrohren unter dem Sitz angeordnet (Abb. 123). Unter diesen war die Feuerbüchse angeordnet (Abb. 124). Der Boden der Feuerbüchse war ein Doppelboden, der als Brenner für mit Luft gemischte Benzingase ausgebildet war. Eine Anzahl Luftrohre waren in diesen Doppelboden eingesetzt, so daß sie die Feuerbüchse mit der Außenluft ver-

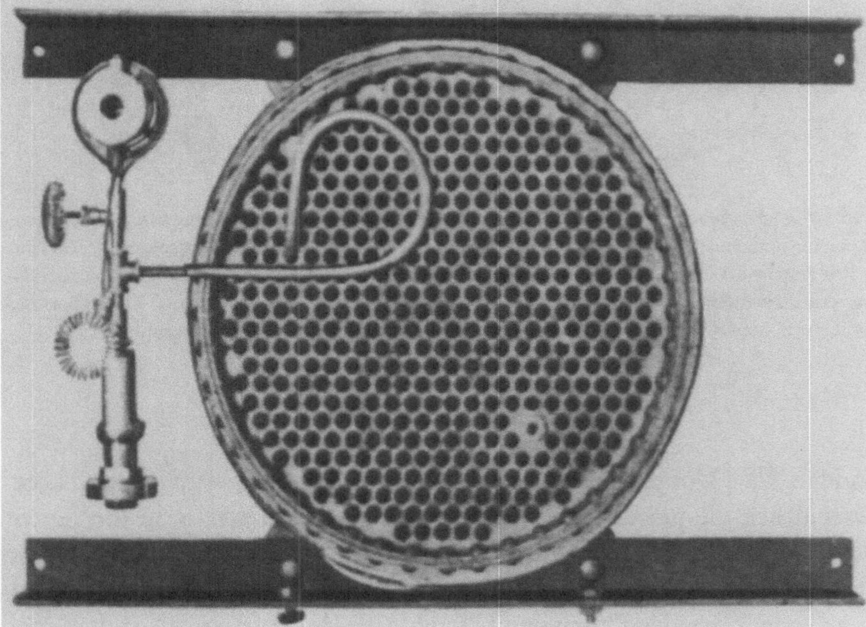

Abb. 123
1902

READING-Dampfwagen: Unteransicht des Kessels mit Zuführungsleitung des Brennstoffes

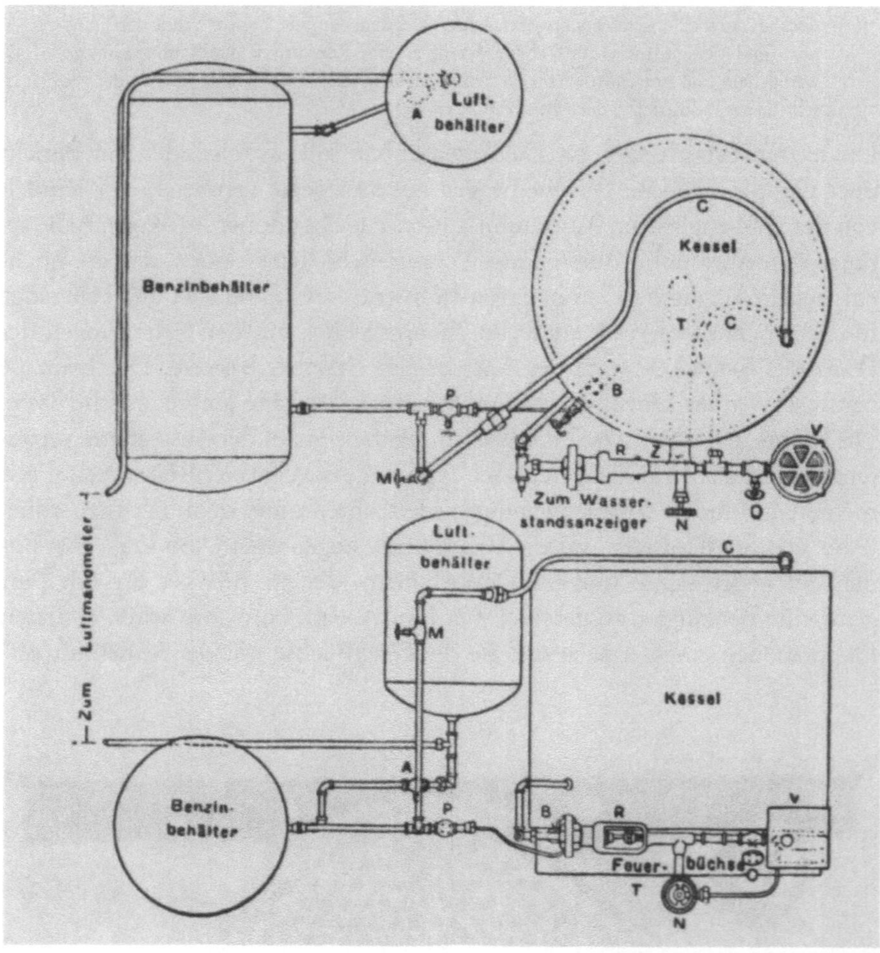

READING-Wagen, Schema der Benzinzuleitung (oben Grundriß, unten Seitenansicht). *A)* Hahn zwischen Luft- und Benzinbehälter, *B)* Zündflamme, *C)* Vergaserschnecke des Hauptbrenners, *M)* Hahn zur Regulierung der Flamme unter dem Sitz, *N)* Regulierhahn des Hauptbrenners, *O)* Hahn des Hilfsvergasers, *P)* Haupthahn der Zündflamme, *Q)* Automatischer Heizungs-Regulator, *T)* Teleskopisches Mischrohr für den Brenner, *V)* Hilfsvergaser zur Inbetriebsetzung, *Z)* Haupt-Gasventil

banden. Der Doppelboden selbst enthielt Benzingase, welche durch kleine Düsenlöcher, die um die Luftrohre herum angeordnet waren, in die Feuerbüchse strömten und eine zur vollständigen Verbrennung genügende Menge atmosphärischer Luft mitrissen. Durch diese Anordnung bzw. die dicht nebeneinander liegenden Düsen und Luftrohre wurde gewissermaßen eine einzige intensive Bunsenflamme unter dem eigentlichen Wasserraum erzeugt.

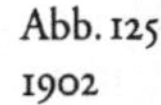

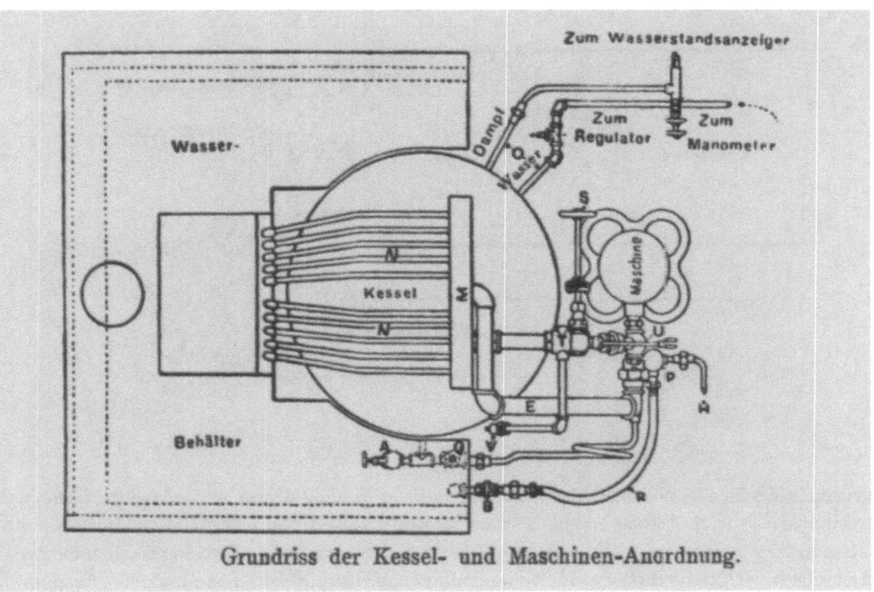

Grundriß der Kessel- und Maschinenanordnung des READING-Wagens

Die Heizgase gingen durch etwa 300-400 Heizrohre im Wasserraum hindurch nach oben, so daß trotz der geringen Gesamtdimensionen eine unverhältnismäßig große Heizfläche erzielt wurde. Diese Type von Dampferzeugern wurde bekannt als vertikaler Multitubular- oder Heizrohrkessel. Der Brennstoff, meist Benzin, wurde durch Hitze verdampft oder vergast, indem er durch ein Rohr quer über die Flamme hinweg oder außerdem im Kessel auf und ab geführt wurde, bevor er zum Brenner gelangte (Abb. 125 u. 126). Der Luftdruck im Petroleumbehälter, der den Brennstoff in den Brenner drückte, wurde vor Beginn der Fahrt durch eine Handpumpe erzeugt. Das Wasser wurde dem Kessel vom Behälter aus durch eine Dampfpumpe zugeführt, die meist durch den Kreuzkopf der Maschine angetrieben wurde. Die motorische Kraft wurde von der Maschine auf die mit Ausgleichgetriebe versehene Treibradachse meist über eine Kette übertragen. Die Kraftübertragung erfolgte meist über eine Übersetzung, da z.B. eine sechspferdige Maschine gewöhnlich drei Umdrehungen machte auf eine Umdrehung der Treibräder.

Das Gestell bestand gewöhnlich aus leichten Stahlrohren und besaß einen gewissen Grad an Elastizität. Der Wagenkasten war auf dem Gestell mit leichten Federn montiert. Die mit Luftreifen versehenen Treibräder waren meist mit Tangentspeichen versehene größere Fahrradräder. Die kleineren Fahrzeuge liefen etwa 25 Meilen (40 km) mit einer Ladung des Brennstoffbehälters, es

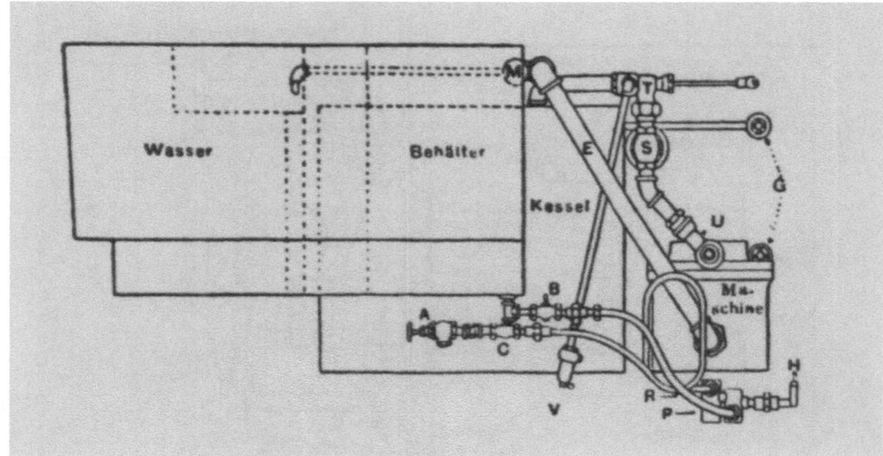

Seitenansicht der Kessel- und Maschinen-Anordnung beim Reading-Wagen am Beispiel der leichten amerikanischen Type. A) Ausblas-Hahn, B) Hahn zur Regulierung des Speisewassers, C) Drosselventil des Kessels, E) Auspuffrohr, G) Dampf- u. Wasserverbindungen zum Wasserstandsglas, Manometer und Regulator, H) Verbindung zur Hilfs-Handpumpe, M) Auspuffdampf-Sammler, N) Auspuff-Überhitzer-Rohre, P) Von der Maschine betriebene Speisepumpe, R) Behälter zur Speisung der Pumpe, S) Hilfsdrosselventil, T) Hauptdrosselventil, U) Verbindungsstück im Dampfzuleitungsrohr, V) Sicherheitsventil

Der READING-Tourenwagen

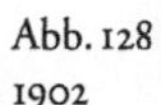

READING-Dampfwagen: Seitenansicht der Maschine

konnten jedoch größere Behälter vorgesehen werden, wenn längere Fahrten ohne Aufenthalt gewünscht wurden. Letzterdings wurden auch größere Ausführungen dieser Wagengattung hergestellt, bei denen der gleiche Antriebsmechanismus verwandt wurde, der aber im Verhältnis der Größe des Fahrzeugs verstärkt war. Nachdem vorstehend die fast allen leichten amerikanischen Typen anhaftenden hauptsächlichen Konstruktionsmerkmale kurz geschildert sind, sollen in Nachfolgendem die die Einzelfabrikate charakterisierenden Unterschiede hervorgehoben werden.

»THE READING STEAM CARRIAGE CO., 34 Cock Lane, London E.C. – Der Reading-Wagen (Abb. 127) weist eine in ihrer Gestaltung einzig dastehende einfachwirkende 4-Cylinder-Maschine auf, mit einfachem, gemeinschaftlichem Drehschieber (Abb 128). Seit einem Jahr ist noch eine Verbesserung an derselben gemacht worden durch Vereinfachung der Umkehrung der Bewegung. Anstatt der Winkelhebel-Umsteuerung am oberen Stirnrad, welches den Drehschieber betätigt, ist jetzt die vertikale Steuerwelle ungefähr in der Mitte durchschnitten, und die Bewegungsübertragung erfolgt durch drei konische Räder, von denen das mittlere auf einem Quadranten angeordnet ist, so daß bei Umstellung des Handgriffs zum Rückwärtsfahren die obere Hälfte der Steuerwelle durch das mittlere konische Rad gedreht wird, zwecks Drehung der Maschine im anderen Sinne.

An den größeren Surrey- und Touren-Wagen ist die Maschine vollständig eingeschlossen, und sind Phosphorbronze-Lager anstatt Rollenlager verwandt. An diesen beiden Wagen sind Dampf-Luft- und Dampf-Wasserpumpen von außerordentlicher Einfachheit angeordnet, da jede Pumpe nur zwei arbeitende Teile enthält.« »Die Inbetriebsetzung wird bewerkstelligt durch Anzünden von Spiritus unter einer kleinen Heizschnecke. Der Spiritus wird in einem Gefäß mitgeführt, das durch ein Rohr damit verbunden ist, so daß es nur aufgedreht zu werden braucht. Nachdem die Heizschnecke heiß geworden, wird eine kleine Menge Brennstoff durch dieselbe zur Brennerdüse gelassen, und dann ist bald genügend Hitze erzeugt, um den Hauptvergaser arbeiten zu lassen, welcher aus Rohren besteht, die dreimal durch den Kessel und einmal quer über die Flamme hinweg geführt sind. Ein praktisch scheinender Kondensator ist hinter der Vorderachse angeordnet, welcher aus geraden Rohren besteht, die an jedem Ende in Kammern münden. Der Dampf wird dreimal durch denselben geleitet, und, soweit er nicht kondensiert, in die Auspuffüberhitzerrohre, deren 10 in der Rauchkammer sind, und dort getrocknet. Der Tourenwagen hat einen langen Radabstand und abnehmbaren Dos-a-dos-Rücksitz; der Kessel (hat) 16 ½« (4 cm) Durchmesser und 14 ½« (32 cm) Höhe. Der Kesselmantel ist aus gezogenem Stahl, und die einzige Nietnaht ist am unteren Boden. In mancher Beziehung zeigt der Reading-Wagen gut durchgearbeitete Detail-Konstruktionen.«

Abb. 129
1902

Der neue 6 ½ HP Dampfwagen der LOCOMOBILE CO. OF AMERICA

»THE LOCOMOBILE CO. OF AMERICA, Filiale für London: S.W., Sussex Place, South Kensington. Die Ausstellung der leichten Dampfwagen dieser Firma war interessant, selbst ohne Bezug auf die vorgeführten neuen Typen; besonders zogen 2 Attraktionstücke das Publikum an; zunächst eine Ausnutzung des modernen Reklamemittels, der Bewegung. Auf zwei großen Rollen rotierten die vier Laufräder eines zweisitzigen Wagens der Standard-Type. Da die Ausstellungsbedingungen Verwendung von Petroleum im Innern der Hallen nicht gestatteten, war gewöhnliches Leuchtgas durch Gummischlauch zum Brenner geleitet, und der regelrecht in Betrieb befindliche Wagen bewegte sich mit voller Geschwindigkeit auf den Rollen. Die verbrannten Gase wurden durch ein Abzugsrohr ins Freie geführt. Unter den neuen Typen ist ein »Viktoria« mit Dienersitz (Abb. 129), in elegantester Ausstattung, mit der neuen Cylinder-Oelung, den automatischen Dampfpumpen für Luft und Wasser und einer sehr geschickt an der rechten Seite des Fahrers angeordneten Handpumpe, mit welcher jederzeit nach Bedarf mit einigen Hüben nachgeholfen werden kann, ohne den Wagen anzuhalten. Sodann ist der neue Tourenwagen ausgestellt, welcher am besten als eine »grosse Ausführung des Standard-Lokomobile-Wagens« charakterisiert ist.«

»(Der) »GARDNER-SERPOLLET« (Abb. 130) wurde hier vorgeführt, sowohl komplett als ohne Gestell; von besonderem Interesse war Serpollets Rekord-Wagen, der in Nizza bekanntlich gut abgeschnitten hatte. Der Einspritzkessel, die automatische Brennstoff- und Wasserpumpe – welche Elemente ja die Haupt-Konstruktionsprinzipien beim Serpollet-Wagen darstellen – sind in den Zeitschriften schon des öfteren zur Sprache gekommen, so daß hier nur auf den neuen automatischen Anlasser einzugehen ist. Derselbe bezweckt, bei Inbetriebsetzung das Pumpen des Wassers in den Kessel von Hand entbehrlich zu machen, und besteht in der Hauptsache aus einem Cylinder mit beweglichem Kolben; an der einen Seite desselben ist komprimierte Luft, und zwar in Verbindung mit einem Reservoir; der Druck

Abb. 130
1902

Neuer Tourenwagen System GARDNER-SERPOLLET

ist so hoch, wie der Maximaldruck des Kessels. Die andere Seite des Kolbens steht durch ein Rückschlagventil mit dem untersten Rohr des Generators in Verbindung, sowie durch ein anderes Ventil mit der Speisewasserzuleitung. Durch Öffnen des letzteren drückt die komprimierte Luft Speisewasser in den Dampferzeuger; sobald letzterer wieder seinen normalen Druck erreicht hat, ersetzt er den Luftdruck-Verlust des Reservoirs, indem er Wasser gegen die andere Kolbenseite durch das Rückschlagventil drückt.«

»THE MIESSE STEAM MOTOR SYNDICATE, LTD., 37, Walbrook, London E.C. Die Firma arbeitet gegen Lizenzzahlung an ein belgisches Mutterhaus; demgemäß ist Miesse als französischer, nicht englischer Name auszusprechen. Die Miesse-Dampfwagen unterscheiden sich in der äußeren Formgebung von der amerikanischen Type vorteilhaft dadurch, daß die moderne Haube vor dem Tonneau-Wagenkasten zur Unterbringung des Dampfkessels ausgenutzt ist, weil dadurch der Forderung der Mode des Kontinents – wenn man von einer solchen im Automobilbau reden darf – entsprochen wird. Der Kessel, besser Dampferzeuger, ist nach dem Serpollet-Prinzip als Einspritzkessel ausgeführt und besteht aus einem langen, spiraligen Rohr, durch welches das Wasser gepumpt wird. Die Brenner besteht aus rostartig angeordneten Rohren mit kleinen Öffnungen zum Austritt der Brennstoff-Gase, und die Verdampfung des flüssigen Brennstoffs erfolgt durch Leitung desselben durch die Feuerbüchse; die Anwärmung geschieht durch eine Gebläse-Lampe. Die horizontale, dreicylindrige, einfachwirkende Maschine weist durch Nocken betätigte Kegelventile auf, doch sind die Ausströmungsventile unterhalb der Cylinder angeordnet, um diese völlig frei von Kondenswasser zu erhalten. Auch die Übertragung der Bewegung erfolgt ähnlich wie bei der Daimler-Type, natürlich unter Fortfall von Kupplung und Getriebekasten, zunächst von der Kurbelachse auf eine Querachse mit Differential- und seitlichen Kettenrädern, dann von letzteren auf die Treibräder, so daß also eine zweimalige Reduktion der Geschwindigkeit erfolgt. Es werden 2 Größen hergestellt, 6 PS. und 10 PS.«. »Auch bei diesem System steht der Brennstoff unter Luftdruck; die Wasserzufuhr zum Generator wird nach Bedarf von Hand reguliert. Der Kondensator soll so wirksam sein, daß man 80 Meilen (130 km) mit einer Füllung Wasser (20 Gallonen = etwa 90 Liter) fahren kann, während eine Füllung des Brennstoffbehälters für wenigstens 120 Meilen (fast 200 km) genügen soll.«

Abb. 131
1902

Der MIESSE-Dampfwagen

Graf SIEGFRIED WIMPFFEN verfaßte einen Artikel aus der Sicht des Benutzers, den er 1903 in der Nummer IV der Fachzeitschrift »Allgemeine Automobil-Zeitung (Berlin)« auf den Seiten 9 bis 11 unter dem Titel »Zwei Dampfwagen: 1892-1902 veröffentlichte. Darin wird auch das Bemühen der Hersteller erwähnt, den Wünschen der Kundschaft technisch entgegenzukommen:

> »Theils aus Neigung, theils aus Überzeugung bin ich zu einem Verehrer des Dampfes geworden. Es ist nicht meine Absicht, die Vorzüge dieser Betriebsart hier auseinanderzusetzen, doch glaube ich, daß eine elfjährige Erfahrung interessant genug ist, um hier wiedergegeben zu werden.
>
> Das Jahr 1892 ist für die raschlebigen Automobilisten heute schon graue Vorzeit. Damals faßten Graf Hans Wilzek Jun. und ich den kühnen Plan, uns gemeinsam einen Serpollet-Dampfwagen anzuschaffen (Abb. 132). Wir meinten: Getheilter Schmerz ist halber Schmerz, denn es stand bei uns keineswegs fest, daß der Dampfwagen wirklich zu brauchen sei. Man war damals in automobilistischen Dingen noch recht naiv, und das erklärt es, daß ich Serpollet zuerst bat, uns den Wagen zur Probe zu senden. Serpollet lehnte natürlich dankend ab, und so bestellten wir im Frühjahr 1892 den Wagen, um ihn im September desselben Jahres »prompt« zu erhalten. Das war ein Ereignis ersten Ranges, als der

Abb. 132
1892

Graf SIEGFRIED WIMPFFEN hält die waagrechte Lenkstange seines Serpollets in der rechten Hand; die Lenkbewegungen werden über eine Kette auf die Vorderachse übertragen. Der Hebel in der Linken des Fahrers dient der Drosselung der Wasserzufuhr. Die zwischen den mittleren und rückwärtigen Sitzen sichtbare Kiste dient zur Aufnahme des Brennmaterials

Wagen zur Fahrt geheizt bereit stand. Es sei erwähnt, daß das Vehikel keine Petroleum-brenner hatte, sondern mit Cokes geheizt wurde. Man war also wirklich ein Chauffeur. Die Gewichtsvertheilung war eine Gewichtsconcentration auf die Hinterräder, so zwar, daß man das Vordertheil des 1800 kg. schweren Fahrzeuges fast mit einer Hand heben konnte. Natürlich waren die Räder eisenbeschlagen und machten auf Granitpflaster einen nervenerschütternden Lärm. Es wäre alles noch recht schön gewesen, wenn man nicht nach je fünf Kilometern genöthigt gewesen wäre, abzusteigen und das Feuer zu schüren. Gleichzeitig mit dem Serpollet-Wagen war der nachherige Schwager Serpollets, N. Avesar, in Wien eingetroffen, und unter seiner kundigen Führung machten wir die erste Ausfahrt nach dem 45 km. entfernten Fahrafeld. Es war ein Ideal, dieser Wagen; seine Schnelligkeit bis 15 km/h – erschien uns rasend, und seine Sicherheit im Fahren bergauf verblüffend. Wir waren überzeugt, den besten Kauf gemacht zu haben. Aber N. Avesar reiste nach Paris zurück, und jetzt erst sollten wir alle Genüsse der Pioniere des Automobilismus kennen lernen.

Selbstverständlich mußte die Behörde gefragt werden, ob die Benützung des Dampfwa-gens innerhalb der Straßen Wiens gestattet sei; die »Löbliche« sagte nicht nein, verlangte aber eine Prüfung. Zu einer solchen muß man sich vorbereiten, und da ich das nicht auf der Straße thun durfte, benützte ich meinen Hof, der ungefähr 20 m im Geviert hat. Ich fuhr ein paar Mauerecken ab und die Brunnenhütte um und hielt mich nunmehr für voll-kommen fähig, das Examen zu bestehen. Der Rector der Technischen Hochschule, ein Be-amter des Magistrats und einer der Polizei bildeten die Prüfungscommission. Die Herren nahmen in dem Wagen Platz und ahnten ebensowenig wie ich die Gefahren, denen wir entgegensteuerten. Ich war etwa tausend Schritte weit gefahren und näherte mich der nas-sen, steil bergab gehenden Rothenthurmstraße, als der Wagen ohne meine Absicht auf sei-ne höchste Schnelligkeit kam. Das Tempo machte mir Angst und Bange. Ich zog die Bremsen an, und zu meiner Verblüffung drehte sich der Wagen im Kreise. Das Schleudern des Automobils habe ich damals zum ersten Male kennengelernt. Wenn ich nach wenigen Schlangenwendungen wieder in die Gerade kam, so war dies blinder Zufall. Ich blinzelte zu den Commissionsmitgliedern hinüber, aber die Herren machten die fröhlichsten Ge-sichter von der Welt, sie schienen die Sache vollkommen in Ordnung zu finden. Nach un-gefähr einer halben Stunde hatten meine Passagiere genug; Sie verzichteten auf die Re-tourfahrt und zogen die Pferdebahn vor, nachdem sie mir vorher das Zeugnis Nr. 1 als geprüfter Automobilist gegeben hatten.

Ich fuhr weiter, doch bevor ich noch über die Gemarkungen der Stadt gelangt war, hatte ich so viel gelernt, daß ich bei einer just am Wege liegenden Maschinenfabrik anhielt und mich an die Chefs mit der Frage wandte, ob sie mir nicht auf Grund meiner »gesammelten Erfahrungen« einen neuen Dampfwagen bauen sollten. Es ist charakteristisch, daß sich der angehende Automobilist immer für klüger hält, als der Constructeur. Die Fabriksleitung verstand ihr Geschäft nicht, denn sie lehnte mein Angebot ab.

Die nächste Fahrt hatte Kreuzenstein zum Ziel. Bis zu dem 12 km entfernten Kornenburg ging es brillant, wir hatten nur zweimal frische Cokes nachgelegt. Aber jetzt kam die Stei-gung. Um genügend Dampf zu haben, heizten wir, was das Zeug hielt, und hatten in der That den Erfolg, daß die dem Feuer zunächst liegenden Eisentheile schmolzen. Kreuzen-stein erreichten wir nur durch die nachdrückliche Unterstützung von etwa 20 Sträflingen, die gerade in der Nähe arbeiteten. Zu den fatalsten Eigenschaften des Wagens zählte der »nasse Dampf«. Wenn die Cokes zu groß waren, so bekamen wir zuwenig Hitze. Wir ver-muteten dahinter natürlich stets einen maschinellen Defect, demontierten und montier-ten, und hatten im Verlauf einer halben Stunde, wenn sich genügend Dampf gesammelt hatte, die Befriedigung, daß der Wagen wieder 5 km. weit ging. Oh diese Fünf-Kilometer-Etappen! Immer, wenn der Wagen in bester Fahrt war, mußte man anhalten und die Feue-rung revidieren.

Dann kamen die Reparaturen. Man hatte mir als eine Firma, die sich vielleicht damit befassen würde, Schulz und Goebel bezeichnet. Dadurch lernte ich den nachherigen Vicepräsidenten des OE. A.C., Professor Goebel, kennen. Mit ihm gemeinsam habe ich dann den bisher noch nicht geschlagenen Record Wien - Baden - Neudorf, 35 km., in 13 Stunden gefahren. In Neudorf versagte der Wagen endgültig den Dienst.

Nach dem Rennen Paris-Wien habe ich den von Rutishausen gelenkten Serpollet (Abb. 133) gekauft, ihn aber erst im September v. J. in Gebrauch genommen. Trotz der Winterszeit ist die Zahl der Kilometer, die ich mit diesem Vehikel seither gemacht habe, mehr als zweitausend. Nur eine verhältnismäßig kurze Spanne Zeit liegt zwischen der Construction der beiden Fahrzeuge, aber welch' moderner Fortschritt! Obwohl ich die kleinsten Zahnkränze von nur sieben Zähnen anwende, habe ich schon ein Tempo von 70 km pro Stunde erreicht. Mit Zahnkränzen von acht und neun Zähnen wird sich die Schnelligkeit gewiß wesentlich steigern lassen. Und welche Bequemlichkeit bietet heute die Fahrt!«

»Anstelle der Cokesteuerung ist die Petroleumheizung getreten und der Condensator erlaubt es, 125 km. weit zu fahren, ohne mehr als den halben Wasservorrath zu verbrauchen. Man darf wohl sagen: *» Wie haben wir's so herrlich weit gebracht.«*

Abb. 133
1902

Graf SIEGFRIED WIMPFFEN an der Lenkung seines Serpollet: »der Wagen ist in seiner Carossierung wahrscheinlich der originellste aller Serpollets. Der vorne befindliche Riesenkasten a la Mercedes verdeckt nicht etwa den Motor, sondern enthält die Reservoirs für Petroleum und Wasser. Das Röhrensystem zwischen den Laternen ist ein Condensator. Besonders im Vergleich zu dem alten Wagen kommt die durchgearbeitete, harmonische Ausgestaltung des Wagens deutlich zur Geltung.«

Besonders erwähnenswert ist bei dem neuen Serpollet die Stabilität; er gleitet selbst bei den schmutzigsten Straßen beinahe gar nicht. Ich habe nur eine Klage, die, daß sich die Brenner bei sehr nasser Straße verstopfen und die Flammen bei sehr starkem Sturm weniger intensiv brennen. Da man aber im allgemeinen ja nur selten fährt, wenn die erwähnten ungünstigen Umstände vorhanden sind, so fallen die beiden Nachtheile kaum ins Gewicht. Jedenfalls werden sie durch eine Reihe nennenswerther Vortheile mehr als aufgewogen. Aber so herrlich auch eine Fahrt in dem sanft dahingleitenden »Zwölf-Hapeh« ist, die wahre Sensation des Automobilismus habe ich doch mit meinem Serpollet 1892 durchgekostet.«

Trotz der Begeisterung Einzelner für das Vapomobil, wie sie in dem Bericht des Grafen Wimpffen zum Ausdruck kommt, wandte sich die Gunst der Käufer nach und nach dem Automobil mit Verbrennungsmotor zu. Dementsprechend ging auch die Produktion von Dampfwagen zurück oder wurde ganz eingestellt. Eine gegenläufige Tendenz zeigte sich jedoch in den USA, wo die Entwicklung des Kraftfahrzeugs mit Verbrennungsmotor durch das SELDEN-Monopol erheblich gehemmt war und daher im Elektromobil und im Dampfautomobil Alternativen gesucht wurden. Auf den Beitrag Amerikas an der Entwicklung dieser Fahrzeuggattung machte schon J. KÜSTER 1902 in seinem Artikel über die Londoner Automobil-Ausstellung aufmerksam.

»Auch in den Vereinigten Staaten von Nordamerika begannen die Versuche mit Dampfkraftwagen gegen Ende des 18. Jahrhunderts. Bedeutende Pionierarbeit bei der Entwicklung der Hochdruck-Dampfmaschine leistete der Mechaniker OLIVER EVANS, die er etwa gleichzeitig mit dem Engländer Trevithick, aber von ihm unabhängig leistete. Im Jahre 1805 führte er sie als Antriebsmaschine seines Amphibiumbaggers »Orukter amphibolis« erfolgreich vor. Anders als in Europa reifte der Dampfwagen in den USA in privat hergestellten Einzelstücken heran, so daß erst kurz vor der Jahrhundertwende mit seiner industriellen Fertigung begonnen werden konnte. Ihre Zielsetzung war vornehmlich von der Verwirklichung des Personenwagens als privates Verkehrsmittel bestimmt. Als »Väter« des amerikanischen Vapomobils dieser Art gelten die Zwillingsbrüder FRANCIS und FREELAND STANLEY, die 1897 ihren ersten Steamer fertigstellen ließen (Abb. 134). Wie das Vierradvapomobil des Grafen DE DION aus dem Jahre 1883 war auch der STANLEY-Steamer als Leichtfahrzeug unter Verwendung von Velocipedelementen konzipiert. Die doppeltwirkende ZweizylinderExpansionsmaschine ist unauffällig unter dem Sitz angebracht und entstellt so in keiner Weise den Wagen.«

In »Der Motorwagen« vom 15. Februar 1900 heißt es auf S. 39:

»Die beiden stehend angeordneten Zylinder waren jeweils mit 63,5 mm Bohrung und 90 mm Hub bemessen. Sie entwickelten bei 300 Umdrehungen in der Minute eine Nennleistung von 5 PS. Ein Flachschieber, bei Vorwärts- und bei Rückwärtsfahrt jeweils von einer speziellen Schieberschubstange bewegt, übernahm für jeden Zylinder die Dampfsteuerung. Für den Fahrtrichtungswechsel wurde über einen pedalbetätigten Winkelhebel eine Kulisse verstellt, die den Antrieb der benötigten Schieberschubstange einrückte. Die beiden Pleuelstangen wirkten auf eine gemeinsame Kurbelwelle, auf der mittig ein Kettenrad angebracht war. Von dort aus übertrug eine Kette das Drehmoment auf das Differentialgetriebe der Hinterachse. Die Versorgung der Antriebsmaschine übernahm ein als Flammrohrkessel gestalteter Dampferzeuger, der durch einen Brenner von unten her

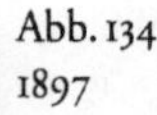

Gebrüder STANLEY: Prototyp eines leichten Dampfwagens

beheizt wurde. Seine Flammen drangen in 300 senkrechte Rohre, die die Wärme an das umgebende Wasser abgaben und es verdampften. Ein Membrandruckregler paßte die Dampferzeugung automatisch dem jeweiligen Bedarf in Abhängigkeit vom Kesseldruck an, indem er das Benzin nur in der gerade benötigten Menge dem Brenner zufließen ließ. Den Wasserzufluß zum Dampferzeuger besorgte eine von der Dampfmaschine mit angetriebene Pumpe.«

Bei seiner ersten Vorführung in der Öffentlichkeit erregte der Stanley-Steamer beim Durchfahren der Stadt Newton großes Interesse. Auf guten Straßen außerhalb der Ortschaft erreichte er Geschwindigkeiten von 30 - 40 km/h.

Im Jahre 1899 verkauften die Stanleys dieses Basismodell einschließlich der dazugehörigen Patente an JOHN WALKER, den Verleger der Zeitschrift Cosmopolitan Magazine, der mit dem Asphaltproduzenten AMZI BARBER die AUTOMOBILE COMPANY OF AMERICA gründete, um dort den Stanley-Wagen serienmäßig (Abb. 135) herzustellen. Nach wenigen Monaten ging dieses Un-

Gebrüder STANLEY: Serienausführung des leichten Dampfwagens

ternehmen auf in der MOBILE COMPANY in Tarrington, New York, und in der LOCOMOBILE COMPANY OF AMERICA in Bridgeport, Connecticut. Zur selben Zeit (1899) entwickelten die Gebrüder Stanley einen neuen Dampfwagen, gründeten im Jahre 1901 die STANLEY MOTOR CARRIAGE COMPANY und kauften ihre Patente zurück. Der neue Stanley-Steamer war mit drei Leistungen lieferbar und wies viele Neuerungen auf, darunter den Flammrohrkessel. Dessen größte Ausführung bestand aus 949 senkrecht stehenden Rohren, die eine große Heizfläche bildeten (Abb. 136). Patentrechtliche Gründe, die die Kraftübertragung von der Kurbelwelle auf die Hinterachse betrafen, zwangen die Stanleys, von dem bis dahin angewandten Kettenantrieb abzugehen. Sie wählten den Direktantrieb von der Maschinenwelle über Zahnräder mit Stirnverzahnung. Das achsseitige Stirnrad war mit dem Käfig des Differentialgetriebes verschraubt. Diese verlustärmere Kraftübertragung bedingte den liegenden Einbau der Dampfmaschine vor der Hinterachse und die Verblockung mit dem Differentialgehäuse (Abb. 137). Diese Antriebseinheit wurde von anderen Dampfwagenherstellern kopiert; in Verbindung mit einem Schaltgetriebe tauchte sie später im Automobil mit Verbrennungsmotor auf.

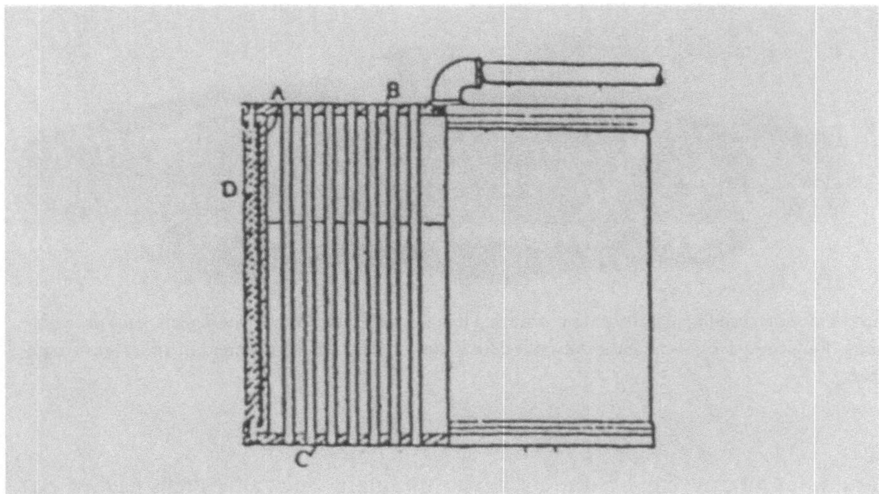

STANLEY MOTOR CARRIAGE COMPANY: Flammrohrkessel

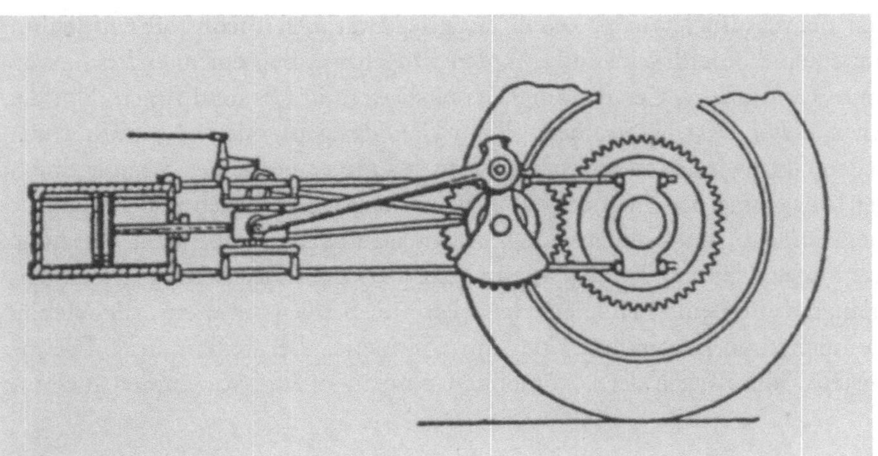

STANLEY MOTOR CARRIAGE COMPANY: direkt mit dem Differentialgetriebe verblockte Dampfmaschine in liegender Anordnung

Die liegende Anordnung der Antriebsmaschine brachte einen wesentlichen Vorteil mit sich. Da diese Maschine weniger Platz einnahm als andere, konnte bei gleich großer Karosserie der Nutzraum vergrößert werden. Die Karosserie konnte aber auch flacher und damit strömungsgünstiger gestaltet werden. Dies machten die Stanleys ab 1903 bei Rennwagen. Sie erwiesen sich gegenüber Fahrzeugen mit Verbrennungsmotoren als überlegen. 1906 hatte die

STANLEY MOTOR CARRIAGE COMPANY: bootsförmig karossierter Rekordwagen »Wogglebug«. Mit diesem Vapomobil wurde der Geschwindigkeitsrekord für Automobile Straßenfahrzeuge auf 206,9 km/h angehoben

Abb. 138
1906

Stanley Company ein besonders leistungsfähiges Spezialfahrzeug dieser Art fertiggestellt, das die Presse unter dem Namen »Wogglebug« bekannt machte (Abb. 138). Seine Antriebsmaschine entwickelte eine Nennleistung von 250 PS. Sie wurde von einem Dampfgenerator versorgt, der für den ungewöhnlich hohen Betriebsdruck von 70 kp/cm² ausgelegt war. Der Brennstoff wurde ihm mit einem Förderdruck von 12,7 kp/cm² zugeführt. Bei seinem ersten Einsatz im internationalen Geschwindigkeitswettbewerb in Ormond Beach, Florida, setzte dieser »Racing-Steamer« (Renn-Dampfwagen) mit 206,9 km/h einen neuen Geschwindigkeitsweltrekord. 1910 gewannen die Stanley-Steamer durch die Umstellung des Brenners von Benzin- auf Kerosinbetrieb und 1915 durch die Ausrüstung mit Kondensatoren bedeutend an Wirtschaftlichkeit. Das hohe technische Niveau, das die Vapomobile der Gebrüder Stanley erreichten, erlangten die beiden anderen Hersteller von Stanley-Steamern, die Mobile Company und Locomobile Company of America, bei weitem nicht. Die robusten Dampfwagen der Locomobile Company of America wurden auch im

Abb. 139
1903

Inserat der Firma »LOCOMOBILE«, das den Schlußsatz des vorstehenden Artikels aus der »Automobil-Welt« bestätigt (»Automobil-Welt« Nr. 49 vom 5. Dezember 1903)

Deutschen Reich vertrieben (Abb. 139). Sie galten als schwer zu betreiben. Der prominenteste Käufer war »Seine Königliche Hoheit Prinz HEINRICH VON PREUSSEN«.

»Er hat bekanntlich eine große Vorliebe für den Dampf, dessen hohe Geschmeidigkeit ihm einen gewissen Vorteil vor den starren Explosions-Motoren gewährt. Der erste Wagen, den Seine Königliche Hoheit benutzte, war ein Dampfwagen der bekannten LOCOMOBILE-COMPANY OF AMERICA (Abb. 140), deren Fabrikate durch die alleinigen Importeure Achenbach & Co., Hamburg 8, auf den deutschen Markt gebracht werden. Dieser Wagen, welchen Se. Königliche Hoheit gelegentlich der vorjährigen Automobil-Ausstellung in Hamburg durch die Hamburger Vertreter der Herren Achenbach & Co., die Herren Dello & Co., Hamburg, kaufte, besaß nur eine 5 HP kleine Maschine, welche bald nicht mehr den Ansprüchen des Prinzen auf Schnelligkeit genügte, da dieser Wagen nur eine Geschwindigkeit bis zu 40 km in der Stunde entwickelte.«

»Bekanntlich hat sich Prinz Heinrich inzwischen noch einen großen Reisewagen für acht Personen auf der Germania-Werft in Kiel bestellt; für seinen täglichen Gebrauch aber kaufte der Prinz dieser Tage einen zweiten Dampfwagen der Locomobile-Company of America (Abb. 140), den wir unseren Lesern untenstehend im Bilde vorführen. Der Wagen ist das neueste Modell für 1904; er ist bedeutend stärker gebaut, als die kleinen Modelle, wie er auch mit Holzrädern versehen ist. Der Wagen besitzt einen 10pferdige Dampfmaschine, welche ganz eingeschlossen ist und in Oel läuft. Weiter hat der Wagen einen 18« Kessel, der, unexplodierbar, nach den neuesten Vorschriften des Reichs-Kessel-Gesetzes gebaut ist, sowie einen verbesserten Brenner mit Pilotlight und Generator, welche Vorrichtung das lästige Anstecken mit dem Vorwärmer hinfällig macht und ebenso verhindert, daß das Feuer beim stärksten Sturm ausgehen kann.

Eine neue Vorrichtung macht das Einfüllen des Wassers mittels Eimern überflüssig, es besorgt dies ein durch Dampf in Betrieb gesetzter Injektor. Es erübrigt kaum, zu sagen, daß

Abb. 140

LOCOMOBILE-Dampfwagen, Modell 1904, bestellt von S.K.H. dem Prinzen HEINRICH VON PREUSSEN

der Wagen mit allen Neuerungen auf dem Gebiete der Dampfwagen-Fabrikation versehen ist. Einem speziellen Wunsche des Prinzen entsprechend, erhält der Wagen ein Sommer-Deck und vorn eine Glasscheibe, da dieser Wagen eine Geschwindigkeit von 50-60 km in der Stunde entwickeln dürfte. Durch den Ankauf dieses zweiten Wagens bezeugte Prinz Heinrich wiederholt seine außerordentliche Zufriedenheit mit den Locomobile-Dampfwagen, welche eine große Verbreitung im letzten Jahre überall im Deutschen Reiche gefunden haben.«

Ungeachtet des großen Verkaufserfolges in der Zeit zwischen 1900 und 1901, während der 1000 Fahrzeuge abgesetzt werden konnten, gingen die Aufträge allmählich zurück und die LOCOMOBILE COMPANY stellte sich auf die Herstellung von Automobilen mit Verbrennungsmotor um.

Über eine längere Zeitspanne erfolgreich blieb die Maschinenfabrik WHITE COMPANY in Ohio, die ab 1900 mit der Herstellung von Vapomobilen begann. Ein Jahr später war sie in der Lage, drei Fahrzeuge pro Woche anzufertigen. Bei der Auslegung des Dampferzeugers ging die Firma White eigene Wege. Statt einer Vielzahl von Flammenrohren wählte sie ein einziges Verdampfungsrohr, das als eine aus neun Teilelementen bestehenden Heizschlange gestaltet wurde. Das Wasser trat am unteren Ende des Systems ein und verdampfte derartig schnell, daß die Heizschlange selbst während des Betriebes kein Wasser, sondern nur Dampf enthielt. Das war das Ziel der hier angewandten Umkehrung des Flammrohrprinzips, wodurch die das Rohr umgebende Wassermenge nicht mehr aufgeheizt zu werden brauchte.

Die stehende Antriebsmaschine (Abb. 141) arbeitete nach dem sehr wirtschaftlichen Verbundprinzip, d.h. der Frischdampf wurde zuerst in einem Hochdruckzylinder entspannt und anschließend in einen Niederdruckzylinder eingeleitet, in dem er sich nochmals weiter entspannte. Danach gelangte der nun schon sehr »nasse« Dampf in einen Kondensator, in dem er durch weitere Abkühlung zu Wasser niedergeschlagen und dem Vorratsbehälter zugeleitet wurde. Dort stand es als Kesselspeisewasser erneut zu Verfügung. Die doppeltwirkende Verbund-Dampfmaschine in Verbindung mit dem »wasserlosen« Schlangenrohrkessel und einem Kondensator machte die Steamer der White Company denen anderer Dampfwagenhersteller überlegen. Sie hatten die Vorzüge größerer Wirtschaftlichkeit, geringerer Anheizzeit und einer längeren Fahrstrecke ohne Halt. Hatten die vor 1906 gebauten Dampfwagen einen durchschnittlichen Benzinverbrauch von 33,5 l auf 100 km Fahrstrecke, so konnte er beim White-Steamer auf 18,4 l reduziert werden. Die zum Erreichen des Betriebsdampfdruckes benötigte Anwärmezeit betrug im Stanley-Wagen noch 15 bis 30 Min., während man beim Dampfgenerator im White-Steamer dazu nur 7 bis 15 Min. benötigte. Bei brennender Pilotflamme, die bei allen Fabrikaten dieser Zeit zum Anheizen des Generators noch immer erforderlich war, war das Fahrzeug sofort fahrbereit.

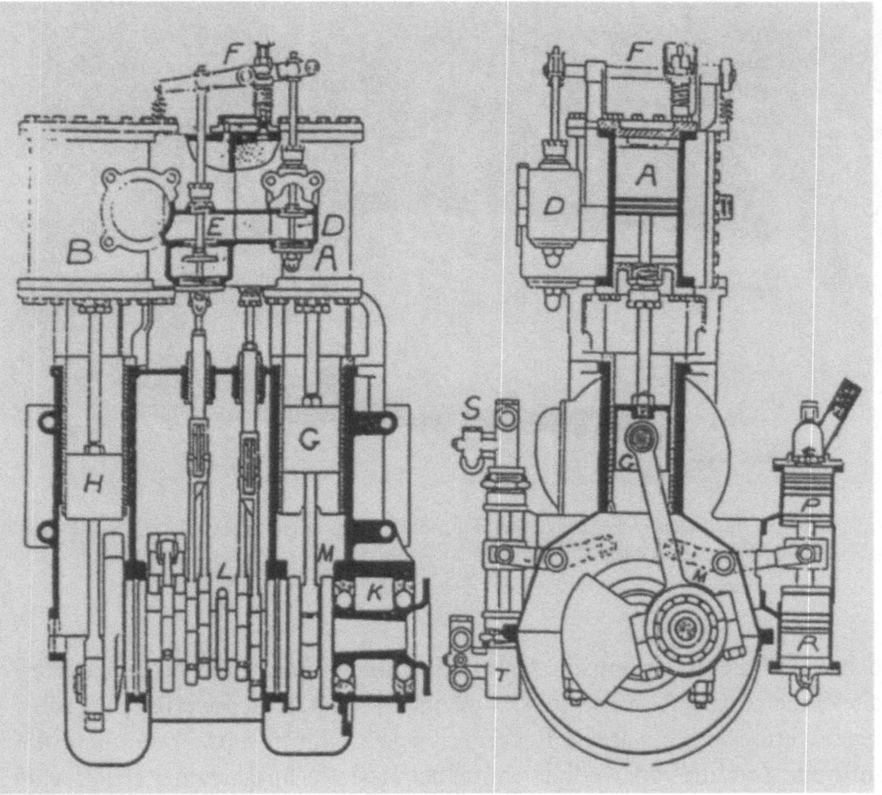

WHITE COMPANY: stehende 2-Zylinder-Verbunddampfmaschine im Längsschnitt. *A)* Hochdruckzylinder, *B)* Niederdruckzylinder, *D), E)* Tellerventile (Hochdruck und Niederdruck), *F)* Ventil-Kipphebel, *L)* Exzenter für Ventilantrieb, *M)* unteres Pleuellager, *G), H)* Kreuzkopf (Hochdruck und Niederdruck), *P), R), S), T)* Hilfspumpen

Ab 1902 begann die White Company mit einer bedeutenden Erweiterung ihres Fertigungsprogramms. Es beinhaltete bald Personenwagen in drei Leistungsgrößen, Rennwagen, Krankenwagen, Nutzfahrzeuge und Militärfahrzeuge. Wie die Racing-Steamer der Stanley Company wurden auch die White-Rennwagen zu gefürchteten Konkurrenten der Rennwagen mit Verbrennungsmotor. Große Bewunderung löste der kleine »Whistling Billy« (pfeifender Willi) genannte Wettbewerbswagen aus (Abb. 142). Der umgebaute offene Tourenwagen mit 15-PS-Maschine bewies gegenüber den Motorwagen in vielen Geschwindigkeitsrennen seine Überlegenheit. Im jährlich veranstalteten Bergrennen in Eagle Rock, New Jersey, wurde 1904 der kleine White-Racer gegen wesentlich leistungsstärkere Rennwagen mit Otto-Motoren eingesetzt, z.B. ein Fahrzeug mit 90 PS. Der »Whistling Billy« belegte zwar nur den fünften Platz,

WHITE COMPANY: für Rennzwecke umkarossierter offener Tourenwagen. Dieser erfolgreiche »Racing-steamer« wurde unter dem Namen »Whistling Billy« bekannt

doch wurde dieses Ergebnis in der amerikanischen Presse sehr hoch bewertet. So resümierte beispielsweise der Daily Eagle: »Das beachtenswerteste Ergebnis dieses Wettbewerbes war die Rekordzeit von 1 Minute 23/25 Sekunden, die fünftbeste Zeit, die von Webb Jay mit einem 15-PS-White-Steamer erzielt wurde. Dieser kleine amerikanische Wagen war kein eigentliches Rennfahrzeug, sondern praktisch nur ein entkleideter Tourenwagen, der für 2 500 $ verkauft wird, bezwang die Steigung in einer nur um 3 3/5 Sekunden längeren Zeit als die großen ausländischen Wagen der 16 000-Dollar-Klasse mit mehr als der vierfachen Motorleistung«. Als trotz dieser werbewirksamen Erfolge die Aufträge rückläufig wurden, stellte die White Company 1911 die Fertigung von Dampfwagen ein und begann mit der Produktion von Automobilen mit Verbrennungsmotor.

Im Jahr 1912 wurde das amerikanische Automobil mit Verbrennungsmotor entscheidend verbessert, der Dampfwagen konnte davon systembedingt nicht profitieren. Es handelte sich um den elektrischen Anlasser, der den Motorwagen jederzeit startbereit machte. Dadurch entfiel zugleich das oft mühsame und nicht ungefährliche Anlassen mit der Handkurbel. Diese Neuerung brachte den Hauptmangel des Dampfgenerators des Vapomobils, die minutenlange Anwärmzeit, noch deutlicher zur Erscheinung. Der Siegeszug des Motorwagens war angebrochen.

ABNER DOBLE, ein junger Ingenieurstudent aus San Francisco, war überzeugt, die Startbereitschaft des Dampfkraftwagens in einer wesentlich kürzeren Zeit erreichen zu können, als es bis dahin möglich war. Darüber hinaus setzte sich Doble zum Ziel, die Wirtschaftlichkeit der Dampfmaschinenanlage zu verbessern und die vom Wasserverbrauch begrenzte Reichweite zu erhöhen. Er konsultierte 1910 die Gebrüder Stanley, die sich aber von der Richtigkeit seiner Bestrebungen nicht überzeugen ließen. Zwei Jahre später hatte Doble seinen ersten Steamer, das »Modell A«, fertiggestellt und führte ihn den Stanleys vor. Sie waren nun von den verwirklichten Neuerungen überzeugt. Zu diesen Neuerungen gehörte auch ein leistungsfähiger Kondensator. Mit einer solchen Dampfrückgewinnungsanlage wurden ab 1915 auch die Stanley-Steamer ausgerüstet. 1914 gründete Doble die ABNER DOBLE MOTOR VEHICLE COMPANY OF WALTHAM, Massachusetts, und begann mit der Entwicklung und Fertigung des »Modells B«. Zu seinem Antrieb diente wie beim Vorgängertyp eine doppeltwirkende Zweizylinder-Expansionsmaschine. Sie brachte eine Höchstleistung von 75 PS. Bei einer Fahrgeschwindigkeit von 100 km/h betrug ihre Drehzahl 576 U/min. Der Wagen beschleunigte aus dem Stillstand auf diese Geschwindigkeit in zirka 15 Sekunden und erreichte eine Höchstgeschwindigkeit von 122 km/h. Das besondere technische Merkmal dieses Steamers war der weiter verbesserte Kondensator, der im Aufbau einem Wabenkühler für Automobile mit Verbrennungsmotor entsprach, wie ihn MAYBACH 1901 erstmals im Daimler »Mercedes« als frontales Abschlußelement der Motorhaube in die Karosserie einbezogen hat. Doble brachte den Kondensator an der gleichen Stelle unter. Die Antriebsmaschine war wie im Stanley-Steamer vor der Hinterachse horizontal angebracht und mit dem Differentialgehäuse verblockt. Der neue Kondensator machte es möglich, mit diesem Steamer die ungewöhnlich lange Strecke von mehr als 480 km ohne Halt zurückzulegen. Je nach Fahrweise reichte der in einem Heckbehälter mitgeführte Brennstoffvorrat für eine Distanz von 486 bis 1 620 km aus. Der leistungsfähige Hochdruckkessel arbeitete mit einem Betriebsdruck von 53 kp/cm². Er bestand aus einer Reihe von gitterartig zusammengeschweißten Rohrelementen. Insgesamt bildeten sie eine Heizfläche von 14 m². Wie im White-Steamer war auch dieser Dampfgenerator nach dem »wasserlosen« Prinzip ausgelegt.

Der Doble »B-Steamer« blieb Versuchsfahrzeug. Der Nachfolgetyp, das »Modell C« (Abb. 143), wurde 1916 von der neu gegründeten Firma ENGINEERING CORPORATION in Detroit gefertigt. In der Literatur heißt der C-Typ auch (mit den Initialen des Firmennamens) »G. E. C.-DOBLE« oder (mit dem Herstellungsort) »DOBLE DETROIT«. Bei seiner Vorstellung auf der New York Show zog dieser Steamer 1917 ein derartig großes Interesse auf sich, daß innerhalb von 90 Tagen Bestellungen auf insgesamt 11 032 Exemplare eingingen. Kurze Zeit später begannen die Vereinigten Staaten von Nordamerika, sich auf der Seite

ABNER DOBLE: Steamer als offener Tourenwagen, Modell C (Doble Detroit)

der Ententemächte am »Ersten Weltkrieg« zu beteiligen. Die sich aus der Kriegsproduktion ergebende Steigerung des Rohstoffbedarfes führte zu behördlich angeordneten Sparmaßnahmen. Dies hatte zur Folge, daß die Produktion der Doble-Steamer eingestellt werden mußte. Diese Zwangspause führte dazu, daß das nachfolgende »Modell D« (Abb. 144) wieder ein Versuchsfahrzeug war. Doble hatte sich zum Ziel gesetzt, nun ein Fahrzeug zu bauen, das die damals besten Automobile mit Verbrennungsmotor technisch überflügeln sollte. Dabei wurden folgende Eigenschaften angestrebt: Sanfter und elastischer im Lauf als ein PACKARD TWIN SIX oder ein CADILLAC V 8, lautloser als ein ROLLS ROYCE SILVER GHOST und stärker als ein HISPANO. Die »Modellserie E« nahm während der Jahre 1922 und 1923 Gestalt an. Sie wurde bis 1929 gefertigt und bildete den Höhepunkt nicht nur der Doble-Dampfwagen, sondern der Vapomobile zwischen den beiden Weltkriegen überhaupt.

Der Gesamtaufbau des »Modells E« ist im wesentlichen derselbe geblieben wie der der Vorgängermodelle (Abb. 145). Entscheidende Verbesserungen und Neuentwicklungen einzelner Baugruppen führten zu dem von Doble angestrebten Ziel. Der Wagen wurde zur Weltspitze gerechnet.

Das Ergebnis einer Neuentwicklung war vor allem die doppeltwirkende Vierzylinder-Verbundmaschine (Abb. 146). Je zwei Zylinder, ein Hochdruck- und ein Niederdruckzylinder, waren zusammengegossen. Der jeweils außenliegende Hochdruckzylinder hatte einen Bohrungsdurchmesser von 61,34 mm, der innenliegende Niederdruckzylinder einen von 110,24 mm. Alle vier Pleuel-

Abb. 144
1922

ABNER DOBLE: Fahrgestell des Dampfwagens »Modell D.1«

Abb. 145
1923

ABNER DOBLE: Fahrgestell des Dampfwagens »Modell E«

Abner Doble: mit dem Gehäuse des Differentialgetriebes verblockte, doppelt wirkende 4-Zylinder-
Verbund-Dampfmaschine

stangen übertrugen die Kolbenkräfte auf eine Kurbelwelle. Der Hub betrug
einheitlich 127 mm. Die Dampfsteuerung besorgte an jedem Zylinderpaar ein
Kolbenschieber. Er übernahm drei Funktionen, nämlich den wechselnden Ein-
laß des Dampfes zu beiden Seiten des Kolbens im Hochdruckzylinder (daher
die Bezeichnung »doppeltwirkend«), die Weiterleitung des dort durch seine
Energieabgabe teilweise entspannten Dampfes in den Niederdruckzylinder
(daher die Bezeichnung »Verbundmaschine«) und die Überleitung des dort
weiter entspannten Dampfes zum Kondensator. Der Ventilantrieb war für zwei

wählbare Füllungsgrade der Zylinder und zum Reversieren der Maschine ausgelegt. der Füllungsgrad wurde wie die Reversierung der Maschine für die Rückwärtsfahrt mit einem Pedal angewählt.

Der Dampferzeuger (Abb. 147), ebenfalls eine Neukonstruktion, war wie im White-Steamer als Schlangenrohrkessel gestaltet. Die Heizschlange bestand hier allerdings aus einem einzigen nahtlos gezogenen Stahlrohr von 175,6 m gestreckter Länge. Das Rohrpaket war trommelförmig gewickelt und hatte etwa 560 mm Durchmesser und 330 mm Höhe. Es war von einem doppelwandigen Gehäuse umgeben, der Zwischenraum enthielt Silocel, einen sehr guten Wärmedämmstoff. Das obere Ende des topfförmigen Gehäuse war mit der ebenfalls doppelwandigen Brennkammer verschraubt. Darin fand nach Angaben des Herstellers die »vollständige Verbrennung« des Treibstoff-Luftgemisches statt. Es wurde zuvor in einem Venturizerstäuber des Brenners, der seitlich in die Brennkammer einmündete, gebildet. Ein kleines Gebläse, das ein vom Bordnetz gespeister Elektromotor antrieb, führte den Brennstoff unter Druck der Venturidüse zu. Eine vorgeschaltete Schwimmerkammer sorgte für die bedarfsgerechte Brennstoffzufuhr. Die Entflammung des aus der Venturidüse austretenden Treibstoff-Luftgemisches wurde durch eine elektri-

ABNER DOBLE: Dampfgenerator mit Schlangenrohrkessel im Längsschnitt. Links das Gebläse und der Brenner; unten der Abgasaustritt

sche Zündkerze bewirkt. Die Steuerung des Brenners erfolgte selbsttätig in Abhängigkeit vom Kesseldruck. Betrug er weniger als 52,7 kp/cm², wurde der Brenner ein- und nach Erreichen dieses Wertes wieder ausgeschaltet.

In Abhängigkeit von der Temperatur und dem Druck des Dampfes stellten vier elektrisch angetriebene Kolbenpumpen die kontinuierliche Versorgung des Dampfgenerators mit Speisewasser sicher. Dadurch war unter allen Betriebszuständen Arbeitsdampf mit dem benötigten Betriebsdruck von 52,7 kp/ cm² bei einer Betriebstemperatur von 420 °C in der jeweils erforderlichen Menge verfügbar. Die Kesselleistung reichte aus für eine Dauergeschwindigkeit des Fahrzeugs von 121,5 km/h. Vom Kaltzustand der Maschine bis zur Fahrbereitschaft benötigte der Kessel nur 30 bis 45 Sekunden Anheizzeit. Damit war die Betriebsbereitschaft des Dampfwagens mit der eines modernen Vorkammerdieselmotors vergleichbar geworden.

Die Kühlung des Kondensators wurde durch einen elektrisch angetriebenen Ventilator unterstützt. Die Kühlung war so ausgelegt, daß stets die gesamte anfallende Abdampfmenge zu Wasser niedergeschlagen werden konnte. Daraus ergab sich die Möglichkeit, mit einem Wasservorrat von 64 l eine größere Strecke zurückzulegen, als mit dem Brennstoffvorrat von 98 l fahrbar war. Das Verbrauchsverhältnis von Wasser zu Brennstoff hatte sich somit beim Doble-Wagen umgekehrt. Betrug der Wasserverbrauch bei den kondensatorlosen Steamern vor 1906 durchschnittlich das Siebenfache der Brennstoffmenge, so konnte er nun auf etwa zwei Drittel derselben reduziert werden. Die zum automatischen Betrieb der Dampfmaschinenanlage erforderlichen Hilfsaggregate, wie z. B. die schon erwähnten vier Kesselspeisepumpen, die für die Kondensation benötigten Vacuumpumpen, der Generator zum Aufladen der Batterie des Bordnetzes, die Ölpumpe zur Schmierung der Dampfzylinder, die Luftpumpe zum Aufbau des Druckes zur Förderung des Brennstoffes und der Antrieb des Tachometers waren in einem separaten Geräteträger zu einer Aggregategruppe zusammengefaßt (Abb. 148). Die Hilfsaggregate wurden von einer gemeinsamen Triebwelle, diese ihrerseits von der Hauptmaschine angetrieben.

Die Doble »E-Modelle« (Abb. 149 und 150) waren, da sie sehr komfortabel zu bedienen und nur in kleiner Stückzahl gebaut worden waren, etwa doppelt so teuer wie ein vergleichbares Automobil mit Verbrennungsmotor. Sie erwiesen sich aber neben ihrer unerreichten Leistungsfähigkeit und Wirtschaftlichkeit auch als sehr robust. Bei entsprechender Wartung konnten sie ohne Überholung der Antriebsmaschine und ohne größere Reparaturen Fahrstrecken von 300 000 - 970 000 km zurücklegen.

In seinem 1974 erschienenen Buch »The car solution« bringt GARY LEVIN auf Seite 116 interessante Vergleichszahlen zum Doble-Steamer »Modell E«:

Abb. 148
1922

ABNER DOBLE: Geräteträger, auf dem die zum automatischen Betrieb der Dampfmaschinenanlage erforderlichen Hilfsaggregate (Kesselspeisepumpen, Vakuumpumpen, Schmierölpumpe, Brennstoff-Förderpumpe, Ladegenerator, Tachometerantrieb) zu einer Aggregatgruppe zusammengefaßt sind

Abb. 149
1923

ABNER DOBLE: »Modell E-19« mit sog. »Town Car body« aus Aluminium gefertigt

ABNER DOBLE: Dampfwagen als Roadster, »Modell E-14«

»Er konnte mit dieser Brennstoffmenge (1 US-Gallone = 3,8 Liter) eine Strecke von vierzehn Meilen oder 22,7 Kilometern zurücklegen. Das entsprach einem Kostenaufwand von neun Cents. Zwar benötigte ein Wagen vergleichbarer Größe mit Antrieb durch einen Otto-Motor die gleiche Menge an Benzin, um damit eine Strecke von sogar achtundzwanzig Meilen – 45,4 Kilometern – zu bewältigen, doch entstanden dabei Kosten von dreiundzwanzig Cents, also fünf Cents mehr als beim Betrieb eines Steamers auf einer Strecke gleicher Länge. Der Doble-Wagen war selbst im Vergleich zu dem beliebten »Modell T« der Ford-Werke, das an der Motorisierung des Straßenverkehrs in Amerika den größten Beitrag leistete, das wirtschaftlichere Fahrzeug. Als Billigauto gehörte der Ford-Wagen, der 1920 etwa die Hälfte des amerikanischen Automobilbestandes repräsentierte, einer wesentlich bescheideneren Kategorie an als der Doble-Steamer und war mit seinem Vierzylindermotor, der zwanzig PS entwickelte, untermotorisiert. Dementsprechend bot er nur geringe Fahrleistungen; seine Höchstgeschwindigkeit blieb knapp unterhalb von 70 Kilometern in der Stunde. Außerdem war er hart gefedert und laut. Auf einer Fahrstrecke von 25 bis 30 Kilometern verbrauchte er eine Gallone, also 3,8 Liter Benzin. Mithin entstand dabei günstigenfalls ein Kostenaufwand von 23 Cents, der sich beim Betrieb eines Doble-Wagens auf 11,8 Cents reduzierte. Wie bei allen Automobilen mit Benzinmotor dieser Zeit erforderte auch die Inbetriebnahme des Fordwagens Aufmerksamkeit und die übliche Vielzahl von Handgriffen.«

Nach 16 000 - 18 000 km Fahrstrecke war eine Reinigung des Motors von Kohleablagerungen und das Einschleifen der Ventile erforderlich. Die Dampfmaschinen der Doble-Wagen benötigten dagegen erst nach einer Fahrstrecke von 32 000 km eine Überholung. Mit dem typischen Dampfwagen der zwanziger Jahre konnten Dauergeschwindigkeiten um etwa 105 km in der Stunde erreicht werden, und die Grenze der Höchstgeschwindigkeit lag bei etwa 145 km in der Stunde. Mit dem Nachfolgetyp, dem »Modell F« endete 1929 die Produktionsreihe der Doble-Steamer. Die einzelnen Exemplare dieses Baumusters waren von unterschiedlicher Auslegung und wurden sowohl mit Zwei- als auch mit Vierzylindermaschinen angeboten. Darunter befanden sich auch von Benzin- auf Dampfbetrieb umgerüstete Automobile fremden Fabrikats wie zum Beispiel CADILLAC und BUICK. Allen »F-Modellen« gemeinsam war der weiter verbesserte Dampfgenerator, dessen Anheizzeit nochmals reduziert war (Abb. 151)

Obwohl seine Dampfwagen nach damaligen Maßstäben perfekt waren, geriet Abner Doble aufgrund der hohen Entwicklungskosten und der geringen Produktionskapazität seines Unternehmens allmählich in finanzielle Schwierigkeiten. Der »schwarze Freitag« an der Börse in der New Yorker Wallstreet führte zum Zusammenbruch der DOBLE STEAM MOTORS LTD.

Nach diesem einschneidenden Ereignis suchte Doble Kontakte zu ausländischen Firmen, um sie für Lizenznahmen und die Weiterentwicklung seines Dampfwagenkonzeptes zu interessieren. 1931 kamen Vertragsabschlüsse mit den deutschen Firmen BORSIGWERKE, Berlin-Tegel, und HENSCHEL & SOHN, Kassel, zustande. Zuvor hatte Doble eine viertürige Limousine mit einem »Modell F«-Generator vorgeführt, der eine zweizylindrige Verbundmaschine versorgte. Dieses Fahrzeug und einen offenen Tourenwagen, »Modell F«, erwarben später die HENSCHELWERKE. Auf Versuchsfahrten wurde unter anderem der überraschend niedrige Brennstoffverbrauch seiner 118 PS

ABNER DOBLE: Steamer als 2sitziges Cabriolet, »Modell E« mit Modell-F-Dampfgenerator. Letzter im Werk DOBLE STEAM MOTORS, Emeryville, Kalifornien, komplett gefertigter Dampfwagen

leistenden Vierzylinder-Verbundmaschine ermittelt. Er betrug 24,15 l Petroleum beziehungsweise 20 l Dieselkraftstoff auf 100 km Fahrstrecke. Die dabei erreichte Durchschnittsgeschwindigkeit betrug etwas über 70 km/h. Damit verbrauchte dieser Dampfwagen nicht mehr Treibstoff als ein zeitgenössisches Automobil mit einem Verbrennungsmotor gleicher Leistung. Als Höchstgeschwindigkeit wurde der beachtliche Wert von 151 km/h erreicht. Der Wasservorrat ermöglichte es, ohne Halt durchschnittlich 400 km zu fahren.

Diese Versuche demonstrierten die Leistungsfähigkeit und Wirtschaftlichkeit des Dampfwagens. Der Wagen war deshalb besonderes wirtschaftlich, weil er mit billigem, überall verfügbarem Treibstoff betrieben werden konnte. Das Vapomobil konnte mit Feuerungsanlagen für Fest- und Flüssigbrennstoffe ausgerüstet werden. In der Neuen Kraftfahrzeug Zeitschrift (NKZ) Nr. 27 des Jahres 1936 wird auf den Seiten 660 bis 662 die Frage gestellt: »Hat der Dampfkraftwagen eine Zukunft?« Einleitend wird in diesem Artikel festgestellt:

> »Für die Richtung der Entwicklung des Verbrenungsmotors war bisher der technische Fortschritt – als solcher – maßgebend. Diese Zeit wußte wenig von Rohstoffsorgen und Devisenfragen. Die »Rohstofforientierung« ist der entscheidende Gesichtspunkt für die Frage der Zweckmäßigkeit von Dampfkraftwagen. Deutschland führt Gasöl und Benzin ein. Kohle und andere feste Brennstoffe lassen sich im Inland reichlich und billig gewinnen. Aber Kraftwagen, die mit diesen billigen festen Brennstoffen betrieben und von Laienhand bedient werden können – sind bisher noch nicht erhältlich. Diese Lücke vermag der Dampfkraftwagen auszufüllen. Die Entwicklung der Kolbendampfmaschine ist seit langem »serienreif«. In Deutschland sind nur von Henschel Versuche in dieser Richtung unternommen worden. Die beim Kraftfahrzeug in der Kraftübertragung auftretenden Verluste sind nicht zu unterschätzen, denn sie betragen zwischen 15 und 30 v. H. Auch hier bietet der Dampfantrieb einen Vorteil. Durch Fortfall der bei den Verbrennungsmotoren nötigen Übertragungsorgane wie Kupplung, Getriebe, Kardanwelle und Gelenke, Kegelradübersetzung usw. läßt sich Leistungsverlust einsparen. Diese Ersparnis wird besonders bei Lastwagen und Omnibussen, bei denen der Dampfantrieb sich voraussichtlich am ehesten durchsetzen wird, in Erscheinung treten.
> Die wirtschaftliche Seite des Dampfantriebes zeigt folgendes Bild: Für 100 km Fahrstrecke benötigt beispielsweise ein 5-Tonner etwa 50 Liter Benzin, das sind 50 x 0,38 = 19 RM. Derselbe Wagen würde vom festen Brennstoff etwa 250 kg brauchen, das sind 50 x 0,02 = 5 RM. Dabei ist ein Wirkungsgrad des Verbrennungsmotors von 19 v. H. und der der Dampfanlage von 5 v. H. eingerechnet.
> Selbst wenn das Leistungsgewicht des Wagens und der Wirkungsgrad der Maschine noch ungünstiger für den Dampfkraftwagen angenommen werden, ist er bezüglich Verbrauchskosten immer noch um das Dreifache billiger. Die Entwicklung von Dampfkraftwagen würde deshalb für Deutschland nicht nur den Vorteil der Devisenersparnis bringen, sondern darüber hinaus noch einen Weg zeigen, um die allgemeinen Betriebskosten des Kraftfahrens zu senken.«

Diesen Überlegungen entsprach das Produktionsprogramm der Fa. HENSCHEL & SOHN, das unter anderem Omnibusse (Abb. 152), Lastkraftwagen (Abb. 153) und leichte Schienenfahrzeuge beinhaltete. Alle diese Fahrzeuggattungen sind für den Dampfantrieb gut geeignet. Auch die Firma BORSIG, die durch den

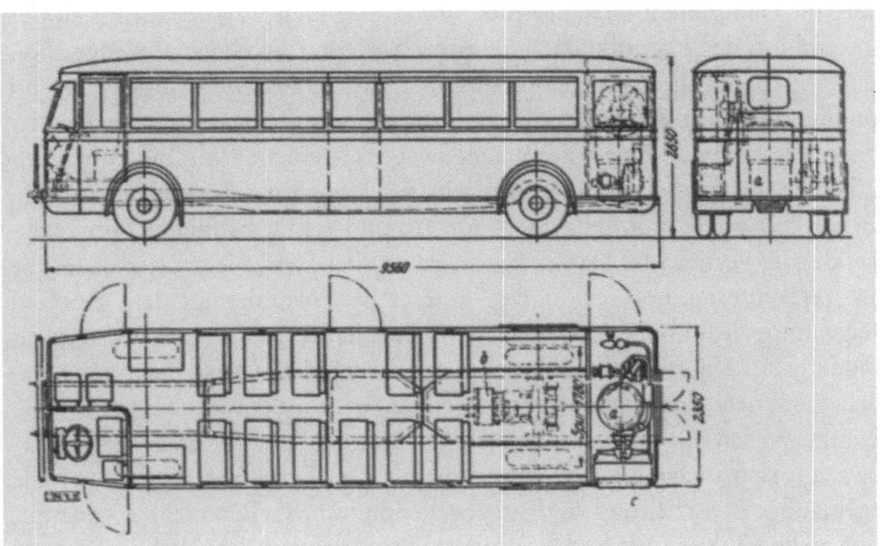

HENSCHEL & SOHN: Pullman-Dampfomnibus mit heckseitiger Maschinenanlage. *a)* Dampferzeuger *b)* Dampfmaschine *c)* Kondensator

HENSCHEL & SOHN; Dampf-Lastwagen für 5t Nutzlast

Bau von Dampflokomotiven weltberühmt geworden war, widmete sich der Anwendung der Dampfkraft zum Antrieb leichter Schienenfahrzeuge. Beiden Firmen gelang es, den Doble-Brenner auf die Nutzung von Teeröl und von festen Brennstoffen umzustellen. Nach umfangreichen Versuchen mit der 75-PS-Maschine des »Doble E«-Personenwagens in einem Omnibus entwickelte die Firma HENSCHEL spezielle Antriebsmaschinen für diese Fahrzeugart und für Lastkraftwagen mit Leistungen von 110 und 150 PS. Es folgten Fahrversuche, die die Vorteile des Dampfwagens gegenüber Fahrzeugen gleicher Größe mit Verbrennungsmotoren in der besseren Beschleunigung, dem besseren Steigvermögen und einer etwa 30 % höheren Durchschnittsgeschwindigkeit eindeutig aufzeigten. Bedienungsseitig erwies sich der Wegfall eines Schaltgetriebes, das nach damaliger Statistik in einem Stadtbus etwa 4 000 mal am Tag betätigt werden mußte, als bedeutende Entlastung des Fahrers. Als sehr günstig zeigte sich auch das gute Bremsvermögen der Dampfmaschine. Durch die gegenläufige Umschaltung des Kurbelwellendrehsinns, »Reversieren« genannt, konnte die Wirkung der Radbremsen in Notsituationen erheblich unterstützt werden. Außerdem bestätigten diese Versuchsfahrten die in dem NKZ-Artikel geäußerte Ansicht, daß die Betriebskosten des Dampfwagens trotz höheren Verbrauches wegen der niedrigen Brennstoffpreise wesentlich geringer waren als beim vergleichbaren Fahrzeug mit Verbrennungsmotor.

Dieser Vorteil im Brennstoffverbrauch des Dampfwagens schwand jedoch allmählich, als die einsetzende Steigerung des Bedarfes in Deutschland besonders seitens der Schiffahrt an Braunkohle und Teeröl zu einer wachsenden Verteuerung derselben führte. Gleichzeitig erreichte der Fahrzeugdieselmotor einen hohen Reifegrad und konnte aufgrund der beginnenden Massenproduktion bedeutend billiger hergestellt werden als eine entsprechende Dampfmaschinenanlage. Diese technisch-wirtschaftlichen Veränderungen machten den Dampfwagen in Deutschland uninteressant.

Versuche mit Dampfomnibussen wurden auch in anderen Ländern vorgenommen. Am Einsatz derartiger Fahrzeuge war beispielsweise auch die neuseeländische AUCKLAND TRANSPORT BOARD interessiert. 1931 gab sie die Umrüstung eines Omnibusses mit Verbrennungsmotor nach dem Doble-System auf Dampfbetrieb in Auftrag (Abb. 154). Versuchsfahrten mit 30 Fahrgästen bewiesen auch hier das gute Steigvermögen und die hohe erreichbare Geschwindigkeit von 81 km/h. Hinsichtlich des Brennstoffverbrauches konnte festgestellt werden, daß er mengenmäßig dem Benzinverbrauch eines vergleichbaren Omnibusses entsprach.

Der Dampfwagen hatte gegenüber dem Fahrzeug mit Verbrennungsmotor nachweisbar geringere Emissionswerte an Lärm und Schadstoffen. Dieser Nachteil des Motorwagens machte sich vor allem in USA in der Zeit nach dem

Nach dem DOBLE-Prinzip auf Dampfbetrieb umgerüsteter Omnibus der AUCKLAND TRANSPORT BOARD, Neuseeland

Zweiten Weltkrieg aufgrund der hohen Verkehrsdichte bemerkbar. Die Verfechter des Vapomobils wiesen auf die in der Kesselanlage vor sich gehende stationäre Verbrennung hin. Im Gegensatz zur pulsierenden Verbrennung in den Zylindern des OTTO-Motors vollzog sie sich fast vollständig, also mit geringen Anteilen gesundheitsschädlicher Produkte im Rauchgas. Von diesem Gesichtspunkt aus betrachtet wurde der Benzinmotorwagen, der den dichten Stadtverkehr beherrschte, schon frühzeitig als Verursacher der Luftverschmutzung erkannt und geriet in die Kritik. ALBERT CLOUGH, der dem Autorenstab der Fachzeitschrift »Horseless Age« (»Pferdeloses Zeitalter«) angehörte, stellte bereits in der Nummer VII vom 22. Juli 1909 auf Seite 82 fest:

> »Die Verbrennung von Benzin in einer Maschine mit innerer Verbrennung erzeugt entschieden andersartige und schädlichere Gase, die sich aus unvollkommen verbrannten Benzinprodukten und aus verdampftem und unvollständig verbranntem Schmieröl zusammensetzen, die von den heißen Zylinderwandungen mit dem Abgas ins Freie gelangen. Die Insassen eines Motorfahrzeugs werden von diesen Gasen selten belästigt, aber im Interesse der breiten Öffentlichkeit sollten sie auf den niedrigsten Betrag gesenkt werden, der technisch erreichbar ist.«

Große Aufmerksamkeit löste im Jahre 1906 auch CHARLES DEWAR, Chemieprofessor der Cambridge Universität, mit seinen Warnungen vor der Giftigkeit der Autoabgase aus. Doch waren die Automobilfirmen zu dieser Zeit schon so ausschließlich auf die profitable Serienproduktion von Fahrzeugen mit Antrieb durch Verbrennungsmotoren eingerichtet, daß sie nicht mehr in der Lage oder willens waren, den »Steamer« in ihre Fertigungsprogramme aufzunehmen. Besonders der Zulieferindustrie, die Kühler, Zündanlagen, Vergaser und Schaltgetriebe herstellte, wäre dadurch großer Schaden entstanden. So blieb das Problem der Luftverschmutzung durch Abgase aus Verbrennungsmotoren zunächst ungelöst, obwohl es auch weiterhin an Hinweisen auf deren gesundheitsschädigende Wirkung nicht fehlte.

Die Zeitschrift »Scientific American« beispielsweise veröffentlichte im Januar des Jahres 1928 auf S. 44 und 45 einen Artikel mit dem Titel »Wird das Dampfautomobil zurückkehren?«

> »Die meisten Menschen, die Straßen mit hoher Verkehrsdichte benutzen müssen, werden die wenigstens teilweise Beseitigung einiger der widerwärtigen Gase, die als Verbrennungsprodukte in den Benzinmotoren entstehen, als gesundheitsfördernde Wohltat willkommen heißen; denn saubere Atemluft wird ein immer dringlicheres Bedürfnis, und niemand ist sich dessen mehr bewußt als derjenige, der die Umluft, die zum Teil seines Tagesablaufes geworden ist, fast unabgeschirmt einatmen muß.«

Andererseits versäumte auch die Werbung nicht, das schadstoffarme Betriebsverhalten der Feuerungsanlage eines Dampfwagens hervorzuheben. Erst in den siebziger Jahren wurde in den USA nach neuen Wegen zur Verminderung der im Autoabgas enthaltenen Schadstoffmengen gesucht und die Höhe der Emission erstmals in Grenzwerten gesetzlich verankert. Zuvor hatten Messungen ergeben, daß New York City mit der höchsten Konzentration von Kohlenmonoxid belastet war, nämlich jährlich 5,29 mio. t. Schließlich verabschiedete der Congreß den sog. »Clean Air Act«, zu dem die »Environmental Protection Agency« (Umweltschutzbehörde E.P.A.) die erlaubten Grenzwerte der im Abgas von Motorfahrzeugen enthaltenen Schadstoffanteile, Kohlenwasserstoff, Stickoxide und Partikel festlegte. Der Kohlenmonoxidanteil allein war um neunzig Prozent zu reduzieren. 1976 hatte man diesen Schadstoffmengen folgende Grenzwerte in Gramm je Meile (1,62 km) gesetzt: Kohlenwasserstoff 0,41; Kohlenmonoxid 3,4; Stickoxide 0,4.

1972 wurde in Washington D.C. vor Regierungsbeamten und Kongreßmitgliedern ein Versuchsomnibus der Firma BROBECK & CIE. (Abb. 155) im Vergleichstest mit einem Dieselomnibus gleicher Größe vorgeführt. Die Beobachter waren besonders beeindruckt von der Geräuscharmut und Laufruhe des Steamers. Er erreichte mit 91 km/h eine höhere Geschwindigkeit als das Dieselfahrzeug. Überzeugend zugunsten des Dampfwagens fielen auch die Schadstoffemissionswerte aus: Die Abgabe von Kohlenmonoxid lag beim Dieselmotor mit 4,4 g je Meile um 110 %, seine Stickoxid- und Kohlenwasserstoffemission mit 11,5 g je Meile um 240 % höher als bei der Feuerungsanlage des

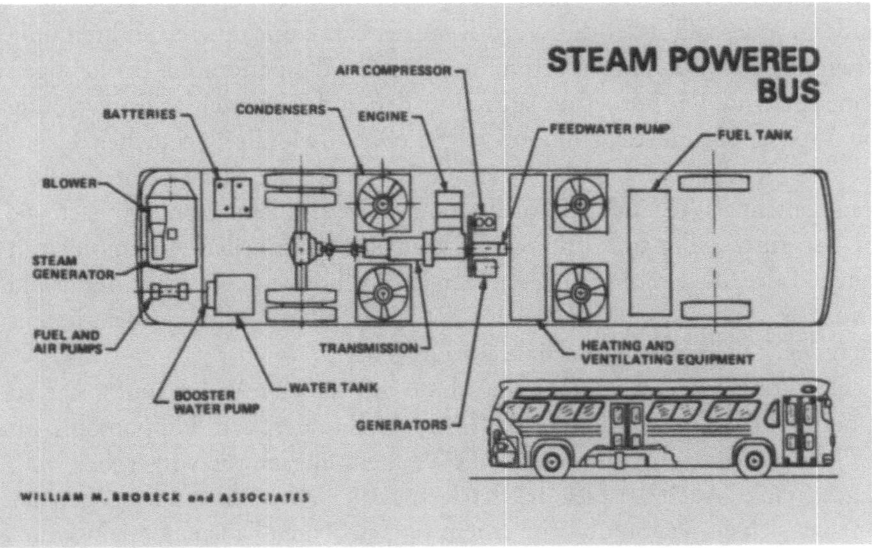

BROBECK & CIE: Dampfomnibus für den Überlandverkehr. Übersichtszeichnung

Steamers. Im Jahre 1972 hatte der US-Staat New Jersey erstmals eine Lärmbegrenzung für Motorfahrzeuge gesetzlich verankert. Die Umweltschutzbehörde veröffentlichte einen umfangreichen Bericht, der »bestätigte, daß Lärm eine heimtückische Form von Verunreinigung ist, der wenigstens 80 Millionen Amerikaner ausgesetzt sind«. Die Einheit des Lärms ist das »Dezibel« (dB). Der während der Hauptverkehrszeit in den Innenstädten von New York und Los Angeles ermittelte Meßwert beträgt 90 dB.

Im Hinblick auf die vergleichsweise geringe Emission von Schadstoffen und Lärm beim Betrieb eines »Steamers« und auf seine Anspruchslosigkeit gegenüber der Brennstoffqualität ließ LEVIN seine Abhandlung über diese Fahrzeuggattung mit einer Laudatio ausklingen:

> »Der Dampfwagen kann die E.P.A.-Normen sofort erfüllen und auf annehmbare Weise zur Wiederherstellung atembarer Luft beitragen. Der Dampfwagen bietet auch die Möglichkeit zur Befreiung der Atmosphäre von gefährlichen Lärmpegeln; seine Fähigkeit, alle Sorten billiger und leicht beschaffbarer Brennstoffe wie Kerosenen, Alkoholverbindungen, Kohlegas und Kohle zu verbrennen, macht uns unabhängig von Energiekrisen, die uns unaufhörlich bedrohen. Wir haben die Wahl: Dampfautos oder gar keine Autos.«

Ein erstrebenswertes Ziel ist es, bei der Verbrennung keine Schadstoffe entstehen zu lassen. Es kann unter anderem, aber nicht ausschließlich, mit der Dampfmaschine erreicht werden. Die mehr als zwei Jahrhunderte während Entwicklung des Dampfwagens hat es mit sich gebracht, daß im vorliegenden Kapitel auch die davon berührten letzten hundert Jahre berücksichtigt werden mußten, innerhalb derer die Wärmekraftmaschine mit innerer Verbrennung verwirklicht wurde und in Verbindung mit ihr das Automobil im heutigen Sinne entstand. Die immerhin Jahrzehnte dauernde gleichzeitige Entwicklung von Vapomobil und Benzinmobil zeigen ebenso wie die Recherchen Levins mit aller Deutlichkeit, daß das Vapomobil entgegen der weitverbreiteten Auffassung nicht als »technisches Fossil« gewertet werden kann, sondern nach wie vor als ernstzunehmende Alternative zum konventionellen Automobil mit Benzin- oder Dieselmotor zu betrachten ist. Auch in seinem Erscheinungsbild vermag es seit den ersten Jahren nach der Jahrhundertwende stets dem jeweils geltenden Zeitgeschmack Rechnung zu tragen.

Das Prinzip der Wärmekraftmaschine mit äußerer Verbrennung hat zu keiner Zeit das Fahrzeugäußere, das im 19. Jahrhundert vom Hippomobil, im 20. Jahrhundert vom Automobil mit Verbrennungsmotor vorgegeben war, eingeschränkt. Auch Beispiele aus den letzten drei Jahrzehnten überzeugen davon, daß sich ein Vapomobil von einem vergleichbaren Fahrzeug mit Wärmekraftmaschine mit innerer Verbrennung optisch kaum oder gar nicht zu unterscheiden braucht. Dies zeigt deutlich das Vapomobil der Williams Brothers (Abb. 156). Der intensiven Weiterentwicklung des Dampfwagens und seiner Wiedereinführung über die industrielle Serienproduktion stehen hauptsächlich wirtschaftspolitische Interessen entgegen. Da der Entwicklungsprozeß des Vapomobils nicht von einer Basiskonstruktion ausging und von Erfindern unterschiedlicher Nationalität vorangetrieben wurde, konnte für die Darstellung dieses Vorganges kein Stammbaumschema angewandt werden. Eine tabella-

Abb. 156

WILLIAMS BROTHER: als Roadster karossiertes Vapomobil

rische Übersicht der Vapomobilexemplare, die chronologisch gegliedert ist, erweist sich als zweckmäßiger. Die zeitliche Zuordnung wird durch zeitgemäß gekleidete Figuren erleichtert, die zugleich das jeweilige Größenverhältnis zwischen Mensch und Maschine kenntlich machen (s. Tafel 2, Kap. 12). Das Fehlen von Maßstäben zu den meisten der vignettenartig dargestellten Vapomobile läßt diesen Vergleich wenigstens innerhalb realistischer Größenordnungen zu. Als Vergleichsgröße wurde die Sitzhöhe mit 450 mm zugrunde gelegt, wie sie im älteren Hippomobilbau als Durchschnittswert üblich war. Bei den beiden Steamermodellen dient die Handspanne als Bezugsmaß.

Die 170 Jahre dauernde Entwicklung der Wärmekraftmaschine mit äußerer Verbrennung, der Dampfmaschine, war Voraussetzung für die Entwicklung des Automobilantriebs mit innerer Verbrennung. Es bedurfte nur zweier Etappen, von LENOIR und von OTTO bewältigt, um zum leistungsfähigen Verbrennungsmotor zu gelangen. Der Verbrennungsmotor entstand also nicht aus der Pulvermaschine, er entwickelte sich vielmehr aus der Wärmekraftmaschine mit äußerer Verbrennung. Diesen Entwicklungsprozeß erfaßt das anschließende Kapitel. Die Tafel 2 (s. Kap. 12) zeigt die Entwicklung des Vapomobils.

200 JAHRE ENTWICKLUNG:
AUS DER DAMPFMASCHINE ENTSTEHT DIE
WÄRMEKRAFTMASCHINE MIT INNERER VERBRENNUNG
ALS ANTRIEBSMASCHINE FÜR STRASSENFAHRZEUGE

Das Motorfahrzeug entwickelte sich nicht direkt aus dem Dampfwagen, sondern parallel zu ihm. Die Entwicklung des Verbrennungsmotors nahm die Erfinder derart in Anspruch, daß die Gestaltung des Fahrzeugs selbst zunächst keine oder nur eine untergeordnete Rolle spielte. So entstanden entweder verkehrsuntaugliche Versuchsfahrzeuge, oder es wurden geeignet erscheinende Pferdekutschen motorisiert. Erst am Ende einer Zeitspanne von etwa 80 Jahren wurde ein brauchbarer Motorwagen geschaffen. Er war aus einem Muskelkraftfahrzeug entstanden, das mit einem passenden Antrieb versehen worden war. Dieser Motorwagen erreichte jedoch das technische Niveau des gleichzeitig gebauten oder gar einige Jahre älteren Bollee-Dampfwagens nicht. Die Perfektionierung der Antriebsmaschine mit innerer Verbrennung war jedoch Voraussetzung für die Verwirklichung des gesamten Motorfahrzeugs. Die erste Wärmekraftmaschine mit innerer Verbrennung stellte CHRISTIAAN HUYGENS 1673 zu Versuchszwecken her. Der Betrieb mit Schießpulver als Energieträger erwies sich jedoch als zu schwierig. Die Maschine war nur schlecht zu handhaben. Deshalb wurde sie von Huygens nicht über das Versuchsstadium hinaus entwickelt. Papin hatte 1690 Wärmeenergie durch äußere Verbrennung freigesetzt und damit die Entstehung der Dampfmaschine eingeleitet. Erst nachdem es durch die Entdeckungen von LEBON möglich geworden war, brennbare Gase herzustellen, stand ein handhabbarer Energieträger zur Energiefreisetzung durch innere Verbrennung zur Verfügung. Dieses brennbare Gas konnte dem Zylinder einer Wärmekraftmaschine mit innerer Verbrennung auf die gleiche Weise zugeführt werden, wie der Dampfmaschine der Wasserdampf. In beiden Fällen wurde die Wärmeenergie in mechanische Energie umgesetzt. Der Wärmeträger dehnte sich aus, entspannte sich und verschob dabei einen Kolben.

Die Wärmekraftmaschinen mit innerer und mit äußerer Verbrennung unterscheiden sich im Ort der Wärmefreisetzung. In Maschinen mit innerer Verbrennung wird die Verbrennungswärme im Zylinder freigesetzt. Das wärmetragende Gas im Zylinder expandiert, ein Teil seiner Wärmeenergie geht in mechanische Energie über. Bei der Dampfmaschine mit äußerer Verbrennung wird Wasser in einem Kessel verdampft. Der Dampf ist also Wärmeträger. Er wird in den Zylinder eingeleitet und gibt dort einen Teil seiner Wärmeenergie in Form von mechanischer Energie an den Kolben ab. Die innere Verbrennung brachte auch Probleme mit sich. Der Zeitpunkt des Brennbeginns, die Zündung des brennbaren Gemisches aus Brennstoff und Luft bzw. Sauerstoff also, war entscheidend. Lag er zu früh, so war der Kolben noch im Kompressionshub. Die einsetzende Verbrennung erhöhte den Druck im Zylinder zusätzlich, der Kolben wurde in der Aufwärtsbewegung gebremst. Lag der Zündzeitpunkt zu spät, so hatte sich der Kolben schon zu weit abwärts bewegt und die Drucksteigerung im Zylinder konnte nur noch unzureichend genutzt werden, der Brennstoff verpuffte nutzlos. Auch die Aufbereitung des zündfähigen Gemisches war schwierig. Der Brennstoff mußte dazu im richtigen, d.h. möglichst nahe dem stöchiometrischen, Verhältnis möglichst gut mit Luft vermischt werden. Die äußere Verbrennung war leichter handzuhaben. Der Dampfdruck der Dampfmaschine z.B. ließ sich mit relativ geringem technischen Aufwand in engen Grenzen auf den gewünschten Wert einstellen. Mit dem eingestellten Dampfdruck konnte die Maschine dann immer im gleichen Betriebszustand gefahren werden; die Verhältnisse waren reproduzierbar. Für die Steuerung des Zündzeitpunktes und der Gemischbildung gab es also zunächst, z.B. aus den Erfahrungen mit äußerer Verbrennung, keine Anhaltspunkte. Die Motorenkonstrukteure konnten also nur durch Versuch und Irrtum überprüfen, auf was es ankam. Aber auch theoretische Überlegungen zum Ablauf des Kreisprozesses brachten Ergebnisse.

Der französische Physiker LEONARD SADI CARNOT entwickelte theoretisch den idealen Kreisprozeß zur maschinellen Umsetzung von Wärmeenergie. Er erläuterte ihn in seinem 1824 erschienenen Werk »Réfléxions sur la puissance motrice du feu et sur les machines propres a dévélopper cette puisance«, in Deutsch »Betrachtungen über die motorische Kraft der Wärme und über die zur Erzeugung dieser Kraft geeigneten Maschinen«. Darin stellte der Autor eine Theorie auf, wie man maschinell Wärmeenergie in mechanische Energie bei höchstmöglichem Wirkungsgrad umwandeln kann. Er hatte erkannt, daß immer vier Phasen nacheinander ablaufen müssen. Das Arbeitsgas im Maschinenzylinder ändert dabei laufend seinen Zustand. Der Carnot-Prozeß beginnt mit der Verdichtung der im Maschinenzylinder eingeschlossenen Gasmenge bei gleichbleibender Temperatur. Im Anschluß an diese isotherme Verdichtung wird die Verdichtung adiabat fortgesetzt, d.h. ohne Wärmeaustausch mit der Umgebung. Am Ende der Verdichtung ist der Höchstdruck erreicht, der Kolben steht in seinem oberen Umkehr- oder Totpunkt. Die Temperatur erreicht dort auch ihren Höchstwert. Die dritte Zustandsänderung beginnt mit der Abwärtsbewegung des Kolbens. Dem Gas wird nun Wärme zugeführt. Das kann in der Praxis nur durch Verbrennen eines Energieträgers in hochverdichteter – und somit erwärmter – Luft geschehen. Die freigesetzte Wärmeenergie bewirkt, daß sich das Gas stark ausdehnt und auf den Kolben eine entsprechenden Kraft ausübt. Während dieser Zustandsänderung soll die Gastemperatur wieder unverändert bleiben, das heißt, die Ausdehnung soll während der Wärmefreisetzung isotherm vor sich gehen. Am Ende dieser Ausdehnungsphase ist der zugeführte Kraftstoff vollständig verbrannt. Die sich als vierte und letzte Zustandsänderung anschließende Ausdehnung ist adiabatisch. Die Gastemperatur geht in dieser vierten Phase verlustlos auf ihren Anfangswert zurück.

Für den kontinuierlichen Betrieb einer nach diesem Verfahren arbeitenden Wärmekraftmaschine müßte sich der vierten Phase nahtlos die erste, die isotherme Verdichtung, wieder anschließen. Im realen Kreisprozeß ist das Arbeitsgas mit Verbrennungsresten verunreinigt. Das Arbeitsgas im Zylinder muß also ausgetauscht werden. Bei der realen Wärmekraftmaschine heißt dieser Vorgang Gaswechsel. Auch der Energieträger, der ja verbrennt, muß immer wieder neu zugeführt werden. Der Kölner Gewerbelehrer OTTO KÖHLER veröffentlichte 1887 ein Buch über die »Theorie der Gasmotoren«. Er wies nach, daß der Carnot-Prozeß maschinell nur angenähert verwirklicht werden kann. Er kam jedoch zu dem Schluß, daß sich der »vollkommene (Carnot-) Kreisprozeß, abgesehen von den Schwierigkeiten seiner Verwirklichung, für die Praxis nicht eignet«. Trotz des theoretisch hohen thermischen Wirkungsgrades und der hohen Maximaldrücke bleibe der mittlere effektive Druck sehr niedrig. Er bestimmt jedoch die Höhe der Energieumsetzung. Die Richtigkeit dieser Feststellung beweist die Darstellung des Carnot-Prozesses im PV-Diagramm (Abb. 157). Jede der vier Prozeßphasen ist durch eine Kurve dargestellt. Ein Maß für die theoretisch gewinnbare thermische Arbeit ist der thermische Wirkungsgrad. Er ist für den Carnot-Prozeß im Vergleich zu anderen idealen Kreisprozessen größtmöglich. Er hängt beim Carnot-Prozeß nur von den Temperaturgrenzen ab. Da diese hier weit auseinanderliegen, wird der thermische Wirkungsgrad sehr groß.

Ein Maß für die tatsächlich gewinnbare thermische Arbeit des realen Motors ist der Gütegrad. Er berücksichtigt auftretende Verluste durch unvoll-

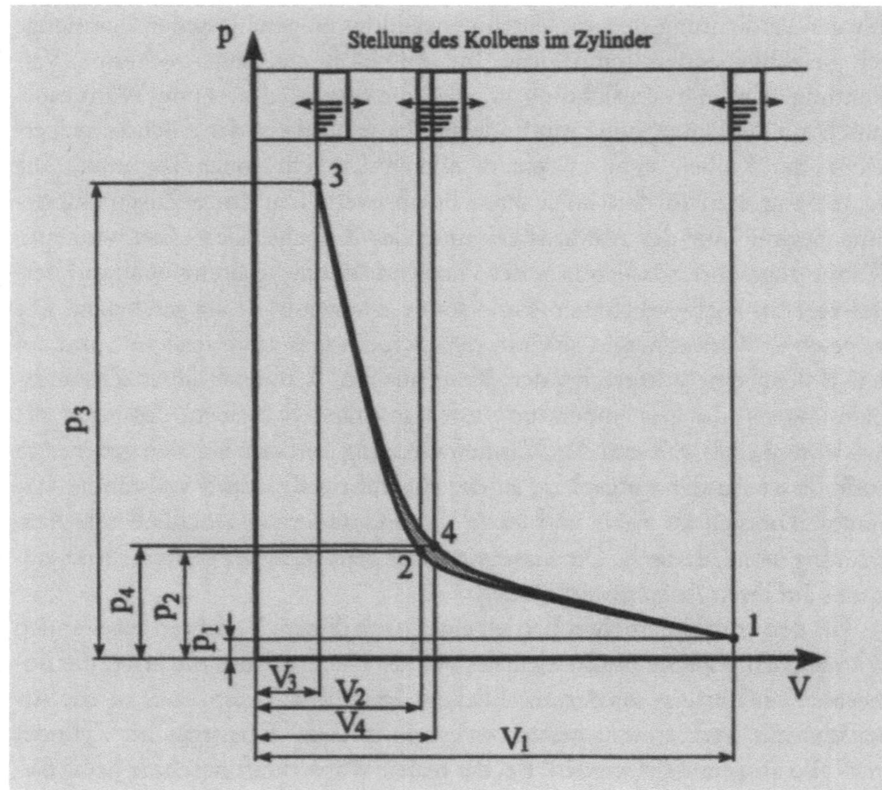

LEONARD SADI CARNOT: graphische Darstellung des theoretischen Kreisprozesses einer Wärmekraftmaschine

kommene Verbrennung, endliche Zündgeschwindigkeit, Wärmeundichtheit,
Stoffundichtheit und Drosselung. Darstellbar ist der Gütegrad über dem mittleren indizierten Druck im Zylinder. Die thermisch tatsächlich aus der Brennstoffenergie gewinnbare Arbeit ist proportional zum indizierten Mitteldruck
im Zylinder. In Abb. 157 ist für den theoretischen Kreisprozeß der mittlere
Druck eingezeichnet, den Köhler für den praktischen Betrieb als zu gering erkannte. Dementsprechend müßten der Arbeitszylinder und das Triebwerk so
groß dimensioniert werden, daß die mechanischen Reibungsverluste die thermisch erzielbare Nutzleistung aufzehren würden. Köhler empfahl daher, wie
schon 1851 der englische Physiker JOULE, die Wärmezufuhr nicht isotherm
sondern isobar durchzuführen. Eine so betriebene Hochdruckmaschine wird
deshalb als Gleichdruckmotor bezeichnet.

Oben im Diagramm ist schematisch die zu den Diagrammpunkten ge-
hörende Position des Kolbens im Zylinder eingezeichnet. Die an den Kolben

gezeichneten Pfeile deuten dessen Bewegungsrichtung an, für die die jeweilige Zahl gültig ist. In den beiden Totpunkten ist die Umkehr der Kolbenbewegung durch Pfeile in beiden Richtungen dargestellt. Im rechten Totpunkt beginnt der Kreisprozeß von neuem. In Punkt 1 des Diagramms befindet sich der Arbeitskolben im rechten Totpunkt. Während er sich von dort nach links zu Punkt 2 bewegt, verdichtet er das im Zylinder eingeschlossene Gas bei gleichbleibender Temperatur. Dabei drückt der Kolben das Gasvolumen von v_1 auf v_2 zusammen, und der Druck des Gases steigt von p_1 auf p_2. Von Punkt 2 nach Punkt 3 setzt der Kolben die Verdichtung des Gases fort, ohne daß das Gas Wärme mit der Umgebung austauscht. Das Gasvolumen wird dabei von v_2 auf v_3 komprimiert, wodurch der Gasdruck von p_2 auf p_3 steigt. In Punkt 3 hat der Kolben seinen linken Totpunkt erreicht. Dem Gas, das nun seinen höchsten Druck und seine höchste Temperatur erreicht hat, wird nun Wärmeenergie über den verbrennenden Energieträger zugeführt. Dadurch dehnt sich das auf sein kleinstes Volumen zusammengedrückte Gas von v_3 auf v_4 aus und bewegt den Kolben nach rechts bis zum Punkt 4. In Punkt 4 ist die isotherme Wärmezufuhr beendet. Der Gasdruck sinkt, während ein Teil der Wärmeenergie sich in mechanische Energie wandelt, von p_3 auf p_4. Die vierte Zustandsänderung des Gases von Punkt 4 nach Punkt 1, dem rechten Totpunkt, ist eine adiabate Expansion. Der Gasdruck und die Gastemperatur sinken dabei auf ihre Ausgangswerte, und das Gasvolumen hat durch die Ausdehnung seine ursprüngliche Größe angenommen. Das schraffierte Rechteck ist der sichelförmigen Arbeitsfläche des Diagramms flächengleich. Seine Länge ist durch den Kolbenhub, seine Höhe durch den mittleren Druck bestimmt.

Der Engländers JOHN BARBER machte 1791 einen Vorschlag für eine Wärmekraftmaschine mit äußerer Verbrennung (Patent Nr. 1833). Der Erfinder wollte die freigesetzte Wärmeenergie unmittelbar in mechanische Energie umwandeln, indem er das warme Gas auf ein Schaufelrad blasen lassen wollte. Wie schon der griechische Physiker HERON im 2. Jahrhundert v. Chr. und VERBIEST in den siebziger Jahren des 16. Jahrhunderts kam Barber so auf das Prinzip der Turbine, die aber erst im Laufe des zwanzigsten Jahrhunderts verwirklicht wurde.

Im Jahre 1794 schlug der Engländer ROBERT STREET zum ersten Mal eine Kolbenmaschine für den Betrieb mit flüssigen Kraftstoffen vor. Im beheizten Maschinenzylinder sollten Teeröl oder Terpentin verdampft und mit der atmosphärischen Luft, die während der ersten Hälfte des Ansaughubes in den Zylinder gelangte, ein Gemisch bilden. Das Gemisch wurde in Hubmitte entzündet, wodurch der Kolben in dem senkrecht stehenden Zylinder einen aufwärts gerichteten Kraftimpuls erhielt. Dazu war eine ständig brennende Zündflamme vorgesehen, die außerhalb des Zylinders angeordnet und mit dem Inneren durch eine Bohrung verbunden war. Diese Bohrung legte der vorbeigleitende Kolben in Hubmitte frei. Der Kolben übertrug die Kraft auf eine Pumpe. Streets Wärmekraftmaschine mit innerer Verbrennung arbeitete also bereits nach dem direktwirkenden Prinzip.

Philippe LEBON D'HUMBERSIN, der 1799 die Trockendestillation von Brennstoffen für die Erzeugung von Leuchtgas erfunden hatte, erhielt 1801 das Zusatzpatent auf einen doppeltwirkenden Motor für den Betrieb mit Leuchtgas. Vom Arbeitszylinder getrennt waren zwei vom Motor angetriebene Pumpen vorgesehen, die das Gas und die Verbrennungsluft voneinander getrennt in einen separaten Behälter drückten. Damit sollte erstmals eine Vorverdichtung des Gas-Luftgemisches vor der eigentlichen Verdichtung stattfinden. Die Entzündung des Gemisches wollte Lebon durch den elektrischen Funken bewerkstelligen. Das Brenngas sollte wie bei einer doppeltwirkenden Dampfmaschine abwechselnd auf beide Kolbenseiten geleitet werden und dort expandieren. Lebons Tod im Jahre 1804, aber auch Schwierigkeiten bei der Herstellung der Maschine verhinderten die Verwirklichung dieser Patentidee.

Die Wärmekraftmaschine des Schweizers ISAAC DE RIVAZ arbeitete nach dem atmosphärischen Prinzip. Er entwarf sie zum Antrieb eines vierrädrigen Straßenfahrzeugs (Abb. 158). Am 30. Januar 1807 meldete er in Frankreich ein Patent auf die explosionsartige Verbrennung eines entflammbaren Gases zum Antrieb verschiedener Maschinen an. Die Patentschrift erläutert die Vorgehensweise:

> »Ich habe ein zylindrisches Gefäß aus gewalztem Kupfer von sechseinhalb Zoll (175,9 mm) Durchmesser und viereinhalb Fuß (1 461,6 mm) Länge hergestellt. Im Innern dieses Zylinders befindet sich der dicht eingepaßte Kolben *b*, der die Funktion einer Kanonenkugel innehat und so verkleidet ist, daß von außen keine Luft hinzudringen kann. Um diesen Apparat zu laden, führt man in den Zylinder den Distanzring *c* ein, dessen Höhe den Erfordernissen der Ladungsmenge von Knallgas entspricht und eingehalten werden muß; und weil dieses Gemisch hier explodiert, wird dieser Raum als »Ladung« bezeichnet.«

Es ist zweckmäßig, sich die Übertragung des Begriffes Ladung (charge) von dem zugeführten Zündmaterial, mit dem der Maschinenzylinder wie eine Kanone geladen wird, auf den Ort, an dem die Zündung dieser Ladung erfolgt, bewußt zu machen. Möglicherweise liegt dem artilleristischer Sprachgebrauch zugrunde. Bei der Wiedergabe des Textes in deutscher Sprache wird der zweifache Sinn des Wortes la charge, die Ladung, durch den in Klammern dahintergesetzten Ausdruck (Ladekammer) berücksichtigt.

> »Der Distanzring *c* dient auch dazu, den Kolben *b* daran zu hindern, in die Ladung (Ladekammer) hineinzusinken. Sie nimmt in ihrem Innern einen Kolben *d* auf, an dessen unterem Ende sich ein Schaft befindet, der an seinem äußeren Ende mit dem Hebelarm *e* verbunden ist. Er dient dazu, den Kolben *d* auf- und abwärts zu bewegen und ist von zwei Bohrungen *f* durchzogen. Deren jede wird am unteren Ende durch ein Ventil *g* ver-

Abb. 158
1860

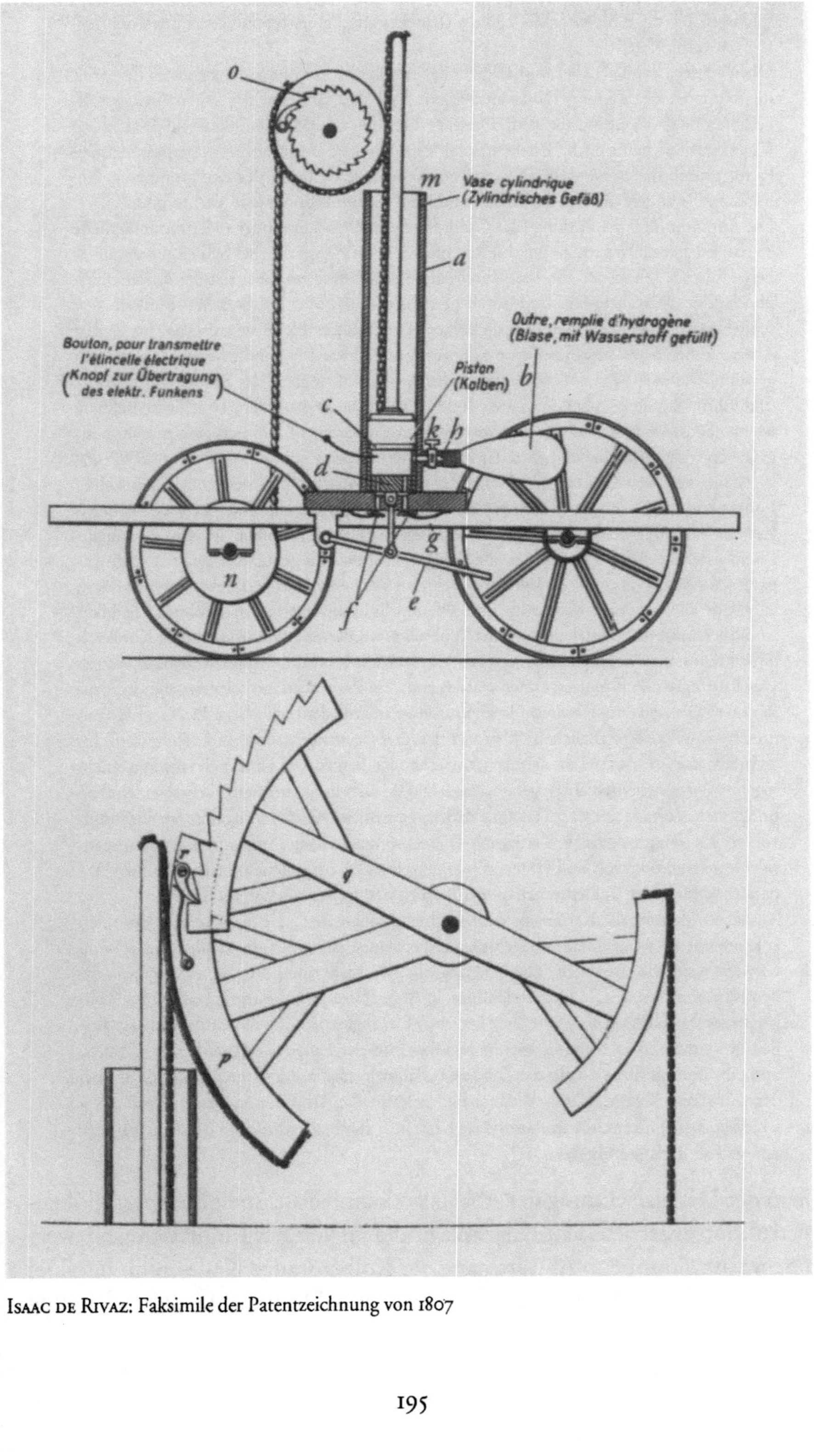

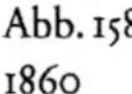

Isaac de Rivaz: Faksimile der Patentzeichnung von 1807

schlossen, das die Entleerung der Ladung (Ladekammer) gestattet und den Zutritt der Aussenwelt verhindert.

Oben an der Ladung (Ladekammer) befindet sich das Metallrohr h, das an einem Ende mit dem Inneren der Ladung (Ladekammer) und an dem anderen mit einem wasserstoffgefüllten Balg in Verbindung steht. Diese Verbindung zwischen dem Balg und der Ladung (Ladekammer) kann nach Belieben durch den Hahn k, der drei Stellungen einnehmen kann, unterbrochen werden. Die eine ermöglicht den Zutritt des entflammbaren Gemisches, die andere den der Außenluft und die dritte unterbricht jede Verbindung.

Die Entflammung der Ladung (des Gas-Luft-Gemisches) kann durch vier grundsätzliche Verfahren ausgelöst werden: durch Hineinfallenlassen einiger Körner Schießpulver auf einen glühend gehaltenen Boden, durch die Verdichtung von Sauerstoff, durch phosphorhaltiges Wasserstoffgas und durch den elektrischen oder galvanischen Funken. Anschließend bewegt man den Ladungskolben d mittels des Hebels e aufwärts, bis er den Arbeitskolben b berührt; dabei strömt die gesamte im Inneren befindliche Luft – sei sie von gewöhnlicher Art oder stickstoffhaltig – durch die Bohrungen f des Kolbens d auswärts, und wenn man den Kolben wieder nach unten führt, saugt dieser eine beliebig bemeßbare Menge Wasserstoffes und atmosphärischer Luft an, deren Mischungsverhältnis ihm zugewiesen wird. Anschließend wird der Hahn k in die Sperrstellung gedreht und die »Pistole« ist nun »geladen«. Die Entflammung der Ladung wird durch Zündung des elektrischen Funkens bewirkt, den der Schalter i auslöst und ihn gegen die Unterseite des Arbeitskolbens b richtet. Sofort entsteht eine Explosion, und der Kolben wird kräftig hochgeschleudert, wenn die Menge des zündfähigen Stoffes stark genug dosiert ist. Dieser Apparat kann nicht nur mit gewöhnlicher Luft und Wasserstoffgas geladen werden, sondern auch mit allen anderen gasförmigen und festen Substanzen, die zur Explosion befähigt sind. Er erfordert die Anwendung eines Volumens von hundertvierundzwanzig Kubikzoll eines brennbaren Gemisches. Es setzt sich aus sechzig Kubikzoll Wasserstoffgas, das durch Destillation aus Pflanzen gewonnen wurde, und dem Restteil aus atmosphärischer Luft zusammen. Die sich daraus ergebende Explosion ist außerordentlich heftig. Ein Gemisch aus dreißig Kubikzoll pflanzlichen Wasserstoffes und atmosphärischer Luft vom fünf- bis sechsfachen dieses Volumens genügen, um einen Kolben von elf Unzen Gewicht zu einem regelmäßigen Arbeitsspiel zu veranlassen. Die Anwendung möglichst schwerer Kolben bringt viele Vorteile mit sich. Das aus Pflanzen gewonnene Wasserstoffgas ist ein wirkungsvollerer Energieträger als Wasserdampf. Dieser Apparat wurde zum Antrieb eines vierrädrigen Karrens von zwölf Fuß (3897 mm) angewendet. Die mit dem Arbeitskolben des Apparates verbundene Kolbenstange m überträgt dessen Bewegung nach außen.

An der Vorderseite des Karrens ist die Seilscheibe angebracht. Die Seilscheibe o kann sich auf ihrer Achse je nachdem, ob sich die Kolbenstange auf- oder abwärts bewegt, sowohl vorwärts wie rückwärts drehen. Sie überträgt ihre Drehbewegung auf die Seilscheibe n, die den Karren antreibt. (Die Detailzeichnung in Abb. 158 zeigt eine Konzeptvariante mit Balancier, worauf sich der folgende Text bezieht.) Ein Segment p, das mit dem Balancier q einen gemeinsamen Drehpunkt hat, bewegt sich mit der Kolbenstange auf- und abwärts, und eine Sperrklinke r, die in die Zähne des Balanciersegmentes eingreift, nimmt ihn bei der (Abwärts-)Bewegung mit. Weitere Beispiele für die Anwendung der Explosion verschiedener geeigneter Gase als motorische Kraft, um damit Maschinen in Bewegung zu setzen, will ich nicht berühren.«

Wie in der Detailzeichnung der Abb. 158 erkennbar ist, stellt die Sperrklinkenkonstruktion zwischen dem Balancier und dem von der Kolbenstange bewegten Segment q nur beim Abwärtsgang der Kolbenstange Kraftschluß her. Der Abwärtsgang des Kolbens ist also der Arbeitshub. Die in der Gesamtzeichnung andersherum dargestellte Sperrklinke wäre zwar beim Aufwärtshub kraft-schlüssig, doch fehlt zur Klärung dieses Widerspruches eine Beschreibung vom Aufbau der davon betroffenen Doppel-Seilscheibe *o*. Ebenso wenig ist die Art der Kraftübertragung von der Kolbenstange auf die Doppel-Seilscheibe *o* oder auf den Segmenthebel *p* im Text erläutert. Die Zeichnung deutet ohne Darstellung konstruktiver Einzelheiten lediglich an, daß als Übertragungs-element eine Kette diente. Der von Rivaz erfundene, hergestellte und auch eingesetzte Karren war das erst automobile Fahrzeug, das von einer Wär-mekraftmaschine mit innerer Verbrennung angetrieben wurde. Die Patent-schrift macht deutlich, daß die Maschine von Rivaz der Nachfolger der Huygensschen Pulvermaschine war und nach dem selben Prinzip arbeitete. Da diese Maschinen grundsätzlich wie Kanonen arbeiten, ist auch die Termi-nologie, in der die Maschinen beschrieben werden, artilleristisch eingefärbt.

Noch immer mußte die Maschine vor jedem Nutzhub »geladen« und die »Ladung« anschließend entzündet werden. Das Geschoß wurde vom Kolben vertreten, der jedoch das »Rohr«, also den Zylinder, nicht verlassen durfte, sondern, in diesem Arbeit verrichtend, in seine Ausgangsstellung zurück-kehren mußte. Noch heute wird der von Rivaz gewählte Ausdruck »Ladung« für die Dosis des Kraftstoff-Luftgemisches beim Otto-Motor und die der Ver-brennungsluft beim Dieselmotor verwendet. Bei Hochleistungsmotoren wird die »Ladung« vorverdichtet, was durch »Lader« geschieht. Dieser Vorgang wird »Aufladung« genannt.

Auch der Engländer SAMUEL BROWN kam auf die Feuermaschine nach dem atmosphärischen Prinzip seines Landsmannes NEWCOMEN zurück. New-comens Maschine aus dem Jahre 1713 wandelte unter so großen Verlusten Wärmeenergie in mechanische Energie um, daß der Nutzen sehr gering war. Brown entwarf einen Gasmotor, auf den er am 4. 12. 1823 das Britische Patent Nr. 4874 erhielt (Abb. 159). Er beschrieb ihn als »eine Maschine zum drehen-den Antrieb eines Wasserrades, zweitens zum Aufstauen von Wasser in einem Teich oder einem Fluß, drittens zum Antrieb von Kolben und zum Erhalt ih-rer Drehbewegung«.

Jeder der beiden Arbeitszylinder *d/d'* war an seinem oberen Ende offen und von einem geschlossenen Wassermantel *c/c'* umgeben. Durch dessen oberen Abschlußdeckel war die Stange *f/f'* des Arbeitskolbens *e/e'* hindurchgeführt und über eine Kette *b/b'* mit dem Segmentstück des Balanciers *a* verbunden. In den Kolben waren axial verlaufende Kanäle eingearbeitet, die von einem Tel-lerventil *g* auf der Kolbenoberseite überdeckt wurden. In dem Ventilteller befanden sich mehrere Entlastungsventile, die bei Erreichen eines vor-bestimmten Gasdruckes öffneten. Der Druck unterhalb des Arbeitskolbens konnte so begrenzt werden. Diese Maßnahme bewirkte, daß der Hub des Ar-

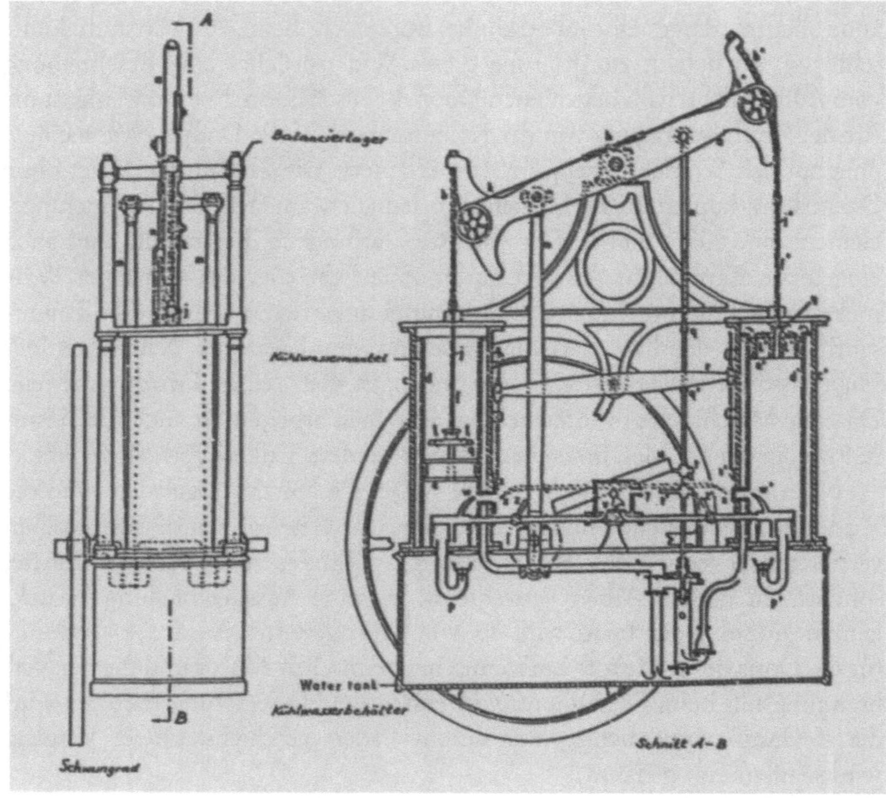

SAMUEL BROWN: atmosphärischer Gasmotor, Darstellung gemäß dem britischen Patent Nr. 4874

beitskolbens kürzer werden konnte. Während des abwärtsgerichteten Arbeitshubes der Kolben förderte die Pumpe das Wasser in die Kühlmäntel hinauf, das dabei das oben offene Ende der Arbeitszylinder überflutete und an die Kolben gelangte. Diese Kolben-Kühlung dichtete zugleich die Kolben gegen ihre Zylinder-Laufbahnen ab, wodurch der Aufbau des Unterdrucks unterhalb des Kolbens beschleunigt wurde. Am Ende jedes Arbeitshubes wurden die Tellerventile g durch eine Kette, die sie miteinander über den Balancier hinweg verband, abgehoben. Dabei ergoß sich das Wasser durch die Kolbenkanäle zurück in den Wasserbehälter. In jeden Zylinder führte ein Zündkabel x, vor dessen äußerer Mündung ununterbrochen eine gasgespeiste Zündflamme brannte. Ihren Zugang zum Zylinderinneren öffnete und schloß jeweils ein Flachschieber v. Der Balancier steuerte diese Vorgänge gegenläufig, so daß beim Arbeitshub des einen Zylinders der andere seinen Leerhub ausführte. Durch Drehen am Schwungrad wurde der Arbeitskolben gehoben, wobei sich das Tellerventil anlegte und die Kanäle geschlossen wurden. Während sich der linke Arm des Balanciers bei diesem Kolbenhub hob, senkte sich der rechte. Der Anschlag *q* auf der Kolbenstange der Wasserpumpe *o* verschloß über die Schubstange und den Flachschieber *s/s'* den Zündkanal mit Verzögerung.

So schlecht diese Maschine die Brennstoffenergie auch nutzte, die Chronik bestätigt, daß im Jahre 1824 mit einer solchen Anlage 140 l/min Wasser über eine Höhe von 4,5 m gefördert wurden, wobei der stündliche Gasverbrauch 1 440 l betrug. 1826 wurde Brown das englische Patent Nr. 5 350 auf eine verbesserte Ausführung erteilt, bei der auf beiden Armen des Balanciers in der Nähe jedes Zylinders eine Pleuelstange angebracht war, die eine Kurbelwelle in Drehung versetzte. Ein Stirnräderpaar betrieb jeweils eine Vorgelegewelle zur Leistungsabnahme.

Zum Nachweis der Möglichkeiten, die diese Maschine bot, legte sie Brown für den Antrieb eines Vierradwagens aus. Im kastenförmigen Fahrgestell war in je einer separaten Kammer der Gas- und Kühlwasservorrat untergebracht (Abb. 160). Das Fahrzeug wog 2 t und war als reines Versuchsgerät weder mit Sitzplätzen noch mit einer Lenkung ausgestattet. Mitte Mai 1826 wurde es auf der mehr als sechs Prozent steilen Steigung von Shooter's Hill bei Woolwich erprobt, die der Wagen nach zeitgenössischen Berichten im »Mechanics Maga-

Abb. 160
1826

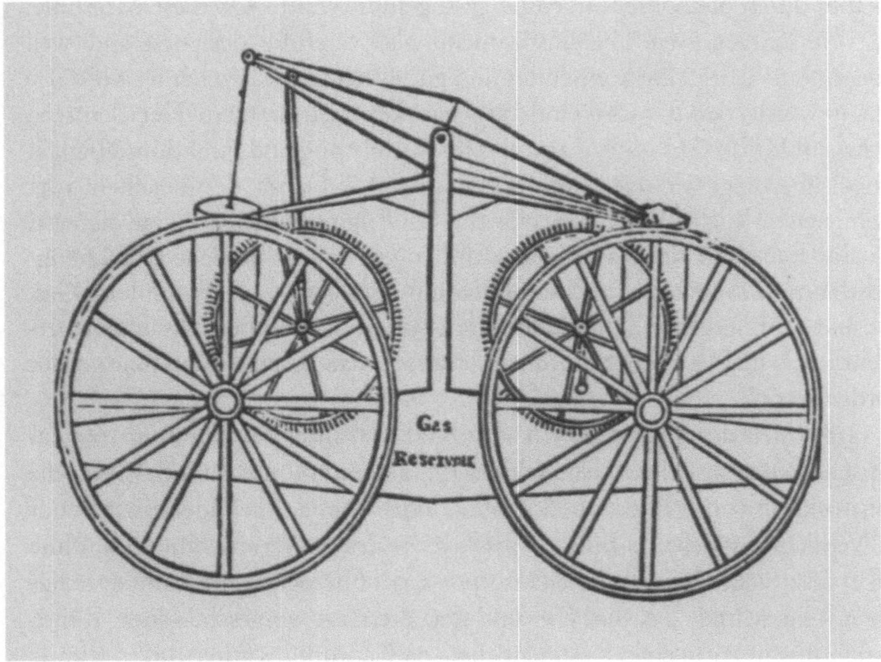

SAMUEL BROWN: Versuchswagen mit Antrieb durch eine atmosphärische Gasmaschine

zine« mühelos hinauffuhr. Weitere Fahrversuche unternahm Brown jedoch nicht mehr. Der hohe Preis von Flaschengas machte den Wagen unwirtschaftlich.

Der Amerikaner SAMUEL MOREY bekam im Jahre 1826 ein Patent auf seine Gasmaschine. Erstmals wurde ein Vergaser zur Herstellung eines Gas-Luftgemisches verwendet. Morey führt seinen Motor erfolgreich in einem Boot vor. Trotz umfangreicher Bemühungen konnte Morey nie Käufer für seinen Motor finden.

1838 entwickelte der Engländer WELLMAN WRIGHt eine Wärmekraftmaschine, die nach dem direkt wirkenden Prinzip der Energieumwandlung lief. Zum ersten Mal wurde der Kolben einer Maschine dieser Gattung durch das expandierende Gas in beiden Richtungen im Krafthub bewegt. Das Vorbild hierfür war James Watts Dampfmaschine von 1786. Wright übernahm die Idee von Lebon, an jedem Zylinderende eine äußere Brennkammer anzubringen, der er die Form einer Halbkugel gab. Die Kammern wurden von zwei Pumpen versorgt, die Zündung erfolgte im oberen Totpunkt durch eine Flamme. Am Ende jeden Hubes wurde das verbrannte Gas über Auslaßventile vollständig ausgestoßen. Der Kolben war über zwei Pleuel mit einer Kurbelwelle verbunden. Wie bei Samuel Browns Maschine umgab den Arbeitszylinder ein Kühlwassermantel. Ohne Vorbild war die Kühlung des Kolbens durch Wasser, das ihm durch die hohle Kolbenstange zugeführt wurde. Ob diese Maschine, die von Zeitgenossen übereinstimmend als »carefully designed and well thought out« (sorgfältig konstruiert und gut durchdacht) bezeichnet wurde, je gebaut wurde, kann nicht eindeutig nachgewiesen werden. Der deutsche Fachautor HUGO GÜLDNER war von ihrer Ausführung und Funktionsfähigkeit ebenso überzeugt wie sein englischer Kollege A. F. EVANS, der in seinem 1932 erschienenen Buch »The History of the Oil Engine« feststellte, daß sie »was actually made and run« (wurde tatsächlich gebaut und betrieben). Der englische Autor Donkin, der 1894 ein Buch mit dem Titel »A Text Book on Gas, Oil, and Air Engines« (Ein Handbuch über Öl-, Gas- und Luftmaschinen) veröffentlichte, hielt es dagegen für nicht erwiesen, daß Wrights Maschine gebaut worden war.

1838 erhielt der Engländer WILLIAM BARNETT unter der Nummer 7615 das britische Patent auf eine Gasmaschine. Im Gesamtkonzept knüpfte sie an die Konstruktion von Lebon und Wright an, doch wies der Erfinder erstmals auf die Verdichtung des Gas-Luft-Gemisches vor dessen Verbrennung hin, ohne daß er ausdrücklich einen Patentanspruch darauf bezog. Er erwähnte sie lediglich als ein Mittel, das die Wirkung der alternativ vorgeschlagenen Zündvorrichtung in Form eines flammenbeheizten Platinrohres unterstützen würde. Außerdem deutete Barnett erstmals die Möglichkeit an, daß die Verdichtung auch innerhalb des Arbeitszylinders stattfinden könne. Für diese Variante sah das Patent eine gesteuerte Flammenzündung vor. Diese gesteuerte Flammenzündung wurde später noch von einigen Erfindern übernommen. Die Vorrichtung bestand aus einem am Zylinder angeflanschten Drehschieber (Abb. 161). Er hatte ein konisches Gehäuse, in dem ein ebenfalls konisches Hahnküken mit Kurbelwellendrehzahl rotierte. Das Gehäuse war an zwei Stellen durchbrochen. Der Durchbruch zum Zylinder, der Zündkanal e, war im Befestigungsflansch. Die andere Gehäuseöffnung d stand dazu in einem Winkel von 90°. Der Drehschieber hatte eine Aussparung, die die beiden Öffnungen im Gehäuse gleichzeitig gerade nicht mehr überdeckte. Im Inneren des Drehschiebers befand sich eine Düse, durch die kontinuierlich Gas einströmte. Wenn sich die Aussparungen d bei der Außenflamme und f des Drehschiebers überdeckten, so begann die Zündflamme h zu brennen. Der Durchbruch f im Drehschieber gab den Zündkanal e frei, sobald die andere Gehäuseöffnung d verschlossen war. Die Ladung im Zylinder entzündete sich an der Flamme im Drehschieber, die durch den rasch ansteigenden Verbrennungsdruck ausgeblasen wurde.

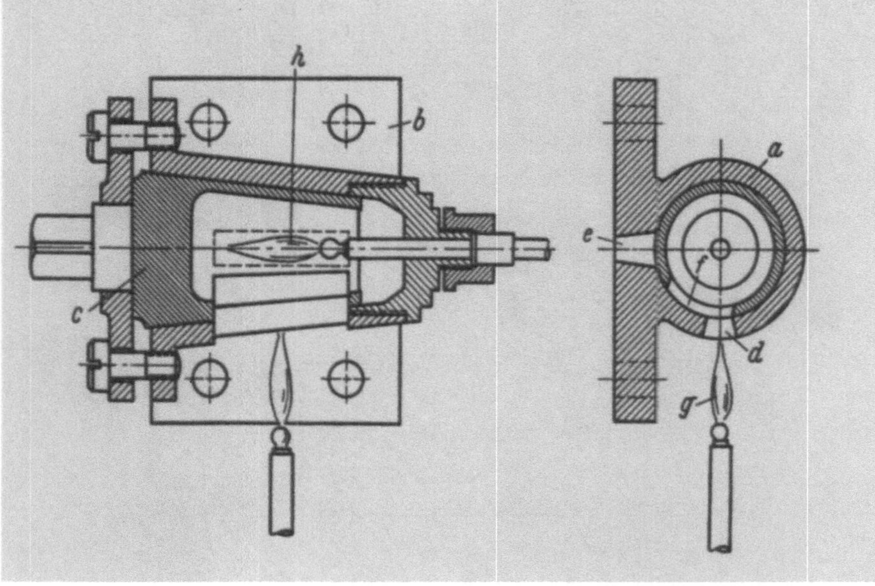

Abb. 161
1838

WILLIAM BARNETT: Flammenzündung für einen Gasmotor mit Verdichtung der Ladung im Arbeitszylinder. a) Schiebergehäuse mit b) Befestigungsflansch, c) als Drehschieber gestaltetes Hahnküken, das mit Kurbelwellendrehzahl umläuft, d) Öffnung im Schiebergehäuse für die Außenflamme, e) Zündkanal, f) Steueröffnung im Drehschieber, g) kontinuierlich brennende Außenflamme, h) intermittierend brennende Zündflamme

Der belgische Autodidakt Jean Joseph Etienne Lenoir dachte Anfang 1860 über die direkte Wirkung der Expansionskraft entflammter Gase auf den Maschinenkolben nach. Er entwickelte das Versuchsmodell einer Gasmaschine. Die französische Patentschrift vom 1. Januar 1860 leitete er mit dem Hinweis ein:

> »Meine Erfindung besteht in der Anwendung von Leuchtgas in Verbindung mit atmosphärischer Luft und der Entzündung durch Elektrizität, zur Bildung einer motorischen Kraft durch Verbrennung und starker Ausdehnung des Gasgemisches. Die Entzündung erfolgt durch 2 Platin-Drähte.«

Beim Zusammenwirken von Kolbenbewegung und Energieumsatz orientierte sich Lenoir an James Watts doppeltwirkender Dampfmaschine aus dem Jahr

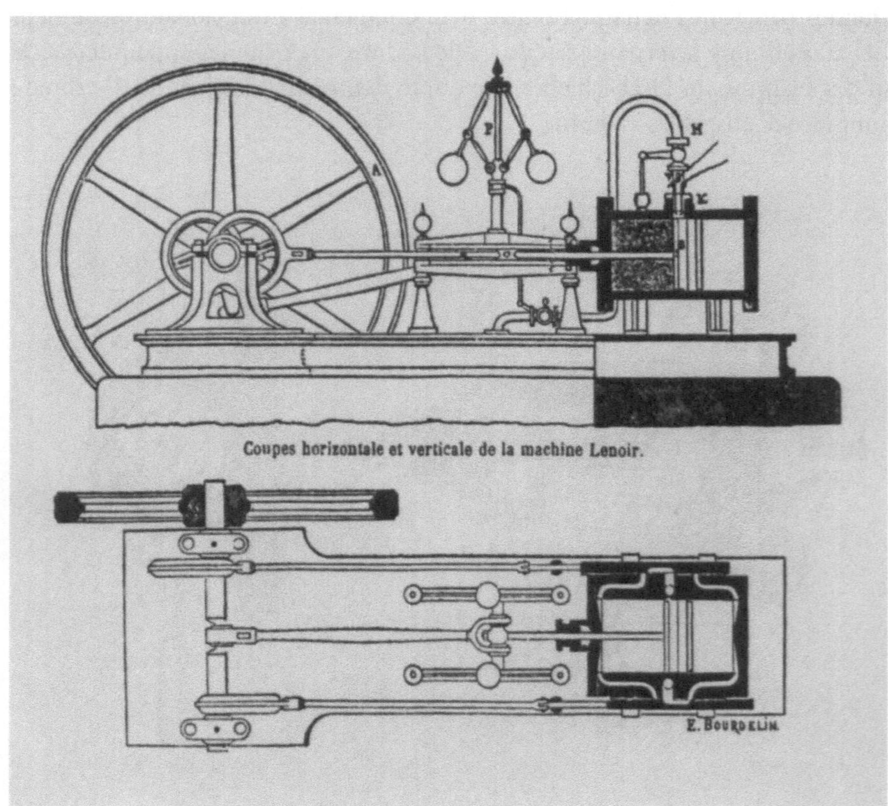

Abb. 162
1860

Jean Joseph Etienne Lenoir: erster funktionsfähiger Gasmotor mit direkter Einwirkung des expandierenden Gases auf den Maschinenkolben während des Arbeitshubes. Das atmosphärische Prinzip war damit auch bei der Wärmekraftmaschine mit innerer Verbrennung durch das direktwirkende Prinzip ersetzt worden

1786 (Abb. 162). Eine Druckschrift aus dem Jahr 1864 von LEFEBVRE, dem späteren Hersteller des Lenoir-Motors, handelt von der Lenoir-Maschine:

>Die Maschine Lenoirs verwendet den Kolben nach Patent Street; sie ist direkt- und doppeltwirkend wie der Motor von Lebon; sie entzündet durch elektrische Funken wie die Maschine von Rivaz; sie kann durch flüchtige Wasserstoffe betrieben werden wie von Herskine-Hazard vorgeschlagen; vielleicht würde man im Talbot sogar den geistvollen Gedanken der Kreisscheiben-Steuerung wiederfinden. – Aber der Lenoir-Motor saugt Gas und Luft durch das Kolbenspiel selbst an, ohne vorhergehende, immer gefährliche und die Anwendung von Pumpen erfordernde Mischung – und das ist sein Patentschutz, den man ihm nicht nehmen kann.«

Allerdings wurde Lenoirs Urheberschaft in der Sitzung der französischen Zivilingenieure am 1. Juni 1860 durch BARRAULT in Frage gestellt. Er wies auf die 1858 von HUGON erfundene Gasmaschine hin, die sich von der Lenoirs nur dadurch unterscheidet, daß die Bildung des Gas-Luftgemisches bereits vor seiner Einführung in den Zylinder erfolgte. Barrault sagte bei dieser Gegenüberstellung:

>Es macht einen merkwürdigen Eindruck, zu sehen, wie Herr Lenoir mit vieler Anpreisung eine Erfindung ausbeutet, welche Herr Hugon dadurch für ungenügend erklärte, daß er sie nicht einmal veröffentlicht hat!«

Erst nachdem sich der Lenoir-Motor als brauchbar erwiesen hatte, nahm Hugon die Arbeit an seiner direktwirkenden Maschine wieder auf und trat mit ihr 1864 an die Öffentlichkeit. Obwohl der Hugon-Motor hinsichtlich Betriebssicherheit, Gas- und Ölverbrauch dem Lenoir-Motor überlegen war, wurde der Lenoir-Motor infolge wirksamerer Werbung und der Herstellung durch die bekannten Industrieunternehmen LEFEBVRE und MARINONI besser verkauft. Daher war er auch für die Weiterentwicklung der Wärmekraftmaschine mit innerer Verbrennung die bekanntere und besser zugängliche Ausgangsbasis. Den Gaswechsel übernahmen bei der Lenoir-Maschine die von der Dampfmaschine her bekannten Muschelschieber, die durch Exzenter gesteuert wurden. Die Zündung erfolgte durch eine elektrische Zündkerze, die auf der halben Hublänge in die Zylinderwand eingeschraubt war. Zwischen ihren beiden Platinspitzen sprangen ständig Funken über. Sie gelangten durch eine Bohrung, die vom Kolben erst in Hubmitte freigelegt wurde, in den Zylinder, und entflammten das Gemisch wechselweise in den Verbrennungsräumen vor und hinter dem Kolben. Die Ladung verbrannte, die in ihr enthaltene Wärmeenergie wurde freigesetzt und das Gas dehnte sich aus. Das sich ausdehnende Gas drückte auf den Kolben, dieser bewegte sich und setzte so einen Teil der Wärmeenergie in mechanische Energie um.

Die Lenoir-Maschine arbeitete demnach ähnlich wie eine doppeltwirkende Dampfmaschine. An die Stelle der Wärmeenergie des Dampfes war die des verbrennenden Gas-Luftgemisches getreten. Die Leistungsgrenze des Lenoir-Motors lag bei etwa 12 PS. Die in der Werbung in Aussicht gestellte Eignung dieser Maschine zum Antrieb von Lokomotiven, Lokomobilen und Feuerspritzen und die angekündigte Leistung von 100 PS erwiesen sich als unerreichbar. Dennoch hatte der Lenoir-Motor eine neue Epoche der Wärmekraftmaschine mit innerer Verbrennung eingeleitet und bewies seine Eignung als brauchbare, platzsparende Antriebsmaschine für kleine Betriebe. Gegenüber der Dampfmaschine waren die geringeren Anschaffungskosten und die sofortige Betriebsbereitschaft vorteilhaft.

Im Jahre 1860 hatte Lenoir einen seiner Motoren mittels seines patentierten Dochtvergasers auf den Betrieb mit Benzin umgestellt und baute ihn in einen dreirädrigen Break ein. Mit diesem Fahrzeug unternahm der Erfinder mehrere Fahrten, bei denen sich seine Maschine jedoch für den mobilen Einsatz als ungeeignet erwies.

Der Kölner Kaufmann NIKOLAUS AUGUST OTTO und sein älterer Bruder WILHELM OTTO arbeiteten daran, die Mängel, die der stationäre Lenoir-Motor aufwies, zu beseitigen. Sie richteten die Maschine für den Betrieb mit flüssigen Kraftstoffen ein. Die Brüder Otto erkannten, daß eine von der Gasleitung unabhängige Kraftmaschine auch zum Antrieb von Fahrzeugen geeignet sein konnte. Am 2. Januar 1861 richteten sie an den »Königlich Preussischen Minister für Handel, Gewerbe und öffentliche Arbeiten« ein Gesuch um die Verleihung eines Patentes auf eine derartige Maschine für den Betrieb mit Spiritus. Dort heißt es:

> »Ein Quart Spiritus genügt, dieselbe bei einer Stärke von einer Pferdekraft drei Stunden in Thätigkeit zu halten und kann die Maschine daher zur Fortbewegung von Gefährten auf Landstraßen leicht und nützlich verwendet sowie auch der kleinen Industrie von erheblichem Nutzen werden.«

Wegen der Übereinstimmung ihrer »wesentlichen Einrichtung und Wirksamkeit mit der bekannten Lenoirschen Gasmaschine« wurde die Patenterteilung abgelehnt. Ohne seinen Bruder verfolgte Nikolaus August Otto seine Ziele jedoch weiter. Er ließ sich durch den Kölner Mechaniker M. J. ZONS 1861 ein funktionsfähiges Modell des Lenoir-Motors herstellen und lernte daran zunächst dessen Funktion kennen.

Otto stellte mit der Modellmaschine gezielt Versuche an. Er versuchte zunächst vergeblich, die Maschine kontinuierlich in Betrieb zu halten. Er bemühte sich auch, das Zylindervolumen besser zu nutzen. In der Lenoir-Maschine wurde nämlich die angesaugte Ladung erst gezündet, nachdem er Kolben schon den halben Expansionshub gemacht hatte. Otto versuchte auch, die unregelmäßige Zündung der Lenoir-Maschine zu verbessern, indem er die Füllung planmäßig änderte:

»An dem ersten mißlungenen Versuch, das Maschinchen in regelmäßigen Betrieb zu setzen hatte ich die Ursache nicht erkannt, die Abkühlung des verbrannten Gases war eine
weit größere, als ich in Rechnung gezogen hatte, und (ich) änderte die Maschine bis dahin
um, daß ich auf $^{1}/_{2}$, selbst auf $^{3}/_{4}$ des Kolbenhubes Exp. (= Explosionsgemisch, d. Verf.)
ansaugen konnte. Bei $^{1}/_{2}$ Füllung blieb das Maschinchen in Gang, bei $^{3}/_{4}$ Füllung ging sie
sogar schlechter, was ja wiederum leicht erklärlich war; ich kam dadurch auf den richtigen
Gedanken, die Zündung und Verbrennung muß zu Beginn des Kolbenhubes stattfinden
und so dieser Gedanke, war auch die Ausführung da. Ich saugte auf $^{1}/_{2}$ oder $^{3}/_{4}$ Hub
Expl.(gemisch) an, versuchte den Kolben durch umgekehrtes Drehen am Schwungrad soweit wie möglich zurückzupressen, zündete alsdann und siehe da, das Schwungrad machte
dann mit großer Kraft mehrere Umdrehungen. Das war der Ausgangspunkt für einen
Viertaktgasmotor.« (Sass, S. 21).

Die Gemischverdichtung erwies sich für den optimalen Energieumsatz in einer
Verbrennungskraftmaschine als unabdingbare Voraussetzung. Im Vergleich zu
der ohne Ladungsverdichtung arbeitenden Lenoir-Maschine war Otto dem
thermodynamischen Vorgang des Kreisprozesses nach Carnot (vgl. Abb. 157),
der mit der isothermen Verdichtung des im Zylinder eingeschlossenen Gases
beginnt, nähergekommen. Otto teilte den Kreisprozeß in Phasen ein: Verdichtung des angesaugten Gas-Luftgemisches (Kompression) und seine durch
Verbrennung bewirkte Ausdehnung (Expansion), die den Arbeitshub bewirkt.
Der Gaswechsel wurde über Einlaß- und Auslaßschieber geregelt. Diese aus
den Modellversuchen gewonnenen Erkenntnisse bewogen Otto, noch im selben Jahr bei Zons die Anfertigung eines mit Gemischverdichtung arbeitenden
Motors in Auftrag zu geben.

Er berichtete, seiner Sache so sicher gewesen zu sein, »daß ich alle Vorsicht
vergaß und anstatt eine eincylindrige Modellmaschine zu bauen, gleich eine
größere viercylindrige Maschine baute.« Von ihr ist nur eine Schemaskizze erhalten geblieben, die erst 1885 angefertigt wurde (Abb. 163). Mit der Zeichnung sollte im Reichsgerichtsprozeß nachgewiesen werden, daß das Viertaktverfahren von Otto stammt. Nach einem Protokoll von Zons zu dieser Skizze
waren die Arbeitskolben

»...so mit der Kurbelwelle verbunden, daß in je zwei nebeneinander liegenden Cylindern
diese Kolben sich nach auswärts bewegten, wenn in den beiden anderen Cylindern der
Einwärtshub erfolgte. Jeder Cylinder hatte außer dem Arbeitskolben noch einen Hülfs-
kolben, zwischen beiden war ein größerer mit Luft gefüllter Raum. Durch diese Anordnung war es möglich, sämtliche Verbrennungsprodukte aus dem Cylinder auszutreiben
und nach Ansaugen eines frischen Explosionsgemisches auch die Compression und nachherige Verbrennung und Kraftentwicklung vorzunehmen.«

Otto war bei Versuchen mit der Lenoir-Maschine aufgefallen, daß harte Zündstöße auftraten. Er baute deshalb in jeden Zylinder ein Hohlkolben mit einem
Pufferkolben zur Dämpfung ein. Diese Vorrichtung ließ die Zündstöße jedoch so heftig werden, daß der Motor zu Bruch ging. Die Zündung war nicht

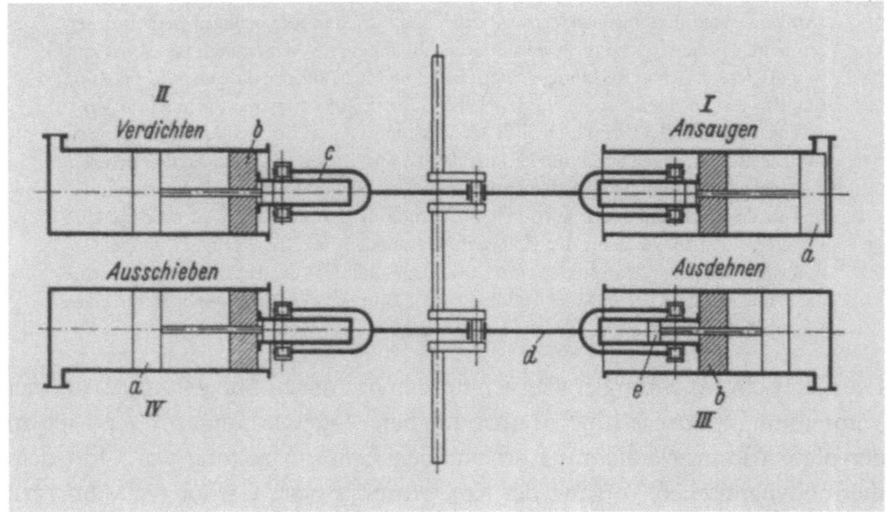

1885 angefertigte Skizze des Vierzylinder-Viertaktmotors von N. OTTO aus dem Jahre 1862. Die Takt-angaben und die Kennbuchstaben sind zum besseren Verständnis hinzugefügt (Bezeichnung nicht von Otto): *a)* Arbeitskolben, *b)* Hilfskolben, *c)* Hohlzylinder, *d)* Pleuelstange, *e)* Pufferkolben

von der Kurbelwelle gesteuert, der Zündbeginn war also nicht einer be-stimmten Stellung des Arbeitskolbens zugeordnet, sondern hing von der Dichtigkeit des Pufferkolbens im Dämpfungszylinder ab. Da der Pufferkolben nicht immer in der gleichen Kolbenstellung dicht schloß und dies außerdem von Zylinder zu Zylinder abwich, war die Streuung des Zündbeginns von Zy-linder zu Zylinder sehr groß. Deshalb konnte einzelne Zündungen sehr früh eintreten, was sehr heftige Stöße verursachte. Ottos Erfahrung mit der Vier-taktmaschine war so deprimierend, daß er damals zweifelte, ob es jemals gelän-ge, eine direktwirkende Gasmaschine zu bauen.

Er entschloß sich daher, auf die Anwendung des atmosphärischen Prinzips zurückzugreifen. Er entwarf eine Einzylindermaschine, die nach diesem Prin-zip arbeitete und meldete sie am 16. April 1863 zum preußischen Patent an. Der Mechaniker Zons stellte sie noch im selben Jahr her. Die Versuche ergaben, daß sie störanfällig war. Von dieser Maschine erhielt der Kölner Maschinen-bauingenieur EUGEN LANGEN Kenntnis und setzte sich mit Otto in Verbin-dung. Am 31. März 1864 schlossen beide Männer einen Gesellschaftsvertrag und gründeten die Firma N. A. OTTO & CIE. Im Dezember 1865 trug Langen durch die Erfindung eines Schaltwerkes mit einer Freilaufkupplung, die nun die Funktion des veralteten und störungsanfälligen Sperrklinken-Schaltwerkes übernahm, zu einer entscheidenden Verbesserung des atmosphärischen Otto-

Motors bei. Im April 1866 erhielt der Motor in Preußen Patentschutz. Die günstige Auftragslage ermöglichte es, drei Jahre später eine neue Fabrik an der Chaussee von Deutz nach Mühlheim zu bauen. Am 5. Januar 1872 wurde das Unternehmen von Otto und Langen als »GASMOTOREN-FABRIK DEUTZ AKTIEN-GESELLSCHAFT« neu gegründet.

Der atmosphärische Gasmotor dieser Firma (Abb. 164) bewährte sich, obwohl er lärmend lief; seine Leistung bis zu etwa 3 PS war für den Gewerbeeinsatz ausreichend. Der Leistungsbedarf stieg jedoch in den siebziger Jahren über

Abb. 164
1867

OTTO/LANGEN: verbesserte Ausführung des nach dem atmosphärischen Prinzip arbeitenden Otto-Motors, der für Leistungen bis 3 PS gebaut werden konnte

diese Grenze hinaus an. Otto mußte sich vom atmosphärischen Prinzip abwenden und sich ein leistungsfähigeres suchen. Er nahm daher im Jahre 1875 die Idee von der direkt wirkenden und mit Gemischverdichtung arbeitenden Gasmaschine wieder auf. Er behielt den Viertaktzyklus bei und baute einen Einzylindermotor. Die Zündanlage und die Gaswechselsteuerelemente waren hier, wie schon bei der erfolglosen Vierzylindermaschine, in ein Ende des Zylinders verlegt. Dies hatte zur Folge, daß sich alle vier Phasen des Kreisprozesses auf einer Seite des Kolbens abspielen mußten. Damit war aus dem doppeltwirkenden Lenoir-Motor der einfach-wirkende Otto-Motor geworden.

Beim Otto-Motor steht zum Ansaugen der gleichen Ladungsmenge, die der Lenoir-Motor auf der halben Hublänge ansaugt, der Gesamthub zur Verfügung. Der Zylinder der Otto-Maschine kann bei gleichgroßer Bohrung mit halber Hublänge des Lenoir-Motors ausgeführt werden (Abb. 165). Anderer-

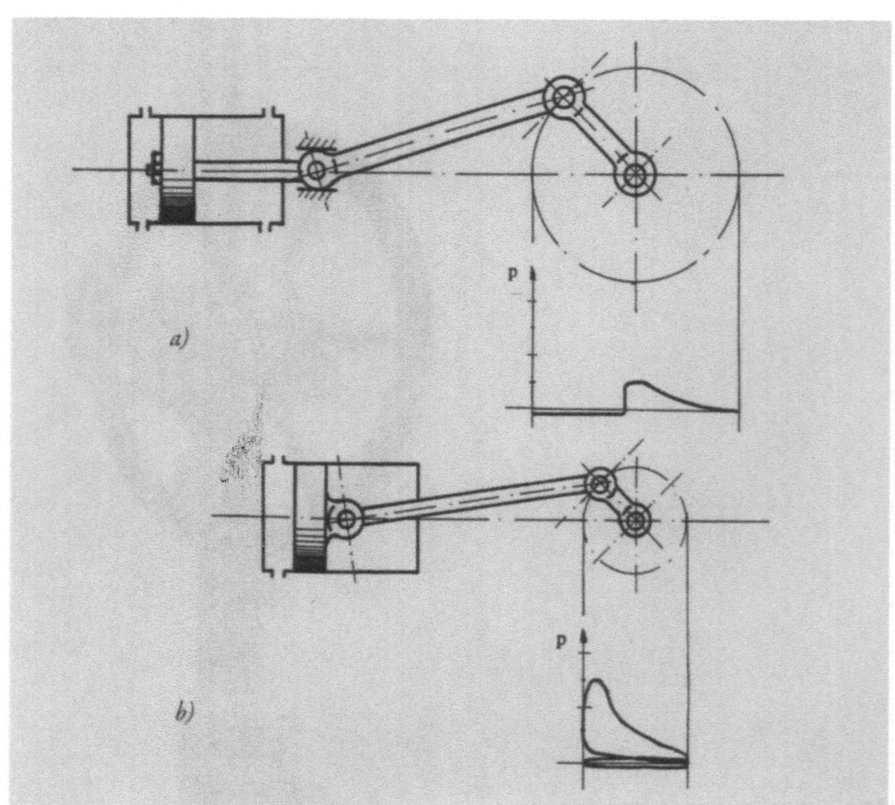

Abb. 165
1876

Arbeitsvorgänge bei den Verfahren von LENOIR *(a)* und OTTO *(b)* bei gleicher Luftladung: *a)* doppelt wirkend, keine Gemischverdichtung vor der Zündung; *b)* einfach wirkend, Gemischverdichtung vor der Zündung 2 Umdrehungen für einen Arbeitshub

seits ist im Vierphasenzyklus des Otto-Motors immer nur jeder zweite Hub ein Arbeitshub, also kann an die Kurbelwelle auch nur jede zweite Umdrehung Kraft abgegeben werden. Dagegen ist im doppeltwirkenden Lenoir-Motor jeder Hub zur Hälfte ein Krafthub, so daß dort während einer Kurbelwellenumdrehung zweimal Kraft an die Kurbelwelle abgegeben wird. Wie das Diagramm (Abb. 165) zeigt, ist jedoch der Expansionsdruck im Zylinder der Lenoir-Maschine nur unwesentlich höher als der Verdichtungsdruck im Otto-Motor. Die beim Otto-Motor bei Verdichtungsdruck einsetzende Verbrennung erreichte einen weit über dem Spitzendruck der Lenoir-Maschine liegenden Wert. Außerdem expandierte die Ladung im Otto-Motor in einem kleineren Zylindervolumen, so daß von der freigesetzten Wärmemenge weniger an die Zylinderwandung verloren ging als beim Lenoir-Motor. In Verbindung mit der mehr als doppelt so hohen Drehzahl gab der Otto-Motor etwa die dreifache Leistung eines hubraumgleichen Lenoir-Motors ab. Im Kreisprozeß des Lenoir-Motors »fehlt« der Verdichtungstakt. In der Fachliteratur entstand deshalb der falsche Eindruck, diese Maschine arbeite nach dem atmosphärischen Prinzip. So schreiben z. B. MANFRED BARTHEL und GEROLD LINGNAU in der Jubiläumsschrift »100 Jahre DAIMLER-BENZ, Die Technik« auf S. 5 im Text zu Bild 3, das den Lenoir-Motor zeigt: »Es war freilich noch eine atmosphärische Maschine, die also ohne Verdichtung und mit sehr niedriger Drehzahl arbeitete«.

Beim Lenoir-Motor wird der Kolben aber eindeutig nicht durch den atmosphärischen Druck gegen Unterdruck auf der anderen Kolbenseite bewegt. Vielmehr bewegt die expandierende, verbrannte Ladung den Kolben gegen den Umgebungsdruck. Lenoirs Motor arbeitet also nach dem direktwirkenden Prinzip, auch wenn der direkt auf den Kolben wirkende Druck der verbrannten Ladung nur wenig über dem atmosphärischen Druck liegt. Die Befürchtungen der Dampfmaschinenhersteller, daß die direkte Einwirkung des Expansionsdruckes auf den Arbeitskolben die Maschine zu sehr belaste, wurden durch die Zerstörung Ottos ersten direktwirkenden Viertaktmotors bestätigt. Durch diese Erfahrung war Otto zu der Überzeugung gelangt, daß eine nach diesem Prinzip arbeitende Verbrennungsmaschine nur dann störungsfrei zu betreiben sei, wenn es gelänge, die Heftigkeit der Zündstöße auf den Kolben erheblich zu vermindern. Eine mögliche Lösung dieser Teilaufgabe sah Otto in einer Verlangsamung des Verbrennungsablaufes. Anläßlich des 25. Jubiläums seiner Firma im Jahre 1889 schilderte Otto rückblickend, wie er zu der gesuchten Lösung gefunden hatte:

»Es war nun die Frage zu lösen, wie kann man solche Gemenge von 1:11 bis 1:13 prompt und sicher zünden? Diese Frage beschäftigte mich sehr oft und eines Tages Anfang 1876 wieder eine Lösung suchend, beobachtete ich den Rauch, der einem Fabrikschornstein entstieg.

> Zuerst denselben anschauend, wie es hundertmal früher geschah und es wohl viele Tausende vor mir thaten, brachte ich diesen Rauch mit einem Explosionsgemenge in Verbindung, und zunächst sagte ich mir: wenn das ein Explosionsgemenge wäre, wie würde dieses aufflammen, wie würde sich die Flamme in die weiteste Form fortpflanzen? Mit diesem Gedanken war mir die Erfindung gegeben. Sie basierte auf der Beobachtung, daß die Dichte des Rauches an der Schornsteinmündung am größten ist und sich im Verlauf des Fortströmens von dieser Stelle nach und nach abbaut, bis der Rauchanteil nicht mehr sichtbar ist.«

Dementsprechend müßte auch nach Ottos Vorstellung das Arbeitsgemisch seines Motors an der Zündstelle eine stärkere Gaskonzentration aufweisen als am Kolben. Damit wäre sowohl die Entflammung des Gemisches sichergestellt wie auch der Expansionsstoß gegen den Kolben verringert. Zusätzlich, so folgerte Otto, würde das im Zylinder verbleibende Restgas, das den Raum zwischen dem Zylinderdeckel und dem Kolben ausfüllte, eine den Kolben schützende Schicht bilden und den Expansionsstoß weiterhin dämpfen. Die Überzeugung, damit ein Verfahren der schichtweisen Verbrennung gefunden zu haben, befreite Otto von der Furcht vor den Folgen der Direkteinwirkung des Gasdruckes auf den Kolben. Obwohl die Gasmaschine grundsätzlich am wirtschaftlichsten arbeitet, wenn Luft und Brennstoffgas möglichst gut durchmischt sind, gab diese Überlegung Otto den Anstoß zur Verwirklichung des direkt wirkenden Motors. Im März des Jahres 1876 hatte die »neue Kurbelmaschine«, wie sie von der Fabrikleitung zunächst genannt wurde, soweit Gestalt angenommen, daß die Prüfstandsläufe beginnen konnten. Noch im selben Jahr wurde ein Fertigungsprogramm für den neuen Motortyp in vier verschiedenen Leistungsgrößen aufgestellt.

Der Versuchsmotor aus dem Jahre 1876 ist als Exponat des Werksmuseums der Firma »KLÖCKNER-HUMBOLDT-DEUTZ AG« erhalten geblieben (Abb. 166). Es handelt sich um eine liegende Einzylinder-Gasmaschine, deren Steuerwelle einen querliegenden Einlaßschieber und ein stehendes Auslaßventil betätigt. Bei einer Drehzahl von 180 Umdrehungen in der Minute erbrachte diese Versuchsmaschine 3 PS.

WILHELM MAYBACH, der seit 1872 die Konstruktionsabteilung der MOTORENFABRIK DEUTZ leitete, fiel die Aufgabe zu, aus dem Versuchsbaumuster ein Produktionsbaumuster (Abb. 167 u. Abb. 168) zu entwickeln. Maybach behielt das Gesamtkonzept bei, sah aber ein gußeisernes Maschinengestell vor, an dessen einem Ende der Zylinder freitragend angeflanscht war. Dessen anderes Ende diente zur Lagerung der Kurbelwelle mit Schwungrad; das Zahnradgetriebe und das hintere Lager der Steuerwelle waren hier ebenfalls untergebracht. Anstelle des einfachen Tauchkolbens, an dessen Boden die gegabelte Pleuelstange angegriffen hätte, verwendete Maybach einen Kolben mit einer Kreuzkopf- und Gleitbahngeführten Kolbenstange, wodurch der Motor das Aussehen einer zeitgenössischen Dampfmaschine liegender Bauform annahm.

N. Otto: erster Einzylinder-Viertakt-Gasmotor für Versuchszwecke

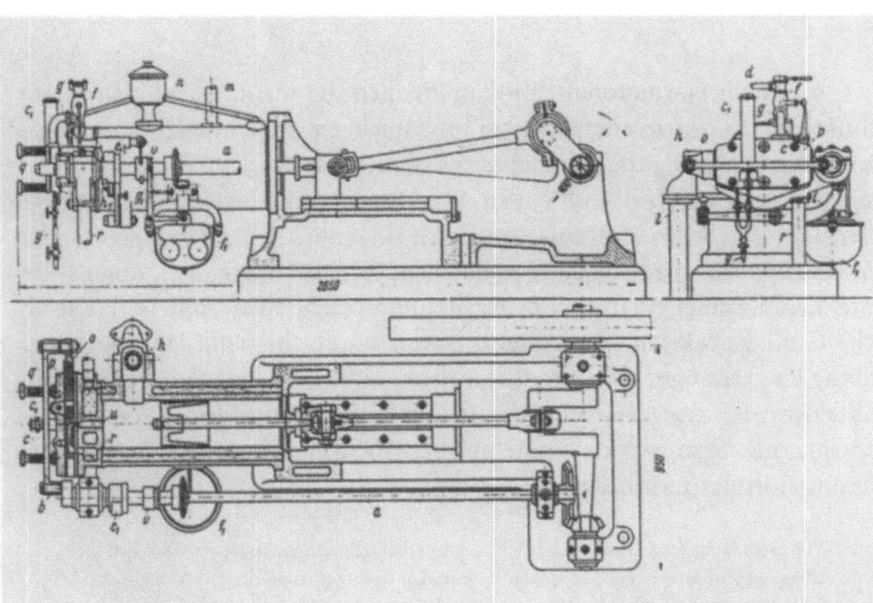

GASMOTOREN-FABRIK DEUTZ: von WILHELM MAYBACH konstruiertes Produktionsbaumuster von Ottos Viertaktmotor (Schwungrad nicht dargestellt). *a)* Steuerwelle, *b)* Kurbelzapfen zum Antrieb des Zünd-schiebers, *c)* Stange zum Antrieb des Zündschiebers, *d)* Treibgaseintritt, *f)* Gasventil, *g)* Gaszulei-tung, *h)* Auspuffventil, *i)* Betätigungshebel zum Auslaßventil, *l)* Auspuffleitung, *o)* Zündschieber, *p)* Schieberdeckel, *r)* Luftzuleitung, *u)* Eintrittskanal für Luft und Gas, *v)* Steuernocken des Gasventils, *y)* Zündgas-Zuleitung, *C)* Kamin der Zündflamme, *E)* Steuernocken des Auspuffventils, *F)* Regler

Das von WILHELM MAYBACH aus Ottos Versuchs-Motor abgeleitete Produktionsbaumuster des neuen
Viertakt-Gasmotors

Obwohl die Gasmotoren-Fabrik in Preußen lag, suchte sie um den Patentschutz für den neuen Viertaktmotor im damaligen »freien Reichsland« Elsaß-
Lothringen nach, da die Vorprüfungsverfahren für eine Patenterteilung dort
weniger streng waren als in Preußen. Das Patent wurde bereits am 5. Juni 1876
erteilt. Erst nachdem im Deutschen Reich ein einheitliches Patentgesetz erlassen worden war, wurde das auf Landesebene erteilte Patent am 4. August 1877
unter der Nummer 532 in ein Reichspatent umgeschrieben (Abb. 169). Die übliche Gültigkeitsdauer von fünfzehn Jahren wurde aber vom Jahr der Erster-
teilung an gerechnet. Das Patent war daher auf den 5. Juni 1891 befristet. Inhaltlich ist der Text der Patentschrift überwiegend von Ottos Überzeugung
geprägt, eine Gasmaschine könne nur bei einem schichtartigen Aufbau ihrer
Ladung störungsfrei arbeiten:

»Die brennbaren Gemischkörperchen sind umso dichter nebeneinander, je näher sich dieselben der Zuführungsstelle befinden. Eine in den Cylinder eingeleitete Flamme bewirkt
die Entzündung der Gemischkörperchen, welche der Einführungsstelle zunächst liegen;
diese Entzündung theilt sich den folgenden Gemischkörperchen mit und schreitet umso
langsamer vor, je weiter diese Körperchen voneinander entfernt sind, je mehr also die Verbrennung sich dem Kolben nähert. Da diese Spannung die Folge ist von einer Reihenfolge
einzelner Entzündungen der Gasgemischkörperchen, so tritt dieselbe allmählich ein; sie ist
in ihrer Wirkung nicht gleich der Wirkung einer durch Explosion eines Gasgemisches erzeugten plötzlichen Spannung und deshalb auch nicht begleitet von den bei Explosions-

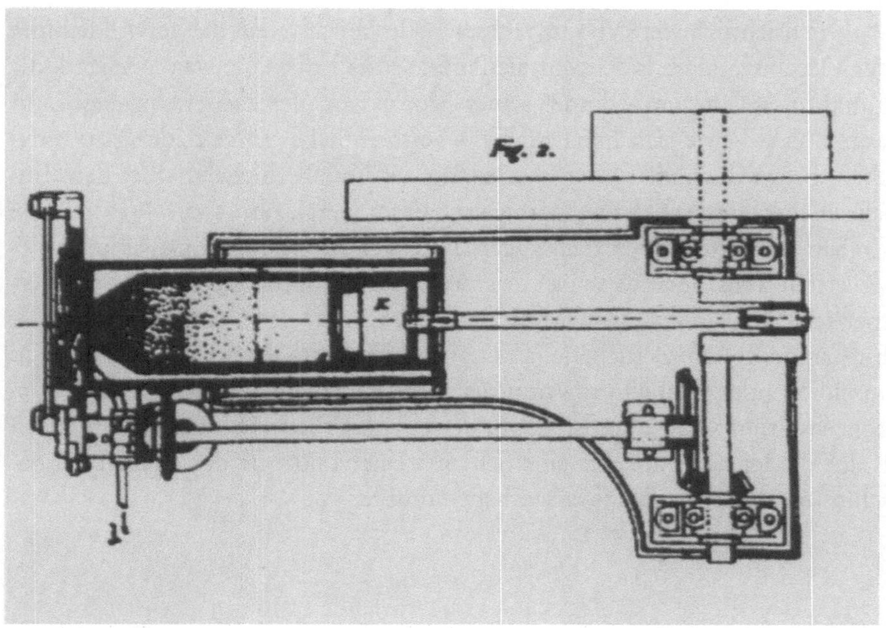

Abb. 169
1877

N. Otto: Patentzeichnung des in DRP Nr. 532 dargestellten Motors, das einen Anspruch auf Schutz des Viertaktverfahrens enthält.

maschinen unvermeidlichen Stößen und Wärmeverlusten. Dieser so erzeugte dauernde und ruhige Druck auf den Kolben treibt denselben bis zu der durch den Kurbelhub begrenzten Stelle des Cylinders.«

Drei der vier von Otto erhobenen Schutzansprüche beziehen sich auf die geschichtete Gemischbildung und auf die Gasarten. Dabei sind mit und ohne Ladungsverdichtung arbeitende Motoren berücksichtigt. Den Schutzanspruch des Viertaktverfahrens, das die bahnbrechende Neuerung in puncto Arbeitsverfahren der Wärmekraftmaschine mit innerer Verbrennung war, ist im Patenttext erst an letzter Stelle angeführt: »Die Wirkungsweise des Kolbens im Cylinder eines Gasmotors mit Kurbelbewegung (ist) so einzurichten, daß bei zwei Umdrehungen der Kurbelwelle auf einer Seite des Kolbens die nachstehenden Wirkungen erfolgen:

a) Ansaugen der Gasarten in den Cylinder;
b) Compression derselben;
c) Verbrennung und Arbeit derselben;
d) Austritt derselben aus dem Cylinder.«

Offensichtlich war sich Otto dessen nicht bewußt, daß die Verwirklichung des Viertaktverfahrens der zentrale Punkt seiner Erfindung war. Wie stark die Funktionsabläufe im Zylinder seines Motors von der Zielsetzung bestimmt waren, eine – wie sich herausstellte – vermeintliche Schichtladung zu erreichen, belegt die konstruktive Auslegung des Einlaßschiebers. Über den Einlaßschieber wurde auch die Ladung entflammt (vergl. Abb. 170). Otto ließ den Kolben zunächst reine Luft ansaugen, indem er die Gaszuleitung während dieses ersten Teils des Ausgangshubes durch ein nockengesteuertes Ventil versperrte. Dann öffnete das Gasventil allmählich, bis das Gemisch den für die Entflammung erforderlichen Gasanteil enthielt. Otto dachte sich, daß sich im anschließenden Verdichtungshub die Gemischschicht mit der größten Gaskonzentration an der Zündstelle vor dem Zylinderdeckel befinden müßte. Am Kolbenboden vermutete er eine Schicht reiner Luft, die der Kolben bei geschlossenem Gasventil angesaugt haben müßte.

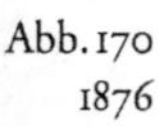

Abb. 170
1876

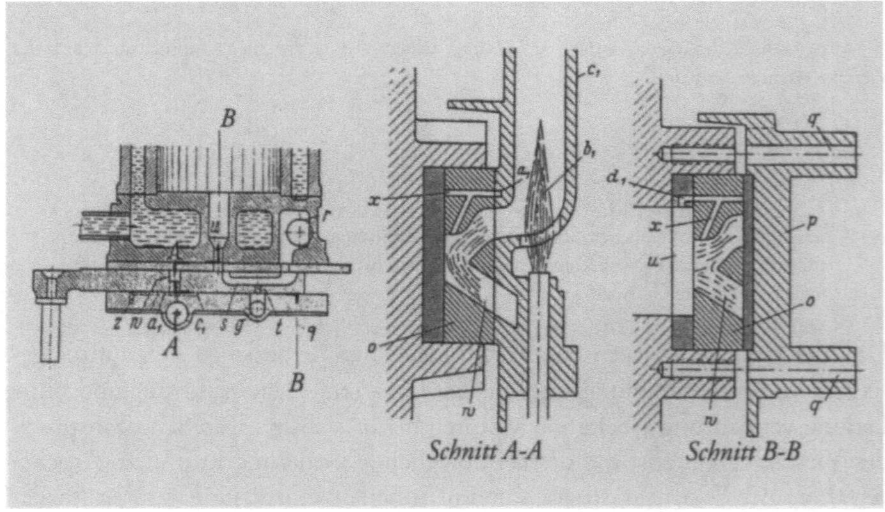

GASMOTOREN-FABRIK DEUTZ: Schnitte durch den von OTTO konstruierten Zündschieber. Die Bilder sind aus mehreren alten Darstellungen zusammengesetzt, da Ottos Werkzeichnungen nicht mehr vorhanden sind. Deshalb stimmen die Schnitte nicht genau überein. *Schnitt A-A:* Schieberstellung bei der Entzündung der »Vermittlungsflamme« in Hohlraum w an der dauernd brennenden Zündflamme b. *Schnitt B-B:* Schieberstellung bei der Entzündung der Ladung. Es ist: g) Gaszuleitung vom Gasventil, o) Zündschieber, p) Schieberdeckel, q) federnde Befestigung des Schieberdeckels p, r) Luftzuleitung, s) Schieberhohlraum, t) Bohrungen im Zündschieber für Gaszutritt, u) Eintrittskanal im Zylinderdeckel für das Arbeitsgemisch (Ladung), w) v-förmiger Hohlraum im Zündschieber o für die »Vermittlungsflamme«, x) Bohrungen im Zündschieber o für den Zündgaszutritt, z) Zündgaszufuhr, a_I) Zündkanal, b_I) dauernd brennende Zündflamme, c_I) Kamin für die Zündflamme b_I, d_I) Druckausgleichkanal

Die guten Erfahrungen mit der Gasflammenzündung beim atmosphärischen Motor bewogen Otto, sie auch bei seinem direktwirkenden Motor einzusetzen, obwohl hier ein unter Druck stehendes Gemisch entflammt werden mußte. Otto sah deshalb im Schieber einen etwa v-förmigen Hohlraum vor (in Abb. 170 mit w bezeichnet). In dessen unteren Zweig trat atmosphärische Luft ein, während aus der Hauptgasleitung über ein Bohrungssystem (x in Abb. 170) Brenngas in den oberen Zweig gelangte. Der Zündschieber o bewegte sich an der im Schieberdeckel c_I (= »Kamin«) brennenden Flamme b_I vorbei, die ebenfalls aus einem Zweigkanal der Hauptgasleitung versorgt wurde. Das im Raum w des Schiebers befindliche Gemisch entzündete sich und bildet eine »Vermittlungsflamme«. Sie gelangte während des Verdichtungshubes durch die Schieberbewegung vor die Mündung des Kanals u, der in den Arbeitszylinder führte. Im Verbrennungsraum hatte das Gemisch gerade seinen Verdichtungsenddruck erreicht. Es wurde über den Kanal u von der Vermittlungsflamme gezündet, nachdem über die Winkelbohrung d_I im Schieberspiegel der Druck im Raum w auf den Verdichtungsdruck erhöht worden war. Während des Arbeitshubes waren alle Kanäle im Zylinderdeckel geschlossen. Vor Ende des Hubes öffnete ein nockengesteuertes Auslaßventil, das während des Auspuffhubes das verbrannte Abgas ins Freie entließ. Die drehzahlabhängige Regelung des Motorbetriebes konstruierte Otto nach dem »Aussetzerprinzip«. Die Muffe eines Fliehkraftreglers wurde bei einer Erhöhung der Drehzahl über ihren eingestellten Sollwert hinaus axial verschoben und bewegte über einen Hebel den Steuernocken des Gasventils auf der Steuerwelle so zur Seite, daß er dieses nicht betätigen konnte. Dadurch sank die Drehzahl wieder auf ihren Sollwert und der Steuernocken kehrte in seine Betriebslage zurück. Dieses Regelverfahren wandte GOTTLIEB DAIMLER, der von 1872 bis 1882 der Direktion der GASMOTOREN-FABRIK DEUTZ angehörte, bei seinen ersten Motoren ebenfalls an und verband es funktionsmäßig mit seiner Kurvennutensteuerung.

Der positive Eindruck, den der »Neue Otto-Motor«, wie er nun allgemein genannt wurde, in Fachkreisen hinterließ, führte dazu, daß sich viele in- und ausländische Maschinenhersteller um eine Baulizenz bewarben. Aus Konkurrenzgründen vergab die Motoren-Fabrik Deutz keine Lizenzen an westdeutsche und nur wenige an anderswo in Deutschland ansässige Interessenten. An ausländische Hersteller wurden mehr Lizenzen erteilt. Der Otto-Viertaktmotor wurde daraufhin in Österreich, Ungarn, Holland, Belgien, Frankreich, Dänemark, England und in die Vereinigten Staaten von Nordamerika hergestellt. Die Patentanwälte der Firma Gasmotoren-Fabrik Deutz waren bemüht, den Status des alleinigen patentrechtlich geschützten Produzenten des »Neuen Otto-Motors« weltweit zu sichern und beobachteten aufmerksam, ob durch Patentanmeldungen anderer Motorenhersteller die im Patent Nr. 532 gesicherten Ansprüche gewahrt blieben. Diese Ansprüche schien 1882 ein Patent zu verletzen, das dem Münchener Motorenkonstrukteur GERHARD ADAM erteilt worden war. Nachdem das Patentamt dem Einspruch der Gasmotoren-Fabrik stattgegeben hatte, berief sich Adam in einer Beschwerdeschrift auf einen von dem in München lebenden Uhrmacher CHRISTIAN REITHMANN hergestellten Gasmotor, der nach demselben Prinzip arbeite wie der »Neue Otto-Motor« und schon am 24. 10. 1860 Patentschutz erhalten habe. Daraufhin erteilte das Patentamt Adam unter Nr. 43 549 den Schutz auf »Neuerungen an dem unter Nr. 532 patentierten Gasmotor«, wodurch Adams Patent von dem der Gasmotoren-Fabrik abhängig gemacht wurde. Nachdem Otto auch gegenüber der »HANNOVERSCHEN MASCHINENBAU-GESELLSCHAFT« geltend gemacht hatte, daß deren Zweitaktmotoren das DRP Nr. 532 verletzt habe, versuchte die Firma der Gebrüder KÖRTING, die in Hannover ebenfalls Zweitakt-Gasmotoren herstellte, einer Klage zuvorzukommen. Sie ließ in einem Beweissicherungsverfahren durch das Amtsgericht München den Uhrmacher Reithmann am 4. Juli 1883 als Zeugen vernehmen. Er beschwor, »bereits im Jahre 1852« einen Gasmotor zum Antrieb von »Arbeitsmaschinen für die Uhrenfabrikation« erfunden und hergestellt zu haben. Im Jahre 1858 habe er einen Umbau des Motors »in dreifacher Formel« vorgenommen, dem sich 1870 weitere Änderungen anschlossen. Das Arbeitsverfahren des Motors beschrieb Reithmann eindeutig als Viertaktzyklus. Gegen diese Behauptungen erhob die Gasmotoren-Fabrik am 21. Dezember 1883 Klage wegen Verletzung des Patentes Nr. 532. Während der Verhandlungen beim Münchener Landgericht 1 wurde Reithmann angewiesen, seinen Motor im Bauzustand der Jahre 1872 bis 1881 in Betrieb zu setzen. Das Landgericht gestattete dem Beklagten, zuvor verschiedene Änderungen an der Maschine vorzunehmen und Neuerungen anzubringen. Von entscheidender Bedeutung war dabei die Ausstattung des Kolbens mit Kolbenringen, mit deren Hilfe es erst möglich wurde, das angesaugte Gemisch zu verdichten. So gelang es Reithmann, seine Maschine am 21. Februar 1884 dem Gericht im Betrieb vorzuführen. Das Gutachten Professor Schröters bestätigte schließlich, daß Reithmanns Motor, »wenn in Betrieb befindlich, genau in derselben Weise Triebkraft gewinnt wie die der Klägerin patentierte Maschine«. Dieser Auffassung schloß sich das Landgericht an und wies am 13. Dezember 1884 die Klage der Gasmotoren-Fabrik ab. Sie legte daraufhin beim Oberlandesgericht München Berufung ein und erreichte am 31. November 1885 ein Urteil, Reithmanns Prioritätsanspruch »sofort zu verwerfen«.

Der mit den Brüdern ERNST und BERTHOLD KÖRTING befreundete Patentanwalt C. WIEGAND entdeckte 1884 die 53 Seiten umfassende Handschrift des französischen Eisenbahningenieurs Alphonse Beau de Rochas aus dem Jahre 1861. Sie trägt den Titel »Neue Untersuchungen der praktischen Bedingungen der Nutzbarmachung von Wärme und der allgemeinen motorischen Kraft.« In der ausführlichen Beschreibung der Verbesserungen, die an Dampffahrzeugen oder Gasmaschinen anwendbar sind, legte er seine Gedankengänge nieder. Im Anschluß an den Vorschlag, die Verdichtung bis zur Selbstzündung zu steigern, führte Beau de Rochas auf S. 30 und 31 in Übereinstimmung mit den Gedankengängen Ottos an (Abb. 171):

»Die gestellte Frage ergab offenbar als allein wahrhaft praktische Anordnung den Gebrauch nur eines einzigen Zylinders, zuerst damit derselbe so groß wie möglich sei, sodann um die Bewegungswiderstände der Gase auf ihr absolutes Minimum zu vermindern. Man wird dann naturgemäß dazu geführt, auf derselben Zylinderseite im Verlaufe von vier aufeinanderfolgenden Kolbenhüben folgende Verrichtungen vorzunehmen:

1. Ansaugen während eines ganzen Kolbenhubes,
2. Kompression während des darauf folgenden Hubes,

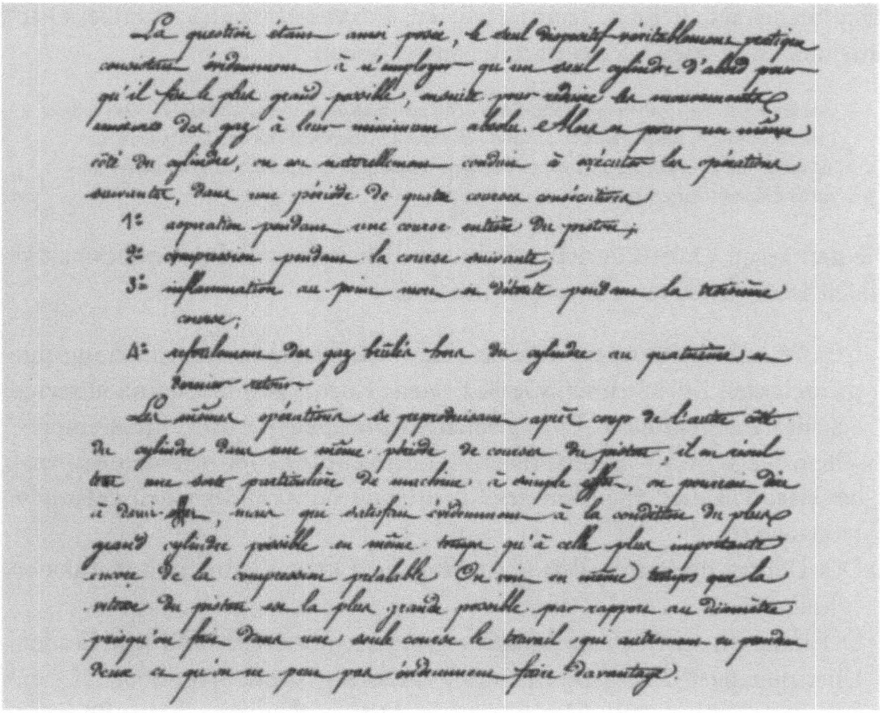
La question étant ainsi posée, le seul dispositif véritablement pratique consisterait évidemment à n'employer qu'un seul cylindre d'abord pour qu'il fût le plus grand possible, ensuite pour réduire les résistances des gaz à leur minimum absolu. Alors sur un même côté du cylindre, on est naturellement conduit à exécuter les opérations suivantes, dans une période de quatre courses consécutives:

1° aspiration pendant une course entière du piston;
2° compression pendant la course suivante;
3° inflammation au point mort et détente pendant la troisième course;
4° refoulement des gaz brûlés hors du cylindre au quatrième et dernier retour.

Les mêmes opérations se reproduisant après coup de l'autre côté du cylindre dans une même période de courses du piston, il en résulterait une sorte particulière de machine à simple effet, ou pourrait dire à demi-effet, mais qui satisfait évidemment à la condition du plus grand cylindre possible en même temps qu'à celle plus importante encore de la compression préalable. On voit en même temps que la vitesse du piston est la plus grande possible par rapport au diamètre puisqu'on fait dans une seule course le travail qui autrement se produirait dans deux ce qu'on ne peut pas évidemment faire davantage.

Abb. 171
1861

Beau de Rochas: Faksimile der das Viertaktverfahren erläuternden Stelle in der Handschrift »Nouvelles recherches sur les conditions pratiques de l'utilisation de la chaleur et en général de la force motrice. Déscription sommaire de quelques perfectionnements à introduire dans les générateurs à vapeur ou les machines à gaz.«

3. Entzündung im toten Punkt und Expansion während des dritten Hubes,
4. Herausschieben der verbrannten Gase aus dem Zylinder beim vierten und letzten Hube. Wenn die gleichen Verrichtungen nachträglich auf der anderen Seite des Zylinders in einem gleichen Verlaufe von Kolbenwegen durchgeführt werden, so entsteht eine eigenartige einfachwirkende, man könnte sagen halbwirkende Maschine, welche augenscheinlich der Bedingung des möglichst großen Zylinders und gleichzeitig der noch viel wichtigeren der vorhergehenden Kompression genügt. Man sieht zugleich, daß die Kolbengeschwindigkeit im Verhältnis zum Durchmesser die größtmögliche ist, weil man in einem einzigen Hube die Arbeit verrichtet, welche sonst zwei benötigen würde, und daß man offenbar nicht mehr erzielen kann.«

Beau de Rochas beschrieb darin eindeutig das einfach- und das doppeltwirkende Viertaktverfahren (Carnot hatte auch schon eine Verdichtung vorgeschlagen). Als ideale Wärmekraftmaschine nannte der Verfasser jedoch die zum Verbundsystem kombinierte Gas-Dampfmaschine, von der er eine große Leistung erwartete. Die Gasmaschine allein hielt er als zu schwach. Über die konstruktive Gestaltung einer solchen Verbund-Maschine machte der Erfinder keine Angaben. Er unternahm auch nie den Versuch, eine solche Maschine herzustellen. Der Landsmann Beau de Rochas', BONNEVILLE, maß der Erfindung eine so hohe Bedeutung bei, daß er unterstellte, der Praktiker Otto hätte ohne sie keinen Viertaktmotor bauen können:

»Mehrere Jahre nach diesem Patent nahm der deutsche Konstrukteur Otto (1832-1891) die Idee von Beau de Rochas wieder auf und ließ sie in Deutschland am 1.7.1877 patentieren. Sie sollte ihm Glück bringen; die französischen Konstrukteure wandten ihrerseits das Prinzip ihres Landsmannes an.«

Die drei gegen Ottos Priorität gerichteten Behauptungen Bonnevilles halten jedoch einer sachlichen Prüfung nicht stand:

1. Der Praktiker Otto verwirklichte das Viertaktverfahren nicht aufgrund theoretischer Erkenntnisse, wie sie Beau de Rochas gewonnen und in seiner Schrift dargestellt hatte. Otto gelangte unabhängig davon auf rein empirischem Wege zum Viertaktverfahren, indem er die Lenoir-Maschine so verbesserte, daß die Expansion des Arbeitsgases im Zylinder einen gesamten Hub dauerte.
2. Das Datum der ersten Patenterteilung auf Ottos Viertaktmotor war der 5. Juni 1886.
3. Die französischen Konstrukteure verwerteten ihrerseits die theoretischen Überlegungen ihres Landsmannes keineswegs, sondern griffen auf den funktionsfähigen Otto-Motor zurück. Dessen Baulizenz hatte Edouard Sarazin für Frankreich erworben. Nach Bonnvilles Bewertungsrichtlinien käme ohnedies demjenigen der höchste Rang zu, dem die Menschheit das industriell herstellbare Basismodell verdankt, demnach also Otto.

Die Gebrüder Körting verwendeten die Schrift Beau de Rochas' als willkommene Waffe gegen die Gasmotoren-Fabrik Deutz. Sie versuchten, deren Monopol aufzulösen, indem sie das Deutsche Reichspatent Nr. 532 anfochten. Zugleich wurde auch die Richtigkeit von Ottos Annahme, er habe in seinem Motor eine Schichtladung verwirklicht, in frage gestellt, besonders von dem als Experten hinzugezogenen Professor SCHÖTTLER. Mit dem Urteilsspruch des Reichsgerichtes vom 30. Januar 1886 hatten Ottos Gegner das erhoffte Ziel, nämlich die Aufhebung des DRP 532 fünfeinhalb Jahre vor seinem Erlöschen, erreicht. Allerdings hatte ohnedies Ottos Unterschätzung der Wichtigkeit des Verdichtungshubes im Arbeitsverfahren seines Motors zum Verzicht auf einen entsprechenden Schutzanspruch geführt und damit genug Spielraum zur legalen Umgehung seines Patentes geboten. Es war möglich, die nötigen Abläufe bei nur einer Kurbelwellenumdrehung zu verwirklichen. Die beim Otto-Motor erforderlichen vier Takte wurden zu zwei Takten zusammengezogen. Dabei vollzog sich das Ansaugen und das Verdichten sowie das Zünden und das Auspuffen während jeweils eines Kolbenhubes, also bei einer halben Kurbelwellenumdrehung. Der Kolben eines solchen Motors erhielt also bei jedem zweiten Takt einen Kraftimpuls und wurde Zweitaktmotor genannt. Eigentlich müßte er die Bezeichnung Zweihub-Viertaktmotor erhalten, um ihn vom Vierhub-Viertaktmotor Ottos zu unterscheiden.

Ohne damit das Ziel zu verfolgen, Ottos Viertaktpatent zu umgehen, befaßte sich JULIUS SÖHNLEIN mit der Entwicklung des Zweitaktmotors. Söhnlein kann deshalb nicht als Erfinder eines motorisch angetriebenen Fahrzeugs in die Automobilgeschichte eingehen, weil wichtige Beweise fehlen. Nach eigenen Angaben gegenüber dem Deutschen Museum München und dem Reichsverband der deutschen Automobilindustrie im Jahre 1935 war die Antriebsmaschine seines Geißbockwagens ein mit Verdichtung und elektrischer Zündung arbeitender Einzylinder-Zweitaktmotor. Wie Lenoir ging auch Söhnlein von der Dampfmaschine aus und ersetzte die Wirkung des Dampfdruckes durch den Verbrennungsdruck eines Petroleum-Luftgemisches. Das Kennzeichnende am Verbrennungsverfahren dieses Motors, als dessen Baujahr Söhnlein 1873 nannte, war die getrennte Zuführung von Luft und zerstäubt eingespritztem Petroleum. Beide Stoffe wurden unmittelbar vor Beginn des Arbeitstaktes in einer separaten Brennkammer im Zylinderkopf zu einem brennbaren Arbeitsgemisch aufbereitet. Dieses Verfahren beinhaltet die Gemischbildung und -entflammung des späteren Diesel-Vorkammermotors und der Fremdzündung des Otto-Motors. Als Kraftstoff wurde schwer entflammbares Petroleum eingesetzt, dies bedeutet eine weitere Verwandtschaft mit dem Diesel-Motor.

Nach Söhnleins Angaben wurden Schriftstücke und Zeichnungen, die seine Angaben bestätigen könnten, während der Besetzung des Rheinlandes durch französische Truppen in der Zeit zwischen 1918 und 1923 vernichtet. Sollte Söhnleins Datierung korrekt sein, so war er der Erfinder und Hersteller des ersten Zweitaktmotors. Er wurde nicht – wie spätere Erfinder – von der Absicht geleitet, das Otto-Patent auf den Viertaktmotor aus dem Jahre 1876 zu umgehen. Das gelang Söhnlein acht Jahre später durch die Kombination seines beschriebenen Prinzips der separaten Brennkammer mit dem Viertaktzyklus. Der Beleg dafür ist die Patentschrift Nr. 31 634 des Kaiserlichen Patentamtes vom 15. Juli 1884. Sie beschreibt zwei Varianten, die Söhnlein als »I. Anordnung« und »II. Anordnung« bezeichnete. Die den beiden Varianten gemeinsame Wirkungsweise ist in der Patentschrift wie folgt beschrieben:

> »Die Wirkung der Maschine beruht auf der bei der explosiven Verpuffung eines in einen mit komprimierter Luft gefüllten Raum eingeführten Petroleumstaubstrahles auftretenden plötzlichen Druckerhöhung und der darauf folgenden Nutzbarmachung der Expansion der durch die Explosion gespannten Gase. Demnach handelt es sich um eine Hochdruck-Explosionsmaschine. Dieselbe arbeitet nach folgendem Verfahren: In einen vorher mit comprimierter Luft gefüllten Verbrennungsraum werden Strahlen aus Petroleumstaub nachträglich eingepreßt und diese Staubstrahlen gegen Ende ihrer Eintrittsdauer an ihrer Spitze, als der dichtesten Stelle, entzündet. Entweder ist der Verbrennungsraum ununterbrochen mit dem Cylinder verbunden (I. Anordnung), oder durch einen Steuermechanismus zeitweise davon getrennt (II. Anordnung). Die erste Anordnung liefert voluminöse, weniger Kühlwasser und mehr Petroleum consumierende Maschinen als die zweite compendiöse Anordnung.«

Die anschließende Beschreibung der »I. Anordnung« wird ergänzt durch die Skizzen »Fig. 1«, einen Längsschnitt der Maschine in Seitenansicht, »Fig. 2«, einen Längsschnitt der Maschine in Draufsicht und » Fig. 3«, dem Querschnitt der Maschine und des Petroleumbehälters R_I in etwas größerem Maßstab, (s. Abb. 172). Danach handelt es sich um einen liegenden Einzylindermotor in einer der einfachwirkenden Dampfmaschine ähnlichen Bauform mit Kreuzkopftriebwerk. Dem Zylinder C' ist anstelle des vorderen Deckels eine trichterförmige Brennkammer B vorgesetzt, deren größter Durchmesser der der Zylinderbohrung ist. Das Ende der Brennkammer mit kleinerem Durchmesser ragt durch die Wandung des quer zur Brennkammer-Längsachse angeordneten Zylinders K der Einspritzpumpe. In einem seitlich angeordneten Gehäuse sind das Einlaßventil V_I und das Auslaßventil V_2 untergebracht (dargestellt in »Fig. 2 und 3«). Deren Betätigung erfolgt von der längs am Maschinenzylinder gelagerten Steuerwelle W über die Nocken d_I und d_2 und entsprechende Wippen. Das Ventilgehäuse steht durch einen Kanal mit der Brennkammer in Verbindung, der sowohl als Einlaß- wie auch als Auslaßkanal dient. Die »Fig. 2« zeigt die Brennkammer in einer zusätzlichen mit Düsen ausgerüsteten Anordnung. Diese beschreibt die Patentschrift:

»Man kann den Nutzeffect einer Explosion noch etwas steigern, indem man während des Ganges einen Theil der sonst verloren gegangenen Wärme zur partiellen Verdampfung des Gemisches benutzt. Zu dem (weiteren) Ende sind dem eintretenden Strahl eine Anzahl dünner, parabolisch gekrümmter Metalldüsen D entgegengestellt, welche während des Betriebes, heiß als Generatoren wirkend, die Randpartien des Strahles verdampfen, während sie durch ihre centralen, größer gehaltenen, hintereinander liegenden Öffnungen der schußartig von der Spitze aus die gesamte Staubmasse durchsetzenden Entzündung Raum lassen.«

Der Antrieb der »Steuerwelle« durch die Kurbelwelle der Maschine ist nicht dargestellt, wird aber gemäß der Beschreibung »durch Zahnräder im Verhältnis 1:2« bewirkt, so daß die »Steuerwelle W auf eine Umdrehung der Maschinenachse (= Kurbelwelle, der Verf.) deren zwei vollführt.« Dies weist darauf hin, daß es sich um einen Viertaktmotor handelt. Eine direkte Aussage

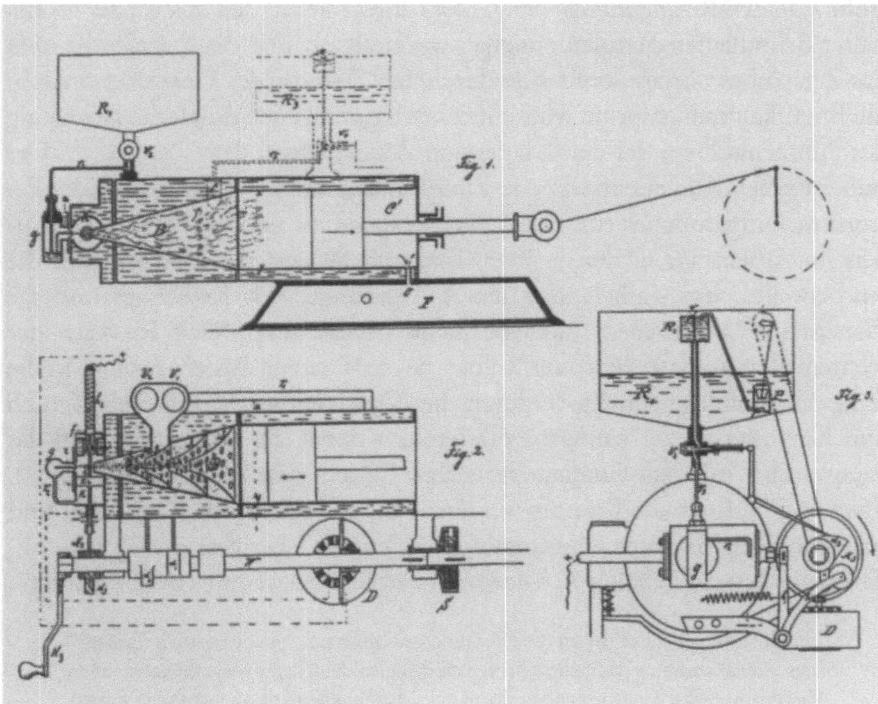

Abb. 172
1884

JULIUS SÖHNLEIN: Patentzeichnung einer »Petroleumkraftmaschine, 1. Anordnung«, DRP Nr. 31 634. d_1) Steuernocken für das Einlaßventil, d_2) Steuernocken für das Auslaßventil, f) Zündstift, g) Petroleumeinspritzbehälter, r_1) Ansaugrohr, r_2) Einspritzrohr, r_5) Wassereinspritzleitung, B) trichterförmige Brennkammer, D) Generator, F) Fundamentbehälter, aus dem angesaugt wird, K) Einspritzpumpenzylinder, O) Verbindung zwischen C' und F (Kurbelgehäuseentlüftung), X-Y) Kolbenstellung bei Beginn des Arbeitstaktes, K_2) Einspritzpumpenkolben, R_1) Petroleumtank, R_3) Wassertank, V_1) Einlaßventil, V_2) Auslaßventil, V_4) Wassereinspritzventil, W) Steuerwelle, C') Arbeitszylinder

darüber enthält die Patentschrift nicht. Von der Steuerwelle W wird auch der Generator D (s. »Fig. 2« u. »3« in Abb. 172) angetrieben, der die elektrische Energie für die Bildung des Zündfunkens liefert. Die Zeichnung »Fig. 1« der Patentschrift zeigt den Maschinenkolben im Arbeitstakt, in welchem er sich bei geschlossenen Ventilen V_1 und V_2 (»Fig. 2«) in Pfeilrichtung nach rechts bewegt. Im ersten Takt (Ansaugtakt) erfolgt die Kolbenbewegung ebenfalls zum rechten Totpunkt hin, wobei über das geöffnete Einlaßventil V_1 und das Rohr r_1 atmosphärische Luft in den Zylinder gesaugt wird. Im anschließenden Verdichtungstakt kehrt der Kolben in die linke Totpunktlage zurück und verdichtet bei geschlossenen Ventilen V_1 und V_2 die im Zylinder befindliche Luft. Hat der Kolben die Linie X-Y (»Fig. 2«) erreicht, beginnt der Arbeitstakt. Er wird eingeleitet durch den Nocken d_3 auf der Steuerwelle W (»Fig. 2 u. »3«), der über den Winkelhebel h-h_1 den Pumpenkolben K_2 in Richtung der Steuerwelle zieht. Dabei fördert er die im Zylinderraum K befindliche Luft über das Rohr r_2 in den Petroleumbehälter g. Dort drückt sie auf den Spiegel der im Behälter befindlichen Petroleummenge, wodurch ein Teil des Petroleums über das Zerstäuberrohr als Strahl quer durch den Zylinder der Einspritzpumpe in die Brennkammer gespritzt wird. Gleichzeitig trennt sich durch die Bewegung des Pumpenkolbens der daran befestigte Zündstift von dem Zündstift f. Der nun zwischen beiden entstehende Zündfunke leitet die Verbrennung des Petroleum-Luftgemisches ein, das dadurch expandiert und den Maschinenkolben im Arbeitstakt in den rechten Totpunkt bewegt. Dabei dreht sich die Kurbelwelle, vom Kolben über die Kolbenstange, den Kreuzkopf und die Pleuelstange angetrieben, um eine halbe Umdrehung. Nach Passieren der rechten Totpunktlage kehrt der Kolben bei geöffnetem Auslaßventil V_2 in die linke Totpunktlage zurück, wodurch die Abgase entweichen. Gegen Geruch und Geräusch ist der vordere Zylinderraum durch die Öffnung O und das Saugventil V_1 mit dem Fundamentbehälter F durch r_1 in Verbindung (»Fig. 1«). Etwa in C' auftretende Dämpfe werden somit zunächst nach F befördert und später von der Maschine angesaugt und verbrannt. Über den in »Fig. 1« punktiert gezeichneten Behälter R_3 informiert der Text der Patentschrift wie folgt:

> »Für die schweren, dickflüssigen (und nur für diese) Mineralöle empfielt es sich, einer stärkeren Rußabscheidung dadurch zu begegnen, daß man der Charge etwas fein zerstäubtes Wasser einverleibt. Zu dem Ende ist der in der Zeichnung punktiert angegebene Wasserbehälter R_3 angeordnet, von welchem aus während der Saugperiode (Ansaugtakt, 1. Takt) durch das entsprechend zu öffnende Ventil V_4 das Rohr r_5 die mit Drahtnetz gefüllte Düse dem Cylinderinnern Wasserstaub zugeführt und zwischen Kolben und den später eintretenden Petroleumstrahl gelagert werden kann.«

Unter der Bezeichnung »11. Anordnung« ist in der Patentschrift eine kompakter gebaute, wirtschaftlicher arbeitende Maschine erläutert. Sie ist in »Fig. 4« in der

Seitenansicht dargestellt (Abb. 173). In etwas größerem Maßstab zeigt »Fig. 5«
den Querschnitt durch die Brennkammer B, den Arbeitszylinder, den Schieberkasten S und den Petroleumbehälter R. Einen Längsschnitt durch den
Arbeitszylinder C zeigt »Fig. 6« in der Draufsicht. In nochmals etwas ver-
größertem Maßstab werden in »Fig. 7« und »Fig. 8« der Pumpenzylinder und
der Schieber im Querschnitt gezeigt. Die Beschreibung zu den Skizzen lautet:

»In der »II. Anordnung« ist die Brennkammer birnenförmig gestaltet und seitlich vom Maschinenzylinder auf den Schieberkasten aufgeflanscht. Diese Anordnung bewirkt, daß zwischen der Brennkammer und dem Zylinder keine ständige, sondern eine nur zeitweilige
Verbindung besteht, die der Steuerschieber lediglich während der Ansaug- und des Arbeitstaktes über ein Kanalsystem herbeiführt. Diese Steuerungsart verleiht dem Motor eine
noch engere Verwandtschaft mit der konventionellen Dampfmaschine als die »I. Anordnung«. Neben der exzenterbetriebenen Schieberschubstange bewegt eine zweite Exzenterstange den Kolben der Einspritzpumpe P_2 (im Originaltext »plunger« genannt). Unterhalb des Pumpenzylinders ist der Schieberkasten ständig mit einer konstant gehaltenen
Menge Petroleum gefüllt. Während des Verdichtungstaktes fluchtet der Kanal z (»Fig. 7«)
im Unterteil des Muschelschiebers mit dem Verbindungskanal c des Pumpenzylinders P_2,
wodurch dieser nun mit der atmosphärischen Außenluft in Verbindung steht. Das Petroleum im Schieberkasten wird vom Pumpenkolben angesaugt und beim Rücklauf des Pumpenkolbens über den nun fluchtenden Kanal c an den sich öffnenden Zündkontakten
vorbei durch das Zerstäuberrohr hindurch in die Brennkammer B (»Fig. 5«) eingespritzt.
Der Steuerschieber verbindet zu diesem Zeitpunkt den Halskanal der Brennkammer B
(»Fig. 6«) und den Schrägkanal, der in den Zylinder C einmündet. Das jetzt expandierende Arbeitsgemisch gelangt über die Mulde im Steuerschieber in den Brennraum. Dort
wirkt das verbrennende Gemisch mit seinem Expansionsdruck in Pfeilrichtung gegen den
Kolben, der sich in den rechten Totpunkt bewegt. Nach etwa zwei Dritteln des Kolbenwe-
ges trennt der Schieber die Verbindung zwischen der Brennkammer und dem Arbeitszylinder wieder, so daß der Kolben wie der einer Expansionsdampfmaschine das letzte
Drittel seines Weges allein durch den Druck des nunmehr im Zylinder eingeschlossenen
Wärmeträgers zurücklegt. Bei der Rückkehr des Arbeitskolbens in die linke Totpunktlage
gibt der Steuerschieber den Auslaßkanal frei (»Fig. 6«, untere Teilskizze). Gleichzeitig
fluchtet der Rücklaufkanal C_2 (»Fig. 8«) mit dem Kanal C, wodurch das überschüssig angesaugte Petroleum in den Schieberkasten zurückfließen kann.«

Den Schluß der Patentschrift bilden Söhnleins Patentansprüche, aus deren
Formulierung die wichtigsten Konstruktions- und Funktionskriterien seiner
beiden Motorvarianten hervorgehen:

»1. Eine Petroleumkraftmaschine, bei welcher in dem evtl. mit eigenartig gestalteten Re-
generativblechen D ausgestatteten, verlängerten Cylinderraum B das Petroleum staubförmig in die vom Arbeitskolben vorher verdichtete Luft mittelst der vom Kolben K im
Cylinder K verdichteten Luft durch Rohr r_2, Petroleumbehälter g und Düsen in dem
Augenblick eingeblasen wird, wo zwischen den Contacten f und e ein Funke über-
springt. An dieser Maschine... die beständige Füllung des Petroleumbehälters g durch
die Pumpe P, Behälter R_2, Heber r_4 und Ventil V_3.

2. An der Abänderung der unter 1. gekennzeichneten Construction, bei welcher die Explosion in dem durch einen Schieber vom Arbeitszylinder C getrennten Raum B, Fig. 4
und 5, stattfindet, die Pumpe P_2, welche aus Behälter R Petroleum ansaugt, durch die

Abb. 173
1884

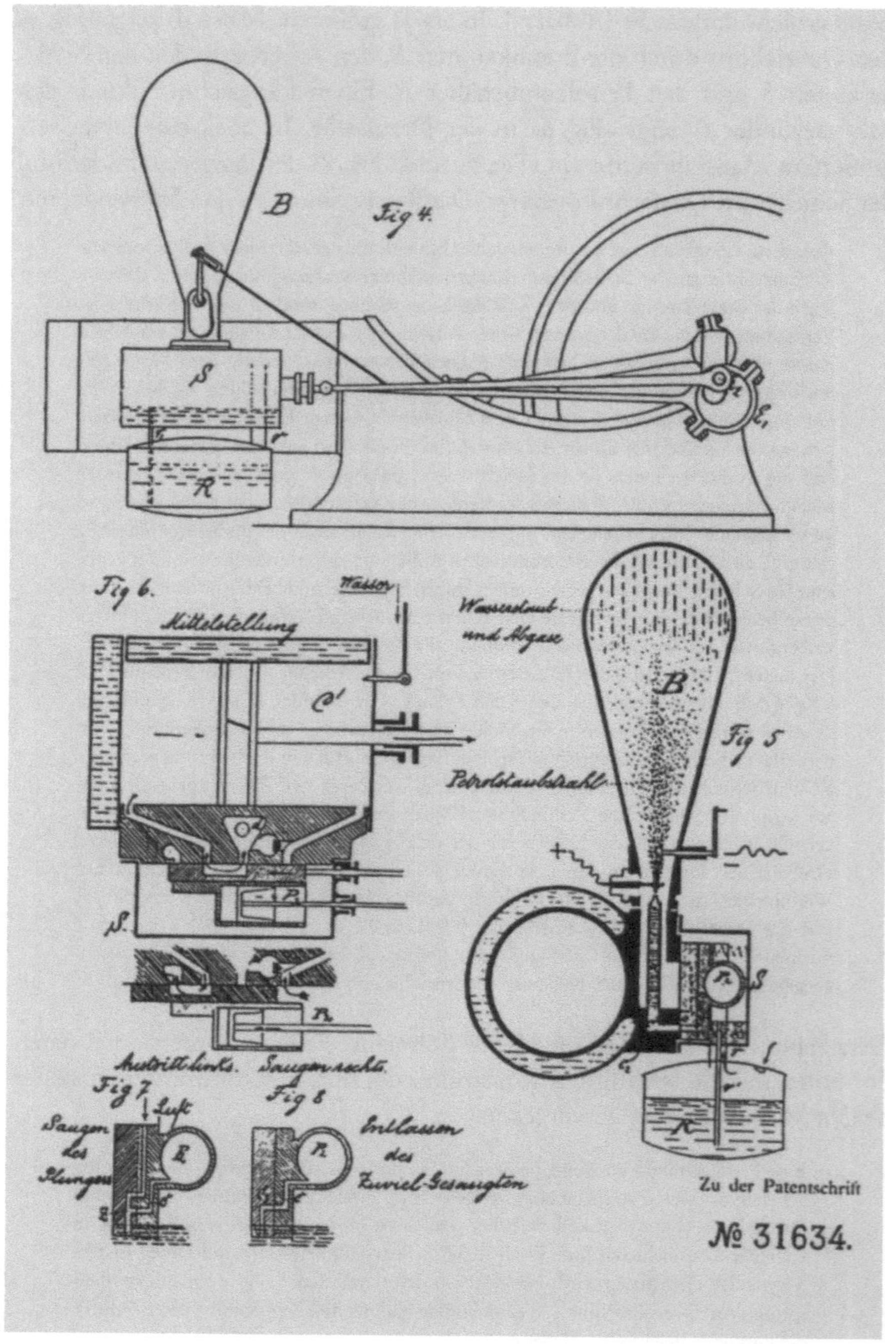

JULIUS SÖHNLEIN: Patentzeichnung einer »Petroleumkraftmaschine, II. Anordnung«, DRP Nr. 31 634.
B) Brennkammer (»Birne«), S) Schieberkasten, R) Petroleumtank, C') Arbeitszylinder, P₂) Einspritzpumpenzylinder (»Plunger«)

Düse *b* staubförmig auspreßt und das zuviel angesaugte Petroleum wieder auf dem Wege *c* nach *R* zurücklaufen läßt.«

Das Modell, das Söhnlein 1935 für das Deutsche Museum München ange-
fertigt hat, hatte eine deutlich erkennbare »Birne« (wie in der Patentschrift die
Brennkammer bezeichnet wurde). Sein zweiter Motorwagen, für den er als
Baujahr 1879 angab, lief also mit einer Maschine der »11. Anordnung«. An eine
Weiterentwicklung seiner Idee vom »selbstfahrenden Wagen« hatte Söhnlein
nicht gedacht. Das Gedankengut, das er in seinen Motoren eingebracht hat,
übernahm sein jüngerer Bruder Heinrich. Er konstruierte kleine Einzylinder-
Zweitaktmotoren für den stationären Betrieb und stellte sie auch her. Diese
Maschinenart beschrieb HUGO GÜLDNER auf S. 128 und 687 seines Buches
»Entwerfen und Berechnen der Verbrennungskraftmaschinen und Kraftgas-
Anlagen«:

> »Soweit die Patentliteratur erkennen läßt, ist im deutschen Motorenbau die Daimlersche
> Kurbelkastenspülpumpe von Julius Söhnlein zum ersten Male bei Zweitaktmaschinen an-
> gewendet worden. Nach dem Vorbilde von Day & Sons steuert er die Einlaßkanäle der
> Pumpe *a* und die Überström- und Auslaßkanäle des Verbrennungszylinders *b* (s. Abb. 174)
> durch den Arbeitskolben, so daß die Maschine ohne Ventile und besondere Steuerungs-
> teile auskommt. Während des Verdichtungshubes entsteht in der Kurbelkammer *a* ein be-
> trächtlicher Unterdruck, der erst in dem Augenblick, wo der Kolben den Kanal *c* freilegt,
> durch die alsdann schnell einstürzende Luft ausgeglichen wird. Der vorlaufende Kolben   ·

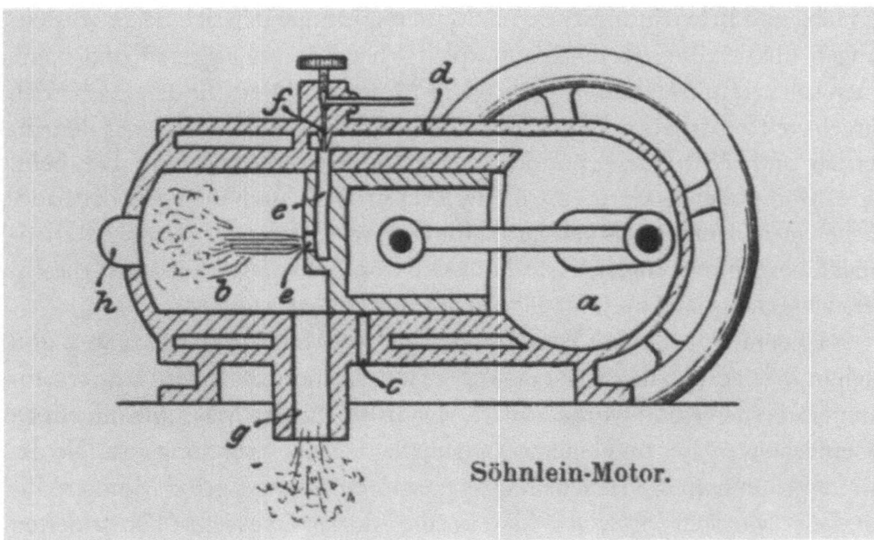

Abb. 174
1891

JULIUS SÖHNLEIN: Einzylinder-Zweitakt-Motor mit Kurbelkastenspülung (Vorverdichtung im Kurbelgehäuse), schweizerisches Patent Nr. 4395 von 1891. *a)* Kurbelkammer, *b)* Verbrennungszylinder,
c, d, e) Kanäle, *f)* Nadelventil (Benzinzufuhr), *g)* Auspuffkanal, *h)* Zündhütchen

verdichtet die Luft in dem Kurbelkasten *a* und läßt sie durch die Kanalgruppe *d* und *e*, nachdem der Auspuffkanal *g* aufgedeckt ist, in den Zylinder *b* überströmen, wobei ihr gleichzeitig aus dem Nadelventil *f* das Benzin zugeführt wird. Die Austreibung der Abgase durch die neue Ladung hört in der äußeren Kolbenlage auf; das alsdann im Zylinder *b* befindliche Gemenge aus Abgasresten und Benzinluftgemisch entzündet sich an dem offenen Zündhütchen *h*, sobald der Kolben durch die innere Grenzstellung geht.«

Eine ähnliche, stehende Bauart Söhnleins Motor wurde unter dem Namen »Solos-Motor« von einer Gesellschaft in Wiesbaden abgeboten. Genaue Betriebszahlen fehlen. Die Herstellung der universell einsetzbaren »Solos-Motoren« gab Heinrich Söhnlein angesichts der veränderten Bedarfslage während des Ersten Weltkrieges und der fortschreitenden Elektrifizierung im Jahre 1917 auf. Wegen seines einfachen Aufbaus wurde der Zweitaktmotor noch weiterentwickelt, als das Otto-Patent auf den Viertaktmotor aufgehoben worden war. Besonders für Motorräder und leichte, preisgünstige Kraftwagen bewährte sich dieser Antrieb. Er hatte bedeutenden Anteil an der Motorisierung des Straßenverkehrs.

Ottos Erfolge mit seinem atmosphärischen Gasmotor bewirkten, dieses ältere Verfahren der Energieumwandlung auch für den Fahrzeugantrieb zu nutzen. Dieses Ziel verfolgte zum Beispiel der Mecklenburger Mechaniker Siegfried Marcus. Er hatte während seiner Tätigkeit bei WERNER VON SIEMENS dessen Induktionsapparate kennengelernt und Minenzünder entwickelt, die nach dem selben Prinzip funktionierten. Außerdem beschäftigte er sich mit der Konstruktion von Oberflächenvergasern für die Aufbereitung von Benzin zu Heiz- und Beleuchtungszwecken. Marcus erkannte, daß sich beide Vorrichtungen für den Betrieb eines atmosphärischen Motors eigneten und baute einen solchen in Anlehnung an die Otto-Maschine. Diese für den Gasbetrieb ausgelegte Konstruktion mit Gasflammenzündung stellte Marcus auf Benzinbetrieb und elektrische Zündung mittels Funkeninduktors um. Die beim Otto-Motor obengelagerte Antriebswelle ersetzte er durch die unter der Ladefläche eines Handwagens gelagerte Hinterachse. Die daran befestigten Triebräder übernahmen zugleich die Funktion von Schwungrädern. Mit diesem Versuchsgerät gelang im Jahre 1870 eine Fahrt von etwa 200 m.

Nachdem 1877 Ottos Viertaktmotor auf den Markt gekommen war, und auch in Wien durch die Firma LANGEN & WOLF, einer Filiale der Deutzer Motorenfabrik, hergestellt wurde, rüstete Marcus eine solche Maschine mit einem Oberflächenvergaser und einem Zündapparat eigener Erfindung aus. Die damit vorgenommenen Versuche führten zur Entwicklung eigener Motoren. Einer dieser Motoren wurde von Marcus zum Antrieb eines selbst konstruierten Straßenfahrzeugs eingesetzt. CZISCHEK, der Lehrer an der Maschinenbauschule Wien-Favoriten war, sorgte dafür, daß das Fahrzeug 1898 auf der Wiener Collectivausstellung der österreichischen Automobilindustrie gezeigt wurde.

Marcus machte Czischek gegenüber mißverständliche Zeitangaben. Der Motor wurde so in das Jahr 1873, das Fahrzeug zwei Jahre später datiert. Dies hätte aber bedeutet, daß das Fahrzeug Marcus' das erste Automobil gewesen wäre. In der Fachliteratur ist deshalb von der »Marcuslegende« die Rede. Mit der Kraftübertragung vom Kolben auf die Kurbelwelle durch einen Balancier (Abb. 175) hatte Marcus auf ein veraltetes Prinzip zurückgegriffen. Die große Massenträgheit dieser Maschine erlaubte es nicht, sie – wie den Otto-Motor – zum Schnelläufer weiterzuentwickeln.

Der Motor des Marcus-Wagens, der sich im Besitz des Österreichischen Automobil- und Touring-Clubs befindet, wurde zum hundertsten Jubiläum vom Institut für Verbrennungs-Kraftmaschinen und Kraftfahrzeugbau der

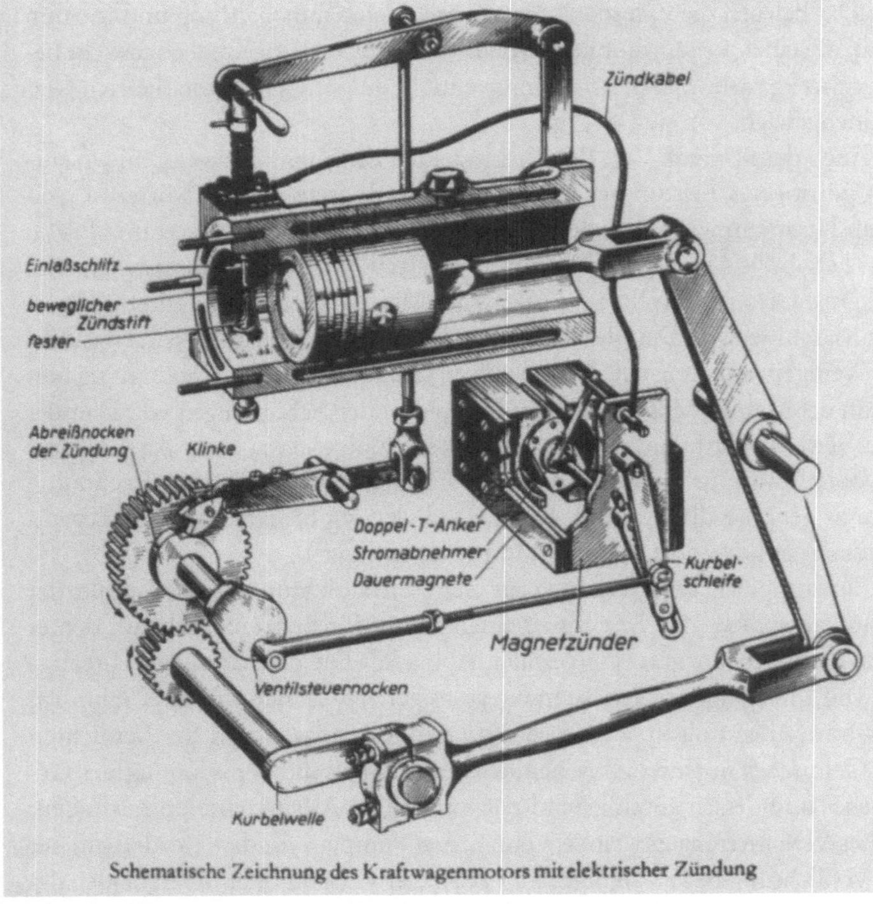

Abb. 175
1888

SIEGFRIED MARCUS: Einzylinder-Viertakt-Motor mit Magnetzündung

Technischen Universität Wien wiederhergestellt. Beachtenswert ist der Umstand, daß die vorhandenen Teile weder ergänzt noch erneuert werden mußten, um die Maschine am 30. Juli 1987 wieder in Betrieb setzen zu können. Die im Zusammenhang mit diesen Arbeiten aufgenommenen Daten geben eine Vergleichs-möglichkeit mit den Fahrzeugmotoren anderer zeitgenössischer Hersteller: Die Bohrung mißt 100 mm, der Hub 200 mm, woraus sich ein Hubraum von 1591 cm^3 ergibt. Der Motor arbeitet mit einem Verdichtungsverhältnis von 3,51 und gibt im Drehzahlbereich von 250 bis 300 U/min eine Leistung von 400-600 W bzw. 0,54-0,8 PS ab. Sein Trockengewicht beträgt 280 kg. Demnach bewegt sich sein Leistungsgewicht zwischen 466 und 700 kg/kW, entsprechend 343-515 kg/PS. Der im selben Jahr für den »Stahlradwagen« gebaute DAIMLER-MAYBACH-MOTOR war bereits zweizylindrig und gab eine Leistung von 1,65 PS bei der doppelt so hohen Drehzahl von 600 U/min ab. Er konnte erheblich kleiner gebaut werden als der Marcus-Motor. Das belegen die Zylinderabmessungen von 60 mm Bohrung und 100 mm Hub, die einen Gesamthubraum von 0,565 l ergeben. Das Trockengewicht beträgt 61,5 kg, d.h., bei diesem Motor entfällt auf eine »Pferdestärke« ein Maschinengewicht von nur 37,3 kg.

Auch der 1887 von Carl Benz hergestellte Fahrzeugmotor weist ein wesentlich günstigeres Leistungsgewicht auf als der Marcus-Motor. Mit etwa gleichem Hubraum wie dieser, der sich aus 115 mm Bohrung und 150 mm Hub zu 1,558 l ergibt, leistet er bei 500 U/min 2 PS. Dies ergibt ein Leistungsgewicht von 42 kg/PS. Diese Vergleiche zeigen, daß der Marcus-Motor keine Alternative zu den Maschinen von Daimler und Benz bilden konnte und auch keine Basis für die Weiterentwicklung der Wärmekraftmaschine mit innerer Verbrennung bot. Wenn der Marcus-Motor in diesem Kapitel vor den Schöpfungen von Daimler und Benz erwähnt wird, so trägt diese Reihenfolge der auch in der Literatur der Gegenwart gelegentlich noch anzutreffenden Behauptung Rechnung, Marcus gebühre die Priorität. Deren Widerlegung bringt Kap. 9 im Zusammenhang mit den dort erörterten Legendenbildungen.

Ein komplizierteres Verfahren zur Gemischverdichtung als Otto wählte der Amerikaner BRAYTON. Er entwarf einen Motor für Benzinbetrieb, auf den er 1872 das US-Patent Nr. 125166 erhielt (Abb. 176). Die mechanischen Vorgänge des von Otto angestrebten Viertaktzyklus zerlegte Brayton in zwei räumlich getrennte Ablauffolgen. Dabei verlegte er das Ansaugen und das Verdichten des Gemisches in einen Zwischenbehälter und ließ die Verbrennung des Gemisches und dessen anschließenden Ausschub im Arbeitszylinder stattfinden. Dieses Verfahren machte einen zusätzlichen Pumpenzylinder erforderlich, der die Verdichtung bewerkstelligte. Ein Balancier verband die Kolben beider Zylinder über ihre Pleuelstangen, so daß sich ihre Bewegungen gegensinnig ab-

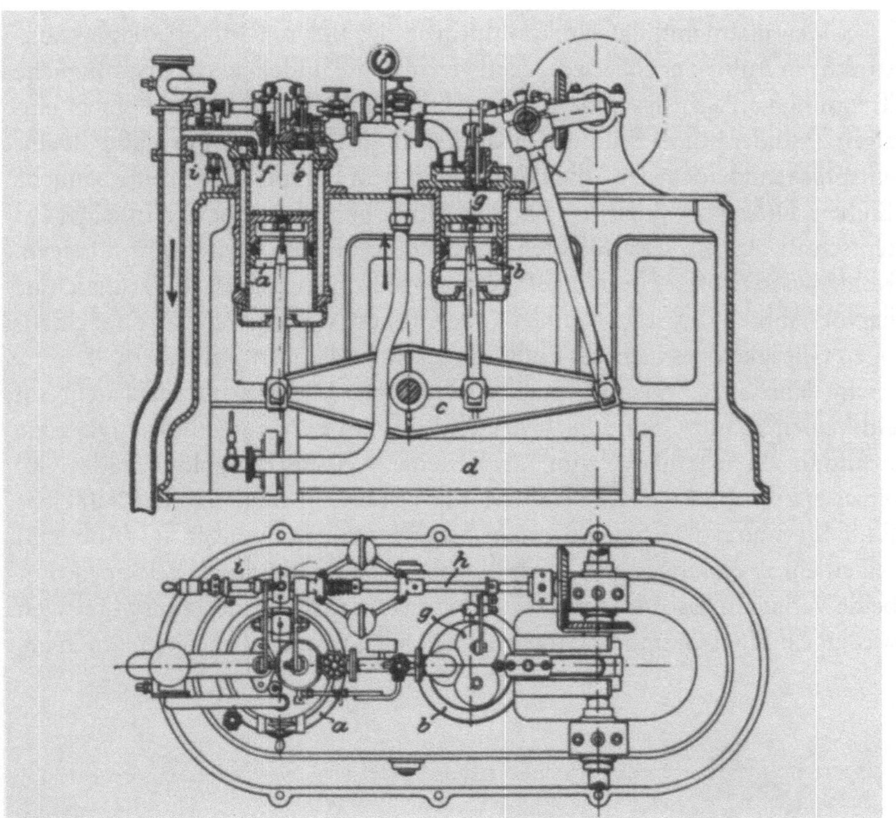

BRAYTON: Mit Verdichtung des Gemisches arbeitender Verbrennungsmotor, dessen Antriebszyklus auf einen Pumpenzylinder *(b)* für die Verdichtungsarbeit und auf einen Arbeitszylinder *(a)*, in dem die Energieumwandlung erfolgt, verteilt ist

spielen mußten. Am äußersten Ende des Balancierarmes auf der Seite des Pumpenzylinders war die Pleuelstange der Arbeitskurbelwelle angelenkt. Bei der Verbrennung des Gemisches im Arbeitszylinder und der damit ausgelösten Expansion bewegte sich der Arbeitskolben abwärts, der Pumpenkolben aber zwangsläufig aufwärts und verdichtete die Luft, die er zuvor bei seinem Abwärtshub über das selbsttätig wirkende Einlaßventil angesaugt hatte. Sie wurde dann weiter über ein Druckventil in den Zwischenbehälter gedrückt und dort bereitgestellt. Bei seinem Aufwärtshub drückte der Arbeitskolben das verbrannte Gas über das Auslaßventil *f* ins Freie. War er wieder in seine obere Totpunktlage zurückgekehrt, öffnete eine Nockenwelle das Einlaßventil *e* des Arbeitszylinders, in den nun die Luft aus dem Verdichtungsbehälter hineinströmte.

Selden übernahm das Funktionsprinzip des Brayton-Motors, dessen konstruktiven Aufbau er aber bedeutend vereinfachte, indem er die ursprüngliche Trennung von Arbeits- und Pumpenzylinder aufhob und beide in einem einzigen Zylinder mit zwei unterschiedlichen Bohrungen zusammenfaßte. Dementsprechend bildete der Arbeitskolben mit dem Pumpenkolben eine bauliche Einheit. Diesen modifizierten Brayton-Motor bezeichnete Selden in seiner Patentschrift als gemischverdichtende Maschine für den Betrieb mit flüssigem Kohlenwasserstoff; er hob ihn als verbesserte Kohlenwasserstoff-Gasmaschine hervor (Abb. 177). Die Maschine war bereits nach dem vierten Jahre der elfjährigen Gültigkeit des Patentes funktionsmäßig und konstruktiv überholt.

Im Jahre 1879 erhielt der Italiener GUISEPPE MURNIGOTTI ein Patent auf ein Velociped mit Gasmotor. Im Patenttext wird dazu ausgeführt: »Die neue Erfindung besteht darin, zum Antrieb eines Velocipeds explodierendes Gas einzusetzen, wobei die Kraft eines Motors mit brennbarem Gas die Kraft eines Radfahrers ersetzt.« Die dem Patent beigefügten Zeichnungen 1-3 (Abb. 178) zeigen ein zweirädriges, die Zeichnungen 4-6 ein dreirädriges Velociped. Für beide Varianten hatte der Erfinder als Antriebsmaschine einen zweizylindrigen wassergekühlten Gasmotor entworfen, der aus einem am Fahrzeugrahmen be-

Abb. 177
1879

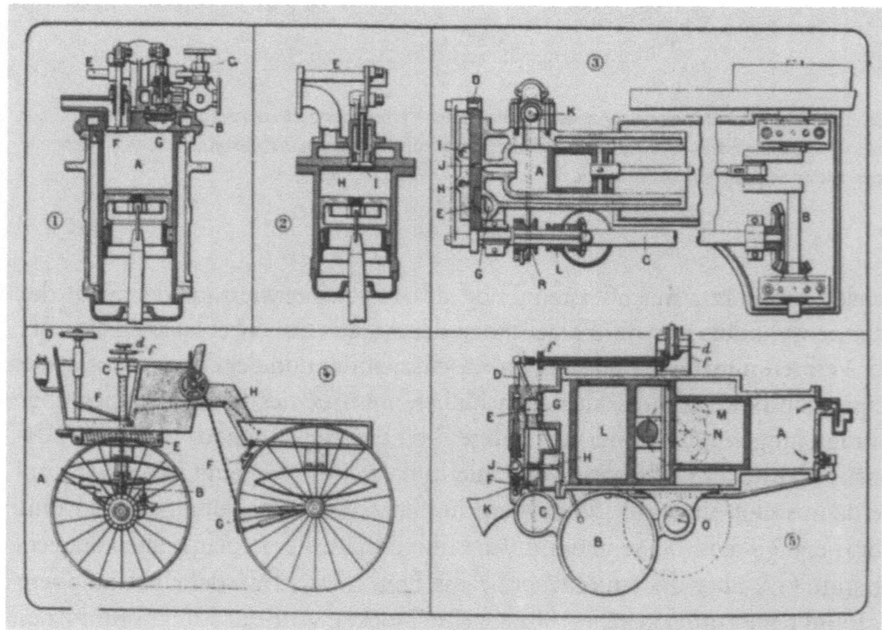

S. SELDEN: Zeichnungen des Patentes auf ein Straßenfahrzeug mit Antrieb durch einen modifizierten BRAYTON-Motor

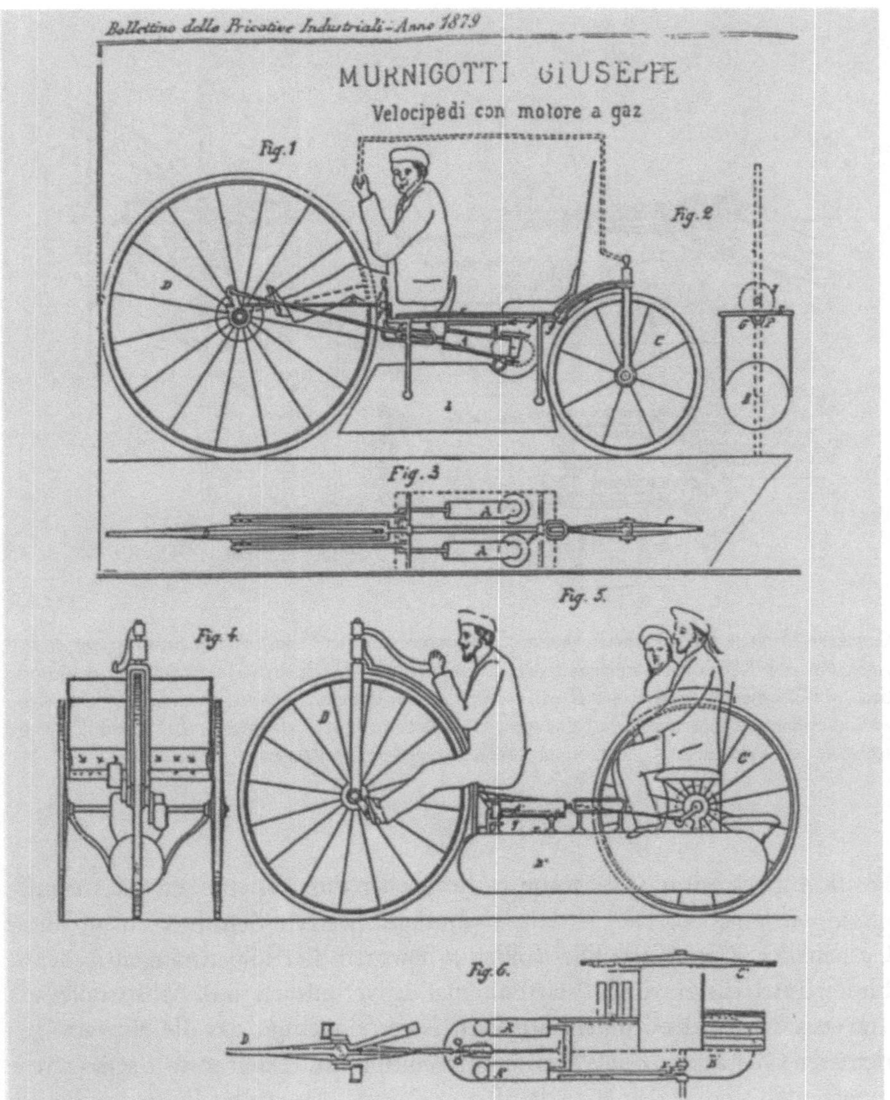

Abb. 178
1879

GUISEPPE MURNIGOTTI: Patentzeichnung eines zweirädrigen (Fig. 1-3) und eines dreirädrigen (Fig. 4-6) Velocipeds mit Gasmotorantrieb, italienisches Patent Nr. 10 672

festigten Druckbehälter versorgt werden sollte. Die ausführliche Patentbeschreibung läßt erkennen, daß der Motor nach dem Viertaktverfahren von Otto arbeiten sollte. Den Gesamtaufbau des Motors zeigen die Ansichten-Teil-Zeichnungen in Fig. 7-9 in der Abb. 179. Die Stellung der Kurbel zum Antrieb der Drehschieber wurde in Fig. 7 auf die in der Hauptansicht Fig. 9 gegebene

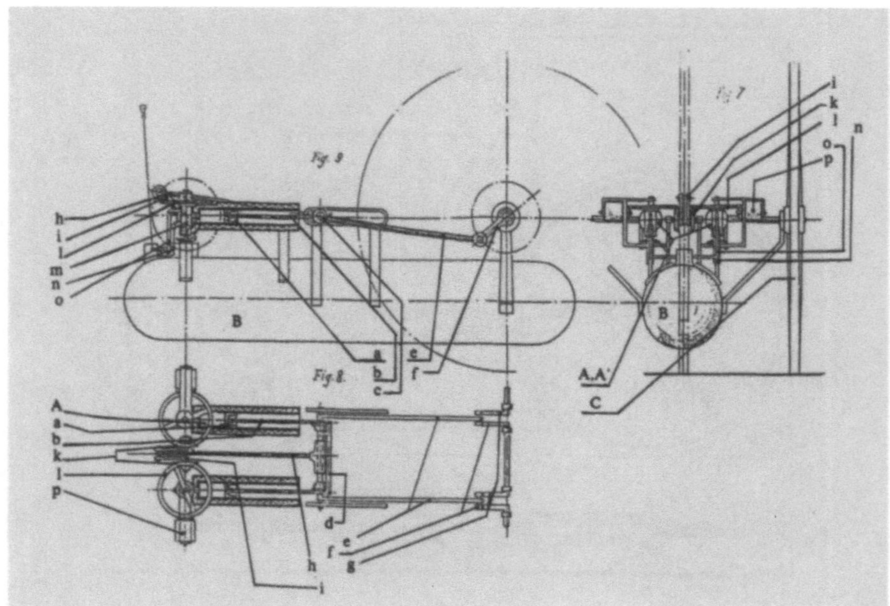

Guiseppe Murnigotti: Patentzeichnung des Gasmotors in drei Schnitten. *Zeichenerklärung zu den Abb. 178 und 179:* A, A') Arbeitszylinder, B) Gasbehälter, C) Hinterrad (Treibrad), a) Arbeitskolben, b) Kolbenstange, c) Kreuzkopf, d) Traverse, e) Pleuelstange, f, g) antriebsseitige Kurbelwangen, h) Schubstange, i) steuerseitige Kurbelwangen, k) Antriebsritzel für Drehschieber, l) Tellerrad für Drehschieber, m) Drehschieber, n) Luftleitung, o) Gasleitung, p) Zündmagnet

Position abgestimmt. Der Motor ist also in allen drei Ansichten in der Auspuffphase wiedergeben. Der extrem langhubige Zweizylindermotor ist auf dem Gasbehälter B montiert. Die Kolben a bewegen die Kolbenstangen b, deren Enden durch die Traverse d starr miteinander verbunden sind. Achsparallel zur Traverse ist in jeder Kolbenstange ein Lager eingefügt, das die einwärts gerichteten Querzapfen der Pleuelstangen e aufnimmt. Deren auswärts gerichtete Querzapfen sind in den Kreuzköpfen c gelagert. Das andere Ende der Pleuelstangen ist auf dem Verbindungszapfen der antriebsseitigen Kurbelwangen f und g der Hinterachse gelagert. Dieses Pleuel-Kurbel-System wandelt die lineare Hin- und Herbewegung der Kolben in eine (gemäß Ansicht Fig. 9 linksläufige) Rotation um. So werden die aufgekeilten Triebräder C angetrieben und das Fahrzeug vorwärts bewegt. Den für den Gaswechsel erforderlichen Antrieb der Steuerorgane besorgt die Schubstange h. Sie ist mit ihrem angetriebenen Ende auf der Querwelle gelagert, die parallel zur Traverse d von den Pleuellagern der Kolbenstangen b aufgenommen wird. Das treibende Ende der Schubstange h ist auf dem Verbindungszapfen der beiden steuerseitigen

Kurbelwangen i, deren beide Drehzapfen je ein Ritzel k tragen. Dessen Zähne greifen in die eines horizontal liegenden Tellerrades l ein. Es ist auf dem oberen Zapfen des Drehschiebers m befestigt und gegenüber dem Ritzel k mit der doppelten Anzahl von Zähnen versehen. Dadurch fällt eine Umdrehung des Drehschiebers m auf zwei Hinterachsumdrehungen, wie es beim Viertaktverfahren zur Erzielung eines Arbeitshubes erforderlich ist.

Die von Murnigotti konstruierte Baugruppe für den Gaswechsel soll im einzelnen dargestellt werden. Die detaillierten Ausführungen sprengen zwar den Rahmen der üblichen Darstellung in diesem Buch, es soll aber die großartige gedankliche Leistung Murnigottis gewürdigt werden. Die Bezeichnung »Fig.« wurde aus der Patentzeichnung Murnigottis übernommen, damit ein direkter Vergleich möglich ist, nicht jedoch die Einzelbezeichnungen, da diese bei Murnigotti unübersichtlich sind. Die Abb. 180 (Fig. 12, 15) zeigt, daß jeder der beiden Drehschieber m gasdicht gelagert in einem Gehäuse rotiert, das mit dem Zylinder A, A' eine Einheit bildet. Auf der dem Arbeitskolben zuge-

Abb. 180
1879

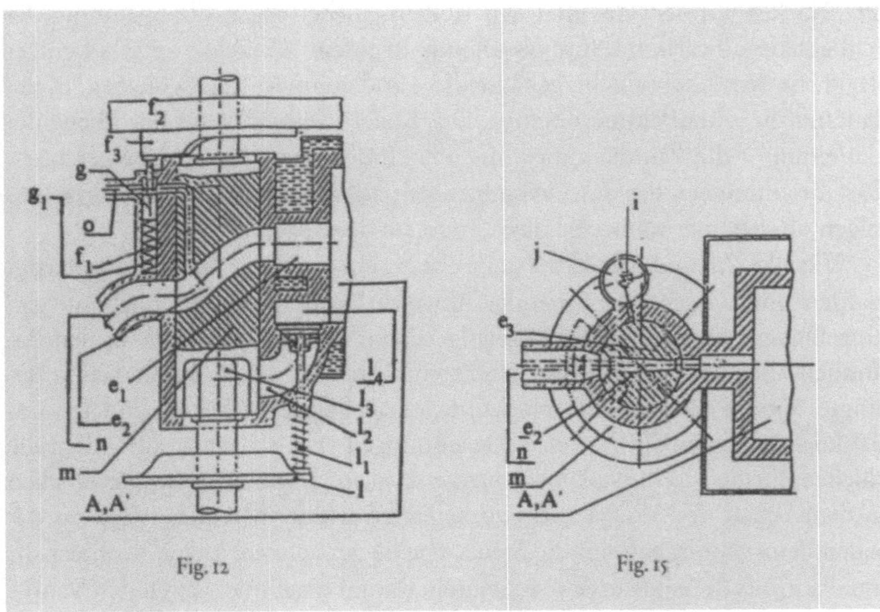

GUISEPPE MURNIGOTTI: Patentzeichnung des Gaswechsel-Drehschiebers des Gasmotors. 1. Takt: Einlaßventil g offen; Mischkanal e_2 verbindet Zylinder A, A' über Gehäusekanal e_3 mit Lufteintrittskanal n und Gaseintrittskanal f_1. Zeichenerklärung zu Fig. 12 und 15: AA') Arbeitskolben, m) Drehschieber, n) Luftleitung, o) Gasleitung, e_1) Luftleitung, links, e_2) Luftleitung, Mischkanal, e_3) Luftleitung, rechts, o) Gaskanal, f_1) Gaskanal, f_2) Steuerscheibe, f_3) Nocken, g) Einlaßventil, g_1) Kammer, i) Zündflamme, j) Zündkamin, l) Steuerscheibe, l_1) Auslaßventil, l_2) Auspuffkrümmer, l_3) Aussparung Drehschieber, l_4) Kammer

kehrten Seite ist dem Drehschiebergehäuse die Kammer l_4 angegossen, unter der das Auslaßventil l_1 stehend untergebracht ist. Sein Teller schließt oder öffnet die Übergangsbohrung zum Auspuffkrümmer l_2. Durch ihn ist der Ventilschaft nach außen hindurchgeführt. An seinem Ende befindet sich ein Federteller, unter dem während des Auspuffhubes (vierter Takt) der Nocken l der unteren Steuerscheibe des Drehschiebers hinweggleitet und dabei das Ventil l_1 in Öffnungsstellung anhebt. Eine zwischen dem Federteller und der Schaftdurchführung eingespannte Druckfeder hält das Ventil in Schließstellung bzw. führt es in diese zurück.

Auf der dem Kolben a abgewandten Gehäuseseite des Drehschiebers befindet sich die Kammer g_1 für das als Kolbenschieber gestaltete Einlaßventil g. Durch eine zwischen dem Kammerboden und der Unterseite des Kolbenschiebers eingespannte Druckfeder wird dieser aufwärts in die Gasleitung o gehoben, die er in dieser Stellung absperrt. Der Schaft des Kolbenschiebers g ist durch den Gaskanal und die obere Gehäusewandung hindurchgeführt. Über den scheibenförmigen Kopf des Schaftes gleitet während des Ansaughubes (erster Takt) der Nocken f_3 der oberen Steuerscheibe f_2 des Drehschiebers m hinweg. Der Nocken l drückt dadurch den Kolbenschieber gegen die Spannung der Schließfeder abwärts in Öffnungsstellung. In einem Winkel von etwas weniger als 90° ist dem Drehschiebergehäuse die Zündkammer j angeschlossen, in der dauernd die Zündflamme i brennt. Der Kanal j verbindet auf der Ebene der Gasleitung o die Zündkammer mit dem Innenraum des Schiebergehäuses. Das Zusammenwirken des Drehschiebers und der Ventile im Viertaktzyklus zeigen die schon erwähnten Teilzeichnungen der Abb. 180.

Wie alle Zeichnungen der Patentschrift sind sie etwas flüchtig angefertigt worden und weisen untereinander Abweichungen in der Formgebung von Einzelheiten wie auch funktionsmäßig falsche Darstellungen auf. In den Positionen »Fig. 15« bis »Fig. 18« der Patentschrift ist der funktionsmäßig bedingte Vorsatz des mittleren Horizontalkanals gegen die beiden anderen um 90° korrekt dargestellt. In den Teilzeichnungen (Fig. 12-14) ist außerdem die Nockenscheibe l in ihrem Durchmesser so klein dargestellt, daß der Nocken an dem Schaft des Auslaßventils vorbeilaufen würde. Möglicherweise ist das neben dem Ventilschaft auf die Steuerscheibe gezeichnete kleine Rechteck als eine Laufrolle in Seitenansicht zu deuten, die auf einer quer durch den Ventilschaft geführten Horizontalachse gelagert ist. Der Antrieb l des Auslaßventils wurde in den Abb. 180, 183-185 analog dem des Einlaßventils g dargestellt. Die untere Steuerscheibe erhielt deshalb einen so großen Durchmesser, daß ihr Nocken l das Ventilschaftende ansteuern kann. Zur Abstützung des unteren Endes der Ventilfeder wurde ein Federteller eingezeichnet, dessen Unterseite auf dem Nocken entlanggleitet und so den Schaftkopf des Einlaßventils g

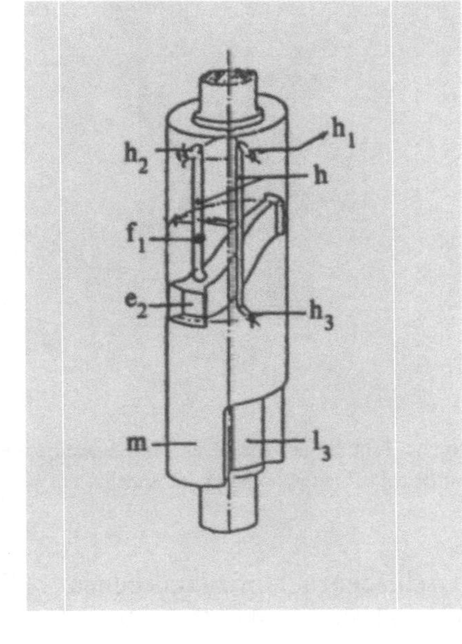

GUISEPPE MURNIGOTTI: Schematische Zeichnung des Drehschiebers: *m)* Drehschieber, *h₁)* oberer Horizontalzweig von *h*, *e₂)* Mischkanal, *h₂)* mittlerer Horizontalzweig von *h*, *f₁)* Gaskanal, *h₃)* unterer Horizontalzweig von *h*, *h)* Zündkanalsystem, *l₃)* Aussparung in Schieber

funktionsmäßig entspricht. Zweifellos wäre eine rotierende Übertragung der Hubarbeit des Nockens auf die Ventile durch Rollen an deren Schaftenden wesentlich günstiger. Einen Gesamtüberblick über den Verlauf der den Drehschieber *m* durchziehenden Kanäle vermittelt die perspektivische Schemazeichnung in Abb. 181. Es sind drei Kanäle vorgesehen, deren Mündungen sich an denen der entsprechenden Gehäusekanäle drehend vorbeibewegen.

Im Interesse einer eindeutigen Darstellung, die die Maschine so, wie sie funktioniert haben kann, wiedergibt, sind die Teilzeichnungen »Fig. 12« bis »Fig. 18« der Patentschrift überarbeitet worden. Außerdem wurden zum besseren Verständnis der Funktion des Zündkanalsystems *h* (Abb. 181) dessen Zwischenpositionen mit den Abb. 183 und 184 eingefügt. Sie sind an die Stelle der Querschnittszeichnung »Fig. 16« getreten, auf der der Zündkanal *h* eine inaktive Zwischenstellung einnimmt. Während des Ansaughubes (Ansaugtaktes) stellt der Kanal e_2 die Verbindung sowohl zwischen der atmosphärischen Luft wie auch über den mit ihm zusammengeführten Kanal f_1 bei in dieser Zyklusphase geöffnetem Einlaßventil *g* mit dem Frischgas her. Gleichzeitig steht er über dem Gehäusekanal e_3 während dieser Zyklusphase mit dem Zylinder *A, A'* in Verbindung (Abb. 180). Demnach übernimmt der Kanal e_3 zugleich die Gemischbildung und die Gemischzufuhr zum Verbrennungsraum. Dabei sorgen die unterschiedlichen Querschnitte der Kanäle e_2 und f_1 für ein korrektes Gas-Luftverhältnis. Die beiden Mündungen des Kanals e_2 liegen derart auf

Abb. 182

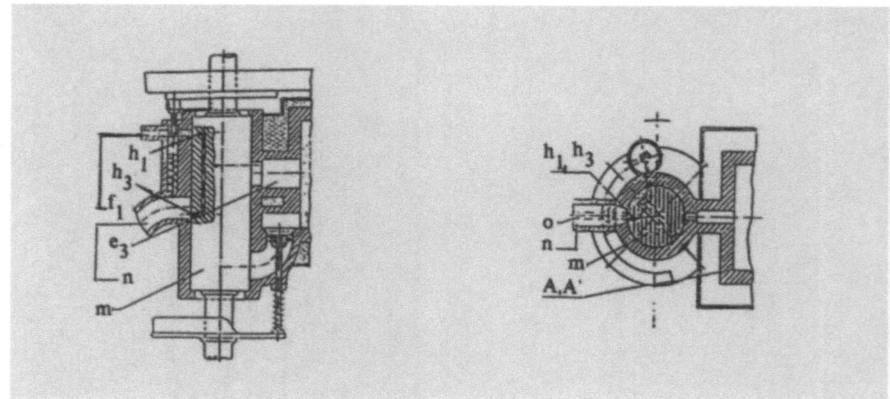

Noch 1. Takt: Einlaßventil offen; oberer Zweig h_1 des Zündkanals h vor Gaskanal f_1; unterer Zweig h_2 vor Luftkanal n, Gemischbildung im Kanalsystem h

verschiedenen Horizontalebenen, daß der Gemischstrom nur während des Ansaughubes in den Zylinder gelangen kann; in den anderen Zyklusphasen sind die Mündungen der Gehäusekanäle n und e_3 durch die geschlossene Oberfläche des Drehschiebers m verlegt. Während sich der Arbeitskolben in der Ansaugphase weiter nach rechts bewegt, gelangt die obere Mündung h_1 des Zündkanals h an der Mündung des Gaskanals f_1 vorbei (Abb. 182). Gleichzeitig passiert die untere Mündung h_3 die Mündung des Luftkanals n. Dadurch soll in dem Kanalsystem h ein zündfähiges Gemisch entstehen. Es bleibt allerdings fraglich, ob dieses bei dem Überdruck im Gaskanal gegenüber dem atmosphärischen Druck im Luftkanal in der gewünschten Weise zustande kommt.

Nachdem der Arbeitskolben den rechten Totpunkt passiert hat, befindet er sich auf dem Wege nach links und ist damit in die Verdichtungsphase (den zweiten Takt) gelangt (Abb. 183). Die beiden Ventile g und l_1 sind von den weitergewanderten Nocken freigegeben worden und in ihre Schließstellung zurückgekehrt. Währenddessen passiert die obere Mündung h_1 des Zündkanals h den Verbindungskanal zur Zündkammer j, wobei das im Kanalsystem h befindliche Gas-Luftgemisch durch die Zündflamme i in Brand gesetzt wird.

Hat der Arbeitskolben seinen linken Totpunkt erreicht, ist die mittlere Mündung h_2 des Zündkanals h vor die des Verbindungskanals e gewandert (s. Abb. 183). Durch diesen entläßt der Zündkanal die nun freigewordene Zündflamme i in den Arbeitszylinder und entzündet das darin verdichtete Gas-Luftgemisch. Durch dessen damit ausgelöste Expansion erhält der Kolben einen Kraftimpuls und bewegt sich im Arbeitstakt (dritten Takt) nach rechts. Am Ende des Krafthubes erreicht der Arbeitskolben seinen rechten Totpunkt und bewegt sich anschließend im Auspufftakt (vierten Takt) wieder nach links.

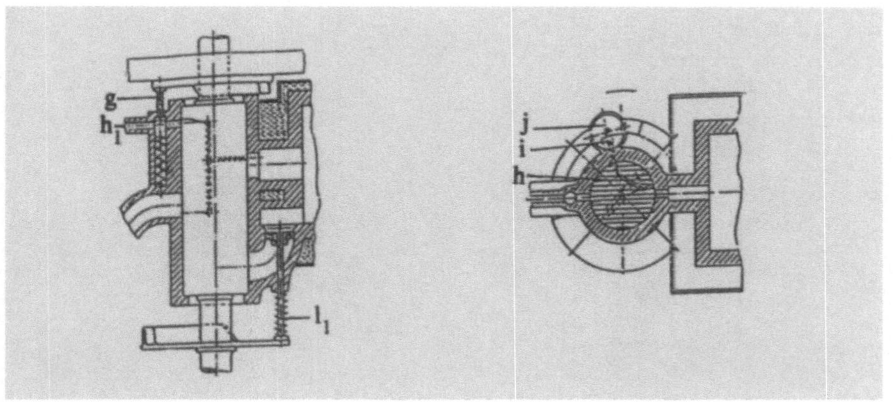

Abb. 183

2. Takt: beide Ventile g und l geschlossen; oberer Zweig h_1 des Zündkanals h vor Verbindungskanal zur Zündkammer j; Im Zündkanalsystem h befindliches Gemisch wird entflammt durch Zündflamme i

Währenddessen hat sich die Aussparung l_3 am unteren Ende des Drehschiebers vor den Krümmer l_2 bewegt (Abb. 184) und das Auslaßventil l_1 wurde von dem Nocken der Steuerscheibe l in Öffnungsstellung gehoben. Durch diese Positionskombination gelangt das verbrannte Arbeitsgemisch, das der Kolben bei seinem Linkslauf vor sich herschiebt, ins Freie.

Den Alternativvorschlag zu dieser gesteuerten Flammenzündung zeigt Abb. 179, Fig. 8. Das Tellerrad jede der beiden Schieberkörper ist rechtwinklig im Eingriff mit einem Ritzel, das mit erhöhter Drehzahl ein Maschinchen antreibt. Der erläuternde Text lautet: »Auf diese Weise kann man die Flamme durch einen elektrischen Zünder ersetzen, wie dies bei der Lenoir-Maschine

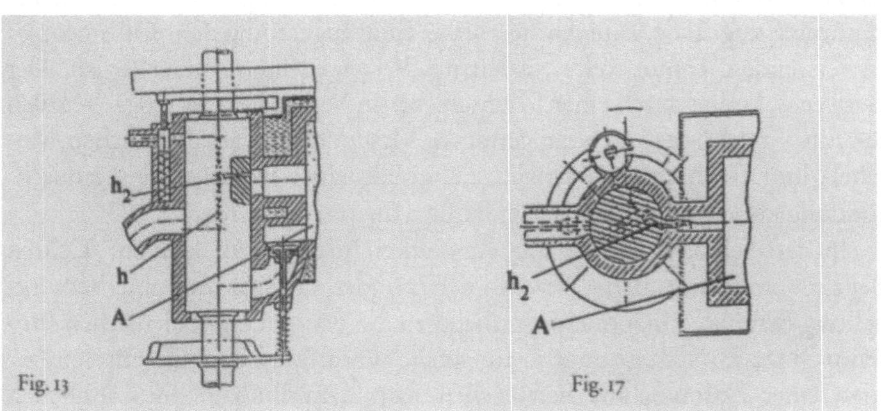

Abb. 184

3. Takt: horizontaler Zweig h_2 des Zündkanals in Zündstellung; im Zylinder A befindliches Gemisch wird entflammt

Abb. 185

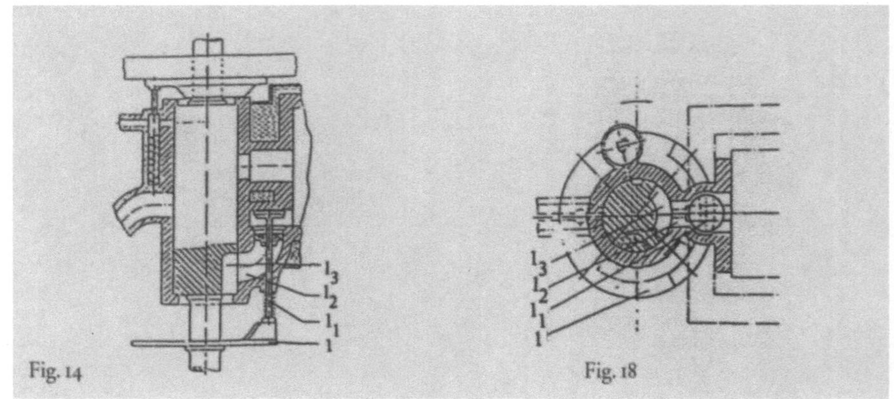

4. Takt: Auslaßventil l_1 offen, Drehschieberaussparung l_3 vor Auspuffkrümmung l_2, verbranntes Gas-Luftgemisch wird vom Kolben ins Freie gedrückt

der Fall ist.« Demnach waren mit dem Begriff »Maschinchen p« offensichtlich Zündmagnete gemeint. Ohne aufgrund einer fehlenden Beschreibung entscheiden zu können, ob die Anker dieser elektrischen Stromerzeuger mit einer Hochspannungswicklung versehen werden sollten, ist doch dieser erstmalige Vorschlag zur Anwendung der Magnetzündung als Ergebnis ingenieurmäßigen Denkens sehr hoch zu bewerten. Es vergingen immerhin 30 Jahre, bis die Entwicklung dieses Zündsystems seiner Vorzüge wegen aufgenommen und zur Einsatzreife gebracht wurde. Noch heute wird es als zuverlässigstes Zündverfahren in Otto-Flugmotoren angewandt. Obwohl Murnigottis Motorpatent als Ganzes weder verwirklicht noch weiterentwickelt wurde, ist es doch wegen seines fortschrittlichen Ideengutes von großer Bedeutung innerhalb des gedanklichen Werdeprozesses des Kraftfahrzeugs. Ihm liegen die Erkenntnisse zugrunde, zum Antrieb dieser Fahrzeuggattung den »Otto-Motor« zu verwenden. Damit sollte ein leichtes Velociped motorisiert werden. Der Gaswechsel sollte durch einen Drehschieber in Verbindung mit zwei Ventilen für Ein- und Auslaß, die eine geringere Masse als die damals üblichen Muschel- und Flachschieber vorwiesen, bewerkstelligt werden. Die Gemischzündung konnte dem elektrischen Funken übertragen werden.

In den achtziger Jahren war ein starkes Interesse am kleinen, leichten Benzinmotor vorhanden. Die Zahl der Erfinder, die sich um seine Verwirklichung bemühten, nahm entsprechend zu. So war es dem italienischen Professor BERNARDI 1882 gelungen, eine solche Wärmekraftmaschine für den Antrieb einer Nähmaschine herzustellen. Mit dem Einbau eines ähnlichen Motors in das Spieldreirad seines Sohnes berührte Bernardis Schaffen auch den automobilen Fahrzeugbau.

Etwa zur gleichen Zeit arbeitete der schon im Zusammenhang mit Ottos Viertaktmotor erwähnte Ingenieur Gottlieb Daimler ebenfalls an der Verwirklichung der Idee, als Antriebsmaschine für kleine bis mittlere Gewerbebetriebe Benzinmotoren zu produzieren. Sie sollten aber auch für den Betrieb von Straßen-, Schienen-, Wasser- und Luftfahrzeugen geeignet sein. Diese Bestrebungen auf eigene Initiative setzten ein, nachdem ihn die Firma GAS-MOTOREN-FABRIK DEUTZ wegen Streitigkeiten mit dem Vorstand gekündigt hatte. Er nahm dieses Ereignis zum Anlaß, sich selbständig zu machen. Daimler hatte in Deutz neunzehn Jahre mit Wilhelm Maybach zusammengearbeitet. Während dieser Zeit war er zu der Überzeugung gelangt, in Maybach dem seinerzeit begabtesten, kenntnisreichsten Motorenkonstrukteur begegnet zu sein. Er konnte ihn für den Abschluß eines Mitarbeitervertrages gewinnen und dazu bewegen, ihm nach Cannstatt zu folgen. Wie aus Maybachs Aufzeichnungen hervorgeht, hatte er schon in Deutz sowohl Erfahrungen mit dem Benzinbetrieb wie auch mit der Herstellung kleiner Modellmotoren gewonnen. Die Schnelläufigkeit einer solchen Maschine war jedoch mit der gesteuerten Flammenzündung nicht zu erreichen; die damit erreichbare Drehzahl war auf etwa 120 U/min begrenzt. Maybach erhielt deshalb von Daimler den Auftrag, sich mit den Patenten zu befassen, die im In- und Ausland auf die verschiedenen Zündsysteme für Gasmotoren erteilt worden waren. Unter den mehr als 400 Patenten, die er in die engere Wahl gezogen hatte, befanden sich die, in denen Glührohrzündungen geschützt wurden. Ihr Basispatent hatte am 22. März 1879 der deutsche Ingenieur LEO FUNCK unter der Nummer 5 408 erhalten (s. Abb. 186). Er schlug vor, das Kraftstoff-Luftgemisch durch ein glü-

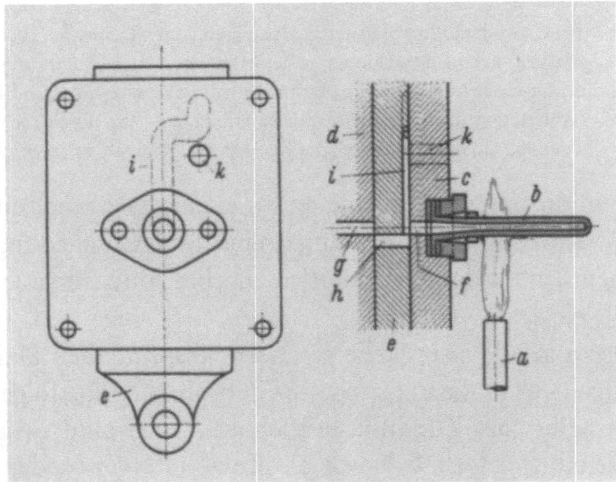

Abb. 186
1879

LEO FUNCK: Zeichnung zu dem Patent auf eine gesteuerte Glührohrzündung

hendes Rohr *b* zu entzünden, das von außen in die Zylinderwandung des Motors *c* geschraubt war und über einen Steuerschieber abwechselnd von dem Verbrennungsraum abgesperrt oder mit diesem verbunden wurde. An seinem außenliegenden Ende war das Rohr verschlossen, und wie beim Barnett-Patent war eine ständig brennende Gasflamme *a* vorgesehen, die für die rotglühende Erwärmung dieses Rohres sorgte. Der Steuerschieber gab in der Nähe des oberen Totpunktes die Mündung des Glührohres zum Zylinderinneren frei, wodurch die Ladung in dieses Rohr gelangte und sich dort entzündete.

Als Daimler noch in Deutz tätig war, ließ er sich in Aachen diese Zündungsart vorführen, lehnte sie jedoch ab. Im Jahre 1881 befaßte sich der Engländer Watson mit Verbesserungen der Funckschen Glührohrzündung, auf die er britischen Patentschutz erhielt. Dem darunter befindlichen Patent Nr. 4608 maß Maybach die größte Bedeutung zu. Darin knüpfte Watson an sein Patent Nr. 1723 vom 20. April 1881 an, in welchem er darauf hinwies, daß ein Steuerschieber zum Absperren der Zündflamme »not necessary in all cases« (nicht in allen Fällen notwendig) sei. Damit hatte Watson die Möglichkeit der ungesteuerten Glührohrzündung erkannt. Wie sehr Maybach von dieser Idee beeindruckt war, zeigt die Eintragung in seinem Notizbuch: »Die Zündung hat hier *keinen* Zündungsab*schluß*«. Diese Zündung war sehr einfach im Aufbau, da man nicht – wie bei Verwendung eines Steuerschiebers – den bei der Zündung entstehenden Gasdruck abdichten mußte. Dieser Vorteil veranlaßte Maybach, aus der Fülle der von ihm begutachteten Zündpatente, unter denen sich auch elektrische Systeme befanden, für die eigenen Versuche das Watsonsche Prinzip der ungesteuerten Glührohrzündung auszuwählen. Gottlieb Daimler schlug außerdem die durch eine hohe Verdichtung des Gas-Luft-Gemisches ausgelöste Selbstzündung vor. Darauf hatte FOULIS fünf Jahre vorher ein Patent erhalten. Im Patenttext wird das Verfahren erläutert:

> »Bei Gas- oder Ölmotoren eine Ladung brennbaren Gemisches (Luft mit Gas oder Öl etc. gemischt) in einem geschlossenen heißen Raum rasch zu komprimieren, damit es sich erst im Augenblick der höchsten Spannung von selbst entzündet und Explosion oder rasche Verbrennung durch die ganze Masse erfolgt, und die durch die Verbrennung erhöhte Spannung auf dem Rückwege des Kolbens als Triebkraft zu verwenden.«

Die in diesem Zusammenhang vorgeschlagene Schaffung eines wärmeisolierten Verbrennungsraumes durch eine Innenauskleidung ersetzte Daimler in seinem Patent durch eine außen angebrachte Schicht aus »Lehm, Schlackenwolle etc.«

Diesem an die erste Stelle gesetzten Anspruch ließ Daimler als zweiten Anspruch den auf die ungesteuerte Glührohrzündung folgen, wobei er das Glührohr selbst als Zündhut bezeichnete. Er wollte es gemäß der Patentbeschreibung jedoch lediglich als Anlaßhilfe verwenden, »damit am Anfang der Arbeit, wo die Wände des Verbrennungsraumes noch kalt sind, das Gemisch explodiert.«

In der Formulierung des Patentanspruches selbst hatte Daimler diese Einschränkung aber weggelassen. Dieses Patent ist außerdem unklar abgefaßt. Von fünf beigefügten Zeichnungen ist nur eine im Text berücksichtigt. Bei der Berechnung von Wärmeverlusten in Verbrennungsmotoren war Maybach bereits während seiner Tätigkeit in Deutz zu der Erkenntnis gelangt, daß die im Kühlwasser nachweisbare Verlustwärme nur bei einer wärmedichten Gestaltung des Verbrennungsraumes vermeidbar wäre. »Die ist aber bei einer Expansionsmaschine nicht zulässig, weil durch die glühenden Wände Selbstzündungen eintreten würden.« Der Hauptanspruch des Patentes Nr. 28022 Daimlers war aber die Selbstzündung (Abb. 187). Sie würde aber mit den damaligen Möglichkeiten einen störungsfreien Motorlauf unmöglich gemacht haben. Daß Daimler derselben Auffassung war, ergibt sich aus Maybachs Worten,

> »... denn die von Herrn Daimler zum Patent angemeldete Gasmaschine D.R.P. Nr. 28 022 wurde, da praktisch nicht verwendbar, nicht ausgeführt.« (Sass S.84)

Die Gründe dafür, warum Daimler gegen besseres Wissen einen nicht realisierbaren Patentanspruch eingereicht hatte, ergeben sich aus einer Stellungnahme Maybachs aus dem Jahre 1913:

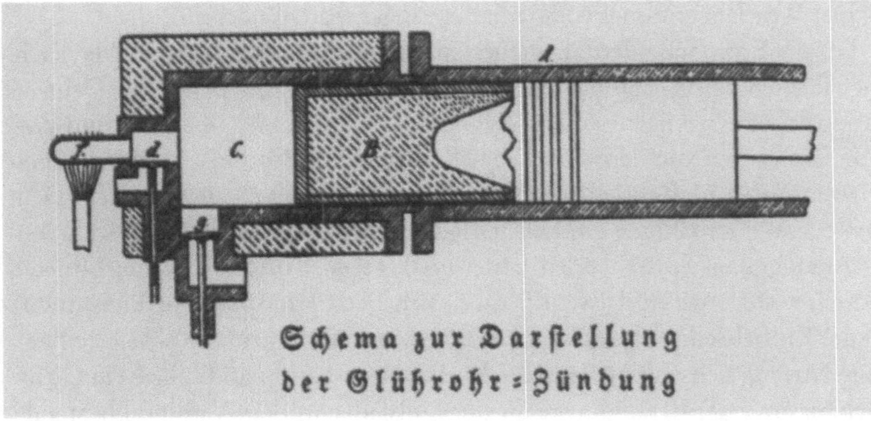

Abb. 187
1883

GOTTLIEB DAIMLER: wärmeisolierter, ungekühlter Zylinder eines Motors für Benzinbetrieb bei Selbstzündung. Als Anlaßzündung ist die Funcksche Glührohrzündung vorgesehen. Dies diente dazu, das bereits für den Dauerbetrieb geschützte Zündsystem in den Patentschutz aufnehmen zu können, indem es lediglich als Anlaufhilfe bezeichnet wurde. Zeichnung des DRPS Nr. 28 022 vom 16. 12. 1883. Es bedeuten: A) Zylinder, B) Kolben, C) Zylinderkopf (»Hut«), d) Einlaßventil, f) Glührohr (»Zündhut«), g) Auslaßventil

»Daß ein Motor nach dem Patent Nr. 28 022 nie ausgeführt werden kann, ist ja jedem Fachmann klar; nach kurzer Gangzeit wären ja die Zündungen schon zu Anfang der Compression eingetreten. Glührohrzündungen sind bekannt durch die engl. Patente von 1880 von Rider Nr. 4 419, 1881 von Foulis Nr. 180, 1881 von Watson Nr. 1 723, 1881 von Watson Nr. 2 919, 1881 von Watson Nr. 4 608, 1882 von Watson Nr. 678. Darunter sind bedeckte und offene Zündhüte beschrieben und war deshalb ein deutsches Patent mit dem stets offenen Zündhut allein nicht mehr zu erlangen und daher die merkwürdige Umschreibung im Pat. 28 022.«

Diese Ausführungen legen die Schlußfolgerung nahe, daß Daimler einen Anspruch auf die ungesteuerte Glührohrzündung als Mittel für den Dauerbetrieb einer Gasmaschine nicht mehr erheben konnte. Darum mußte er an deren Stelle ein anderes Zündsystem geltend machen und mit diesem von seinem eigentlichen Anliegen ablenken. Er stellte es deshalb als eine Nebensache dar, die lediglich als Hilfsmittel während der Anlaß- und Warmlaufphase benötigt wurde. Durch diese geschickte Vorgehensweise erhielt Daimler das Patent auf die Gasmaschine als Ganzes und erreichte damit auch den in erster Linie erstrebten Schutz der ungesteuerten Glührohrzündung. Diese Absicht spiegelt sich auch in der Beschreibung des englischen Patentes, das Daimler am 18. Dezember 1883, also zwei Tage nach der Erteilung des deutschen, einreichte. Darin verzichtete er zwar nicht auf die bloße Erwähnung des Glührohres, wohl aber auf den Anspruch von dessen Schutz. Auf diese Weise wollte Daimler einen möglichen Einspruch Watsons vermeiden. Abgesehen davon ließ er die englische Patentanmeldung schließlich fallen und reichte am 16. Januar 1884 sein Patent in Frankreich ein, wo es unter der Nummer 159 759 registriert wurde. Der Wortlaut stimmte völlig mit dem Reichspatent überein.

Für die Erprobung der ungesteuerten Glührohrzündung entwarf Maybach einen kleinen Versuchsmotor, wobei er sich an die bewährte Bauart der Deutzer Stationärmotoren mit liegendem Zylinder hielt (Abb. 188). Zylinder und Zylinderkopf waren von dem Glockengießer Kurz aus Bronze, dem ihm am besten vertrauten und gut zu bearbeitenden Werkstoff, gegossen worden. Den Gaswechsel übernahmen ein selbsttätiges Einlaßventil, das bei dem während des Ansaugtaktes entstehenden Unterdruck gegen eine Schließfeder öffnete, und ein gesteuertes Auslaßventil. Zu dessen Betätigung war eine kreisrunde, auf der Kurbelwelle aufgekeilte Scheibe vorgesehen. Eine in die Scheibe eingefräste Nut zog sich »zweimal um die Kurbelachse« herum und führte ein Gleitstück, das mit der Betätigungsstange des Auslaßventiles in Verbindung stand. Die in diese Nutenscheibe eingebauten Fliehgewichte verstellten bei Drehzahlüberschreitungen eine am Gleitstück befindliche Weichenzunge derart, daß es nicht mehr der für normale Drehzahlen vorgesehenen Nut folgen konnte, sondern in einer inneren Nut verbleiben mußte. Dadurch erreichte die Ventilschubstange den Schaft des Auslaßventils nicht mehr. Das Auslaß-

Daimler/Maybach: Versuchsmotor zur Erprobung der Glührohrzündung

ventil blieb infolgedessen geschlossen, das Einlaßventil wegen fehlenden Unterdrucks auch, der Motor war gedrosselt. Mit dieser ausschließlich drehzahlbegrenzenden Aussetzer-Regulierung lief der Motor stets nur mit Höchstdrehzahl. Bei der Entwicklung eines neuartigen Vergasers ging Maybach der Überlegung nach, wie er den Motor zwischen der Leerlauf- und der Höchstdrehzahl einregeln könne. Dabei erkannte er, daß dies mit einer regelbaren Drosselung der Gemischzufuhr zu den Zylindern erreicht werden könnte. Solange aber die Zündung des Gemisches von einer Glührohrzündung bewerkstelligt wurde, die den Drehzahländerungen nicht zu folgen vermochte, konnte die Drosselregelung ihren Zweck nicht erfüllen. Carl Benz verwirklichte 1892 diese Regelung mit seiner elektrischen Kerzenzündung.

Wie aus Maybachs Notizen hervorgeht, erreichte dieser Versuchsmotor mit der ungesteuerten Glührohrzündung die für die damaligen Verhältnisse ungewöhnlich hohe Drehzahl von 600 U/min, wobei er 0,24 PS abgab. Leider fiel diese Maschine, die das Zeitalter des schnellaufenden Otto-Motors einleitete, 1903 dem Brand des Cannstatter Werkes zum Opfer. Nur maßlich ungenaue Nachbildungen geben einen ungefähren Eindruck von ihrer ursprünglichen Form und Größe. Doktor Schnauffers Auswertungen einschlägiger Archivalien erlauben den Schluß, daß sich die Zylinderabmessungen auf eine Bohrung von 52 mm und einen Hub von 90 mm beliefen. Damit erweisen sich die Nachbildungen mit einer Bohrung von 70 mm und einem Hub von 120 mm als wesentlich zu groß. Wie erwartet, scheiterten Versuche, durch Wärmeschutz eine im Patent Nr. 28 022 beschriebene Selbstzündung zu erreichen. Daraus ergab sich die Notwendigkeit, die Glührohrzündung als alleiniges Zündsystem einzusetzen und den Zylinder zu kühlen.

Der zweite Daimler-Motor erhielt einen stehenden Zylinder (Abb. 189). Dieser Bauart entsprach der des BISHOP-Motors. Bereits im Jahre 1876 wurde ein Alternativmotor zur Serienausführung des Otto-Viertaktmotors mit stehendem Zylinder ausgeführt. In einem Fahrzeug war ein stehender Motor günstiger unterzubringen, weshalb sich Daimler und Maybach für diese Zylinderanordnung entschieden. Gegenüber dem Versuchsmotor wies der ste-

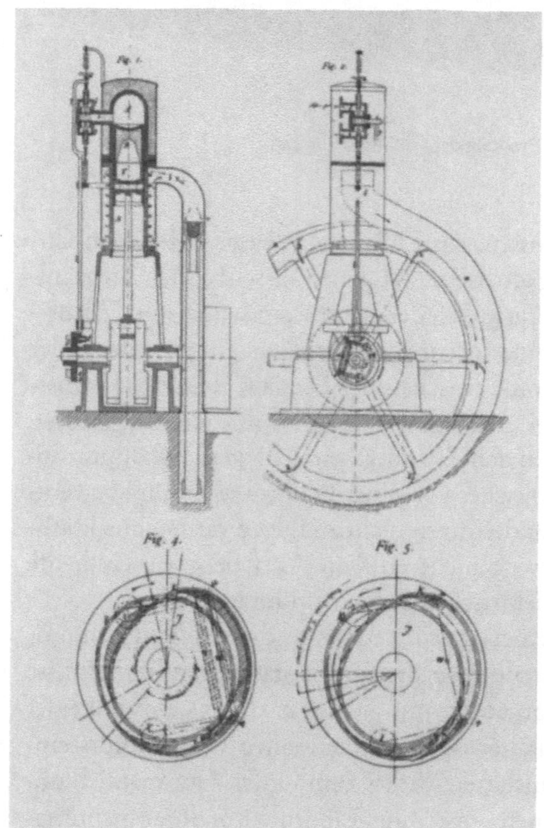

Abb. 189
1883

GOTTLIEB DAIMLER: stehender Einzylindermotor mit fliehkraftabhängiger Aussetzerregulierung, die durch eine Kurvennutenscheibe gesteuert wurde. Zeichnung zum DRP Nr. 28 243 vom 22.12.1883

hende Daimler-Motor drei bemerkenswerte Neuerungen auf, die jedoch erst
später in die Konstruktion der Serienmotoren übernommen wurden: Luftkühlung durch ein Gebläse, Steuerung auch des Einlaßventils und Einstell-
barkeit des Zündzeitpunktes. Dieser im November 1883 von Kurz gelieferte
Motor wurde Gegenstand des Reichspatentes Nr. 28 243, das Daimler am 22.
Dezember desselben Jahres einreichte.

Auch der dritte Daimler-Motor, der nach Doktor Schnauffers Ermittlungen im Winter 1884/85 entstand, hatte als vielbeachtete Neuerung ein geschlossenes Kurbelgehäuse erhalten, daß ihn zum Fahrzeugantrieb besonders
gut geeignet machte. Das diesen Motor schützende Reichspatent Nr. 34 926
wurde am 3. April 1885 eingereicht. Maybachs Konzept des schnellaufenden
Einzylindermotors mit Glührohrzündung, geschlossenem Kurbelgehäuse und
Gebläsekühlung hatte sich als so betriebssicher erwiesen, daß im Jahre 1885 die
Erprobung als Fahrzeugmotor vorgenommen werden konnte. Zu diesem
Zweck entwickelte Maybach eine besonders kleine Variante, mit der eine Leistung von 0,5 PS erreichbar war. Der Zylinderkopf war mit dem Zylinder erstmals über ein Feingewinde verbunden. Diese Schraubverbindung wurde erst
fünfzig Jahre später im Flugmotorenbau wieder eingesetzt. Für den Einbau
dieser von vornherein für den Fahrzeugantrieb ausgelegten Maschine war der
Reitwagen angefertigt worden, dessen Beschreibung in Kap. 8. und 9. erfolgt.
Die hier bis zum Einbau in ein einspuriges Zweiradfahrzeug verfolgte Entwicklung des Daimler-Maybach-Motors läßt erkennen, daß diese Fahrzeugart
richtungsweisend war. Die besonderen Merkmale dieses Motors, nämlich die
stehende Zylinderanordnung, die Luftkühlung, das geschlossene Kurbelgehäuse und die Reduzierung des Schwungrades auf eine Kurbelwange waren
durch den Einsatz in einem kleinen Zweiradfahrzeug notwendig. Obwohl sich
die in den motorisierten Reitwagen gesetzten Erwartungen nicht erfüllten,
wurde das dafür entwickelte Motorkonzept bis auf die Kühlungsart für andere
Zwecke beibehalten. Unter dem Zwang, den Zweiradmotor sowohl platz- und
gewichtssparend wie auch schmutzgeschützt auszulegen, war ein technisches
Meisterwerk entstanden, das schon in seinem Anfangsstadium ein bedeutend
höheres Entwicklungsniveau erreicht hatte als die Motorkonstruktionen sämtlicher Zeitgenossen Maybachs.

Ein neuer Zweig, dem die Motorenentwicklung fördernde Impulse verdankte, ging aus dem aufkommmenden Bedarf an Antriebsmaschinen kleiner
Boote hervor. Daimler und Maybach unternahmen im August 1886 auf dem
Neckar Fahrten mit einem Boot, das von ihrem Fahrzeugmotor angetrieben
wurde. Für diese Anwendungsart war das Kühlsystem auf die Wärmeabfuhr
durch Wasser umgestellt worden. Sie wurde auch auf die Antriebsmotoren von
Vierradfahrzeugen übertragen und für die gegebenen Betriebsbedingungen

weiterentwickelt. Die Umstellung auf diese Kühlungsart erwies sich 1887 als notwendig, nachdem Daimler ein im September 1886 von der Stuttgarter Firma WIMPFF geliefertes Americain für den Antrieb durch einen luftgekühlten 2-PS-Motor eingerichtet hatte und sich die Luftkühlung als unzureichend herausstellte.

Aus einer Skizze, die auf den 22. April 1887 datiert ist und die Maybach mit dem Titel »Veränderung des Wagenmotors« überschrieb, geht diese Umstellung von der ursprünglichen Luft- auf die Wasserkühlung hervor (siehe Abb. 190). Sie kann also erst nach den Probefahrten erfolgt sein, die laut Gartenlaube Nr. 10 aus dem Jahre 1889 am 4. März 1887 stattfanden. Der heute in dem Americain des Mercedes-Benz-Museums befindliche Motor ist zwar ebenfalls wassergekühlt, leistet aber nur 1,5 PS bei 600 U/min. Es läßt sich weder eindeutig bestimmen, wann diese Maschine eingebaut wurde, noch ob ihr der wassergekühlte 2-PS-Motor, auf den sich die Zylinderkopfskizze Maybachs bezog, vorausgegangen war.

Alle Versuche, die Wärmekraftmaschine mit innerer Verbrennung zu einem befriedigenden Antrieb von hippomobilen Fahrzeugen einzusetzen, waren bis in die achtziger Jahres des vorigen Jahrhunderts gescheitert. Diese Fahrzeuge erwiesen sich für die anfangs noch geringen Leistungen des für diesen Zweck geeigneten Otto-Motors als zu schwer. Nur DELAMARE-DEBOUTTEVILLE hatte mit seiner 1884 patentierten Antriebsmaschine mit 8 PS von vornherein eine Leistung zur Verfügung, die erst etwa 15 Jahre später in Serienfahrzeugen

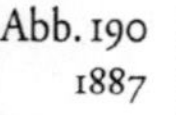

Abb. 190
1887

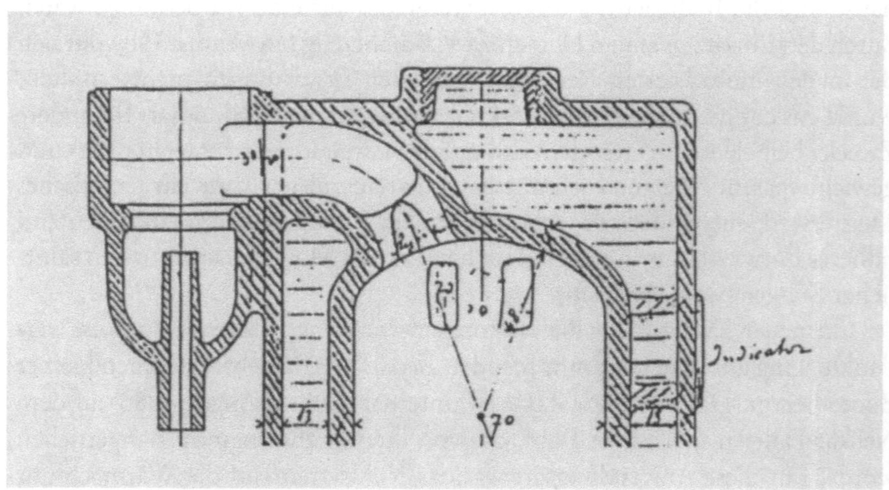

WILHELM MAYBACH: Skizze eines Zylinderkopfes zum Umbau des ersten Wagenmotors von Luft- auf Wasserkühlung

der Automobilindustrie für erforderlich gehalten wurde. Der Weg, auf dem der Franzose diese verhältnismäßig hohe Leistung erreichte, war aber ein anderer als der, den die Deutschen Daimler, Maybach und Benz eingeschlagen hatten. Die unterschiedliche Lösung ein- und derselben Aufgabe erklärt sich aus dem physikalisch gegebenen Zusammenhang zwischen der Leistungsgröße und den einzelnen Kenndaten, deren rechnerisches Produkt sie ist. Im wesentlichen sind dies die Größe des Hubraumes, die Anzahl der Kurbelwellenumdrehungen pro Minute und der Mittelwert des Gasdruckes, der während des Arbeitshubes auf die Fläche des Kolbenbodens wirkt. Er wird in der neueren Fachliteratur meistens als mittlerer effektiver Druck, in der älteren als mittlerer Nutzdruck oder mittlerer Arbeitsdruck bezeichnet. Die sich ergebende Leistung ist im voraus bestimmbar, wenn man diese drei Kenngrößen weiß. Eine gewünschte Leistung kann, wenn man den Hubraum festgelegt hat, durch einen entsprechenden mittleren effektiven Druck und eine entsprechende Kurbelwellendrehzahl erzielt werden. Delamare-Deboutteville entschied sich dafür, einen hohen Gasdruck bei einer mäßig hohen Drehzahl zu fahren, während Daimler, Maybach und Benz einer hohen Drehzahl bei mäßig hohem Gasdruck den Vorzug gaben. Der Gasdruck kann erhöht werden, indem man das Verdichtungsverhältnis erhöht. Dieses Verhältnis sagt aus, wie groß der das Volumen von Hubraum plus Brennraum im Vergleich zum Volumen des Brennraums ist. Mit der Größe des Verdichtungsverhältnisses steigt die Verdichtungstemperatur. Der Größe des Verdichtungsverhältnisses sind Grenzen gesetzt, da die Verdichtungstemperatur nicht über der Zündtemperatur des Gemisches liegen kann. Die Drehzahl dagegen ist eine konstruktiv und werkstoffseitig gut beeinflußbare Motorkenngröße, deren Obergrenze sich entsprechend dem jeweiligen Stand der Technik aufwärts bewegt hat. Über eine höhere Drehzahl läßt sich eine möglichst hohe Leistung bei möglichst kleinen Zylinderabmessungen erreichen. Delamare-Deboutteville steigerte die Kurbelwellendrehzahl seiner Maschine gegenüber der, die von den stationären Gasmotoren der damaligen Zeit erreicht wurde, nur um das etwa 1,66fache. Sie arbeitete aber mit einem Verdichtungsverhältnis, das erst etwa 15 Jahre später bei Hochleistungsmotoren für erforderlich gehalten wurde. Der Motor des Franzosen war aus zwei Einzylindermaschinen zusammengesetzt. Beide Maschinen hatten nur die Kurbelwelle und das Schwungrad gemeinsam.

1984, als das französisches Automobil hundert Jahre alt wurde, wurde das Fahrzeug von Delamare-Deboutteville anhand der Patentzeichnung funktionsfähig nachgebaut. Dabei konnten erstmals Kenndaten ermittelt werden, die für die Beurteilung des Motors aber von großer Wichtigkeit sind. Merkwürdigerweise geben die beiden wichtigsten Quellen unterschiedliche Maße für den Hub an. Die Festschrift, die auf einer Pressekonferenz veröffentlicht wurde, gibt ihn mit 250 mm an, die Zeitschrift »Revue Technique Automobil« Nr. 445 (Juni 1984) mit 230 mm. Die Bohrung geben beide Quellen mit 150 mm an. Legt man das Maß der Bohrung als gesichert zugrunde, ergibt sich aus der Patentzeichnung ein Hub von 250 mm. Damit lassen sich Hub- und Verdichtungsvolumen bestimmen, woraus das überraschend hohe Verdichtungsverhältnis von 5:1 ermittelt werden kann. Die »Revue Technique Automobil«, die den Hub mit nur 230 mm angibt, kommt dementsprechend zu einem Verdichtungsverhältnis von 3,5:1. In Klammern heißt es dort aber: »Peutètre porte à 5 à 1« (möglicherweise auf 5:1 erhöht). Es kann hier nicht entschieden werden, welche Größenangabe die richtige ist. Der Motor von Daimler/Maybach hatte ein Verdichtungsverhältnis von 2,7:1, der von Benz eines von 2,5:1. Dies läßt erkennen, welche Bedeutung Delamare-Deboutteville dem Gasdruck beimaß. Bei der Verbrennung von Magergasen, wie sie z. B beim Hochofenbetrieb anfallen, ist eine hohe Verdichtung notwendig, um einen guten Wirkungsgrad zu erzielen. Delamare-Deboutteville entwickelte aus seinem Fahrzeugmotor, nachdem der Probelauf fehlgeschlagen war, den berühmt gewordenen stationären Simplex-Motor zu diesem Zweck. Schon 1889 gab er eine Leistung von 100 PS ab, die 1904 bis auf 1000 PS gesteigert werden konnte. Die Motoren von Delamare-Deboutteville waren einzylindrig. Auch seine meist als zweizylindrig bezeichnete Antriebsmaschine des Break war eine Zwillingsmaschine. Sie bestand also aus zwei zusammengekoppelten Einzylindermotoren. Die Leistung der Zwillingsmaschine ist deshalb als die Summe der Einzelleistungen von zwei Einzylindermaschinen zu bewerten. Delamare-Deboutteviles Maschine lief relativ langsam. Sie nahm die Unterseite der gesamten Ladefläche und einen Teil des Nutzraums des Break in Anspruch. Für den Antrieb von Kraftfahrzeugen war sie deshalb nicht geeignet. Das Verdichtungsverhältnis konnte erst gegen 1910 zur Leistungssteigerung herangezogen werden, als die Kraftstoffe eine höhere Klopffestigkeit aufwiesen und die Brennräume entsprechend gestaltet werden konnten.

In den achtziger Jahren des 18. Jahrhunderts war es nur möglich, gewichts- und raumgünstige Motoren zu bauen, wenn man die Drehzahl steigerte. Kraftwagenmotoren wurden deshalb als »Schnelläufer« bezeichnet. Die Leistungen, die für den Antrieb von Kraftwagen notwendig waren, konnten mit Einzylindermotoren bald nicht mehr erreicht werden. Samuel Brown hatte die Leistung seiner atmosphärischen Maschine verdoppelt, indem er sie mit zwei Zylindern baute. Auch Delamare-Deboutteville erreichte das gleiche Ziel mit seinem Zwillingsmotor für den Antrieb eines Break. Auch Maybach strebte eine höhere Leistung bei seinem Motor mit zwei Zylindern an (Abb. 191). Die bewährte Ventilsteuerung mittels einer Kurvenscheibe konnte Maybach nur

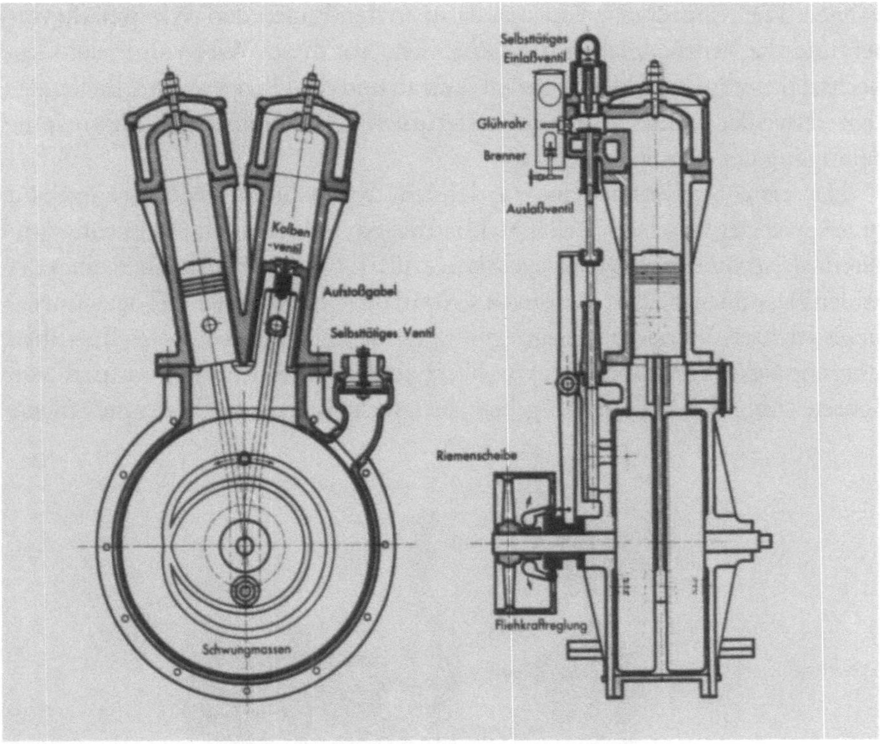

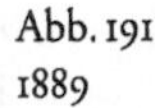

Wilhelm Maybach: Zweizylindermotor in v-Form mit kurvennutengesteuerter Aussetzerregulierung und einer Leistung von 1,5 PS

beibehalten, indem er die beiden Zylinder in »v-Form« in einer Ebene anordnete. Die Maschine wird deshalb »v-Motor« genannt. Die Mittellinien der Zylinder schneiden sich in der Drehachse der Kurbelwelle.

Die Dampfmaschine, die die »Obeissante« Bollees 1873 antrieb, war die erste Maschine in v-Form. Bollees Maschine war aber aus einem anderen Grund so gebaut worden als Maybachs »v-Motor«. Bei der quer zur Fahrtrichtung eingebauten Dampfmaschine mußten beide Zylinder von der Fahrzeuglängsseite aus zugänglich sein. Maybach baute den Zweizylinder-v-Motor für den Antrieb einer Lokomotive der Firma Spohn. Er leistete etwa 6 PS. Die Zylindermittellinien dieses Motors schlossen einen v-Winkel von 17° ein. Bei sonst gleichem Aufbau wie die Einzylindermotoren war beim Zweizylindermotor die Aussetzerregelung verändert worden. Der Fliehkraftregler befand sich nun außerhalb des Kurbelgehäuses und war dadurch auch besser zugänglich geworden. Er verstellte über die Reglerbuchse, die auf dem äußeren Kurbelwellenende verschiebbar gelagert war, über je einen Winkelhebel die Ventilschubstangen. Die Schubstangen stießen dann an den Enden der Ventilschäfte vorbei, und die Ventile blieben so geschlossen. Auf diese Weise wurde der Gaswechsel unterbrochen, die Drehzahl sank ab und die Fliehgewichte des Reglers kehrten wieder in ihre Normalstellung zurück. Die Schubstangen nahmen die Betätigung der Ventile wieder auf.

Das erste Straßenfahrzeug, in das ein Zweizylinder-v-Motor eingebaut wurde, war der 1889 hergestellte Stahlradwagen. Ihn hatte Maybach von vornherein als automobiles Quadricycle konstruiert. Er wurde schließlich eines der beiden Basismuster der französischen Kraftfahrzeugindustrie. Für den Antrieb dieses leichten Vierradfahrzeuges genügte eine Leistung von 1,5 PS. Im selben Jahr entwickelte Maybach einen Vierzylindermotor für den Antrieb von Booten (Abb. 192). Gleichzeitig beschäftigte sich auch der Franzose FOREST

Abb. 192
1889

WILHELM MAYBACH: erster Vierzylindermotor, der nicht für den Antrieb eines Straßenfahrzeuges, sondern eines Bootes entwickelt wurde. Er bildete jedoch die Konstruktionsbasis für den Mercedes-Motor, 5 PS bei 400 U/min

mit der Konstruktion einer solchen Maschine. Wegen der Anordnung der Zylinder auf dem Kurbelgehäuse in Reihe parallel zur Drehachse der Kurbelwelle mußte die Steuerung der Ventile über eine Kurvennutenscheibe aufgegeben werden. An ihrer Stelle setzte Maybach Nockenwellen ein, deren Nocken die Auslaßventile über Stoßstangen öffneten. Wie bei den früheren Motoren öffneten die Einlaßventile während des Saughubes durch Unterdruck und wurden danach durch Federkraft wieder geschlossen. Zur Verbesserung der Kühlung hatte nicht nur der Zylinderkopf, sondern auch der Zylinder selbst einen Wassermantel erhalten. Die anfangs dreifach gelagerte und zweifach gekröpfte Kurbelwelle ersetzte Maybach durch eine verbesserte Ausführung mit vier Kröpfungen. Diese Form erhielt ein Jahr später auch die Kurbelwelle des vierzylindrigen 10-PS-Motors, der eine Höchstleistung von 12,3 PS bei einer Drehzahl von 490 U/min entwickelte. Aus beiden neuen Motortypen entwickelte Maybach eine spezielle Variante zum Antrieb von Luftfahrzeugen. Um Gewicht zu sparen, wurde das Gehäuse aus Aluminium gegossen. Dennoch waren die Motoren für einen solchen Einsatz mit 30 kg je PS noch zu schwer. Die Entwicklung zum Motor in Leichtbauweise hatte damit aber begonnen. Innerhalb von 25 Jahren war ein Leistungsgewicht von 1 Kilogramm je PS erreicht. Der Flugmotor hatte damit ein Leistungsgewicht, das von heutigen Kolbenmotoren für Sportflugzeuge nur geringfügig unterschritten wird.

Zu Beginn der neunziger Jahre war die Betriebssicherheit der Fahrzeugmotoren soweit gediehen, daß sie die Voraussetzungen für die Bewältigung längerer Fahrstrecken erfüllten. Es war plötzlich nicht mehr belanglos, wieviel Kühlwasser mitgeführt werden mußte. Mit Verdampfungskühlung hätte man auf 35 l Benzin etwa 250 l Wasser zur Kühlung des Motors verdampfen müssen. Darum war es nun dringend erforderlich, ein verbrauchsarmes Rückkühlsystem zu finden. Maybach kam auf den Gedanken, das Wasser in das hohlgegossene Schwungrad zu leiten, dort durch Herumschleudern abkühlen zu lassen und anschließend über eine Düse in den Vorratsbehälter zurückzuleiten. Das Deutsche Reichspatent Nr. 70260 schützte dieses Prinzip (Abb. 193). Die Kühlung reichte jedoch nur bis zu einer Motorleistung von etwa 4 PS aus. Bei dieser Motorleistung war das Schwungrad gerade so groß, daß es sich im Fahrzeug noch gut unterbringen ließ und der nötigen Kühlwassermenge noch genügend Raum bot. Maybach hatte 1890 die Idee zu einem Kühler für höhere Leistungen. Er beschrieb ihn als

»...die Anordnung einzelner oder mehrer doppelwandiger Rohre in der Fahrtrichtung des Fahrzeuges, deren Mantelraum mit dem Kühlwasser des Motors gefüllt und deren Innenraum hinten und vorne offen ist zur energischen Durchführung von Luft zur Kühlung des Motors durch künstlichen oder natürlichen Luftzug.«

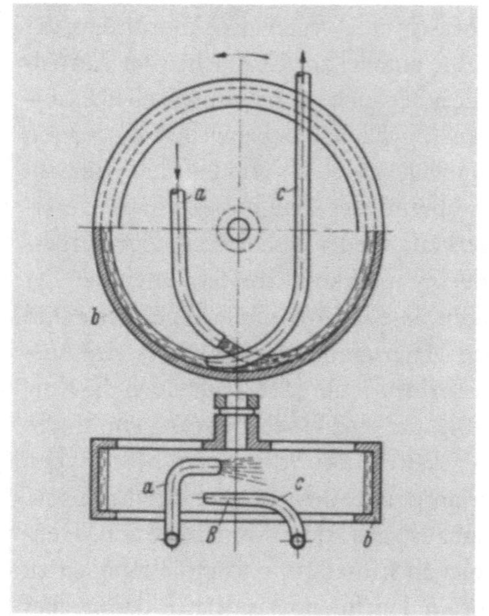

Wilhelm Maybach: zur Wasserkühlung als Rotationsbehälter ausgebildetes Schwungrad gemäß DRP 70 260. Die Kühlung reichte aus bis zu einer Motorleistung von 4 PS

Maybach verzichtete darauf, dieses Prinzip als Patent anzumelden. Den künstlichen Luftzug verwirklichte 1891 der Franzose Menier an einem Peugeot-Wagen, in den er einen Windflügel einbaute. Von dem natürlichen Luftzug machte Maybach 1890 in einem »Kühlapparat zum Straßenbahnwagen von 600 mm Spurweite« Gebrauch. Der Kühlapparat bestand aus einem fast 4 m langen Rohr von 94 mm Durchmesser mit einem Wassermantel von 7 mm lichter Weite. Wegen seiner Länge wurde er auf dem Wagendach montiert. Maybach unterteilte das Kühlrohr in zahlreiche Einzelstücke geringer Länge und setzte sie in die entsprechend gelochte Vorder- und Rückwand eines Kastens ein. Der Kühler war nun so klein, daß er auch in einen Kraftwagen eingebaut werden konnte. Das Wasser im Kasten umspülte sämtliche Rohre gleichzeitig. Dem Wasser entzog die Luft, die durch die Rohre hindurchströmte, einen Teil der Wärme. Eine vom Motor angetriebene Pumpe sorgte für einen dauernden Umlauf des Kühlwassers. Zur Unterstützung der Kühlwirkung brachte Maybach hinter der Rückwand des Kastens einen Ventilator an. Der Ventilator saugte eine wesentlich größere Luftmenge durch den Kühler, als vom Fahrtwind allein hindurchgedrückt werden konnte. Außerdem kühlte diese Anordnung auch während des Stillstandes und der Langsamfahrt. Dieser »Röhrchenkühler« (Abb. 194) konnte je nach geforderter Kühlleistung ausgelegt werden. Die Kühloberfläche, der Wasser- und der Luftdurchsatz konnten dazu variiert werden. So konnte man praktisch jeder Motorleistung gerecht werden. Auf diese

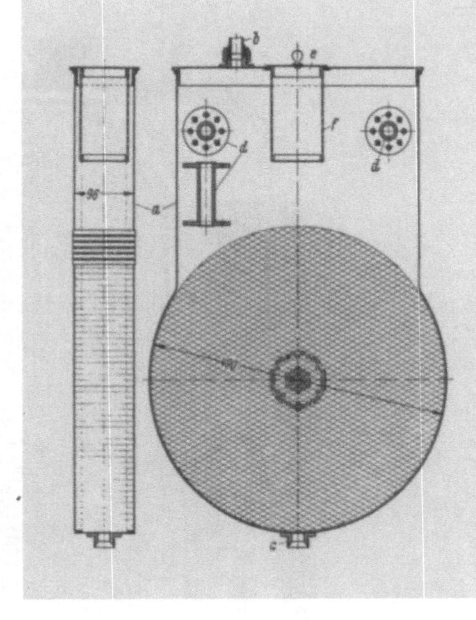

Wilhelm Maybach: Röhrenkühler.
In Frankreich durch das Patent Nr. 276 240
geschützt. In Verbindung mit einem Ventilator bis zu einer Motorleistung von 25 PS ausreichend

bahnbrechende Erfindung erhielt Maybach in Deutschland aus unbekannten
Gründen kein Patent, sondern nur einen Gebrauchsmusterschutz. Maybach
reichte am 23. März 1887 auf den Namen Daimler in Frankreich ein Patent ein,
das unter der Nr. 276 240 geschützt wurde.

Der neue Kühler ermöglichte nun den Einbau des 10-PS-Vierzylinder-
motors auch in Automobile. Der Vierzylindermotor lief wesentlich ruhiger als
der Zweizylindermotor. Um eine ausreichende Kühlung sicherzustellen, mußten die Röhren des Kühlers ausreichenden Abstand voneinander haben. Der
Kühler nahm also ein bestimmtes Mindestvolumen ein, das mit höherer Motorleistung größer wurde. Mit dem Volumen des Kühlers, das auch im Fahrzeug zum Einbau zur Verfügung stehen mußte, stieg auch das Kühlergewicht.
Eine Leistung über 25 PS konnte deshalb mit dem Röhrenkühler nicht mehr
gefahren werden. Maybach überarbeitete daher den Röhrenkühler. Bei etwa
gleichem Platzbedarf machte er den Kühler leichter, indem er die wirksame
Kühlfläche vergrößerte. Maybach ersetzte die seither kreisförmigen Röhrchen
durch rechteckige. Außerdem verringerte er die Wanddicke und den Abstand
der Röhren zueinander. Auch die Form der Stirnfläche änderte Maybach. Die
Kreisform wurde zum Rechteck, der Durchmesser des Kreises legte die Küh-
lerbreite fest. Maybach gelang so die Verminderung der für 1 PS benötigten
Wassermenge von 3,6 l auf 0,25 l. So wurde nicht nur am Kühler selbst, sondern vor allem am Kühlwasser an Gewicht gespart.

Wilhelm Maybach: für den 35-PS-Mercedes-Wagen der DMG entwickelter Wabenkühler gemäß DRP
Nr. 122 766 vom 20.9.1900. Mit Wabenkühlern konnten praktisch Motoren jeder Leistung ausreichend
gekühlt werden

Diesen neuen Kühler, der seiner Form wegen die Bezeichnung »Bienen-
korb«- oder »Bienenwaben-Kühler« (Abb. 195) genannt wurde, schützte das
Deutsche Reichspatent Nr. 122 766 vom 20. September 1900. Die klare Formulierung des darin erhobenen Anspruches vermittelt eine gute Vorstellung
vom konstruktiven Aufbau dieses Systems:

> »Kühl- und Kondensationsvorrichtung mit Querstromprinzip dadurch gekennzeichnet,
> daß die Wände von prismatischen Rohren parallel zueinander angeordnet sind, so daß sich
> schmale und gerade verlaufende Kanäle für die zu kühlende Flüssigkeit bilden zum Zwec-
> ke, Wirbelungen der Flüssigkeit in den Kanälen zu vermeiden.«

Nach Funktion und in seinem kompakten Aufbau ist dieser Kühler im Automobilbau bis zur Gegenwart beibehalten worden. Er unterscheidet sich heute
von der im Jahre 1900 geschaffenen Erstausführung nur in den verwendeten

Werkstoffen und der Anpassung der Fertigung an moderne Verfahren. Maybach baute seinen »Bienenwabenkühler« erstmals im neuen »Mercedes«-Wa-
gen im Jahre 1900 ein. Dessen Vierzylindermotor gab die zur damaligen Zeit
ungewöhnlich hohe Leistung von 35 PS ab.

Die DAIMLER-MOTOREN-GESELLSCHAFT erhielt 1902 einen Auftrag der russischen Marine. Der Gegenstand des Auftrags war die Lieferung eines sechszylindrigen 300-PS-Motors (Abb. 196). Diese große Leistung war bis dahin nur
von langsamlaufenden Stationärmotoren erreicht worden. Daher machte die
Konstruktion eines derart starken Motors für den mobilen Einsatz umfang-
reiche Vorarbeiten erforderlich. Im Auftrag waren die Brennraumgestalt und
die Ventilanordnung vorgeschrieben, was auf den Einfluß des russischen Di-
plom-Ingenieurs BORIS GRIGORIEWITSCH LOUTZKOY zurückzuführen ist. Er
war auch der Überbringer des Auftrages, hatte aber entgegen anderslautenden
Darstellungen keinen Anteil an der konstruktiven Bearbeitung des Projektes.
Es wurde ausschließlich von Maybach und dem Oberingenieur PETRI durchgeführt. Die Brennräume nach Loutzkoy-Bauart hatten die Form von Kegel-
stümpfen, was der verbrennungstechnisch günstigsten Halbkugelform am
nächsten kam. In der Mitte jedes Brennraumes war ein senkrecht hängendes
Einlaßventil und in der kegeligen Brennraumwandung ein Auslaßventil angeordnet. Das Auslaßventil wurde entsprechend der Kegelneigung schräg hän-

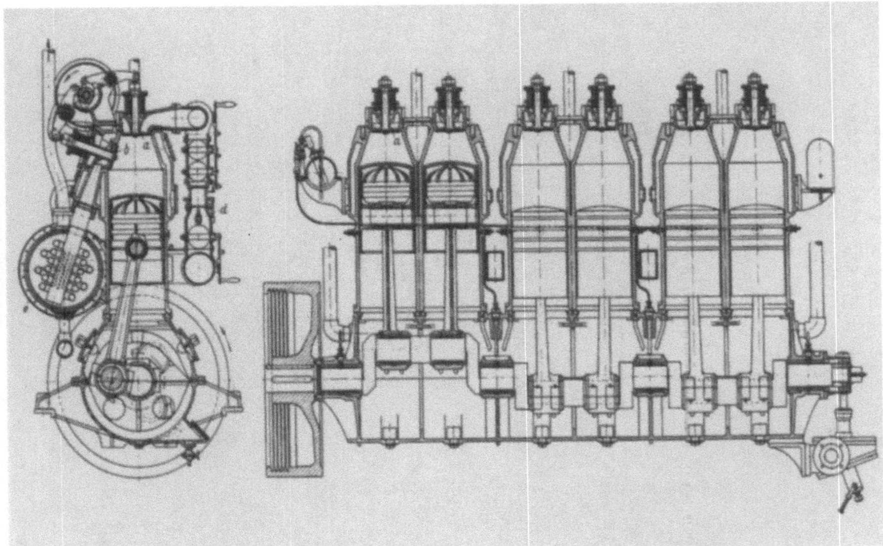

WILHELM MAYBACH: Sechszylinder-Reihenmotor zum Antrieb eines russischen Kriegsschiffes. Ventilantrieb erstmals über eine obenliegende Nockenwelle

gend geführt. Zum Antrieb der Ventile ordnete Maybach außermittig oberhalb der Zylinderköpfe eine Nockenwelle an, die über kurze Schwinghebel auf die Enden der Ventilschäfte einwirkte. Den Antrieb der Nockenwelle übernahm eine Königswelle. Dieses Maschinenelement war bereits in der mittelalterlichen Windmühle bekannt (Abb. 197). Dort mußte die Kraft von der annähernd waagerecht gelagerten Antriebswelle auf das weit darunter aufgebaute

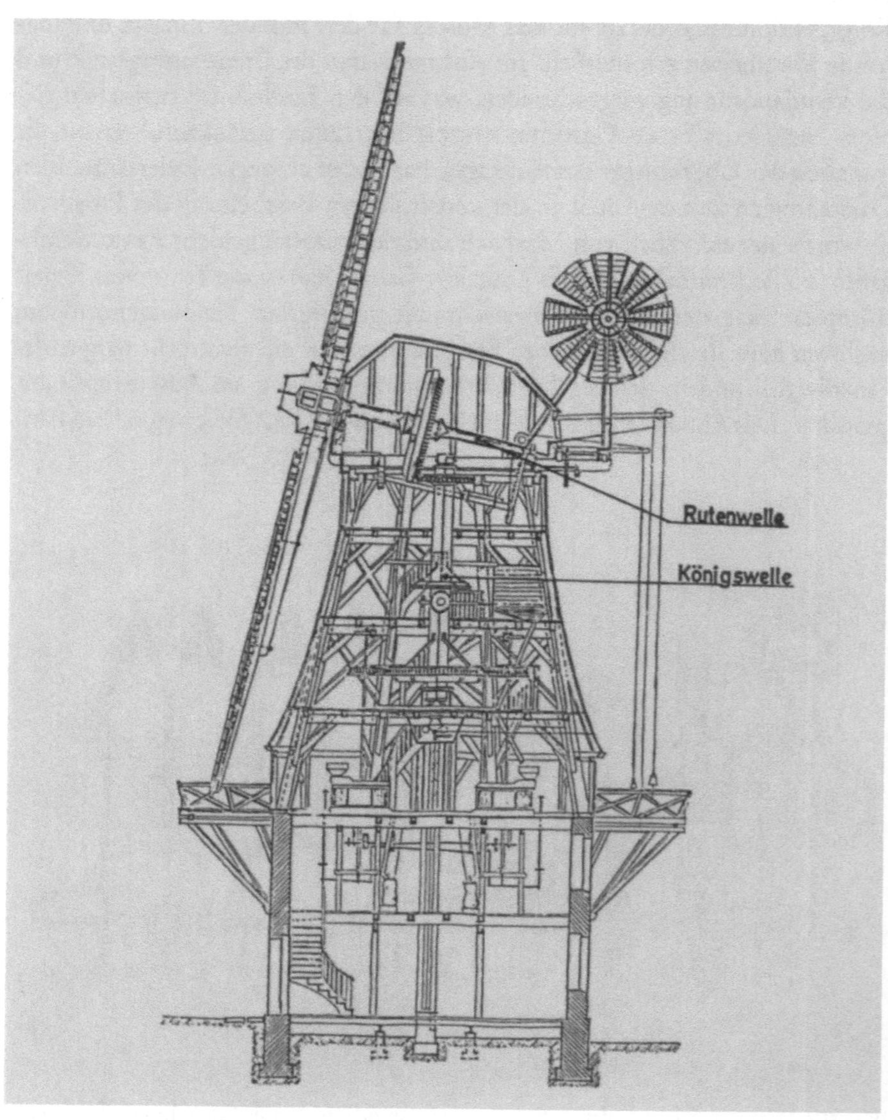

Holländische Windmühle mit Königswelle

Mahlwerk übertragen werden. Die Windflügel – die Ruten – mußten hoch über dem Boden angeordnet sein. Die Kraftübertragung und -umlenkung geschah über die senkrecht stehende Königswelle. In ähnlicher Weise übertrug die Königswelle die benötigte Antriebskraft von der unten im Motor gelagerten Kurbelwelle auf die in großem Abstand zu ihr oberhalb des Motors montierte Nockenwelle. Die dabei erforderliche Richtungsänderung des Kraftflusses von der Waagerechten zur Senkrechten und umgekehrt ermöglichte jeweils ein Winkelgetriebe, das aus zwei Kegelrädern bestand.

Dieser Ventilantrieb ist wegen seiner geringen bewegten Massen bis heute bei schnellaufenden Hochleistungsmotoren aktuell. Mit ihm konnte der Gaswechsel in dem günstig gestalteten LOUTZKOY-Brennraum auch bei hohen Drehzahlen vor sich gehen. Eine gleichmäßige Gemischverteilung gewährleisteten drei Vergaser. Ein Vergaser versorgte also zwei Zylinder. Wie schon beim Phönix-Motor bildete der Vergaser mit dem Zylinderkopf jeweils ein gemeinsames Gußstück. Um auch den verlangten Alternativbetrieb mit Spiritus zu ermöglichen, waren die Vergaser als Doppelvergaser ausgebildet. Es entsprach dem fortschrittlichen Gesamtkonzept dieses Motors, daß für die Entflammung des Arbeitsgemisches erstmals eine Hochspannungs-Kerzenzündung vorgesehen war. Die Drehzahl von 550 U/min, bei der der Motor seine Nennleistung von 300 PS abgab, war für eine Maschine dieser Größe ungewöhnlich hoch. Im Jahre 1905 brachte Maybach die bei der Konstruktion des Schiffsmotors gesammelte Erfahrung in einen sechszylindrigen Kraftwagenmnotor ein. Er sollte zum Antrieb eines Rennwagen dienen, der für die Teilnahme am Grand Prix 1906 bestimmt war (Abb. 198). Maybach ging dabei von der Gußausführung der Zylinder ab und ließ jeden einzelnen aus dünnwandigem Stahl herstellen. Nur der Zylinderkopf und der Kühlwassermantel waren gegossen. Sie bildeten gemeinsam ein Bauteil, das dem Stahlzylinder übergestülpt wurde. Die sechs kompletten Zylinder waren auf einem Leichtmetallgehäuse montiert. Anders als beim Schiffsmotor befand sich die Nokkenwelle nun mittig über der Zylinderreihe und betätigte auf der einen Seite die Einlaß-, auf der anderen Seite die Auslaßventile über kurze Kipphebel. Wie bei heutigen Kolben-Flugmotoren war jeder Zylinder mit zwei Zündkerzen ausgerüstet. Jede Zündkerze wurde von der anderen unabhängig über eines der beiden Zündsysteme versorgt. Die Energiequelle der Zündsysteme war je ein Hochspannungs-Zündmagnet, dessen Anker von der Königswelle angetrieben wurde. Bei der hohen Drehzahl von mehr als 1500 U/min konnte dieser Motor eine Leistung von 120 PS entwickeln.

Nur beiläufig sei erwähnt, daß dieser Prototyp des modernen Hochleistungsmotors für Kraftfahrzeuge bei der Direktion der Daimler-Motoren-Gesellschaft eine Meinungsverschiedenheit auslöste. Sie begann mit der Kritik

WILHELM MAYBACH: Sechszylinder-Reihenmotor der DMG mit obenliegender Nockenwelle und einer Leistung von 120 PS für den Grand-Prix-Rennwagen 1906

des Generalvertreters JELLINEK an der Hochspannungs-Kerzenzündung und endete 1907 mit dem Ausscheiden Maybachs.

Ohne den Umweg über die Anpassung eines Otto-Motors an die Betriebsverhältnisse eines Zweirades entwickelte Carl Benz seinen Kraftwagenmotor. Obwohl er ihn zunächst ebenso wie Maybach für den Antrieb eines Velocipeds auslegte, wählte er ein Dreirad, da dieses mehr Einbauraum bot und tragfähiger war. Deshalb brauchte Benz seinen Motor weder außergewöhnlich leicht noch besonders klein auszulegen. Er konnte wegen der hohen Einbaulage auch auf eine Gehäusekapselung des Kurbeltriebes verzichten. So entstand der Kraftwagenmotor von Carl Benz unter wesentlich einfacheren Bedingungen als der von Gottlieb Daimler Und Wilhelm Maybach. Deshalb blieb der Benz-Motor auch in seinem konstruktiven Aufbau bis zum Erscheinen des Mercedes-Motors stets sehr einfach. Um mit der Entwicklung Schritt halten zu können, mußten sich Benz und die anderen Motorfabrikanten Maybachs Mercedes-Konzept zu eigen machen. 1902 schied Benz aus seiner eigenen Firma aus, weil er gegen diese Entwicklung war. Während Maybach an der Fortschrittlichkeit seiner Konstruktionen scheiterte, erlag Benz den Folgen seiner konservativen Haltung. Ohne seine Söhne, die sich am richtungsweisenden Mercedesmotor orientierten, wäre die Firma BENZ & CIE. zusammengebrochen.

Im Gegensatz zu Gottlieb Daimler, dessen Hauptanliegen die Herstellung universell verwendbarer Motoren war, erstrebte Carl Benz die Verwirklichung des selbstfahrenden Wagens mit dem dazu passenden Verbrennungsmotor als konstruktive Einheit. Um die finanziellen Voraussetzungen dafür zu schaffen, widmete auch er sich zunächst der Herstellung von Motoren eigener Konstruktion. Sie waren jedoch ausschließlich für die stationäre Verwendung geplant. Seine Geschäftspartner ROSE und ESSLINGER, die 1883 mit ihm die OFFENE HANDELSGESELLSCHAFT BENZ & CIE., RHEINISCHE GASMOTORENFABRIK in Mannheim gegründet hatten, waren indessen weitsichtig genug, von Anfang an auch die Herstellung von Motorfahrzeugen in das Fabrikationsprogramm aufzunehmen. Die für den Gasbetrieb ausgelegten Motoren, die wegen des Patentes Nr. 532 von Nicolaus Otto nach dem Zweitaktverfahren arbeiteten, erfüllten die in sie gesetzten Erwartungen und fanden guten Absatz (Abb. 199). So konnte sich Benz im Jahre 1884 der Entwicklung eines kleinen, schnellaufenden Motors für den Antrieb von Straßenfahrzeugen widmen (Abb. 200).

Abb. 199
1883

RHEINISCHE GASMOTOREN-FABRIK in Mannheim: liegender Benz-Zweitaktmotor für stationären Betrieb (1-10 PS bei 120-150 U/min)

Carl Benz: liegender Fahrzeug-Viertaktmotor (0,9 PS bei 400 U/min)

Da bereits abzusehen war, daß das Otto-Patent durch einen Prozeß zu Fall gebracht werden würde, wagte es Benz, diesen Motor im Viertaktverfahren arbeiten zu lassen. Die Bauform des Motors entstand in Anlehnung an die stationären Motoren mit stehendem Zylinder und obenliegender Kurbelwelle. Solche Motoren hatte bereits Alexis de Bishop 1871 eingeführt (Abb. 201). Auch von den Firmen Hannoversche Maschinenbau-Aktiengesellschaft (HANOMAG) und KÖRTING wurde die Bauform übernommen. Der gehäuselose Aufbau verringerte das Baugewicht, weil die Kurbelwelle lediglich in zwei seitlichen Verlängerungen des Zylindermantels gelagert war. Daß sich Benz am Bishop-Konzept orientiert hat, zeigt sich besonders deutlich beim stehenden Benz-Motor für den stationären Betrieb aus dem Jahre 1889 (Abb. 202). Den gleichen Aufbau hatte in der Zeit von 1885 bis 1893 auch der Kleinmotor Typ C der Firma GASMOTOREN-FABRIK DEUTZ, der unter der inoffiziellen Bezeichnung »Zwerg-Otto« bekannt wurde (Abb 203). Für den Antrieb eines Fahrzeugs baute Benz jedoch einen Motor liegender Bauart, ohne seinem Grundkonzept untreu zu werden. Den Gaswechsel steuerten ein Einlaßschieber und ein Auslaßventil. Der Schieber wurde über eine Schubstange durch einen Kurbelzapfen bewegt, der auf der Stirnfläche einer Kurven-

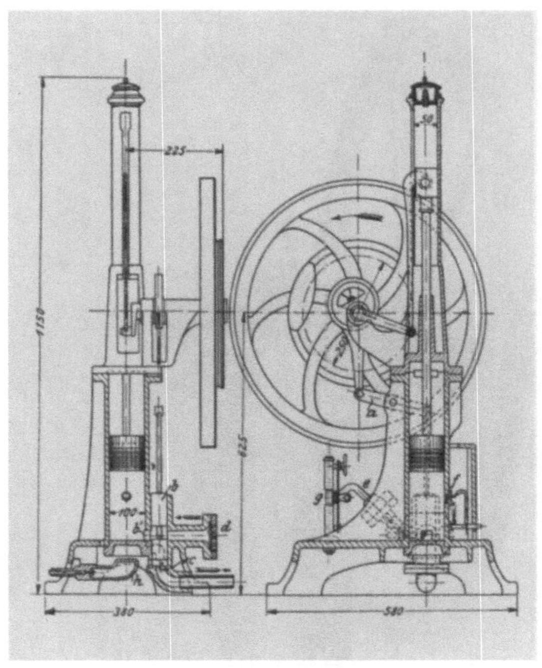

Abb. 201
1871

ALEXIS DE BISHOP: stehender,
nach dem Lenoir-Prinzip arbeitender Motor für stationären
Betrieb. 1878-1886 von der Firma
BUSS, SOMBART & CO. in Magde-
burg gebaut (0,33 PS bei 110 U/min)

Abb. 202
1889

RHEINISCHE GASMOTOREN-FABRIK:
stehender Benz-Motor für stationären Betrieb (0,5-12 PS)

GASMOTOREN-FABRIK DEUTZ: stehender Kleinmotor Typ C für stationären Betrieb (0,5-8 PS bei 180-240 U/min)

scheibe befestigt war. Diese befand sich auf dem äußeren Endzapfen einer kurzen Steuerwelle, deren Drehzahl durch ein Winkelgetriebe auf die Hälfte der Kurbelwellendrehzahl reduziert wurde. Über einen zweiarmigen Schwinghebel, an dessen unterem Ende die Schubstange für die Betätigung des Auslaßventils angelenkt war, wurde dieses geöffnet. Durch die Kraft einer Feder gelangte es wieder in seine Schließstellung.

Aufgrund der liegenden Anordnung seines Motors konnte Benz auf die Standplatte, die am unteren Ende des Zylinders des stehenden Motors angegossen war, verzichten. Außerdem gestaltete er den Zylinderkopf abnehmbar. Zur Motorlagerung diente ein Fuß, der am Zylinder in Schwerpunktnähe angegossen war. Zur weiteren Reduzierung des Gewichtes begrenzte Benz die Wanddicken der Gußteile auf ein vertretbares Mindestmaß. Es gelang ihm, das Leistungsgewicht, das bei den stationären Motoren etwa 400 bis 600 kg/PS betrug, auf etwa 10 kg/PS zu senken. Eine bemerkenswerte Neuerung an diesem Motor war der bei einer Kolbenmaschine erstmals vorhandene Massenausgleich an der Kurbelwelle über Gegengewichte. Mit dieser Maßnahme schuf Benz verbesserte Voraussetzungen für den Schnellauf. Wie schon beim Lenoir-Motor und den stationären Benz-Motoren wurde das Arbeitsgemisch durch eine Zündkerze entflammt, an deren Elektroden durch eine Zündspule hochgespannter Batteriestrom Funken überspringen ließ. Ein Wagnerscher Hammer nach dem Prinzip der elektrischen Klingel verwandelte die Gleichspannung in eine pulsierende Spannung, die die Voraussetzung für die schnelle Folge von Zündimpulsen bildete. Der Motor erbrachte bei einer Drehzahl von 400 U/min eine Leistung von 0,88 PS. Die Gemischbildung erfolgte durch einen ebenso einfachen wie wirkungsvollen Vergaser, der vor allem brandsicher war (Abb. 204). Benz beschrieb dessen Funktion in seinem Deutschen Reichspatent Nr. 43 638 vom 8. April 1887:

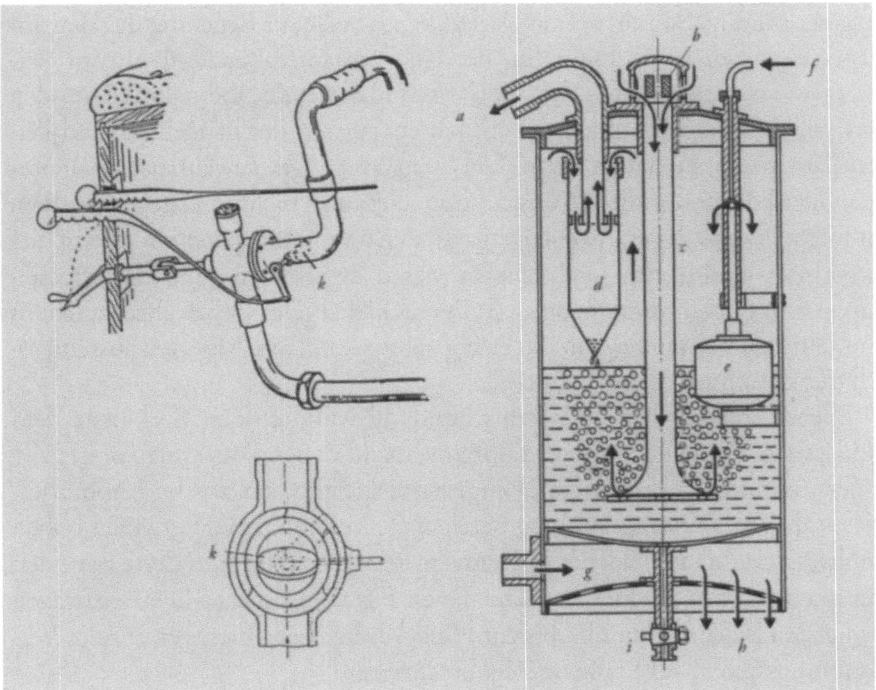

Abb. 204
1893

BENZ & CIE.: brandsicherer Vergaser mit Rohrschieber in Verbindung mit einer integrierten Drosselklappe. *a)* fettes Gemisch (Saugleitung), *b)* Drahtsieb (Lufteintritt), *c)* Luftzufuhr, *d)* Tropfenabscheider, *e)* Schwimmer, *f)* Benzinzufuhr, *g)* Heizgaseintritt, *h)* Heizgasaustritt, *i)* Entlehrungshahn, *k)* Drosselklappe

»Bei der Gaserzeugung durch Benzin und Petroleumdestillate kommt es, wenn die Gasdämpfe und die Luft völlig richtig zur Erzeugung eines kräftigen Explosionsgemenges zusammengesetzt sind, häufig vor, daß das Gemenge beim Eintreten in den Arbeitszylinder noch brennende Gasteile von vorangegangener Explosion trifft. Diese entzünden dann den neu eintretenden Gasstrom und mit ihm die ganze im Gasapparat vorhandene Explosionsmasse. Um diesem Mißstand abzuhelfen, stellen wir die Regulierschraube des Gasapparates derartig, daß derselbe ein an Gasdämpfen reicheres Gemisch ergibt, welches für sich allein nicht mehr explosibel ist, und führen diesem Gemisch kurz vor Eintritt in den Zylinder noch die nötige Menge atmosphärischer Luft zu, um es explosibel zu machen. Eine Entzündung vom Zylinder aus kann daher das vorhandene Gemisch nur so weit zur Verbrennung bringen, als es selbständig verbrennbar ist, also nur bis zu der dicht vor dem Zylinder angebrachten Luftzuführung. Ein weiteres Zurückschlagen in den Gasapparat ist unmöglich.«

Mit dem Hülsenschieber, der die Bohrungen für die Zusatzluft in deren Ansaugleitung mehr oder weniger abdeckte, machte Benz die Zusammensetzung des Betriebsgemisches regelbar (Abb. 204). Verglichen mit Maybach, der die Leistung seiner Motoren über die Menge des zugeführten Gemisches, also quantitativ regelte, wählte Benz demnach anfänglich die Veränderung der Gemischzusammensetzung, also die qualitative Regelung. Benz verbesserte seine Vergaser ständig. So führte er auch den heute noch zur Regelung des Benzinflusses aktuellen Schwimmer ein, der ein konstantes Benzinniveau im Vergasergehäuse sicherstellte. Um die Jahrhundertwende übernahm Benz den 1893 von Maybach erfundenen Spritzdüsenvergaser, der in Deutschland keinen Patentschutz erhalten hatte. Die beim Vorgänger gewährleistete Brandsicherheit konnte auf diese Konstruktion allerdings nicht übertragen werden. Ihr folgte schon 1902 ein Kolbenvergaser, den zwei Jahre später ein Drehschiebervergaser ablöste. Im Drehschieber waren der Kolbens und die Drosselklappe funktionell zusammengefaßt. Drehschiebervergaser bewährten sich bis zum Jahre 1911. Dann begann die Firma BENZ & CIE., ihre Motoren ausschließlich mit Zenithvergasern auszurüsten.

Ebenso intensiv wie der Gemischbildung widmete sich Carl Benz dem Kühlsystem. Bei seinen ersten Motoren verband er den Wassermantel des Zylinders unmittelbar mit einem Dampfsammelgefäß (Abb. 205 und Abb. 206). Dieses als Verdampfungskühlung bezeichnete Verfahren bedingt einen hohen Kühlwasserverbrauch. Bei der Dreiradviktoria (Abb. 253) vergrößerte Benz den Kühlwasservorrat. Im hierzu erschienenen Firmenprospekt »Die Benzwagen vom ersten Benzinautomobil bis zum Rekordwagen« ist dieses erweiterte Verdampfungssystem auf S. 46 wie folgt beschrieben:

»Der Kühlwasservorrat wird in zwei seitlich angeordneten, mit Wulsten versehenen Kesseln F mitgeführt, die durch Rohrleitungen mit dem den Zylinder umgebenden Kühlwassermantel in Verbindung stehen« (Abb. 205).

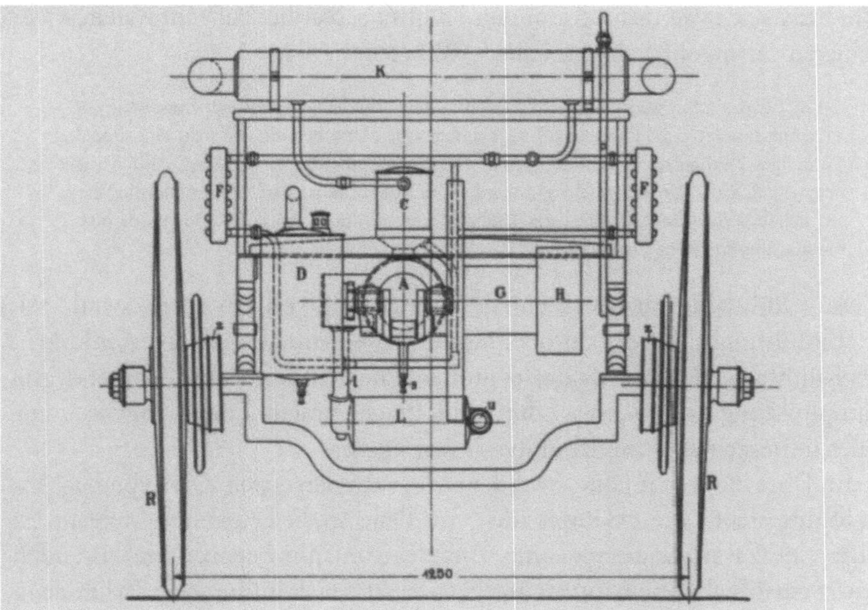

Abb. 205
1900

BENZ & CIE.: Rückansicht des als Duc karossierten Patent-Motor-Wagens. Verdampfungskühlung mit teilweiser Kondensation. *A)* Cylinder, *C)* Dampfsammler, *D)* Gasapparat, *F)* Wasserbehälter, *G)* Bergsteigriemen, *H)* Schnellfahrtriemen, *K)* Kondensator, *L)* Abgastopf, *R)* Wagenräder, *s)* Wasserablaßhahn, *t)* Abgasleitung, *u)* Auspuffleitung, *z)* Handbremse

Abb. 206
1896

BENZ & CIE.: Zweizylinder-Contra-Motor

Wie Benz seit 1899 verfuhr, um den Kühlwasserverlust auf sehr einfache Art weiter zu verringern, geht aus einem Werbetext hervor:

»Ein Teil des Kühlwassers wird verdampft und steigt, mit heißem Wasser vermischt, in den Dampfsammler *C* und von hier zum Kondensator *K*. So bezeichnete man ein doppelwandiges Blechgefäß, in dem der größte Teil des Dampfes durch den beim Fahren entstehenden Luftzug niedergeschlagen wurde. Das Kondenswasser strömt dann in die Wasserbehälter *F* zurück. Ein Teil des Dampfes konnte durch das am Kondensator oben angeschlossene Rohr entweichen.«

Dieses Kühlystem war bis zu einer Motorleistung von 3 PS ausreichend. Mit der Einführung des 5-PS-Motors im Jahre 1893 wurde es jedoch erforderlich, den Kühlwasserverbrauch, den der größere Energieumsatz über eine verstärkte Dampfbildung nach sich zog, durch die Beschleunigung des Kühlwasserumlaufes mittels einer Umwälzpumpe zu verringern.

Im Jahre 1896, acht Jahre, nachdem Maybach den ersten Zweizylinder-Motor fertiggestellt hatte, gelang es auch Carl Benz, so die Leistung zu steigern. Er baute eine Zweizylindermaschine. Aus der von ihm bevorzugten liegenden Bauart ergab sich die einander entgegengerichtete Anordnung der Zylinder zu beiden Seiten der Kurbelwelle. Damit war ein Motor entstanden, dessen Zylindermittellinien einen Winkel von 180° bildeten. Benz bezeichnete ihn im Hinblick auf die gegenläufige Laufrichtung der Arbeitskolben als »Contra-Motor«. Heute würde ein solcher Motor »Boxermotor« heißen. Die Contra-Motoren erreichten eine Drehzahl von 900 U/min und wurden in den Leistungsgrößen fünf, neun und vierzehn PS hergestellt. Im Jahre 1901 entstand die stärkste Variante dieser Baureihe, die bei 1 100 U/min 20 PS entwickelte. Diese Drehzahl überschritt die des 1899 hergestellten Vierzylinder-Maybach-Motors der Daimler-Motoren-Gesellschaft, der 23 PS bei 900 U/min abgab, deutlich. Bei einer Leistung von 9 PS reichte die Verdampfungskühlung mit teilweiser Kondensation nicht mehr aus.

Benz hatte deshalb ein System entwickelt, das sich wie alle seine Schöpfungen durch große Einfachheit auszeichnete. Es bestand aus einem Rohr, das in enger Wellung auf kleinstem Raum zusammengebogen war. In geringem Abstand aufgeschobene Platten dünnen Bleches vergrößerten die Oberfläche des Rohres, über die es die Wärme des hindurchgeleiteten Kühlwassers wirksam an den vorbeistreichenden Fahrtwind abgab. Diese als Rippenrohrkühler bezeichnete Vorrichtung war zwar preisgünstiger als der gleichzeitig gebaute Röhrenkühler Maybachs, jedoch weniger leistungsfähig. Er konnte bis zu einer Motorleistung von 20 PS eingesetzt werden, nahm dabei aber die Form eines mehrschichtig gebogenen Rohrpaketes mit ziemlich sperrigen Ausmaßen an. Die Firma BENZ & CIE. brachte im Jahre 1901 ein neues Kühlsystem heraus, das in der Wirkung dem wesentlich komplizierter aufgebauten Bienenwabenkühler Maybachs gleichkam (Abb. 207). Die Allgemeine Automobil-Zeitung (Wien) 1903 Nummer 1 beschrieb es auf S. 33 wie folgt:

> »Die Circulation des Wassers wird durch eine Zahnradpumpe bewirkt; obwohl der Radiateur (deutsch: Kühler) keinen Windflügel hat, ist die Kühlung des Wassers doch eine so ausgezeichnete, daß bei einer Fahrt von 350 km Länge, bei heißem Wetter nur ein Wasserverlust von drei Litern zu constatieren war. Durch eine höchst einfache Manier ist es der Firma Benz gelungen, dem Kühlapparate eine sehr große Kühlfläche bei sehr geringem Gewichte zu geben. Man hat Röhren flach gewalzt und wellenförmig gebogen, so daß die runde Öffnung in eine breite, flache Öffnung verwandelt wird. Das durchströmende Wasser gelangt also überall in Berührung mit der Metallfläche, was eine äußerst intensive Abkühlung hervorbringt.«

Carl Benz betrachtete die konstruktive Entwicklung seiner Motoren im Jahre 1898 im wesentlichen als abgeschlossen. Sie waren gediegen gefertigt, arbeiteten zuverlässig und entsprachen leistungsmäßig seinen Vorstellungen von den Aufgaben, die an ein Automobil gestellt werden könnten. Geschwindigkeiten oberhalb von 50 km/h bezeichnete Benz als »wahnsinnige Raserei«. So war er auch ein erklärter Gegner des Autorennens und wies die Argumente ihrer Werbewirksamkeit zurück. Der erfolgreiche Mercedes-Wagen wies jedoch in der gesamten Automobindustrie die neue verbindliche Entwicklungsrichtung, der das Benz-Konzept vom Motorwagen weder folgen konnte noch sollte. Die dadurch ausgelöste Krise bei der Firma BENZ & CIE. führte zum Ausscheiden ihres Gründers und zur Neuorientierung ihres Typenprogrammes am Mercedes-Wagen und seines Motors.

Für die Weiterentwicklung des Kraftwagenmotors ging 1907 ein richtungsweisender Impuls von der Firma PEUGEOT aus. Im selben Jahr verließ Wilhelm

Abb. 207
1901

BENZ & CIE.: Motorwagen Typ Parsifal. Maybachs Bienenwabenkühler in vereinfachter Bauweise angeglichenes Kühlsystem

Maybach die Daimler-Motoren-Gesellschaft und nahm bei dem Grafen ZEPPE-
LIN die Arbeit an der Entwicklung des Luftschiffmotors auf. Bei Peugeot hatte
man beim Vierzylindermotor die bisher übliche paarweise Zusammenfassung
der Zylinder im Kopfbereich zu einem Gußstück – wie es bis dahin aus gußtech-
nischen Gründen nicht anders möglich war – aufgegeben und sämtliche Zylinder in einem gemeinsamen Gußblock zusammengefaßt (Abb. 208). Außerdem
wurden die seither benötigten zwei Nockenwellen, eine für die Betätigung der
Einlaß-, die andere für die der Auslaßventile, durch eine ersetzt. Die Ventile lagen nun alle auf einer Seite des Motors. Die Brennräume hatten nun nicht
mehr wie bei den seitengesteuerten Motoren die stark zerklüftete Form eines T,
sondern die günstigere Form eines L. Außerdem war der Motor einfacher zu
bauen. Diese als Blockmotor bezeichnete Bauform wurde zum Standardtyp
der preisgünstigen und anspruchslosen Antriebsmaschine für den Gebrauchs-
wagen und behielt diese Position bis weit in die fünfziger Jahre hinein.

Im Jahre 1908 übernahm die deutsche Firma ADLER den Blockmotor in ihr
Programm (Abb. 209), 1911 folgte ihr darin die Firma BENZ & CIE. und 1915 die
DAIMLER-MOTOREN-GESELLSCHAFT. Eine zukunftsweisende Verbesserung des
Gaswechsels im Hochleistungsmotor durch zwei Einlaß- und zwei Auslaßventile für jeden Zylinder erprobten im Jahre 1908 die Benzwerke, ein Jahr später die Firma OPEL. Nach der erfolgreichen Anwendung der Vierventiltechnik
im Rennmotor im Jahre 1904 baute die Daimler-Motoren-Gesellschaft ab 1912
auch ihre Flugmotoren so.

Im Zuge der Leistungssteigerung vergrößerte sich sowohl der Hubraum
wie auch die Anzahl der Zylinder. Schon 1902 stellte die französische Firma

Firma PEUGEOT: ein gemeinsamer Gußblock für alle acht Zylinder

Firma ADLER: Blockmotor

CHARRON einen Achtzylindermotor zum Antrieb eines Personenwagens her. Durch die Reihenanordnung der Zylinder war damit für den Kraftwagenmotor die technisch vertretbare Größtbaulänge erreicht. Motoren mit zwölf und mehr Zylindern in Reihe blieben auf wenige Hochleistungsfahrzeuge für Sonderzwecke beschränkt. Maybach hatte 1896 seinen Motor in V-Form gebaut, weil er die Ventile beider Zylinder über die gleiche Kurvennutenscheibe steuern wollte. Die französische Firma DARRACQ baute 1905 einen Achtzylindermotor erstmals in V-Form, um die Baulänge klein zu halten. Die serienmäßige Herstellung derartiger V8-Motoren nahm 1910 die Firma DE DION-BOUTON auf.

Der in diesem Kapitel vorgenommene Rückblick zeigt, daß der nach dem Otto-Verfahren arbeitende Kraftwagenmotor aus der Zeit mehrere Jahre vor dem Ausbruch des Ersten Weltkrieges sich vom Motor der Gegenwart schon nicht mehr grundsätzlich unterschied.

Eine wesentliche Steigerung des thermischen Wirkungsgrades, der beim Otto-Prozeß relativ bescheiden ausfällt, ist nur durch einen günstigeren Kreisprozeß realisierbar. Im Gegensatz zu Köhler war der deutsche Ingenieur Rudolf Diesel davon überzeugt, daß eine nach dem Carnot-Prozeß arbeitende Wärmekraftmaschine gebaut werden könne. Am 4. Februar 1892 meldete er ein Arbeitsverfahren zum Patent an, das unter der DRP-Nr. 67 207 geschützt wurde.

»Der darin unter Punkt 1 erläuterte Anspruch war gekennzeichnet dadurch, daß in einem Zylinder vom Arbeitskolben reine Luft oder anderes indifferentes Gas (bzw. Dampf) mit reiner Luft so stark verdichtet wird, daß die hierdurch entstandene Temperatur weit über der Entzündungstemperatur des zu benutzenden Brennstoffes liegt, worauf die Brennstoffzufuhr vom toten Punkte ab so allmählich stattfindet, daß die Verbrennung wegen des ausschiebenden Kolbens und der dadurch bewirkten Expansion der verdichteten Luft (bzw. des Gases) ohne wesentliche Druck- und Temperaturveränderung stattfindet.«

Die Formulierung »ohne wesentliche Druck- und Temperaturerhöhung« gab Anlaß zum Widerspruch namhafter Fachleute, da nach dem Gay-Lussacschen Gesetz mit einer gleichbleibenden Temperatur ein starker Abfall des Druckes verbunden ist. Nur Diesels Anspruch auf den Schutz der Idee, die Verbrennungswärme bei gleichbleibendem Druck zuzuführen, war sinnvoll, weil sie auch physikalisch richtig war. Nachdem Diesel erkannt hatte, daß Köhler unwiderlegbar nachgewiesen hatte, daß der Carnot-Prozeß nicht durchführbar ist, reagierte er mit dem Deutschen Reichspatent Nr. 82168 vom 30. November 1893. Ohne sich zu revidieren, faßte Diesel den neuen Patenttext so geschickt ab, daß die darin beschriebene Prozeßänderung als solche nicht eindeutig erkennbar war. Vielmehr schilderte er den Prozeß als Verfahren zur Leistungsregulierung einer Wärmekraftmaschine, die nach seinem Patent DRP 67207 arbeiten sollte. Mit der »veränderlichen Dauer der Brennstoffeinführung« als Regelgröße hatte Diesel die isotherme Wärmezufuhr stillschweigend aufgegeben. Er ersetzte sie durch die isobare Wärmezufuhr. Im Patenttext hatte er diese entscheidende Prozeßänderung mit Rücksicht auf seine Lizenznehmer, die Firmen MASCHINENFABRIK AUGSBURG, KRUPP und SULZER, nicht erwähnt. Fachleute, denen die Widersprüche zwischen Diesels Patentansprüchen und dem tatsächlich funktionierenden Motor, den die Firma MASCHINENFABRIK AUGSBURG im Jahre 1897 baute, nicht verborgen bleiben konnten (Abb. 210), wiesen auf die falsche Formulierung im DRP 67207 hin.

Schließlich stimmte der Verbrennungsprozeß des betriebsfähigen Dieselmotors völlig mit den Theorien Köhlers überein, wie er sie zehn Jahre zuvor veröffentlicht hatte. Diesels großes Verdienst ist jedoch die Entwicklung eines Motors mit einem um 30 % höheren thermischen Wirkungsgrad, als ihn der zeitgenössische Otto-Motor hatte. Diesels Motor arbeitete außerdem mit billigerem und zugleich weniger feuergefährlichem Kraftstoff. Die Entwicklung zur Antriebsmaschine von Kraftfahrzeugen aus dem stationären Diesel-Motor vollzog sich wie beim Otto-Motor über die Drehzahlsteigerung. Dem Zylinder mußte zerstäubter Kraftstoff zugeführt werden. Die für ortsfeste Motoren bewährte Einspritzanlage erwies sich als zu groß. Das war ein vom Motor angetriebenen Kompressor, der die Einblaseluft, mit der der Kraftstoff jedem Zylinder über eine Zerstäubungsdüse zugeführt wurde, auf den erforderlichen Druck verdichtete. Der Ausdruck »Kompressor« wurde häufig falsch gedeutet,

Abb. 210
1897

RUDOLF DIESEL: Dritter Versuchsmotor, der als »erster funktionsfähiger Dieselmotor« in die Geschichte der Wärmekraftmaschine mit innerer Verbrennung eingegangen ist

da seit Anfang der zwanziger Jahre damit eine Vorrichtung am Otto-Motor verbunden wurde, die zur Leistungssteigerung schon im Ansaugtakt Luft vorverdichtete. Diese Hochleistungsmaschinen wurden unter »Kompressormotoren« allgemein bekannt. Von dem hier gemeinten »Kompressor« des Diesel-Motors wurde jedoch nicht die Verbrennungsluft, sondern die den Kraftstoff fördernde und zerstäubende Einblaseluft verdichtet. Für den Antrieb des Automobils mußte eine raumsparendere Kraftstoffzuführung gefunden werden.

Unabhängig von einer solchen Spezialisierung befaßte sich der Ingenieur PROSPER L'ORANGE mit der Konstruktion des kompressorlosen Dieselmotors und entwickelte für die Firma BENZ & CIE. ein Einspritzsystem mit einer Hochdruckpumpe. Sie führte den Kraftstoff direkt zu den Einspritzdüsen. Von dort gelangte er fein zerstäubt in eine Vorkammer, die in den Verbrennungsraum einmündete. Die während des Verdichtungstaktes in sie hineingedrückte Verbrennungsluft wurde dabei so stark komprimiert, daß sie sich auf die Zündtemperatur des Kraftstoffes erwärmte. Der Kraftstoff entzündete sich ohne die Hilfe anderer Vorrichtungen von selbst. Am 14. März 1909 erhielt dieses Verfahren unter der DRP-Nummer 230 517 Patentschutz. Die der Patentschrift beigefügte Zeichnung ist in Abb. 211 wiedergegeben. Den Patentanspruch formulierte L'Orange wie folgt:

> »Verbrennungskraftmaschine für flüssige Brennstoffe, bei welcher der Brennstoff sofort beim Eintritt in die Maschine verbrennt, dadurch gekennzeichnet, daß der flüssige Brennstoff durch eine heiße Kammer gespritzt wird, wobei er teilweise vollkommen verbrennt, teilweise sich zersetzt und teilweise verdampft und durch diese Umsetzungen auf dem Wege durch die Kammer den Druck in derselben über den Druck im Arbeitsraume des Zylinders erhöht, wodurch mit dem Brennstoff zugleich während der ganzen Durchtrittsdauer Gase und Dämpfe in den Zylinder strömen und dabei den Brennstoff zerstäuben.«

Die Dauerversuche mit einem entsprechend konstruierten Motor ergaben, daß die Düsenbohrungen durch Ölkoksablagerungen stark zugesetzt wurden. Ohne zu einem befriedigenden Ergebnis gelangt zu sein, brach L'Orange die Versuche 1911 ab. Während des Ersten Weltkrieges befaßte sich der schwedische Ingenieur H. LEISSNER mit dem Vorkammerprinzip. Er erfand ein als Zündeinsatz bezeichnetes Stahlrohr, das er direkt unterhalb der Einspritzdüse in der Vorkammer anbrachte. Das untere Ende des Rohres, das halbkugelig geschlossen war, ragte in den Verbrennungsraum hinein (Abb. 212).

Bohrungen stellten eine Verbindung sowohl zur Vorkammer wie auch zum Hauptbrennraum her. Bei Versuchen stellte sich heraus, daß der Einsatz, der die Vorkammer in einen zylindrischen Innen- und einen ringförmigen Außenraum unterteilte, bis auf geringe Reste verbrannte, der Motor aber mit dem funktionsfähig gebliebenen Unterteil des Einsatzes weiterlief. L'Orange ge-

Abb. 211
1909

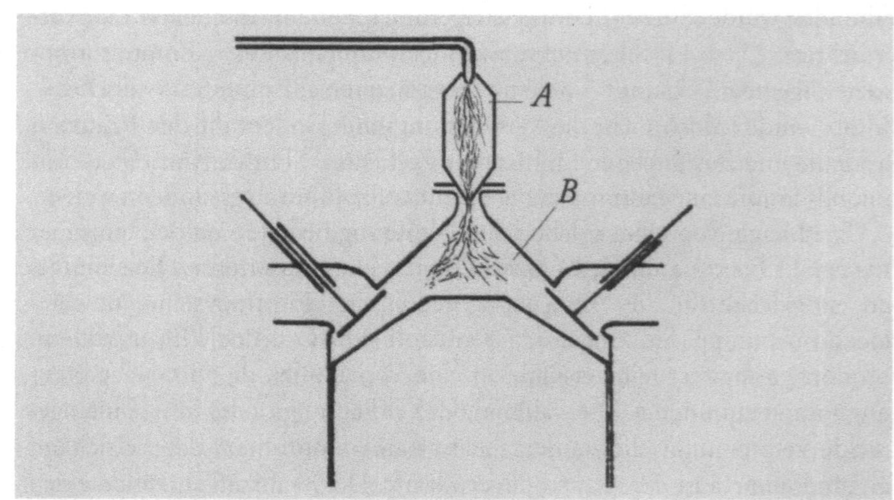

PROSPER L'ORANGE: Zeichnung der Vorkammer zur Patentschrift DRP 230517. *A)* Vorkammer, *B)* Hauptbrennraum

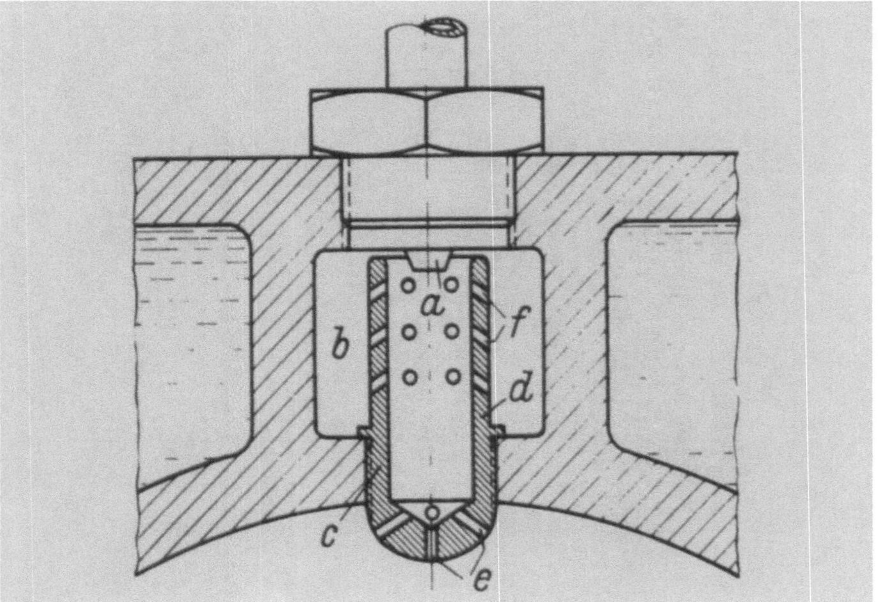

H. Leissner: Vorkammer mit Zündeinsatz. *a)* Kraftstoff-Einspritzdüse, *b)* Vorkammer, *c)* Zündeinsatz, *d)* in die Vorkammer hineinragender, als »Kragen« bezeichnetes Oberteil des Zündeinsatzes, *e)* in die Vorkammer führende Bohrungen im »Kragen«, *f)* in den Hauptbrennraum führende Bohrungen im halbkugelig gestalteten Unterteil des Zündeinsatzes

staltete deshalb, als er Ende 1918 einen nach Leissners Vorkammerprinzip arbeitenden Diesel-Motor untersucht hatte, den Zündeinsatz so, daß er mit seinem oberen Rand an der vom Kühlwasser berührten Vorkammerwandung anlag (Abb. 213). Die Temperatur im unteren Teil des Einsatzes, der in den Hauptbrennraum hineinragte, war hoch genug, um die Entstehung von Ölkoksablagerungen an den dort befindlichen Austrittsbohrungen von vornherein zu verhindern. L'Orange war mit dieser Konstruktion die Verwirklichung des zuverlässig arbeitenden Diesel-Motors ohne Lufteinblasanlage, also des kompressorlosen Diesel-Motors, auf einfachste Weise gelungen.

Otto-Motor und Dieselmotor sind Wärmekraftmaschinen mit innerer Verbrennung. Sie unterscheiden sich hinsichtlich des Energieträgers, der Aufbereitung zum zündfähigen Gemisch und der Entflammung des Gemischs. Im idealisierten PV-Diagramm läßt sich die Zustandsänderung des Gases als Kreisprozeß darstellen (Abb. 214 u. 215). Das linke Diagramm zeigt den Gleichraumprozeß. Die Wärmeenergie wird im gleichgroß bleibenden Verbrennungsraum freigesetzt, weil der Kolben während der Wärmefreisetzung nur eine sehr geringe Hubstrecke zurücklegt. Im Idealprozeß-PV-Diagramm wird die Wärmefrei-

Abb. 213
1919

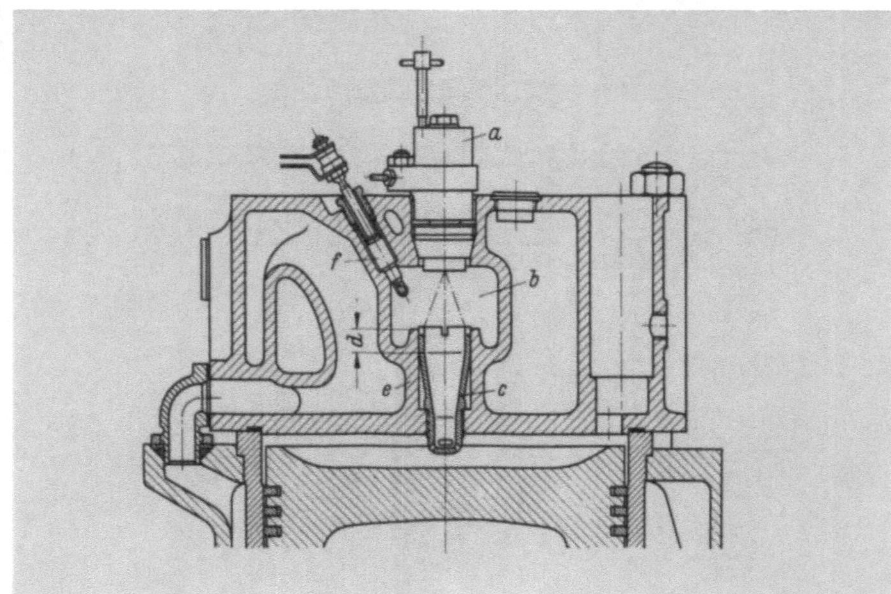

PROSPER L'ORANGE: durch Leissners Konstruktion angeregte Verbesserungen am Vorkammereinsatz. Der Einsatz war durch das DRP 397 142 vom 18. März 1919 geschützt. *a)* Kraftstoffeinspritzdüse, *b)* Vorkammer, *c)* Zündeinsatz, *d)* gekühlter Teil des Einsatzes, *e)* wassergekühlte Vorkammerwand

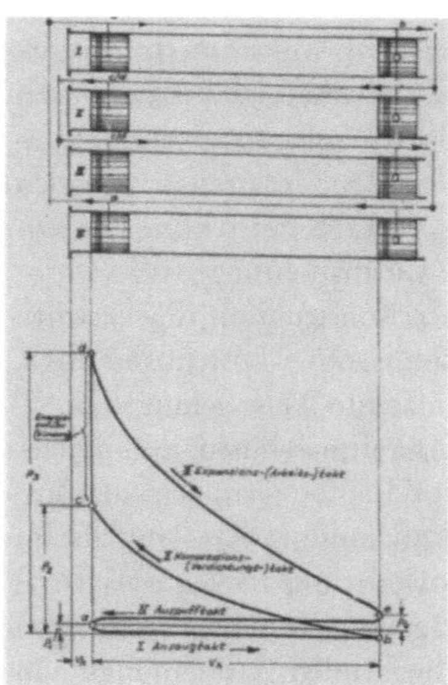

Gleichraumprozeß im theoretischen PV-Diagramm

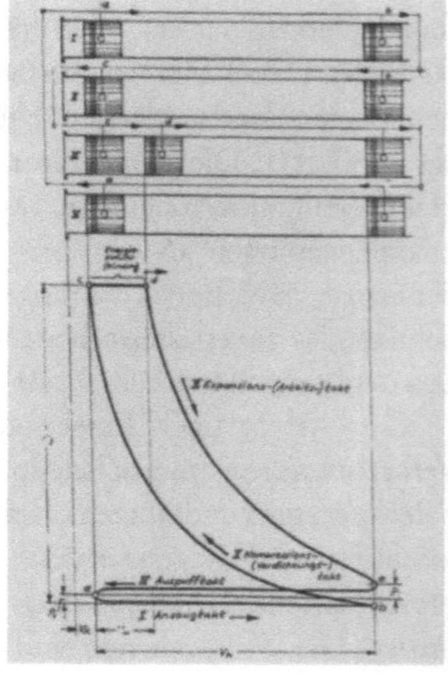

Gleichdruckprozeß im theoretischen PV-Diagramm

setzung durch die Senkrechte c-d dargestellt. Im rechten Gleichdruckdiagramm hingegen erfolgt die Energiefreisetzung während der Kolbenbewegung von c nach d – also bei zunehmendem Verbrennungsraumvolumen – unter annähernd gleichbleibendem Druck. Der gleichbleibende Druck p_2 ist durch die horizontale Diagrammlinie c-d dargestellt. Das Zylindervolumen vergrößert sich während der Wärmefreisetzung von v_k auf v_2. Die übrigen drei Zustandsänderungen des Wärmeträgers sind in beiden Prozessen gleicher Art. Es sind dies eine adiabate Expansion entsprechend dem Kurvenabschnitt d-e und eine adiabate Kompression gemäß dem Kurvenzug b-c. Die Abfuhr der restlichen Wärme und damit der Abbau des Restdruckes von P_3 bzw. P_4 auf den Anfangsdruck p_1 erfolgt bei gleichbleibendem Zylindervolumen. Die im Vergleich zum Otto-Motor größere Wirtschaftlichkeit des Diesel-Motors zeigt sich in Abb. 215 im wesentlich höheren Verdichtungsdruck P_2 am Ende des zweiten Taktes. Im dritten Takt wird die Wärmeenergie auf einer Adiabate (d-e) mit größerem »Gefälle« als der des Otto-Prozesses (Abb. 214) freigesetzt.

Um diese zunächst nur stationär verwendbaren Maschinen jedoch auch für den Fahrzeugbetrieb geeignet zu machen, mußten sie die gleiche Leistung bei geringstmöglichen Abmessungen und entsprechend niedrigem Gewicht abgeben. Das gelang in erster Linie durch eine stetige Erhöhung der Betriebsdrehzahl. Da der Otto-Motor zuerst entwickelt war, war er auch die erste Wärmekraftmaschine mit innerer Verbrennung, die als Fahrzeugmotor eingesetzt wurde. Wenn man über die Wärmekraftmaschine mit innerer Verbrennung zum Antrieb von Straßenfahrzeugen schreibt, muß man zwangsläufig auch über die Straßenfahrzeuge selbst schreiben. Hier in diesem Kapitel werden diese Straßenfahrzeuge mit »Automobil« bezeichnet, wie sie etwa seit der Jahrhundertwende in der Fachliteratur verwendet wird, belegt. Obwohl vorausgesetzt werden darf, daß der Sinngehalt dieses Ausdruckes ohne jeden erläuternden Zusatz weltweit bekannt ist, werden jedoch für die Abgrenzung seines historischen wie auch seines aktuellen Gültigkeitsbereiches Begriffsausdeutungen notwendig. Erst mit ihrer Hilfe wird es möglich, das heute noch umstrittene Baujahr des »Ersten Automobils« geschichtlich exakt zu fixieren. Dies geschieht im folgenden Kapitel. Die Tafel 3 (Kap. 12) zeigt die Entwicklungsstufen der Motorfahrzeuge mit Antrieb durch die Wärmekraftmaschine mit innerer Verbrennung.

LEICHTE MUSKELKRAFTFAHRZEUGE WAREN DIE SCHRITTMACHER DER MOTORISIERUNG

*D*as motorisierte Fahrzeug hatte sich in einem langwierigen Prozeß aus dem Pferdefuhrwerk entwickelt. Der Vorgang dauerte unter anderem deshalb solange, weil es nicht damit getan war, die Zugtiere durch eine Wärmekraftmaschine zu ersetzen. Das Rad diente beim Pferdefuhrwerk nicht zum Antrieb. Das war beim Antrieb durch eine Wärmekraftmaschine anders, die Antriebskraft mußte von den Rädern übertragen werden. Beim Pferdefuhrwerk wurde die Zugkraft von den Zugtieren von außen in das Fahrzeug eingeleitet. Beim maschinengetriebenen Wagen wurde die Antriebskraft von der am Wagen fest montierten Maschine erzeugt und – abgesehen von einigen Versuchen mit Schreitantrieb – über ein Getriebe auf die Räder übertragen. Der Antrieb und der Wagen bildeten nun nicht nur – wie seither beim Pferdefuhrwerk Pferd und Wagen – eine funktionelle, sondern auch eine konstruktive Einheit. Bei einer anderen Fahrzeugart, den Muskelkraftfahrzeugen, wurde die Muskelkraft der Arme und Beine der Insassen meist direkt auf ein Fahrzeugrad übertragen. Damit war eine vorübergehende – d. h. auf die Fahrzeit beschränkte – konstruktive und funktionelle Einheit von »Antrieb« und Fahrzeug gegeben. Der Mensch war also konstruktiv, funktionell und räumlich in den Antriebsmechanismus integriert. Das Rad trug nun nicht mehr nur das Fahrzeuggewicht, es diente meist auch zum Antrieb. Man kann Fahrzeuge nach deren Antrieb benennen. Beispiele sind Hippomobil, Vapomobil und Elektromobil. Analog dazu müßte das muskelkraftgetriebene Fahrzeug »Anthropomobil«, d. h. »Menschenbewegtes« (Fahrzeug), heißen.

Frühe Beispiele von Muskelkraftfahrzeugen waren die Belagerungsmaschinen, die König Philip von Makedonien, der Vater Alexanders des Grossen, um 330 v. Chr. durch den Militäringenieur Poseidonios herstellen ließ (siehe Abb. 216). Dies waren fahrbare Belagerungstürme, die über Treträder von einer geschützt untergebrachten Mannschaft in Bewegung gesetzt wurden. Diese Vorläufer heutiger Panzerfahrzeuge nannte der römische Architekt und Militärtechniker Pollio Vitruvius in griechisch »Helepolis«, d. h. »Stadteinnehmerin«. Vitruvius lebte im 1. Jahrhundert v. Chr. In seinem zehn Bücher umfassenden Werk »De architectura« (»über die Baukunst«) beschreibt er diese Belagerungstürme. Erst aus dem 15. Jahrhundert nach Christus liegen wieder Berichte über diese Fahrzeugart vor. In einem Bericht aus dem Jahr 1420 ist ein

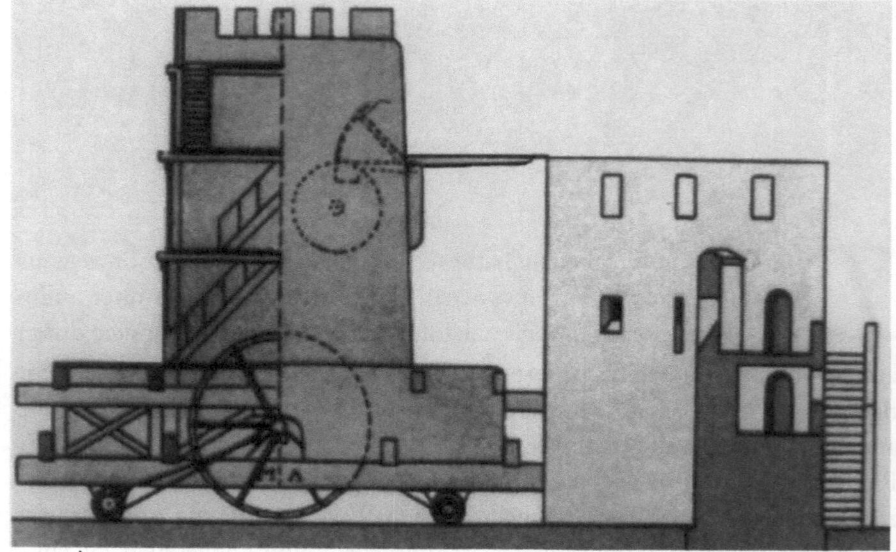

Poseidonios: »Helopolis« (Helopole) genannter Belagerungsturm, der durch Muskelkraft über ein Tretrad angetrieben wurde

Vierradfahrzeug beschrieben. Es handelt sich um den Entwurf des venezianischen Doktors der Philosophie und der Medizin, Giovanni da Fontana. Die Hinterachse war manuell über einen Haspelmechanismus, einen Seilzug und ein Zahnradgetriebe angetrieben (Abb. 217).

Die Chronik der freien Reichsstadt Memmingen berichtet am 2. Januar 1447 über den ersten deutschen Muskelkraftwagen: *»Dem Mittwoch nach dem Neüwen Jarsthag ging ein Rechter wagen zum Kalchtor herein bis auf den Marckht, vnd wider hinaus ohne Ross, Rindter und Leyet, er war wol verdeckht, vnd sass der meister So In gemacht darin.«*

Etwa zwei Jahrhunderte später stellte der Zirkelschmied Johann Hautsch einen prunkvollen Triumphwagen mit Muskelkraftantrieb her (Abb. 218), mit dem er 1649 durch die Straßen von Nürnberg fuhr. Dabei legte das Fahrzeug in der Stunde die Strecke von 2000 Schritten zurück, was einer Geschwindigkeit von ca. 1,5 km/h entsprach. Den reich mit Schnitzwerk verzierten Wagen schmückte am Vorderteil – dem Vordersteven eines Wikingerschiffes vergleichbar – auf hochgerecktem Halse ein Drachenkopf. Er konnte sich hin- und herdrehen, mit den Augen rollen und seinen Rachen aufsperren. Neugierige Betrachter verwies er wasserspeiend in respektvollen Abstand. An beiden Seiten des Wagenkastens angebrachte Figuren warnten unterstützend mit Posaunensignalen. Eine Zweitausführung dieses Fahrzeugs erwarb 1663 der König

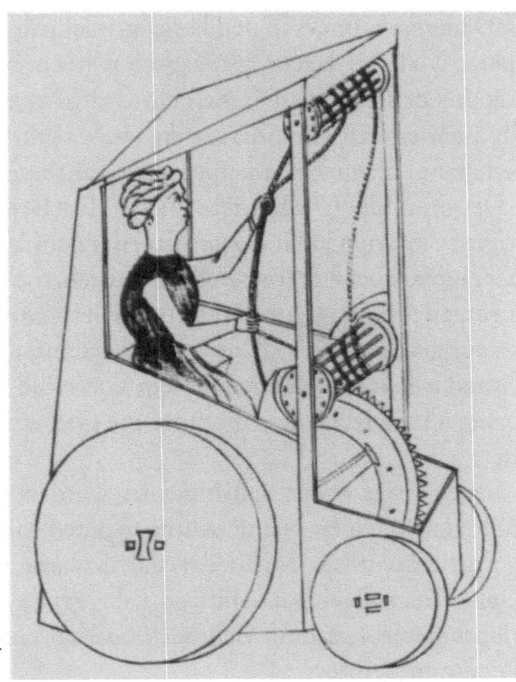

Abb. 217
1420

Dottore GIOVANNI DA FONTANA:
Muskelkraftwagen mit manuell betätig-
tem Haspelantrieb

Abb. 218
1649

JOHANN HAUTSCH: Prunkwagen mit Muskelkraftantrieb

von Dänemark, um es in den Festzug anläßlich seiner Thronbesteigung einzureihen. Weder Belagerungsmaschinen noch Prunkwagen waren aber Fahrzeuge für den täglichen Gebrauch. Das Muskelkraftfahrzeug kann man deshalb auch erst zu dem Zeitpunkt als Verkehrsmittel betrachten, zu dem es gleich benutzt wurde wie tiergezogene Fahrzeuge.

Der invalide Uhrmacher STEFAN FARFFLER aus Altdorf bei Nürnberg fertigte 1650 einen Dreiradwagen an, der per Hand zu bewegen war (Abb. 219). Über eine Kurbel war eine Welle zu drehen, die im Vorderteil des Wagens quer zur Fahrtrichtung gelagert war. Auf ihr war ein Ritzel befestigt, das die Drehbewegung auf ein ins Langsame übersetzendes Zahnrad übertrug. Dieses Zahnrad war kraftschlüssig mit dem Vorderrad verbunden. Eine 8 Jahre später gebaute Vierradversion verbrannte 1944 bei einem Bombenangriff auf Nürnberg.

Gegen Ende des 17. Jahrhunderts wurden Muskelkraftwagen entwickelt, die ähnlich wie eine Nähmaschine mit den Füßen über wippenartige Pedale angetrieben wurden. Mit den Pedalen wurde eine Kurbel angetrieben. Solche als »Tretwagen« bezeichneten Fahrzeuge waren in Frankreich bis in das 18. Jahrhundert hinein in Gebrauch und hatten sich im individuellen Nahverkehr bewährt (Abb. 220).

Abb. 219
1680

STEFAN FARFFLER: dreirädriger Muskelkraftwagen mit Vorderradantrieb über eine Handkurbel und Stirnräder

Muskelkraftwagen mit Trethebelantrieb

Die bis jetzt betrachteten Muskelkraftfahrzeuge waren über ein Rad oder
mehrere Räder direkt angetrieben. Der Franzose Graf DE SIVRAC entwickelte
1791 eine neues, einfacheres Muskelkraftfahrzeug mit indirektem »Schubantrieb« (Abb. 221). Der Fahrer schob das Fahrzeug mit den Beinen, indem er
ausschritt. Er saß dabei auf einem Sattel, der auf einem langbaumartigen
Träger befestigt war. An den Enden des Trägers waren senkrechte Radgabeln
montiert, die leichte Speichenräder führten. Am freien Ende der nach oben
über den Träger hinaus verlängerten Vorderradgabel war quer zur Fahrtrichtung eine Griffstange befestigt, an der sich der Fahrer mit den Händen abstützen konnte. Bei diesen einspurigen Laufrädern übernahm der Benutzer die
Funktion des Reiters und des Pferdes zugleich. Das Laufrad trug bei dieser
Fortbewegungsart das Körpergewicht, was die Beine des Fahrers entlastete. Er
hatte also mehr Kraft zum Antreiben des Rades zur Verfügung, was diese Fortbewegungsart im Vergleich zum Gehen angenehmer und schneller machte. So
konnten in der Stunde durchschnittlich etwa 8 bis 9 km zurückgelegt werden.
Sivrac nannte seine Erfindung »celerifere«, was sich etwa mit »Geschwind-
träger« übersetzen ließe. Später wurden diese Laufräder mit dem gleichbedeu-
tenden Begriff »velociferes« bezeichnet.

Graf DE SIVRAC auf einer von ihm konstruierten »Celerifere«

Ohne Lenkvorrichtung waren die Velociferen als Verkehrsmittel ungeeignet. Sie wurden deshalb nur zu sportlichen Zwecken und zum Vergnügen
gefahren. Der badische Forstmeister Freiherr KARL DRAIS VON SAUERBRONN
trat 1804 mit einer lenkbaren Laufmaschine an die Öffentlichkeit. Das vordere
der beiden Laufräder, die wie bei Velociferen geführt waren, hatte Drais in
einer um die Senkrechte schwenkbaren Gabel gelagert (Abb. 222). Gegenüber

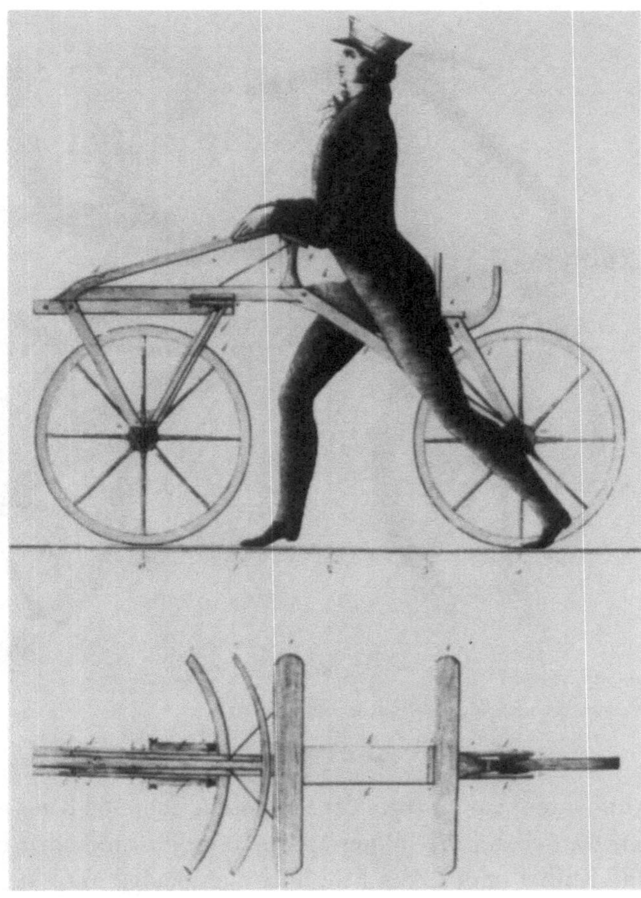

Zeichnung aus der Patentschrift des Freiherrn KARL VON DRAIS

den älteren Muskelkraftfahrzeugen mit direktem Radantrieb bedeuteten die Celiferen und Draisinen (Abb. 223) mit ihrer indirekten Kraftübertragung einen technischen Rückschritt. Der Mensch als »Antrieb« bildete jedoch – zumindest für die Dauer der Fahrt – eine funktionelle Einheit mit dem Fahrzeug. Der Schritt zur in das Fahrzeug integrierten Wärmekraftmaschine war vorbereitet.

Der Engländer LEWIS COMPERTZ ersetzte 1821 den indirekten Schubantrieb durch den direkten Radantrieb. In der Lenkgabel des Vorderrads einer Draisine lagerte ein Zahnsegment, das mittels eines Hebels von Hand hin- und herbewegt werden konnte. Das Zahnsegment griff in die Zähne eines Ritzels ein, das auf der Radachse gelagert war. Ein Freilauf stellte während der Vorwärtsbewegung des Segments Kraftschluß zwischen dem Ritzel und der Radachse her und löste ihn, wenn das Segment rückwärts bewegt wurde. Sieb-

Abb. 223
1820

Draisine, Fürstlich Fürstenbergische Sammlungen

zehn Jahre später verlegte der schottische Schmied KIRK PATRICK MACMILLAN den Antrieb auf das Hinterrad. Er befestigte an beiden Enden der Radachse eine Kurbel und verband sie über eine Stange mit einem Pendelhebel. Der Pendelhebel war am vorderen Rahmenende gelagert und trug an seinem unteren Ende eine Fußraste, die man treten konnte. Dieser über Kurbeln wirkende Gestängeantrieb bewährte sich zwar gut, blieb aber außerhalb Schottlands unbekannt (Abb. 224).

Gegen 1853 montierte der deutsche Instrumentenmacher PHILIPP MORITZ FISCHER aus Oberndorf an die Vorderachse einer Draisine Tretkurbeln und benutzte das so verbesserte Fahrzeug geschäftlich (Abb 225). 1861 rüstete der französische Wagner PIERRE MICHAUX eine Draisine, die er reparierte, mit Tretkurbel aus. Er entschloß sich, solche Fahrzeuge in Serie herzustellen, nachdem er ihre guten Fahreigenschaften kennengelernt hatte. Mit diesen »Michaulinen« hatte der Hersteller großen Verkaufserfolg (Abb. 226). Zwei Dinge ereigneten sich 1869 in Paris, die für die Entwicklung des Zweirads von Bedeutung waren. Erstens gründete Michaux eine Zweiradfabrik. Zweitens wurde eine internationale Fahrradausstellung eröffnet. Die Exponate machten mit den neuesten technischen Errungenschaften auf diesem Gebiet bekannt. Die

Abb. 224
1839

KIRKPATRICK MACMILLAN: Velociped mit Kraftübertragung von Schwinghebeln aus über Pleuelstangen auf das Hinterrad

Abb. 225
1853

PHILIPP MORITZ FISCHER: aus der Draisine entwickeltes Zweirad mit Tretkurbelantrieb des lenkbaren Vorderrades

ERNEST MICHAUX mit seinem eisernen Tretkurbelrad

leichte Ganzmetallbauweise hatte die gewichtigen Holzkonstruktionen abgelöst. Die Fahrradrahmen wurden nun aus Stahlrohren hergestellt. An die Stelle von Holz-Speichenräder traten nun leichte Drahtspeichenräder mit Vollgummibereifung. Die für die Zukunft bedeutendste Neuerung war eine Konstruktion des Uhrmachers GUILMET, die von der Firma MEYER & CIE hergestellt worden war. Beide Räder waren fast gleich groß. Das vordere war lenkbar. Der Antrieb erfolgte durch eine zwischen beiden Rädern angeordnete Tretkurbel über eine Kette auf das Hinterrad (Abb. 227). Dies entsprach der Grundkonzeption des modernen Fahrrads. Dieses Antriebssystem konnte sich jedoch vorerst gegenüber den Michaulinen nicht durchsetzen. Das Zweirad erfreute sich auch großer Beliebtheit als Individualfahrzeug für die Reise. Es ist bemerkenswert, mit welcher Aufgeschlossenheit diese Fahrzeugart von der Öffentlichkeit aufgenommen wurde. Dazu trug nicht zuletzt auch die Art und Weise bei, in der ihr Benutzer auf einem Velociped Platz nahm. Das Sitzen im

Fahrrad des Uhrmachers GUILMET, erstmals mit einem Hinterradantrieb über eine zwischen den Rädern angeordnete Tretkurbel und Kette

Sattel, das schon bei den Velociferen und Draisinen funktionell bedingt war, stellte eine so enge Beziehung zum Reiten her, daß der soziale Status, der traditionsgemäß mit dieser Fortbewegungsart verbunden war, diese Fahrzeuggattung »gesellschaftsfähig« machte. Gelegentlich war ein Pferdekopf am Vorderteil dieser Fahrzeuge angebracht. Auch in der Bezeichnung »Reitrad« spiegelt sich die gedankliche Verbindung zum Reiten wieder. Sie blieb auch noch bestehen, nachdem der Antrieb über Tretkurbeln den Schreitgang verdrängt hatte.

So war innerhalb von nicht ganz 80 Jahren neben dem Pferdefuhrwerk, das eine Jahrtausende dauernde Entwicklung durchlaufen hatte, eine zweite Fahrzeuggattung, die der Muskelkraftfahrzeuge, entstanden. Aus dem Velociped konnte sich nun das automobile Fahrzeug entwickeln, ähnlich wie aus dem Hippomobil der Dampfwagen hervorgegangen war. 1868 ließ sich der französische Ingenieur PERREAUX eine Michauline mit Dampfmaschinenantrieb patentieren. Dieses Fahrzeug baute er ein Jahr später (Abb. 228). Unterhalb des Sattels hatte der Erfinder direkt auf den eisernen Rahmen die Maschine montiert. Zur Kraftübertragung auf das Hinterrad verwendete er zwei lederne Schnurriemen. Am Hinterrad war koaxial an den Speichen eine Riemenfelge befestigt, die die Riemen antrieben. Die Drehzahl der Antriebsmaschine wurde dabei ins Langsame übersetzt. Der durch Holzplatten isolierte Kessel hatte zylindrische Form und war für Spiritusfeuerung ausgelegt. Er befand sich etwas zum Triebrad hin versetzt oberhalb der Dampfmaschine. Perreaux hat

Abb. 228
1868

PERREAUX: Michauline mit Dampfmaschinenantrieb

das erste automobile Zweirad gebaut. Es ist nicht verbürgt, daß es jemals gefahren wurde, da Perreaux das Fahrzeug nur zu Versuchszwecken hergestellt hat. Etwa zur gleichen Zeit baute der Amerikaner S.H. ROPER ein Dampfzweirad. Das Hinterrad wurde durch eine Pleuelstange über eine an der Radachse befestigte Kurbel direkt angetrieben. Beiden Erfindern war es gelungen, die Dampfmaschine mit ausreichender Leistung klein genug zu bauen. So konnte sie am Zweirad untergebracht werden. Die Kesselanlage und der notwendige Wasservorrat beanspruchten jedoch zusätzlichen Raum. Sie erhöhten auch das Gewicht des Fahrzeugs. Dies wirkte sich bei einem kleinen, leichten Velociped noch wesentlich nachteiliger aus als beim großräumigen, tragfähigeren Dampfwagen. Der Einbau der Maschinenanlage oberhalb der Radachse bedeutete die Verlagerung des Schwerpunktes nach oben. Dies war besonders ungünstig. Ein Zweirad kippt umso leichter, je höher der Schwerpunkt liegt. Ein leichterer Antrieb wäre also für das automobile Zweirad nur von Vorteil gewesen. Als NICOLAUS OTTO 1876 die neue Wärmekraftmaschine mit innerer Verbrennung entworfen hatte, konnte sich dieser verhältnismäßig leichte Motor zum Antrieb für Zweiradfahrzeuge entwickeln.

Inzwischen entwickelte sich das Muskelkraftvelociped eigenständig fort. Zunächst wurde die Fahrgeschwindigkeit gesteigert. Bei dem unmittelbaren

Antrieb eines Rades über eine Tretkurbel, wie z. B. bei der Michauline, war die Kurbeldrehzahl gleich der Raddrehzahl. Dadurch war die Fahrgeschwindigkeit bei einer gegebenen Drehzahl ausschließlich von der Größe des Raddurchmessers bestimmt. Je größer der Raddurchmesser war, desto größer war die Fahrgeschwindigkeit. Der Franzose CLEMENT ADER stellte diese Überlegung an und vergrößerte das Antriebsrad einer Michauline wesentlich. Der Engländer STARLEY kam zu einem ähnlichen Ergebnis. Er verringerte aber zugleich den Durchmesser des Hinterrades, das so lediglich noch eine Stützfunktion hatte. Den Rahmen stellte er aus Stahlrohr und die Speichen aus Stahldraht her. Die Speichen waren so angeordnet, daß sie nur auf Zug beansprucht waren. Die Zweiräder Starleys waren äußerst stabil, obwohl sie sehr leicht waren. Sie wurden auch in Wettbewerben eingesetzt, was sie bekannt machte und ihre Verbreitung beschleunigte. Das aus der Michauline entwickelte Zweirad wurde in Deutschland als »Hochrad« bezeichnet. In England hieß es »ordinary bicycle«, abgekürzt »Grand Bi«, was von jedermann verstanden wurde. Das Hochrad hatte wegen seines hochliegenden Schwerpunkts die Neigung, über Bodenhindernisse hinweg nach vorne zu kippen. Der Fahrer war dadurch ernstlich gefährdet. Eine Kompromißlösung war der von SCHRÖTER entwickelte »Sicherheitslenker« (Abb. 229). Schon 1871 hatte Starley eine Zahn-

Abb. 229

SCHRÖTER: Hochrad mit Sicherheitslenker

radübersetzung zwischen den Tretkurbeln und der Radachse als Sonderausrüstung im Angebot. Dieses Getriebe setzte sich aber zunächst nicht durch. Später konnten aber »Niederräder« ohne Geschwindigkeitseinbuße im Vergleich zu Hochrädern damit angetrieben werden. Die nötige Übersetzung lieferte nun nicht mehr das große Vorderrad, sondern das Getriebe.

Das Hochrad war auch sicherer gegen Kippen, wenn man das Stützrad vorn anbrachte. Das Hinterrad wurde dann zum Treibrad. Die Sitzposition des Fahrers mußte, um die Radlasten wie seither verteilt zu haben, ebenfalls nach vorne wandern. Die Kraft mußte also auch über einen längeren Weg – von den Füßen des Fahrers zur Radachse – übertragen werden. Anfangs geschah dies über Trethebel, die auf Sperrklinken wirkten. 1878 entwarf der Engländer THOMAS SHERGOLD einen Kettentrieb. Beide Räder hatten denselben Durchmesser. Dieses Fahrzeug war gegen Kippen ziemlich sicher. Das Konstruktionskonzept war technisch günstig und dem des modernen Fahrrads ähnlich. Guilmet hatte das Grundkonzept zum modernen Fahrrad schon 1869 gefunden. Michaux war aber einflußreicher. Das aus seinem Fahrzeug entwickelte Hochrad setzte sich durch. So dauerte es noch zehn Jahre, bis sich Guilmets besseres Antriebssystem gegenüber dem zwar schnelleren, aber überschlaggefährdeten Hochrad durchsetzte. Die Umstellung auf den Maschinenantrieb war nun schnell vollzogen. Der Muskelkraftantrieb mußte nur durch den Maschinenantrieb ersetzt werden, z.B. indem die Kurbelwelle des Motors dort eingriff, wo vorher die Tretkurbel eingebaut war. Der Italiener GIUSEPPE MURNIGOTTI erhielt am 22. Februar 1879 das Patent Nr. 284 Vol. 21 auf den Direktantrieb eines Velocipeds mittels Gasmotor. Das Maschinenpleuel griff direkt in die Triebradkurbel ein. Dem Patent lag der technikgeschichtlich erste Vorschlag zugrunde, ein Straßenfahrzeug mit einem nach dem Viertaktverfahren arbeitenden Verbrennungsmotor anzutreiben (Abb. 230). Murnigotti trennte im Gegensatz zu Perreaux die Lenkung vom Antrieb. Die zwei Zylinder seines Antriebsmotors lagen nebeneinander unter dem Fahrzeugrahmen. Da die Pleuelstangen auf beiden Seiten des Vorderrades in die Kurbel eingriffen, konnte dieses Rad nicht lenkbar sein. Deshalb sah Murnigotti eine Hinterradlenkung vor. Angelenkt wurde das Hinterrad durch den vorn sitzenden Fahrer über eine Lenkstange, die über seinen Kopf hinweg nach hinten lief. Bei dieser Lenkung war der Lenkausschlag nicht gleichsinnig mit der Fahrtrichtungsänderung, wie man das vom vorne gelenkten Velociped her gewöhnt war. Mit nach rechts geführtem Lenkhebel wurde z.B. eine Linkskurve gefahren. Murnigotti schlug auch eine Alternativlösung vor, bei der über eine Torsionswelle die Hinterachsgabel in Richtung der gewünschten Fahrtrichtung geneigt werden konnte. Dabei sollte nach dem »Trudelreifeneffekt« das geneigte Rad auf einer kreisförmig gekrümmten Spurlinie abrollen. Da hierbei

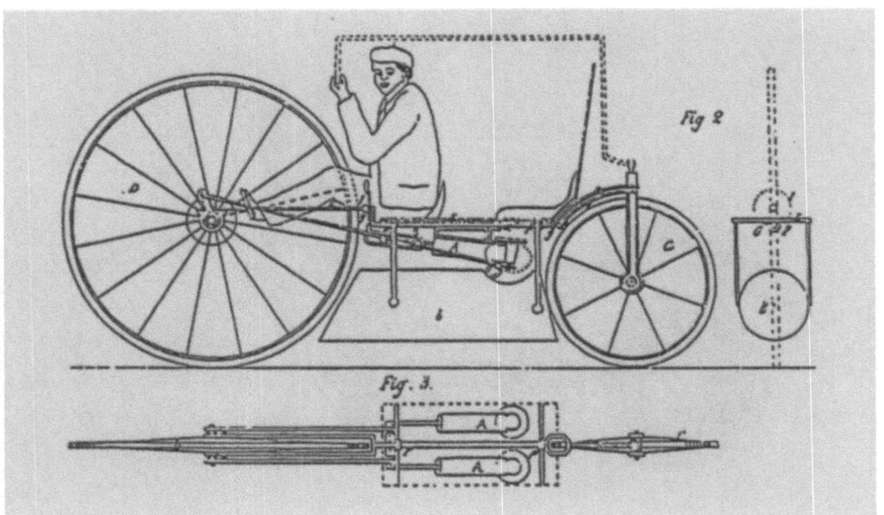

Abb. 230
1879

Guiseppe Murnigotti: Zeichnung aus der italienischen Patentschrift Nr. 284 Vol. 21. vom 22. Februar 1879. Zweisitziges Velociped mit Antrieb durch einen Zweizylinder-Viertaktmotor über Pleuelstangen direkt auf die Kurbelachse des Vorderrades; lenkbares Hinterrad

die Parallelität der Achse des gelenkten zu der des ungelenkten Rades erhalten blieb, konnte innerhalb dieses Lenksystems keine geometrische Abstimmung zwischen beiden Rädern erfolgen.

Um eine ausreichende Fahrgeschwindigkeit zu erhalten, legte der Erfinder den Durchmesser des direkt angetriebenen Vorderrades auf etwa 1,5 m aus. Als Kraftstoff gedachte Murnigotti in einem Druckbehälter unterhalb des Motors Leuchtgas mitzuführen (Abb. 230).

Es ist weder erwiesen noch wahrscheinlich, daß Murnigotti sein Patent je in die Praxis umgesetzt hat. Ungeachtet dessen kommt ihm eine in der Literatur leider selten gewürdigte Bedeutung zu. Murnigotti hatte richtig erkannt, daß die Fahrzeugmotorisierung zur damaligen Zeit am besten zu bewerkstelligen war, indem man ein Velociped mit einem Ottomotor versah. Fünfzehn Jahre später wurde bei produzierten Fahrzeugen – wie in seinem Patent beschrieben – die Antriebskraft direkt über Pleuelstangen auf die Triebachse übertragen. Diesen Direktantrieb baute 1894 die deutsche Firma Hildebrand & Wolfmüller in ihr Motorvelociped ein (Abb. 231 u. 232). Sie nannte das Fahrzeug »Motorrad«. Diese Bezeichnung ist für solche Krafträder heute noch üblich. Es war das erste serienmäßig hergestellte Fahrzeug dieser Gattung. Die Pleuelstangen des Zweizylindermotors, der wie bei Murnigotti liegend angeordnet war, versetzten über Kurbeln und ein ins Langsame übersetzendes Planetengetriebe das Hinterrad in Drehung.

Abb. 231
1894

HILDEBRAND & WOLFMÜLLER: Motorrad mit liegendem Einzylindermotor; Kraftübertragung auf das Hinterrad über eine Pleuelstange auf ein Planetengetriebe. Das Planetengetriebe ist dem ähnlich, das Watt in seine Dampfmaschine mit rotierender Leistungsabgabe einbaute

Abb. 232
1899

HILDEBRAND & WOLFMÜLLER: direkte Kraftübertragung auf die Kurbel des Hinterrades durch die Pleuelstang und Antrieb des Auslaßventils über eine nockengesteuerte Anlaufrolle u. Schubstange. Der an die Pleuelstange angelenkte Gummigurt dient zum Rückholen des Kolbens aus der Totpunktlage

Die englische Firma TRACTION COMPANY in Coventry baute 1899 zum ersten Mal ein Motorrad mit Vierzylindermotor in Serie. Der Antriebsstrang war nach dem gleichen Prinzip aufgebaut, wie beim Motorrad der Fa. HILDEBRAND & WOLFMÜLLER. Entworfen hatte das Motorrad der englische Oberst Sir HENRY CAPEL HOLDEN (Abb. 233 u. 234). Er brachte die Antriebsmaschine liegend im Fahrgestellrahmen unter. Die beiden Pleuelstangen waren über je einen querliegenden Führungsbolzen mit je zwei Kolben verbunden. Je zwei Kolben liefen in einem Doppelzylinder. Die Pleuelstangen griffen abtriebsseitig ohne Übersetzungsgetriebe in die Hinterachse ein, die als Kurbelachse gestaltet war. Die am Vorderrad angebrachten Tretkurbeln dienten zum Anlassen.

Murnigotti hatte bei seinem Velociped die Kraft unmittelbar übertragen. Die lineare Bewegung des Maschinenkolbens wurde über die Pleuelstange an einen Zapfen der Triebachskurbel übertragen, der sich auf einer Kreisbahn bewegte. Die Achskurbelwelle übernahm damit wie beim frühen Dampfwagen und – bis in die Gegenwart – bei der Dampflokomotive die Doppelfunktion des Bewegungswandlers und des kraftübertragenden Elements des Antriebsstranges. Im Gegensatz zur Dampfmaschine, die mit diesem Kraftübertragungssystem sehr schnell lief, konnte der Verbrennungsmotor im Velociped so nur mit niedrigen Drehzahlen betrieben werden. Dagegen gestattete der Kettenantrieb die Kraftübertragung bei höheren Drehzahlen und hatte

Abb. 233
1899

Gesamtansicht des HOLDEN-Motorrades. Gegenüber der Zeichnungsvorlage umgestellt von Perspektiv- auf Geradansicht, andere Pedalstellung und andere Kolbenstellung

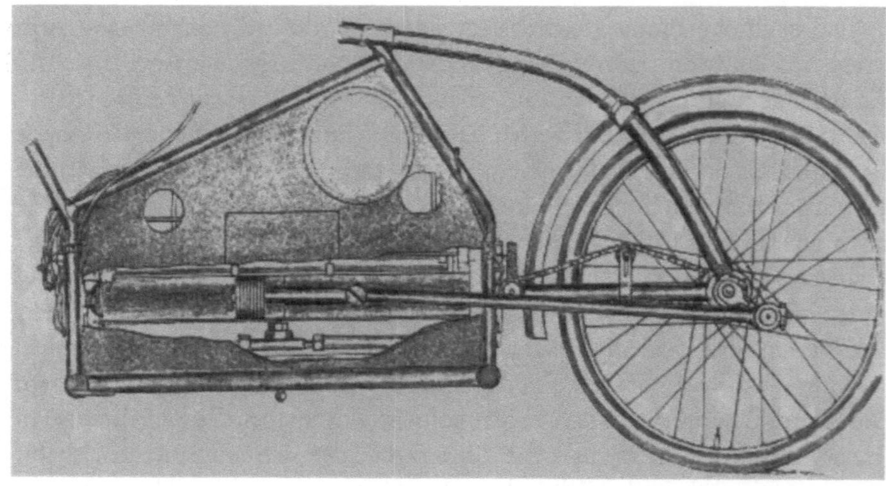

H.C. Holden: Längsschnitt durch einen Zylinder des Antriebsmotors und Darstellung der Kraftübertragung

sich bereits am Velociped mit Muskelkraftantrieb den Gestängesystemen überlegen gezeigt. Das Gestängesystem mit Tretkurbel und Treibachse wurde beim
Antrieb durch Verbrennungsmotor ersetzt durch Kurbelwelle und Treibachse.
Zwischen beiden Bauteilen stellte schon bei Perreaux ein Treibriemen die Verbindung her, wobei allerdings die gelenkte Achse zugleich auch Treibachse war
(Abb. 228). Erst ein Jahr später, 1869, wurden beim Muskelkraftfahrzeug Lenkung und Treibachse getrennt. Guilmet und Meyer entwarfen ein Fahrrad,
bei dem von der Tretkurbel aus über eine Kette das Hinterrad angetrieben
wurde (Abb. 227). Diese schon im Dampfwagen bewährte Art der Kraftübertragung entsprach zwar funktionsmäßig dem älteren Riemenantrieb, arbeitete
jedoch im Gegensatz zu diesem stets schlupffrei. Die Vorteile des Riemen-
antriebs bestanden in der größeren Einfachheit und in der größeren Elastizität. Dieses Transmissionssystem sah 1885 Wilhelm Maybach für einen
motorisierten Reitwagen vor (Zeichnungen zur Patentschrift DRP Nr. 36 423
s. Abb. 235). Die Bauart des Fahrzeugs lehnte Maybach an die der einspurigen
Laufmaschine von Drais an. Damit griff er auf eine ältere, schwerere Konstruktion zurück, als es Perreaux und Murnigotti getan hatten. Überraschen-
derweise hatte Maybach im Gegensatz dazu den Antriebsmotor nach modernsten Prinzipien konstruiert. Er war leicht, klein und schnellaufend. Die
Kurbelwelle dieser luftgekühlten Maschine befand sich an der Stelle, die beim
Muskelkraftantrieb des Zweirades die Tretkurbelachse eingenommen hatte.
Von dort übertrug ein Schnurriemen die Kraft auf einen felgenartigen Riemenkranz, der koaxial zum Hinterrad an dessen Speichen befestigt war. Vom

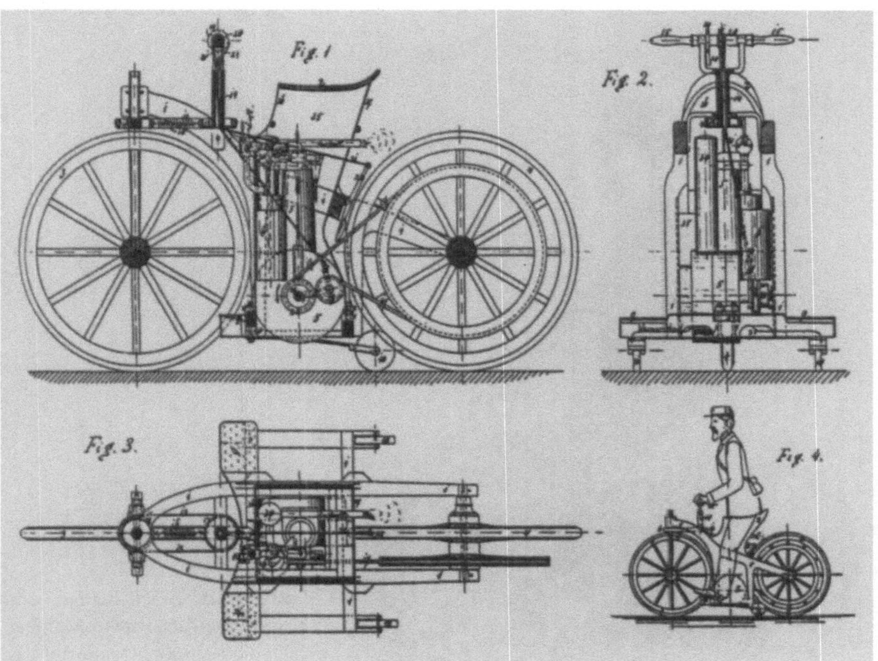

MAYBACH-Reitrad, Patent-Zeichnungen zu DRP Nr. 36 423

Lenkhebel aus war über einen Schnurzug eine Spannrolle zu bedienen, mit der der Treibriemen zu spannen war. Zur Sicherstellung des Motorleerlaufs bei Stillstand des Fahrzeuges konnte der Riemen entspannt, zum Fahren gespannt werden. Gleichzeitig war mit dem Spannen der Rolle ein Lösen, mit deren Entspannen ein Anlegen der auf den Radkranz wirkenden Reibbremse verbunden. Bei der praktischen Ausführung ließ Maybach den Riemenantrieb jedoch nicht auf das Hinterrad, sondern auf ein Ritzel wirken. Das Ritzel griff in die Zähne eines Zahnkranzes mit Innenverzahnung ein. Der Zahnkranz nahm die Stelle des ursprünglich geplanten Riemenkranzes ein (Abb. 236). Am 10. November 1885 gelang Daimlers ältestem Sohn Paul mit diesem Gefährt die störungsfreie Fahrt von Cannstatt nach Untertürkheim und zurück. Die Handhabung und das Fahrverhalten dieses motorisierten »Reitwagens« enttäuschten, so daß Maybach dessen Weiterentwicklung unterließ und sich der Motorisierung des Vierradfahrzeugs widmete.

Die Entwicklung des motorisierten Zweirades zum heutigen Motorrad knüpft nicht unmittelbar an Maybachs »Reitwagen« an. Das Beispiel der Fahrzeuge der Firmen HILDEBRAND & WOLFMÜLLER und TRACTION COMPANY zeigt vielmehr, daß das ältere System Murnigottis mit der unmittelbaren Kraftüber-

MAYBACH auf seinem Reitrad. Abweichend von der Patentzeichnung erfolgt die Kraftübertragung auf das Hinterrad nicht über einen Riemen, sondern über ein Ritzel auf einen Zahnkranz mit Innenverzahnung

tragung auf die Treibachse Pate gestanden hatte. Es ist das Verdienst Wilhelm Maybachs, daß es ihm gelang, die 1869 am Zweirad Guilmets vollzogene Trennung von Lenkrad und Antrieb einerseits und die von Tretkurbel und Treibachse andererseits auf das motorisierte Zweirad funktionsgerecht zu übertragen. Die Kurbelwelle der Antriebsmaschine übernahm dabei die Aufgabe der Tretkurbel des muskelkraftgetriebenen Zweirades. Erst im Jahre 1900 übernahmen die aus Rußland stammenden Brüder EUGEN und MICHAEL WERNER Maybachs Grundkonzept. Sie wählten aber zur Kraftübertragung zwischen der Antriebsmaschine und dem Treibrad anstelle des Lederriemens die schlupffrei arbeitende Rollenkette (Abb. 237). Die Gebrüder hatten 1896 in Frankreich damit begonnen, Fahrräder zu motorisieren, nachdem sie die französische Staatsbürgerschaft erworben hatten. Vom Fahrrad übernahmen sie die Rollenkette zur Kraftübertragung. Ein Fahrzeug kippt, sobald das Lot durch den Schwerpunkt nicht mehr in die Standfläche fällt. Ein zweirädriges Muskelkraftfahrzeug ist einspurig. Die Standfläche ist nur so breit wie der Radkranz. Eine kleiner seitlicher Stoß genügt also, um das stehende Zweirad aus dem Gleichgewicht zu bringen. Anders verhält es sich beim vierrädrigen

Abb. 236
1885

In ihrem Motorradmodell dieses Baujahrs brachte die Fa. WERNER den Motor im Fahrzeugrahmen neben dem Tretkurbel-Kettenrad unter. Diese richtungsweisende Bauform übernahmen auch andere Firmen wie VICTORIA, HERCULES, MARS TRIUMPH

Fahrzeug, das zweispurig ist. Hier ist die Standfläche so breit wie die Spurweite. Das zweispurige Fahrzeug ist also praktisch immer im stabilen statischen Gleichgewicht. Das einspurige Zweirad stabilisiert sich dagegen nur während der Fahrt. Kippt man ein sich drehendes Rad, so hat die Änderung der Neigung der Drehachse ein Moment zur Folge, das das Rad wieder aufzurichten versucht. Das sich während der Fahrt einstellende Gleichgewicht ist also dynamisch. Das fehlende statische Gleichgewicht des Zweirades wurde von vielen Benutzern als gefährlicher Mangel empfunden, brauchte man doch, um das dynamische Gleichgewicht zu erreichen, körperliche Fähigkeiten. Deshalb war die Benutzung eines solchen Fahrzeugs gleichbedeutend mit sportlicher Betätigung, was der allgemeinen Verbreitung, wie sie schon Drais erhofft hatte, im Wege stand. Drais entwickelte deshalb auch mehrspurige Fahrzeuge mit drei und vier Rädern (Abb. 238). Durch »Schreiten« waren sie aber aufgrund des größeren Fahrwiderstandes merklich schlechter zu bewegen als die Einspurdraisine. Darum wies der Erfinder darauf hin, daß beispielsweise die dreispurigen Varianten »nicht so gut zum Reisen auf den gewöhnlichen Landstraßen geeignet sind«. Obwohl man damit erreichte, »des Balancirens überhoben zu seyn« – wie die Presse 1817 feststellte – waren diese Maschinen »wegen des dadurch entstehenden dreifachen Gleises, statt eines einfachen, und mithin vermehrter Friction« schwergängiger als einspurige Modelle. Auch

Freiherr FRIEDRICH KARL VON DRAIS: drei- bzw. zweispurige Draisinen

MICHAUX: Dreirad-Velociped mit Tretkurbelantrieb des lenkbaren Vorderrades

Michaux baute dreirädrige Fahrmaschinen, deren Vorderräder er mit seinen Tretkurbeln ausstattete (Abb. 239).

Nach der Einführung der Kraftübertragung über die Rollenkette beim Zweirad wurde sie auch für das Dreirad zum Antrieb der beiden Hinterräder übernommen. Der Antrieb erfolgte von einer Vorgelegewelle aus, die zur Fußbetätigung kurbelartig gekröpft war. Zu größerer Verbreitung gelangten diese »Tricycles« genannten Fahrzeuge mit drei Rädern in England, nachdem JAMES STARLEY 1879 und 1880 PRITCHARD leichte Differentialgetriebe für Kettenantrieb erfunden hatten (Abb. 240). Damit waren nun auch am mehrspurigen Velociped die schon am Dampfwagen aufgetretenen Schwierigkeiten behoben, so daß Kurven mit zwei auf ein- und derselben Achse angetriebenen Hinterrädern schlupffrei durchfahren werden konnten.

Abb. 240
1879

STARLEY: Differentialgetriebe für mehrspurige Velocipede

Abb. 241
1880

STARLEY & SUTTON: Dreirädriges Velociped in der Ausführung als zweisitziges »Sociable«

Abb. 242
1886

Dreirad-Velociped in »Sociable«-Ausführung

Das Dreirad-Velociped wurde allgemein mit »Tricycle« – aus lateinisch tri, drei und griechisch cyclus, Kreis, Rad – bezeichnet. Die technische Entwicklung zeigte sich vor allem im Leichtbau, im Einbau des Kugellagers und einer leichtgängigen Kraftübertragung von der Tretkurbel zu den Treibrädern durch Rollenketten. Im Laufe der achtziger und neunziger Jahre war die Entwicklung so weit gediehen, daß die »vermehrte Friction« der dreispurigen Auslegung die Benutzbarkeit dieser Fahrzeuge nicht mehr einschränkte. Es entstanden neben den einsitzigen sogar zwei- bis viersitzige Ausführungen, für die die Bezeichnung »Sociables«, das heißt etwa »Gesellige«, üblich wurde (Abb. 241 u. 242).

Von der technischen Seite betrachtet sind diese Mehrspurfahrzeuge aus dem Einspurer hervorgegangen. Das Drei- und das Vierrad-Velociped waren aber im Laufe der letzten Jahrzehnte des vorigen Jahrhunderts immer mehr in die Nähe der Gattung des leichten Wagens gerückt. Dieser erfreute sich in England, Frankreich und Deutschland vorübergehend großer Beliebtheit. Während dieser Zeitspanne bewies das dreispurige Velociped seine Eignung als wirtschaftliches Nahverkehrsmittel für den Transport von Personen, leichter Fracht und Postgut (Abb. 243). Einen bedeutenden Anteil an der Entwicklung des Tricycles in England hatte H. J. LAWSON. Er setzte sich auch maßgeblich für die Aufhebung des Rotflaggengesetzes ein und wurde zu einem der aktivsten Förderer der Motorisierung des englischen Straßenverkehrs. Am 27. September 1880 erhielt er das britische Patent No. 3913 auf »Verbesserungen an Fahrrädern und die Anwendung von Motorkraft an diesen ...« (Abb. 244).

Abb. 243
etwa 1880

Englisches Dreirad-Velociped mit Transportkorb

Abb. 244
1880

H. J. Lawson: Ausschnitt aus seiner Patentschrift 3913 über »Verbesserungen an Fahrrädern...« zwei einradgelenkte Tricycles mit verschieden großen Rädern; das linke Fahrzeug mit Vorderrad-, das rechte mit Hinterradlenkung

Abb. 245
1878

Perreaux: Michaux-Tricycle mit Antrieb durch eine Dampfmaschinen-Anlage

Das Tricycle war ein Velociped, das im Verhältnis zu seinem geringen Leistungsbedarf einen großen Nutzraum und ein beachtliches Tragvermögen bot. Damit waren die denkbar besten Voraussetzungen gegeben zum Antrieb durch kleine, vorerst leistungsschwache Maschinen. Wie zuvor beim Zweirad baute Perreaux 1878 in ein Michaux-Tricycle eine Dampfmaschine ein. Er zeigte dieses Fahrzeug auf der Weltausstellung in Paris (Abb. 245). Die Kesselanlage befand sich über der Hinterachse mit den beiden Laufrädern. Die Antriebsmaschine war oberhalb des lenkbaren Vorderrades angebracht. Auf den felgenartigen Riemenkranz am Vorderrad übertrugen zwei Schnurriemen die Maschinenleistung. Auch bei diesem Fahrzeug ist eine Betriebserprobung nicht nachweisbar. Wie das Dampf-Zweirad des selben Erfinders war dieses Fahrzeug das erste einer neuen automobilen Fahrzeuggattung. Die Weiterentwicklung dieses Fahrzeugs ging aber mit dem Otto-Motor als Antrieb voran. In Murnigottis Patent aus dem Jahre 1879 ist auch der Otto-Motor zum Antrieb eines Tricycle-Velocipeds vorgesehen. In dem dreisitzigen Fahrzeug sollte der Motor auf die gekröpfte Hinterachse mit den beiden Triebrädern wirken und das vordere Einzelrad die Lenkung übernehmen (Abb. 246).

Auf der gleichen Grundidee beruhte das Patent No. 235 051 des Amerikaners C. H. Warrington vom 30. November 1880 auf eine motorgetriebene »Road Engine« (Abb. 247). Wie bei Murnigotti war hier im Fahrgestell eines Tricycles ein liegender einzylindriger Viertakt-Motor vorgesehen, dessen Pleuelstange

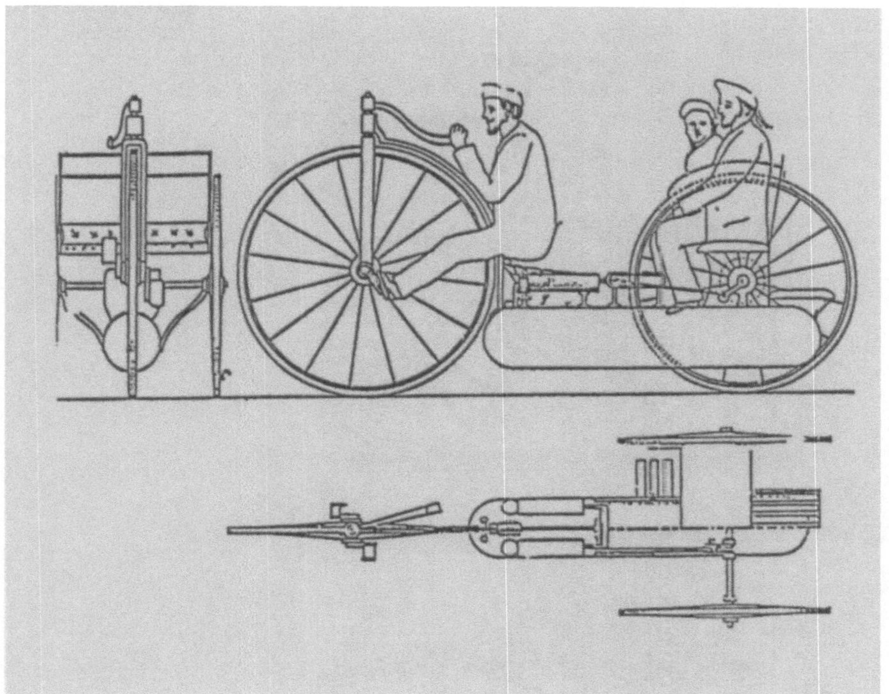

Giuseppe Murnigotti: Zeichnung aus der Patentschrift Nr. 284 Vol. 21. Dreisitziges Dreirad-Velociped (Tricycle) mit Antrieb durch einen Zweizylinder-Viertakt-Motor direkt über die Pleuelstangen auf die gekröpfte Achse der Hinterräder; lenkbares Vorderrad

auf die Kurbelkröpfung der hinten angeordneten Treibachse wirken sollte. Anders als in dem italienischen Patent war der Vorratsbehälter als metallener Magazinbalg mit drei Falten gestaltet. Mit der Belastung der oberen Balgplatte war beabsichtigt, den Gasdruck unabhängig von der Vorratsmenge annähernd konstant zu halten. Dieser sperrige Gasbehälter gestattete die Mitnahme von nur einer Person auf dem Fahrzeug. Der deutsche Gasmotorenhersteller Carl Benz übertrug 1884 bei seinem Dreirad-Velociped die Kraft auf die Hinterräder erstmals über eine Rollenkette. In seinem autobiographischen Buch »Lebensfahrt eines deutschen Erfinders« beschreibt Benz die Entwicklung der Idee vom motorisierten Velociped.

Die Entwicklung des motorisierten Velocipeds Carl Benz' begann mit seiner »Lieblingsidee«, nämlich »die Lokomotive auf die Straße zu stellen... aus ihrer Zwangsläufigkeit befreien... – schienenlos, das war der Leitgedanke meines erfinderischen Tastens schon auf der Hochschule gewesen«. Mit Anschaffung einer Tretkurbeldraisine, die er »Knochenschüttler« nannte, stand ihm ein Fahrzeug zur Verfügung, daß er als »selbstlaufende Fahrmaschine«

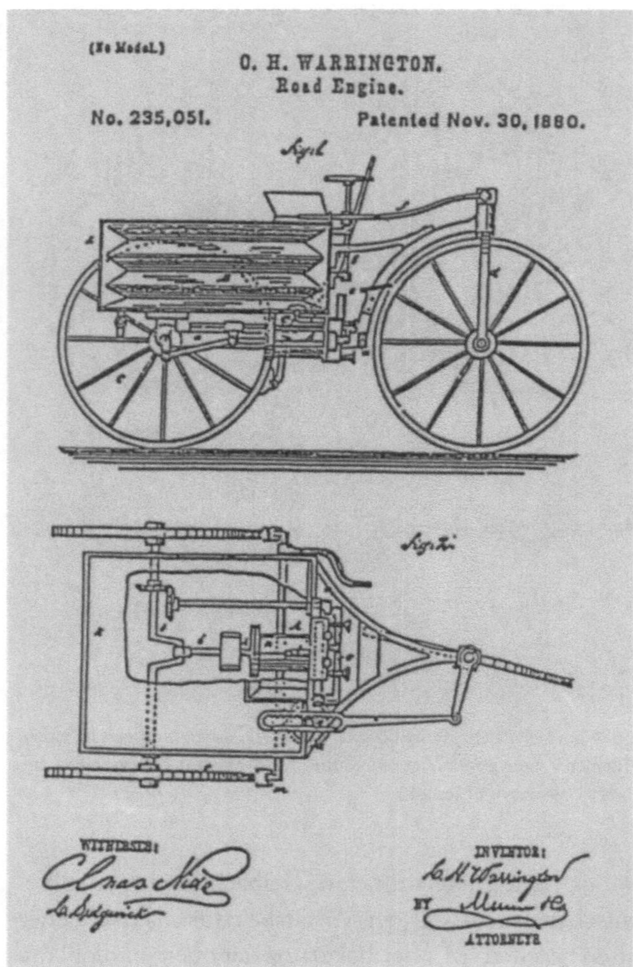

C.H. WARRINGTON: Patent auf eine »Straßen-Maschine«; Zeichnung eines durch Viertaktmotor angetriebenen Dreiradvelocipeds mit direktem Antrieb der Hinterachse über das Pleuel

empfand »... sauer und schwer fällt ihm die Rolle, Motor zu spielen ...«. Nachdem das eisenbereifte, etwa 50 kg schwere Fahrzeug schadhaft geworden war und seine Eisenteile zu rosten begannen, stellte Benz »eines schönen Tages ... das schwere Holzungetüm trotz aller Begeisterung in die Rumpelkammer ... Was aber nicht in die Rumpelkammer wanderte ... das war die Idee, pferdelos zu fahren ...« Mit dem »Knochenschüttler« gewann Benz zwei für ihn richtungweisende Überzeugungen: »Erstens durfte mein Ideal nicht zwei Räder bekommen, das war zu wenig. Ein Wagen, der in bezug auf Bequemlichkeit mit der eleganten Droschke in Wettbewerb treten konnte, sollte es werden. Zweitens mußte dabei unter allen Umständen die Menschenkraft ersetzt werden durch Maschinenkraft.«

Schon seinen frühen Entwürfen eines Dampfwagens lag der Vierradwagen zugrunde. Den Drehschemel, wie er im Fuhrwerk üblich war, lehnte Benz als »schwerfällige Lenkungsart« mit geringer Kippsicherheit in den Kurven ausdrücklich ab. Er führt dazu aus: »Ich konnte aber theoretisch mit der Steuerung nicht ganz fertig werden, und so entschloß ich mich, das Fahrzeug dreirädrig herzustellen.« Aber nicht nur hinsichtlich der Bauform, sondern auch der Leichtbauweise ließ sich Carl Benz beim Entwurf seines ersten Motor-Wagens von den zeitgenössischen Muskelkraft-Tricyclen anregen. Mit den Drahtspeichenrädern und dem leichten Stahlrohrrahmen war seine Konstruktion optisch ein motorisiertes Dreiradvelociped (Abb. 248). Die Neue Badische Landeszeitung wandte sich deshalb am 4. Juni 1886 an die

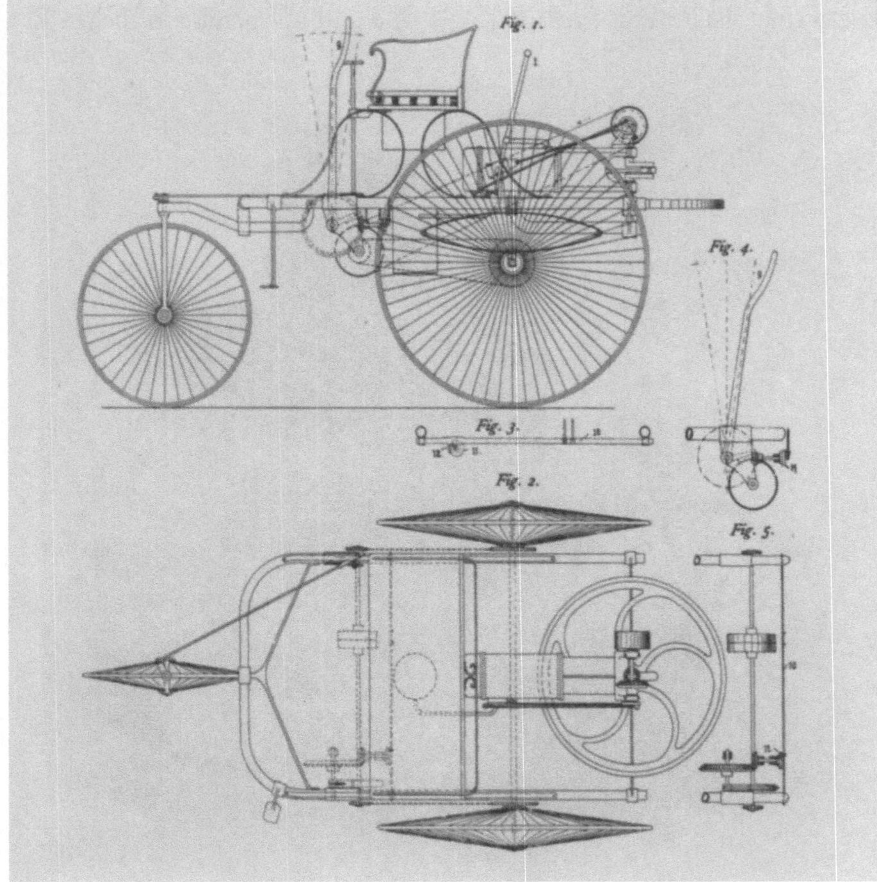

Abb. 248
1886

Carl Benz: Patent Nr. 37 435 auf ein »Fahrzeug mit Gasmotorantrieb«; Zeichnung eines mit Viertaktmotor angetriebenen Dreiradvelocipeds

»Velociped-Sportfreunde« unter den Lesern. Sie brachte die erste Nachricht über dieses Fahrzeug. Dort hieß es, das Motor-Velociped sei »nicht viel größer als ein gewöhnliches Tricycle«. Man versprach sich von diesem »Motoren-Velociped« baldige Verbreitung. Nachdem es Benz in den Jahren 1886 bis 1889 gelungen war, Motoren mit Leistungen von 1,5 und 2 PS herzustellen, erhielten die damit ausgerüsteten Dreiradfahrzeuge nach Art der Hippomobile ebenso hölzerne Speichenräder wie sein erster Vierradwagen (Abb. 249).

Über die Benennung und die Datierung dieser dreirädrigen Benz-Wagen, die dem ersten Motor-Tricycle folgten, besteht Unklarheit. Aus dem Thema des vorliegenden Kapitels ergibt sich jedoch ein Anlaß zu dem Versuch, diese die Frühphase der deutschen Automobilindustrie kennzeichnende Modellreihe korrekt darzustellen. Die hierfür zuverlässigste Quelle, weil in sich widerspruchslos, ist das von dem Werkfahrer und Oberingenieur der Mannheimer BENZ-WERKE, FRITZ ERLE, zusammengestellte und mit handschriftlichen Er-

Abb. 249
1886-1888

CARL BENZ: zweisitziger Motorwagen Modell III; 1,5 PS. Das Benz-Tricycle in seiner zweiten Ausführung erinnert mit den Rädern eines leichten Hippomobils, dem Klappverdeck und dem Spritzleder eher an ein Fahrzeug, das von Wagenbauern geschaffen wurde, als an ein Velociped

läuterungen versehene Fotoalbum über Benz-Fahrzeuge. Es wird im historischen Archiv der MERCEDES-BENZ AG aufbewahrt und blieb, von einzelnen
Bildern abgesehen, bisher unveröffentlicht.

Für die Baujahre 1886 bis 1887 ist auf S. 14 dieser Dokumentation ein Tricycle mit einem 1,5-PS-Motor gezeigt. In dem Artikel »Carl Benz. Sein Lebens-
gang und die Erfindung des Motorwagens, von ihm selbst erzählt« der Allgemeinen Automobilzeitung (AAZ Berlin) vom 3. Januar 1913 steht in der
Bildunterschrift »Benzwagen Modell III, 1886«. In dem Firmenkatalog »Die
Benzwagen...« wird das Fahrzeug auf S. 27 in »Fig. 5« als der Wagen bezeichnet, den Benz 1888 anläßlich der Gewerbe- und Industrieausstellung in München vorführte. Diesen stellte jedoch die »Leipziger Illustrierte Zeitung« wie in
Abb. 250 dar, und der AAZ-Artikel gibt ihm auf S. 15 wiederum die Bezeichnung »Modell III«. In seiner Autobiographie kommentierte Benz die Abb. 27
als »Mein erster Serienwagen von 1888, 1,5 PS...«. Da Benz im AAZ-Beitrag auf
S. 13 ausdrücklich darauf hinwies, daß das Modell II, das mit demselben 1,5-PS-
Motortyp angetrieben wurde, »nicht in Betrieb« kam, kann es sich bei den
beiden unterschiedlichen Fahrzeugen mit der gleichlautenden Bezeichnung

Abb. 250
1887-1888

BENZ: Im Juli 1888 unternahm Berta Benz mit einem Fahrzeug dieses Baumusters in Begleitung ihrer
Söhne Eugen (15) und Richard (13) eine Überlandfahrt von Mannheim nach Pforzheim und zurück

»Modell III« nur um zwei Baumustervarianten ein- und desselben Basistyps handeln. Diese Deutung wird durch die Bauzeitangaben im ERLE-Album, das hier keine Modellbezeichnung angibt, indirekt bestätigt: Für die zweisitzige Ausführung die Jahre 1886-1887, für die dreisitzige Variante die Zeitspanne 1887-1888.

Nach der Schilderung von BERTA BENZ auf den S. 20 und 21 des AAZ-Artikels war es ein Wagen dieses Baumusters, auf dem sie in Begleitung ihrer beiden Söhne im Juli 1888 die berühmt gewordene Fernfahrt von Mannheim nach Pforzheim und zurück unternahm: »In der Remise standen Wagen 1 und das erste Modell III ... Eugen saß am Steuer, ich neben ihm und Richard auf dem kleinen Rücksitz.« Durch diese Darstellung ist allerdings der dreisitzige Wagen als »das erste Modell III« indirekt in das Jahr 1887 datiert. Aus den Worten »Ein neuer Wagen, nach dem Modell III gebaut, war im Juli des Jahres 1888 fertig geworden und per Bahn nach München zur Ausstellung gewandert« und der Abbildung auf S. 15 des Artikels aus der Leipziger Illustrierten Zeitung (s. Abb. 250) folgt indessen, daß auch das zweite Modell III dreisitzig ausgelegt war. Die einander widersprechenden Typ- und Baujahrbezeichnungen machen die Entscheidung zwischen den beiden glaubwürdigsten Quellen Erle-Album und der Darstellung von Berta Benz nötig, um zu datieren. Bevor keine eindeutigen Belege diese Unsicherheit aufheben, kann für beide Varianten des Modells III nur die Gesamtbauzeit von 1886 bis 1888 genannt werden. Unabhängig davon widerlegt aber der Hinweis von Berta Benz über die Unterbringung ihres Sohnes Eugen die Richtigkeit der für den Film und für die Gedenkveranstaltungen inszinierten Nachstellungen der Pforzheimfahrt mit dem nur zweisitzigen Modell 1. Auf dem Modell 1 mußten alle Personen nebeneinander auf der einzigen vorhandenen Sitzbank sitzen. Dieses Bild ist mittlerweile so bekannt, daß es als die geschichtliche Realität anerkannt wird (Abb. 251). Die Pionierleistung, die den Beginn des Automobilismus markierte, war die Pforzheimfahrt der Berta Benz. Sie könnte besser gewürdigt werden, wenn man die daran erinnernden Nachinszenierungen in Zukunft mit einer Replica des dreisitzigen Modells III vornehmen würde. Das authentische Muster für einen solchen Nachbau wird im South Kensington Museum in London aufbewahrt (Abb. 252).

Ein drittes Dreiradfahrzeug mit einer auf 2 PS erhöhten Antriebsleistung aus dem Jahr 1887 ist im Erle-Album auf S. 14 unter der Typenbezeichnung »Benz-Victoria« abgebildet. Der AAZ-Beitrag bezeichnet zum dritten Mal auch diesen Wagen als »Modell III« (Abb. 253). Hier liegt jedoch offensichtlich ein Irrtum vor, da sich dieses Fahrzeug durch das erstmals in der senkrechten Ebene rotierende Schwungrad von den übrigen Benz-Dreiradwagen unterscheidet. Der Benz-Katalog bezieht diese Änderung ausdrücklich auf den

Abb. 251
1888

CARL BENZ: dreirädriger Patent-Motorwagen Modell I, fälschlich im Zusammenhang mit der Ausfahrt von Berta Benz im Juli 1888 dargestellt. Diese erste Fernfahrt mit einem Fahrzeug, das durch einen Verbrennungsmotor angetrieben wurde, erfolgte mit dem Modell III

Abb. 252
1887-1888

CARL BENZ: dreisitziger Dreiradwagen Modell III im South Kensington Museum, London

CARL BENZ: dreirädriger, mit dem Fond eines Victoria-Kastens karossierter Motorwagen; dementsprechend als »Victoria« bezeichnet

»dreirädrigen Victoriawagen«. Dort steht auf S. 24: »Die horizontale Anordnung des Schwungrades hatte man veranlaßt, nachdem sich der gegen die vertikale Lage ursprünglich ins Feld geführte ungünstige Einfluß auf die Lenkbarkeit als ziemlich belanglos erwiesen hatte.« Außerdem blieb die seitliche Sitzabschirmung nicht auf den Bereich oberhalb der Sitzebene beschränkt, sondern war nach Art eines Phaetonkastens bis auf den Fahrzeugboden hinuntergeführt und folgte dessen Aufwärtswölbung in einem stetig niedriger werdenen Auslauf bis an das senkrecht stehende Spritzbrett. Damit hatte der Wagenkasten die ungefähre Gestalt eines klassischen Victoriafonds. Dies gab Anlaß zu der entsprechenden Typenbezeichnung für das Fahrzeug als Ganzes. Sie war also nicht, wie eine zählebige Legende glauben machen will, ein Symbolname, der den Sieg Carl Benz' über die technischen Schwierigkeiten bei der Verwirklichung einer Achsschenkellenkung an seinem ersten Vierradwagen

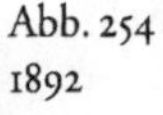

Carl Benz: dreirädriges Motor-Velociped; 1,5 ps

bekunden sollte, sondern die damals gängige Bezeichnung einer beliebten Kastenbauart hippomobiler Herkunft. Die Beschreibung der dreirädrigen Victoria im Benzkatalog wird eingeleitet mit dem Satz: »Einen in der nun folgenden Zeit in einer größeren Anzahl von Exemplaren gebauten dreirädrigen Victoria-Wagen zeigt uns das folgende Schaubild.« Daraus darf gefolgert werden, daß die von Roger in Frankreich eingeführten Benz-Fahrzeuge dreirädrige Victoria-Wagen waren.

Nachdem das Erscheinungsbild des Modell III und der Dreirad-Victoria dem eines Hippomobils angeglichen worden war, konstruierte Benz im Jahre 1892 ein dreirädriges Motorvelociped mit Drahtspeichenrädern wie bei den Muskelkraftfahrzeugen (Abb. 254). Diese Baureihe setzte er 1894 vierrädrig fort (Abb. 255). Sinnentsprechend nannte er diesen Fahrzeugtyp »Motor-Velociped«, später abgekürzt »Velo«. Die von 1898 bis 1902 hergestellte Luxusausführung erhielt die Verkaufsbezeichnung »(Velo) Comfortable« (Abb. 256). Mit 125 Exemplaren allein im ersten Verkaufsjahr 1894/95 wurde das Benz-Velo zum ersten Serienautomobil der Welt. Nachdem Benz 1893 ein leichtgängiges, kippsicheres Lenksystem für Vierradfahrzeuge erfunden hatte, konnte er seine Velocipede auch vierrädrig bauen. Auch seinen ersten käuflichen Vierradwagen karosserierte er als Victoria (Abb. 257). Das Erscheinungsbild dieses

CARL BENZ: vierrädriges Motor-Velociped. Der Prototyp ist aus dem Umbau eines dreirädrigen Ursprungmodells entstanden.

Motorfahrzeugs entsprach nun fast ganz dem Victoria-Fuhrwerk. Es war mit einer 3-PS-Maschine ausreichend leistungsfähig, um auf Leichtbauelemente der Velocipedindustrie verzichten zu können. Nach einer Versuchsphase mit velocipedartigen Dreiradfahrzeugen hatte Benz mit diesem Fahrzeugtyp sein Ziel erreicht, ein Hippomobil durch den Einbau einer Verbrennungsmaschine zu einem entwicklungsfähigen, in Serie herstellbaren Motor-Wagen mit zwei lenkbaren Vorderrädern umzugestalten. Es ist offensichtlich, daß das vierte Rad an der lenkbaren Vorderachse dazukam. Mit diesem 3-PS-Fahrzeug hatte sich der Wandel vom »Motor-Velociped« zum »Motor-Wagen« vollzogen. Die Zweiradlenkung erfüllte nun die von Benz gestellten Forderungen nach Leichtgängigkeit und Kippsicherheit in den Kurven. Hier hatte der Hersteller Lankenspergers Achsschenkellenkung nacherfunden und in sein Automobil eingebaut. Dieses Lenksystem ließ Benz durch das deutsche Reichspatent DRP 73 515 schützen. Ähnlich hatte schon Bollée über ein Zahnsegment seine Mancelle gelenkt. Im Prinzip gleich, aber mit velocipedtypischer Radlagerung in Lenkgabeln, hatte Maybach vier Jahre zuvor seinen vierrädrigen »Stahlradwagen« lenkbar gemacht (Abb. 258).

Patentbureau

• • Benz & Co., Rheinische Gasmotoren-Fabrik, Mannheim. • •

Velo „Comfortable"

Vélocipède „Comfortable" pour 2 personnes et strapontin pour un enfant.	für 2 Personen und Vordersitz für ein Kind.	Velocipede „Comfortable" for 2 persons and a small seat in front for a child.

Prix: — **Preis:** — **Price:**

Vélocipède »Comfortable« muni d'un moteur de 2³/₄ HP., roues avec bandages en caoutchouc plein, complet, extérieur très soigné,	Velo »Comfortable« mit einem Motor von 2³/₄ Pferdestärken, mit Vollgummiräder, complett, in hochfeiner Ausstattung,	Velocipede »Comfortable« with a motor of 2³/₄ HP., wheels with solid rubber tyres, complete, perfectly finished,
Mk. 2500.–	**Mk. 2500.–**	**Mk. 2500.—**

Dieser Wagen kann auch geliefert werden:

Mit einer 3. Uebersetzung um steilere Berge und schlechte Wege befahren zu können	Mehrpreis Mk. 200.—
» Pneumatiks	» » 350.—
» Halbverdeck und Spritzleder	» » 200.—
» Parasol	» » 100.—

Nous livrons aussi cette voiture:

avec une 3me. vitesse pour gravir de plus fortes rampes et pour passer sur de mauvais chemins . . . . prix supplémentair	Mk. 200.—
» de pneumatiques . » »	» 350.—
» capote et tablier . » »	» 200.—
» parasol . . . . . » »	» 100.—

If desired, we supply also:

a 3rd. speed for overcoming higher hills, and worse roads,	extra Mk. 200.—
Pneumatic tyres	» » 350.—
Hood and mud-guard	» » 200.—
An awning	» » 100.—

Gewicht des Velo Comfortable mit Maschine ca. 360 Kilo.

Poids du Velo „Comfortable" y compris le moteur environ 360 Ko. o Weight of the „Comfortable" with the motor about 360 Ko.

Dimensionen:

Longueur du Vélo Confortable — Aeusserste Länge des Velo Comfortable — Greatest length of the Comfortable			2 m 40 cm
Largeur » » — » Breite » » » — » width »			1 » 25 »
Hauteur » » — » Höhe » » » — » height »			1 » 35 »

BENZ & CO.: Luxusausführung des »Velo«, das »(Velo) Comfortable«

Abb. 257
1893

CARL BENZ: vierrädriger Motorwagen mit Victoria-Karosserie, 3 PS

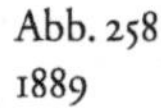

WILHELM MAYBACH: mit velocipedtypischen Bauelementen konzipierter Vierrad-Motorwagen, auch
»Stahlradwagen« genannt

Einen anderen Weg zum vierrädrigen Motorfahrzeug hatte Gottlieb Daimler eingeschlagen. Entsprechend seiner Wunschvorstellung vom universell
verwendbaren Einbaumotor versuchte er, dieses Ziel ohne Umwege zu erreichen. Wie Delamare-Deboutteville baute auch er einen Otto-Motor in ein
Vierradfuhrwerk ein, das ihm im August 1886 von der Stuttgarter Firma W.
WIMPFF & SOHN, Kgl. Hoflieferant für Wagenbau aller Art, angeliefert worden
war (Abb. 259). Der viersitzige Kasten der Bauart »American« bot außerhalb
des knapp bemessenen Fußraumes vor der hinteren Sitzbank einen Raum zur
Unterbringung des Antriebsmotors. Sein Kurbelgehäuse fand zwar unterhalb
des Fußbodens Platz, doch sein stehender Zylinder und der etwa gleichgroße
Vergaser ragten in den Fußraum hinein. Außerdem war die ständig brennende
Heizflamme der Glührohrzündung und die abgestrahlte Betriebswärme der
Anlage für die Fondinsassen unangenehm. Gottlieb Daimler hatte die Drehschemellenkung übernommen, die Benz wegen ihrer Schwerfälligkeit und zu
geringen Kippsicherheit abgelehnt hatte. Benz war deshalb zuerst auf die Ein-

radlenkung ausgewichen. Dieser motorisierte Americain (Abb. 259) konnte daher nicht als entwicklungsfähiges Basismuster dienen. Auch die industrielle Fertigung wäre nicht sinnvoll gewesen. Andererseits war dieses Fahrzeug zur Erprobung von Motoren und Antriebssystemen besser geeignet als der einspurige »Reitwagen«, da man nicht radfahren können mußte. Dem Vorhaben Daimlers, den kleinen, schnelleren Otto-Motor möglichst überall zum Antrieb einsetzen zu können, wurden im Straßenfahrzeug durch das Konstruktionskonzept des Hippomobils nun deutlich erkennbare Grenzen gesetzt.

Daimler war also gezwungen, ein neues Fahrzeug zu konstruieren, in dem die Maschine ohne Einbuße an Nutzraum und Fahrsicherheit von vorneherein integriert war. Diese Aufgabe löste 1889 Wilhelm Maybach, der wie Carl Benz fünf Jahre zuvor ein Leichtfahrzeug aus velocipedtypischen Elementen gestaltete. So erhielt dieser Wagen einen Stahlrohrrahmen und Drahtspeichenräder. Er wurde als »Quadricycle«, d.h. Vierrad, – lateinisch quattuor, vier und griechisch cyclus, Kreis, Rad – bezeichnet. Das Fahrzeug wurde auch wegen der

Abb. 259
1886/87

Gottlieb Daimler, Wilhelm Maybach: Americain, zuerst mit 2 PS-, später mit 1,5 PS-Otto-Motor

Drahtspeichenräder »Stahlradwagen« genannt (Abb. 258). Die beiden Vorderräder waren in Fahrradgabeln gelagert. Sie waren nach dem gleichen Prinzip über ein Hebelsystem angelenkt wie Räder der Benz-Victoria, die auf Achsschenkeln gelagert waren. Die Gabeln des Maybach-Wagens waren hoch nach oben geführt. Das Lenkgestänge konnte deswegen in Sitzhöhe angebracht und von einem Handhebel aus direkt bedient werden. Über der Hinterachse war ein Zweizylinder-v-Motor montiert, dessen Leistung ein vierstufiges Schubräder-Schaltgetriebe auf eine Vorgelegewelle übertrug. Von dort aus wurde die Kraft auf jeder Seite über eine Kette zu je einem Hinterrad übertragen. Diese fortschrittliche Velocipedkonstruktion war der erste serienmäßig hergestellte Motorwagen Daimlers und Maybachs. Er diente auch der französischen Firma PANHARD & LEVASSOR als Entwicklungsbasis für ein eigenes Programm erfolgreicher Motorfahrzeuge. Zur Motorisierung von Fahrzeugen mit einem schnellaufenden Otto-Motor waren, wie man feststellen kann, zunächst nur die Velocipede geeignet. Versuche, das Hippomobil mit einem schnellaufenden Otto-Motor zu motorisieren, erwiesen sich als unfruchtbar, weil diese Fuhrwerke zunächst viel zu schwer bzw. die Motoren viel zu schwach waren.

Das Motorfahrzeug entwickelte sich zu zwei verschiedenen Gattungen. Die in den Muskelkraftfahrzeugen integrierte Kraftquelle, die vom Fahrer bedienbare Lenkvorrichtung und das beim Antrieb von zwei Rädern auf derselben Achse erforderliche Differentialgetriebe war bereits technisch brauchbar vorhanden. Das zweispurige Muskelkraftfahrzeug, das ursprünglich nur als technisch aufwendigere und kippsichere Variante des Einspurers entwickelt und angeboten wurde, war bald zu einer höheren Fahrzeugkategorie zu rechnen. Es kam dem leichten Hippomobil stetig näher. Der leichte Motorwagen schließlich verdrängte allmählich das Hippomobil so gut wie vollständig. Im Gegensatz zum zwei- bzw. dreispurigen Muskelkraftfahrzeug blieb das mehrspurige als Fahrrad auch noch dann weiter bestehen, nachdem aus ihm als automobile Variante das Motorrad hervorgegangen war. Es erfreut sich gegenwärtig wachsender Sympathie derer, die es als eine umweltfreundliche Alternative zum motorisierten Verkehrsmittel werten.

Der Motorisierung des Muskelkraftfahrzeugs gingen Mobilisierungsversuche mit der Dampfmaschine voraus. Der technisch realisierbare kleinste Dampfmaschinenantrieb war aber vorerst nur für das große, stabile Hippomobil geeignet. Dampfmaschinen trieben deshalb zunächst nur Fuhrwerke an. Andererseits mußte später die Mobilisierung mit einer schnellerlaufenden und vorerst noch leistungsschwachen Verbrennungskraftmaschine bei einer ausreichend leichten Fahrzeugart beginnen. Dieses leichte Fahrzeug war das Velociped. Erst als die Dampfmaschinenanlage bei vorgegebener Leistung klein und leicht gebaut werden konnte, war auch ihre Verwendung im leichten Fahrzeug, sogar im Velociped, möglich. Umgekehrt mußte der Verbrennungsmotor zu höheren Leistungen entwickelt werden, bis er auch große, schwere Fahrzeuge bewegen konnte, deren Antrieb bis dahin der Dampfmaschine vorbehalten war. Diese beiden Entwicklungsstadien erreichten die betreffenden Maschinenarten etwa gleichzeitig. So konnten beide auf gleichem technischen Niveau miteinander verglichen werden. Der einfache Aufbau, die unkomplizierte Bedienung, die sofortige Betriebsbereitschaft und nicht zuletzt der bessere thermische Wirkungsgrad des Verbrennungsmotors machte ihn geeigneter zum Antrieb eines Fahrzeugs. Deshalb wurde er bald nach der Jahrhundertwende fast ausschließlich zum Antrieb schienenlos verkehrender Straßenfahrzeuge verwendet. Damit verschwand die Dampfmaschine zunächst aber nur aus der Automobilindustrie. Ihre Position als Antriebsmaschine hatte sie wie im Lokomotivbau auch in Lokomobilen, Straßenwalzen, Kränen, Stromerzeugungs-Anlagen, Booten und Schiffen noch etwa ein halbes Jahrhundert inne. Doch schon während dieser Zeitspanne drangen in einige dieser Bereiche sowohl der Verbrennungsmotor, wie auch die Dampfturbine und der Elektromotor ein.

Die Wärmekraftmaschine mit innerer Verbrennung, speziell der Otto-Motor, war zum leichten, zuverlässigen Kraftfahrzeugmotor im Velociped herangereift und hatte an Leistung bedeutend zugenommen. Das anzutreibende Fahrzeug konnte nun größer und schwerer sein als ein Velociped. Auch die vertrauten Fuhrwerke konnten nun mit einem Verbrennungsmotor angetrieben werden. Die Motorisierung des Velocipeds war einerseits ein notwendiger Zwischenschritt auf dem Weg zur frühen Form des Automobils. Das frühe Automobil entstand durch Motorisierung des an sich ausgereiften Hippomobils. Andererseits hatte sich dabei das Motorvelociped zu zwei neuen automobilen Fahrzeuggattungen entwickelt. Die einspurige Variante war das Motorrad, die mehrspurige – als Drei- und als Vierradvehikel – ein preisgünstiges Leichtfahrzeug. Beide Arten des Motorvelocipeds entwickelten sich eigenständig weiter. Besonders beliebt war die Zweispurvariante in Frankreich, wo sie zur Unterscheidung vom »Vollautomobil« die Bezeichnung »Voiturette« – das bedeutet »Wägelchen« – erhielt.

Diese drei Entwicklungslinien – Motorrad – Voiturette – Automobil – bildeten zusammen den neuen Industriezweig der Herstellung von Motorfahrzeugen. Der Stammbaum der mit dem Muskelkraftfahrzeug beginnenden Evolution des Fahrzeugs mit integriertem Antrieb ist in Tafel 4, Kap. 12, dargestellt. Daraus ging schließlich das industriell herstellbare, automobile Fahrzeug hervor. Aber erst die Großproduktion des Automobils durch eine leistungsfähige, spezialisierte Industrie hatte die Motorisierung des Straßenverkehrs zur Folge. Die Erfindung des Motorfahrzeugs und die Erprobung durch Fahrversuche alleine hatten das nicht bewirkt. Es mußte sich aber zuerst eine entsprechende Zahl potentieller Kunden finden, bevor sich die industrielle Produktion lohnte. Die »Motorisierung des Straßenverkehrs« begann also nicht mit der Erfindung, sofern diese nicht auch zugleich das Basismuster zur industriellen Fertigung war.

Auf die Notwendigkeit einer solchen Unterscheidung zwischen der ersten Erfindung eines funktionsversprechenden Motorfahrzeuges, seiner funktionsfähigen Verwirklichung in einer Versuchsausführung und dem ersten Industriemuster eines Motorfahrzeugs wurde besonders von Fachhistorikern hingewiesen. Die Unterscheidung zwischen Erfindung, funktionstüchtigem Versuchsfahrzeug und Baumuster zur industriellen Fertigung werteten sie als unverzichtbare Grundlage für die geschichtlich eindeutige Klärung der Frage nach der Priorität. Die Geschichtsschreibung berichtet nur dann über real Geschehenes, wenn genau datiert werden kann bzw. deutlich wird, daß sich der Geschichtsschreiber um eine möglichst genaue Datierung bemüht hat. Das unterscheidet »Geschichte« von Mythos und Legende. Daß die Datierung von Prioritäten auch von anderen Impulsen als von der Verpflichtung zur historischen Wahrheitsfindung veranlaßt sein kann, soll im Kap. 9 gezeigt werden.

PRIORITÄTEN:
LEGENDÄR UND GESCHICHTLICH KORREKT

Das nachträgliche Bemühen um den Nachweis des rechtmäßigen Prioritätsanspruches auf die Herstellung des ersten Automobils konzentrierte sich auf die Belegung der ersten öffentlichen Straßenfahrt mit diesem neuen Verkehrsmittel, wenn möglich sogar auf die erste Versuchsfahrt hinter den Mauern, die das Fabrikgelände des Produzenten gegen die Öffentlichkeit abschirmten. Dabei wurde stets außer Acht gelassen, daß damit lediglich nachgewiesen werden kann, daß sich das betreffende Fahrzeug zur angegebenen Zeit auf schienenlosem Boden mit einem Verbrennungsmotor als Kraftquelle selbst fortbewegt hat. Die Motorisierung des Straßenverkehrs ist damit nicht nachgewiesen, da es sich möglicherweise um eine nicht entwicklungsfähige Fehlkonstruktion gehandelt hat, die industriell nicht herstellbar war oder deren Herstellung sich nicht lohnte. Der derart fragwürdige Prioritätsstreit konkurrierender Herstellerfirmen weitete sich schließlich zu geschichtlichen Meinungsverschiedenheiten zwischen den beteiligten Nationen aus. Nun bemühten sich außer den Werbefachleuten der Hersteller auch die Historiker, jedes erdenkliche Mittel als Beleg für den angestrebten Prioritätsnachweis geltend zu machen. Ein Beispiel dafür ist die von der Fachliteratur bis auf wenige Ausnahmen kritiklos übernommene Darstellung des motorisierten Break von Lenoir. Er hatte ihn Anfang der sechziger Jahre des vorigen Jahrhunderts gebaut. Der Antriebsmotor dieses dreirädrigen Fahrzeugs wurde aus mitgeführten Druckbehältern mit Leuchtgas versorgt. Die französische Zeitschrift »Le Monde Illustré« (Illustrierte Welt) Nr. 166 vom 16. Juni 1860 behandelt auf den S. 342 und 343 den unter dem Titel »Ein neuer Motor«, die Lenoir-Maschine und ihren Einsatz als Fahrzeugantrieb (Abb. 260).

Die Maschine ist dort im Längsschnitt eines dreirädrigen Break dargestellt (Abb. 261). Aus ihm geht hervor, daß der Motor und ein Leuchtgasbehälter in einem geschlossenen Kasten unterflur eingebaut waren. Eine Kette übertrug die Kraft vom Motor auf eines der beiden Hinterräder. Einem Journalisten gegenüber machte Lenoir folgende Angaben zu seinem Fahrzeug:

»1863 baute ich ein automobiles Fahrzeug, mit dem wir im September nach Joinville-Le-Pont fuhren. $1^{1}/_{2}$ Stunden wurden für die Hinfahrt und ebensoviel für die Rückfahrt benötigt. Der mit einem ziemlich schweren Schwungrad versehene 1,5-PS-Motor arbeitete mit 100 U/min. Das ist weit entfernt von den 700-800 U/min, mit denen die kleinen Motoren von heute laufen ... «

Abb. 260
16. Juni
1860

Ausschnitt der Titelseite der Zeitschrift »Le Monde Illustré« Nr. 166, in der der Motor und der damit angetriebene Dreirad-Break Lenoirs beschrieben wurde

Abb. 261
16. Juni
1860

»Le Monde Illustré« Nr. 166, S. 395 mit der Beschreibung und der Abbildung des motorisierten Dreirad-Break von Lenoir

Demnach war die veröffentlichte Zeichnung drei Jahre älter als das Fahrzeug, das sie darstellen sollte. Der Hinweis Lenoirs auf die Motorleistung und auf das schwere Schwungrad lassen Zweifel an der Richtigkeit dieser Zeichnung aufkommen. Sie zeigt einen im Verhältnis zum Fahrzeug zu kleinen Motor. Auch das Schwungrad ist nicht dargestellt. Von der Größe des Schwungrades vermittelt die Patentzeichnung von Delamare-Deboutteville (Abb. 262) eine Vorstellung. Bezogen auf eine gut gesicherte Abmessung am Wagen, wie beispielsweise die Höhe des Fahrersitzes über dem Fußboden, ergibt sich die Bohrung des Motorzylinders zu 100 und der Kolbenhub zu 180 mm. Versuche TRESCAS, die er am 7. und 8. Januar 1861 mit einem Lenoir-Motor dieser Zylindergröße durchführte, ergaben eine Leistung von 0,57 PS bei 130 U/min. Mit einem solchen Motor wäre der Fahrbetrieb eines Break von der in der Zeich-

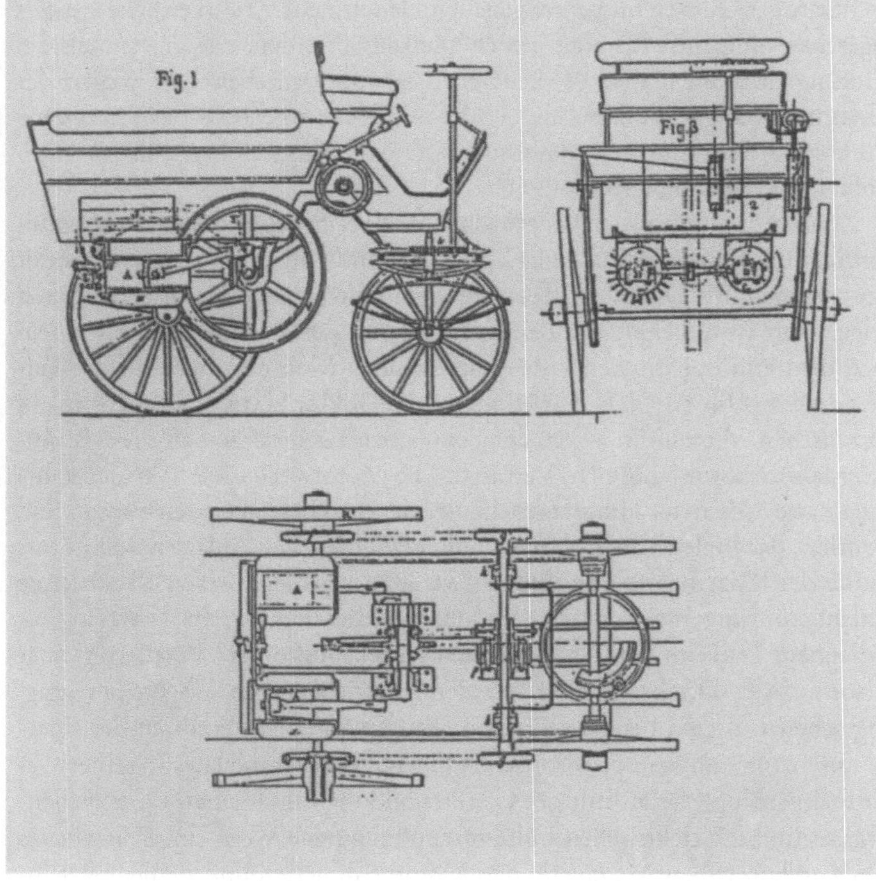

Abb. 262
1884

DELAMARE-DEBOUTTEVILLE und MALANDIN: motorisierter Break

nung dargestellten Größe jedoch nicht durchführbar. Dazu wäre in der Tat die von Lenoir genannte Leistung von 1,5 PS erforderlich gewesen. Diese ist aber nur von einem wesentlich größeren Motor erreichbar. Wegen seiner Gesamtlänge von etwa zwei Metern hätte er aber in dem Unterflurkasten keinen Platz gefunden. Außerdem benötigte ein Lenoir-Motor dieser Größe 350 l/h Kühlwasser. Diese Wassermenge ließe sich jedoch unter dem Fahrersitz, wo sich nach der Beschreibung der Kühlwasserbehälter befand, nicht unterbringen. Ebenso schwierig wäre die Unterbringung der benötigten Gasmenge von etwa 3700 l/h. Diese Fakten zwingen zu dem Schluß, daß der motorisierte Break nicht so konstruiert war, wie er dargestellt wurde, oder bei gleichen Abmessungen keinen Nutzraum geboten hätte, da der gesamte verfügbare Raum von der Maschinenanlage in Anspruch genommen worden wäre. Von dem Fahrzeug mit dem auf Benzinantrieb umgerüsteten Motor ist bis heute ebenfalls keine authentische Abbildung oder Beschreibung bekannt geworden. Von dem Fehlen derartiger Quellen und einer genauen Datierung der Fahrversuche Lenoirs abgesehen muß dem Erfinder jedoch zuerkannt werden, daß er erstmals ein Fahrzeug mit einem direktwirkenden Gasmotor betrieben hat. Wegen der genannten Mängel konnte es aber weder mit dem zeitgenössischen Dampfwagen konkurrieren, noch das Basismuster für ein industriell herstellbares Automobil mit Verbrennungsmotor sein.

Zum Prioritätsanspruch Österreichs auf das erste automobile Fahrzeug mit Verbrennungsmotor hatten (vgl. Kap. 7) die Veröffentlichungen von Professor Czischek geführt. Diese Veröffentlichungen hatten die »Marcuslegende« zur Folge. Dort ist die Fahrt mit dem Handwagen, den der Erfinder mit einem nach dem atmosphärischen Prinzip arbeitenden Motor antrieb, auf das Jahr 1864 datiert (Abb. 263). Die Forschungen von Doktor HANS SEPER, Kustos am Technischen Museum in Wien, ergaben jedoch zweifelsfrei, daß diese Erprobungsfahrt erst im Jahre 1870 stattfand. Die Motorwelle dieses Versuchsfahrzeugs hatte Marcus als Hinterachse konstruiert. An beiden Enden war ein Rad montiert, das zugleich auch als Schwungrad diente. Zum Anlassen des Motors mußte der Wagen soweit angehoben werden, daß diese beiden Räder keine Bodenberührung mehr hatten. Da der Erfinder keine vom Fahrzeug aus bedienbare Lenkeinrichtung vorgesehen hatte, mußte der Wagen von einer Person an der Deichsel geführt werden, die neben dem Wagen her ging. Abgesehen von dem bereits veralteten atmosphärischen Verfahren der Energieumsetzung und dem provisorischen Charakter des Fahrzeugs in seiner Gesamtheit, schlug Marcus mit der Gemischbildung durch einen Oberflächenvergaser und der elektrischen Induktorzündung neue Wege ein. Sein zweites Fahrzeug konstruiert Marcus so, daß Motor, Fahrgestell und Bedienungseinrichtungen eine Funktionseinheit bildeten (Abb. 264).

Abb. 263
1870

SIEGFRIED MARCUS: Handwagen
mit Antrieb durch einen nach
dem atmosphärischen Prinzip
arbeitenden Motor für Benzinbetrieb mit elektrischer Zündung

Abb. 264
1888

SIEGFRIED MARCUS: Vierradfahrzeug mit Antrieb durch einen Viertakt-Benzinmotor

Obwohl die Antriebsmaschine nach dem Viertaktverfahren arbeitete, war sie im Aufbau durch die Kraftübertragung zur Kurbelwelle mittels eines Balanciers technisch rückständig. Das traf auch auf die Drehschemellenkung der Vorderräder zu, die über ein Handrad und ein Schneckengetriebe betätigt wurde. Professor Czischek gab als Baujahr des zweiten Marcuswagen 1875 an, was für das Ansehen der österreichischen Technikgeschichte von großer Bedeutung war. Der Historiker BONNEVILLE konnte 1937 jedoch nachweisen, daß diese Datierung falsch ist. Professor Seper entdeckte im Archiv des Technischen Museums in Prag eine Zusammenstellungszeichnung des Fahrzeugs, die auf den 22. Januar 1889 datiert ist. Schon Czischek hatte 1901 ein Schreiben der in Adamsthal bei Brünn ansässigen Firma MARK, BROMOWSKY und SCHULZ, die den zweiten Marcuswagen hergestellt hatte, vorgelegt. Diese authentische Quelle, zu der Czischek niemals öffentlich Stellung nahm, belegt sowohl das tatsächliche Baujahr wie auch die zuvor nicht vermutete Fahrunfähigkeit des Marcuswagens:

> »Der Viertaktmotor zu diesem Wagen wurde Marcus schon im Jahre 1888 geliefert. Der Motor war zu schwach, um den Wagen mit einer Geschwindigkeit von 3,45 m per Secunde treiben zu können. Auch die fünf Ledertreibschnüre dehnten sich bedeutsam, so daß ein Glitschen in den Rillen stattfand, da eine Spannvorrichtung nicht vorhanden ist. Es hätte also der Wagen einer bedeutsamen Rekonstruktion bedurft. Leider konnte sich aber Herr Marcus hierzu nicht entschließen, und so blieb der Wagen unvollendet.«

Erst im Jahre 1898 hatte Czischek das Fahrzeug von Adamsthal zur Automobilausstellung nach Wien bringen lassen, wo es Siegfried Marcus erstmals zu Gesicht bekam. Ein Denkmal, das ihm 1932 von der Technischen Hochschule in Wien errichtet wurde, erinnert an ihn als den Erbauer des ersten Automobils. Seit 1968 gilt die richtige Datierung der beiden Marcuswagen in Professor Sepers Buch »Damals, als die Pferde scheuten«, als geschichtliche Tatsache. Auf den rein persönlichen Bereich beschränkt blieben die Ansprüche des als Motorkonstrukteur bekannten Julius Söhnlein, die er für zwei Motorfahrzeuge geltend machte. Söhnlein meldete 1912 Ansprüche auf einen dreirädrigen Geisbockwagen an, für den er das Baujahr 1873 angab (Abb. 265); 1936 auf einen Vierradwagen, dessen Herstellung 1877 erfolgt sein soll (Abb. 266). Weder die genannten Baujahre noch die Existenz der beiden Söhnlein-Wagen überhaupt lassen sich durch authentisches Quellenmaterial belegen.

Den Geisbockwagen skizzierte Söhnlein in einem Brief vom 15. März 1912, ohne dabei den Motor zu berücksichtigen. Lediglich der Riemenantrieb auf das rechte Hinterrad ist angedeutet. Von dem Vierradwagen wurde 1936 nach Söhnleins Angaben ein Modell für das Deutsche Museum in München angefertigt, das im Zweiten Weltkrieg verloren ging. Der einzylindrige Viertaktmotor, dessen Hubraum mit 0,8 l angegeben wurde, war über der Vorderachse

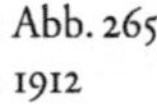

Abb. 265
1912

JULIUS SÖHNLEIN: Skizze seines angeblich 1873 motorisierten Geisbockwagens

montiert. Die Kraft wurde vom Motor über einen Flachriemen auf eine Zwischenwelle und von dort über eine Kette auf das rechte Hinterrad übertragen.
Mit einem horizontalen Schwenkhebel wurde der Wagen über den Vorder-
achsblock gelenkt. Die beiden Söhnleinwagen sind nur durch die Angaben
ihres Erbauers belegt und daher geschichtlich bedeutungslos. Im Jahre 1896
fand in Rouen eine Industrieausstellung statt, durch die zwei Persönlichkeiten,
die in der französischen Automobilgeschichte einen hohen Rang einnehmen,
in das Blickfeld der Öffentlichkeit gerieten. Das waren der in Rouen geborene
Ingenieur Delamare-Deboutteville und AIME WITZ, ein Fachautor auf dem

Abb. 266
1936

JULIUS SÖHNLEIN: Modell seines angeblich 1877 hergestellten Motorwagens

Gebiet des Gasmotors, der dort als Vorsitzender der Jury amtierte. Im gleichen Jahr erschien sein Werk »Traite theorique et practique des moteurs a Gaz« (»Theoretische und praktische Abhandlung über den Gasmotoren«).

Es ist bemerkenswert, daß darin über die Versuche von Delamare-Deboutteville und seinem Mitarbeiter MALANDIN erst in der 5. Auflage berichtet wird. Sie erschien im Jahre 1899, also drei Jahre nach der Ausstellung und brachte die erste literarische Erwähnung der beiden Erfinder überhaupt. Hieraus kann man schließen, daß A. Witz auf der Industrieausstellung in Rouen erstmals von Delamare-Debouttevilles Fahrversuchen erfuhr und darüber nicht früher als in der nächstmöglichen Neuauflage, also 1899, berichten konnte. Er schrieb:

> »Der Gasmotor zum Antrieb automobiler Fahrzeuge trat 1883 in Erscheinung. Die Herren Delamare-Deboutteville und Malandin erbauten damals ein Dreirad, das auf der Landstraße von Fontaine-le-Bourg (Untere Seine, d. Verf.) gefahren ist und unter der Bevölkerung dieses kleinen Industrieortes großen Schrecken auslöste. Das Gas wurde in zwei Behältern aus Kupfer unter einem Druck von 10 kg (pro cm², d. Verf.) bereitgestellt. Über einen sinnreich konstruierten Druckminderer versorgte es einen Motor. Bald darauf erachteten es die beiden Ingenieure als vorteilhafter, Benzin anzuwenden und erhielten am 12. Februar 1884 ein entsprechendes Patent.
> 1885 konstruierte Herr Daimler in Deutschland sein erstes Zweirad für Benzinbetrieb, 1887[1] vollendete er ein Fahrzeug, das auf der Ausstellung 1889[2] zu sehen war. Das erste Fahrzeug der Firma Benz & Co. in Mannheim wurde am 25. März 1886[3] patentiert. Diese Daten bestätigen unwiderlegbar die Priorität der Herren Delamare-Deboutteville und Malandin vor der der Herren Daimler und Benz.«

Delamare-Deboutteville starb im Alter von 45 Jahren als angesehener Industrieller. Aus diesem Anlaß brachte das Bulletin des »Societe des Ingenieurs civils de France« einen vierzeiligen Nachruf, der sich inhaltlich an die Veröffentlichung von A. Witz anschloß:

> »Im Jahre 1883, als die Fahrräder begannen, sich auszubreiten, erfand er (Del.-Deboutteville) eines der ersten Dreiräder für Gasbetrieb, das auf Straßen in Betrieb gesetzt worden war. Der Name Edouard Delamare-Deboutteville ist darum eingeschrieben unter den Pionieren des heutigen Automobils.«

Diese Zeilen veranlaßten den wissenschaftlichen Autor MAX DE NANSOUTY, den Touring-Club de France zu bewegen, Delamare-Deboutteville öffentlich zu ehren, wie es zuvor der Automobil-Club de France mit Lenoir getan hatte.

---

[1]   der von der Presse in das Jahr 1887 datierte Daimler-Motorwagen war die 1886 in Form eines Americain gebaute Kutsche

[2]   gemeint ist die Pariser Weltausstellung von 1889. Dort stellte Daimler jedoch nicht die »Motorkutsche« aus, sondern den von Maybach konstruierten »Stahlradwagen«, der zum Vorbild des französischen Automobilbaus wurde

[3]   das erste Fahrzeugpatent erhielt BENZ & CO. am 29. 0 1. 1886 (DRP Nr. 37 435)

Dabei sollte der Break, der die Herstellerwerkstatt niemals durch Motorkraft verlassen hatte, als »das erste schnelle Fahrzeug, das von einem Explosionsmotor bewegt wurde«, gefeiert werden. Die Bemühungen von De Nansouty blieben ohne Erfolg. Mit dem gleichen Ziel wandte sich der Fachjournalist Le Roy an die Societe industrielle de Rouen. In seinem Artikel in der Französischen Fachzeitschrift »La Vie Automobile« vom 4. August 1906 berichtete er über den Erfolg seiner Bestrebungen. Sie führten dazu, daß der Touring-Club de France nun doch reagierte und »im Namen aller an den Straßen von Fontaine-le-Bourg nach Cailly, die die ersten Versuche dieser Wegbereiter der mechanischen Fortbewegung gesehen haben«, eine Tafel mit folgendem Text anbringen ließ: (s. Abb. 267) So entstand »eine geweihte Stätte, eine Art Denkmal, für alle Automobilisten, die vorüberfahren und auf unseren schönen Straßen durch die Normandie reisen.« Le Roy wies in seinem Artikel nochmals besonders auf die Fahrversuche hin und stellte fest:

> »Während die Arbeiten von Delamare-Deboutteville auf diesem Gebiet (Gasmotor) allgemein bekannt sind, sind im Gegensatz dazu die Versuche, die er gemeinsam mit seinem Mitarbeiter Malandin gegen 1883 an einem mechanischen Fahrzeug, das von einem Explosionsmotor bewegt wurde, durchführte, nicht jedermann bekannt.«

Abb. 267
1906

Erinnerungstafel, die der Touring-Club de France an der Straße von Fontaine-le-Bourg nach Cailly anbringen ließ. Die deutsche Übersetzung des Textes lautet: *Im Jahre 1883 brachten Edouard* DELAMARE-DEBOUTTEVILLE *und Léon* MALANDIN *auf dieser Straße* DAS ERSTE SCHNELLE FAHRZEUG *in den Verkehr, das von einem in ihrer Werkstatt zu* MONT-GRIMONT *hergestellten Explosionsmotor angetrieben wurde* WIDMUNG DES TOURING-CLUB DE FRANCE *an diese Wegbereiter des Automobils*

In seinen Ausführungen im »Bulletin de la Societe industrielle de Rouen« zitiert Le Roy die Aussagen von Malandin zu den Fahrversuchen. Dies ist die einzige authentische Quelle in der Fachliteratur. Leider ließ Le Roy entscheidende Sätze am Beginn des Zitates weg, wodurch vor allem die Zeitangaben verloren gingen:

»Nachdem wir die kontinuierliche Zündung in den Deckel des Einlaßschiebers verlegt hatten, verlief die Entflammung fast ohne Versager. Wir setzten unsere Versuche mit karburierter Luft (Kraftstoff-Luftgemisch) fort. Als Vergaser verwendeten wir ein zylindrisches Gefäß, in dem eine große Anzahl von Baumwollfäden aufgehängt war. Ein Fünftel ihrer Länge waren sie von Gasolin benetzt, das eine Dichte von 0,650 hatte. Durch die Kapillarwirkung stieg der Kraftstoff in den Fäden über deren ganze Länge nach oben. Ein Teil der vom Motor angesaugten Luft strich zwischen den Fäden hindurch und vermischte sich dabei mit Benzindämpfen. Der Motor lief sehr gut. Wir sind oftmals ausgefahren auf der sehr hügeligen Straße von Fontaine nach Cailly. Das Dreirad wurde vollständig in Mont-Grimont gebaut. Unglücklicherweise war das Fahrzeug sehr mangelhaft.
Nach den ersten Versuchen konstruierten wir einen 2-Zylindermotor mit einer Leistung von 8 PS, den wir in einen großen Break einbauten. Er gehörte Herrn Francois Delamare-Deboutteville. Diese Maschine lief in der Werkstatt zu Mont-Grimont, und das Unglück wollte es, daß sie bei einem Versuch bei mittlerer Drehzahl einer so großen Krafteinwirkung ausgesetzt war, daß ein mechanisches Bauteil (Getriebeteil?) beschädigt wurde. Nach diese Panne gaben wir das Fahrzeug auf. Wir montierten die beiden Zylinder dieses Wagens auf einen Rahmen und machten Bremsversuche. Die abgegebene Leistung betrug 8 PS. An diesem stationären Motor setzten wir unsere Versuche fort. Aus ihm ging der Simplex-Motor hervor.«

Aus dieser Schilderung ergeben sich folgende Erkenntnisse:

1. Die Umstellung des von Delamare-Deboutteville entwickelten Motors von Leuchtgas- auf Benzinbetrieb war nur mit Hilfe des von Lenoir entwickelten Dochtvergasers möglich.
2. Zur Motorerprobung war ein Dreiradfahrzeug hergestellt worden.
3. Der in der Patentschrift beschriebene Break hat niemals die Werkstatt von Mont-Grimont verlassen.
4. Nach der Beschädigung des Break bei einem Werkstattversuch wurden keine weiteren Fahrversuche unternommen.

In den nächsten 15 Jahren gerieten Delamare-Deboutteville und Malandin in Vergessenheit. 1921 ergab sich anläßlich des Jahreskongresses der »Association francaise pour l'avancement des sciences« in Rouen Gelegenheit, die Erinnerung zu wecken. Die Versammlung beschloß,

»Mit allen Mitteln das Andenken an Edouard Delamare-Deboutteville, dem ersten Erfinder des Automobils, zu wahren.«

Es wurde das »Gelöbnis« abgelegt,

»… alle Maßnahmen zu ergreifen, damit die Erinnerung an diesen großen Erfinder von der gegenwärtigen wie von der kommenden Generation wachgehalten wird.«

Unter dem Titel »Edouard Delamare-Deboutteville, der Erste Erfinder des automobilen Fahrzeugs (1882-1883)« verfaßte Dr. BRUNON eine 284 Zeilen umfassende Broschüre, aus der nachstehende Sätze zitiert werden:

»Wenn Edouard Delamare-Deboutteville im 15. Jahrhundert geboren wäre, hätte er einen neuen Erdteil entdeckt. Wäre er im 16. Jahrhundert geboren worden, hätte er die Welt in Erstaunen versetzt mit seinen wissenschaftlichen Ideen, der Fruchtbarkeit seiner Gedankenwelt, seiner gelehrten Erfindungsgabe und seiner Zähigkeit, wie sie dem Menschen des Nordens zu eigen ist. Er wurde geboren in einem Jahrhundert des Eisens und in einer industriellen Umgebung. So begnügte er sich, ein genialer Erfinder zu sein. Bei gründlichem Studium der Umstände seines Lebens entdeckt man die Erbeinflüsse seiner Vorfahren. In wie hohem Maße er auch Franzose war: Sein Genie blieb in Frankreich unerkannt und seine Entdeckungen wurden von Ausländern genutzt. Genauso, wie das Gesetz des Volkstums die Handlungen der großen französischen Nation bestimmte, waren seine Gebärden göttlich, sozusagen universell.

Das ist sein Ruhm!

Ohne übermäßige und nutzlose Hast trat unser junger Mann in Montgrimont, nahe Fontaine-le-Bourg, in die Spinnerei seines älteren Bruders ein, der dem Vater gefolgt war. Er war 22 Jahre alt. Er war durchdrungen vom Enthusiasmus des Anfängers und war überzeugt vom Aufschwung seiner Vorstellungskraft als Konstrukteur. Das war die mitreißende Freude des schöpferischen Künstlers. Unverzüglich erbrachte er der Fabrik eine Reihe von Verbesserungen. Aber die Fabrik ist von allen Eisenbahnlinien weit abgelegen. Die Verbindungen mit Rouen sind umständlich; also richtet unser junger Erfinder seine Aufmerksamkeit auf das Problem des Straßentransportes und mit diesem Ziel vor Augen studiert er den Gasmotor. Im Jahre 1883 arbeitet er an dem Projekt, einen Motor in einen alten Jagd-Break, der seinem Bruder gehört, einzubauen. Unterhalb des Wagenkastens installierte man einen 8-PS-Motor für Leuchtgasbetrieb. Die Maschine arbeitet. Zum ersten Mal wird ein Motorfahrzeug auf einer Straße in Betrieb gesetzt. Es rollt, es wird schneller! Das ist der Sieg!

Das Erstaunen der Bevölkerung ist gewaltig; aber der Gummischlauch, der die beiden Gasbehälter verbindet, platzt. Die heftige Explosion läßt die Masse der Zuschauer die Flucht ergreifen. Dieser Vorfall regte die Vorstellungskraft des Mechanikers an. Er ersetzte das Leuchtgas durch Benzin. Das automobile Fahrzeug ist geschaffen, doch Luftreifen gibt es noch nicht. Die Straße ist steinig; der 8-PS-Motor arbeitet heftig und die Reaktionen des Break erweisen denselben als gebrechlich. Er war den furchtbaren Stößen nicht gewachsen: Seine motorische Seele ist zu leidenschaftlich für sein zerbrechliches Knochengerüst, und es wird dem Schrott alter Maschinen zugesellt. Jedoch seine kunstvolle Anatomie repräsentierte bereits in der Anordnung der Organe das Automobil der Gegenwart.

Daraufhin konstruierte unser Erfinder ein in allen Teilen neues Fahrzeug, das der neuen Art des mobilen Betriebes besser angepaßt war. Es ist ein Dreirad mit Gummireifen. Bald konnte aber das arme Fahrzeug die Last seines Motors nicht länger tragen: Die Räder brechen zusammen, und es wird ebenfalls aufgegeben. Es ist bedauerlich, daß es kein Hotel des Invalides gibt, um die vererbungswürdigen Reste aufzubewahren. Der deutsche Benz

Parsifal[4] hat seinen Apparat, der nichts anderes war als eine Dampfmaschine[5], liebevoll aufbewahrt; er war 1905 im Salon de l'automobil inmitten gefälligerer Autos ausgestellt.
Im Jahre 1895 verwendeten die Deutschen Daimler und Benz als Konstruktionsbasis erneut die Ausarbeitungen von Delamare-Deboutteville und verwirklichten das Zweirad mit Benzinmotor[6]. Dieses plumpe Gerät war auf dem Stand der Firma Panhard zu sehen. Frankreich nimmt hierauf die Erfindung von Edouard Delamare-Deboutteville wieder auf, verbesserte sie und bringt schließlich im Jahre 1890 den Auto-mobilismus in Schwung...«

1929 stellte der Präsident des Automobil-Club Normand, METELLUS BRABANT, fest:

>»Es ist Edouard Delamare-Deboutteville, der als erster das Leuchtgas durch Benzin ersetzte.«

1933 veranstaltete der Automobil-Club West eine »Rallye der nationalen Kraftstoffe« und leitete die teilnehmenden Fahrzeuge über Fontaine-le-Bourg, um dort der 50.Wiederkehr der ersten Ausfahrt mit dem Dreirad zu gedenken. Diese Zeremonie fand am 21. Mai statt. Von da an waren alle Lobreden auf Delamare-Deboutteville mit diesem Datum verbunden. 1958 wurde unter dem Vorsitz von drei Regierungsmitgliedern ein Kommitee gegründet, das die Anbringung einer Erinnerungstafel an der Ehrentribüne der Rennstrecke Rouen-Essarts und die Errichtung eines Denkmals an der Straßenkreuzung, an der die erste Ausfahrt des Dreiradfahrzeugs endete, veranlassen sollte. In Gegenwart zweier 90jähriger Damen, die sich erinnerten, jene in das Jahr 1883 datierte Schlauchexplosion gehört zu haben, eines Repräsentanten der Akademie und dreier Abgeordneter fand am 12. Juni die Denkmalenthüllung statt (Abb. 268). Dieses Datum erhielt die Bezeichnung »Tag der Wiedergutmachung«. Ein Zeitungsartikel (keine bibliographischen Angaben) berichtet über die Denkmalenthüllung (Abb. 269):

>»Die Erfinder des Automobils stammten aus Rouen.
>Am Sonntag, den 11. Juli wurde anläßlich des IV. Grand Prix International Automobil, der auf der Rennstrecke von Essarts ausgetragen wurde, eine Erinnerungstafel an der Mauer der Ehrentribüne angebracht. Sie ist aus einem Stein aus Lothringen gemeißelt und trägt folgende Inschrift:

---

4   Verwechslung des Produktnamens »Parsifal« für Benz-Automobile der Jahre 1902-1906 mit dem Familiennamen des Firmengründers
5   der liegende Einzylindermotor von Carl Benz hatte wegen des offenliegenden Kurbeltriebes und des großen Speichenschwungrades rein äußerlich eine gewisse Ähnlichkeit mit zeitgenössischen Dampfmaschinen
6   das motorisierte Zweirad wurde 1885 von Maybach/Daimler erstmals gebaut. Benz hat nie Zweiräder konstruiert. Die Arbeiten von Delamare-Deboutteville wiesen keine einzige Idee auf, die von Daimler oder Benz übernommen wurde

Abb. 268
1958

Fontaine-Le-Bourg: Enthüllung eines Denkmals am 12. Juli 1958, das an die erste Ausfahrt eines Motorwagens der Erfinder Delamare-Deboutteville und Malandin erinnern soll. Die in das Jahr 1883 datierte Fahrt fand jedoch nicht mit dem im Bronzerelief dargestellten Vierradbreak, sondern mit einem Dreirad-Versuchswagen unbekannten Aussehens statt

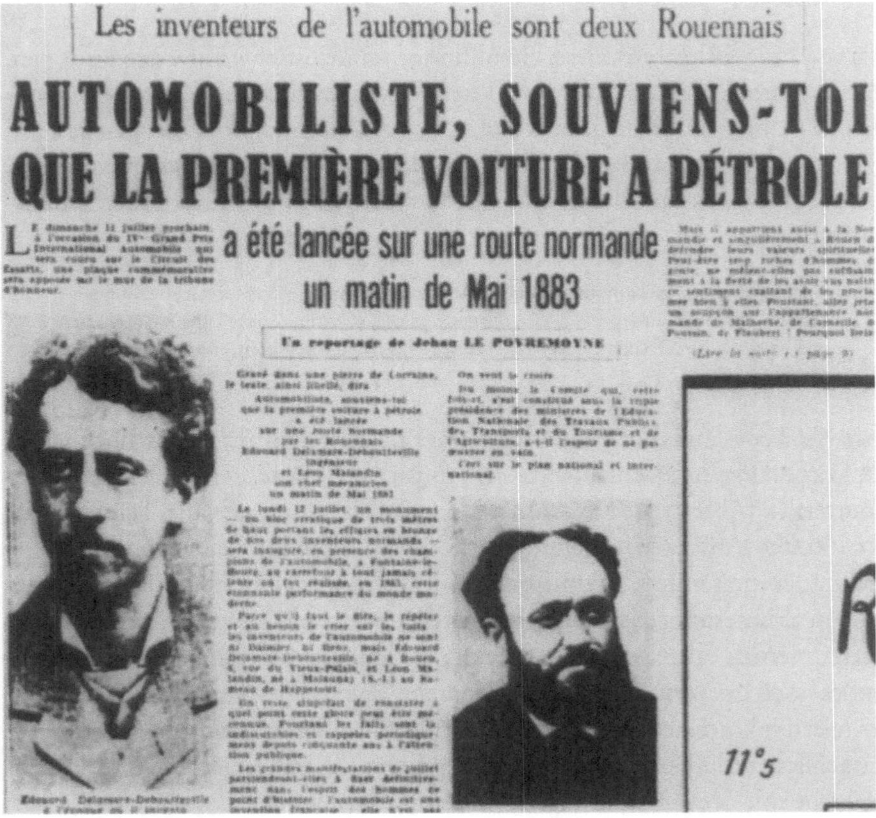

Abb. 269
1958

Les inventeurs de l'automobile sont deux Rouennais

AUTOMOBILISTE, SOUVIENS-TOI
QUE LA PREMIÈRE VOITURE A PÉTROLE
a été lancée sur une route normande un matin de Mai 1883

Un reportage de Johan LE POVREMOYNE

Verkleinertes Faksimile aus einer französischen Zeitung; ohne bibliografische Angabe, veröffentlicht von Ickx, Jaques, »Ainsi naquit L'Automobile« (so wurde das Automobil geboren), Ed. II S. 70

»Kraftfahrer, erinnere dich daran, daß das erste Fahrzeug mit einem Benzinmotor auf einer Straße der Normandie von Männern aus Rouen, nämlich dem Ingenieur Delamare-Deboutteville und seinem Schlossermeister Leon Malandin, an einem Maimorgen des Jahres 1883 in Gang gesetzt wurde!«

Am Montag, den 12. Juli, wurde in Anwesenheit der Meister des Automobilsports ein Denkmal eingeweiht, und zwar in Fontaine-le-Bourg, an der für alle Zeiten berühmten Straßenkreuzung, an der 1883 jene staunenswerte Errungenschaft der modernen Menschheit Wirklichkeit wurde. Auf einem 3 m hohen Findlingsblock waren die bronzenen Porträts unserer beiden Erfinder aus der Normandie angebracht (Abb. 268). Es muß hier gesagt und immer wiederholt und nötigenfalls in alle Winde hinausgeschrien werden: Die Erfinder des Automobils heißen nicht Daimler und nicht Benz, sondern Edouard Delamare-Deboutteville, geboren in Rouen, Rue du Vieux-Palais 6, und Leon Malandin, geboren in Malaunay (Untere Seine), im Dörfchen Happetout.

Bestürzt muß man feststellen, bis zu welchem Grad dieser Ruhm verkannt werden kann. Dennoch: Die Tatsachen bestehen unbestreitbar; periodisch werden sie seit 50 Jahren ins Gedächtnis der Öffentlichkeit zurückgerufen. Hoffentlich werden die großen Kundgebungen im Juli erreichen, folgende geschichtliche Tatsache im Bewußtsein der Menschen zu verankern: Das Automobil ist eine französische Erfindung. Es ist keine deutsche Erfindung.«

Als vorläufiges Ergebnis dieser Bemühungen französischer Interessengruppen, das Automobil als eine Erfindung ihrer Nation nachzuweisen, wurde schließlich das Jahr 1984 unter das Motto »100 ans d'automobile francaise« gestellt. Diesen Beschluß erfuhr die Öffentlichkeit auf einer Pressekonferenz am 5. Dezember 1983 und durch eine Denkschrift. Darin heißt es in der Schlußbetrachtung:

»Indem wir die » 100 Jahre französisches Automobil« feiern zeigen wir unsere Verbundenheit mit diesem Wunderwerk, dessen phantastische Karriere in Vergangenheit, Gegenwart und Zukunft sich Delamare-Deboutteville nicht hätte träumen lassen, als er es zum ersten Mal konzipierte ... «

Ihre Krönung fand die Hundertjahrfeier mit der öffentlichen Vorführung des funktionsfähigen Nachbaus des motorisierten Break vom Delamare-Deboutteville (Abb. 270). Sie wurde nach den Zeichnungen der Patentschrift Nr. 160 267 (Abb. 262) angefertigt und sowohl fahrend wie auch als Ausstellungsstück präsentiert. Damit brachten die Veranstalter allerdings ein Fahrzeug in Erinnerung, das nach den Worten von Leon Malandin, der es motorisierte, niemals aus eigener Kraft seine Fertigungsstätte verlassen hatte. Dort war es noch im Versuchsstadium irreparabel entzwei gegangen. Die Veranstalter feierten korrekterweise nicht den funktionsunfähigen Break, sondern den tatsächlich auf öffentlichen Straßen erprobten Dreiradwagen. Auch die Fahrversuche mit dem Dreiradwagen wurden nicht mehr auf das Jahr 1883 datiert. Den Fakten entsprechend wurde 1984 in Frankreich nicht das hundertjährige Jubiläum des Automobils gefeiert, sondern die hundertjährige Wiederkehr der

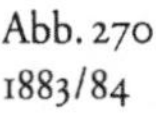

Nachbau des nach der Patentschrift Nr. 160 267 vom 12. 02. 1884 motorisierten Break von Delamare-Deboutteville und Malandin. Das Original erlitt bei der Werkstatterprobung so starke Schäden, daß es verschrottet werden mußte. Das Datum dieses Ereignisses ist nicht überliefert

Patenterteilung auf das Fahrzeug. Das Original war nicht funktionstüchtig, sondern erst der moderne Nachbau, der im Rahmen dieser Veranstaltung bewegt wurde.

Das Grundkonzept von Delamare-Deboutevilles automobilem Fahrzeug konnte zwar präsentiert werden, nicht aber der Prototyp eines Automobils. Ohne Prototyp entstand kein spezieller Industriezweig und so konnte die Motorisierung des Straßenverkehrs nicht ins Leben gerufen werden. Das Fahrgestell des Fahrzeugs konnte wegen seiner hippomobilen Herkunft baulich und funktionell nicht auf Motor und Kraftübertragung abgestimmt werden. Die Antriebsmaschine war nicht als Schnelläufer ausgelegt und daher sehr sperrig. Im Hippomobil war nur unterhalb des Kastenbodens beschränkt Einbauraum für den Motor zur Verfügung. Für die Unterbringung des großen Vergasers mußte sogar ein Teil des Nutzraumes in Anspruch genommen werden. Auch das Schwungrad, das etwa den gleichen Durchmesser wie die Vorderräder hatte, ragte mit etwa einem Viertel des Durchmessers durch den Fußboden hindurch ebenfalls in den Nutzraum hinein. Ein weiterer Mangel in der Handhabung des Fahrzeuges war der gegenläufige Drehsinn des Lenkrades und des Einschlags der gelenkten Vorderräder. Ein Ritzel, das sich am unteren Ende der Lenksäule befand, griff in ein außenverzahntes Drehkranzsegment ein, das am Drehschemel befestigt war. Mit einer Innenverzahnung wäre die Gleichsinnigkeit der Drehrichtung des Lenkrades und der Fahrtrichtungsänderung erreicht worden. Der Motor war nach dem Wunsch Delamare-Deboutevilles ausgelegt. Er wollte keine möglichst hohe Drehzahl, sondern einen möglichst hohen Verdichtungsgrad. Damit war der Franzose Vertreter einer Entwicklungsrichtung, die eher zum wirtschaftlich arbeitenden Stationärmotor hoher Leistung, als zum Fahrzeugmotor bescheidener Leistung mit hoher Drehzahl aber kleiner Baugröße führte.

Einen schnellaufenden Motor erstrebten und verwirklichten 1885/86 voneinander unabhängig die beiden deutschen Ingenieure Gottlieb Daimler und Carl Benz. Während es das Hauptanliegen Daimlers war, nur diesen leichten Motor als universelle Antriebsmaschine für stationäre wie auch für mobile Einsatzzwecke zu fabrizieren, hatte sich Benz von vorneherein das Motorfahrzeug als funktionelles Ganzes zum Ziel seiner Bemühungen gesetzt. Er erreichte es 1885/86 mit der Herstellung des Dreirad-Patentmotorwagens. Der Erfolg dieses Wagens veranlaßte Wilhelm Maybach, unabhängig von den Interessen seines Arbeitgebers Gottlieb Daimler, ebenfalls ein Fahrzeug zu konstruieren, das auf den Antriebsmotor funktionell abgestimmt war. Im Jahre 1889 hatte Maybach dieses Ziel schließlich mit dem vierrädrigen »Stahlradwagen« erreicht. Wie der Benz-Patentmotorwagen erwies sich auch dieses Fahrzeug als betriebsfähig. So stand zu Beginn der neunziger Jahre des vorigen Jahrhunderts der Motorwagen in zwei nutzbaren Versionen zur Verfügung. Beide waren vom Hippomobil unabhängig durch konsequenten Leichtbau entwickelt worden. Wie Carl Benz hatte im Jahre 1885 auch Amedée Bollée der Jüngere ein Leichtfahrzeug gebaut, das er mit einer kleinen Dampfmaschine antrieb. Damit setzte er die Tradition der vom Vater gegründeten Firma fort.

Die gleiche Entwicklungsrichtung verfolgte der bekannte Dampfwagenhersteller Leon Serpollet. Er baute 1887 ein Dampfdreirad, das er ein Jahr später verbesserte und öffentlich vorführte. Auf dieses Fahrzeug wurde der erfolgreiche Fahrradhersteller ARMAND PEUGEOT aufmerksam, der auch die Produktion automobiler Leichtfahrzeuge aufnehmen wollte. Im selben Jahr hatte Emile Roger den Benz-Patentmotorwagen in Frankreich eingeführt und dort die Vertretung der Firma BENZ & CO. übernommen. Mit diesem Fahrzeug gelangte auch der Fahrzeugmotor nach Frankreich, dessen Vorzüge gegenüber der Dampfmaschine dort ebenfalls längst erkannt worden waren. Das Zusammenwirken persönlicher Beziehungen und sachbezogener Interessen ebnete auch dem Motor und schließlich dem Motorfahrzeug Daimlers den Weg nach Frankreich. Dieser für die Automobilgeschichte sehr bedeutsame Vorgang wurde eingeleitet durch juristische Erfordernisse. Sarazin, der als Rechtsbeistand der Firma »GASMOTORENFABRIK DEUTZ« bei der Klärung schwieriger technischer Probleme von Gottlieb Daimler beraten wurde, reiste nach dessen Ausscheiden aus dieser Firma nach Cannstatt, um dort Daimlers schnellaufenden Motor kennenzulernen. Der technisch bewanderte Jurist war von dieser Maschine positiv beeindruckt und nahm darauf in den Jahren 1886 und 1887 verschiedene französische Patente, die im wesentlichen den deutschen Reichspatenten Daimlers entsprachen. Für die Herstellung des Daimlermotors gewann Sarazin die Ingenieure RENE PANHARD und EMIL LEVASSOR. Sie leiteten gemeinsam die Bandsägenfabrik PERIN, in der Daimler 1860 eine Zeitlang tätig war. Seit 1873 firmierte sie als »PANHARD & LEVASSOR«. Die Firma betrieb zwei Werkstätten, die ältere in der Rue du Faubourg St. Antoine, die jüngere in der Avenue d'Ivry. Die letzte wurde für die Motorenfabrikation eingerichtet. 1887 erkrankte Sarazin und verstarb am Weihnachtsabend. Vor seinem Tode hatte er seiner Frau Louise nahegelegt, die geschäftlichen Verbindungen mit Daimler aufrechtzuerhalten. Im folgenden Jahr erhielt Daimler in Cannstatt daher Besuch von der Witwe. Sie erreichte, daß ihr Daimler seine Vertretung in Frankreich übertrug und ihr ein Exemplar seines neuesten Einzylindermotors als Produktionsmuster nach Paris mitgab. Den zunächst mündlich getroffenen Vereinbarungen folgte am 5. Februar 1889 ein schriftlicher Vertragsabschluß. Im selben Jahr fand die Pariser Weltausstellung statt, auf der neben drei französischen Dampfwagen auch der von Maybach konstruierte Daimler-Stahlradwagen und ein von Roger eingeführter Dreirad-Patentmotorwagen von Benz gezeigt wurden. Die beiden deutschen Motorfahrzeuge weckten allerdings nicht so sehr die Aufmerksamkeit der Öffentlichkeit. Vielmehr waren die Fachleute stark interessiert, die den hohen Zukunftswert dieser Exponate erkannten. Der leichte Fahrzeugmotor übertraf sogar die kleine leistungsfähige Dampfmaschine in Serpollets Dreiradfahrzeug, was besonders Armand Peugeot entgegenkam.

Peugeots Betriebsleiter, LOUIS RIGOULOT, war von Maybachs Stahlradwagen so beeindruckt, nachdem er mit dem Konstrukteur eine gemeinsame Tour auf diesem Motorfahrzeug unternommen hatte, daß die Firma Peugeot schließlich der größte Abnehmer der im Hause PANHARD & LEVASSOR gefertigten Daimler-Motoren wurde. Als Muster für den Bau eigener Fahrzeuge wählte Peugeot den Stahlradwagen. Dessen Fertigung wurde im Jahre 1890 aufgenommen. Drei Jahre später ging daraus ein Wagen eigener Konstruktion hervor, in den ein Zweizylinder-v-Motor, wie ihn Maybach für den Stahlradwagen entwickelt hatte, eingebaut war (Abb. 271).

Peugeot-Wagen mit Daimler-Motor

Auch die Firma Panhard & Levassor, die ursprünglich mit der ausschließlichen Lizenzfertigung der Daimler-Motoren bessere kommerzielle Voraussetzungen gegeben sah als mit der Herstellung kompletter Fahrzeuge, nahm im Jahre 1890 diesen Produktionszweig durch den Nachbau des Stahlradwagens in ihr Produktionsprogramm auf. Im darauffolgenden Jahr stellte die Firma ihren ersten nach eigenen Konstruktionsideen ausgelegten Wagen vor. Wie das erste Fahrzeug von Peugeot wurde er von einem in Lizenz gefertigten Daimlermotor des Zweizylinder-v-Typs angetrieben (Abb. 272). Nachdem Emile Levassor und Madame Sarazin am 17. Mai 1890 geheiratet hatten, gelangte die Firma Panhard & Levassor in den Besitz sowohl französischer wie auch der belgischen Daimler-Patente. Damit waren für dieses Unternehmen günstige Voraussetzungen zur eigenständigen Entwicklung des Motorfahrzeugs gegeben. Die Entstehung der französischen Automobilindustrie macht erkennbar, daß die Frage nach dem »Ersten Motorfahrzeug« unter zwei verschiedenen Aspekten gestellt werden kann. Zum einen die Frage nach dem »ersten nicht an die Schiene gebundenen Fahrzeug mit Antrieb durch eine Wärmekraftmaschine mit innerer Verbrennung«, zum anderen die nach »dem ersten Fahrzeug dieser Gattung, das einem eigenständigen Industriezweig als Basismuster gedient hatte«.

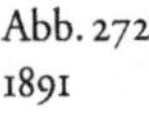

PANHARD & LEVASSOR: erstes nach eigenen Ideen konstruiertes Automobil mit einem in Lizenz gefertigten zweizylindrigen Daimler-Motor in v-Form

Die Antwort auf die erste Frage ist der 1804 von Rivaz gebaute Wagen. Differenziert man die Kriterien weiter und klammert das atmosphärische Prinzip aus, so müßte die Antwort der 1861 vorgeführte Motorbreak von Lenoir sein. Beschränkt man sich für die Betriebsart der Antriebsmaschine auf das Viertaktverfahren, so wäre die Antwort auf obige erste Frage Delamare-Debouttevilles Dreiradfahrzeug, wenn die nur mündlich, nicht aber urkundlich überlieferte Jahreszahl 1883 zur Datierung seiner ersten öffentlichen Strassenfahrt als historisch unanfechtbar akzeptiert werden könnte. Dem widerspricht jedoch die strenge Forderung des Franzosen Louis Bonneville von 1939. In seinem Werk »Le moteur roi« (Der königliche Motor) verpflichtet er sich selbst und den Historiker im allgemeinen zu einer Vorgehensweise, die im folgenden beschrieben ist. Er stellte seine Untersuchungsmethode unter das Motto nach einem Zitat von Aime Witz:

> »Es ist immer erlaubt, Prioritätsansprüchen zu mißtrauen, die nicht ausbleiben, wenn ein großer Erfolg erzielt wurde.«

Bonneville erläutert sein Ermittlungsverfahren:

»Es scheint uns richtig, folgende Methode anzuwenden:
1. Chronologische Folge der Patente
2. Nachweisbare Ausführung
3. Öffentliche, kontrollierte und datierte Versuche
4. Zeitgenössische Zitate: Zeitungen, Veröffentlichungen, verschiedene Schriften
5. Kontroversen und Kritiken«

Diese Vorgehensweise wird bei den Untersuchungen von Prioritätsansprüchen auch für das vorliegende Kapitel als verbindlich angesehen. Ihre konsequente Anwendung führt zu der Erkenntnis, daß sich die Erstfahrt von Delamare-Deboutteville weder nach Punkt drei noch nach Punkt vier Bonnevilles datieren läßt. JAQUES ICKX hatte dieses Fahrzeug als eine Zwischenlösung dargestellt, weil für den Motor mit Benzinbetrieb, wie er für den Break entsprechend der Patentschrift No. 160 267 vorgesehen war, noch kein funktionsfähiger Vergaser existierte. Deshalb wurden Vorversuche mit einem einzylindrigen Gasmotor unternommen und dieser dann als Antriebsmaschine in dem Dreiradwagen erprobt. Die Schlauchexplosion setzte den Fahrversuchen solange ein Ende, bis der Einsatz eines vom Patent abweichenden Dochtvergasers, wie ihn Lenoir etwa zehn Jahre zuvor erfunden hatte, zu befriedigenden Fahrergebnissen führte. Damit müssen diese Fahrversuche, so folgerte Ickx, auf den Tag der Patenterteilung, also auf den Februar 1884 datiert werden. Der Umstand, daß die Zusatzpatente gerade den Vergaser betreffen, interpretierte Ickx als Hinweis auf die Unzulänglichkeit des im Grundpatent beschriebenen Vergasers. Demnach konnte die abschließende Erprobung des Zweizylindermotors für den Break ebenfalls erst im Laufe des Jahres 1884 erfolgt sein. Die umfangreichen Arbeiten, die der Einbau des Motors und der Kraftübertragung erforderlich machten, könnten sich sogar bis in das Jahr 1885 erstreckt haben.

In dem Kapitel »Erfinden, Erbauen, Erproben« gab Bonneville eine Rangordnung dieser drei Stadien von der Idee zu ihrer funktionsfähigen Verwirklichung an. Er stellte fest:

»Dieser hat vielleicht ein oder mehrere Versuchsgeräte oder Apparate für seinen persönlichen Gebrauch geschaffen. Der andere aber, ein wirklicher Arbeiter am Fortschritt, hat den Käufern Modelle eines bestimmten Typs gebracht: mit einem Wort, die Serie, sei sie nun klein oder groß.«

Damit gibt der Autor demjenigen den höchsten Rang, der sein Erzeugnis bis zur industriellen Fertigung entwickelt hat. Er fährt dann fort:

»Wir werden versuchen sie einzureihen, ohne uns lange bei den manchmal aus der Luft gegriffenen, meist undurchführbaren, patentierten oder nicht patentierten Projekten aufzuhalten, über die wir unterrichtet werden. Wir werden uns an die durchgeführten Arbeiten und an die Demonstration vor der Öffentlichkeit halten. Wir befinden uns damit in Übereinstimmung mit unserer schon bewährten Methode: Zahlen, Daten, Fakten, also einer unanfechtbaren Chronologie.«

Aus der Entstehungsgeschichte der französischen Automobilindustrie läßt sich die zweite Frage nach der Priorität des Automobils klar beantworten. Der Fahrzeugmotor bzw. das Motorfahrzeug, die die Entstehung der Automobilindustrie und als Folge die Motorisierung des Straßenverkehrs initialisierten, gehen daraus eindeutig hervor. Der französische Autor L. Boudry De Saunier, der Herausgeber der damals in Europa größten Fachzeitschrift »La vie Automobile« gab die Antwort auf die zweite Frage nach der Priorität. In seinem 1900 erschienenen Buch »Das Automobil in Theorie und Praxis«, das 1901 in deutscher Übersetzung folgte, stellte De Saunier fest (S. 57):

»Das aus Luft und Petroleum bestehende Gemenge, elektrische Zündung, durch den Kolben bewirktes Ansaugen des Gemenges, diese drei Grundprinzipien des Automobilismus, alles das hatte Lenoir schon vor vierzig Jahren erfunden!... Die zwei grossen, allerdings der Erfindung des Ingenieurs Lenoir viel verdankenden Praktiker, bei welchen sämtliche modernen Constructeure in die Schule gingen, sind zwei Deutsche, Benz und Gottlieb Daimler... Der erste Benz-Wagen rührte aus dem Jahre 1883[7] her. Von ihm stammt die ganze heutige Generation der horizontalen Motoren und der Riemenübersetzungen, welche trotz mancher gegenteiliger Ansichten immer noch viel zahlreicher ist als ihre Rivalin, die Classe der verticalen Motoren. Hingegen fühlen wir uns zu einer eingehenderen Studie der ihren ganz persönlichen Stempel tragenden, allen Ingenieuren als Vorbild dienenden Daimler-Motoren verpflichtet, ohne welche ein den Automobilismus behandelndes Werk nicht vollständig wäre.«

Es folgt eine ausführliche Beschreibung von Daimlers zweizylindrigem v-Motor,

»... der noch vor vier oder fünf Jahren bei den anerkannten besten Automobilen fast ausschließlich verwendet wurde...«

De Saunier fährt fort:

»... Ein ehrgeiziger Erfinder dürfte wohl leicht den Mut verlieren, wenn er es Gottlieb Daimler, diesem merkwürdigen, die allgemeinste Anerkennung verdienenden Manne, dem wir grösstentheils die »praktische Seite« unserer heutigen Automobile verdanken, gleichthun will.«

De Saunier beschrieb anschließend den v-Motor Daimlers. Auch die Schwächen des Motors zeigt er auf, wie beispielsweise die schlecht zugänglichen Auslaßventile, was zum Nachschleifen der Ventile von Nachteil war, der hohe Verschleiß am Regler und am Ventilantrieb und schließlich das Aussetzen der Schmierung bei Überdrehzahlen auf Gefällstrecken. De Saunier schrieb abschließend:

»Dabei darf man aber nicht vergessen, daß, wie wir schon öfters sagten, der Daimler im Vereine mit dem Benz-Motor die Grundfeste des Automobilismus bildeten.«

---

7   CARL BENZ gab in seiner Autobiographie die Jahreswende 1884/85 an

In der Fachzeitschrift »La Locomotion« stellte De Saunier in der Nr. 30 vom 26. April 1902 auf S. 264 ff. den Mercedes-Simplex-Wagen vor. Außerdem schrieb er:

> »Vor sechs oder sieben Jahren kannten alle Chauffeure den Daimler-v-Motor, der zu dieser Zeit als Antrieb für die Panhard und Peugeot diente, den »Daimler«, aus dem wenig später der »Phönix«-Motor hervorging und der sieben Jahre erfolgreich durch die Werke der Avenue d'Ivry[8] verwandt wurde und aus dem dann der »Centaure« hervorging, der heute in den ersten Exemplaren auf dem Markt erscheint. Wie man sieht, bringt uns der Lichterschein, der oft aus Cannstatt zu uns gedrungen ist und den wir lange Zeit nicht aufkommen lassen wollten, zum Bewußsein, daß er noch nicht erloschen ist.«

Kritischer und nach strengeren geschichtlichen Gesichtspunkten verfolgte der französische Fachautor Louis Bonneville in seinem Werk »Le moteur roi« (Der königliche Motor) die Lösung der Prioritätsfrage. Bonneville ging bei einigen seiner Ermittlungen von falschen Voraussetzungen aus und gelangte damit zu unzutreffenden Ergebnissen. So behauptet er, daß Carl Benz sein Tricycle durch einen Zweitaktmotor angetrieben habe. Benz wählte dieses Arbeitsverfahren aber nur bei seinen stationären Gasmotoren, um damit das Otto-Patent auf den Viertaktmotor zu umgehen. Alle Antriebsmaschinen der Benz-Fahrzeuge arbeiteten dagegen von Anfang an nach dem Viertaktprinzip. Bonnevilles falsche Darstellung dieser Zusammenhänge wurde auch von einigen deutschen Autoren übernommen. Bonneville hatte den Begriff Automobil nur für motorisierte Vierradfahrzeuge zugelassen. Damit wären das Benz-Tricycle, der Dreirad-Break von Lenoir und das Dreirad-Fahrzeug von Delamare-Deboutteville keine Automobile im Sinne dieser Bezeichnung gewesen. Lenoirs anerkannte Priorität auf das »erste automobile Fahrzeug mit Antrieb durch einen Explosionsmotor« aus dem Jahr 1861 und Delamare-Deboutevilles mögliche Priorität auf »das erste schnellfahrende Automobil mit Antrieb durch einen Explosionsmotor« aus dem Jahr 1883 wären damit ebenso in Frage gestellt. Delamare-Deboutteville hatte nämlich nach übereinstimmender Darstellung französischer Autoren 1883 mit einem Dreirad experimentiert, was auch Malandin bestätigte.

In einigen Fällen begnügte sich Bonneville mit Zitaten aus Veröffentlichungen anerkannter Fachautoren, um die allgemeine Priorität Frankreichs zu belegen. So berief er sich beispielsweise auf die 1906 vom »Touring-Club von Frankreich« unternommenen Recherchen und die in diesem Zusammenhang eingeholten Zeugenaussagen zum Nachweis der Priorität Delamare-Deboutevilles und wertete sie als historisch unanfechtbare Belege. Dieses

---

8   gemeint ist der in dieser Straße eingerichtete Motorenbetrieb

Vorgehen ist äußerst fragwürdig. Es widerspricht auch den von Bonneville selbst aufgestellten Grundsätzen zur korrekten Darstellung der Automobilgeschichte. Bonneville brachte auch Beispiele dafür, daß von Deutschen erhobene Prioritätsansprüche im Sinne der von ihm gestellten Bedingungen nicht in jedem Fall durch unanfechtbare Belege gerechtfertigt sind. Bonneville dokumentierte diese Beispiele auf den S. 98 bis 120 seines Schriftwechsels, den er mit deutschen Partnern in den Jahren 1936 bis 1939 geführt hat. Der Schriftwechsel begann am 13. 11. 1936 mit einer Anfrage beim Reichsverband der Automobilindustrie. Dabei bezog sich Bonneville auf die englische Zeitschrift »Autocar« vom 6. 11. 1936, in der über das Patent Nr. 160 267 von Delamare-Deboutteville berichtet wurde und bat

> »... aus rein historischem Interesse, uns Unterlagen zu übersenden, die Hinweise über den Bau und tatsächlich stattgefundene Versuche mit dem Daimler-Velociped enthalten, dessen Patente zwar am 21. 9. 1885 [9] angemeldet wurden, dessen Ausführung uns aber später erfolgt zu sein scheint. Um den selben Hinweis bitten wir für das erste in Deutschland gebaute und erprobte Straßenfahrzeug mit Benzinmotor, mit Ausnahme der Straßenbahn und Schienen ...«

Nach Übersendung der Ausgabe 1926 vom »Jahrbuch unserer Vereinigung« gab der Reichsverband am 06. 1. 1937 zu den Fragen Bonnevilles einen Zwischenbescheid mit dem Hinweis auf die »Vorbereitung der Internationalen Automobil- und Motorrad-Ausstellung Berlin, 20. 2.-7. 3.«, die es erforderlich machten, »Ihre Fragen vorerst zurückzustellen«. Auch wiederholte Mahnungen Bonnevilles führten zu keinem Ergebnis. In einem Briefwechsel mit der Firma DAIMLER-BENZ AG , der am 1. Dezember 1936 begann, ergänzte Bonneville die an den Reichsverband der Automobilindustrie gerichteten Fragen um die Bitte, auch Belege für die Versuche mit dem Stahlradwagen und dem Vis-a-Vis zu übersenden. Die Firma stellte das auch heute noch als Nachweis dienende Bild- und Textmaterial zur Verfügung, das jedoch den Ansprüchen, die Bonneville in diesem Zusammenhang stellte, nicht genügte.

In seinem Dankschreiben vom 23. Dezember 1936 teilte er daher den Entstehungsprozeß in drei »Etappen« Erfindung – Verwirklichung – Vorführung ein. Er bat ausdrücklich um die Datierung der Vorführung der Wagen. Die Firma DAIMLER-BENZ AG antwortete am 4. Januar 1937: »Die von Ihnen gestellten Fragen machen eine neue Überprüfung unserer Quellen und Dokumente notwendig. Um Ihnen genaue Auskunft geben zu können, bitten wir Sie, sich einige Tage gedulden zu wollen.« Die Auskunft folgte im Schreiben vom 1. März 1937. Dort wurde zur unterschiedlichen Ausführung der Kraftübertra-

---

[9]   in Frankreich

gung im ausgeführten Reitwagen gegenüber dem in der Patentschrift dargestellten Wagen Stellung genommen. Die Zerstörung des Wagens im Jahre 1903
durch Feuer und die zwei nachgefertigten Replikate wurden auch erwähnt.
Dann folgte die Begründung für die lange Verzögerung, mit der die Versuche
Daimlers der Öffentlichkeit bekannt gemacht wurden:

> »In Deutschland waren damals Zeitungswesen und Reportagen noch nicht sehr ent-
> wickelt. G. Daimler scheute sich davor, die Öffentlichkeit von seinen ersten Versuchen zu
> unterrichten, solange er von der Nützlichkeit seiner Fahrzeuge nicht überzeugt war. Des-
> halb fanden die meisten Versuche bei Dunkelheit statt, wie aus dem am 1.6.1902 vor seiner
> Villa errichteten Denkmal zu sehen ist: »Dem Schöpfer des Daimlermotors, der 1885 sein
> erstes Automobil in Bewegung setzte« …«

Aus diesen Ausführungen schlußfolgerte Bonneville in seinem Schreiben vom
5. März 1937:

> »Das Velociped soll 1885 gebaut worden sein. Es war im Garten (von Daimler) von
> November 1885 bis zum Brand 1903 in Betrieb. Es wurde also bis zu diesem Datum gefah-
> ren. Es hätte sich also eine Anzahl von Möglichkeiten von Dokumenten, Katalogen, Zei-
> tungsnachrichten, Berichten oder Broschüren oder andere zeitgenössischer Beschreibun-
> gen ergeben. Die Version, daß die deutschen Erfinder ihre Versuche verbergen, kann nicht
> durch Tatsachen gestützt werden. Das im Ausland angemeldete Patent auf das Velociped
> ist schon vor dem Bau und also auch vor den Versuchen bekannt gegeben worden. Die
> tatsächlichen Versuche, aus Furcht vor der Neugierde oder der Polizei sind ein Argument,
> das Pseudo-Erfinder in Frankreich, Österreich und Amerika usw. auch schon vorgebracht
> haben und das eines wirklichen Erfinders nicht würdig ist.«

Die Firma Daimler-Benz entschuldigte sich mit Schreiben vom 14. Oktober
1937 für die Verzögerung ihrer Antwort und empfahl Bonneville, sich an den
Baurat PAUL DAIMLER, Gottlieb Daimlers Sohn, zu wenden und legte ein Foto
bei, das Wilhelm Maybach am Steuer seines Mercedes-Wagens zeigt, »mit dem
er täglich zum Betrieb fuhr.« Damit sollte die Behauptung des Fachautors
FARROUX widerlegt werden, die er in der französischen Zeitschrift »L'Auto«
vom 11. Januar 1930 geäußert hatte. Dort hatte er geschrieben, »daß Maybach,
als er 1901 seinen Mercedes konstruierte, kein Automobil steuern konnte und
nie ein Automobil gesteuert hatte.« Bonneville antwortete am 10. Oktober
1937 und schrieb der DAIMLER-BENZ AG , er hoffe, »daß Sie diese Behauptung
entweder bestätigen oder entkräften können.« Im Schreiben vom 10. November 1937 wandte sich Bonneville an Paul Daimler und wiederholte seine Fragen, denen er die Bitte um Stellungnahme zu jener Behauptung von Farroux
hinzufügte. Er erhielt keine Antwort.

Ein anderer Schriftwechsel war vom Deutschen Museum München am 14.
September 1937 eingeleitet worden, das sich mit folgenden Worten an Bonneville wendete:

»...Wir haben durch Ihre verschiedenen Artikel und Bücher erfahren, daß Sie Fachmann in der Geschichte des Automobils sind. Wir erlauben uns deshalb, Sie um einige Erläuterungen über die Automobile Ihrer Landsleute Lenoir, Delamare-Deboutteville ... zu bitten«

Bonneville antwortete in seinem Schreiben vom 20. September 1937. Er führte »Zitate mit Daten und Nachweisen« an, was hier die Patentschrift Nummer 160257 Delamare-Debouttevilles vom 12. Februar 1884 und Zeugenaussagen waren. Die Bestätigung der öffentlichen Erstfahrt des französischen Erfinders von neutraler Seite, wie Bonneville sie als Beleg für entsprechende Angaben zu einigen Daimler-Fahrzeugen verlangte, konnte er nicht erbringen. Er wich damit von seinen eigenen strengen Grundsätzen ab. Die Delamare-Debouttevilles Dreiradfahrzeug betreffenden Zeugenaussagen formulierten die Zeitzeugen aus der Erinnerung. Von deutscher Seite war die Bestätigung Daimlers öffentlicher Erstfahrt mit dem Americain im Jahre 1886, und der Nachweis, daß Maybach fähig war, ein Automobil zu lenken, in der gleichen Art erbracht worden. Lenoirs Motorwagen und Delamare-Debouttevilles Dreiradfahrzeug waren nach Bonnevilles Definition keine Automobile. Lenoirs Anspruch, das »Erste Automobil mit Verbrennungsmotor« geschaffen zu haben, war nach Bonnevilles Definition nicht gegeben.

Am 3. Dezember 1937 richtete Bonneville seine Fragen auch an Maybachs Sohn Carl und betonte dabei: »Ein Foto mit einer Person am Steuer beweist aber noch nicht, daß die Fähigkeit oder selbst die Möglichkeit gegeben war, das Fahrzeug zu lenken.« In einem ausführlichen Schreiben nahm Maybach am 17. Dezember 1937 zu diesen Fragen Stellung und bestätigte: »Ich selbst war oft zugegen, wenn mein Vater den Wagen[10] steuerte.« Damit gab sich Bonneville nicht zufrieden und wiederholte in seinem Schreiben vom 21. Dezember 1937 die Frage:

»Ist Maybach wirklich auf der abgebildeten Maschine und zu welchem Zeitpunkt gefahren, und wann auf der Victoria[11] und auf dem Stahlradwagen? An welchem Tag, bei welcher Gelegenheit und welchen Personen wurde der Stahlradwagen in Paris vorgeführt? Sie müssen über diesen Punkt genau unterrichtet sein, da Sie nach Ihren Angaben oft zugegen waren. Das Patent 1892 bezieht sich auf den Einbau eines Motors im Heck eines Wagens mit grosser Schraubenfeder zum Abfangen der Erschütterungen. Dieses Fahrzeug ist offensichtlich der Vis-a-Vis von 1895[12] geworden.«

---

[10]   es handelt sich um den Stahlradwagen
[11]   gemeint ist das Americain
[12]   allgemein als »Riemenwagen« bezeichnet

Carl Maybach beantwortete Bonnevilles Schreiben vom 21. Januar 1938 wie folgt:

»In Cannstatt ist mein Vater auf dem Velociped gefahren. Ich selbst habe das ursprüngliche Fahrzeug vor seiner Zerstörung noch gesehen. Eine Kopie davon befindet sich im Museum in München. Damals konnte weder mein Vater noch G. Daimler Fahrrad fahren.

Das Quadricycle ist das erste Fahrzeug mit vier Rädern, das als Ganzes konstruiert wurde, während vorher die Motoren in Pferdewagen eingebaut wurden. Unter der Bezeichnung »Stahlradwagen« wurde er während der Weltausstellung in Paris 1889 mehreren Personen gezeigt. Die Namen dieser Personen kenne ich nicht, es ist aber zu vermuten, daß er Madame Sarazin gezeigt wurde. Ich selbst war nur 1900 in Paris. Er besaß eine Getriebeschaltung. Bei diesem Fahrzeug gingen die Ansichten meines Vaters und G. Daimlers in vielen Punkten auseinander. Daimler konstruierte Motoren (und keine Wagen) und ließ sie in Pferdewagen einbauen.

Der Vis-a-Vis wurde von meinem Vater ab 1892 in den Versuchswerkstätten gebaut. Er führte 1893 Versuche durch. Damals erlaubte er mir, ihn zu begleiten. In der Festschrift »Anniversaire« der Daimler-Gesellschaft von 1915 ist dieses Modell abgebildet, aber die Jahreszahlen 1890, 1891 und 1892 sind verfälscht. Sie müssen in 1893 abgeändert werden.«

Bonneville nahm dazu am 12. Februar 1938 Stellung:

»Unseres Wissens, sind ihre Erinnerungen nicht ganz zutreffend. Wenn unsere Informationen richtig sind, so ist der erste Daimlermotor, der gebaut und verwendet wurde, der der kleinen Strassenbahn, der in Frankreich in »La Nature« vom 4.10.1888 beschrieben und dessen Patent am 27.12.1887 angemeldet wurde. Erlauben Sie uns auch, Sie um etwas anderes als um oft täuschende und verfälschte unsichere Kindheitserinnerungen zu bitten. Wir suchen vielmehr eine zeitgenössische Beschreibung, die datiert ist, ausserdem das Datum der Aufnahme, nach den Methoden, die wir selbst für andere Erfindungen anwenden… Vierrad 1889… Keine schriftliche Spur seiner Anwesenheit in Paris auf der Ausstellung von 1889, auf der nur das Dreirad Roger-Benz und der Mechanismus der Bremer Strassenbahn zu sehen waren. Da es mehrere Personen auf dieser Ausstellung gesehen haben sollen, muß es Ihnen leicht fallen, einige Namen zu nennen, aber unter den Überlebenden dieser Zeit hat in Paris keiner davon Kenntnis.«

Abschließend stellte Bonneville fest:

»Wir haben bis heute keinen wirklichen Beweis für den Bau und die Erprobung eines Daimler-Fahrzeuges vor dem auch von Ihnen angegebenen Datum 1893 mit Vorführung 1895 finden können. Wir würden uns glücklich schätzen, endlich doch noch in Zeitungen, Zeitschriften oder Büchern veröffentlichte Daten oder unbezweifelbare Tatsachen zu erfahren.«

Diese Feststellung läßt sich sinngemäß auch für das Dreirad-Fahrzeug Delamare-Deboutevilles aus dem Jahr 1883 und für das Vierrad-Break dieses Erfinders aus dem Jahr 1884 treffen. Am 14. März 1938 gab Carl Maybach dazu folgende Stellungnahme ab:

»Ich verstehe, daß Sie sich um echte Beweise bemühen. Leider ist das jetzt nur noch schwer möglich. Doch möchte ich Ihnen noch Folgendes mitteilen:

1. Obgleich ich Ihnen keinen Beweis aus dem Jahre 1885 beibringen kann, bin ich überzeugt, daß mein Vater mit dem Velociped gefahren ist. Nicht die Patentzeichnung ist Beweis für die tatsächlich gebaute Maschine, sondern das Photo der fertigen Konstruktion... Das Original ist 1903 verbrannt, und der Photograph Rau lebt schon lange nicht mehr. Ich kann Ihnen nur die Gartenlaube von 1889 nennen, die den Versuch von November 1886 zitiert.
2. Victoria: Die beigefügte Kopie bezieht sich auf die Gartenlaube (Versuch 1886).
3. Vierrad: Ich kann Ihnen keine eindeutigen Beweise für die Vorführung in Paris beibringen. Aber angesichts Ihrer Zweifel übersende ich Ihnen die Photographie einer Zeitschrift, die das Fahrzeug zeigt.

Daraus müßte hervorgehen, daß seit 1885 Fahrzeuge gebaut wurden und im Verkehr waren. Vielleicht führen diese Mitteilungen zu weiteren Feststellungen. Ich lege Wert darauf, die Lage zu klären und werde nach weiteren Beweisen aus dieser Zeit suchen. Ich behalte mir deshalb vor, auf Ihren Brief zurückzukommen, ohne Ihnen einen genauen Termin nennen zu können.«

In seinem Antwortschreiben vom 29. März 1938 stellte Bonneville eine unhaltbare Behauptung auf:

»Wir können nicht glauben, daß Maybach wirklich jemals gefahren ist, so wie es die Aufnahme zeigt. Selbst ein Berufsakrobat hätte das Velociped nicht steuern können, es wäre zusammengebrochen.«

Anschließend listete Bonneville die bisher erhaltenen Dokumente auf und stellte fest:

»Die Gartenlaube von 1889 schreibt: 2 Riemenscheiben, Seilbremsen usw. Damals ist also, im Gegensatz zu dem, was Sie angenommen hatten, nicht das W. Maybach-Velociped beschrieben worden, sondern das Patent, das niemals ausgeführt wurde.«

Bonneville ging bei der Beurteilung des Americain, das er als »Victoria« bezeichnete, von der Motorleistung von nur 0,5 PS aus. Diese Angabe wurde von keinem der deutschen Briefpartner widerlegt, lediglich CARL LUTZ bezeichnete diesen Wert als mutmaßlich falsch. Aus den Unterlagen der Firma Daimler-Benz geht die Leistung des ursprünglich eingebauten Motors mit Luftkühlung mit 1,5 PS, und die des heutigen Motors mit Wasserkühlung mit 1,0 PS hervor. Bonneville stellte aufgrund der unrichtigen Leistungsangaben fest:

»Victoria: Ihr $^{1}/_{2}$-PS-Motor für vier Personen, hätte keine befriedigenden Versuche erlaubt. Wir möchten bemerken, dass schon der Motor des Lenoirschen Wagen, 1,5 PS, zu schwach war und daß Delamare über 8 PS verfügte.«

Interessant ist auch der Schluß dieses Schreibens:

»Wir hoffen auf Ihr Verständnis, daß wir die zitierten oder übersandten Dokumente nicht als Beweise anerkennen können. Aber wir bitten Sie, nur präzise Daten anzugeben.
Wir geben Ihnen die beigefügten Photos wieder zurück und übersenden Ihnen die Veröffentlichungen von 1937 mit unzweideutigen Photos, sowohl bezüglich der Daten als auch der Darstellungen. Bitte nehmen Sie diese Beispiele zum Vorbild, um bei der Wahrheitsfindung mitzuhelfen, die schon so lange unser Ziel ist.«

In Vertretung von Carl Maybach ging fünf Monate später Carl Lutz auf dieses Schreiben ein. Er führte aus:

»Bezüglich der Versuchsfahrten von W. Maybach erinnert sich Dr. Maybach seit seiner frühesten Kindheit, daß sein Vater diese Wagen steuerte. Über die Versuchsfahrten mit dem Velociped kann er Ihnen nichts sagen, da er bei diesen Fahrten nicht zugegen war. Vierrad: Dr. Maybach erinnert sich an Versuche seit 1888, das Fahrzeug wurde von seinem Vater gesteuert. Da noch einige Personen leben, die diese Zeit miterlebt haben, wird Dr. Maybach versuchen, Ihnen schriftliche Erklärungen dieser Personen zu übersenden, die sicher die beste Bestätigung für seine Aussagen sind. Der Artikel in l'Auto ist in Deutschland nicht beachtet worden. Was führt Sie zu der Annahme, daß die photographierte Victoria nur eine Attrappe mit Statisten war? Dagegen steht fest, daß dasselbe im Münchner Museum befindliche Fahrzeug eine Rekonstruktion ist, da das Original in Cannstatt dem Feuer zum Opfer fiel. Stärke des Motors $1/2$ PS, vielleicht wurde sie bekanntgegeben, da man Einzelheiten wegen der Konkurrenz geheimhalten wollte. Es folgen einige Bemerkungen über die Wagen von Lenoir und Delamare-Deboutteville. Dr. Maybach hat mich beauftragt, Ihnen mitzuteilen, daß er für weitere Angaben gerne zur Verfügung steht.«

Bonneville bekundete mit Schreiben vom 5. Oktober 1938 nochmals seinen Standpunkt als Historiker. Er mahnte:

»Wir erkennen schriftliche Erklärungen von Personen, die an Straßenversuchen dieser Fahrzeuge teilgenommen haben (Victoria 1886, Vierrad 1889), unter Berücksichtigung von Gedächtnislücken oder Verwechselungen von Daten, die auch bei bester Absicht oft auftreten, nicht an. Wir bitten vor allem um die zeitgenössischen Darstellungen, die Sie uns so oft versprochen haben.«

Das Antwortschreiben vom 1. Januar 1939 verfaßte Carl Lutz. Er bezog sich darin überwiegend auf Bonnevilles Zweifel an Wilhelm Maybachs Fähigkeiten als Kraftfahrzeugführer:

»Da Sie den Erklärungen Maybachs nicht glauben, daß sein Vater selbst gesteuert habe, fügen wir vier notariell beglaubigte Erklärungen bei, aus denen ohne jeden Zweifel hervorgeht, daß W. Maybach mindestens von 1888 bis 1889 selbst Automobil gesteuert hat. Danach besteht kein Zweifel mehr, daß er die Fahrzeuge, auf denen er photographiert wurde, auch selbst gesteuert hat. Anlage: 4 Beglaubigungen.«

Bei dieser Anlage handelt es sich um vier notariell beglaubigte Berichte von Augenzeugen, die bestätigen, Wilhelm Maybach Motorfahrzeuge lenken gesehen zu haben. Bonneville erkannte diese Aussagen nicht als beweiskräftig an, obwohl er Zeugenaussagen, die die Erstfahrt Delamare-Deboutevilles betrafen, anerkannt hatte. Zusammenfassend gelangte Bonneville auf S. 212 zu folgenden Schlüssen:

»Die einzige Quelle, die über die Fahrten mit dem Velociped[13] und der Victoria[14] Daimlers mit vier beziehungsweise fünfjähriger Verspätung (1889) berichtete, war das auf technisch-wissenschaftlichem Gebiet unqualifizierte Familienblatt »Gartenlaube«.«

Bonneville monierte:

»Auf diesem Sektor schien sich die Zeitschrift darauf zu beschränken, wörtlich und wahrscheinlich ohne vorherige Überprüfung Texte zu veröffentlichen, die ihr, zuweilen wohl auch zu Reklamezwecken, zugeschickt wurden. Carl Maybach war bei den Versuchen mit dem Velociped nie zugegen. Weder Daimler noch Maybach konnten ein Velociped handhaben. Carl Maybach hat nie eine Victoria in Betrieb gesehen... Er bestätigt, daß G. Daimler niemals ein vollständiges Automobil gebaut hat... Bei der zweiten Gruppe (von Fahrzeugen), dem Quadricycle[15] und dem Vis-a-Vis[16], die (Wilhelm) Maybach konstruiert hatte, stehen die Versuche außer Zweifel, nicht aber deren Datierung, die bisher von niemandem nachgewiesen werden konnte.«

Die Tatsache, daß der Stahlradwagen mit einem Wechselrädergetriebe ausgerüstet war, das nachfolgende Vis-a-Vis jedoch mit einem Riemengetriebe, dem sich 1899 wieder ein Modell mit Zahnradgetriebe anschloß, veranlaßte Bonneville zu der Feststellung, »daß die auf den herrlichen Reklamephotos der Firma Daimler-Benz veröffentlichten Daten unrichtig sind.« Erst den Motor des Stahlradwagens erkannte Bonneville als den ersten Daimler-Motor an. Der Motor war seiner Auffassung nach 1888 aber noch nicht fertig, da Daimler in seinem Schreiben an Madame Sarazin am 4. Januar 1888 unter anderem mitteilte:

»Ich kann in der nächsten Zeit noch nicht nach Paris kommen, denn ich bin mit meinen Konstruktionsversuchen noch zu sehr beschäftigt, und ich möchte die endgültigen Zeichnungen meines Motors für den Konstrukteur mitbringen.«

Bonneville schrieb:

»Der allererste Motor war also noch nicht endgültig gebaut; umso weniger also das Velociped und die Victoria.«

Bonneville brachte jedoch anschließend die für Frankreich richtunggebende Bedeutung dieses Motors zum Ausdruck:

»Tatsächlich wurde das erste Modell, das für die französische Lizenz als wegweisend und als Prototyp diente, Frau Sarazin erst im darauffolgenden Jahr, 1889, übergeben.«

---

[13] Reitwagen
[14] Americaine
[15] Stahlradwagen
[16] Riemenwagen

Trotz aller belegbaren Unrichtigkeiten einiger grundlegender Voraussetzungen, die Bonneville seinen Schlußfolgerungen zugrundelegte, weist er in dem Prioritätsanspruch, den die deutsche Geschichtsschreibung für Gottlieb Daimler erhebt, eine bis heute nicht geschlossene Beweislücke nach. Bonneville hat mit seinen eigenen Forderungen aber auch den Historikern den Zwang auferlegt, den Konstrukteur am höchsten zu achten, der das Mustermodell zur industriellen Fertigung entwickelt. Ohne es ausdrücklich zu formulieren, hatte Bonneville damit implizit Daimler, Maybach und Benz als die maßgeblichen Pioniere des Automobilwesens bezeichnet. Frankreich erklärte das Jahr 1984 zum »hundertsten Jahr des französischen Automobils«. Dies bedeutet die Erhebung eines Prioritätsanspruches, da die Erstvorführung der Erfindung gefeiert wurde.

Die Prioritätsansprüche Daimlers sind indessen nicht national, sondern nur durch Werbezwecke motiviert. Die miteinander konkurrierenden Automobilproduzenten Daimler Motoren-Gesellschaft und Benz & Co (später Benz & Cie.) mußten sich selbst darstellen, um entsprechende Umsätze zu sichern.

Wilhelm Maybachs Tagebuch stand seinem Sohn offensichtlich nicht zur Verfügung, um Bonnevilles Zweifel zu widerlegen. Es dient heute aber als Nachweis für die Ausstellung des Stahlradwagens auf der Pariser Weltausstellung 1889. Auch daß Maybach ein Automobil handhaben konnte, läßt sich mit seinem Tagebuch belegen. Als Beweise für die Erstfahrten mit dem Americain liegen aber immer noch nur die Überlieferungen, die Bonneville auswertete, vor.

Die folgende Übersicht bringt die Berichte, die sich auf die Versuche von Carl Benz beziehen. Der früheste Nachweis einer Ausfahrt mit dem dreirädrigen Benz'schen Patentmotorwagen auf einer öffentlichen Straße kann durch die »Neue Badische Landeszeitung« vom 4. Juni 1886 mit folgender Notiz geführt werden:

> »Für Velociped- und Sportfreunde dürfte es von hohem Interesse sein, zu erfahren, daß ein großer Fortschritt auf diesem Gebiet durch eine neue Erfindung, welche von der hiesigen Firma Benz & Co. gemacht wurde, zu verzeichnen ist.«

Am 3. Juli desselben Jahres folgte in der Nr. 326 des »Morgenblatt der Neuen Badischen Landeszeitung« unter der Rubrik »Stadt und Land« die zweite Bestätigung:

> »Ein mittels Ligroingas [17] zu betreibendes Velociped, welches in der Rheinischen Gasmotorenfabrik von Benz & Co. konstruiert wurde und worüber wir schon an dieser Stelle

---

[17]   Ligroin: ältere Bezeichnung für Benzin

berichteten, wurde heute früh auf der Ringstraße probiert und soll die Probe zufriedenstellend ausgefallen sein.«

Am 5. September 1886 berichtete der »Generalanzeiger der Stadt Mannheim und Umgebung« über einen Straßenwagen mit Gasmotorenbetrieb.

»Wir haben schon früher mitgeteilt, daß Herr C. Benz, Mitinhaber der Rheinischen Gasmotorenfabrik Benz & Cie. und Erfinder der Gasmotoren mit elektrischer Zündung, einen Straßenwagen konstruiert, der mittels Gasmotor bewegt wird, und sich diese Erfindung patentieren ließ. Wir sahen das erste Vehikel entstehen und sahen es bereits vor Monaten in Betrieb. Schon bei dem ersten Versuch wurde uns zur Gewissheit, daß durch die Benz'sche Erfindung ein Problem gelöst sei, mittels elementarer Kraft einen Straßenwagen herzustellen. Jedoch stellen sich, wie es ja nicht anders erwartet werden konnte, noch viele Mängel ein, die durch fortgesetzte Versuche und Verbesserungen abzustellen waren. Diese Arbeit, ebenso schwierig wie die Erfindung selbst, darf nun als abgeschlossen betrachtet werden, und Herr Benz wird nunmehr mit dem Bau solcher Fuhrwerke, für den praktischen Gebrauch berechnet, beginnen. Wir glauben, daß dieses Fuhrwerk eine gute Zukunft haben wird, weil dasselbe ohne große Umstände in Gebrauch gesetzt werden kann und weil es bei größtmöglicher Schnelligkeit das billigste Beförderungsmittel für Geschäftsreisende, evtl. auch für Touristen werden wird ... Es soll dieses Fuhrwerk nicht gerade den Zweck und die Eigenschaften eines Velocipeds haben, mit dem man eine Spazierfahrt auf ebener, gut unterhaltener Landstraße macht, sondern es soll als Fuhrwerk dienen, das einem Bernerwägelchen oder ähnlichen Vehikeln gleicht, mit dem man nicht nur jeden halbwegs anständigen Weg befahren kann, sondern auch mit Überwindung größerer Steigungen entsprechende Lasten befördern kann, und so z.B. ein Geschäftsreisender mit seinen Mustern von Ort zu Ort ohne Anstand damit fahren kann.«

In seiner Autobiographie mit dem Titel »Lebensfahrt eines deutschen Erfinders« schrieb Benz 1925 auf S. 74:

»So war denn das Jahr 1884/85 zum Geburtsjahr des Motorwagens geworden. Schon im Frühling 1885 hatte mein Lebenstraum, wie durch die Gnade einer großen Stunde, greifbare Form und lebensfähige Gestalt angenommen. Herausgehoben aus der Welt des Gedankens und hineingestellt in die Welt der Wirklichkeit stand das jüngste Kind der Technik eines schönen Tages im Fabrikhofe« (Abb. 273).

Es folgten dann verschiedene Ausfahrten, die wichtige Erkenntnisse erbrachten. Auf S. 77 fuhr Benz fort:

»So war ich gegen Ende des Jahres 1885 zu der Überzeugung gekommen, daß mein Wagen mehr sei als eine bloße Versuchskonstruktion ohne praktische Verwendungsmöglichkeit und ohne wirtschaftliche Zukunft wert ist. Jetzt hielt ich die Zeit für gekommen, eine Patentschrift und Patentzeichnung zu entwerfen und einzureichen ... Der 29. Januar 1886 ist der Tag, an dem meine Erfindung patentrechtlich geschützt wird. Dieses erste Patent auf einen fertiggestellten und praktisch brauchbaren Motorwagen zur Beförderung mehrerer Personen ist zum Geburtsschein des neuzeitlichen Motorwagens geworden (DRP Nr. 37 453).«

Obwohl diese Ausführungen keinen Anlaß zum Zweifel an der Richtigkeit der genannten Daten geben, sind sie doch im streng historischen Sinne nicht als Beweis zu werten. In England setzte man sich jedoch über die Einschränkung

Carl Benz: motorisiertes Dreirad-Velociped

hinweg, daß nur eine schriftliche Bestätigung von neutraler Seite als geschicht-licher Beleg gelten kann, und erklärte das Jahr 1985 unter dem Leitbegriff »Motor 100« zum Erinnerungsjahr an das vollendete »Jahrhundert der weltwei-ten Motorisierung« (»A Century of World Motoring«). Die Firma Daimler-Benz dagegen sah sich zur Hundert-Jahr-Feier des Automobils an dessen erste Erwähnung in der Presse, d. i. das Jahr 1886, gebunden. In der Geschichte der Kraftfahrt gilt es allgemein als erwiesen, daß auch die öffentlichen Erstfahrten mit Gottlieb Daimlers motorisiertem Americain, der sogenannten »Motor-Kutsche«, im Jahre 1886 unternommen wurden. Es gilt ebenso als sicher, daß Daimlers Niederrad im Jahr 1885 erstmals gefahren wurde. Es liegt jedoch für keine dieser beiden Erstfahrten von Daimler eine verbürgte Datierung vor. In seinem Buch »Gottlieb Daimler – Ein Revolutionär der Technik (1942)« stellte PAUL SIEBERTZ auf S. 122 im Zusammenhang mit dem Niederrad fest:

> »Die erste größere Ausfahrt erfolgte am 18. Nov. 1885, und dem ältesten Sohn des Erfin-ders, Paul Daimler, gelang es mit dem Motorrad die »kolossale« Entfernung von Cannstatt nach Untertürkheim, das sind 3 km, zurückzulegen.«

Die früheste Pressenotiz zu diesem Ereignis brachte die »Gartenlaube« Nr. 18 im Jahre 1888 (Abb. 274). Dort ist auf S. 148 unter der Überschrift »Noch ein-

· 148 ·

Fig. 1. Fahrrad mit Daimler'schem Motor.

Fig. 2. Straßenwagen mit Daimler'schem Motor.

Noch einmal der Daimler'sche Motor.

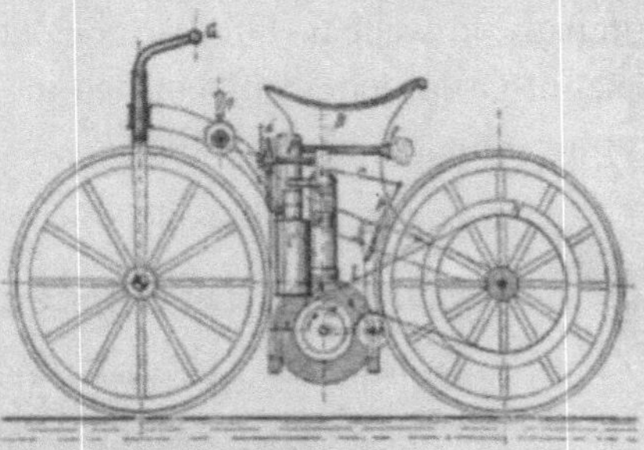

Fig. 3. Construction des Fahrrades.

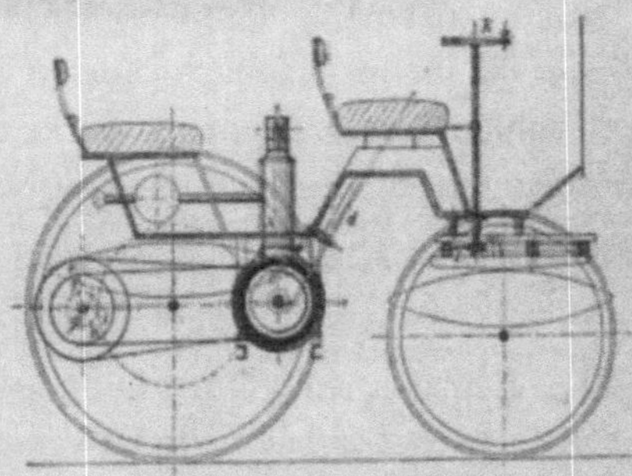

Fig. 4. Construction des Straßenwagens.

Kleiner Briefkasten.

Bezug auf Gartenlaube 1888, Nr. 10, S. 148

357

mal der Daimler'sche Motor« am Schluß der Beschreibung des als »Sitzrad«
bezeichneten Fahrzeugs zu lesen:

> »Der erste erfolgreiche Versuch mit dieser Fahrmaschine wurde am
> 18. Nov. 1886 in Cannnstatt angestellt.«

Diese Zeitungsnotiz führte auch Carl Benz beim Prioritätsnachweis in seiner
Autobiographie an. Geht man rein spekulativ von der Datumsangabe der Zusammenstellungszeichnung des Antriebmotors aus, das wäre der 3. Juli 1885, so
wäre der 10. November 1885 als Tag der ersten Ausfahrt mit dem Niederrad
durchaus vorstellbar. Dies ist aber kein Beweis. Über das als Motorkutsche
bekannt gewordene Fahrzeug schrieb Siebertz auf S. 124 seiner Daimler-Bio-
graphie ohne Quellenangabe:

> »Im Herbst 1886 nahm dieses (die Motorkutsche) seine Probefahrt auf.«

Auf S. 126 wiederholt Siebertz diese Zeitangabe:

> »Im Herbst 1886 wurden mit diesem ersten vierrädrigen Daimler-Automobil die ersten
> Fahrversuche gemacht, und zwar im Hofe der Eßlinger Maschinenfabrik, dann zwischen
> Eßlingen und Cannstatt.«

Zur Bekräftigung dieser Behauptung berief sich Siebertz auf den Seiten 126/
127 auf einen Vortrag, den Carl Maybach, der älteste Sohn von Daimlers Mitarbeiter Wilhelm Maybach, am 15. Dezember 1934 vor einer Versammlung
von Fachleuten der Zeppelin-Werke in Friedrichshafen gehalten hat. Siebertz
zitierte daraus die Feststellung, daß Maybach

> »... mit diesem Fahrzeug als siebenjähriger Schulbub im Jahre 1886 seine erste Autofahrt
> machte«.

Im streng historischen Sinne können diese lange nach dem berichteten Ereignis gemachten Aussagen ebensowenig als Beweis für Daimlers erste Ausfahrt
im Jahr 1886 herangezogen werden, wie die nachträglichen Augenzeugenbe-
richte über Delamre-Debouttevilles Fahrt mit seinem Dreirad-Versuchsfahr-
zeug im Jahre 1883 auf einer öffentlichen Straße.

Die früheste Pressemeldung über ein zweispuriges, nicht an Schienen
gebundenes Straßenfahrzeug, das durch einen Motor von Gottlieb Daimler
angetrieben wurde, brachte die »Schwäbische Chronik« vom 16. August 1888
(Abb. 275):

In der schon im Zusammenhang mit dem »Niederrad« zitierten »Gartenlaube« Nr. 9 von 1889 (Abb. 274), steht im selben Artikel auch eine Beschreibung von Daimlers motorisiertem Americain. Dort ist für die ersten damit
unternommenen Versuchsfahrten ein genaues Datum genannt, nämlich der
4. März 1887.

Abb. 275
16. August
1888

* In Cannſtatt werden die Verſuche mit dem rauchfreien Daimler'ſchen Motor in mehrfacher Weiſe fortgeſezt. Zunächſt einmal auf der Verſuchsbahn in der Königsſtraße. Die Proben, die zur Zeit des Volksfeſtes 1887 vorgenommen worden, haben ſich, wie bekannt, als vorzüglich gelungen erwieſen. Als nicht minder gelungen laſſen ſich die Verſuche in Bewegung einer Gondel bezeichnen. Dermalen werden die Verſuche ausgedehnt auf ein Straßenfuhrwerk, eine Droſchke; ſie fahrt ohne Pferd und ohne Deichſel. Mit Hilfe der Maſchine läßt ſich jede Schnelligkeit erzielen; dabei iſt das Fahrzeug der Art lenkſam, daß es ſich auch in der knappſten Kurve zu bewegen vermag. Nun ſoll die Maſchine auch noch zur Bewegung des Luftſchiffes, des Ballons, verwendet und deshalb der am lezten Sonntag gemachte Verſuch wiederholt werden.

GOTTLIEB DAIMLER: »Schwäbische Chronik«; früheste Pressemeldung über ersten motorisierten Vierradwagen.

»Als zweites Beispiel für die Verwendung des Daimlerschen Motors bei unseren Fahrzeugen führen wir eine selbstfahrende Kutsche an, mit der zuerst am 4. März 1887 in Eßlingen Versuche angestellt wurden.«

Der Artikel schließt mit der Feststellung:

»An einer großen Anzahl der vorhandenen Kutschen, Postwagen etc. kann die Daimlersche Betriebsvorrichtung angebracht werden und welcher Vorteil für das Verkehrsleben erwachsen würde, wenn man Pferde durch brauchbare kleinere Maschinen ersetzen könnte, liegt klar auf der Hand. Der Daimlersche Motor scheint berufen zu sein, die Lösung dieser Frage, die schon seit langen Jahren angestrebt wird, wirklich zum Austragen zu bringen.«

Die Zeitangaben, die für die »Daimler-Motorkutsche« als verbürgt gelten können, sind die Eintragungen in den Geschäftsbüchern der Stuttgarter Firma WIMPFF & SOHN, bei der Daimler dieses Fahrzeug – in der Bauart ein Americain – in Auftrag gegeben hatte (Abb. 276). Es wurde am 28. August 1886 geliefert. Da es zu Montagearbeiten im Cannstatter Gartenhaus zu groß war, ließ es Daimler in die Maschinenfabrik Eßlingen bringen und dort einen luftgekühlten 2-PS-Einzylindermotor und die Kraftübertragung einbauen. Außerdem mußte die Lenkanlage für die Betätigung vom Fahrersitz aus eingerichtet werden. Der luftgekühlte Motor brachte offenbar nicht die erhofften Ergebnisse. Nach einer Zylinderkopfskizze, die Maybach am 2. April 1887 angefertigt und mit »Veränderung des Wagenmotors« (s. Abb. 190) überschrieben hatte, mußte nämlich eine Umstellung auf Wasserkühlung vorgenommen

Abb. 276
1886

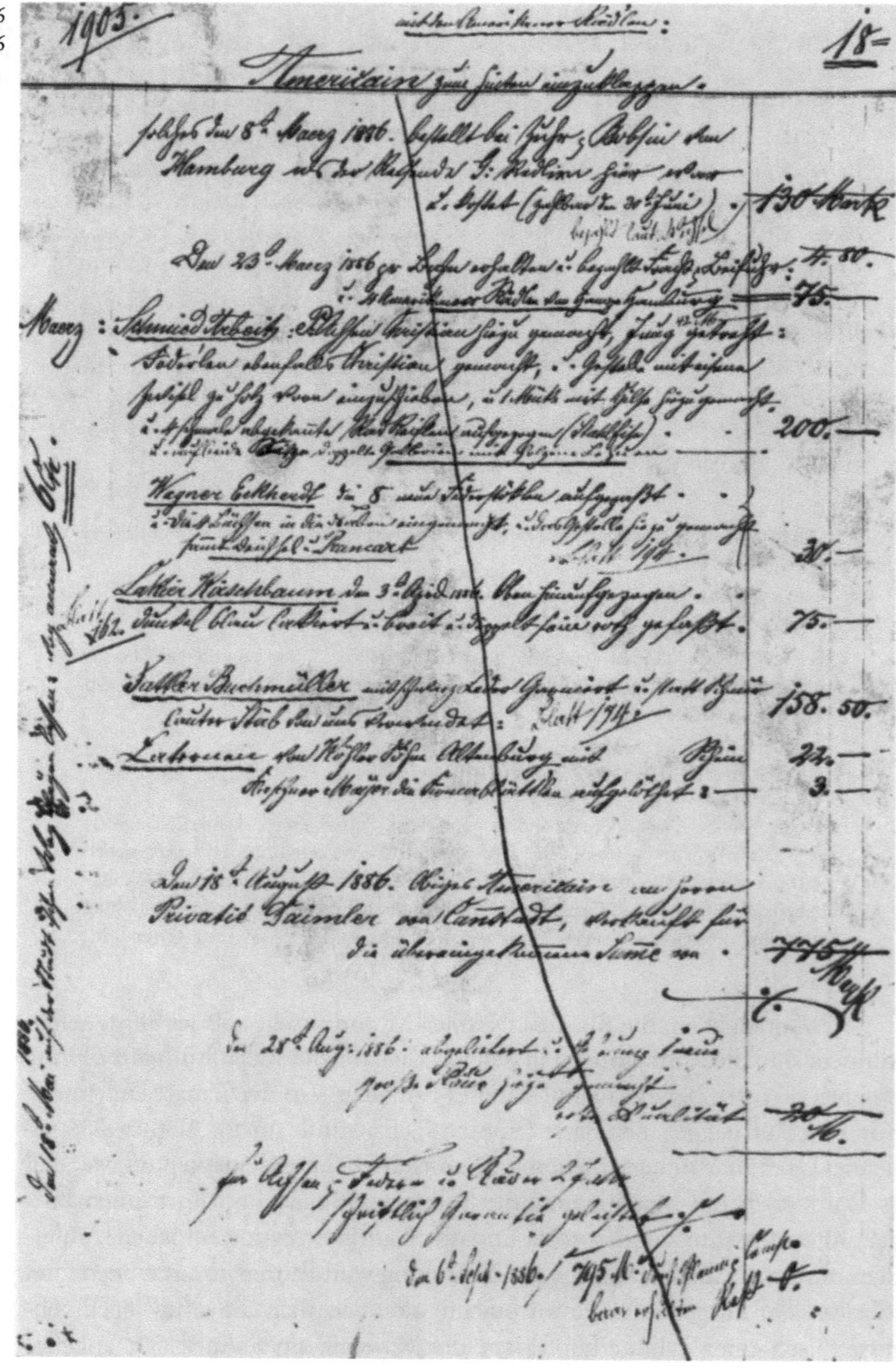

Seite aus dem Geschäftsbuch der Firma WIMPFF & SOHN mit Bestell- und Liefereintragung des von Gottlieb Daimler in Auftrag gegebenen Americain

werden. Demnach waren es erst die Probefahrten mit diesem Motor, über die die »Gartenlaube« Nr. 9 im Jahre 1889 erst zwei Jahre später berichtete. Selbst bei einem großzügigen Zugeständnis, was die von Bonneville beanstandete Zeitdifferenz zwischen Ereignis und Bericht betrifft, ließe sich die erste öffentliche Ausfahrt des Daimler-Wagens nicht in das Jahr 1886 datieren. Berücksichtigt man, daß vom Lieferdatum, dem 28. August 1886, bis zum Ende dieses Jahres nur 4 Monate für die Umrüstung des Pferdefuhrwerks auf Motorbetrieb zur Verfügung standen und sich außerdem eine Änderung des Kühlsystems als erforderlich erwiesen hatte, so erscheint es äußerst unrealistisch, die erste motorische Ausfahrt mit diesem Wagen in das Jahr 1886 zu datieren. Diese Überlegung schließt jedoch die Möglichkeit nicht aus, daß im selben Jahr noch Fahrversuche auf dem Eßlinger Fabrikgelände stattgefunden haben. Diese können sogar Voraussetzung gewesen sein, die am Fahrzeug noch vorhandenen Mängel überhaupt erst zu erkennen. Solche Folgerungen sind jedoch Spekulation ohne Beweiskraft. Nur um wirkungsvoller werben zu können als die Konkurrenzfirma Benz & Co gab die Daimler-Motoren-Gesellschaft das (beweisbare) Baujahr des Pferdefuhrwerks als das der ersten Straßenfahrt der »Motorkutsche« an. So konnte die Daimler-Motoren-Gesellschaft damit werben, im gleichen Jahr wie Carl Benz die erste öffentliche Fahrt mit Motorkraft durchgeführt zu haben. Die Fahrt Carl Benz' war in der Presse bestätigt worden.

Selbst das Datum »4. März 1887«, das in der »Gartenlaube« für die erste öffentliche Ausfahrt angegeben wird, ist nicht sicher, da die in Eßlingen angestellten Versuche beschrieben werden. Diese konnten nach dieser allgemein gehaltenen Formulierung entweder auf einer öffentlichen Straße oder auf dem Fabrikgelände stattgefunden haben. Die historisch korrekte Antwort auf die Frage nach dem Erbauer des ersten Motorfahrzeugs, das die Kriterien des »Automobils« erfüllt, läßt sich nun als Resümee aus diesem und den beiden vorangegangenen Kapiteln finden. Sie ergibt sich aus dem Vergleich der Fahrzeug-Merkmale, die in diesem und in Kap. 7 beschrieben sind. Die sechs Kriterien aus Kap. 7 sollen in gekürzter Form wiederholt werden:

1. Antrieb durch einen Verbrennungsmotor.
2. Auslegung für den Einsatz auf »schienenlosen« Straßen.
3. Zweckbestimmung als Transportmittel.
4. Fortbewegung mit mindestens drei Rädern oder über mindestens zwei Spuren.
5. Ausrüstung mit einer vom Fahrer bedienbaren Lenkanlage.
6. Ausrüstung mit einer verkehrsgerechten Bedienungsanlage zur Handhabung durch den Fahrer (u. a. Bremseinrichtung).

Die Kriterien, die in diesem Kapitel ermittelt wurden, sind:

1. Die industrielle Herstellung des Motorfahrzeugs, das die oben genannten sechs Kriterien aufweist, als Serienprodukt und
2. die von diesem bewirkte Motorisierung des Straßenverkehrs.

Erst wenn ein Motorfahrzeug alle acht angeführten Kriterien erfüllt, kann man es historisch richtig als »Automobil« bezeichnen. Im Ablauf des geschichtlichen Entwicklungsprozesses traten auch andere Motorfahrzeuge auf, die ein oder mehrere Kriterien nicht erfüllten, aber fahrfähig waren. Sie werden als »Proto-Automobil« bezeichnet. Zweifellos bildeten sie wichtige Vor- und Zwischenstufen zum Automobil und waren beachtenswerte Pionierleistungen. Dennoch verlangt die geschichtlich korrekte Bestimmung der Erstherstellung eines Automobils die hier vorgenommene Unterscheidung vom Proto-Automobil. Die heutigen Fahrzeuge entsprechen den acht Kriterien. Implizit erfüllen sie jedoch noch mehr.

Im folgenden sollen die in den vorhergehenden und in diesem Kapitel beschriebenen Fahrzeuge anhand dieser acht Kriterien bewertet werden. So ist eine korrekte, objektive Entscheidung der Frage nach dem ersten Automobil nach einem neutralen Verfahren möglich. Die beiden älteren funktionsfähigen Motorfahrzeuge, die 1813 von Rivaz und 1826 von Brown erbaut wurden, wurden durch eine nach dem atmosphärischen Prinzip arbeitende Verbrennungskraftmaschine angetrieben. Die nötige Leistung wurde von großen, schweren Maschinen erbracht. Eine Folge davon war die sehr geringe transportierbare Last. Außerdem waren diese Fahrzeuge weder lenkbar noch bremsbar. Damit waren die Voraussetzungen für ihre industrielle Fertigung und die folgende Motorisierung des Straßenverkehrs nicht gegeben.

Der 1861 von Lenoir gebaute Motorbreak wurde zwar von einem Verbrennungsmotor mit direkt auf den Arbeitskolben wirkendem Gasdruck angetrieben. Der Wirkungsgrad dieser Maschine war jedoch, da das Kraftstoff-Luftgemisch vor der Verbrennung nicht vorverdichtet wurde, sehr gering. Die infolgedessen sehr großen Abmessungen der Maschine nahmen den Nutzraum des Breakaufbaus mit in Anspruch, wodurch die transportierbare Last entsprechend klein wurde. Außerdem war der systembedingte Wartungsaufwand der Schiebersteuerung des Gaswechslers für den mobilen Betrieb zu groß. Deshalb wurde nur der stationäre Lenoirmotor industriell gefertigt. Für die beiden Motorfahrzeuge von Söhnlein fehlen bis jetzt geschichtlich verwertbare Belege des Baujahres und der Funktionsfähigkeit. Deshalb können sie mit den hier zu erfüllenden Kriterien nicht bewertet werden, da entsprechende Belege Voraussetzung zur korrekten Anwendung des vorliegenden Verfahrens sind. Die Antriebsmaschine des älteren der beiden Marcus-Wagen aus dem Jahre 1872 arbeitete ebenso wie die von Rivaz und Brown nach dem atmosphärischen Prinzip. Der Marcus-Wagen war nicht lenkbar und diente ausschließlich zu Versuchszwecken. Die Erfindungen von Rivaz, Brown, Lenoir, Moorey, Söhnlein und Marcus können also nicht als Basis für die Entwicklung eines Automobils gelten. Dies bedeutet jedoch keineswegs eine Schmälerung ihrer Erfinderleistung.

Der Motorbreak von Delamare-Deboutteville wurde 1884 patentiert. Das Entstehungsjahr ist bisher geschichtlich nicht belegbar. Der Break war von einer nach dem Otto-Prinzip arbeitenden Verbrennungskraftmaschine angetrieben. Obwohl die Maschine zum Schnelläufer hätte entwickelt werden können, verfolgte Delamare-Deboutteville den Weg der Leistungssteigerung über die Erhöhung der Gemischverdichtung bei niedriger Drehzahl. Damit hatte er zwar günstige Voraussetzungen für den stationären Betrieb mit Magergasen geschaffen, nicht aber für den mobilen Einsatz. So gelangte auch nur der Motor des französischen Ingenieurs in die individuelle Fertigung, sein patentiertes Fahrzeug dagegen nicht. Rein formal erfüllte es die sechs Kriterien bezüglich der Funktion. Das zuvor hergestellte Dreiradfahrzeug, das nur zu Versuchszwecken diente, schaffte lediglich die Voraussetzungen zur Motorisierung des Break. Es ging von ihm also ebenfalls weder eine industrielle Fertigung noch die folgende Motorisierung des Straßenverkehrs aus. Das Baujahr des Wagens ist auch nicht mit Sicherheit belegt.

Das dreirädrige Motorvelociped von Benz erfüllte die sechs funktionsorientierten Kriterien. Die erste öffentliche Ausfahrt mit diesem Wagen hielt die Presse im Jahr 1886 fest. Das von Daimler und Maybach motorisierte Americain wurde nach Presseberichten erstmals 1887 öffentlich gefahren. Im selben Jahr hatte Benz das dritte verbesserte Baumuster seines Patent-Motorwagens, das im Grundkonzept dem ersten Motorwagen entsprach, bereits fabrikmäßig in mehreren Exemplaren hergestellt. Damit nahm die industrielle Herstellung von Motorfahrzeugen in Deutschland ihren Anfang. Gleichzeitig begann durch den Export der Bauelemente des Benz-Wagens nach Frankreich, wo die Fertigmontage und die Karossierung erfolgte, auch dort die Einrichtung einer Motorwagenindustrie und die folgende Motorisierung des Straßenverkehrs. Damit erfüllte der Benz-Wagen alle acht Kriterien, die ein Motorfahrzeug zum Automobil machen.

Das Daimler-Maybach-Americain blieb dagegen als motorisiertes Hippomobil ein reines Versuchsfahrzeug. Die damit erworbenen Kenntnisse führten schließlich 1889 zum Bau eines Vierrädrigen Velocipeds, des Stahlradwagens. Der Wagen wurde von Daimler in Deutschland und von PANHARD & LEVASSOR durch Lizenznahme in Frankreich hergestellt. Daimler wurde dadurch vom Motor- zum Automobilproduzenten. Dadurch erhielt die Automobilindustrie einen zweiten, wirksamen Impuls. Zusammenfassend kann man sagen, daß mit den pragmatisch zugrunde gelegten Kriterien die im 19. Jahrhundert hergestellten Motorfahrzeuge wie folgt eingeteilt werden können:

- Die Konstruktionen von Rivaz, Brown, Lenoir, Moorey, Söhnlein und Marcus sind keine Automobile.
- Die Fahrzeuge Delamare-Debouttevilles und Daimlers bzw. Maybachs waren Proto-Automobile.
- Benz hat 1887 das erste Automobil hergestellt, den Patent-Motorwagen Modell III.

Der Prioritätsanspruch Frankreichs auf das »Erste Automobil« sowohl für das Fahrzeug Lenoirs wie für das Delamare-Debouttevilles wird mit diesem auf Fakten gestützten Vergleichsergebnis entkräftet. Zur gleichen Erkenntnis führt auch der Umkehrschluß: Wären die Fahrzeuge jener beiden französischen Erfinder bereits Automobile im definierten Sinne gewesen, so wären sie zweifellos für die Automobilindustrie Frankreichs die Basismodelle gewesen. Weder der Benz-Patentmotorwagen, noch der Daimler-May-Bach-Stahlradwagen hätte sich dann in Frankreich durchsetzen können. Zum Vergleich werden nochmals die bedeutensten zeitlichen und technischen Fakten der Konstruktionen von Delamare-Deboutteville, Benz und Daimler gegenübergestellt. Die ersten öffentlichen Ausfahrten waren bei Delamare-Deboutteville 1884 und 1885, bei Benz und Daimler 1886 und 1887. Die Motordrehzahl und das Verdichtungsverhältnis betrugen bei Delamare-Deboutteville ca. 120 und 9:1, bei Benz und Daimler 600 (und mehr) und 5:1.

Bei heutigen Motoren ist ein Verdichtungsverhältnis auch etwa 9 und 10:1, insofern hatte Delamare-Deboutteville der Entwicklung weit vorgegriffen. Das Potential zur Weiterentwicklung von Motoren lag aber zunächst in der Drehzahlsteigerung. Bei heutigen PKW-Motoren liegt die Drehzahl bei etwa 5-6000 U/min. Stellt man die Relationen von den heute üblichen Werten in bezug auf Verdichtung und Drehzahl zu früheren Erfindungen her, so ist erkennbar, daß der von Benz und Daimler eingeschlagene Weg der Erhöhung der Drehzahl richtig war. Erinnern wir uns an Bonneville, der strenge Kriterien zur Anerkennung der Priorität einer Erfindung aufgestellt hat. Vergleichen wir sie mit den hier dargestellten Fakten, so kann nur einer als der Erfinder des Automobils in Frage kommen: Carl Benz. Die Automobilindustrie konnte vor allem durch eine Energieform zunehmend leistungsfähiger werden, die erst in den achtziger Jahren des vorigen Jahrhunderts technisch erschlossen war: Die seit dem Altertum schon experimentell bekannte Elektrizität. Sie ermöglichte den rationellen Antrieb spezialisierter Werkzeugmaschinen und Fertigungshilfen sowie die von Tageszeiten unabhängige Beleuchtung der Arbeitsplätze in den Herstellerwerken. Aber auch für die Fahrzeuge selbst war die Elektrizität von Bedeutung. Zunächst als Antriebsenergie einer besonderen Fahrzeuggattung, des Elektromobils. Dann zur Betriebserleichterung in allen automobilen Straßenfahrzeugen und zur Steigerung der Verkehrssicherheit. Der Verlauf der technischen Entwicklung dieser Energieform zum Antrieb von Automobilen bis zur Gegenwart ist das Thema des folgenden Kapitels.

VOM FOSSILEN HARZ, DAS DIE GRIECHEN »ELECTRON« NANNTEN, ZUM ELEKTROMOBIL

Die Lebensweise in den modernen Industriestaaten wird in besonders hohem Maße von einer Energie bestimmt, deren Existenz zwar schon dem antiken Menschen bekannt war, die aber erst seit dem letzten Drittel des vorigen Jahrhunderts zum Antrieb von Maschinen technisch genutzt werden kann. Die Griechen erkannten die Energie an ihren Wirkungen, die sie am Bernstein beobachteten. Dieses fossile Harz bezeichneten sie mit dem Wort »Elektron«, d.h. »das Strahlende«. Daraus ging später über Ableitungen aus dem Lateinischen das deutsche Lehnwort »Elektrizität« hervor. Seit dem 18. Jahrhundert wird damit die von Elektronen transportierte Energie bezeichnet. Die praktische Anwendung bedingte einen neuen technischen Zweig, die Elektrotechnik. Ein Teilgebiet der Elektrotechnik ist seit den vierziger Jahren dieses Jahrhunderts die Schalttechnik ohne mechanische Schalter, die »Elektronik«. Wortverbindungen werden mit dem Bezugswort »Elektron« gebildet, wie z.B. die Worte »Elektro-lyt«, »Elektr(o)-ode«. Das Bezugswort »Elektron« als Teil eines Kompositums kann eine ganz andere Bedeutung haben als das ursprüngliche Substantiv. Im Wort »Elektro-lyt« kommt der zweite Bestandteil von dem griechischen Verb »lyo«, lösen. »Elektro-lyt« heißt also »mit Elektrizität wirkender Löser«. Der Begriff »Elektrode« ist mit dem griechischen Substantiv »hodos«, Weg, gebildet. »Elektrode« heißt also »von der Elektrizität vorgegebener Weg«. Das Wort »Elektro-Industrie« bedeutet »mit der Herstellung »Elektrizität liefernder und nutzender Maschinen und Geräte« befaßter Industriezweig«.

Die Entstehung des Elektron genannten Bernsteins aus Baumharz war PLINIUS bereits bekannt. In der griechischen Mythologie jedoch gerannen die Tränen, die die Töchter des Sonnengottes HELIOS um ihren getöteten Bruder PHAETON vergossen, zu Bernstein. An dieser Stelle sei vorweggenommen, daß der Name dieses Göttersohnes, der hier in engem Zusammenhang mit dem Begriff »Elektron« erscheint, jedem Automobilisten der ersten beiden Jahrzehnte dieses Jahrhunderts als Bezeichnung eines beliebten Karosserietyps geläufig war. Die technische Nutzung der Elektrizität veränderte die Lebensumstände stärker und schneller, als es zu Beginn des Jahrhunderts der gewerbliche, industrielle und verkehrstechnische Einsatz der Dampfmaschine getan hatte. Nun standen mit den »Dynamomaschinen«, die heute allgemein als

»Generatoren« bezeichnet werden, Energiewandler zur Verfügung, die die mechanische Energie umwandeln konnten. Elektrische Energie stand über Drahtleitungen den Verbrauchern immer zur sofortigen Verfügung. Das trug in kurzer Zeit zur allseitigen Verbreitung dieser Energieform bei. Die elektrische Energie wurde vorwiegend genutzt zur Beleuchtung (elektrische Glühbirne), zur Heizung (Erwärmung aufgrund des elektrischen Leitwiderstandes der Drahtwicklungen) und durch die Umkehrung der im Generator ablaufenden Vorgänge zum Antrieb von Arbeitsmaschinen aller Art.

Schon dieser knappe Überblick über die Gewinnung und Nutzung der elektrischen Energie zeigt, daß sie ursprünglich aus Wärmeenergie entstanden ist, die in mechanische Energie umgewandelt worden ist. Es wird also Primärenergie (Wärmeenergie), wie sie in der Natur in Brennstoffen gebunden vorkommt, in Sekundärenergie (elektrische Energie) umgewandelt. Den damit verbundenen maschinellen Aufwand rechtfertigt der einfache, ortsunabhängige und mit geringen Verlusten behaftete Transport der elektrischen Energie. Sogar die Rückwandlung in Wärmeenergie und in mechanische Energie wird trotz z.T. hoher Verluste wegen dieser Vorzüge in Kauf genommen. Die grundlegende Bedeutung, die der Elektrizität bei der allgemeinen Industrialisierung zukommt, wird in Kap. 11 im Zusammenhang mit der Automobilindustrie aufgezeigt. Der Weg, der vom bloßen Wissen um die Existenz der Elektrizität als »geheimnisvolle Kraft« bis zu ihrer motorischen Nutzung bewältigt werden mußte, war ungefähr zwei Jahrtausende lang. Die während dieser Zeit gewonnenen Erkenntnisse und deren Anwendung sollen erinnert werden, um die geistigen Leistung entsprechend zu würdigen. Die heute so selbstverständlich genutzte Energie mußte zuerst theoretisch und praktisch nutzbar gemacht werden. Die beiden grundlegenden Entdeckungen, die die Erschließung der elektrischen Energie einleiteten, wurden im Altertum in Griechenland gemacht. Wird ein Stück Bernstein mit einem Stück Tuch oder Fell gerieben, so ist es für kurze Zeit in der Lage, andere Gegenstände anzuziehen. Wird ein Stück Magneteisen einem gewöhnlichen Eisenstück genähert, zieht es dieses ebenfalls, jedoch dauernd an. Mit dem Bernsteinversuch war die Wirkung der Reibungselektrizität, mit dem Magneteisen der Magnetismus erkannt worden.

Die Literatur des Altertums bietet zwei Erklärungen zum Ursprung des Wortes »Magnet«. Die glaubwürdigere gab im 1. Jahrhundert v. Chr. der römische Dichter LUCRETIUS CARUS ab. In seinem Werk »De rerum natura« (»vom Wesen der Natur«) leitete er »Magnet« von dem Namen der griechischen Provinz Magnesia ab, wo im Bergbau Magneteisenerz gewonnen wurde. Von mehr legendärem Charakter ist die Darstellung von PLINIUS DEM ÄLTEREN aus dem 1. Jahrhundert n. Chr. Er leitete das Wort »Magnet« aus dem Namen eines griechischen Schafhirten ab, der Magnes hieß. Dieser bemerkte eines Tages, daß die Nägel seiner Schuhe und die Eisenspitze seines Stabs an einer bestimmten Stelle von dem Untergund des Weidegebietes festgehalten wurden. Als Ursache dieses merkwürdigen Vorganges stellte sich die Anziehungskraft eines Steines heraus, der unter dem Gras im Erdboden eingebettet lag. So wurde Magnes zum Entdecker dieser Mineralart, die von da an seinen Namen trug. Das Mineral wurde erstmals im Magnetkompaß genutzt. Ob er in vorchristlicher Zeit erfunden wurde oder ob er arabischen oder europäischen Ursprungs war und erst im Mittelalter nach China gelangte, konnte noch nicht geklärt werden. Nachdem er im Laufe des 17. Jahrhunderts allgemein in Gebrauch gekommen war, begann die gezielte Erforschung des Magnetismus. Die gewonnenen Erkenntnisse faßte der Franzose PETER VON MARICOURT 1267 in einer Schrift zusammen. Ihr ist zu entnehmen, daß man zu jener Zeit der Überzeugung war, die auf die Kompaßnadel wirkende Richtkraft werde vom Polarstern ausgeübt. Für die Vorstellung von der Gestalt des Wirkungsbereiches eines Magneten – Magnetfeld genannt – ist eine Entdeckung MARICOURTS wichtig. Er fand heraus, daß der Verlauf der magnetischen Kraftlinien eines kugelförmigen Magneteisensteins und der Meridiane des Himmelglobusses analog ist. Wie der nördliche und der südliche Schnittpunkt der Meridiane jeweils als »Pol« bezeichnet wurde, ließ sich daher dieser Begriff auch auf einen Magneten anwenden. Maricourt übertrug damit die noch heute üblichen Bezeichnungen »Nordpol« und »Südpol« auf die Magnetpole. Dabei blieb die äußere Form des Magneten unberücksichtigt, und das Wort »Pol« von griechisch »Polos«, Umschwung, Achse, abgeleitet, erhielt damit einen neuen Sinngehalt. Erst im Jahre 1600 wurde der von Maricourt überlieferte Kenntnisstand wesentlich erweitert. Der englische Gelehrte WILLIAM GILBERT veröffentlichte eine Abhandlung über die Ergebnisse seiner Versuche mit magnetischen Körpern unter dem Titel »De Magnete magneticisque corporibus et de magno tellure« (»Über den Magnetismus, magnetische Körper und den großen Magneten Erde«). Von entscheidender Bedeutung war seine Entdeckung des Erdmagnetismus. Erstmals verwendete er das Wort »electricus« in der lateinischen Form des griechischen Adjektivs (»elektrisch«), um damit die Anziehungskraft zu kennzeichnen, die beispielsweise durch Reibung in einem Stück Bernstein entsteht.

Eine Erweiterung und Nutzung dieser Beobachtung fand erst nach dem dreißigjährigen Krieg statt. Es war OTTO VON GUERICKE, der auf diesem Gebiet der Physik die theoretischen Spekulationen der Prüfung mit einer Versuchseinrichtung unterzog. Im Jahre 1670 baute er die erste Elektrisiermaschine. Sie bestand aus einer drehbar gelagerten Schwefelkugel, an deren Oberfläche durch Anlegen der trockenen Hand während des Drehens Reibung ausgeübt wurde. Bei diesem Vorgang fand eine Trennung der in jedem Stoff enthaltenen elektrisch positiven und negativen Elementarteilchen statt, wodurch zwischen beiden Teilchengruppen eine elektrische »Spannung« entstand. Diese glich sich bei der Berührung mit einem elektrisch leitfähigen Gegenstand schlagartig aus, was von einem gut hörbaren Knistergeräusch und – wie LEIBNIZ beobachtete – von Funken begleitet wurde. Mit seinen Versuchen hatte von Guericke die systematische Erforschung jener als geheimnisvoll empfundenen physikalischen Kraft eingeleitet. 1709 vertrat Doktor WALL die Überzeugung, daß der elektrische Funke und der Blitz gleicher Natur seien. Der 1745 von dem Domdechant EWALD JÜRGEN VON KLEIST erfundene Kondensator, die sogenannte »Leidener Flasche«, bot dem Amerikaner BENJAMIN FRANKLIN die Möglichkeit, die Richtigkeit von Doktor Walls Ansicht zu beweisen. Franklin ließ während eines Gewitters einen Papierdrachen steigen, an den er eine solche Vorrichtung gebunden hatte. Sie lud sich elektrisch auf, womit die Elektrizität in der atmosphärischen Luft nachgewiesen war. CHARLES DUFAY, Direktor des Botanischen Gartens in Paris, schlußfolgerte 1732 aus Beobachtungen, daß es zwei verschiedene Arten »elektrischer Substanz« gäbe, nämlich »durchsichtige Körper« und »harzige Körper«. Benjamin Franklin vertrat dagegen Mitte des 18. Jahrhunderts die Ansicht, daß von zwei verschiedenen Körpern, die aneinander gerieben werden, ein- und dieselbe »elektrische Materie« von dem einen auf den anderen übergehe. Den, der mehr »elektrische Materie« enthält, nannte er »plus-elektrisch«, den weniger enthaltenden »minus-elektrisch«. Im Jahre 1753 verband der Engländer ROBERT SYMMER diese Beobachtung und die Behauptung Charles Dufays. Er kam zu der Ansicht, daß in einem Körper nicht zuviel von ein- und derselben Art »elektrischer Materie« vorhanden sei, sondern daß an einer Art ein Überfluß bestünde. An diese Gedankengänge anknüpfend schlug der deutsche Physiker GEORG CHRISTOPH LICHTENBERG gegen 1780 vor, die durchsichtigen, »glaselektrischen« Körper als »positiv-elektrisch«, die »harzelektrischen« Körper als »negativ-elektrisch« zu benennen und sie entsprechend mit den Symbolzeichen + und – zu kennzeichnen. Diese Symbole sind bis heute gültig geblieben. Sie sind ein Analogon zu den schon früher bekannten Polen eines Magneten, die mit »Nordpol« und »Südpol« bezeichnet sind.

Allen bis dahin bekannten Erscheinungsformen der Elektrizität ist gemeinsam, daß sie mit der Elektrisiermaschine hervorgerufen und in der Leidener Flasche gespeichert, nicht aber transportiert werden kann. Deshalb wird zu ihrer Bezeichnung das von dem griechischen Wort »statikos«, »stehend; ruhend« abgeleitete Adjektiv »statisch« angewandt. Ein Zufall führte 1780 zur Entdeckung einer anderen Erscheinungsform elektrischer Energie. Der italienische Mediziner LUIGI GALVANI beobachtete, wie ein frisch präparierter Froschschenkel bei der Berührung mit verschiedenen Metallen zusammenzuckte, wenn in der Nähe eine Elektrisiermaschine betrieben wurde. Die gleichen Zuckungen stellte Galvani fest, wenn an Kupferhaken aufgehängte Froschschenkel ein eisernes Geländer berührten. Der Forscher gelangte zu der Auffassung, daß als bewegende Kraft im Froschschenkel selbst Elektrizität entstehe. Er bezeichnete sie daher als »tierische Elektrizität«. Sein Landsmann ALESSANDRO VOLTA war jedoch der Überzeugung, die Elektrizität würde von den Metallen erzeugt werden. Zum Beweis schichtete er Plättchenpaare aus Kupfer und Zink aufeinander, zwischen die er in Säure getränkte Filzscheiben legte (Abb. 277). Zwischen den beiden metallenen Endscheiben dieser »Voltaschen Säule« entstand wie erwartet eine elektrische »Spannung«. In Erinnerung an diesen italienischen Physiker wurde die Maßeinheit der Spannung mit »Volt« bezeichnet. Mit seiner Säule hatte Volta die Elektrizitätserzeugung auf chemischem Weg erfunden. Im Jahre 1800 gelang es ihm, nach demselben Prinzip einen kontinuierlich fließenden »elektrischen Strom« zu gewinnen. Er »floß« in einen Draht, der die unbenetzten Enden zweier in eine wässrige

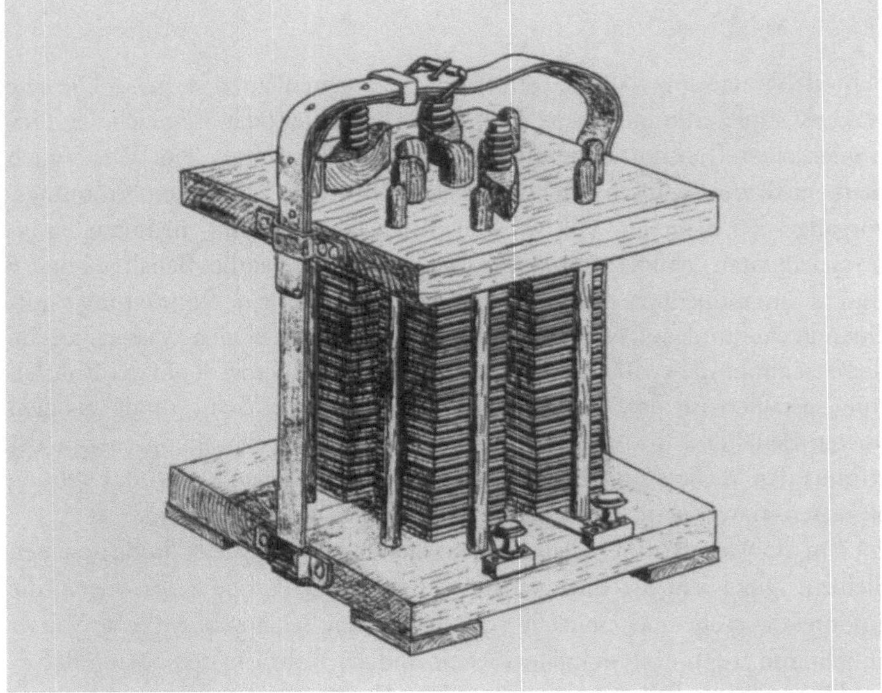

VOLTA: Säule aus Zink- und Kupferplatten, die abwechselnd in Folge aufeinander geschichtet und durch säuregetränkte Filzplatten voneinander getrennt sind. Bei der leitenden Verbindung der unteren und der oberen Platte »fließt« in dem Leiter ein elektrischer »Strom«. So wird in der Voltaschen Säule chemische in elektrische Energie umsetzt

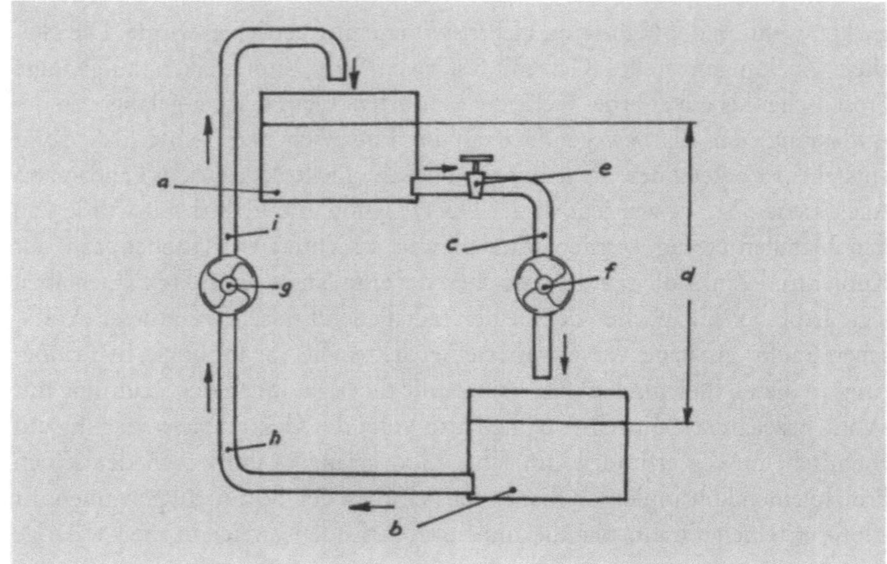

Analogiemodell eines geschlossenen Stromkreises

Schwefelsäurelösung – den Elektrolyten – getauchte Platten verband. Die eine war aus Kupfer, die andere aus Zink. Tatsächlich dient der Vergleich des kontinuierlichen Transportes elektrischer Energie mit strömendem Wasser auch heute noch zur Veranschaulichung der unsichtbaren elektrischen Strömungsvorgänge. Zu diesem Zweck wird ein Analogiemodell mit mehreren Funktionselementen gebildet (Abb. 278). Zwei mit Wasser gefüllte Behälter *a* und *b* sind in unterschiedlicher Höhe angebracht und durch eine Rohrleitung *c* miteinander verbunden. Der Höhenunterschied zwischen beiden Wasserspiegeln, die Gefällhöhe *d*, bewirkt, daß sich bei geöffnetem Hahn *e*, der in der Rohrleitung installiert ist, das Wasser unter der Wirkung der Schwerkraft aus dem oberen Behälter *a* in den unteren *b* hineinfließt. Die Bewegungsenergie des strömenden Wassers kann dazu genutzt werden, ein Schaufelrad *f* in Drehung zu versetzen, wobei sie in mechanische Energie umgewandelt wird.

Um die Wasserströmung aufrechtzuerhalten, muß die Gefällhöhe bestehen bleiben. Diese Aufgabe wird gemäß Abb. 278 einer Pumpe *g* übertragen, die auf ihrer Saugseite über ein Rohr *h* das im unteren Behälter befindliche Wasser anhebt und auf ihrer Druckseite über ein anderes Rohr *i* in den oberen Behälter hineinfördert. Mit dieser zusätzlichen Vorrichtung ist ein geschlossenes Strömungssystem entstanden. Werden dessen Komponenten als Analoga zu denen eines elektrischen Strömungssystems oder »Stromkreises« verstanden, so ist daraus unschwer dessen Aufbau ableitbar (Abb. 279). Die Wasserpumpe

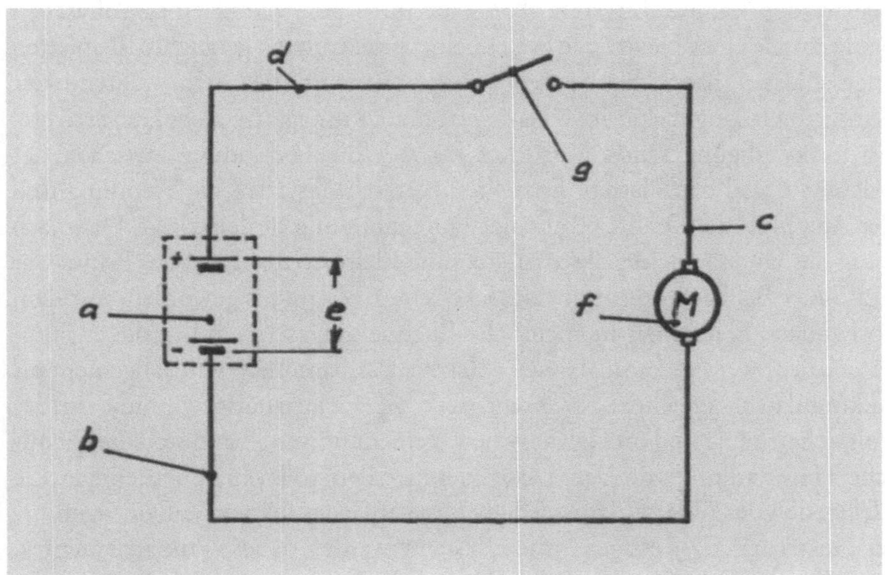

Geschlossener Stromkreis

wird durch eine Voltasäule oder eine andere »Stromquelle« *a* ersetzt; an die
Stelle der Wasserbehälter treten die Klemmen oder Pole der Voltasäule (+ und
–) (oder einer anderen »Stromquelle«); die Funktion der Rohrleitungen übernehmen Leitungsdrähte *b, c, d*; das Wasser wird von freien Elektronen im
Drahtwerkstoff vertreten; der Gefällhöhe zwischen den Wasserspiegeln entspricht das »Spannungsgefälle«, auch »Spannungs-« oder »Potentialdifferenz«
genannt, zwischen den Klemmen *e* der »Stromquelle«. Das elektrische Pendant des Schaufelrades ist der Elektromotor *f*; den Platz des Absperrventils
nimmt der Schalter *g* ein. Die Maßeinheit des elektronischen Stromes ist
»Ampere« nach dem um die Elektrotechnik verdienten Physiker ANDRE
MARIE AMPERE, der als Begründer der Elektrodynamik gilt, benannt. Die
elektrische Leitung ist das Produkt aus Strom und Spannung. Die Maßeinheit
wird nach JAMES WATT mit »Watt« (w) bezeichnet. Diese Maßeinheit und das
Kilowatt (kw) sind seit Januar 1978 internationale Maßeinheiten der elektrischen und der mechanischen Leistung. Die chemische Elektrizitätsgewinnung
nach dem Voltaschen Prinzip zeigt den Mangel, daß mit der Beendigung der
chemischen Reaktion zwischen Säure und Metallen auch die elektrische Energiefreisetzung beendet ist. Der Prozeß ist stets mit einer neuen Anlage fortzu-
setzen.

Einer Zufallsentdeckung des französischen Physikers PLANTÉ ist es zu
verdanken, daß dieser Mangel der chemischen Elektrizitätsgewinnung beho-

ben werden konnte. Im Jahre 1860 experimentierte er mit einer Voltaschen Säule, an die er als Elektroden zwei in einen Elektrolyten getauchte Bleiplatten angeschlossen hatte. Planté beobachtete zunächst, daß sich während der Stromeinwirkung die positive Platte rotbraun, die negative aschgrau verfärbte. Nach Beendigung seines Versuches löste er die Verbindung zwischen der Voltasäule und den Platten. Er stellte überrascht fest, daß die Trennung und der Anschluß des Drahtes von einer Funkenbildung begleitet war. Demnach hatte die Voltasäule ihre Elektrizität an die Bleiplatten abgegeben. Planté war mit dieser Beobachtung zum Entdecker eines Verfahrens geworden, mit dem vorhandene Elektrizität in chemische Energie umgesetzt und in dieser Form gespeichert werden kann. Dieser »Elektrizitäts-Sammler« wird allgemein als Akkumulator bezeichnet. Während sich die Elektrizitätsgewinnung in der Voltaschen Säule und im Galvanischen Element unmittelbar durch die chemische Umwandlung von den Elektrodenmetallen vollzieht, übernehmen die Elektroden des Akkumulators lediglich die Speicherung von außen zugeführter Elektrizität. Die erstgenannten Systeme werden daher »Primärelemente«, der Akkumulator dagegen »Sekundärelement« genannt. Innerhalb desselben Systems lassen sich einzelne Elemente elektrisch so miteinander verbinden, das sie eine Elementgruppe bilden. Diese Gruppe wird dann – wie eine aus mehreren Geschützen bestehende artilleristische Einheit – als »Batterie« bezeichnet. Dieses Wort ist französischen Ursprungs. Ihm liegt, ebenso wie den Wörtern »Batallion«, »Debatte«, »Rabatt«, das Verbum »battre« zugrunde, das vom Lateinischen »battuere« stammt und »schlagen« bedeutet. Eine Batterie ist also »Etwas, mit dem man schlägt«. Diesen Inhalt hat das Wort Batterie in der Elektrotechnik aber vollständig verloren. Es bezeichnet dort nur das Zusammenwirken mehrerer gleichartiger Einzelvorrichtungen. Später verschwand auch diese Bedeutung und der Ausdruck »Batterie« wurde zur Bezeichnung sämtlicher Vorrichtungen für die chemische Elektrizitätsgewinnung, auch wenn diese nur aus einem einzigen »Element« bestanden. Dementsprechend ist im heutigen Sprachgebrauch eine Knopfzelle ebenso eine Batterie wie ein vielzelliger Akkumulator.

Zu einer anderen Art der Elektrizitätsgewinnung führte eine Entdeckung des Dänen CHRISTIAN OERSTED. Er gab 1820 bekannt, daß eine beweglich gelagerte Magnetnadel in der Nähe eines stromdurchflossenen Leiters je nach Richtung und Stärke des Stromes abgelenkt wird. Die Ursache für diesen Vorgang ist ein Magnetfeld, daß der elektrische Strom beim Durchfließen des Leiters um diesen herum aufbaut. Die Umkehrbarkeit dieses Vorgangs belegte 1831 der Engländer MICHAEL FARADAY, indem er in einer Drahtschleife, die er im Feld eines Magneten bewegte, einen elektrischen Strom nachwies (Abb. 280). Damit war der Zusammenhang zwischen Elektrizität und Magnetismus erkannt und eine dritte Art der Elektrizitätsgewinnung gefunden worden. Die mechanische Energie, mit der ein elektrischer Leiter in einem Magnetfeld bewegt werden muß, wird in elektrische Energie umgewandelt. Dieser Vorgang ließ sich mit einfachen Mitteln auch maschinell bewerkstelligen. Den Bau dafür ausgelegter Maschinen, die, obwohl ihre lateinische Bezeichnung »Generator« »Erzeuger« bedeutet, wie chemische »Stromquellen« nur Energiewandler sind und als »Elektronenpumpen« ein Spannungsgefälle herstellen, leitete Faraday im Jahre 1831 mit der Anfertigung eines Versuchsgerätes ein (Abb. 280).

Es bestand aus einer senkrecht gestellten Kupferscheibe *a* die über den Polen eines hufeisenförmigen Magneten so drehbar gelagert war, daß sie unterhalb der Drehachse zwischen den Polen frei rotierte. Wurde mittels einer Handkurbel *b* die Scheibe in Drehung versetzt, bewirkte das Magnetfeld in ihr die Entstehung eines elektrischen Stromes. Dieser Vorgang erhielt die Bezeichnung »Induktion«, das kommt von dem lateinischen »inductio«, »das Hineinführen«, »das Zuleiten«. Je ein Schleifkontakt an der Drehachse und am Scheibenrand nahmen den induzierten Strom ab und stellten ihn über eine

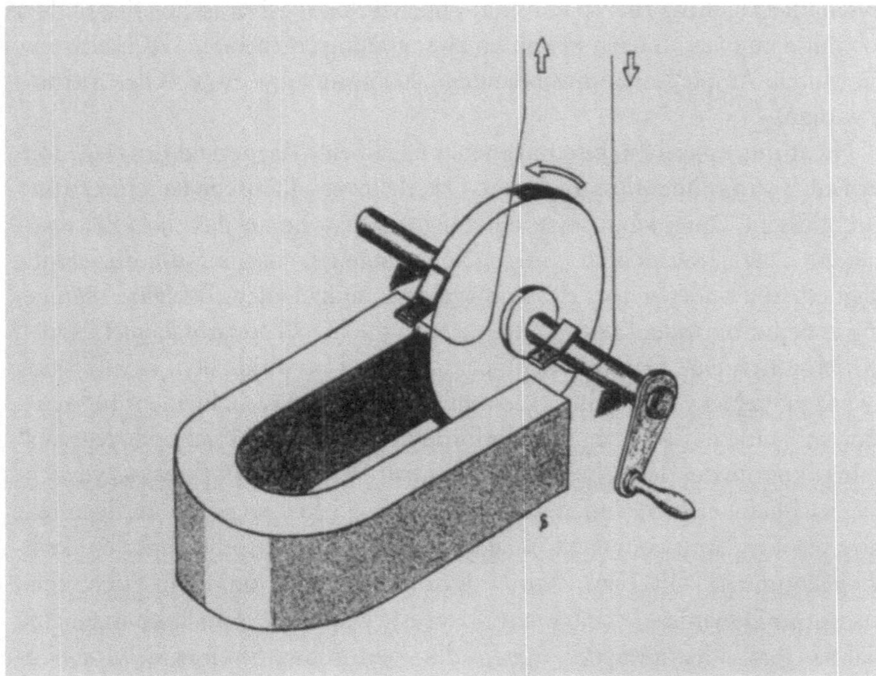

Abb. 280
1831

MICHAEL FARADAY: schematische Prinzipdarstellung eines Versuchsgerätes zum Nachweis der Umwandlung eines Magnetfeldes in elektrische Energie

Drahtleitung zur Verfügung. Erst mit dieser entscheidenden Entdeckung der elektromagnetischen Induktion war die Möglichkeit gefunden, elektrische Energie maschinell und damit unabhängig von chemischen Prozessen zu gewinnen.

Eine größere Induktionswirkung erzielte der Franzose Andre Marie Ampere, indem er den Hufeisenmagneten so um seine senkrechte Achse rotieren ließ, daß dessen beiden Pole unterhalb von zwei mit Draht umwickelten Spulen einen Kreis beschrieben. Bei diesem Vorgang induziert das Feld des in Drehung versetzten Magneten in dem Draht der Spulen einen elektrischen Strom. Während einer Umdrehung war jede Spule abwechselnd dem Feld des Nordpols wie dem des Südpols ausgesetzt, wodurch der Strom ständig seine Fließrichtung änderte. Um ihn stets in ein- und derselben Richtung fließen zu lassen, hatte Ampere zur Stromabnahme einen stromwendenden Schleifring konstruiert. Er bestand aus zwei gegeneinander isolierten und stufenförmig verschachtelten Ringteilen. Die Stufung bewirkte, daß die beiden Schleifkontakte – die »Bürsten« – jeder Drahtspule während jeder halben Umdrehung des Magneten die Ringhälfte wechselte und so den Induktionsstrom stets von demselben Pol empfing. Mit dieser wichtigen Erfindung war es nun möglich geworden, auch auf maschinellem Wege elektrischen Strom zu erhalten, dessen Fließrichtung ebenso konstant blieb wie beim galvanischen Strom. Der sich mit dem maschinellen Verfahren zwangsläufig ergebende »Wechselstrom« war durch Amperes stromwendenden »Kommulator« zum »Gleichstrom« geworden.

Nicht nur natürliche Eisenmagneten haben ein Magnetfeld um sich, sondern auch stromdurchflossene Leiter. Das elektromagnetische Feld um stromdurchflossene Leiter kann sogar erheblich stärker sein als das eines Eisenmagneten. Daher versuchten einige Konstrukteure, das strominduzierende Magnetfeld des Generators elektromagnetisch aufzubauen. Im Jahre 1866 gelang es dem Engländer HENRY WILDE, einen solchen Generator, den er für den Antrieb durch eine Dampfmaschine auslegte, zu verwirklichen. Zur Bildung des Magnetfeldes – »Erregung« genannt – war allerdings ein kleiner Hilfsgenerator mit einem Eisenmagneten erforderlich. Auf eine solche »Erregermaschine« konnte der deutsche Elektroingenieur WERNER VON SIEMENS verzichten, nachdem er 1866 einen Generator mit »Selbsterregung« fertiggestellt hatte. Er war damit vom elektromagnetischen zum elektrodynamischen Prinzip gekommen. Mit dem Wort »dynamisch«, das von dem grichischen Ausdruck »Dynamis«, »Kraft«, abgeleitet ist, wurde die vom Eisenmagneten unabhängige, allein von der »Kraft« des elektrischen Stromes bewirkte Induktion bezeichnet. Siemens nannte den von ihm erfundenen Generator »Dynamo« (Abb. 281).

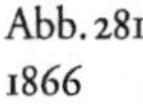

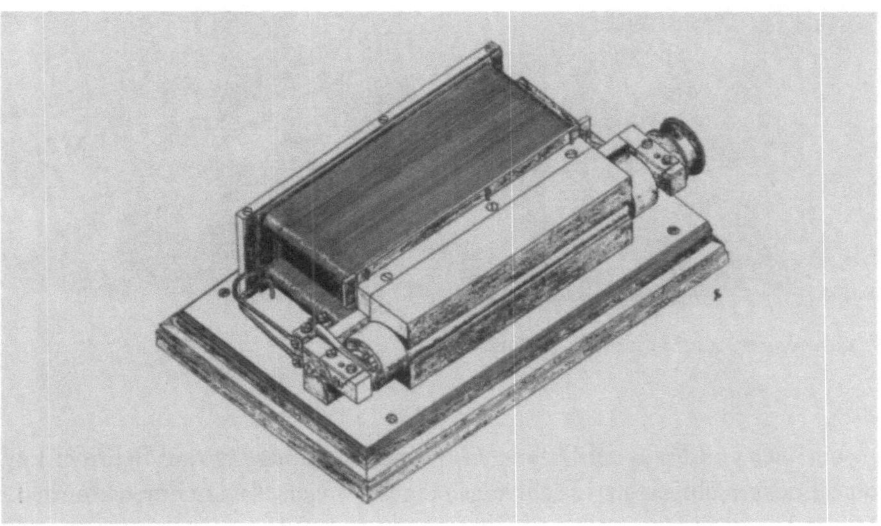

Werner von Siemens: als Dynamo bezeichneter Elektrogenerator (Perspektivschnitt)

Faraday hatte erste Versuche mit elektromagnetischer Induktion gemacht. Nutzen hatte man bisher daraus gezogen, indem man elektrischer Energie aus mechanischer Energie gewonnen hatte. Die grundlegende Entdeckung von Oersted war jedoch auf dem umgekehrten Verfahren aufgebaut, nämlich elektrische Energie in mechanische Energie zu verwandeln. Von dieser Möglichkeit, die Elektrizität motorisch zu nutzen, machte 1834 Moritz Hermann von Jakobi versuchsweise Gebrauch. Er unternahm vier Jahre später auf dem Fluß Newa in St. Petersburg Fahrten in einem Boot, dessen Schraube von einem Elektromotor angetrieben wurde. Als Energiequelle verwendete er galvanische Elemente. Diese Vorführungen, die erfolgreich verliefen und viel beachtet wurden, überzeugten die Fachwelt davon, daß die motorisch genutzte Elektrizität geeignet war, bisher der Dampfmaschine vorbehaltene Antriebsaufgaben zu übernehmen. Gegenüber Dampfmaschinen sind Elektromotoren einfach aufgebaut, einfach zu warten und zu bedienen, brauchen wenig Platz und sind sofort betriebsbereit. Auch die Energiezuführung über einfach zu verlegende Kupferdrähte ist vorteilhafter im Vergleich zu aufwendigeren, mit Wärmeisolierung zu versehenden Rohrleitungen, über die der Zylinder einer Dampfmaschine von der Kesselanlage aus mit Wärmeenergie versorgt werden muß. Elektromotoren wurden zum industriellen Einsatz allerdings erst interessant, als sie nach dem dynamoelektrischen Prinzip gebaut werden konnten. Das verwirklichte 1879 Werner von Siemens. Er baute eine Lokomotive mit dynamoelektrischem Antriebsmotor (Abb. 282). Diese erste Elektrolokomo-

WERNER VON SIEMENS: erste Elektrolokomotive der Welt

tive der Welt wurde auf der Berliner Gewerbeausstellung 1879 zur Beförderung von Besuchern eingesetzt, die auf angehängten Wagen Platz nehmen konnten. Der 3 PS leistende Motor, dem die Energie über die Schienen zugeführt wurde, bewegte den Zug mit einer Geschwindigkeit von 7 km in der Stunde. Im Jahre 1881 baute von Siemens die erste elektrische Straßenbahn der Welt. Sie verkehrte in Berlin-Lichterfelde. Der Strom wurde auch dort über die Schienen zugeführt. Dies erwies sich allerdings als gefährlich, da ein Pferd beim Passieren des Gleises beide Schienen mit den Hufen gleichzeitig berühren konnte. Die Spannung von 110 Volt konnte dann tödlich wirken, da der »Strom« durch den Pferdekörper hindurchgeflossen wäre. Dieser Nachteil im System der Energiezuführung wurde umgangen, indem man den Strom über zwei an Masten hoch über der Straße aufgehängte Drähte zuführte. Die Stromleitung konnte auch auf eine »Oberleitung« und eine Schiene aufgeteilt sein. Diese als »Oberleitungssystem« bezeichneten Versorgungsverfahren haben sich bis zur Gegenwart im Bahnbetrieb bewährt. Die Ausführung mit zwei Oberleitungen wurde 1884 auf der Straßenbahnlinie zwischen Frankfurt am Main und Offenbach erstmals erprobt.

Für kleinere Privatfahrzeuge konnte die Energie für den Antriebsmotor über inzwischen ständig verbesserte Akkumulatoren bereitgestellt werden. Anders als der Verbrennungsmotor entwickelt der Elektromotor bereits beim Anlauf ein hohes Drehmoment. Er konnte von Anfang an in fahrzeuggerechten Abmessungen mit genügend großer Leistung hergestellt werden. Die damit angetriebenen Automobile mußten nicht vom Anthropomobil abgeleitet werden, es konnten direkt Hippomobile motorisiert werden. So erinnerte das »Elektromobil« – wie dieses Fahrzeug allgemein genannt wurde – im Erscheinungsbild noch lange Zeit an Wagen und Fuhrwerke. Es galt noch als elegant, als der Motorwagen kurz nach der Jahrhundertwende keinem pferdegezogenen Wagen mehr glich.

Die Möglichkeit, den Elektromotor vor der Antriebsachse oder – nach der Erfindung des elektrischen Radnabenmotors durch FERDINAND PORSCHE im Jahre 1897 – am Rad selbst anzubringen, zwang im Gegensatz zum Verbrennungsmotor nicht zu einer Formveränderung der hippomobilen Aufbauten. Um die Jahrhundertwende konnte sich das Elektromobil – wegen der Energieversorgung auch »Akkumobil« genannt – neben dem Benzinautomobil besonders im Stadt- und im Nahverkehr behaupten. Es war auch ein Elektromobil, das im Jahre 1891 als erstes Straßenfahrzeug die Geschwindigkeitsgrenze von 100 km/h durchbrach. Dieser nach dem Entwurf des französischen Karossiers LEON AUSCHER von der Firma »COMPAGNIE INTERNATIONALE DE TRANSPORT AUTOMOBILE« gebaute Rekordwagen, der unter dem Namen »La jamais contente« (»Die Niezufriedene« – »Die Unersättliche«), berühmt wurde, leitete mit der torpedoähnlichen Form seines Aufbaus die Karosseriegestaltung nach aerodynamischen Gesichtspunkten ein (Abb. 283).

Auch der amerikanische Elektroingenieur BAKER stellte 1902 ein Akkumobil vor, dessen Karosserie er den Gesetzen der Aerodynamik noch konsequenter angepaßt hatte als sein Vorgänger. Ein Radbruch hinderte Baker, die angestrebte Geschwindigkeit von 140 km/h zu erreichen (Abb. 284). Der tatsächlich erreichte Wert, der etwa 125 km/h betrug, konnte mit einem Benzinautomobil erst ein Jahr später übertoffen werden. Damit wird deutlich, daß das Elektromobil sowohl konservativ in Form eines pferdelosen Wagens, wie auch progressiv nach aerodynamischen Gesichtspunkten gestaltet

Abb. 283
1891

JENATZY/AUSCHER COMPAGNIE INTERNATIONALE DE TRANSPORT AUTOMOBILE: elektromobiler Rekordwagen »la jemais contente«

BAKER: elektromobiler Rekordwagen. (Automob.Welt, Nr. 8; 21.2.1903, S.175)

werden konnte. Dies hängt damit zusammen, daß man das Antriebssystem, weil es bei ausreichender Leistung verhältnismäßig klein war, im Fahrzeug ohne weiteres praktisch überall unterbringen konnte. Ein Inserat der österreichischen DAIMLER-MOTOREN AG aus dem Jahre 1911 zeigt ein Akkumobil in der hippomobilen Karossierung als Landaulet-Coupe und Mylord (Abb. 285). Vergleicht man diese Fahrzeuge mit dem zehn Jahre älteren Elektrofahrzeug von JENATZY (Abb. 283), der eine luftwiderstandsarme torpedoförmige Karosserie hat, so erkennt man beide Tendenzen.

Im Jahre 1900 kam im Heft 14 auf den S. 207-210 der Zeitschrift »Der Motorwagen« ein Bericht über den elektrisch angetriebenen Wagen der englischen Firma »National Motor Carriage Syndicate, London« (Abb. 286). Der Artikel beginnt mit einem kurzgefaßten Rückblick auf die nur wenige Jahre alte Entwicklung dieser Automobilgattung:

»Der elektrische Wagen von H. Joel.

In den letzten sieben Jahren sind so außerordentliche Fortschritte im elektrischen Wagenbetriebe gemacht worden, daß die Anwendung der Elektrizität für letzteren von Jahr zu Jahr zunimmt, wie man an den vielen elektrischen Straßen- und Eisenbahnen und den

HOFWAGENFABRIK ARMBRUSTER: umrüstbares Elektromobil der Fürstin Windischgraetz. (AAZ/W 1908, Nr. 12, S. 38)

Ansicht des elektrischen Wagens von JOEL

zahlreichen verschiedenen Typen von Droschken etc. sehen kann. Die Hauptverbesserungen, welche in den letzten Jahren gemacht wurden, beziehen sich 1. auf die Motore selbst, die man jetzt außerordentlich dauerhaft, wirksam und verläßlich herzustellen gelernt hat, 2. auf die Batterien, die bedeutend transportabler und leichter sind als die früheren und auch einen anstrengenderen Betrieb aushalten können, und 3. endlich auf die Ausführung der Wagen selbst, indem für dieselben infolge der Herstellung geeigneteren Materials die Dimension der Eisenteile schwächer genommen werden konnte. Die Abbildung stellt einen erst kürzlich hergestellten elektrischen Wagen dar, der von dem NATIONAL MOTOR CARRIAGE SYNDICATE, London, erbaut wurde. Zwei kleine elektrische Motore treiben die beiden Hinterräder des Wagens mittels gewöhnlicher Gelenkketten an, die von einem kleinen Zahnrade auf der Motorachse nach einem größeren auf der Hinterradachse befestigten Zahnrad laufen. Die Motore sind auf einem besonderen Gestell befestigt und können unabhängig voneinander den Wagen antreiben, so daß bei einem Versagen des einen Motores der andere stets als Reserve dient. Für jeden Motor ist eine besondere Batterie vorhanden, die teils unter dem vorderen, teils unter dem hinteren Sitz nicht sichtbar angebracht ist. Diese Anordnung ist insofern von großem Vorteil, als das Gewicht sich gleichmäßig auf den Rahmen des Wagens verteilt und denselben nicht einseitig belastet. Die Steuerung und die elektrische Regulierung der Geschwindigkeit sind von einfacher Konstruktion. Durch die Anordnung der einzelnen Teile ist es möglich, eine bedeutend leichtere Konstruktion zu erzielen und dem Wagen auch eine gefälligere Form zu geben. Der Wagen läuft sehr leicht ohne Vibrationen und Geräusch. Die Motoren sind von Henry F. Joel konstruiert worden und entwickeln je 3 PS (s. Abb. 287). Die elektrische Spannung beträgt 40 V, bei einer Tourenzahl von 600-700 U/min. Das Gewicht derselben ist ebenfalls sehr gering und beträgt nur 112 englische Pfund[1]. Viele Jahre und viele Versuche waren nötig gewesen, um die Motoren in ihrer eigenartigen Weise zu konstruieren. Die Anker rotieren außerhalb der Feldmagnete, anstatt innerhalb wie bei den älteren Dynamos, wodurch der Vorteil erzielt wird, daß die Anker gleichzeitig als Schwungräder dienen, die die Bewegung gleichmäßig erhalten sollen.«

Weiter heißt es:

»Die Abbildung stellt einen dieser Elektromotore dar mit dem außen befindlichen Anker und den innen liegenden Feldmagneten. Die Welle, die den Anker und die Feldmagnete trägt, ist auf einem besonders gekröpften Rahmen befestigt. Der Anker rotiert auf einem langen Lager, während die Magnete auf der Welle befestigt sind. Die Motore sind im Betrieb vollkommen eingedeckt, so daß sie vor Staub gut geschützt sind, laufen rückwärts ebensogut wie vorwärts und erzeugen fast gar kein Geräusch ... Die beiden Motore werden von einem besonderen Rahmen getragen, wie aus den beiden folgenden Abbildungen zu ersehen ist (s. Abb. 288 und 289). Dieser Rahmen wird aus Stahlröhren hergestellt und ist vorn und hinten an den Wagenfedern befestigt.«

Es folgt:

»Die Motore sind auf dem Unterrahmen leicht befestigt. Die Gelenkketten CC, die die Motore mit den Rädern verbinden, liegen in gleicher Linie und können durch Schrauben, die die Hinterradachse mit dem Motorrahmen verbinden, adjustiert werden. Die Form des unteren Rahmens ist zur Aufnahme von Elektromotoren sehr geeignet, und derselbe läßt sich auch nachträglich an jedem Wagen anbringen. Da der Rahmen infolge seiner Konstruktion sehr elastisch ist, fängt er beim Anfahren oder Halten jede Erschütterung des Wagens auf ... Die Batterien Typ »Rosenthal« bestehen aus transportablen Kästen von je zehn Zellen. Für jeden Motor sind zwei Kästen vorgesehen, so daß die Anzahl der Zellen im ganzen 40 beträgt. Jede Zelle wiegt 22 englische Pfund[1] und das Totalgewicht inkl. Trog beträgt 8 1/2 Ctr.[2] Die Batterien liefern eine Stromstärke von 20 A für sieben Stunden;

---

[1]   ein englisches Pfund = 0,452 kg
[2]   8,5 Zentner = 425 kg

JOEL: Elektromotor

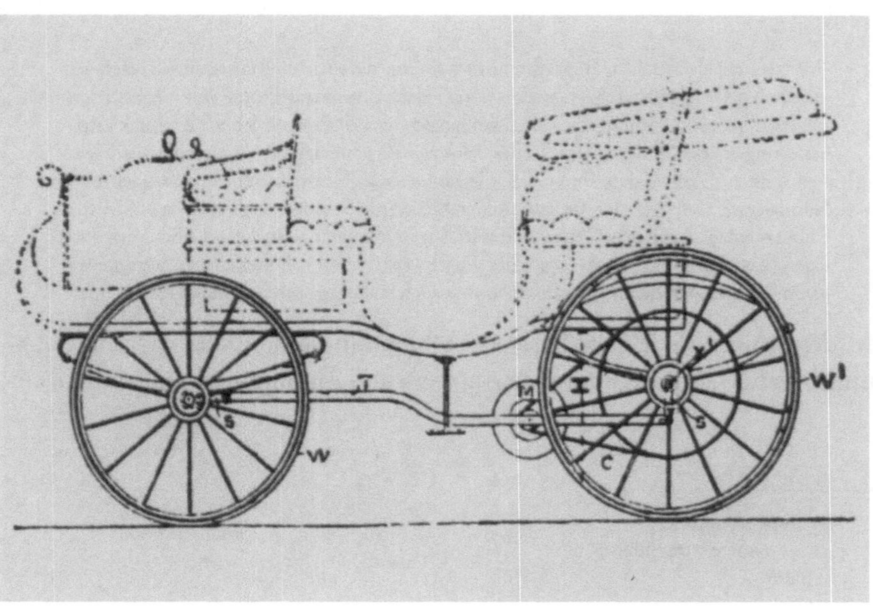

Längsansicht des Wagens

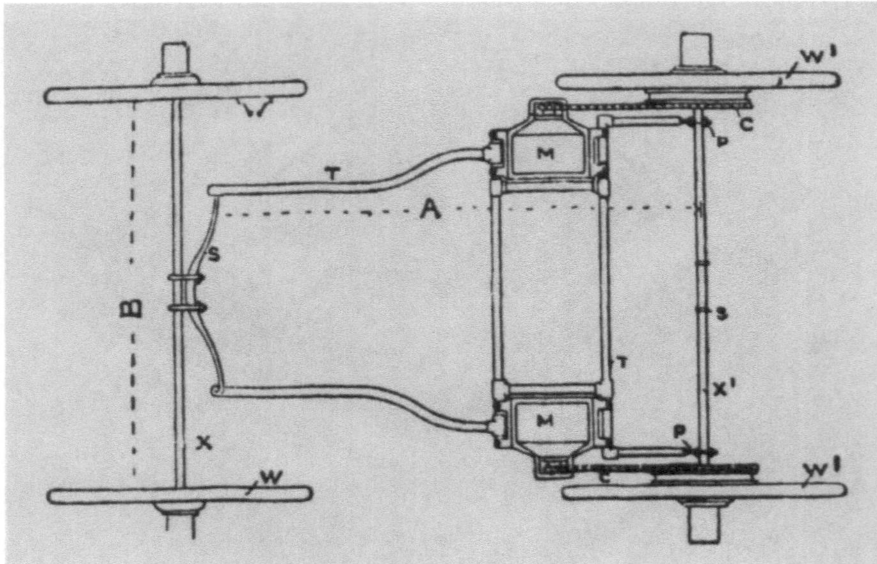

Grundriss des Wagens

sie können jedoch auf 40 Ampere gesteigert werden. Abbildung 290 zeigt eine Batterie von neun Zellen. Die Kästen, in denen die Zellen stehen, sind 13 $^{1}/_{2}''$ breit, 23″ lang und 11″ hoch[3] und sind sehr leicht und bequem zu handhaben.«

Es folgt:

»Mittels einer elektrischen Umschaltungsvorrichtung, die ebenfalls das Ergebnis jahrelanger praktischer Versuche ist, kann man fünf verschiedene Geschwindigkeiten von 3, 6, 8, 10 und 12 Meilen pro Stunde[4] und eine Geschwindigkeit von 3 Meilen pro Stunde bei Rückwärtsbewegung erzielen. Die Drahtrollen der Feldmagnete können getrennt voneinander induziert werden. Dies hat den Vorteil, daß die Motore auch als Bremsen benutzt werden. Die Normalgeschwindigkeit des Wagens, 12 engl. Meilen pro Stunde, kann auf 20 engl. Meilen[5] erhöht werden. Auf guten Wegen läuft der Wagen mit einer einmaligen Ladung der Batterien 50 engl. Meilen[6]. Das Gewicht des Wagens, inkl. Motore, Batterien etc., beträgt etwa 17 Ctr.[7]. Außer den elektrischen Bremsen sind auch Handbremsen vorhanden.«

Mit dem mittlerweile zuverlässigen Verbrennungsmotor war nach der Jahrhundertwende auch der indirekte Antrieb eines Automobils möglich. Die am

---

3   943 x 564 x 280 mm
4   4 – 8 – 9,7 – 12,9 – 19,3 km/h
5   32,2 km/h
6   80,5 km/h
7   17 Zentner = 850 kg

Ansicht der Batterie

Schwungrad des Verbrennungsmotors verfügbare mechanische Energie wurde von einem angekuppelten Generator in elektrische Energie umgewandelt. Ein Elektromotor stellte dann die mechanische Energie zum Antrieb des Fahrzeugs zur Verfügung. Die Stromversorgung des Antriebsmotors erfolgte also nicht mehr über einen Akkumulator, sondern über einen Verbrennungsmotor mit nachgeschaltetem Generator. Verglichen mit einem Automobil mit Antrieb durch einen Verbrennungsmotor war der aus dem Generator und dem Elektromotor bestehende Maschinensatz an die Stelle des Schaltgetriebes getreten. Bei diesem als »Mixte-Antrieb« bezeichneten Verfahren wird die im Kraftstoff gespeicherte Primärenergie zwar unter zusätzlichen Verlusten in elektrische Energie umgewandelt, die im Generator und im Antriebsmotor entstehen. Der Verbrennungsmotor kann jedoch unabhängig von der Fahrgeschwindigkeit mit der – bezüglich des Wirkungsgrades – optimalen Drehzahl betrieben werden. Der Vorteil, daß der Elektromotor unter Last anzulaufen vermag und mit einfachem Schaltaufwand regelbar ist, wird auf diese Weise voll genutzt. In der »Zeitschrift des Mitteleuropäischen Motorwagen-Vereins« ist 1902 in Heft 8 auf den S. 145 und 147 ein solcher

> »Motorwagen mit elektrischer Kraftübertragung« von Champrobert beschrieben. Wie aus den vier beigefügten Abbildungen (s. Abb. 291 bis 294) ersichtlich, befindet sich über der Vorderachse ein Primär-Motor. Derselbe ist beim dargestellten Wagen für Betrieb mit Benzin eingerichtet und leistet bei konstanter, durch einen Regulator beeinflußter Umdrehungszahl 8 PS. «

Weiter heißt es:

> »Er ist direkt und starr mit einer Dynamomaschine gekuppelt. Der von ihr erzeugte Strom wird durch einen Fahrschalter einem Elektromotor zugeführt, dessen Kraft in bekannter

Abb. 291
1902

CHAMPROBERT-Wagen

Abb. 292
1902

CHAMPROBERT-Wagen: Draufsicht des Untergestells

Weise auf die Hinterachse übertragen wird. Dieser Motor ist zur Erzielung der verschiedenen Umdrehungszahlen mit doppelter Ankerwickelung und zwei Kollektoren versehen. Als Vorzug der Konstruktion muß angesehen werden das Fehlen der mechanischen Kraftübertragungsmittel, wie mehrfache Zwischenvorgelege, ausrückbare Kupplungen, Ketten

CHAMPROBERT-Wagen: Seitenansicht des Untergestells. Zeitschrift des Mitteleuropäischen Motorwagen-Vereins, Heft VIII

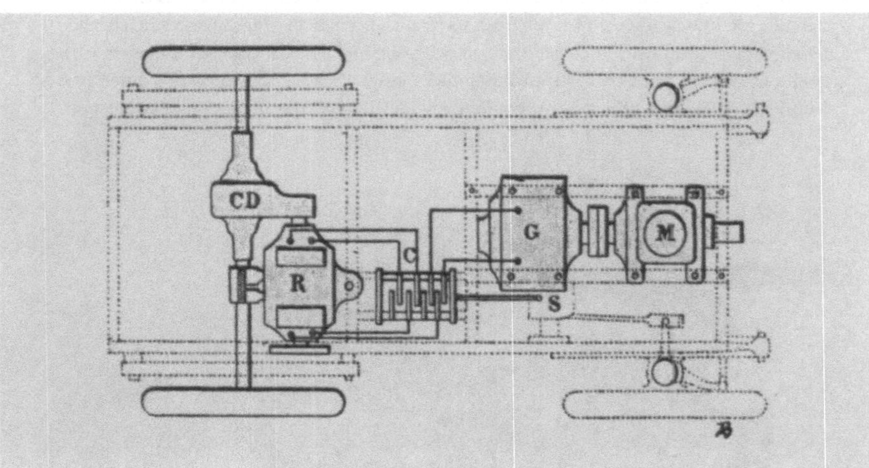

CHAMPROBERT-Wagen: *M)* Benzin-Motor, *G)* Dynamomaschine, *C)* Fahrschalter, *R)* Elektromotor, *CD)* Differentialgetriebe

etc. Eine drehende Bewegung ist direkt zum Antrieb der Räder verwandt, derselbe wird also ruhiger, gleichmäßiger erfolgen. Der Hauptvorteil ist aber der, daß infolge der Vereinigung der krafterzeugenden Maschine mit dem kraftäußernden Motor auf dem Wagen, dieser letztere eine größere Elastizität der Kraftübertragung, ein besseres Anpassungsvermögen gewinnt. Man kann nämlich jederzeit, welches auch immer das Profil der Straße sei, die volle Kraft der Benzinmaschine ausnutzen.«

Der aus einem Generator und einem regelbaren Elektromotor bestehende Maschinensatz nahm hier also die Stelle eines Schaltgetriebes ein. Wegen seiner geringen Geräuschentwicklung und des Wegfalls von Abgasen galt der elektrische Antrieb als besonders vorteilhaft für solche Fahrzeuge, die im Stadtverkehr eingesetzt werden sollten. Ein frühes Beispiel dafür war der Postwagen (Abb. 295). In der Zeitschrift »Der Motorwagen« ist 1900 in Heft 16 auf den S. 241 bis 244 ein solches Elektromobil beschrieben:

»Ein elektrischer Motorwagen im Dienste der deutschen Reichspost.
 von Fr. Meyer, Berlin.

Bei der Kaiserlichen Oberpostdirektion Berlin ist seit dreiviertel Jahren ein elektrischer Motorwagen, erbaut von der Motorfahrzeug- und Motorenfabrik Berlin, Aktiengesellschaft in Marienfelde-Berlin, in Betrieb. Der Wagen wird für Bestellfahrten benutzt und ist vorgesehen für eine Nutzlast von 500 - 1000 kg. Trotzdem dieses Fahrzeug unter den ungünstigsten Verhältnissen in Betrieb war, durch das bei Bestellwagen übliche fortwährende Anfahren und Anhalten, hat sich dasselbe in jeder Beziehung sehr gut bewährt. Der Postwagen, dessen Abbildung wir umstehend bringen, und welcher vielen unserer Leser vielleicht noch von der Berliner Automobil-Ausstellung (Oktober 1899) in Erinnerung ist, wurde am 19. Oktober v. J. bei dem Kaiserlichen Postfuhramt in der Oranienburgerstraße in Dienst gestellt. Der Wagen ist nach den Konstruktionen der mit der Motorfahrzeug- und Motorenfabrik Berlin, A.-G., liierten Gesellschaft für Verkehrsunternehmungen in Berlin gebaut (s. Abb. 295). Es ist auch bei diesem Wagen wiederum charakteristisch, daß sämtliche Triebwerksteile in einem besonderen Untergestell untergebracht sind. Letzteres ist mit zwei Hauptstrommotoren ausgerüstet, welche bei 600 Touren per Minute normal je 2,5 PS leisten. Abgesehen von der Reserve, die an der Verwendung von

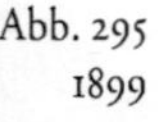

Abb. 295
1899

Elektrischer Reichspost-
Motorwagen

zwei Motoren liegt, gestattet diese Anordnung durch Hintereinander- und Parallelschalten der Motore eine Abstufung der Geschwindigkeit des Wagens ohne Zuhilfenahme von Batterieschaltung. Die Bewegungsübertragung geschieht von den beiden Motoren mittels einfacher Stirnradübersetzung auf die beiden Hinterräder. Das Wagenoberteil ist in Anlehnung an die einspännigen Paketbestellwagen hergestellt. Der Raum für die Akkumulatoren befindet sich unter dem Führersitz; letzterer ist aufklappbar zum Revidieren der Akkumulatoren. Zu beiden Seiten des Sitzes sind Thüren vorgesehen zum Einbringen der Batterie. Die Anordnung dieses Raumes unter dem Sitz bietet außer der sehr leichten Zugänglichkeit noch den Vorteil, daß er von dem Laderaum vollständig getrennt ist. Die Akkumulatorenbatterie besteht aus 44 Zellen und hat eine Kapazität von 100 Amperestunden. Der Kontroller, welcher der bequemeren Handhabung wegen mit der Steuerung kombiniert angeordnet ist, hat acht Stellungen, fünf für Vorwärtsfahrt, zwei für elektrische Bremsung, eine für Rückwärtsfahrt.«

Die BERLINER ELEKTROMOBIL-FABRIK G.M.B.H. baute auch einen dreirädrigen elektrischen Stadtwagen (Abb. 296), der der französischen Voiturette entsprach. Im Jahre 1908 ist in der »Allgemeinen Automobil-Zeitung (Berlin)« ein solches Fahrzeug in der Nr. 52 auf den S. 53 und 54 beschrieben. Der Beitrag geht auf den technischen Aufbau, die einfache Handhabung und das »umweltfreundliche« Betriebsverhalten ein:

Abb. 296
1902

BEF-Wagen: dreirädriger elektrischer Stadtwagen (System Harhorn)

»Die kleinen elektrischen BEF-Wagen (System Harhorn).

Es unterliegt keinem Zweifel mehr, daß der Benzinwagen sich immer mehr die Landstraße erobert, und daß das edle Ross langsam auf den Aussterbeetat gesetzt ist. Ebenso sicher aber drängt das Publikum und nicht minder die Behörden größerer Städte die Automobilindustrie dazu, einen geruch- und geräuschlosen leichten Stadtwagen zu konstruieren, welcher höchste Betriebssicherheit selbst in den frequentesten Straßen besitzt. Ein derartiger Wagen kann nur ein elektrisch betriebener sein. Jedermann, der bereits mit einem elektrischen Wagen gefahren ist, weiß den großen Vorzug dieser elektrisch betriebenen Wagen gegenüber dem Benzinmotorwagen zu schätzen, und es liegt die Frage auf der Hand, warum die Elektromobile sich nicht bereits ganz ihre eigentliche Domäne – die großen Städte – erobert haben. Die Beantwortung ergibt sich sofort, wenn man die heutigen elektrisch betriebenen Kraftwagen näher ins Auge faßt. Dieselben zeigen das massive Äußere der für schlechteste Landstraßen konstruierten Benzinwagen, und des damit bedingten großen Eigengewichtes bzw. des hieraus resultierenden großen Pneumatik- und Stromverbrauches, sowie die großen Dimensionen, die stets einen größeren Raum für Unterbringung erfordern.

Obigen berechtigten Wünschen nach einem solchen leichten Stadtwagen glaubt der elektrisch betriebene kleine BEF-Wagen (System Harhorn) der BERLINER ELEKTROMOBIL-FABRIK, G.M.B.H., Berlin-Charlottenburg, Windscheidstraße 23, gerecht zu werden, bei dessen Konstruktion seine Erbauer sich von folgenden Grundsätzen leiten ließen:

»Der dreirädrige Wagen besitzt eine unbedingte Betriebssicherheit, bedingt durch die größte Einfachheit in der Konstruktion, sowie durch Fortfall des Differentials und des Wechselgetriebes, ferner durch wettersichere Einkapselung des Elektromotors, sowie durch eine federnde Cardanübertragung, die den Motor vor jeder Erschütterung schützt. Das Wägelchen hat weiter leichtes Gewicht: das ganze Gewicht des Wagens beträgt nur 380 kg bei größter Stabilität. Das Fahrzeug hat eine lange Lebensdauer, bedingt durch Verwendung nur erstklassigen Materials (Zahnräder und Cardan aus Chromnickelstahl). Die Ingangsetzung, sowie das Anhalten des Wagens geschieht sehr bequem durch Betätigung eines einzigen Hebels. Das Anfahren erfolgt stoßfrei. Dies ergibt sich von selbst durch sukzessive Einschaltung der elektrischen Energie. Ein Chauffeur fällt fort; dieses ist dadurch bedingt, daß die Handhabung denkbar einfach, Reparaturen so gut wie ausgeschlossen sind und weil der Wagen stets in sauberster Verfassung bleibt, da alle rotierenden Teile staubsicher und öldicht gelagert sind. Auch hat der Wagen äußerst geringe Betriebskosten, welche sich zusammensetzen aus geringem Pneumatikverschleiß, geringem Stromverbrauch und minimalstem Ölverbrauch. Die Betriebskosten betragen nur ca. 7-8 Pfg. per km. Die Lenkbarkeit ist ebenfalls ausgezeichnet und bedingt durch die Kürze des Wagens sofortiges Anhalten und durch die Möglichkeit des Ausweichens in nahezu einem rechten Winkel, ferner bedingt durch Momentausschaltung in Verbindung mit dem Bremspedal, sowie durch Rückwärtsgang. Die beiden Typen des Personen- sowie des Transportwagens bestehen in der Hauptsache aus einem gepreßten Stahlrahmen. Der Motor, welcher als Hauptstrommotor mit senkrechter Lage der Motorwelle ausgebildet ist und normal 2 PS – maximal 5 PS – entwickelt, befähigt den Wagen, alle normalen Straßensteigungen zu nehmen und auf einer Strecke eine Geschwindigkeit von ca. 25 km/h zu entfalten... Die Hemmung des Fahrzeuges geschieht durch zwei voneinander unabhängige Bremsen, von denen die eine als elektrische ausgebildet ist, während die andere auf die Bremsnaben beider Hinterräder wirkt. Die Lenkung geschieht durch eine mit der Vorderradgabel verbundene Lenkstange. Die Schmierung wird bewirkt durch konsistentes Fett, das nur drei- bis viermal im Jahre erneuert zu werden braucht. Die Batterie besitzt einen Aktionsradius von 50 resp. 80 km.

Der BEF-Personenwagen ist ein ideales Fortbewegungsmittel besonders für Ärzte, Rechtsanwälte usw. und nicht zu vergessen als Transportmittel für Kranke, wie überhaupt für jedermann, der viele und lange Wege in der Großstadt zurückzulegen hat. – Der Transportwagen wird durch ein sanftes Anfahren sowie durch vollkommene Geruchlosigkeit für die Besorgung von empfindlichen Waren für die verschiedensten Geschäfte unentbehrlich sein. Er wird die heute bereits laufenden schweren Benzintransportwagen, zu deren Steuerung und Bedienung ein unbedingt zuverlässiger Chauffeurmonteur erforderlich ist, in kurzer Zeit verdrängen, da er keine tote Last mitzuschleppen hat und ohne weiteres von jedem Hausdiener bedient werden kann.«

Auch in den Vereinigten Staaten von Nordamerika wurden nicht nur Fahrzeuge der Voiturette-Kategorie mit Elektromotor angetrieben. Der von Edison ständig verbesserte Akkumulator gestattete die Auslegung des Elektromobils sowohl als großen Personenwagen wie auch als Lastwagen bis zu einer Nutzlast von 4500 kg. Die »Allgemeine Automobil-Zeitung (Wien)« veröffentlichte 1913 in der Nr. 4 auf S. 38 einen Kurzartikel über diese Entwicklung:

»Elektrische Autos in Amerika.

Wie die amerikanische Automobil-Industrie an Produktionskraft die aller anderen Nationen überflügelt hat, so hat im speziellen die Erzeugung von Elektromobilen dort eine Höhe erreicht, für die uns in Europa jeglicher Maßstab fehlt. Charakteristisch hierfür ist die Tatsache, daß die amerikanische Fachpresse jetzt schon eigene »Electric Vehicle Issues«, das heißt, Spezialnummern erscheinen läßt, die ausschließlich dem Elektromobil gewidmet sind: So hat zum Beispiel »Motor Age« kürzlich eine »elektrische Nummer« im Umfange von 164 Seiten publiziert. Es erhellt daraus, wie weit man derzeit jenseits des Ozeans in der Erzeugung von Elektromobilen ist, und zwar nicht nur von elektromobilen Fahrzeugen für Personenbeförderung, sondern auch in jener elektromobiler Nutzwagen. Eine Tabelle der Fabriken, die Personen-Elektromobile bauen, weist 24 Firmen auf, die 75 verschiedene Modelle herstellen, eine zweite Tabelle, die die Fabriken elektromobiler Nutzwagen umfaßt, enthält die Namen von 16 Firmen, die 56 Typen erzeugen.«

1918 informierte die gleiche Fachzeitschrift in der Nr. 21 auf S. 31 ihre Leser über die in Amerika neben dem Automobil mit Verbrennungsmotor immer noch weitergediehene Entwicklung des elektrischen Automobils. Der Beitrag läßt erkennen, welch große Bedeutung einem gut organisierten Batteriewechseldienst als Voraussetzung für den Betrieb und für die Verbreitung dieser Fahrzeuggattung zukam:

»Ein modernes amerikanisches Elektromobil.

Wir geben hier die Abbildung eines 1918er Modells der amerikanischen Milburn-Elektromobile wieder, das die Milburn Wagon Co. in Toledo (Ohio) auf der letzten New Yorker Automobilausstellung als Neuheit gezeigt hatte, und zwar in zwei Typen, in der hier abgebildeten Limousinenform, sowie in einem Coupe. Man erkennt auf den ersten Blick, daß das Elektromobil ganz das Aussehen eines modernen Benzinwagens hat... Bei der Milburn-Elektromobil-Limousine besteht die Batterie aus 42 Zellen. Damit das Gewicht möglichst gleichmäßig verteilt wird, wurde der größere Teil der Batterie vorne unter der Motorhaube[8] untergebracht. Der Elektromotor ist vor dem Spiralkonusgetriebe der Hinterradachse gelagert. Die Batterien können sehr rasch ausgewechselt werden. Schon in nächster Zeit will die Milburn-Gesellschaft in allen größeren Städten Amerikas eigene Auswechselstationen für die Batterien errichten... Wenn nun nicht nur seitens der Milburn-Gesellschaft, sondern allgemein und überall, teils in den Städten, teils an den Landstraßen solche Stationen zur Auswechslung der Batterien angelegt würden, so würde das Elektromobil, dessen Batterie zu immer größerer Reichweite fortentwickelt wird, mit Aussicht auf Erfolg die Konkurrenz mit dem Benzintourenwagen aufnehmen können. Selbstverständlich müßte die Anlage von Stationen zur Auswechslung von Batterien schon eine sehr entwickelte Organisation voraussetzen. Eine solche Anlage könnte nur eine sehr große, kapitalkräftige Gesellschaft vornehmen, die die Batterien leihweise den Automobilisten überläßt, denn sonst käme beim Auswechseln der Batterien immer der zu Schaden, der eine neue Batterie hat und vielleicht dafür eine alte, schon der Zerstörung entgegengehende Batterie erhält.«

Nachdem sich der Einsatz von elektrisch betriebenen Nutzfahrzeugen in Berlin durch die Deutsche Reichspost gut bewährt hatte, folgte diesem Beispiel 1912 auch die K.K. Postdirektion in Wien. Die »Allgemeine Automobilzeitung (Wien)« berichtete darüber ausführlich in der Nr. 24 des Jahrganges 1913 auf den S. 49-56, s. Abb. 297:

»... Der heutige Tag bedeutet in der elektrischen Beförderung der Güter einen Markstein für Wien. Wohl sind schon hie und da einzelne Akkumulatoren-Lastwagen neben den hier verkehrenden elektrischen Luxuswagen und den elektrisch betriebenen Feuerwehrwagen in Verkehr gesetzt worden, doch waren dies meistens nur Probewagen. Heute zum erstenmal wird die stattliche Anzahl von 30 Stück elektrischer Postpaket-Automobile in Verkehr gesetzt und dürfte es daher von allgemeinem Interesse sein, wenn wir die von uns geschaffene und in unseren Betrieb genommene Anlage nachstehend beschreiben und damit auch auf den Werdegang dieser speziellen Unternehmung zu sprechen kommen.
War man sich auch darüber klar, daß der Automobil-Lastenbeförderung die Zukunft gehört, so war noch die Frage zu klären, ob für den vorliegenden Fall sich der elektrische oder der Explosionsmotor besser eignet. Neben den unbestrittenen Vorteilen, die der elektrische Antrieb in bezug auf Betriebssicherheit, Sauberkeit, Einfachheit, Geräusch- und Geruchlosigkeit überhaupt bietet, war natürlich auch noch die Kostenfrage bestimmend und nachdem sich der elektrische Antrieb um zirka 20 Prozent billiger als der Benzinbetrieb stellt, so war die Entscheidung gegeben. Bei den fortwährenden Preissteigerungen des Benzins wird sich der elektrische Betrieb immer mehr bei solchen, wie hier vorliegenden und ähnlichen Betrieben einführen und man kann die Erwartung aussprechen, daß auch in Europa diese Erkenntnis sich sehr bald allgemein Bahn brechen wird, wie dies in Amerika schon längst geschehen ist.
Während in Europa noch allgemein angenommen wird, daß sich der elektrische Wagen wegen der vermeintlichen Nachteile der Akkumulatoren nicht zum Betrieb von Lastwagen, Omnibussen etc. eignet und sich auf diese Weise eine vollständige Voreingenommenheit gegen den elektrischen Betrieb herausgebildet hat, hat sich in Amerika die Anwendung besonders von elektrischen Lastwagen außerordentlich entwickelt. Die in Amerika in

---

[8]   die am Automobil mit Verbrennungsmotor erforderliche Motorhaube ist hier also eine Atrappe

Die neuen elektrischen Postautomobile für Wien. Herstellung und Betriebsführung durch die österr.
DAIMLER-TUDOR-GESELLSCHAFT M.B.H.

Verkehr befindlichen elektrischen Automobile werden auf zirka 60 000 geschätzt, davon entfallen auf sogenannte Selbstfahrer zirka 20 000, und auf Lastenautomobile zirka 40 000. In der Stadt Chicago zum Beispiel laufen allein 3500 elektrische Wagen, im Staate New York 7000 und in Boston kommt auf je 200 Einwohner ein elektrischer Wagen. Wie sehr sich jene irren, die glauben, daß durch die Nachteile der Akkumulatoren der elektrische Betrieb technisch nicht einwandfrei durchführbar ist, mag daraus hervorgehen, daß die Akkumulatoren in dem fünfzehnmonatigen Betriebe auf der Strecke Volksoper – Stephansplatz, auf welcher in dieser Zeit weit über 500 000 Wagenkilometer zurückgelegt worden sind, faktisch keine Störung des Betriebes verursacht haben.«

Sehr interessant ist die ganz auf den Betrieb von Elektrofahrzeugen abge-stimmte Einrichtung der Zentralgarage, die sowohl eine Batterieladestation umfaßte wie auch dem schnellen Batteriewechsel Rechnung trug:

»Die Ladestationen für die Batterien befinden sich im Souterrain. Kommt nun ein Wagen zum Batterieaustausch in die Garage, so fährt er über die in der Durchfahrt befindliche Aufzugsöffnung, worauf der Austausch der Batterien geschieht. Nach durchgeführtem Batterieumtausch, der nur zirka ein bis zwei Minuten dauert, ist das Automobil für seinen vollen Aktionsradius wieder fahrbereit. Soll der Wagen aber in der Garage eingestellt werden, so fährt er auf ein Wagenverschiebeplateau des Hofraumes und wird auf der ange-ordneten Schienenanlage vor eine Halleneinfahrt geschoben und vor- oder rückwärts von der Schiebebühne auf seinen Standplatz gefahren. Es erfolgt also nur eine gerade Vor- oder Rückwärtsbewegung der Wagen, so daß jedes Lenkmanöver in der Garage vermieden ist, auch kann ohne weiteres sofort jeder Wagen aus der Garage herausgezogen werden. Nur mittelst dieser Verschiebevorrichtung wurde es möglich, auf dem relativ kleinen Grund-stück von 1257 Quadratmeter eine so große Anzahl Wagen unterzubringen und außerdem die notwendigen Betriebs- und Nebenräume, Bureau sowie eine große Werkstätte zu schaffen.«

Die Fahrzeuge waren Erzeugnisse der österreichischen Firma Daimler-Tudor-Gesellschaft:

»Seitens der K.K. Postdirektion wurde ein Rauminhalt der Automobile von 10 m^3 bei einer maximalen Nutzlast von 2500 kg verlangt. Es ist dies also die größte Type Postwagen, die je in Verkehr gesetzt wurde ... Als Aktionsradius mit einer Batterieladung sind 35 km garan-tiert, normale Straßenverhältnisse vorausgesetzt. Das Gewicht des zum Dienst bereiten Wagens beträgt 3800 kg, wovon auf die Batterie zirka 900 kg entfällt. Der voll beladene Wagen wiegt 6300 kg. Die Wiener Postautos sind rein elektrische Wagen mit Radnaben-Elektromotoren, welche direkt in die Vorderräder eingebaut sind. Die Konstruktion der Elektromotoren »Spezialtype Elektro-Daimler« ist eine derartige, daß die Magnetpole als innere Polsterne auf einem Hohlachsstummel fest aufgekeilt sind. Der Anker als Außenan-ker ist in das aus Stahl gegossene Motorgehäuse eingeschoben, der zugleich den Radkörper bildet, und bildet mit diesem ein Stück. Es rotiert also der Anker als Rad um den Polstern und ist hierbei auf zwei zu beiden Seiten des letzteren befindliche Kugellager gestützt. Der Kollektor ist an der Außenseite des erwähnten Stahlgehäuses angebracht und als Plankol-lektor[9] ausgebildet, so daß die vertikalen Erschütterungen des Wagens die Kohlenbürsten nicht abheben können. Die ringförmig ausgebildete Bürstenbrücke ist auf dem vorderen Teil des Hohlachsstummels aufgekeilt. Nach Abnahme des äußeren Schutzdeckels liegt der Kollektor mit Bürstenbrücke vollkommen frei und zugänglich.
Die Motoren sind staub- und wasserdicht eingekapselt und leicht demontierbar. Der Hohlachsstummel ist so ausgebildet, daß der Drehpunkt des Lenkrades nahezu auf Radmitte fällt, wodurch das Lenken des Wagens außerordentlich erleichtert und bei Stromloswerden eines Motors ein Verreißen des Wagens hintangehalten wird. Die Moto-ren sind Hauptstrommotoren für 90 v Spannung und leisten maximal 15 HP pro Motor. Die Batterie ist in einem Troge ... Die Stromzuführung geschieht mittelst flexibler Kabel, die gegen Feuchtigkeit und Schmutz geschützt sind. Der Anschluß an die Batterie erfolgt

---

9   Flachkollektor

mittelst Steckdose, durch welche bei Abwechslung der Batterie mit einem Handgriff alle Kontakte unterbrochen, beziehungsweise eingeschaltet werden ... Die Lenkung erfolgt mittelst Schraube und Lenkrad und ist vollkommen stoßfrei. Es sind außer der elektrischen Bremse, die auf die Vorderräder wirkt, zwei voneinander unabhängige, mechanische Bremsen vorgesehen, von denen die eine mittelst Fuß-, die andere mittelst Handhebel betätigt wird. Beide mechanische Bremsen wirken direkt auf die Hinterräder und sind als vor- und rückwärtswirkende Innenbackenbremsen ausgebildet ... Jede der vorhandenen 56 Stück Automobilbatterien besteht aus 42 Elementen der Type VI Ky 285 / 4, welche in einem eisenarmierten Holztrog untergebracht sind. Die Leistung dieser Batteriegröße beträgt 300 Ah bei fünfstündiger Entladung, und der maximale Ladestrom 60 A. Vorgenannte Entladeleistung wird bei einer mittleren Entladespannung von zirka 78 V erbracht. Die betriebsfertige Batterie wiegt zirka 870 kg ... Ich beabsichtige in meinen nachfolgenden Ausführungen über die Zukunft des Elektromobils keineswegs bei der technischen Seite der Frage zu verweilen, da diese fast unübersehbare Entwicklungsmöglichkeiten bietet. Die Erfindung eines neuen Akkumulators von geringem Gewicht, großer Kapazität und phänomenaler Dauer würde selbstverständlich den ganzen gegenwärtigen Status revolutionieren; wahrscheinlich jedoch ist, daß all dies nur ein schöner Traum und daß es noch eine geraume Zeit bei dem heutigen Stande der Akkumulatorenfrage bleiben wird. Hier seien darum nur solche Fragen erörtert, die das Elektromobil, wie es sich uns heute präsentiert, betreffen ... Der Erfolg, der dem Elektromobil von jenem Augenblicke an zuteil wurde, wo es seinen eigentlichen Wirkungskreis gefunden hatte, entsprang durchaus nicht einer Modelaune, sondern beruhte auf seinen ganz wesentlich praktischen Eigenschaften, die alle aufzuzählen wohl überflüssig ist. Hingegen möchte ich eines über manche nicht so klar zutage liegende Gründe der Popularität des Elektromobils sagen, da diese meiner Meinung nach für dessen künftige Entwicklung von der größten Bedeutung sind. Das Elektromobil ist so sicher und so gefeit gegen funktionelle Störungen, als es irgend eine Maschine nur sein kann. Jeder halbwegs intelligente Mensch kann seine Manipulation in zwei oder drei Lektionen erlernen, demgemäß auch jeder, der überhaupt ein Fahrzeug durch den öffentlichen Verkehr zu steuern versteht, mit der Lenkung betraut werden (zum Beispiel jeder frühere Equipagenkutscher). Keine Kenntnisse der Mechanik, kein Training ist notwendig, ja nicht einmal wünschenswert. Darum existiert auch für das Elektromobil nicht die lästige Automobilführerfrage, die bei fast allen anderen Typen von Selbstfahrern eine so große Rolle spielt.

Weiters ist das Elektromobil äußerst betriebssicher, und unfreiwillige Aufenthalte, Versager etc., kommen fast nie vor. Bedenkt man, daß mindestens die Hälfte dieser Wagen in den Händen ziemlich ungeübter Lenker und fast alle in den Händen von Nichtmechanikern sind, dann wird man ihre Betriebssicherheit um so höher anschlagen. Wer seine Akkumulatoren und die Grenze ihrer Leistungsfähigkeit kennt, dem wird es selten oder nie passieren, mit erschöpften Batterien auf der Straßen stehen zu bleiben. Da die einmalige Ladung für 25 bis 35 Meilen genügt und man stets eine gefüllte Reservebatterie mitführen soll, kann man das Elektromobil den ganzen Tag hindurch fahren; die Auswechslung der Batterien dauert zwei bis drei Minuten. Die hohe Bedeutung dieser schnellen und leichten Auswechselbarkeit kann nicht genug gewürdigt werden und dürfte auf die Zukunft des Elektromobils von bestimmendem Einflusse werden. Das Garagensystem, für das das Elektromobil sich so vorzüglich eignet, ist auch für den Besitzer äußerst bequem und angenehm. Die erforderlichen Ersatzteile etc. können dort stets in großer Menge vorrätig gehalten und Reparaturen, Auswechslungen etc. unverzüglich ausgeführt werden. In Fällen von Akzidents können Reserve-Elektromobile und Reservefahrer bereitgehalten werden. Die Automobilführer können entsprechend den ganzen Tag hindurch beschäftigt werden und brauchen nicht müßig und unbeschäftigt herumzulungern. Hat der Besitzer andererseits seinem früheren Kutscher, Bedienten etc. die Lenkung anvertraut, so hat er diesen sofort, wenn das Elektromobil in die Garage kommt, wieder zur Hand und kann anderweitig über seine Dienste verfügen, da ihm die Sorge um den Wagen in der Garage sofort abgenommen wird. All dies sind nur Kleinigkeiten, aber sie tragen eine jede zum erhöhten Komfort des Besitzers bei; die sachverständige Behandlung des Wagens in der Garage verringert die Erhaltungskosten und sichert eine möglichst lange Benützbarkeit des Elektromobils.

Ich will die Kostenfrage nicht im Detail erörtern, da sie ziemlich schwierig ist und da Ziffern zu Mißverständnissen führen können. So viel sei nur konstatiert, daß für ein Elektromobil z. B. selbst in der teuersten Garage Londons sich die Totalkosten pro Jahr erheblich niedriger stellen als für eine gleich elegante Equipage samt Pferden, sofern das Elektromobil völlig ausgenützt wird. So kenne ich Automobilisten, die 200 bis 300 (engl.) Pfd. jährlich dadurch ersparten, daß sie statt Equipage und Pferden ein Elektromobil anschafften, und es ist mir kein einziger Fall bekannt, wo die Kosten höhere gewesen wären als für ein pferdebespanntes Luxusfuhrwerk. Auch der Vergleich mit Dampf- und Benzinwagen fällt hinsichtlich der absoluten Betriebskosten für die Meile nicht zuungunsten des Elektromobils aus. Neue Akkumulatoren kosten heute nicht mehr als neue Pneumatiks und dürften noch billiger werden, ebenso der elektrische Strom ... Nunmehr wollen wir uns dem eigentlichen Gegenstande unserer Betrachtung, der kommerziellen Zukunft des Elektromobils zuwenden.«

Nach diesem Plädoyer für das Elektromobil folgt die Abgrenzung seines speziellen Einsatzspektrums:

»Eines sei nun vor allen bemerkt: Das Tourenvehikel der Zukunft ist das Elektromobil nicht – wenigstens so lange nicht, als unsere jetzigen Akkumulatoren nicht durch etwas Besseres ersetzt sind. Mit dem Bleiakkumulator, und würde er selbst um 50 Prozent verbessert, und das ganze Land mit elektrischen Ladestationen versehen, ist dieses Ziel nicht zu erreichen, ebensowenig mit der Nickel-Batterie, wie groß auch deren Vorteile in anderer Hinsicht sein mögen. Das Elektromobil würde selbst mit einem Akkumulator, der federleicht wäre, dem Benzinwagen gegenüber in mancher Hinsicht Nachteile haben; die Batterien müßten geladen, die Ladestation mit entsprechend gespanntem Strom aufgesucht werden, und es bestände immer noch die Gefahr der Erschöpfung der Batterien durch höheren Kraftverbrauch auf schlechten Straßen, bei Steigungen und durch hundert andere Ursachen und unvorhergesehene Zwischenfälle. Des weiteren ist der moderne Benzinwagen als Tourenvehikel dem Elektromobil in jeder Hinsicht überlegen und geht, einmal angelassen, ebenso geräuschlos und stoßfrei wie dieses.«

Die Vorzüge des Elektromobils zeigen sich aber im Kurzstreckenbetrieb:

»Bei Vehikeln zu kommerziellem Gebrauch kommt es hauptsächlich auf den Aktionsradius an, den man von ihnen verlangt. Bei begrenzten Entfernungen und guten Straßen ist kein Grund vorhanden, weshalb das Elektromobil als Geschäftsvehikel nicht eine aussichtsreiche Zukunft haben sollte. Schon seit Jahren stehen schwere elektromobile Lieferungswagen in ziemlich großer Zahl und mit durchaus zufriedenstellendem Erfolge in New York in Gebrauch, wobei freilich noch fraglich ist, ob neben ausschließlich ökonomischen Gründen nicht auch Reklamezwecke mitspielten. Ich halte den elektrischen Betrieb nicht zur Anwendung auf den Motoromnibus geeignet. Die Umstände und Bedingungen sind hier dem elektrischen Betrieb keineswegs günstig; das unaufhörliche unregelmäßige Anhalten und Wiederanfahren, oftmals dazu noch bei Steigungen, sowie das große Gewicht sprechen dagegen. Angesichts des Umstandes, daß die gewöhnliche Straßenbahn bei uns auch nicht sonderlich reussiert, ist wohl noch weit weniger zu erwarten, daß der elektrische Omnibus bei den hohen Kosten der Pneumatik und dem erhöhten Kraftverbrauch sich als erfolgreich erweise.

Eine weitere schwierige Frage ist die der Automobildroschke. Bis ein derartiges Unternehmen einen kommerziellen Erfolg ausweisen wird, dürfte es noch ziemlich lange dauern. Hier spielt die Kostenfrage die hauptsächlichste Rolle, und die Erfahrungen auf diesem Gebiet können noch keineswegs als abgeschlossen betrachtet werden. Die eigentlichste Domäne des Elektromobils ist der städtische Ambulanz- und Rettungsdienst, wo alle seine Vorzüge ins hellste Licht treten, seine Nachteile fast überhaupt nicht ins Gewicht fallen. Am vorzüglichsten ist diese Organisation bei den verschiedenen städtischen Feuerwehren durchgeführt, und es könnte nicht schwierig sein, jeden Feuerwehrmann und jeden Konstabler zu einem brauchbaren Elektromobillenker zu machen…Wer sich…zwei Automobile anschaffen kann, der wird als Stadtvehikel sicherlich ein Elektromobil wählen. Mit der fortschreitenden Vervollkommnung hält die Vereinfachung des Benzinwagens keineswegs gleichen Schritt, und bei allen Vorzügen des heutigen Benzinwagens wird man doch nicht behaupten können, daß er das geeignete Vehikel für Theaterbesuch, Einkäufe, Besuche etc. ist. Freilich wäre es äußerst verlockend, sein Automobil die Woche hindurch in London als Stadtvehikel und dann am Ende der Woche zu Tourenfahrten verwenden zu können; aber kann ein Vehikel, das für den Stadtverkehr gebaut ist, jemals ein guter, vollkommener Tourenwagen werden?«

Das »gemischte System des Benzin-Elektromobils« wurde besonders erfolgreich in Lohner-Porsche-Wagen angewandt. Über ein solches Fahrzeug berichtete die »Allgemeine Automobil-Zeitung (Wien)« in der Nr. 15 des Jahres 1905 auf S. 17:

»Siegfried Graf Wimpffen auf seinem 70 HP Lohner-Porsche (s. Abb. 298 u. 299).

Seit etwa einem Vierteljahre besitzt SIEGFRIED GRAF WIMPFFEN – der jetzt schon im Laufe der Zeit eine stattliche Reihe von selbstbeweglichen Vehikeln sein Eigen genannt hat – einen Wagen Lohner-Porsche mit elektrischer Kraftüber-tragung, dessen Benzinmotor 70 HP hat. Dieser Wagen ist, nebst dem im Besitz des Karl Grafen Schönborn befindlichen 70 HP Lohner-Porsche, der stärkste Wagen, der bisher jemals in den Werken der Firma Jakob Lohner & Co. gebaut worden ist. Diese beiden Wagen bilden einen Triumpf der Ideen des Ingenieurs Porsche. Die »Einrichtung zur selbständigen Regelung von Stromerzeugern«, die kürzlich mit dem Pötting-Preis ausgezeichnet wurde, bewährt sich gerade bei diesen starken Wagen glänzend. Graf Wimpffen ist entzückt von seinem Wagen; die Maschine schmiegt sich förmlich in ihrer Arbeitsleistung den Bodenverhältnissen an und erfordert, da sie sich selbständig einstellt, fast keine Aufmerksamkeit seitens des Lenkers. – Graf Wimpffen fährt mit diesem 70 HP ebenso angenehm im Fiakertempo durch die Stadt wie mit jeder beliebigen Schnelligkeitssteigerung auf dem freien Lande. Dabei hat er keinen jener unmechanischen Kunstgriffe anzuwenden, wie es z.B. das Schleifen der Kupplung ist, den man bei starken Benzinwagen im Stadtverkehr nicht anwenden kann.«

Die technisch vorerst möglichen Verfahren, Elektrizität als Sekundärenergie über den Umweg chemischer Reaktionen zu speichern, sind bis in die Gegenwart hinein mit großem Raumanspruch und hohem Eigengewicht des Speichers verbunden. Speicher elektrischer Energie arbeiten also mit nur geringer Energiedichte. Dem damit verbundenen Nachteil einer geringen Reichweite stand das mühelose Ingangsetzen des Elektromobils gegenüber. Dies war zunächst der Vorteil des Elektromobils gegenüber dem Automobil mit Verbrennungsmotor. Im Jahre 1912 wurden in Amerika zum Anlassen der Verbrennungsmo-

Abb. 298
1905

SIEGFRIED GRAF WIMPFFEN auf seinem 70 HP LOHNER-PORSCHE (II)

Abb. 299
1905

SIEGFRIED GRAF WIMPFFEN: LOHNER-PORSCHE (II)

toren erstmals kleine Elektromotoren verwendet. Nun konnte auch der Benzinmotor durch Schließen eines Stromkreises in Gang gesetzt werden. Das Elektromobil hatte nur noch seine geringe Geräuschentfaltung und seinen schadstoffreien Betrieb als Vorzüge gegenüber dem Automobil mit Verbrennungsmotor. Diese beiden Eigenschaften wurden – siehe vorstehende Zitate – zwar gewürdigt, doch vorerst als nicht ausreichend geschätzt, um die geringe Reichweite des Elektromobils in Kauf zu nehmen. Damit erlosch das Interesse an dieser Fahrzeuggattung. Ihre Weiterentwicklung beschränkte sich auf den Paketwagen der Reichspost im Straßenverkehr und auf den Elektrokarren für den Einsatz in Fabriken.

Erst als in den sechziger Jahren dieses Jahrhunderts eine Verschärfung der Forderungen an die Umweltfreundlichkeit des Automobils durchgesetzt wurde und im folgenden Jahrzehnt die Verknappung des Erdöls zur Orientierung an sogenannten Alternativerenergien veranlaßte, wurde die Weiterentwicklung des Elektromobils, inwischen auch »Elektroauto« genannt, wieder aktuell. Die Fachzeitschriften, die dieser Fahrzeuggattung über Jahrzehnte hin kaum eine Zeile mehr gewidmet hatten, begannen nun erneut und intensiv mit der Veröffentlichung einschlägiger Beiträge. Bei der Beschreibung von Neuentwicklungen setzten sie sowohl die Klage über die geringe Energiedichte der Akkumulatoren wie auch das Lob des einfachen robusten Aufbaus, der Wirtschaftlichkeit und der Umweltfreundlichkeit des Elektroautos fort. Die Entwicklung des Elektroautos wurde 1967 wieder entscheidend vorangetrieben. Die BRITISH MOTOR CORPORATION stellte ein Elektrofahrzeug mit einer Zink-Luft-Batterie fertig. Die Firma FORD brachte ihr elektrisches Stadtautomobil »Comuta« und die Firma GENERAL MOTORS stellte ihren »Elektro-Convair« vor. Andere Firmen leiteten Versuche mit Akkumulatoren unterschiedlicher Kombinationen von Elektrodenwerkstoffen ein.

Neuere Kostenvergleiche brachten die Erkenntnis, daß der auf die Primärenergie bezogene Wirkungsgrad bei Fahrzeugen mit Verbrennungsmotor und solchen mit Elektromotor etwa gleich groß ist. Dieser Vergleich setzt Erdöl als Träger der Primärenergie voraus. Sobald dieses jedoch nicht mehr lieferbar ist und Benzin aus Kohle gewonnen werden müßte, würde der für eine gegebene Fahrstrecke erforderliche Aufwand bei diesem Rohstoff etwa doppelt so hoch sein wie bei seiner Umwandlung in elektrische Energie. Für die Speicherung der elektrischen Energie wurde in den sechziger Jahren mit der Entwicklung neuer Akkumulatorensysteme begonnen. Richtungsweisend war dabei die Steigerung der Energiedichte, die Verwendung reichlich verfügbarer und billiger Rohstoffe für die Elektroden, der Betrieb bei möglichst hohen Temperaturen und eine durch möglichst viele Wiederaufladungen lange Lebensdauer angestrebt. So entstand z.B. die Natrium-Schwefel-Batterie mit einer Energiedichte von 130 wh/kg Batteriegewicht und einer Arbeitstemperatur von 300 - 350 °C. In anderen Systemen werden als Elektrodenwerkstoffe Lithium und Schwefel, Zink und Chlor, Nickel und Eisen, Zink und Eisen erprobt. Bis die Entwicklungsreife solcher Akkumulatoren die industrielle Serienherstellung rechtfertigt, bleibt der Bleiakkumulator das bewährte, zuverlässige Speichersystem, da dessen Entwicklungsmöglichkeiten noch immer nicht vollständig genutzt sind. Die moderne Halbleiter-Elektronik ermöglicht die bestmögliche Anpassung der Energieentnahme an den jeweils mit den Fahrsituationen wechselnden Leistungsbedarf. Darüber hinaus kann ein Teil der Bremsenergie zurück gewonnen und zum Laden der Akkumulatoren verwendet werden, die beim Fahrzeug mit Verbrennungsmotor in nicht mehr nutzbare Wärmeenergie umge-wandelt wird.

Ein Vorzug des Elektromobils, auf den seit dessen Bestehen immer wieder hingewiesen wird, ist der schadstoffarme Betrieb. Wird die im Fahrzeug zu speichernde elektrische Energie aus einem Kohlekraftwerk bezogen, so entsteht dabei für eine Fahrstrecke von einem Kilometer Länge eine Gesamtschadstoffmasse von 2-3 g. Beim Zurücklegen einer gleichlangen Fahrstrecke belastet dagegen ein mit Benzin betriebenes Automobil ohne Abgasreinigungsanlage die Umwelt etwa zehnmal mehr. Wird die elektrische Energie für ein Elektromobil aus einem Wasser- oder aus einem Kernkraftwerk bezogen, fallen überhaupt keine schadstoffhaltigen Abgase an. Die Zukunftsaussichten für die Rückkehr des Elektromobils in den Straßenverkehr wird ungeachtet seiner günstigen Eigenschaften unterschiedlich beurteilt. Der Leiter des Projektes »Elektroauto« der Firma BROWN, BOVERIE & CIE AG, Mannheim, Doktoringenieur HANS KAHLEN, faßte in einem Gespräch mit einem Journalisten der Schweizer »Automobil-Revue«, das in der Aus-gabe Nummer 40 vom 27. September 1984 veröffentlicht wurde, seine diesbezügliche Überzeugung in folgendem Schlußsatz zusammen: »Das Elektroauto kommt, wenn die dafür erforderliche Technologie vorhanden ist.« An deren Erschließung arbeiten z.Z. namhafte Firmen, darunter auch Daimler-Benz. Bereits Anfang der 70er Jahre modernisierte sie unter der Bezeichnung »Hybridantrieb« das »Prinzip des Mixte-Antriebs« in dem Omnibus OE 302 (Abb. 300). Hier wandelt ein Diesel-Gleichstromaggregat die Wärmeenergie des Kraftstoffes in elektrische Energie um, die zur Versorgung eines Gleichstrom-Fahrmotors in Blei-Akkumulatoren gespeichert und bei Fahrten in Stadtkerngebieten entnommen wird. Dieser Speicherbetrieb erfolgt mithin ohne Schadstoffabgabe. Dünner besiedelte Stadtrandgebiete werden im Ladebetrieb befahren. In diesem Betriebszustand arbeitet der Dieselmotor bei bestem thermischen Wirkungsgrad last- und drehzahlkonstant, also mit der geringstmöglichen Schadstoffabgabe. Im Bremsbetrieb wirkt der als Doppelschlußmaschine gebaute Fahrmotor als

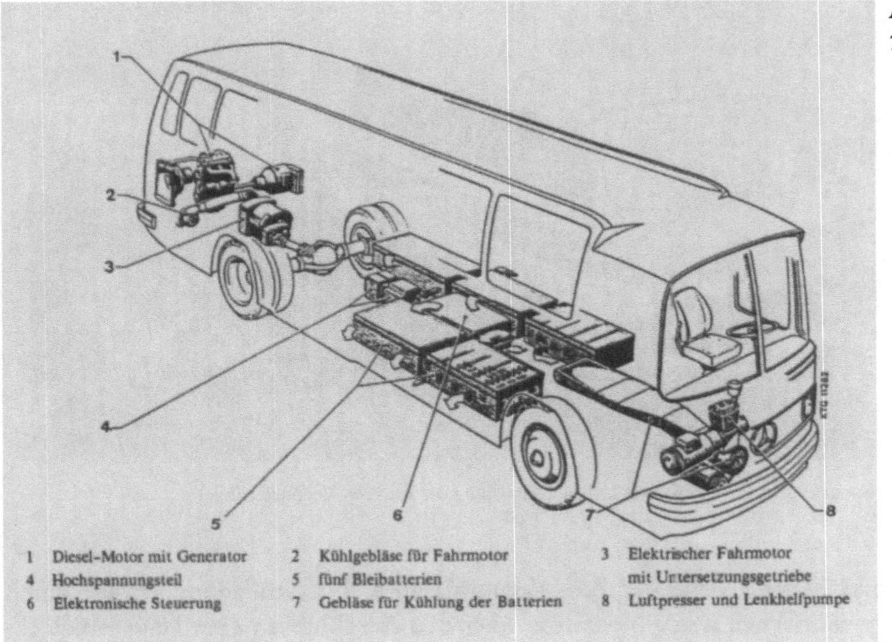

DAIMLER BENZ AG: OE 302, Omnibus mit Hybridantrieb. *(Pressefoto/Chronik, 5. erw. Auflage, S. 245 u. Legende, S. 244)*

Ladegenerator auf die Akkumulatoren. Zur gleichen Zeit entwickelte die Daimler Benz AG in Zusammenarbeit mit den Firmen HANOMAG-HENSCHEL, KIEPE und VARTA den Elektro-Transporter LE 306 (Abb. 301). Nach wie vor ist der Aktionsradius gering. Man versucht, durch eine neue Batterie-Wechseltechnik die Standzeiten zu reduzieren. Die entladene Batterie wird in einer Ladestation seitlich herausgezogen, während ein geladener Satz von der anderen Seite gleichzeitig eingeschoben wird. Unabhängig von diesem Vorgang, der solang wie ein normaler Tankaufenthalt dauert, können die Akkumulatoren während der Betriebspausen auch über ein Netzladegerät aufgeladen werden.

Eine weitere Schöpfung auf diesem Sektor ist die Elektro-Variante des Personenwagens Typ 190 (Abb. 302). Sie wurde auf dem Genfer Autosalon 1991 erstmals vorgestellt. Auch diese Neukonstruktion knüpft an das historische Konzept des Akkumobils an, wie es beispielsweise im Joel-Wagen verwirklicht worden war. Wie dort wird im 190er jedes der beiden Hinterräder von einem kompakten Elektromotor angetrieben, den jeweils einer der beiden im Kofferraum bzw. unter der Vorderhaube untergebrachten Natrium-Nickelchlorid-Akkumulatoren versorgt. Ihre Energiedichte ist drei- bis vier-

DAIMLER BENZ AG: Transporter LE 306, Darstellung der Batterie-Wechseltechnik

mal höher als die der Blei-Akkumulatoren. Ihre Aufladung erfolgt durch gewöhnlichen 220 v-Netzstrom über den Anschluß an eine Haushaltssteckdose. Selbst in diesem modernsten, vollgebrauchsfähigem Konzept eines Elektromobils konnten die Mängel des Batteriebetriebes nur verringert, nicht aber aufgehoben werden. Noch immer sind dies die zu begrenzte Speicherkapazität der Akkumulatoren bei zu hohem Gewicht und zu großem Raumbedarf. Mit diesen rein technisch-ökonomisch wirksamen Nachteilen eng verknüpft ist der finanzielle Aspekt, da die Anschaffung und der Betrieb eines solchen Fahrzeugs günstigstenfalls um immerhin 50 % teurer sein würden als bei einem gleichartigen Fahrzeug mit Verbrennungsmotor. Grundsätzlich gilt noch heute die Betrachtung über die eingeschränkte Brauchbarkeit des Elektromobils, die T. G. CHAMBERS in seinem Vortrag »Die Zukunft des Elektromobils« anstellte.

Abb. 302
1991

MERCEDES-BENZ: Typ 190
mit Elektroantrieb

Obwohl das Akkumobil industriell gefertigt wurde und einen beachtenswerten Anteil an der Motorisieruntg des Straßenverkehrs – besonders des innerstädtischen – einnahm, blieb es doch an Bedeutung weit hinter dem Automobil mit Verbrennungsmotor zurück. Die Elektrizität ermöglicht den Betrieb leistungsfähiger, rationell arbeitender Fertigungsanlagen in den Fabriken der Automobilindustrie. Sie machte das maschinelle Anlassen des Verbrennungsmotors möglich, sie verdrängte im Zündsystem des Otto-Motors die drehzahlbegrenzende, gefährliche Benzinflamme, sie ersetzte die offene Flamme der Fahrzeugbeleuchtung durch die wirkungsvollere, zuverlässigere Vakuum-Glühlampe, und sie bietet dem Kraftfahrer mit der Signalanlage die Möglichkeit, den Mitverkehr im Interesse der Sicherheit durch gut wahrnehmbare Sicht- und Schallzeichen auf sein Fahrzeug aufmerksam zu machen. Die Elektrizität erwies sich in den drei Anwendungsbereichen Herstellung – Antrieb – Ausrüstung des Kraftfahrzeugs als für die Motorisierung des Strassenverkehrs wichtig. Die Automobilindustrie war dem weltweit anlaufenden Motorisierungsprozeß nur durch die Elektrifizierung gerecht geworden, durch die sie leistungsfähig wurde. Das ist das Thema in Kap. 11.

DIE AUTOMOBILINDUSTRIE ALS VORAUSSETZUNG FÜR DIE ALLGEMEINE MOTORISIERUNG DES STRASSENVERKEHRS

»Erfinden ist gar nichts;
Erbauen ist wenig;
Erproben ist alles.«

KAPITÄN FERBER

Dieses Motto stammt von dem namhaften französischen Fachjournalisten Ferber, der damit dem Historiker, der sich mit der Automobilindustrie befaßt, einen pragmatischen Bewertungsmaßstab anbietet. Bei der Realisierung einer Erfindung bewertet er den Funktionsnachweis am Objekt am höchsten. Diese Auffassung teilte auch Ferbers Landsmann und Kollege LOUIS BONNEVILLE. Sein außergewöhnlich kritisches Vorgehen bei der Bewertung von Überlieferungen geschichtlicher Vorgänge anhand faktischer und sicher datierbarer Belege wurde bereits im Zusammenhang mit Prioritätsfragen in Kap. 9 nachvollzogen. Die von Bonneville aufgestellten Grundsätze wurden dabei befolgt. Auch für das vorliegende Kapitel geben die Äußerungen in seinem Buch »Le moteur roi« einen brauchbaren Bewertungsstab. Dieser führt allerdings bei strikter Anwendung zu anderen Ergebnissen als die, zu denen Bonneville durch gelegentliche Konzessionen an weniger strenge Prinzipien gelangte. Sehr aufschlußreich ist die nahezu programmatische Zusammenstellung der Kriterien, nach denen er – ähnlich wie Ferber – die Rangordnung der Verwirklichungsstufen einer Idee festlegte. So formulierte er auf S. 19 seines Buches:

> »Legenden wurden geschaffen oder aus der Vergessenheit zu neuem Leben erweckt. Sollte man jedoch dem Erfinder, der etwas erdenkt oder sogar einen Entwurf macht, nicht denjenigen vorziehen, der etwas ausführt und Versuche unternimmt? Der Letztgenannte ist der eigentliche Schöpfer. Noch ein anderes Unterscheidungsmerkmal: Der eine hat vielleicht ein Versuchsgerät oder auch mehrere, vielleicht für den persönlichen Gebrauch geschaffen. Ein anderer aber, der wahre Gestalter des Fortschritts, hat der öffentlichen Käuferschaft gegenständliche Exemplare eines definitiven Typs zur Verfügung gestellt; mit einem Wort: das Serienprodukt in kleiner oder größerer Auflage.«

Mit diesem letzten Satz ging Bonneville über die von Ferber gezogenen Grenzen hinaus. Er bewertete nicht den Erfinder als den eigentlichen Gestalter des Fortschritts, sondern den, der eine Erfindung unabhängig vom Erfinder in eine beliebig oft produzierbare Ware umzusetzen vermag. Damit nimmt in der Bewertung Bonnevilles der Schöpfer eines industriell herstellbaren Prototyps selbst dann einen höheren Rang ein, wenn der Erfinder seine Erfindung bis zum Versuchsstadium entwickeln konnte. Herauszufinden und geschichtlich abzusichern, wer die Idee vom Automobil industriell umzusetzen vermochte, ist nur ein Anliegen dieses Kapitels. Es knüpft zwar thematisch an die beiden vorausgehenden Kapitel an, doch handelt es auch von der Entstehung der Automobilindustrie selbst. Betrachtet werden die Länder, in denen sie zu wesentlicher Bedeutung gelangte, und von wo nicht nur auf nationaler Ebene Impulse ausgingen. Da die Fragestellung, wie sie sich nach Bonnevilles Vorgaben ergibt, wiederum Prioritäten berührt, werden auch entsprechende geschichtliche Daten faktisch wie chronologisch überprüft. Dies geschieht für die ältesten Automobilfirmen jeder Nation, wenn sie sich bis zu eigenständiger Existenz entwickelt haben. Eine darüber hinausgehende Darstellung der Firmengeschichte sämtlicher nach Ländern geordneter Automobilhersteller ist bei dieser Untersuchung nicht erforderlich und würde außerdem den thematischen Rahmen dieses Buches sprengen.

Bei der Betrachtung des Motorvelocipeds als erste marktgerechte Fahrzeuggattung mit Antrieb durch Verbrennungsmotor wurden in Kap. 7 zwangsläufig die Anfänge der Automobilindustrie in den beiden Ursprungsländern Deutschland und Frankreich berührt. Das geschah auch im neunten Kapitel bei der Untersuchung der Frage nach dem ersten Automobil überhaupt und nach dem ersten Musterautomobil für den speziellen Industriezweig der Automobilindustrie. Die Antwort auf Bonnevilles Frage nach dem »wahren Förderer des Fortschrittes« wurde im Rahmen des geschichtlichen Rückblickes auf die Anfangsphase der fabrikmäßigen Herstellung von Motorfahrzeugen nach geeigneten Musterprodukten bereits gefunden, vgl. Kap. 9. Den »wahren Förderer des Fortschrittes« hatte er als denjenigen definiert, der »der öffentlichen Käuferschaft das Serienprodukt in kleinerer oder größerer Auflage« verfügbar macht. Die nun folgenden Ausführungen über die Expansion der Automobilindustrie werden eingeleitet durch einen kurzen Rückblick auf die Ergebnisse von Kap. 9. Die Konstrukteure und Ersthersteller der Basismuster von Antriebsmotoren und der damit bewegten Fahrzeuge waren CARL BENZ, GOTTLIEB DAIMLER und WILHELM MAYBACH. Sie hatten in Deutschland die Entstehung der ersten Automobilindustrie der Welt eingeleitet. Mit der Übernahme der Lizenz auf die Herstellung der von Maybach für die DMG konstruierten Zweizylindermotoren sowie des Stahlradwagens durch die Firma PANHARD & LEVASSOR, mit dem Vertrieb und der Lizenzfertigung von Patentmotorwagen der Firma BENZ & CO. durch die Firma ROGER und mit der Nutzung der von PANHARD & LEVASSOR gefertigten Daimler-Motoren zum Antrieb in Eigenproduktion hergestellter Fahrzeuge durch die Firma PEUGEOT war während der neunziger Jahre des vorigen Jahrhunderts die Basis für eine französische Automobilindustrie geschaffen. Die französische Automobilindustrie entwickelte sich bereits im Jahre 1891 zur größten europäischen Automobilindustrie und behielt diese Führungsposition bis zum Beginn der dreißiger Jahre, obwohl zunächst keine eigenen Konstruktionen gefertigt wurden.

Im Vergleich zu Deutschland bestand in Frankreich gegenüber dem Automobil ein weiter verbreitetes Interesse. Dort existierte auch ein großzügiger angelegtes, unter behördlicher Aufsicht in Stand gehaltenes Straßennetz, wie es infolge kleinstaatlicher Zersplitterung – ein Erbe des dreißigjährigen Krieges und der napoleonischen Politik – in Deutschland nicht entstehen konnte. Selbst nach der mehr als zwanzig Jahre zurückliegenden Gründung des Zweiten Deutschen Kaiserreiches blieben die kleinen Staaten, die sich über Jahrhunderte hinweg verwaltungsmäßig isoliert hatten, weiterhin das größte Hindernis einer zentralisierten Verkehrserschließung des Reichsgebietes. Besonders deutlich spiegelten sich diese Verhältnisse im Eisenbahnverkehr wieder, der von mehreren Gesellschaften unter der Bezeichnung »Staatsbahnen« getragen wurde. Erst im Jahre 1924 entstand durch den Versailler Friedensvertrag zum Zwecke von Reparationszahlungen eine Deutsche Reichsbahngesellschaft. Sie wurde schließlich 1937 von der zentral verwalteten Deutschen Reichsbahn abgelöst. Ungeachtet der verwaltungsmäßigen Zerrissenheit des deutschen Verkehrswesens hatte ein gut organisiertes Betriebswesen und ein dichtes Schienennetz das Reichsgebiet verkehrstechnisch in einem so hohen Grade erschlossen, daß der Wunsch nach dem Individualverkehrsmittel in Deutschland viel geringer ausgeprägt war als in Frankreich. In den deutschen Großstädten war der Verkehr mit Pferdeomnibussen und Pferdebahnen bestens organisiert. Auch das machte den Individualverkehr entbehrlich. Außerdem hatte in Frankreich die Revolution von 1789 zu einer allgemeinen Urbanisierung geführt, während in Deutschland die gegenseitige Abgrenzung gesellschaftlicher Stände bestehen blieb. Das Hippomobil war in Deutschland nicht nur weiterhin das Individualverkehrsmittel der höheren Stände, sondern auch in seiner äußerlich unterschiedlichen Ausstattung und Farbgebung ein Erkennungsmerkmal der jeweiligen Standesebene des Besitzers. Im heutigen Sprachgebrauch werden Fahrzeuge (und anderer Besitz) in dieser Funktion als Statussymbole bezeichnet. In Deutschland wurde auch das Automobil zum Statussymbol, nachdem es Motoren genügend hoher Leistung gab, um die Pferde zu ersetzen. Ein Fahrzeug mit einem verhältnismäßig schweren Wagenkasten von standesgemäßer Form mußte zumindest mit gewohnter Fahrleistung bewegt werden können. Innerhalb einer solchen in Stände geschichteten Gesellschaft bestand also kein Massenbedarf am Automobil.

Das zeigte sich darin, daß in den ersten Fertigungsjahren deutsche Motorwagen sowohl von Carl Benz wie auch von Gottlieb Daimler ausschließlich an französische Kunden geliefert wurden. Damit leitete das Automobil die Motorisierung des Straßenverkehrs nicht in seinem Ursprungsland, sondern in Frankreich ein. Dort trat es ohne Unterbrechung die Nachfolge des Dampfwagens an, der in diesem Lande die Mechanisierung des Straßenverkehrs vorbereitet hatte. Derartig günstige Voraussetzungen für eine solche Verkehrsentwicklung waren in Deutschland nicht gegeben, was für die beiden deutschen Automobilhersteller im Ausbleiben deutscher Aufträge spürbar wurde. Carl Benz stellt diese Umstände in seiner Autobiographie mit Verwunderung fest. Sein Rückblick auf den Beginn des Automobilismus drückt aber auch Genugtuung aus:

> »Wohin ich komme – überall ein allgemeines Staunen und Bewundern. Überall in Stadt und Land wird der Kraftwagen zum sensationellen Ereignis. Aber ein Käufer findet sich nirgends im weiten deutschen Vaterlande.«

Weder die eindrucksvollen Fahrten, die Benz 1888 auf dem dritten Baumuster seines Dreiradwagens anläßlich der Gewerbe- und Industrieausstellung in München unternommen hatte, noch die Auszeichnung dieses Fahrzeugs mit der »Großen Goldenen Medaille«, dem höchsten Preis, der von der Ausstellungsleitung vergeben werden konnte, vermochten in Deutschland ein Kaufinteresse zu wecken. Dabei fehlte es auch nicht an Presseveröffentlichungen, in denen der Motorwagen bewundert und anerkennend beurteilt wurde. So schrieb das Münchener Tageblatt vom 18. September 1888:

> »Ohne eine bewegende Kraft durch Erhitzung von Dampf, oder wie bei den Velocipeden, rollte der Wagen ohne Umstände, alle Kurven nehmend und den entgegenkommenden Fuhrwerken und den verschiedenen Fußgängern ausweichend, dahin, verfolgt von einer großen Zahl atemlos nacheilender Leute. Die Bewunderung sämtlicher Passanten, welche sich momentan über das ihnen zuteil gewordene Bild kaum zu fassen vermochten, war ebenso allgemein als groß. Der unter dem Sitz angebrachte Benzinmotor ist die treibende Kraft, der sich nach den mit eigenen Augen gesehenen wohlgelungenen Versuchen aufs beste bewährt hat.«

Die Leipziger Illustrierte Zeitung machte auf die Wirtschaftlichkeit des Benz-Wagens aufmerksam, indem sie festellte, »daß diese Konstruktion geeignet ist, in vielen Fällen die kostspielige Zugkraft der Pferde vorteilhaft zu ersetzen.« Statt deutscher Kunden

> »... stellte sich im Jahre 1887 ein Franzose ein, Monsieur Emile Roger aus Paris. Die guten Erfahrungen, die Roger bis dahin mit den ortsfesten Benz-Zweitaktmotoren gemacht hatte, legten es ihm nahe, auch Versuche mit den neuen Benzmotorwagen zu machen. Er kam, sah und – kaufte, erst einen Wagen, dann mehrere, schließlich viele. Als ich im März 1888 nach Paris kam, traf ich im Hause Panhard & Levassor einen dieser Wagen wieder. Panhard & Levassor, welche die Ausführung des französischen Patents für meine ortsfesten Zweitaktmotoren (Abb. 303) übernommen hatten, zeigten für den selbstbeweglichen Benzinwagen ein auffallend reges Interesse.«

Weiter schreibt Benz:

> »In Gegenwart von Levassor fuhr ich in jenen Tagen durch die Straßen von Paris. Durch diese denkwürdige Fahrt gab ich vermutlich nicht nur den ersten Anstoß zur Gründung

Abb. 303
1883

Firma BENZ & CO.: Inserat des stationären Zweitaktmotors für Gasbetrieb

der späteren Automobilfabrik Panhard & Levassor, ich machte auch die Bahn frei für die volkstümliche Anerkennung und öffentliche Bewertung meiner Wagen. Ein Wagen nach dem anderen wandert jetzt nach Paris. So groß wird in der Folge die Nachfrage Frankreichs nach Benzinwagen, daß ich bald nicht mehr allen Bestellungen gerecht werden kann. Die Fabrik wächst. Eine besondere Abteilung für Motorwagenbau gliedert sich an. Schon arbeiten fünfzig Leute allein an Benzinwagen. Schon stellen sich außer aus Frankreich auch Käufer aus England und Amerika ein.«

Mit der Zeitangabe »1887« für das Jahr, in dem sich EMILE ROGER in Mannheim »einstellte«, könnte Carl Benz ein Fehler unterlaufen sein. In dem Bericht an seinen Freund PAUL TEICKNER, den PAUL SIEBERTZ in der Benz-Biographie auf S. 109 wiedergab, erinnerte sich Carl Benz nämlich, daß »der französische Besuch in unserer Fabrik, die in die Waldhofstraße verlegt war, erschien«. Da die Werkanlagen 1887 in Betrieb genommen wurden, konnte der Besuch Rogers möglicherweise erst 1888 stattgefunden haben. Diese Datierung

Durch EMILE ROGER in Frankreich eingeführter BENZ-Patentmotorwagen

würde dann auch mit der Darstellung von BAUDRY DE SAUNIER übereinstimmen, die Benz in seiner Autobiographie auf S. 117 wörtlich übernommen hatte: »Es war am 25. März des Jahres 1886, als die Firma Benz & Co. das erste Patent[1] auf einen Wagen mit Gasmotor nahm. Zwei Jahre später führte Roger denselben in Frankreich ein« (s. Abb. 304). Roger bezog die Motoren und die zur Kraftübertragung und Lenkung erforderlichen Bauteile aus Mannheim, um sie auf Fahrgestellen eigener Fertigung zu kompletten Fahrzeugen zusammenzustellen und verkaufte sie unter seinem Namen. Benz verlangte dagegen aus Gründen der Garantieleistung, daß Roger nur vollständig montierte Motorwagen von ihm beziehen müsse. Der Franzose begründete seine Vorgehensweise mit der geringeren Zollbelastung der Einzelteile gegenüber dem kompletten Fahrzeug. Ungeachtet der Verdienste, die Roger um die Einführung und die Verbreitung des Benz-Motorwagens in Frankreich erworben hatte, verschaffte er sich durch geschickte Werbung den Ruf, der Erfinder

---

[1]   in Frankreich

dieser Fahrzeuge zu sein. Auch als er sie unter der Bezeichnung Roger-Benz-Motorwagen verkaufte, konnte er den Anschein aufrecht erhalten, als sei nur deren Motor ein Erzeugnis der Firma BENZ & CO. BAUDRY DE SAUNIER hatte auf die Urheberschaft der in Frankreich fahrenden Patentmotorwagen in seinem Buch »Das Automobil in Theorie und Praxis« auf S. 353 des 1. Bandes hingewiesen und ihre Bedeutung für die französische Automobilindustrie gewürdigt:

> »Schon der Umstand, daß der in Deutschland von der Firma Benz & Cie. in Mannheim erzeugte Motor dieses Wagens eigentlich der erste Benzinmotor war, welcher für automobile Fahrzeuge verwendet worden ist, gibt uns Veranlassung, uns in ausführlicher Weise mit diesem System zu befassen. Es war am 25. März des Jahres 1886, als die Firma Benz & Co. das erste Patent auf einen Wagen mit Gasmotor (das französische Patent Nr. 175026) erhielt. Zwei Jahre später führte Roger denselben Wagen in Frankreich ein. Seit dieser Zeit sind unzählige Neuerungen und Verbesserungen an diesem Motorwagen angebracht worden und haben zu dem Ziel geführt, daß derselbe noch heute bereits als eine der am weitesten verbreiteten Automobiltypen anzusehen ist. Die relative Leichtigkeit des Motors und des übrigen Mechanismus ermöglichte es, daß Wagen für zwei Personen mit dem geringen Gewicht von 300 kg hergestellt werden können. Verschiedene Konstrukteure haben Details des ursprünglichen Benzmotors in mehr oder weniger glücklicher Weise modifiziert, die charakteristischen Merkmale der ganzen Anordnung sind aber bei allen diesen Modellen nicht abhanden gekommen. Wer die in diesem Abschnitt enthaltene Beschreibung sich zu eigen gemacht hat, wird bei etwas Verständnis mit allen veränderten, verbesserten und manchmal auch verschlechterten Benzwagen, die ihm unterkommen, umzugehen wissen.[2]«

Trotz dieser Würdigung von berufener Seite war Benz jedoch betrübt, daß seiner Erfindung im eigenen Lande vorerst kein Interesse entgegengebracht wurde:

> »Für mich aber, der zeitlebens sein Vaterland von Herzen geliebt hatte, war es immer eine Lebenserfahrung und eine Lebenserinnerung eigenartigster Tragik geblieben, daß mein Kind in der deutschen Heimat zunächst nur die verständnislose Fremde, in der französischen Fremde dagegen rasch eine sonnige Heimat von fruchtbarster Bodenständigkeit gefunden hatte. Mehr als ein ganzes Jahrhundert waren Daimler und ich die einzigen, die sich abmühten, den deutschen Heimatboden auch zum Wurzelboden der neuen Industrie zu machen. Erst als die Deutschen die Erfolge sahen, belebte sich um die Jahrhundertwende das Feld. Da treten weitere einheimische Fabriken auf den Plan. Das Interesse für die neue Industrie erwachte jetzt auch in Deutschland. Immer mehr Fabriken tauchten in der Folge auf. Millionen deutschen Kapitals werden dem Kraftwagen im Glauben an seine große Zukunft zur Verfügung gestellt. Schließlich setzt jene gewaltige Emporentwicklung ein, die in beispiellos raschem Aufschwung den Kraftwagenbau zum hervor-ragendsten Zweig unserer gesamten Maschinenindustrie werden läßt.«

---

[2]   zitiert nach BENZ: »Lebensfahrt eines deutschen Erfinders« S. 116/117

Auch Maybach bedauerte das anfängliche Zurückbleiben des deutschen Kraftwagenbaus. Aus seiner Sicht hatte Daimlers Entscheidung, diesen Gewerbezweig Frankreich zu überlassen, dazu wesentlich beigetragen:

> »Bei aller Freundschaft zu Levassor schmerzt es mich, daß die französische Automobilindustrie mit den deutschen Daimler-Patenten einen immer größeren Vorsprung herausholt.«

In der hier gemeinten Zeitspanne von 1886-1893 war die Firma Benz & Cie. zum größten Automobilhersteller der Welt geworden. Bis dahin hatte sie 69 Fahrzeuge ausgeliefert, von denen nur 15 in Deutschland blieben. Carl Benz kam zu dem Entschluß, ab 1892 Vierradwagen herzustellen. Dazu bewegte ihn unter anderem die Feststellung von Emile Roger, daß diesem Fahrzeugkonzept ein größeres Kaufinteresse entgegengebracht würde als dem Tricycle:

> »Mit der Einführung von Vierradwagen, zu denen 1892 schon einige Tricycles umgebaut wurden, steigerte sich der Verkaufserfolg ab 1894. Allein in diesem Jahre wurde mit 67 Wagen fast die gleiche Stückzahl erreicht wie in den sieben vorausgegangenen Jahren, und bereits 34 davon waren von deutscher Kundschaft in Auftrag gegeben.«

Das »Controllbuch der abgegangenen Patent-Motor-Wagen« weist aus:

> »Im Ganzen wurden geliefert von Anfang 1894 bis Ende 1900: 2 111 Wagen.«

434 dieser Fahrzeuge gingen nach Frankreich, vier nach Mexico und einer in die Vereinigten Staaten von Nordamerika[3]. Daimlers Verkaufserfolge waren bedeutend geringer. Die 1890 gegründete Daimler-Motoren-Gesellschaft (DMG) konzentrierte sich auf die Herstellung von Motoren, besonders für den Antrieb von Booten. 1892-1893 konnte die Firma etwa 12 kleine Vierradwagen herstellen, die Schroedter in Anlehnung an Maybachs Stahlradwagen konstruiert hatte (Abb. 305). In den Jahren 1894-1900 produzierte die DMG etwa 300 Fahrzeuge. Somit fand bis zur Jahrhundertwende der deutsche Automobilbau nahezu allein in den Benzwerken statt. In Frankreich dagegen produzierten mehr als zehn Firmen, darunter Panhard & Levassor, Peugeot und Roger in dem um vier Jahre kürzeren Zeitraum von 1898 bis 1900 mehr als 8 700 Motorwagen. Vorübergehend erreichten Panhard & Levassor und Peugeot einen fortschrittlicheren technischen Entwicklungsstand als Daimler und Benz. Wie sie standen auch die beiden französischen Firmen in hohem Ansehen, vor allem wegen der hervorragenden Qualität der Erzeugnisse. Ihre finanziellen Quellen waren gesichert und hausinterne Querelen kamen bei ihnen nicht auf. In beiden Unternehmen bestand ein reges Interesse an technischen Verbesse-

---

3   den mehr als 2 000 Motorwagen von BENZ standen 1 237 von PEUGEOT, dem größten französischen Erfinder gegenüber

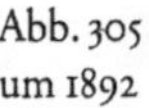

Von dem bei der DAIMLER-MOTOREN-GESELLSCHAFT tätigen Konstrukteur SCHROEDTER aus dem Stahlradwagen MAYBACHS entwickelter Serienwagen

rungen. Dort wurde erkannt, daß darüber hinaus Standardmodelle ohne eine zu große Typenvielfalt angeboten werden mußten. Mit einer intensiv betriebenen Werbung für ihre Erzeugnisse weckten sie auf breiter Ebene Kaufinteresse. Peugeot und Panhard waren die beiden führenden Persönlichkeiten in der französischen Automobilindustrie. Ihre Vormachtstellung in Europa verdankten sie vor allem ihrer Voraussicht bei der Beurteilung der Marktchancen neuer Modelle. Darüber hinaus verfügte Frankreich über ein gutes Straßennetz. Unter der Führung des staatlichen Corps der Zivilingenieure waren die Ortsbehörden veranlaßt, die Straßen in gutem Zustand zu erhalten. So wurde ein Straßennetz geschaffen, das in anderen Staaten unerreichbar schien.

Dies gab Anlaß zur Herstellung von Fahrrädern, die dann bei öffentlichen Städtefahrten und Wettbewerben zu sehen waren. Die erste derartige Veranstaltung fand 1891 statt, also in dem Jahr, in dem in Frankreich Automobile erstmals industriell hergestellt wurden. Die Produzenten sahen in solchen Wettbewerben die willkommene Gelegenheit, die Veranstaltungsorte mit Motorfahrzeugen aufzusuchen, um sie einer breiten, dem Neuen aufgeschlossenen Öffentlichkeit vorzuführen. Zugleich machten es derartige Veranstaltungen den Automobilherstellern möglich, das Kaufinteresse an ihren Erzeugnissen und die Marktlage einzuschätzen. So wurde 1891 ein leichter Peugeot-Wagen mit einem Daimler-v-Motor im Heck und Vollgummireifen (Abb. 306) von seinem Konstrukteur, Rigoulot, von der Fabrik bei Montbeliard nach Paris gefahren. Von dort aus begleitete er einem Radrennen nach Brest und zurück nach Paris. Der Vierradwagen zog den Blick Tausender Zuschauer auf sich, denen der Beginn des pferdelosen Zeitalters bewußt wurde. Anschließend fuhr Rigoulot den Motorwagen zu seinem Käufer nach Mühlhausen. Das Fahrzeug hatte also insgesamt 1900 km zurückgelegt. Im selben Jahr fuhr Levassor mit einem seiner Motorwagen von Paris zur Kanalküste und zurück. Wenige Monate später hatte er fünf Wagen eines neuen Konstruktionskonzeptes verkauft. Einer dieser fünf wurde durch den Abbé M. Gavois berühmt, der ihn von 1891 bis 1931 benutzte. Wie bei Bollées »Mancelle« war der Motor, der wie üblich die Hinterräder antrieb, vorn angeordnet. Dieses

Abb. 306
um 1894

Peugeot: leichter Vierradwagen mit Daimler-Motor

Antriebskonzept wurde von den meisten Automobilherstellern gegen Ende der 90er Jahre übernommen. Es hielt sich bis in die 30er Jahre, als der Frontantrieb aufkam und der Heckmotor von neuem interessant wurde. Auch die Daimler-Motoren-Gesellschaft übernahm dieses Konzept im Jahre 1896, während Benz an der Heckmotoranordnung bis kurz nach der Jahrhundertwende festhielt. Mit seiner Vierrad-Viktoria, die er 1893 auf den Markt brachte, und seinem kleineren Velociped aus dem Jahre 1894 erzielte er jedoch gute Verkaufserfolge, die die der französischen Hersteller übertrafen. Die Dampfwagenhersteller ließen sich von den technischen Fortschritten, die der Motorwagen gemacht hatte, vorerst nicht entmutigen. Nachdem Serpollet 1890-1891 einige Dreiradfahrzeuge mit Dampfantrieb (Abb. 307) hergestellt hatte, widmete er sich der Entwicklung und Produktion von Dampfomnibussen, hatte jedoch keinen großen Erfolg mit dieser Fahrzeuggattung.

Auch Graf Albert de Dion hatte zunächst die Entwicklung des leichten Dampfwagens fortgesetzt und die beiden Mechaniker Bouton und Trepardoux für die Herstellung gewinnen können. Die Erwartungen, die der Graf in dieses Fahrzeug gesetzt hatte, erfüllten sich jedoch nicht, so daß er diese Versuche 1888 aufgab und sich mit ebenso geringem Erfolg der Herstellung kleiner Dampfmaschinen für den Bootsbetrieb widmete. 1892 ließ er einen Dampftraktor anfertigen, in den er seine patentierte Achskonstruktion einbaute. Nachdem dieses Fahrzeug im Jahre 1893 fertig geworden war, wandte der Graf

Abb. 307
1890

Serpollet: Dreiradfahrzeug mit Dampfmaschinenantrieb

sein Interesse dem Benzinmotor zu. Er ließ diesen von seinem Mitarbeiter Georges Bouton in einer dem Daimler-Motor vergleichbaren Leichtausführung mit hoher Drehzahl konstruieren und herstellen. Nach zwei Jahren war Bouton die Lösung gelungen; er hatte einen kleinen, luftgekühlten Einzylindermotor entwickelt, der mit 1500 Umdrehungen in der Minute die zu seiner Zeit höchste Betriebsdrehzahl erreichte (Abb. 308). In Verbindung mit einem neuartigen elektrischen Zündsystem erwies sich der Motor als sehr zuverlässig. Er trieb ein Dreiradfahrzeug an (Abb. 309). In seiner Fabrik in dem Pariser Vorort Pateaux stellte das gräfliche Unternehmen, das nun unter De Dion-Bouton firmierte, im Laufe der späten neunziger Jahre monatlich etwa 1100 dieser Motoren her. Von 1895 bis 1901 konnten mehr als 15 000 Dreiräder verkauft werden.

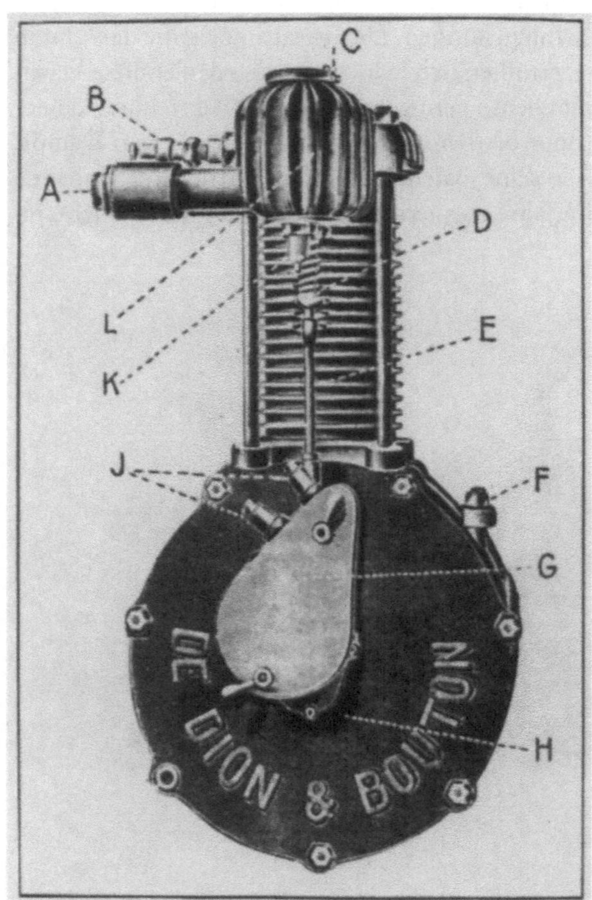

Georges Bouton: schnellaufender Einzylindermotor mit elektrischer Zündung, 0,75 PS bei 1500 U /min

GEORGES BOUTON: durch den Motor in Abb. 308 angetriebenes Dreiradfahrzeug

Zahlreiche Firmen in Frankreich, im übrigen Europa und in den USA waren Abnehmer des De Dion-Motors. Mehrere Unternehmen erwarben die Lizenz zur Fertigung des Dreirades, andere bauten es illegal nach. 1899 nahm De Dion einen Vierradwagen in sein Fertigungsprogramm auf und stellte davon monatlich hundert Exemplare her. Nach der Jahrhundertwende war diese Firma zum größten Automobilproduzenten der Welt geworden. Diesen Erfolg verdankte De Dion seinem Grundsatz, die schrittweise Produktionserweiterung stets mit einem einzigen Modell zu realisieren. Er gewann für seine leichten, schwach motorisierten Fahrzeugen durch erschwingliche Preise einen großen Interessentenkreis. Die französische Firmen Darracq und Renault entschieden sich dagegen für ein breit gefächertes Typenangebot. De Dion übernahm 1904 auch den Karosseriebau und setzte bis 1905 die Herstellung von Nutzfahrzeugen mit Dampfantrieb fort. Außerdem nahm er die Herstellung von Elektromobilen auf. Die Produktvielfalt zersplitterte seine Fertigungskapazität, und die Firma Renault Freres übernahm die Führung. Die renommierten Fahrradhersteller hatten 1898 mit dem Bau von Motorfahrzeugen begonnen. Sie rüsteten ein De-Dion-Dreirad zu einem Vierradfahrzeug um (Abb. 310). 1903 stellte die Firma eigene Motoren her und baute erfolgreiche Rennwagen, die für den Namen Renault wirksam warben. Nachdem 1905 ein Pariser Taxi-

Louis Renault: erstes Motorfahrzeug eigener Konstruktion (mit Daimler-Motor)

unternehmen 250 Wagen in Auftrag gegeben hatte und mit deren Leistungen vollauf zufrieden war, liefen in den folgenden fünf Jahren weitere Bestellungen auf mehrere tausend Fahrzeuge ein. Wie in Frankreich ging die eigenständige Automobilindustrie auch in England hauptsächlich aus der Fahrradindustrie hervor. Diese war vornehmlich auf die Stadt Coventry konzentriert. Dort waren beispielsweise die bekannten Unternehmen Riley, Swift und Sunbeam ansässig. Auch die Firma Wolseley, die Maschinen für die Schafschur produzierte, stellte sich unter der Leitung von Herbert Austin zunächst auf die Fabrikation von Fahrrädern und dann schließlich ebenfalls auf die Automobilherstellung um.

Der Hebezeugfabrikant Henry Royce erwarb 1903 einen gebrauchten Wagen der französischen Firma Decanville. Dessen Fahrleistungen befriedigten ihn nicht und er konstruierte ihn um. Er verbesserte seine Eigenschaften erheblich. Gemeinsam mit seinem Kompagnon, Charles Rolls aus Manchester, einem geachteten Fahrzeughändler, begann Royce daraufhin mit der Herstellung eigener Kraftwagen, wobei er sich – wie De Dion – von vornherein auf einen einzigen Typ konzentrierte. 1906 brachte die Firma Rolls-Royce den ersten der berühmten technisch und in der Verarbeitung hochwertigen Personenkraftwagen, den Silver Ghost heraus (Abb. 311).

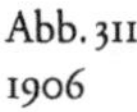

ROLLS-ROYCE: Silver-Ghost, erster Fahrzeugtyp der weltberühmten Firma

Ein anderer hervorragender Kraftfahrzeugingenieur Englands war FREDE-RICK LANCHESTER, der 1896 seinen ersten Versuchswagen baute. Bemerkenswert war der geräuscharm und vibrationsfrei laufende Motor. Diese Eigenschaft verdankte er einem gegenläufigen Massenausgleich. In seinem nächsten Motorwagen setzte Lanchester ein neues Zündsystem ein, das nach dem elektromagnetischen Prinzip arbeitete. Die Drehbewegung der Lenksäule wurde auf die die Spurstangen erstmals über ein Schneckengetriebe übertragen.

In England setzten die »Locomotive acts« (erweiterte »red flag acts«) der Einführung des Automobils zunächst eine unüberwindliche Barriere entgegen. Fortschrittlich eingestellte Techniker versuchten, dieses Gesetz zu Fall zu bringen. Zu ihnen gehörte der Ingenieur FREDERICK RICHARD SIMMS, der 1888 GOTTLIEB DAIMLER kennengelernt und den Zukunftswert von dessen Motor erkannt hatte. Mit dem Ziel, die Auswertung der Daimler-Patente in Großbritannien zu fördern, gründete Simms 1890 eine Beratungsstelle für Ingenieure. Außerdem war die Daimler-Motoren-Gesellschaft von 1899 an durch das DAIMLER-MOTOR-SYNDICATE LTD. in London vertreten und setzte sich für die Aufhebung der Red-flag-acts ein. Mit derselben Absicht gründere HARRY LAWSON 1895 das BRITISH MOTOR SYNDICATE LTD. Diese Vereinigung bildete eine Art Patenttrust, dessen Zweck es war, alle Erfindungen, die der Vervollkommnung des Fahrrads dienten, aufzukaufen. Gemeinsam mit dem Simms-Syndikat erwarb die Lawsongruppe auch die Rechte an allen Daimler-Patenten innerhalb Großbritanniens. Unter dem Vorsitz Lawsons gründeten beide Gesellschaften am 17. Januar 1896 die Firma THE DAIMLER CO. LTD., in deren Verwaltungsrat HENRY STURMEY – namhafter Herausgeber englischer Fachliteratur –, EVELYN ELLIS – bedeutender Wegbereiter des englischen Automobilismus – und Gottlieb Daimler berufen wurden. Dieser Verwaltungsrat arbeitete auf dasselbe Ziel hin wie Lawson und Simms. Zusammen erreichten sie, daß am 14. November 1896 die bis dahin gültige »Locomotive act« durch eine neue »Light (Road) Locomotives Act«, die dem Automobilismus Rechnung trug, abgelöst wurde. Damit war das neue Verkehrsmittel in England emanzipiert. Der daraufhin gegründete Motor-Car-Club veranstaltete zur Feier dieses Ereignisses mit 54 Motorwagen eine Emanzipationsfahrt von London nach Brighton. Eine Zeichnung aus der englischen Fachzeitschrift »The Autocar« karikierte dieses lang erwartete Ereignis. Das Automobil durfte sich nun schneller als ein Fußgänger bewegen (Abb. 312).

Die britische Daimler Motor Company erwarb eine Fabrik in Coventry und stellte dort den Daimler-Riemenwagen her. Simms vermochte den Prinzen von Wales, den damaligen König EDUARD VII, als Käufer zu gewinnen. So

Abb. 312
um 1898

Karikatur aus der englischen Fachzeitschrift »The Autocar«. Die Geschwindigkeit des Automobils durfte nun die eines Fußgängers überschreiten. Der Träger der roten Flagge war überflüssig geworden

gelangte dieser Fahrzeugtyp in den Fuhrpark des englischen Hofes. Mit den Vierzylindermotoren, die ab 1898 gefertigt wurden, hatte der britische Automobilbau den Entwicklungsstand in Deutschland und Frankreich erreicht. Lawson hatte im Sommer 1896 in London mit einer Ausstellung von Motorwagen für die Aufhebung des Rotflaggengesetzes geworben. Unter den Exponaten befanden sich auch die Fahrzeuge, die an den Rennen, die in den letzten Jahren in Frankreich veranstaltet worden waren, siegreich teilgenommen hatten. Anders als in Europa ging die Entstehung und Entwicklung der Automobilindustrie in den Vereinigten Staaten von Nordamerika vor sich. Ihre Entstehung wurde anfänglich durch ein manipuliertes Patent stark behindert. Die Automobilindustrie entwickelte sich aber durch ein Produktionssystem, das sich bereits in anderen Industriezweigen bewährt hatte, sehr gut. Die Besonderheiten des Systems waren einheitliche Fertigungsverfahren und einheitliche Produkttypen. Diese waren preisgünstig als Massenartikel herstellbar. So waren im Laufe des 19. Jahrhunderts Waffen, Sämaschinen und Fahrräder in Serie gefertigt worden. Der Bedarf an diesen Erzeugnissen war in einem großen, vom Export unabhängigen Inlandsmarkt gegeben.

In Europa waren weit kleinere Märkte zu versorgen. Manufakturen, wie sie dort im Laufe des 18. Jahrhunderts entstanden waren, konnten eine große Produktvielfalt herstellen. Dazu war eine entsprechend mannigfaltige Palette an Werkzeugen und Werkzeugmaschinen erforderlich. Die amerikanischen Fabriken mußten Erzeugnisvarianten vermeiden, um mit einer kleinen Zahl unterschiedlicher Werkzeugmaschinen wenige Grundbaumuster zu erzeugen. Das Ergebnis dieser rationellen Fertigungsgrundsätze war eine Industrie von hoher Produktionsfähigkeit, worin ihr die manufakturgeprägte, europäische Industrie nicht folgen konnte. Jenes bereits erwähnte Patent, das die Entstehung einer leistungsfähigen amerikanischen Automobilindustrie lähmte, erstreckte sich nicht auf die Herstellung von Straßenfahrzeugen mit Antrieb durch eine Dampfmaschine oder einen Elektromotor. So ist es zu erklären, daß in den USA noch Dampfwagen und Elektromobile entwickelt wurden, als sich in Europa der Kraftwagen mit Benzinmotor weitgehend durchgesetzt hatte. Der schlechte Zustand der amerikanischen Fernstraßen im Vergleich zu den europäischen hatte zur Folge, daß sich der mechanisierte Verkehr in der neuen Welt zunächst auf die Städte beschränkte. Die geringe Reichweite des Elektromobils wurde deshalb nicht als Nachteil empfunden. Diese Fahrzeuge waren in Amerika deshalb auch weiter und länger verbreitet als in Europa. Nachdem aber 1912 der elektrische Anlasser für Verbrennungsmotoren eingeführt wurde, war das Elektromobil weniger interessant geworden. Das Automobil mit Verbrennungsmotor war jetzt genau so gut anzulassen wie das Elektromobil, in den Vereinigten Staaten setzte sich jetzt auch das Automobil durch.

Länger als das Elektromobil konnte sich in Amerika aber das Vapomobil behaupten. Besonders erfolgreich waren die leichten Dampfwagen der Brüder Francis und Freeland Stanley, die seit 1899 in Watertown, Massachusetts, hergestellt wurden. Noch vor dem Ersten Weltkrieg kamen etwa 7 000 bis 8 000 Exemplare auf den Markt (Abb. 313). Schon der erste Stanley-Wagen fand 1898 wegen seiner guten Fahrleistungen Beachtung. Er erweckte auch das Interesse des Verlegers JOHN BRISBEN WALKER. Gemeinsam mit dem Straßenbauunternehmer AMZI BARBER kaufte er die Werkstatt der Stanleys und gründete 1899 die »Automobile Company of America«. Die erste Werbeanzeige der neuen Besitzer wurde der Bedeutung der Stanleykonstruktion für die Entstehung des amerikanischen Straßenverkehrs mit Maschinenkraft ohne Übertreibung gerecht:

> »Die Einführung des pferdelosen Stanleywagens auf dem Markt eröffnet ein neues Zeitalter. Es befähigt den durchschnittlich verdienenden Mann, nach eigenem Gutdünken mit einer Geschwindigkeit bis zu vierzig Meilen (ca. 65 km) in der Stunde zu reisen... Der Kaufpreis beläuft sich auf nur 600 Dollar.«

Wenige Monate später trennten sich die beiden Geschäftspartner: Walker gründete die »Mobile Company« in Taffytown (New York), und Barber die »Locomobile Company of America« in Bridgeport (Connecticut). Im April 1901 kauften die Gebrüder Stanley ihre Patente zurück und gründeten die

Gebrüder STANLEY:
als Serien-Vapomobil
gebaut

STANLEY MOTOR CARRIAGE COMPANY, in der sie mit der Produktion ihrer entscheidend verbesserten, langlebigen Vapomobile begannen. Diese Fahrzeuge fanden auch in Europa Absatz und Prinz Heinrich von Preußen äußerte sich über sie sehr positiv. 1903 stellte sich die LOCOMOBILE COMPANY auf die Produktion anspruchsvoller Automobile mit Benzinmotor um. Die Gebrüder Stanley hingegen verbesserten ihre Dampfwagen kontinuierlich. Sie konnten die Produktion bis 1925 aufrechterhalten. Fast die gleichen Stückzahlen erreichte die WHITE COMPANY OF CLEVELAND mit ihren Dampfwagen aufwendigerer Konstruktion, bevor auch sie 1911 mit dem Bau von Benzinautomobilen begann. Die Entstehung der amerikanischen Automobilindustrie hatte zuvor auch RANSOM E. OLDS initiiert, der in Lansing, Michigan, kleine Dampfmaschinen und Benzinmotoren herstellte.

Nach wenig erfolgreichen Versuchen im Jahre 1897, Automobile mit Benzinmotoren zu produzieren, gründete er 1899 die OLDS MOTOR WORKS in Detroit. Nach umfangreichen Versuchen konzentrierte sich Olds gegen Ende des Jahres 1900 auf die Herstellung des kleinsten und preisgünstigsten seiner Prototypen, der gegenüber dem Locomobile-Dampfwagen konkurrenzfähig sein sollte. Dieses erste Oldsmobile war ein leichtes Hippomobil der Bauart Buggy, was soviel wie Wanze bedeutet (Abb. 314). Unterhalb des Sitzes war ein Einzylindermotor eingebaut, der über eine Kette die Hinterachse antrieb.

 OLDS: Oldsmobile, motorisiertes Hippomobil der Bauart »Buggy«

Dieses für den Stadtverkehr gut geeignete und für 650 Dollar sehr preiswerte Fahrzeug wurde in großer Stückzahl gebaut. 1902 errang Olds mit 2500 Fahrzeugen die Führung unter den amerikanischen Automobilherstellern, und ein Jahr später überflügelte er mit 3000 Einheiten die Kapazität der europäischen und amerikanischen Konkurrenzfirmen. Zwei Jahre später war die Produktion der Oldswagen auf 5500 Stück gestiegen. Mit der Konstruktion und Herstellung von Benzinmotoren begann sich 1893 auch der leitende Ingenieur einer Detroiter Elektrofirma, Henry Ford, zu beschäftigen. Im Juni 1896 war es ihm gelungen, ein leichtes Vierradfahrzeug mit Antrieb durch Verbrennungsmotor fertigzustellen (Abb. 315), dessen Gewicht von 500 pounds (226,8 kg) weniger als die Hälfte eines vergleichbaren europäischen Wagens betrug. 1899 baute Ford ein zweites Motorfahrzeug und entschloß sich zur Gründung der DETROIT AUTOMOBILE COMPANY. Da Ford zu wenig Erfahrung im Aufbau einer funktionierenden Produktionsanlage hatte, konnte er in den Jahren 1899 und 1900 nur zwanzig Wagen fertigstellen. Das führte zum Zusammenbruch des Unternehmens. Geldgeber, die es bis dahin finanziell gestützt hatten, ermöglichten 1901 die Gründung der HENRY FORD COMPANY. Sie war besonders am Bau von Rennwagen interessiert, aber Ford wandte sich ein Jahr später der Entwicklung eines Leichtfahrzeugs zu. Damit trat er mit der Firma OLDS MOTOR

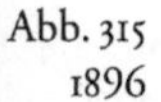

Abb. 315
1896

HENRY FORD: sein erstes Motorfahrzeug

WORKS in Wettbewerb. Er fand in dem Kaufmann ALEXANDER MALCOMSON den Geldgeber für die Gründung eines neuen Unternehmens, das unter FORD MOTOR COMPANY firmierte. Wie der Franzose Renault beschränkte sich nun auch Ford zunächst auf die Endmontage von Motorfahrzeugen. Den Prototyp hatte er zusammen mit seinem Assistenten C. H. WILLS zuvor entwickelt. Die Maschinenfabrik Dodge Brothers lieferte die wichtigsten Bauelemente wie Fahrgestellrahmen, Motor, Kraftübertragung und Achsen. Von anderen Unternehmen bezog Ford Vergaser, Räder, Karosserien und die zur Bedienung des Fahrzeugs erforderliche Ausrüstung. Zwischen Juni 1903 und September 1904 konnte die Ford Motor Company 1 700 Fahrzeuge verkaufen, deren Stückpreis sich auf 850 bis 950 Dollar belief.

Jenes bereits erwähnte Patent wurde im Jahre 1879 dem Patentanwalt George B. Selden auf ein selbstfahrendes, von einem Benzinmotor angetriebenes Straßenfahrzeug erteilt. Es blockierte die Einfuhr europäischer Kraftfahrzeuge in Amerika ebenso wie die freie Herstellung amerikanischer Automobile auf dem in Europa erreichten Entwicklungsniveau. Ohne je zu versuchen, die bewußt sehr allgemein formulierte Patentidee zu verwirklichen, gelang es Selden, durch fortgesetzte Änderungsnachträge das Ausgabedatum des Patentes bis in das Jahr 1895 hinauszuschieben, und seine übliche Gültigkeitsdauer von fünfzehn Jahren auf siebzehn Jahre auszudehnen. Nachdem er sichergestellt hatte, daß er seine Anteile an den Lizenzgebühren erhalten würde, verkaufte Selden im Jahre 1899 sein Patent an die Firma POPES ELECTRIC VEHICLE CO. Mit dem Ziel, von den Lizenzgebühren außenstehender Interessenten zu profitieren, schlossen sich im Jahre 1903 mehrere Firmen, die zu Herstellung von Motorwagen nach dem Selden-Patent bereit waren, zur Gruppe der Licensed Automobile Manufacturers (ALAM, lizensierte Automobilhersteller) zusammen. Es gehörte auch zu ihren Zielen, die 1901 von Henry Ford gegründete Ford Motor Company als Automobilhersteller auszuschalten, mit der Begründung, daß dieses Unternehmen lediglich ein Montagebetrieb sei. Obwohl die Mehrzahl amerikanischer Unternehmen, die die Herstellung von Straßenfahrzeugen mit Antrieb durch einen Benzinmotor aufnehmen wollten, bereit war, sich den Einschränkungen durch das betreffende Patent zu beugen, wurde es von namhaften Firmen wie Ford Motor Company und Panhard & Levassor ignoriert. Da Ford und einige andere Firmen das Selden-Patent verletzt hatten, klagte die Electric Vehicle Company den New Yorker Handelsvertreter der Ford Motor Company wegen Patentverletzung an. Ford verlor zwar den Prozeß im Jahre 1909, doch erreichte er, daß das Verfahren zwei Jahre später wieder aufgenommen und das Urteil revidiert wurde. Das Gericht ließ sich von Ford und anderen Fachleuten überzeugen, daß sich der Anspruch des Selden-Patentes ausschließlich auf die Verwendung eines Motors bezog, der nach dem von Brayton entwickelten Zweitaktverfahren arbeitete. Derzeit wurde in den Vereinigten Staaten jedoch nur ein einziges Fahrzeug hergestellt, das von einem Zweitaktmotor angetrieben war. Die Gegner der Alam hatten aber längst den bewährten Viertakt-Otto-Motor favorisiert. Damit erwies sich die Anklage als gegenstandslos, und die amerikanischen Automobilhersteller durften ohne jede Einschränkung ihre Produktion aufnehmen beziehungsweise fortsetzen. Nun konnten sie die Erfahrungen, die andere Industriezweige mit der Massenproduktion bereits erworben hatten, in der Automobilfertigung einsetzen. Eine Schutzmaßnahme gegen patentrechtliche Beschränkungen war der 1908 vollzogene Zusammenschluß jener Firmen zur GENERAL MOTORS COMPANY. Alle Teilhaber der Gesellschaft konnten alle erworbenen Patente gegenseitig nutzen. Die Ford Motor Company blieb selbständig und wurde durch geschickte Organisation, durch die Einführung verbesserter Fertigungsverfahren und durch die Beschränkung auf einen einzigen Fahrzeugtyp innerhalb von nur drei Jahren zum größten Automobilhersteller der Welt.

Die weitgehende Mechanisierung der Herstellungsprozesse hatte in kurzer Zeit den handwerklichen Anteil nahezu zu Null gemacht. Dadurch konnte der Anteil hochqualifizierter, teurer Facharbeiter an der Belegschaft zugunsten angelernten und ungelernten Personals, also billiger Arbeitskräfte, erheblich vermindert werden. Der Ersatz aufwendiger Fertigungsverfahren wie Gießen, Fräsen und Schmieden von Hand durch preisgünstigere Verfahren brachte weitere Kostenminderungen mit sich. Der große Bedarf an Werkzeugmaschinen führte dazu, daß neuartige, schnellarbeitende Spezialausführungen entwickelt wurden. Mit derartigen Erzeugnissen erlangte Amerika auch auf diesem Industriesektor die Führung. 1914 standen der Ford Company beispielsweise Maschinen zur Verfügung, die aus vier verschiedenen Richtungen gleichzeitig 45 Bohrungen in einem Motorblock einbringen konnten (Abb. 316). Jeder einzelne Monteur brauchte für ein Fahrgestell 93 Minuten. Die im selben Jahr entwickelte Motormontage reduzierte den Arbeitsaufwand von 534 auf 238 Mannminuten für jeden Motor. Eine derartige Steigerung der Produktivität des einzelnen Arbeiters brachte eine spürbare Kostensenkung bei gleichzeitiger Erhöhung der Löhne und Steigerung des Gewinnes mit sich. Die Größenordnung der Produktivitätszunahme, die mit den genannten Rationalisierungsmaßnahmen erreichbar war, wird am besten durch Zahlen verdeutlicht. So konnte die Ford Company mit der verhältnismäßig geringen Erhöhung ihres Personalstandes in den Jahren 1913-1915 von 14366 auf 18892 Beschäftigte die Produktion von 183000 auf 350000 Fahrzeuge steigern. Diese Firma hatte damit begonnen, das Automobil vom Luxusgegenstand für wenige Wohlhabende zum Gebrauchsartikel für jedermann zu machen. Als diese Entwicklung 1912 in Amerika begonnen hatte, gerieten die meisten

Abb. 316
1914

FORD COMPANY: halbautomatische Bohrmaschine zum gleichzeitigen Einbringen von 45 Bohrungen an 4 Seiten eines Zylinderblockes

europäischen Automobilhersteller unter den Preisdruck der amerikanischen Billigfahrzeuge.

Die Herstellung und Montage der Bauteile ging nun am Fließband von statten. Für die Montage eines Zündmagneten benötigte ein Arbeiter zwanzig Minuten. 1913 richtete Ford ein Fließband für die Anlage ein, an der die Montage eines Magneten (Abb. 317) auf 29 Arbeiter verteilt war. Damit konnte die Gesamtzeit auf 13 Mannminuten gesenkt werden. 1914 gelang es durch eine weitere Vereinfachung des Prozesses, die Magneten von nur 14 Monteuren zusammenbauen zu lassen, was eine Gesamtzeit von fünf Mannminuten je Stück ergab. Dieser Erfolg ermutigte die Ford Company, die Arbeitsunterteilung auch auf kompliziertere Vorgänge zu übertragen. 1914 begannen die Versuche mit der Fertigmontage von Fahrgestellen, wobei diese in drei paralle-

FORD COMPANY: Fließband zur wirtschaftlichen Massenherstellung von Zündmagneten

len Reihen durch Ketten bewegt wurden (Abb. 318). Das geschah mit einer Geschwindigkeit von etwa 1,80 m/min über eine Strecke von je 90 Metern. Mit dieser Vorrichtung konnten an einem Tage 1212 Fahrgestelle montiert werden. Die Produktionskapazität konnte so stetig gesteigert werden. Bei allen bedeutenden Herstellern war bereits relativ früh eine entsprechende Produktivität erreicht. Das führte schließlich dazu, daß gegen 1929 das Automobil praktisch über die ganze Erde verbreitet war. Die USA lieferten zu der Zeit etwa 85 % des Gesamtbestandes. Schon während der zwanziger Jahre begannen sich die Unterschiede zwischen dem amerikanischen und dem europäischen Automobil hinsichtlich der Größe, des Gewichtes und der Motorleistung abzuzeichnen. Sie blieben bis in die Gegenwart bestehen und sind ein Ergebnis unterschiedlicher geographischer Gegebenheiten, z.B. Entfernung, Fernstrassennetz, strukturelle Entwicklung der Städte. Aber auch unterschiedliche

Abb. 318
1914

FORD COMPANY: Serienmontage von Fahrgestellen, die in drei parallelen Reihen an Ketten an den Monteuren vorbeibewegt wurden

Einkommensverhältnisse, Steuerpolitik und industrielle Organisation spielen eine Rolle.

Die Automobilindustrie war Ende der zwanziger Jahre bereits vier Jahrzehnte alt. Durch Automatisierung und Rationalisierung der Herstellungsverfahren war sie so produktiv geworden, daß sie ungeahnte Dimensionen annahm. Die Auswirkungen der Motorisierung erstreckten sich schließlich auch auf pflanzliches, tierisches und menschliches Leben. Dies wird heute allgemein unter dem Begriff Umwelt zusammengefasst. Diesen Begriff hat der Biologe JACOB JOHANN VON UEXKÜLL (Abb. 319) im Jahre 1909 in die Literatur eingeführt. Das Automobil hatte begonnen, die Umwelt ernsthaft zu schädigen. Daraufhin wurde der motorisierte Straßenverkehr von einem zwar geringen, durch seinen lauten Protest aber bemerkbaren Teil der heutigen Industriegesellschaft als umweltfeindlich verurteilt. Es soll im Rahmen dieses Buches

Abb. 319

JACOB JOHANN VON UEXKÜLL als Fünfzig-jähriger

genügen, diese aktuelle und durch die Medien ständig verbreitete Diskussion nur anzuschneiden. Die Argumentation gegen den motorisierten Straßenverkehr und damit gegen das Automobil als Träger veranlasste die Industrie ohnehin, das sogenannte umweltfreundliche Automobil zu schaffen.

Bis zu einem gewissen Grade läßt sich zukünftige Automobiltechnik aus den Forschungs- und Versuchsfahrzeugen der Gegenwart vorhersagen. Mit ihnen werden jedoch oft Entwicklungswege beschritten, die nicht begehbar sind. So ging es beispielsweise mit dem sogenannten Stromlinienwagen, dessen energiesparende Zweckform nicht den Geschmack der modisch empfindenden potentiellen Käufer traf. Ihrem Geschmack konnte nur durch stilistisch orientierte Formkompromisse entsprochen werden. Die Entscheidung zum Kauf eines Automobils wird stark vom äußeren Erscheinungsbild des Fahrzeugs motiviert und ist also vom Geschmack des Käufers abhängig. Die

»ideale Form« ändert sich mit der Zeit, dieser irrationale Teil des menschlichen Bewußtseins läßt sich nicht erfassen. Ein Automobil muß aber dieser »idealen Form« möglichst entsprechen, um zu gefallen. Entsprechend dieser Wechselwirkung unterliegt die Formgestaltung eines Industrieerzeugnisses einem zeitgebundenen Wandel. Die über eine gewisse Zeitspanne in ihren charakteristischen Merkmalen gleichbleibenden Formen bringen jeweils einen Zeitstil hervor, der in der Kunstgeschichte einen Namen erhält, wie beispielsweise Romanik oder Gotik. Für die Stile, die das Erscheinungsbild des Automobils in hundert Jahren ständig änderten, gibt es keine Bezeichnung.

Das Automobil mit seinen hippomobilen und anthropomobilen Ursprüngen ist mehr als hundert Jahren nach der Erfindung ein selbstverständlicher Gebrauchsgegenstand für weite Teile der Weltbevölkerung geworden. Die Möglichkeit, mit ihm praktisch zeitunabhängig beliebige Orte individuell anzufahren, seine Zuverlässigkeit und Sicherheit haben es heute nicht nur für Geschäftsreisende, sondern auch in großem Umfang für die Gestaltung der Freizeit und Kommunikation für Millionen von Menschen unentbehrlich gemacht.

TAFELN 1 BIS 4

Additional material from *Fünf Jahrtausende Radfahrzeuge*
ISBN 978-3-642-93554-1 (978-3-642-93554-1_OSFO1),
is available at http://extras.springer.com

EXTRAS ONLINE

TAFEL 2

(Seite 442-458)

STRASSENFAHRZEUGE MIT
ANTRIEB DURCH WÄRMEKRAFTMASCHINEN
MIT ÄUSSERER VERBRENNUNG

Tafel 2 – 1

Patentierte und hergestellte Straßenfahrzeuge mit Antrieb durch Wärmekraftmaschinen mit äußerer Verbrennung (Dampfmaschine) und deren wichtigste Entwicklungsstufen von 1796-1966

Jahr		Erfinder	Patent / Staat	Vorführung		Kurzbeschreibung				Bemerkungen
Erst-erwäh-nung	einer Entwick-lung	Herkunft	Nummer Anspruch	Art	Ort	Überlieferung durch	der Dampfmaschine	des Fahrzeugs	Ansicht des Fahrzeugs	
1769	1771	Joseph Cugnot (Frankreich)		Probe-fahrten	Paris	Bachoumont, Mémoires secrets 23.10.1769 u. 20.11.1770 Original im Conservatoire des arts et métiers, Paris	2-Zylinder-Hochdruck-maschine, stehend	3-Rad-Pritschenwagen mit lenkbarem Vorderrad. Maschine u. Kesselanlage an der Vorderradgabel aufgehängt. Kraftübertragung über Sperrklinkenräder auf Vorderrad.		Erstes patentiertes u. funktionsfähiges Straßenfahrzeug mit Antrieb durch eine Kolbenwärmekraftmaschine. Die Wirren der französischen Revolution setzten der Weiterentwicklung dieses Vapomobils ein Ende.
1784		William Murdock (England)		Probe-fahrten		Erhalten gebliebenes Original im Technik-Museum zu Birmingham	Doppelwirkende 1-Zylinder-Hochdruck-maschine, mit einseitig gelagertem Balancier; stehend	3-Rad-Modell-Pritschenwagen mit lenkbarem Hinterrad. Maschine u. Kesselanlage über derHinterachse. Kraftübertragung auf deren Kröpfung direkt durch die Pleuelstange, Kesselbetrieb durch eine Spirituslampe		Modellausführung des ersten funktionsfähigen Straßenfahrzeugs mit direkt wirkendem Kurbelbetrieb. Die Gegnerschaft seitens J. Watt u. Boulton verhinderten die Weiterentwicklung dieses Fahrzeugs.
1786		William Symington (England)	E Nr. 1616	Probe-fahrten	Edin-burgh	Mechanics Magazine	2-Zylinder-Maschinenanlage zum Wechsel-antrieb der Hinterräder	Modell einer Berline mit lenkbarer Vorderachse und zur Aufnahme der Kesselanlage und der vor jeder der beiden Hinterachsnaben angeordneten Dampfzylinder nach hinten verlängertem Untergestell. Kraftübertragung von den als Zahnstangen ausgebildeten Kolbenstangen über je ein Sperrklinkenzahnrad auf die Hinterräder. Beide Kolbenstangen waren durch Ketten über Umlenkrollen zu einem geschlossenen Zugsystem,		Funktionsfähige Modellausführung eines vapomobilen Straßenfahrzeugs mit störanfälliger, den Kurbeltrieb unterlegener Kraftübertragung. Entwicklungsimpulse gingen von diesem Modell nicht aus.

		wagen				stehend	...lage über der Hinterachse. Kraftübertragung durch die Pleuelstangen auf eine als Scheibenkurbelwelle ausgebildete Vorgelegewelle, von dort aus über je ein Stirnradpaar auf die Hinterräder.	wirklichung und die Weiterentwicklung unterblieben wegen des frühen Todes von Fourness.
1802	Robert Trevithick (England)	N....o.a. auf einem kompl. Dampfwagen gemäß Ausführung	Probefahrten	London	Patentschrift	4-Zylinder-Hochdruckmaschine, liegend	Als Berline karossiertes Vapomobil mit lenkbarer Vorderachse. Kraftübertragung durch die Pleuelstange auf die Kröpfung einer Vorgelegewelle, von dort aus über je ein ausrückbares Stirnrad auf das Stirnrad der Hinterräder. Das Ausrücken des Stirnrades diente zur Ermöglichung des Drehzahlausgleiches der Hinterräder während der Kurvenfahrt.	Erstes funktionsfähiges Vapomobil mit einer Kraftflußunterbrechung zum kurveninneren Hinterrad zwecks Drehzahlausgleiches und auswechselbaren Stirnradpaaren zur Auswahl dem jeweiligen Einsatz angepaßter Übersetzungsverhältnisse. Wegen des schlechten Zustandes der schottischen Straßen gab Trevithick die Weiterentwicklung des vapomobilen Straßenfahrzeuges zugunsten des vapomobilen Schienenfahrzeugs auf.
1821 - 1824/25	Julius Griffith (England)	vorhanden, jedoch ungeklärt	Probefahrten	Werksgelände des Herstellers (Brahmah)	Limberd's Mirror u.a.	2-Zylinder-Hochdruckmaschine, liegend	Karossiert mit Großraum-Diligence-Kasten, auf 4 Halbelliptik-Federpaketen gegen das Langbaum-Untergestell abgestützt. Im Heck Wasserrohrkessel, Kondensator und Maschine untergebracht, Kraftübertragung auf Vorgelegewelle mit Ritzeln unterschiedlicher Zähnezahl, die wahlweise mit den Zahnrädern in Eingriff gebracht werden konnte. Damit war sowohl die Drehzahldifferenz der beiden Triebräder bei Kurvenfahrten wie auch günstigere Übersetzungsverhältnisse bei Bergfahrten herstellbar.	Dieses sehr sorgfältig ausgeführte, maschinenbaugerecht konstruierte Vapomobil blieb wegen der zu geringen Leistung seines Kessels erfolglos. Dennoch gab es den an Dampfwagenbau interessierten Konstrukteuren, darunter auch Walter Hancock, wertvolle Anregungen und nimmt daher eine wichtige Position innerhalb des Entwicklungsverlaufes dieser Fahrzeuggattung ein. Besonders bedeutsam war die Anwendung eines Kondensators zur Senkung des Wasserverbrauches und eines mehrstufigen Wechselgetriebes.

| Jahr | | Erfinder | Patent / Staat | Vorführung | | Überlieferung | Kurzbeschreibung | | Ansicht | Bemerkungen |
Erst-erwäh-nung	einer Entwick-lung	Herkunft	Nummer Anspruch	Art	Ort	durch	der Dampfmaschine	des Fahrzeugs	des Fahrzeugs	
1824-1830		David Gordon (England)	Nr… auf einen kompletten Dampfwagen	Probefahrten		Patentschrift	2-Zylinder-Dampfmaschine, liegend	3-Rad-Vapomobil mit lenkbarem Vorderrad. Maschinen- und Kesselanlage hinter dem Fahrerhaus. Kraftübertragung durch eingekoppeltes System von 6 abwechselnd Vorschub auf den Boden ausübende Schreitbeine.		Eingeschränkt funktionsfähiges Vapomobil mit zu geringer Kesselleistung und aufwendigem, störanfälligem Schreitbeinantrieb. Seine Anwendung wurde veranlaßt durch die unbegründete Befürchtung, die Haftreibung zwischen der Lauffläche eines Triebrades und dem Boden wäre für die Fortbewegung eines Fahrzeuges nicht ausreichend. Der Schreitbeinantrieb wurde erstmals 1813 von William Brunton in einem Schienenfahrzeug angewandt und auch von Gurney übernommen. Eine Weiterentwicklung des Gordon-Steamers unterblieb.
1827		Timothy Burstall & John Hill (England)	Gemäß Patent.Nr… von … auf einen kompletten Dampfwagen	Probefahrten	Leith, Edinburgh, London	Patentschrift Mechanics Magazine 1825, Bd. 4 S. 433-438	2 1-Zylindermaschinen mit einseitig gelagertem Balancier, stehend	Mit einem Berline-Kasten karossiert. Im Heck die Maschinen- und die Kesselanlage untergebracht. Kraftübertragung von den einseitig gelagerten Balanciers aus über Pleuelstangen auf die gekröpfte Hinterachse. Von dort aus über ein Winkelgetriebe u. eine Längswelle durch fußbetätigte Schaltkupplung wahlweise Weiterleitung des Drehmoments über ein zweites Winkelgetriebe auf die lenkbare Vorderachse. Sperräder gaben bei Kurvenfahrt das kurvenäußere Rad zum Drehzahl-		Wegen zu geringer Kesselleistung nicht über das Versuchsstadium hinausgelangte Konstruktion. Bemerkenswert ist die Auslegung dieses Vapomobils zum Befahren starker Steigungen und zum Schleppen schwerer Anhängelasten bei ausschließlicher Nutzung der Haftreibung zwischen Radkranz und Boden. Diesem Zweck diente der zuschaltbare Vorderradantrieb, womit erstmals in der Geschichte der automobilen Fahrzeuge der Allradantrieb sowohl gedanklich wie auch gegenständlich vorgesehen worden war. Spätere Entwürfe zeigten ein 3-Räderpaar zur hinteren Abstützung der Kesselanlage. Eine Kesselexplosion zwang den Erfinder zum Einstellen

	(Frank-reich)	plette Dampf-wagen				Rotations-dampfmaschine, liegend	gelagerten Vorderrädern, Antriebsmaschine quer zur Wagenlängsachse unter dem Fahrersitz angeordnet. Kraftübertragung von einem mit der Antriebswelle achsgleich montierten Planetenschaltgetriebe u. Kette auf das Differentialgetriebe der Hinterachse. Die Lenkvorrichtung der Vorderräder von einer Handkurbel aus über Ritzel u. Zahnsegment auf das mit den Radgabeln verbundene Lenkgestänge entspricht dem Prinzip moderner Lenkvorrichtungen.		der über ein Differentialgetriebe, das selbständig die bei der Kurvenfahrt erforderliche Drehzahldifferenz zwischen dem kurveninneren u. dem kurvenäußeren Triebrad selbsttätig herstellte. Obwohl der Entwurf nicht verwirklicht wurde, enthält er doch für die Entwicklung automobiler Fahrzeuge wertvolles Ideengut.
1825	Gold-worthy Gurney (England)	E-Nr... vom ... auf Schreitbein-antrieb für Fahr-zeuge			Patentschrift				
1826		E-Nr... auf einen Wasser-rohrkessel			Patentschrift				
1826				Versuchs-fahrten		Doppelwirkende 2-Zylinder-Hochdruck-maschine, liegend	6-Rad-Steamer mit ungefederter Vorlauf-(Pilot-)Achse, verbunden durch eine Deichsel mit der belasteten Vorderachse, karossiert mit einem Berlinekasten in der Fahrzeugmitte, an den sich nach vorn ein Wasserkasten, nach hinten die Kesselanlage anschließt. Auf der oberen Abdeckung beider Anbauten bieten Sitzbänke zusätzlichen Platz für Fahrgäste. Die Maschine ist zwischen den beiden Langbäumen des Untergestells installiert u. wirkt auf die horizontal geführten Schrittbeine.		Funktionsfähiges Vapomobil, dessen technisch aufwendiger, störanfälliger Schubantrieb sich wie beim Gordon-Steamer als ungünstig erwies.

Tafel 2 – 3

| Jahr | | Erfinder | Patent / Staat | Vorführung | | Überlieferung | Kurzbeschreibung | | Ansicht | Bemerkungen |
Erst-erwäh-nung	einer Entwick-lung	Herkunft	Nummer Anspruch	Art	Ort	durch	der Dampfmaschine	des Fahrzeugs	des Fahrzeugs	
1827/281		Gold-worthy (England)		Versuchs-fahrten	u.a. Highgate Hill; London Bath	Lithographien	Doppelwirkende 2-Zylinder-Hochdruck-maschine, liegend 28 PS bei 2,8 kg/cm^2 Kesseldruck Bohrung: 228,6 mm Hub: 457,0 mm	Umstellung des 6-Rad-Steamers auf Radantrieb mit zuschaltbarem Schreit-beinantrieb. Die Pleuel-stangen der Antriebsma-schine wirken nun direkt auf die gekröpfte Hinter-achse. Eine Hilfsmaschine treibt die Kesselspeisepum-pe u. einen Ventilator zur Feuerentfachung während des Fahrzeugstillstandes an. Der Abdampf wird zur Vorwärmung des Speise-wassers herangezogen. Das Gewicht des Fahrzeuges beträgt 2 t, seine Länge ca. 6 m. Durchschnittliche Fahrgeschwindigkeit: 13 bis 16 km/h		Auch im Verbundantrieb durch Rad und Schreitbeine erwiesen sich die letztgenannten als überflüssig. Obwohl der Gurney-Steamer für die Bedienung der Strecke London-Bath und zurück geplant war, blieb er im Versuchsstadium. Am 14. Juni 1928 bewies das Fahr-zeug seine Leistungsfähigkeit bei einer Fahrt auf den Highgate Hill hinauf und 1829 führte es auf der Strecke London-Bath die erste Fernfahrt in der Geschichte auto-mobiler Fahrzeuge durch. Nach-teilig wirkte sich die schwer zu-gängliche und schlecht geschützte Mechanik aus.
1828		William Henry James (England)	1824 Fahrzeug u. HD-Kessel	Probe-fahrten			2 Hochdruck-Maschinen, stehend, Gesamtleistung ca. 20 PS bei einem Kessel-druck von 17,6 kg/cm^2; Kondensator-betrieb	Als Diligence bezeichnetes Vapomobil, karossiert mit 2 Berlinekästen u. einem heckseitigen Kalesche-kasten. Um die schwierige Verwirklichung eines Differentialgetriebes zu umgehen, ist der Antrieb durch 2 Maschinen vorgenommen worden, deren eine auf ein Vorder-rad, deren andere auf ein Hinterrad über jeweils ein Stirnradgetriebe		Funktionsfähiges Vapomobil mit zukunftsweisenden Konstruktions-merkmalen. Ein Mangel bestand in dem verfügbaren Kessel-werkstoff, der zu wiederholtem Bersten der Siederohre führte. Trotzdem verliefen die Vor-führungsfahrten erfolgreich, wobei es als positiv bewertet wurde, daß nach dem Ausfall einer der beiden Kessel die Fahrt mit dem in Betrieb bleibenden anderen Kessel mit einer Geschwindigkeit von 16 km/h

(Forts.)					senkrecht stehenden Lenksäule aus. Die Lenkung wirkte zur Verbesserung der Kurvenfahrt drehzahlregelnd auf die Drosselventile derAntriebsmaschinen ein. Erstmalige Anwendung einer fußbetätigten Bremse. Röhrenkondensator mit Ölabscheider zur Rückgewinnung des Kesselspeisewassers. Gasbeleuchtung		
1829	Goldworthy Gurney (England)	Probefahrten	Gurneys Druckschrift	Doppelwirkende 2-Zylinder-Hochdruckmaschine, liegend	Als leichter Schlepper (Drag) konzipiertes Vapomobil für eine Batouche als Anhänger. Die Gesamtanlage von Kessel u. Maschine wie im Gurney-6-Rad-Steamer. Die Pilotachse wurde jedoch zugunsten einer kompakteren, leichteren Bauweise aufgegeben. Durch den Wegfall des Berlinekastens lagen der Wasserbehälter und der Kessel unmittelbar hintereinander.		Erfolgreicher Schlepper, an dessen Vorführungen prominente Persönlichkeiten wie Robert Stephenson u. Wellington teilgenommen haben. Die letztgenannte erwies Gurney die Gunst, zwei Finger seiner Hand schütteln zu dürfen.

Tafel 2 – 4

| Jahr | | Erfinder | Patent / Staat | Vorführung | | Überlieferung | Kurzbeschreibung | | Ansicht | Bemerkungen |
Erst-erwäh-nung	einer Entwick-lung	Herkunft	Nummer Anspruch	Art	Ort	durch	der Dampfmaschine	des Fahrzeugs	des Fahrzeugs	
1830		Gold-worthy Gurney und Charles Dance (England)	Wasserrohrkessel für Schlepper	planmä-ßiger Linien-verkehr	Chelten-ham Glouce-ster	Gurney: Tabellarische Er-fassung sämtlicher Einsätze	Doppelwirkende 2-Zylinder-Maschine, liegend	Als schwerer Schlepper (Drag) konzipiertes Vapo-mobil für Omnibus-anhänger; grundsätzlich gleiches Bauschema wie das des leichten Drag.		Am 21.02.1831 eröffnete Sir Charles Dance zwischen Cheltenham u. Gloucester einen planmäßigen Verkehr mit 16sitzigen Omnibus-anhängern, die von Gurney-Schleppern gezogen wurden. Dieser Streckendienst umfaßte täg-lich 4 Fahrten u. konnte bis zum 22.06.1831 aufrechterhalten werden. Dabei wurden (unfallfrei!) 5 858 km zurückgelegt u. mehr als 4 000 zahlende Fahrgäste befördert. Die Fahrpreise betrugen die Hälfte der für die Innenplätze der Post-kutschen erhobenen Preise. Die Brennstoffkosten beliefen sich pro Tag auf 9 Schilling gegenüber 45 Schilling für den Postkutschenbetrieb, für den 18 Pferde erforderlich gewesen wären. Steine, die von Dampfwagen-gegnern als Hindernisse auf der Fahrstrecke ausgelegt wurden, führten bei einem der Schlepper zum Achsbruch. Zuvor war die Straßenbenutzungsgebühr für Steamer drastisch erhöht worden. Beides bewirkte, daß Dance den Dampfwagenverkehr einstellte.
1830/31		Walter Hancock (England)	Typ «Infant»	Linien-verkehr	Zwischen Stratford und Lon-don	Mechanics Maga-zine 28.04.1832, 02.11.1833 Alexander Garden, Journal of Elemen-tal Locomotion C. A. Busby; Brief	2-Zylinder-Hochdruck-maschine, oszillierend, stehend	Aus dem Versuchswagen abgeleiteter als 6sitziger Char-à-banc karossierter 4-Radwagen mit über Lenksäule u. Kette lenk-barem, gefedertem Vorder-achsschemel. Geschlossenes		Der Infant bildete das Grund-baumuster für alle nachfolgenden Hancock-Steamer. Bei einer 1832 erfolgten Überarbeitung erhielt das Fahrzeug eine Maschine mit feststehenden Zylindern und ein Zweigang-Kettengetriebe, dessen

Jahr	Hersteller (Land)	Typ	Verkehrsart	Strecke	Quelle	Beschreibung		Beschreibung
								Diese Betriebssicherheit wurde von keinem anderen zeitgenössischem Kesselsystem erreicht.
1832	Walter Hancock (England)	Typ »Era«	Probefahrten	Diverse Versuchsfahrten u.a. London-Windsor		Weiterentwickeltes Großraumfahrzeug mit 16 Sitzplätzen in einem Berlinekasten u. 2 zwischen diesem u. dem Fahrersitz angeordneten Außensitzen.		Die im Auftrag der The London and Brighton Steam-Carriage Company hergestellte Era sollte zwischen London und Greenwich verkehren.
1833	Walter Hancock (England)	Typ »Enterprise«	Linienverkehr	London zwischen Moorgate u. Paddington	Brief vom »Observator« vom 26.04.1833 an Mechanics Magazine	Erster von der Öffentlichkeit benutzbarer automobiler Straßenomnibus für 14 auf Längsbänken untergebrachte Fahrgäste.		Im Gegensatz zur Era repräsentierte die Enterprise den modernen Stil der Londoner Shillybeer-Pferdeomnibusse und berücksichtigte die Wünsche des Auftraggebers der London u. Paddington Steam Carriage Company. Während der Werkserprobung dieses später sehr erfolgreichen Steamers verursachte ein Maschinist durch Blockierung eines Sicherheitsventils am Kessel dessen Explosion u. erlag an deren Folgen. Dieser selbstverschuldete Unfall war der einzige mit einem Hancock-Kessel.
1833	Walter Hancock (England)	Typ »Autopsy«	Linienverkehr	(Probefahrt von Stratford nach Brighton) London zwischen Finsbury-square u. Pentonville; zwischen Moorgate u. Paddington		Als Zugfahrzeug für 3 Omnibus- und 1 Berline-Anhänger ausgelegtes Vapomobil für insgesamt 50 Fahrgäste. Das Zugfahrzeug selbst hatte 9 Innen- u. 5 Außenplätze.		Dieser kompakt gebaute Dampfwagen war als Zugfahrzeug ausgelegt. Diesem Konzept lag der Gedanke zugrunde Leistungsabgabe und Nutzlast auf mehrere Fahrzeuge zu unterteilen und dabei durch kurze Achsstände ein wendiges, für das Durchfahren von Ortschaften mit engen, winkligen Straßen geeignetes Zugsystem zu verwirklichen. In Verbindung mit Kohle- u. Wasserstationen auf den Einsatzstrecken sollten 2 Fahrzeuge dieses Typs den planmäßigen Personenverkehr ermöglichen. Dieses Projekt scheiterte an behördlichen Widerständen.

Tafel 2 – 5

| Jahr | | Erfinder | Patent / Staat | Vorführung | | Überlieferung | Kurzbeschreibung | | Ansicht | Bemerkungen |
Erst-erwäh-nung	einer Entwick-lung	Herkunft	Nummer Anspruch	Art	Ort	durch	der Dampfmaschine	des Fahrzeugs	des Fahrzeugs	
1836		Walter Hancock (England)	Typ »Automaton«	Linien-verkehr	Moore-gate Padding-ton	Brief von Hancock 22.09.1836 an Mechanics Magazine	Leistungsgestei-gerte 2-Zylin-der-Hochdruck-maschine, dop-pelt wirkend. Bohrung: 228,6 mm Hub: 365 mm Leistung: 24 PS bei 4,9 kg/cm² Kesseldruck; Drehzahl: 70 U/min bei einer Fahrge-schwindigkeit-von 16 km/h	Überdachtes, seitlich offe-nes Großraumfahrzeug für 22 Fahrgäste (Char-à-banc) nach dem gleichen Grund-konzept wie Autopsy, je-doch mit leistungsgestei-gerter Kessel- u. Maschi-nenanlage. Heizfläche des Kessels: 7,9 m² Rostfläche: 0,56m² Kesselleistung: 1 PS / 0,47 m² Heizfläche bzw. 1 PS/0,028 m² Rostfl. Ver-dampfung von 10kg Was-ser je 1 kg Koks. Damit war der Kesselwirkungsgrad doppelt so hoch wie der des Gurney-Kessels u. ent-sprach bereits den noch um die Jahrhundertwende üblichen Werten.		Mit einer Höchstgeschwindigkeit von 33 km/h schnellstes automo-biles Großfahrzeug seinerzeit. Als offene Variante zur Enterprise bildete sie eine zukunftsweisende Entwicklungsstufe auf dem Weg zu wirtschaftlichen, bequemen und sicheren Massenverkehrsmitteln im Straßenverkehr. In der Zeit vom April 1833 bis Sept. 1836 beförder-ten die Hancock-Steamer Enterpri-se und Automaton auf der Strecke Mooregate-Paddington 12761 Fahrgäste u. gaben das erste Bei-spiel für eine planmäßige, kom-merziell lohnende Beförderung von Fahrgästen in automobilen Großraumwagen.
1838		Walter Hancock (England)	Dampf-Phaeton	Privat-verkehr	London			4sitziges als Phaeton karosseriertes Vapomobil		Erstes erfolgreiches automobiles Fahrzeug für den persönlichen Be-darf, das in seinem Erscheinungs-bild bereits den 60 Jahre später entstandenen Fahrzeugen gleichen Kastentyps mit Benzinmotoren auffallend ähnelte. Mit einer Ge-schwindigkeit von 32km/h war es doppelt so schnell wie die ersten Automobile dieser Gattung.
1833		Roberts (England)		Linien-verkehr	Man-chester					Für die Entwicklung des auto-mobilen Fahrzeugs durch die

Jahr	Name	Typ / Bemerkung	Verwendung	Strecke	Quelle	Maschine	Aufbau	Bild	Text
			strations-fahrten	Palsley		doppeltwirkend, stehend.	Dos-Bauart u. Omnibus-anhänger. Platzangebot des gesamten Zuges für 26 Fahrgäste. Hinterradantrieb über Stirnräder, deren gleichbleibender Eingriff trotz gefederter Antriebsachse durch Lagerung in radialschwingenden Laschen gewährleistet war. Flachwandiger verschraubter Mehrkammerkessel (ähnlich Hancock-Kessel, aber weniger druckfest)		anhängern, die von Russell-Steamern gezogen wurden. Die Abfahrten erfolgten jede Stunde. Die Schleppzüge bewältigten die 12 km lange Strecke anfangs in 40-45, später in 34 Minuten. Der Erfolg war so groß, daß die Fahrzeuge mit 30-40 Personen besetzt waren. Die Fahrgeschwindigkeit betrug auf ebenen Streckenabschnitten bis zu 27 km/h. Die Gegner des Dampfwagenverkehrs behinderten diesen wie auch anderswo durch Belegen der Straße mit großen Steinen. Obwohl das den Pferdefuhrwerken mehr schadete als den Russell-Steamern, trat schließlich an einem derselben ein Radbruch ein, wodurch sich das Fahrzeug auf den Kessel senkte und den Tod von fünf Personen verursachte. Daraufhin wurde der Dampfwagenverkehr behördlich verboten.
1834/36	Walter Hancock (England)	Typ »Era II«, 1935 während des Einsatzes in Irland in Erin umbenannt, 1836 Rückbenennung in Era für den Einsatz in London	Linien-verkehr	London zwischen Moorgate und Paddington nach Dublin, Reading, Marlborough	Stewart's Dispatch 19.01.1835, Mechanics Magazine von »R« vom 10.08. 1835; Coventry Mercury mit Bezug auf 28.08.1835		Mit einem Kombinationsaufbau aus einem Char-à-banc-Vorderteil und einem anschließenden Berlinekasten karosserierter Stadtomnibus mit 8 Innen- und 6 Außenplätzen.		
1832	Francis Macerone / John Squire (England)		Probe-fahrten, Linien-verkehr		Mechanics Magazine	3-Zylinder-Hochdruck-maschine, liegend	Karossiert mit einem nach vorn offenen verlängerten Coupékasten. Wasserrohrkesselanlage im Heck, Maschine im Fahrgestell untergebracht. Feuerentfachung durch Ventilator.		Erfolgreiches, verkehrstaugliches Vapomobil. Obwohl nicht für den öffentlichen Fahrdienst vorgesehen, verkehrte es regelmäßig während 18 Monaten und legte dabei 2700 Kilometer zurück.

| Jahr | | Erfinder | Patent / Staat | Vorführung | | Überlieferung | Kurzbeschreibung | | Ansicht | Bemerkungen |
Erst-erwäh-nung	einer Entwick-lung	Herkunft	Nummer Anspruch	Art	Ort	durch	der Dampfmaschine	des Fahrzeugs	des Fahrzeugs	
1834/35		Macerone (England)		Probe-fahrten	Paris Belgien	Journal des Débats		Mit 2 Berlinekästen und 1 Coupékasten karossiertes Großraumfahrzeug als Weiterentwicklung der Doppelberline aus dem Jahre 1834		Erfolgreiche Vorführfahrten in Paris durch d'Ascha (Dasda), der 2 Exemplare dieses Typs von Macerone ohne Bezahlung übernahm u. unter eigenem Namen betrieb. Dieser Betrug führte zum völligen finanziellen Ruin Macerones.
1841		Macerone (England)		Probe-fahrt	London (City und Shooters-hill)			Mit 2 Berlinekästen und einem rückwärtig anschließenden Coupékasten. Karossiertes Großraumfahrzeug auf langem Fahrgestell.		Die Versuchsfahrt dieses Macerone-Steamers mit 17 Personen durch die verkehrsreiche Metropole London mit einer Geschwindigkeit von 26 km/h u. den als «Pferdemörder» berüchtigten Shootershill hinauf mit 13 km/h überzeugte von der Leistungsfähigkeit dieses Fahrzeugs. Der geplante Einsatz mehrerer Dampfwagen dieses Typs durch die General Steamer Carriage Company scheiterte an dem von der Herstellerfirma Bealof East Greenwich geforderten Stückpreis von £ 800. Damit war der Personenverkehr mit Dampfwagen in England praktisch zum Erliegen gekommen.
1872/73		Amedée Bollée sen. (Frankreich)	Typ »L'Obeissante«				Für jedes der beiden Hinterräder eine 10 PS-2-Zylinder-Dampfmaschine in raumsparender V-Form; von außen gut zugänglich in Fahrzeugmitte angeordnete	Als 12sitziges Break karossiertes Vapomobil. Erstmals an einem automobilen Fahrzeug angewandte Einzelradlenkung nach dem Grundprinzip des Pecquardar-Patentes mittels den in schwenkbaren Gabeln gelagerter Vorderräder. Die an Vollelliptik, die Hinterachse		Eigenständige Weiterentwicklung des Großraumdampfwagens durch Verbindung des Ideengutes von Pecquer und Hancock zu einem richtungsweisenden Gesamtkonzept. Steigerung der Wirtschaftlichkeit durch Senkung des Kohleverbrauches bei Erhöhung der Fahrgeschwindigkeit auf 45 km/h.

reich)	nung vor der Vorderachse. Kraftübertragung durch eine Längswelle auf eine Vorgelegewelle von dort aus durch Ketten auf die beiden Hinterräder. Kraftflußunterbrechung hinter der Antriebsmaschine durch eine ausrückbare Kupplung.	angewandte Kombination von Einzelradlenkung u. Einzelradaufhängung. Sinnentsprechende Übertragung des Lankensperger-Prinzips auf ein automobiles Fahrzeug mit Betätigung durch ein Lenkrad über eine Lenksäule u. ein Ritzel auf ein Zahnsegment u. von diesem aus über einen Lenkstockhebel u. Spurstangen auf die Achsschenkel der beiden Vorderräder. Aufhängung derselben an zwei Querblatt-Federpaketen.		Technik, mit dem wichtige, am Automobil mit Verbrennungsmotor eingeführte Neuerungen um beachtliche Zeitspannen vorweggenommen werden: Baugruppenanordnung um 13, Antriebssystem um 24, Lenksystem um 16 und Federungssystem der Vorderachse um 50 Jahre.
1880 Amedée Bollée (Frankreich) Typ »Nouvelle«	30 PS-2-Zylinder-Dampfmaschine. Kraftübertragung direkt auf die Hinterachse. Durch Field-Hochleistungskessel verringerter Wasserverbrauch.	Als Omnibus mit Vollverglasung des Fahrgastraumes karossierter Dampfwagen. Geschützte Unterbringung des Fahrzeuglenkers. Im Innenraum hinten gewölbte Panoramascheibe. Kesselanlage und Heizer im überdachten Heckabteil.		Vorwegnahme der Pullmann-Bauform des Omnibusses mit Verbrennungsmotor u. des Antriebsblocksystems um mehr als 50 Jahre. Die sehr modern wirkende Panorama-Frontscheibe ging der Panoramascheibe als stilprägendes Element um 75 Jahre voraus.
1881 Amedée Bollée (Frankreich) Typ »La Rapide«		Als 6sitziges Tonneau karossiertes Vapomobil. Erstmalige Anwendung eines Differentialgetriebes in der Hinterachse mit Kraftübertragung auf die Räder durch Halbwellen. Anordnung der Maschine vor der Hinterachse, der Kesselanlage vor dem Fahrzeuglenker.		Durch Plazierung der Kesselanlage vor dem Fahrzeuglenker und durch Einbeziehung des Differentialgetriebes in die Hinterachse wurde neben einer ausgeprägten Kompaktbauweise des gesamten Fahrzeuges erreicht, daß die Funktion des Heizers vom Fahrzeuglenker mitübernommen werden konnte. Dieses richtungsweisende Konzept bewirkte, daß das Vapomobil neben dem 5 Jahre später erscheinenden Automobil mit Verbrennungsmotor zunächst konkurrenzfähig bleiben konnte.

Tafel 2 – 7

| Jahr | | Erfinder | Patent / Staat | Vorführung | | Überlieferung | Kurzbeschreibung | | Ansicht | Bemerkungen |
Ersterwähnung	einer Entwicklung	Herkunft	Nummer Anspruch	Art	Ort	durch	der Dampfmaschine	des Fahrzeugs	des Fahrzeugs	
1883		De Dion-Bouton / Trépar-doux (Frank-reich)					1-Zylinder-Hochdruck-dampfmaschine, liegend vor der Hinterachse. Kraftübertragung über Ketten auf die Vorderräder; Koksfeuerung.	Als Vierradvelociped konzipiertes Vapomobil. Kesselanlage zwischen den Vorderrädern, dahinter unter der Sitzbank die Antriebsmaschine. 2sitzige Bank über der gefederten, lenkbaren Hinterachse.		Mit diesem aus Velociped-elementen hergestellten Fahrzeug wurde nach Hancocks Phaeton (1834) u. Ravels Tilbury (1868) ein weiterer Schritt auf dem Weg zum automobilen Privatverkehrsmittel vollzogen und dem frühen Automobil mit Verbrennungsmotor ein brauchbares Basiskonzept gegeben. Zugleich stellte sich heraus, daß ein Fahrzeug dieser geringen Größe bei kondesatorlosem Betrieb keinen genügend großen Wasservorrat aufnehmen konnte, um ausreichend lange Fahrstrecken zurücklegen zu können. Hier erwies sich der Verbrennungsmotor als günstiger.
1887/88		Serpollet (Frank-reich)					1-Zylinder-Hochdruck-dampfmaschine, liegend. Vor der Hinterachse unterhalb des Rahmens montiert. Kraftübertragung von einer Vorgelegewelle aus durch Ketten auf die	Als Dreirad-Velociped konzipiertes Vapomobil mit lenkbarem Vorderrad. Kessel- und Feuerungsanlage über der Hinterachse. Der patentierte Rohrschlangenkessel (»Blitz«-Kessel) stellte innerhalb von 12 Minuten Frischdampf erforderlichen Betriebsdruckes bereit. Leistungsregelung mittels Handhebel über		Konsequent verwirklichter Leichtbau in Verbindung mit derzeit fortschrittlichster Technik. Der kondensatorlose Fahrbetrieb mit hohem Wasserverbrauch machte jedoch erkennbar, daß ein Vapomobil dieser geringen Größe für einen wirtschaftlichen Einsatz ungeeignet war.

Jahr	Hersteller	Technische Daten		Abbildung	
reich)			...lenkbarem Hinterrad. Kesselanlage zwischen den Vorderrädern.		(Wägelchen) 3 Jahrzehnte lang typisch wurde u. als erschwingliche Fahrzeugkategorie großen Anteil an der Motorisierung des Straßenverkehrs hatte. Auch hier erwies sich die Kleinheit dieses Fahrzeugs für den Betrieb mit und ohne Kondensator arbeitenden Dampfmaschine weniger gut geeignet als der Verbrennungsmotor.
1892	Léon Serpollet (Frankreich)		Als 6sitziges Phaeton mit hinterer Dos-à-dos Bank karossiertes 4-Rad-Vapomobil.		Das äußere Erscheinungsbild dieses Vapomobils, das dem eines zeitgenössischen Motorlastwagen ähnelte, und die wegen mangelnder Kondensation zu geringe Reichweite zwangen zu Gegenmaßnahmen.
1902	Léon Serpollet (Frankreich) »Baleine« (Wal)	20 PS-Dampfmaschine bei 1 220 U/min.	Als strömungsgünstig karossierter Rennwagen konzipiertes Vapomobil. Keine Bremsen. Stillstand nach Auslauf bei abgestellter Dampfzufuhr.		Mit diesem Sonderfahrzeug beschritt Serpollet neue Wege, die sowohl zu aerodynamischen Erkenntnissen im Fahrzeugbau, wie auch zur schnellaufenden Dampfmaschine für den Antrieb von Straßenfahrzeugen führten.
1902	Reading Steam Carriage Co. London	4-Zylinder-Dampfmaschine, einfach wirkend, 6 PS-Zylinder auf kleeblattförmigem Grundriß in einem einzigen Gußstück zusammengefaßt.	Als Phaeton karossiertes Vapomobil (nicht ganz zutreffend vom Hersteller als »Tourenwagen« bezeichnet). Ein von Überhitzerrohren durchgezogener Kessel verbesserte den Gesamtwirkungsgrad der Maschinenanlage.		Wegen seiner einfachen Bedienbarkeit beliebtes Vapomobil. Mit einer Reichweite von 40 km genügte es den Ansprüchen an ein automobiles Fahrzeug für den privaten Nahverkehr.

| Jahr | | Erfinder | Patent / Staat | Vorführung | | Überlieferung | Kurzbeschreibung | | Ansicht | Bemerkungen |
Erst-erwäh-nung	einer Entwick-lung	Herkunft	Nummer Anspruch	Art	Ort	durch	der Dampfmaschine	des Fahrzeugs	des Fahrzeugs	
1902		Locomobile Cie. of America (USA)					6,5 PS mit Dampfmaschine	Als Dos-à-dos karossiertes Vapomobil		In den USA verbreiteter Dampfwagentyp. Die starke Bindung der Karosserie an das hippomobile Vorbild zwang jedoch bald zur Angleichung des Erscheinungsbildes an das des Motorwagens.
1902		Gardner-Serpollet (Frankreich)					4-Zylinder-Dampfmaschine, liegend	Als Doppelphaeton karossiertes Vapomobil, Kesselanlage (Einspritzkessel) u. Maschine im Fahrzeugheck, Kraftübertragung von der Kurbelwelle durch eine Kette auf die Hinterachse. Geschlossener Wasserkreislauf durch Kondensator.		Nachdem mit dem Erscheinen des Mercedes-Wagens der Fa. Daimler Motoren-Ges. im Jahre 1901 das bisherige hippomobile Erscheinungsbild durch ein eigenständiges abgelöst wurde, übernahmen dieses auch die Vapomobilhersteller. Durch den geschlossenen Wasserkreislauf wurde dieser Fahrzeugtyp gegenüber dem Motorwagen konkurrenzfähig.
1902		Miesse Steam Motor Syndicate, Ltd., London					3-Zylinder-Dampfmaschine, einfachwirkend, liegend; Steuerung durch Kesselventile, Leistung 6 und 10 PS	Als Tonneau karossiertes Vapomobil; Kesselanlage (Serpollet-System) unter der Fronthaube. Kraftübertragung über Vorgelegewelle mit Differentialgetriebe mittels Ketten auf die Hinterräder. Geschlossener Wasserkreislauf durch Kondensator. Bevorratung 90 l, ausreichend für ca. 130 km Fahrstrecke.		Gelungene Angleichung des Erscheinungsbildes eines Dampfwagens an das des zeitgenössischen Motorwagens. Durch den geschlossenen Wasserkreislauf wurde dieser Fahrzeugtyp dem Motorwagen gegenüber konkurrenzfähig.
1904		Locomobile Cie of America (USA)					10 PS-Dampfmaschine, völlig gekapselt;	Als Doppelphaeton karossiertes Vapomobil		In den USA verbreiteter Dampfwagentyp, der sich auch in Europa vorübergehend durchsetzte. Die Karossierung wurde jedoch der des Motorwagens nur zurückhaltend angeglichen, wodurch der Lage …

	»Whistling Billy« (USA)	stehend; 15 PS		nungsmotoren hervorragend behaupten konnte.
1906	Stanley USA	1-Zylinder Hochdruckmaschine. Bohrung: 114,3 mm, Hub: 165,1 mm, Drehzahl: 70 U/min, Betriebsdruck: 56-63 kg/cm².	Strömungstechnisch karossiertes Vapomobil für Renn- und Rekordeinsatz. Röhrenkessel 765 mm Ø, 475 mm Tiefe, 1475 mm lange Rohre	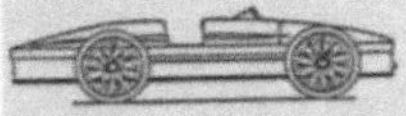 Fortschrittlichste Technik in Verbindung mit aerodynamisch günstiger Formgebung machten den Stanley-»Racer« zum schnellsten nicht an Schienen gebundenen Fahrzeug seiner Zeit. Im Florida-Rennen 1906 erreichte es eine Geschwindigkeit von 205,4 km/h u. überschritt erstmalig die 200 km/h-Grenze.
1912	Doble USA Modell A	2-Zylinder-Dampfmaschine doppelt wirkend, liegend, unterflur vor der Hinterachse, Kraftübertragung von der Kurbelwelle aus über Stirnräder auf das Differentialgetriebe.	Als Torpedo karossiertes Vapomobil. Mit Überhitzung arbeitender Wasserrohrkessel unter der Fronthaube. Automatische Wasser- u. Brennstoffversorgung (Rohöl oder Petroleum); elektrische Entzündung des Brennstoffes bei der Inbetriebnahme. Kondensator frontseitig.	 Sehr brauchbare Alternative zum PKW mit Verbrennungsmotor. Die an dieser Fahrzeuggattung gefundene Grundform des Automobils wurde von Doble so geschickt den technischen Voraussetzungen angepaßt, daß der Unterschied im Erscheinungsbild zwischen Vapomobil und Automobil praktisch aufgehoben war.
1923	Modell E-S	4-Zylinder-Verbunddampfmaschine, liegend, unterflur vor der Hinterachse. Kraftübertragung von der Kurbelwelle aus über Stirnräder auf das Differentialgetriebe.	Als offener Tourenwagen karossiertes Vapomobil. Mit Überhitzung arbeitender Wasserrohrkessel unter der Fronthaube. Automatische Wasser- u. Brennstoffversorgung (Rohöl oder Petroleum); elektrische Entzündung des Brennstoffes bei der Inbetriebnahme; Kondensator frontseitig.	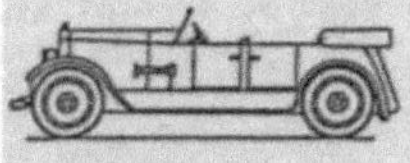 Hochleistungsfahrzeug mit sehr niedrigen Betriebskosten; sie lagen bei einer Fahrstrecke von 25 bis 30 km bei nur 11,8 Cents, während das Ford-T-Modell dafür 23 Cents erforderlich machte. Gesamtfahrstrecken bis zur erforderlichen Maschinenüberholung betrugen bei Doble-Wagen 480 000 bis über 600 000 km. Die erreichbare Höchstgeschwindigkeit lag bei über 150 km/h.
1931	Doble USA	4-Zylinder-Dampfmaschine in v-Form	Als Omnibus für 30 Fahrgäste karossiertes Vapomobil, Reisegeschwindigkeit ca. 80 km/h.	 Erfolgreicher wirtschaftlicher Einsatz in Neu-Seeland.

Tafel 2 – 9

| Jahr | | Erfinder | Patent / Staat | Vorführung | | Überlieferung | Kurzbeschreibung | | Ansicht | Bemerkungen |
Erst-erwäh-nung	einer Entwick-lung	Herkunft	Nummer Anspruch	Art	Ort	durch	der Dampfmaschine	des Fahrzeugs	des Fahrzeugs	
1963		William M. Brobeck and Associates (USA)					Dampfmaschine; liegend vor der Hinterachse, unterflur. Kraftübertragung durch Gelenkwelle auf das Differentialgetriebe.	Als Reiseomnibus für 51 Fahrgäste konzipiertes Vapomobil; Dampfkesselanlage (Dampfgenerator) im Wagenheck untergebracht. 4 Kondensatoren.		Versuchsomnibus für die AC Transit Company, Kalifornien; zeigte bessere Fahrleistungen als ein vergleichbarer Omnibus mit Dieselmotor bei auffallend geringer Geräuschentwicklung. Höchstgeschwindigkeit: 90 km/h. Emissionswerte: Kohlenmonoxyd 2 g (v6-Diesel 4,4 g); Stickoxyde und Kohlenwasserstoff 2,4 g (v6-Diesel 11,5 g).
1965		Henschel & Sohn (Lizenz Doble)					2-Zylinder Hochdruckmaschine, unterflur vor der Hinterachse angebracht; - Kraftübertragung von der Kurbelwelle aus auf das Differentialgetriebe	Als Pullmann-Omnibus für 28 Fahrgäste karossiertes Vapomobil. Dampfkesselanlage (Dampfgenerator) im Wagenheck untergebracht.		Sehr wirtschaftliche Omnibusalternative zum Diesel-Omnibus. Der Brenner für die Dampferzeugung verarbeitet billigste Öle.
1966		Williams Brother (USA)					Vorgeschlagener Antrieb durch eine Dampfmaschine, die nach einer Kombination des Gleichstrom- und des Gegenstromprinzips arbeitet. Hubraum 1,7 l; Leistung	Als Vapomobil umgerüstete Chevrolet Chevelle. Mit vorgeschlagenem Antrieb erreichbare Höchstgeschwindigkeit: ca. 210 km/h.		Dieses Fahrzeug ist ein Beispiel dafür, daß auch modernere Karosserieformen des PKW mit Verbrennungsmotor auf das Vapomobil übertragen werden können. Von der First Pennsylvania Bank of Philadelphia gefördertes Projekt.

TAFEL 3

(Seite 460-470)

STRASSENFAHRZEUGE MIT
ANTRIEB DURCH WÄRMEKRAFTMASCHINEN
MIT INNERER VERBRENNUNG

Patentierte und hergestellte Straßenfahrzeuge mit Antrieb durch Wärmekraftmaschinen mit innerer Verbrennung (Verbrennungsmotor) und deren wichtigste Entwicklungsstufen

| Jahr | | Erfinder | Patent / Staat | Vorführung | | Überlieferung | Kurzbeschreibung | | Ansicht des Fahrzeugs | Bemerkungen |
Erst-erwähnung	einer Entwicklung	Herkunft	Nummer Anspruch	Art	Ort	durch	des Motors	des Fahrzeugs	u./o. des Motors	
1804		I. de Rivaz (Schweiz)		Straßen-fahrt	Sitten	Gedenkschrift von Rivaz, 1806; Biographie von Kanonikus Henry Michelet	Atmosphärischer Gasmotor, 1 Zyl., stehend; Gaszuführung aus Gasbeutel durch manuelle Druckausübung; Auspuff über fußbedientem Auslaßventil.	4-Rad-Fahrzeug; Motoranordnung mittig; Kraftübertragung durch Zahnstange über Sperradgetriebe mittels Seilzug auf Vorderachse		Erstes Patent auf ein Straßenfahrzeug mit Antrieb durch einen Verbrennungsmotor. Das darin angewandte atmosphärische Prinzip war im Dampfmaschinenbau durch das direktwirkende Prinzip technisch überholt und von vornherein bei vertretbarem technischen Aufwand auf eine Höchstleistung von 3 PS beschränkt. – Die Mängel, die das Versuchsstadium des Rivaz-Wagens kennzeichneten, machten ihn außerdem als Basismuster für die industrielle Herstellung ungeeignet, große Höhe, große Ganghärte bei starker Geräuschentwicklung, vom Fahrer zu betätigender Gaswechsel, ruckartige Fortbewegung über Streckenintervalle von etwa 6 m, keine Sitzanlage, keine Lenkvorrichtung, keine Bremsanlage.
	1807 30.1.		Frankreich/731/ auf »Anwendung der Explosion der Gase und anderer luftähnlicher Substanzen als motorische Kraft in der Mechanik ...«			Patentschrift				
	1809-1813			Überland-fahrten	Mirror Vevey	H. Michelet				
1823 24.1.		S. Brown (England)	England/4874 auf »eine Maschine oder ein Gerät zur Herstellung eines Vakuums, durch das Kräfte zur Hebung von Wasser und den Antrieb von Arbeitsmaschinen erzeugt werden.«			Patentschrift	Atmosphärischer 2-Zyl.-Gasmotor, stehend, mit Balancier; an diesen angelenkte Pleuelstange zur Kraftübertragung auf Kurbelwelle; Flammenzündung; Wasserkühlung.			

						(1825), S. 79, Holzschnitt	gegenüberliegendem Arm des Balanciers.	Aufnahme von Gas u. Kühlwasser. Luftkanal in Längsrichtung zur Wasserkühlung. Kraftübertragung: An beiden Armen des Balanciers angelenkte Pleuelstangen zum Antrieb je eines Zahnrades über Kurbel, von dort über entsprechendes Gegenrad auf Vorder- und auf Hinterachse; Abmessungen: Länge: 3,50 m Breite: 1,60 m Höhe: 2,35 m Rad ⌀: 1,55 m		tätiger Gaswechsel und kontinuierliche Kraftübertragung auf die Triebräder waren gegenüber dem Rivaz-Wagen bedeutende Verbesserungen. Mit der Luft-Wasserkühlung wandte Brown erstmals ein Verfahren der Wärmeabfuhr an, das erst etwa 70 Jahre später weiterentwickelt wurde. Die verbleibenden Mängel teilte der Brown-Wagen mit dem Rivaz-Wagen. Die Weiterentwicklung zum Basismuster für die industrielle Fertigung unterblieb wegen des hohen Gasverbrauches und wegen der Überlegenheit der direktwirkenden Dampfmaschine.
1860 24. 1.		J. J. E. Lenoir (Belgien / Frankreich)	Frankreich / 43624 auf »einen mit durch Gasverbrennung sich ausdehnender Luft arbeitenden Motor … «	Fertigung durch Fa. Maroni für industriellen Einsatz.	Paris	Le Monde Illustré vom 16. 6. 1860	Doppeltwirkender 1-Zyl.-Motor für Leuchtgasbetrieb, liegend. Direkte Nutzung der Gasexpansion, die jeweils über die halbe Hublänge erfolgt. Keine Verdichtung; Schiebersteuerung; elektrische Zündung durch Funkeninduktor mit Hammerunterbrecher.	Nicht ausgeführter Entwurf eines 3-Rad-Fahrzeuges mit nicht realisierbarer Motorgröße und -anordnung.		Mit der Übertragung des Prinzips der doppeltwirkenden Dampfmaschine auf eine Wärmekraftmaschine mit innerer Verbrennung nutzte Lenoir die Gasexpansion erstmals für den Arbeitshub und leitete damit eine neue Epoche der Gasmaschine und deren industriellen Einsatz ein. Die ohne Verdichtung arbeitende Maschine hatte jedoch noch einen sehr geringen Wirkungsgrad. Wegen der damit verbundenen großen Abmessungen und wegen des sehr hohen Schmierölverbrauchs war sie für den Fahrbetrieb ungeeignet. Außerdem arbeitete der thermisch hochbelastete Auslaßschieber unzuverlässig. Lenoir gab daher die Fahrzeugentwicklung auf. 1933 erklärte ihn der ACF zum Erfinder des Automobils. Weder der Entwurf noch die davon stark abweichende Ausführung des Versuchsfahrzeugs bildeten ein Basismuster für die industrielle Fertigung.

KAPITEL 13

BIOGRAPHIEN

| Jahr | | Erfinder | Patent / Staat | Vorführung | | Überlieferung | Kurzbeschreibung | | Ansicht | Bemerkungen |
Erst-erwäh-nung	einer Entwick-lung	Herkunft	Nummer Anspruch	Art	Ort	durch	des Motors	des Fahrzeugs	des Fahrzeugs u./o. des Motors	
1862/ 1863		J. J. E. Lenoir *(Forts.)*		Straßen-fahrten, Überland-fahrten	In Paris Paris-Join-ville-Paris	Auskunft von Lenoir an Journa-listen, Bericht von Goriot (1899) an den ACF	1-Zyl.-Lenoirmotor, liegend; Kurbel-welle senkrecht, Schwungrad waage-recht.	4-Rad-Fahrzeug; aus Platzgründen seitlich vom Fahr-zeugboden mon-tierter Motor. Kraftübertragung über Transmis-sionswelle mit 2 ausrückbaren Kegelradpaaren von dort über Gallsche Kette auf ein Hinterrad.	Keine Abbildung erhalten	
1870		S. Marcus (Deutsch-land / Österreich)		Straßen-fahrt ca. 200 m		Augenzeugen-bericht von Albert Curjel datiert die Fahrt 1864	Atmosphärischer 1-Zyl.-Motor für Benzinbetrieb; magnet-elektrische Zündung; Ober-flächenvergaser. Anlehnung an den atmosphärischen Motor von Otto.	4-Rad-Fahrzeug (Handwagen) Motor-Schwung-räder als Hinter-räder ausgebildet. Ingangsetzen nur bei angehobenen Hinterrädern möglich. Antrieb über Pleuelstange direkt auf die Hinterachse.		Das anachronistische Festhalten am atmosphärischen Prinzip machte wegen dessen längst erkannter Mängel die Entwicklung zu einem für die Industrie interessanten Basismuster aussichtslos. Lediglich mit der Einrichtung zum Benzin-betrieb und dem elektrischen Zündsystem ging Marcus über das technische Niveau des 45 Jahre älteren Konzeptes von Samuel Brown hinaus.
1873		I. W. H. Söhnlein (Deutsch-land)		Probe-fahrten	Schier-stein, Privatpark und Bieberischer Chaussee.	Brief von Söhnlein vom 15. 3. 1912 mit Handskizze		3-Rad-Fahrzeug (Geißbockwagen); Riemenantrieb auf rechtes Hinterrad.		Weder gegenständlich noch dokumen-tarisch belegbares Fahrzeugkonzept gemäß einer Skizze, die der Erfinder 39 Jahre nach dem geltend gemachten Baujahr angefertigt hatte. Das späte Bekanntwerden dieses Konzeptes, zu dem überdies keine Angaben über den Motor vorliegen, schließt einen Beitrag an der Entstehung

					Köln	Klöckner-Humboldt-Deutz AG	Verfahren; Schiebersteuerung; gesteuerte Flammenzündung. Bohrung: 61 mm Hub: 300 mm Leistung: 3 PS Drehzahl: 180 U/min			Verlegung des gesamten Arbeitszyklus auf eine Kolbenseite schuf Otto die wesentlichen Voraussetzungen für eine wirtschaftlich arbeitende Wärmekraftmaschine mit innerer Verbrennung und damit die Entwicklungsbasis für den Automobilmotor.
	1877 4.8.		Deutschland/DRP 532 auf Gasmotor, bei dem auf »zwei Umdrehungen der Kurbelwelle auf einer Seite des Kolbens die nachstehenden Wirkungen erfolgen: a) Ansaugen der Gasarten in den Cylinder; b) Compression derselben; c) Verbrennung und Arbeit derselben d) Austritt derselben aus dem Cylinder.	Beginn der industriellen Fertigung						
1877 1880		I.W.H. Söhnlein (Deutschland)		Überlandfahrt	Bieberich-Walluf	Modell, nach Angaben von Söhnlein 1936 für Deutsches Museum München angefertigt.	1-Zyl.-4-Takt-Motor, liegend. 0,8 ltr.	4-Rad-Fahrzeug, Motor über Vorderachse angeordnet. Kraftübertragung: ausrückbarer Flachriemen auf Zwischenwelle, von dort durch Kette auf rechtes Hinterrad; Vorderachslenkung.		Weder gegenständlich noch dokumentarisch belegbares Fahrzeugkonzept gemäß eines Modells, das 59 Jahre nach dem geltend gemachten Baujahr entsprechend den Angaben des Erfinders hergestellt wurde. Bemerkenswert wäre die Anordnung des Motors im Vorderteil des Wagens 34 Jahre vor Panhard & Levassor. Das erst 1936 bekannt gewordene Konzept konnte keinen Einfluß auf die Entwicklung der Automobilindustrie ausgeübt haben.

ARISTOTELES genannt der Stagirit, 384-322 v. Chr., genialer griechischer Philosoph, gehörte von 367-348/347 zu Platons Akademie. Unter dem Druck antimakedonischer Politik mußte er Athen verlassen, begab sich nach Assos (Kleinasien), 345/344 v. Chr. nach Mytilene und wurde 343/342 von Philipp II zum Erzieher seines Sohnes Alexander an den makedonischen Hof berufen. 335/334 v.Chr. Rück-kehr nach Athen. Bedeutende Schriftwerke umfassen die Gebiete der Logik- und Erkenntnistheorie, Naturphilosophie, Metaphysik, Ethik, Politik, Rhetorik und Kunsttheorie. Bahnbrechend war die Ausbildung der formalen Logik, bedeutsam auch die Schöpfung einer rein wissenschaftlichen Prosa.

AUSTIN Herbert, Baron A. (seit 1936); geb. 8.11.1866 in Little Missenden (Buckinghamshire), gest. 23.5.1941 in Lickey Grange (Worcestershire); engl. Industrieller und Politiker. Baute 1895 das erste drei-, 1900 das erste vierrädrige WOLSELEY-Automobil und gründete 1906 die AUSTIN MOTOR COMPANY.

BENZ Carl; geb. 25.11.1844 in Karlsruhe, gest. 4.4.1929 in Ladenburg. Deutscher Ingenieur und Automobil-Ingenieur. 1860-1864 Studium der Ingenieurwissenschaften am Karlsruher Polytechnikum. Besondere Begabung in den naturwissenschaftlichen Fächern. 1864-1871 Konstrukteur und Zeichner in verschiedenen Firmen der Maschinen- und Fahrzeugteile-Herstellung. 1871 machte sich Benz mit einer kleinen Werkstatt für Metallverarbeitung in Mannheim selbständig. 1872 alleinger Besitzer, Produktion von Maschinenteilen und Rohrschellen. 1877 Finanzkrise, Versteigerung des gesamten Inventars. Verlegung der Konstruktion auf Gasmaschinen. 1883 Gründung der »OFFENE HANDELSGESELLSCHAFT BENZ & CIE., RHEINISCHE GASMOTORENFABRIK MANNHEIM«, Herstellung von Verbrennungskraftmaschinen. 1886 trotz Widerstandes der Partner Konstruktion eines Viertaktmotors zur gezielten Anwendung in einem Dreiradfahrzeug. 1886 Bertha Benz fährt mit ihren Söhnen ohne Wissen des Erbauers mit diesem Dreiradfahrzeug von Mannheim nach Pforzheim. 1891/92 serienmässige Herstellung von Vierradwagen, Bauart »Victoria«. Ab 1884 bedeutende Verkaufserfolge mit seinem »Velo«. 1899 Gründung der »AKTIENGESELLSCHAFT BENZ & CIE., RHEINISCHE MOTORENFABRIK MANNHEIM«. Absatzkrisen um die Jahrhundertwende durch die Konkurrenz der DAIMLER-MOTORENWERKE mit leistungsbezogenen Motoren. Benz stellte Zuverlässigkeit und Wirtschaftlichkeit seiner Motore in den Vordergrund. 1903 – Benz zog sich enttäuscht aus der Firma zurück, entwarf jedoch unter dem Chef des Konstruktionsbüros, Georg Diehl, neue Wagentypen, u.a. Lastkraft- und Lieferwagen. Ab 1909 konnte Benz bedeutende Erfolge bei Autorennen verzeichnen, der »BLITZEN-BENZ« ging als Renn- und Rekordwagen in die Automobil-Geschichte ein. 1926 Gründung der DAIMLER-BENZ AKTIENGESELLSCHAFT, Carl Benz wurde Aufsichtsratsmitglied der Firma.

BOLLÉE Amedée; geb. 1844 in Le Mans. Artig und begabt. War in der Jugend mit Leib und Seele Glockengießer. Schrieb mit zweiundzwanzig Jahren eine Abhandlung über Legierungen zur Verbesserung der Klangfarbe von Glocken, die viel Beachtung fand. Technisch interessiert und sportlich: Veloziped-Fahrer. Seine 2. Leidenschaft: Dampfmaschinen. 1872/73 Anfertigung seines ersten Dampfwagens von Hand, der »OBEISSANT«, schnell, komfortabel und bot 12 Fahrgästen Platz, Höchstgeschwindigkeit 40 km/h. 1876 Fertigung des schweren Stadt-Omnibusses »BOLLEE-DALIFOL«. 1878 Konstruktion der leichteren »MANCELLE« zur Weltausstellung. 1880 entstand »LA NOUVELLE«, 1881 »LA RAPIDE«.

Tafel 3 – 3

| Jahr | | Erfinder | Patent / Staat | Vorführung | | Überlieferung | Kurzbeschreibung | | Ansicht | Bemerkungen |
Erst-erwähnung	einer Entwicklung	Herkunft	Nummer Anspruch	Art	Ort	durch	des Motors	des Fahrzeugs	des Fahrzeugs u./o. des Motors	
1879 22.2.		S. Murnigotti (Italien)	Italien/Vol.21, Nr.284 auf »Antrieb eines Velocipedes unter Benutzung der durch explodierendes Gas entwickelten Kraft, d.h. durch den Einsatz dieser Kraft in einem Motor zum Betrieb mit brennbarem Gas anstelle derer des Velocipedisten…«			Patentschrift	2-Zyl.-Ottomotor, liegend; Einlaß durch Drehschieber.	2-Rad-Fahrzeug, 2sitzig (tandem); Motor unterflur; darunter Gasbehälter; Kraftübertragung direkt durch Pleuelstangen auf linke und rechte Kurbel des Vorderrades; durch Schwenkhebel lenkbares Hinterrad. 3-Rad-Fahrzeug, 3sitzig; Motor unterflur; darunter Gasbehälter; Kraftübertragung durch Pleuelstangen auf gekröpfte Hinterachse; durch Schwenkhebel lenkbares Vorderrad.		Erstes Patent auf mit Viertaktmotor angetriebene Straßenfahrzeuge und erster Konstruktionsvorschlag zur Gaswechselsteuerung mittels eines Drehschiebers. Ideenmäßig richtiger Ansatz am Konzept des Anthropomobils. Die direkte Kraftübertragung durch die Pleuelstange auf das Antriebsrad beziehungsweise auf die Antriebsachse wurde 1894 von der deutschen Firma Hildebrand & Wolfmüller und 1899 von der englischen Firma Holden dem Prinzip nach verwirklicht. Auf die Entstehung der Automobilindustrie hatte Murnigottis Patent keinen Einfluß.
1879 8.5.		G.B. Selden (USA)	USA; Patentgesuch auf »Road-Engine«			Patentschrift; Prozeßakten	Verbrennungsmotor System Brayton, 1872 in den USA als Patent angemeldet. 1-3 Zyl. 2-Takt-Maschine mit Verdichtung in separatem Pumpenzylinder. Gemischbildung durch Druckluft-Einspritzung; Flammenzündung; allmähliche Gleichdruckverbrennung.	4-Rad-Fahrzeug mit auf Drehschemel montiertem Motor für Vorderachsantrieb. Hinterradantrieb in Patentanspruch einbezogen. Lenkung über senkrechte Säule, Kegelräder und Schnecke/Schneckenrad. Klotzbremse auf Hinterräder wirkend.		Sehr allgemein formulierter Patenttext; dessen Veröffentlichung durch Änderungen und Nachträge bis 1895 hinausgezögert wurde. Dadurch Blockierung des Automobilbaues in den USA und des dortigen Importes europäischer Automobile. Januar 1911 wurde unter führender Beteiligung von H. Ford im 1903 gegen Selden begonnenen Rechtsstreit dessen Lizenzanspruch zu Fall gebracht. Fahrzeug (»Selden-Buggy«) 1907 als Erstanfertigung im Prozeß vorgeführt. Erreichte am 14.6. eine Laufstrecke von ca. 30 m, am 16.6. von ca. 950 m. Mängel: umständliche Startvorbereitung, unzulängliche
	1895		Patenterteilung unter US Pat. 549.160			Patentschrift				
	1907 14.6./16.6.			Demonstrations-Versuche		Prozeßakten				

			und die Anwendung von Motorkraft dazu. Besagte Verbesserungen sind auch bei Trambahnen, Traktoren und anderen Straßenlokomotiven anwendbar.«					
1880 30. II.	C.H. Warrington (USA)	USA/235051 auf »ein durch Gasmaschine angetriebenes Straßenfahrzeug (Road-Eingine)«		Patentschrift	1-Zyl.-Gasmotor, liegend	3-Rad-Fahrzeug; Motor in Radstandmitte unterflur. Kraftübertragung: Direktantrieb über Pleuelstange auf gekröpfte Hinterachse; Gasbevorratung in Faltenbalg (Metall); lenkbares Vorderrad durch Handrad über senkrechte Säule, Zahnrad/Zahnstange; Klotzbremse auf Hinterrad wirkend.		Der sehr allgemein formulierte Text der Patentschrift bildete keine Grundlage zur Verwirklichung der darin angelegten Ideen, der auch der direkte Achsantrieb im Wege stand; kein Basisprodukt für die Automobilindustrie.
1883 16.12.	G. Daimler und W. Maybach	Deutschland/ DRP 28022 auf »Gasmotor« mit ungesteuerter Glührohrzündung.	Bau und Erprobung eines Versuchsmotors.	Patentschrift	1-Zyl.-Ottomotor, liegend, mit ungesteuerter Glührohrzündung (System Watson, 1881); keine Kühleinrichtung; ungesteuertes Einlaßventil, gesteuerter Auslaßschieber.			Durch Anwendung der ungesteuerten Glührohrzündung gelang G. Daimler und W. Maybach die Verwirklichung des schnellaufenden Ottomotors als geeignete Maschine für den Antrieb von Straßenfahrzeugen.

BOUTON Georges F.; geb. 22.11.1847 in Paris, gest. 3.11.1938. Wuchs in ärmlichen Verhältnissen auf. Er war ein graziler, ruhig-bescheidener Mann, ein tüchtiger Mechaniker und Motorenfanatiker. In seiner kleinen Werkstatt fabrizierte er zusammen mit seinem Schwager Trepardoux Miniatur-Dampfmaschinen, die als Spielzeug für Kinder aus reichem Hause gedacht waren. Er machte Bekanntschaft mit dem Grafen de Dion und 1881 begann eine Zusammenarbeit mit dem Bau eines leichten Dreirades, was 1887 fertiggestellt wurde und an einem Rennen teilnahm. 1893 entwickelte das Erfinderteam de Dion/Bouton die DE-DION-Achse, eine Doppelgelenkachse, die in ihren Dampfwagen zur Anwendung kam. 1895 entstand ihr erster schnellaufender OTTO-Viertakt-Motor, der auf Daimler basierte.

BROWN Samuel; geb. 1823 oder 1826. Englischer Maschinenbauer; er fuhr ein selbstgebautes Straßenfahrzeug durch Shooter's Hill in London.

CARNOT Sadi F.; geb. 1.6.1796, gest. 24.8.1832 in Paris. Erziehung durch den Vater in Mathematik, Mechanik sowie auf militärischem und politischem Gebiet. 1812 Eintritt ins Polytechnikum, sorgfältige Ausbildung. 1814 Graduierung. Armee-Offizier. Reserviert, wortkarg. Großes Interesse an Musik, Wissenschaften und techn. Vorgängen. Völlig unbeachtet von der Akademie der Wissenschaften blieben seine 1824 veröffentlichten »Betrachtungen über den Zweck von Feuerkraft« , ebenso stillschweigend einverleibt wurden seine Erkenntnisse der Lehre von der Thermodynamik. Er nannte sich »Pariser Dampfmaschinen-Konstrukteur«.

CUGNOT Nicolas Joseph am 25.9.1725 in Void an der Maas als Lothringer, also als damaliger österreichischer Staatsbürger geboren. Entgegen den historischen Gegebenheiten erklärte sich Cugnot zum Franzosen. Ein unauffälliger, bescheidener Mensch, der niemals Anspruch auf Ruhm und Ehre erhob. Frühes Interesse an der Technik, Studium an der Schule des königlichen Pioniercorps von Mezieres zum Ingenieur für das Militärwesen. Im Alter von ungefähr 25 Jahren las er das von Joseph Leupold unter dem Titel »Theatrum Machiniarum« verfaßte Gesamtverzeichnis aller bis 1724 erfundenen Maschinen. Der nicht erprobte Vorschlag von Leupold zur Verbesserung des Dampfkessels fesselte Cugnot sein Leben lang. Verpflichtungen gegenüber der Armee veranlaßten ihn, seine Pläne für einige Jahre aufzuschieben. Er diente im französischen, dann 15 Jahre lang im österreichischen Heer. Er machte dort die Bekanntschaft des Herzogs von Choiseul, später Kriegsminister Louis des XV. 38jährig betätigte er sich als Lehrer, er unterrichtete junge Offiziere in der Taktik und Strategie der Kriegsführung, schrieb zwei Abhandlungen mit den Titeln »Bestandteile der Kunst des Kriegführens früher und heute« und »Befestigungsanlagen auf dem Lande in Theorie und Praxis«. 1769 Entwurf einer Art Transportmittel zum Kanonennachschub. Die hierfür erforderlichen Geldmittel erwirkte Cugnot durch den Herzog von Choiseul. Das Projekt verschlang große Summen, da jedes Teil von Hand gefertigt werden mußte. 23.10.1769 erste Fahrversuche im Pariser Arsenal. Augenzeugenbericht: »... der Karren bewegte sich im Laufe von 60 Minuten eine Viertelmeile – das erstemal »ex machina«, ohne Inanspruchnahme von tierischer oder menschlicher Kraft!« Cugnot erhielt 20.000 Pfund zur Konstruktion einer weiteren, aber nie bekanntgewordenen Ausführung. Er starb am 7.10.1804 in Paris.

DAIMLER Gottlieb; geb. 13.3.1834 in Schorndorf, gest. 6.3.1900 in Stuttgart-Bad Cannstatt. Deutscher Maschinen-Ingenieur und Erfinder. Zweiter von vier Söhnen. Ein verschlossener, junger Mann, der von seinem 17 Jahre älteren Vetter Wilhelm in seinen technisch-naturwissenschaftlichen Interessen bestärkt und gefördert wurde. 1848 Lehre bei dem Büchsenmacher Raithel. 1852 Besuch der königlichen Landesgewerbeschule Stuttgart. Daimler arbeitete im Rahmen seiner Ausbildung auch im elsässischen Werk Grafenstaden zur Aneignung praktischer Kenntnisse und lernte dort die französische Sprache. 1857 Vervollkommnung seiner theoretischen Kenntnisse durch ein Ingenieurstudium am Stuttgarter Polytechnikum. 1860 Besichtigung des Gasmotors von Lenoir in Paris. 1861 besuchte er als »Anschauungsunterricht« die englischen Produktionsstätten für hochwertigen Maschinenbau. 1863 trat er seine erste Stelle als leitender Ingenieur in der Metallwarenfabrik Straub und Sohn in Geislingen an. 1869 Leitung der Maschinenfabrik Reutlingen. Begegnung mit dem jungen Maybach. 1867 Heirat mit der Apothekerstochter Pauline Kurz. 1869 trat Daimler als »Vorstand sämtlicher Werkstätten« in die KARLSRUHER MASCHINENBAU-GESELLSCHAFT ein. 1872 ging er als erfahrener Fabrikationsleiter zur GASMOTORENFABRIK DEUTZ. 1881 löste er sich nach Differenzen wieder von der Firma. 1882 zog er nach Cannstatt und richtete im Gewächshaus auf seinem Grundstück eine Werkstatt ein. Er entwickelte einen schnellaufenden Verbrennungsmotor, der 1883 patentiert wurde. Eine weiterentwickelte Variante dieser Motorenart wurde 1885 in einem Niederrad, dem ersten Motorrad der Fahrzeuggeschichte, erprobt. 1886 Motorisierung des Pferdefuhrwerks und Patentierung eines auf dem Neckar verkehrenden motorisierten Bootes. 1889 erregte der Stahlradwagen auf der Pariser Weltausstellung das Interesse der Firma PANHARD & LEVASSOR. 28.11.1890 Gründung der DAIMLER-MOTOREN-GESELLSCHAFT. 1892 verhalf der Riemenwagen mit dem PHOENIX-Motor der Firma zu stetigem Aufschwung. Seit 1899 Bau von Vierzylindermotoren.

DELAMARE-DEBOUTTEVILLE Edouard; geb. 8.2.1856 in Rouen, gest. 17.2.1901 im Schloß Montgrimont. 1878, nach Abschluß der Handelsschule, Übernahme der Verwaltungsfunktionen in der väterlichen Spinnerei. Vielseitig interessierter, aktiver Mensch. »Um den Leuten zu beweisen, daß er den Teufel im Leib habe, …« machte er sich auf etlichen Gebieten einen Namen. Er arbeitete eine Sanskrit-Grammatik aus; das fünfbändige Werk ist heute noch in Gebrauch. Er übersetzte Teile der Veden (altindische Sakralschrift), legte Muschelkulturen an, züchtete Austern – eine in Prat-Ar Coum in der Bretagne wird heute noch ausgebeutet. Er vermachte dem Museum von Rouen eine Sammlung von Vögeln aus der normannischen und bretonischen Tierwelt. Er modernisierte die ihm veraltet erscheinenden Apparaturen der Spinnerei. 1881 entwarf er nach den Vorbildern der LENOIR- und OTTO-Motoren einen leichten Gasmotor für Güterverkehrsfahrzeuge auf dem Fabrikgelände. 1883 konstruierte er zusammen mit Leon Maladin, seinem Werkmeister, einen dreirädrigen Wagen, der mit einem Einzylindermotor ausgerüstet wurde. Erfolg hatte er mit dem Bau von Stationärmotoren. Eine Krankheit raffte ihn frühzeitig dahin.

DESCARTES René; geb. 31.3.1596 in La Haye-Descartes (Touraine), gest. 11.2.1650 in Stockholm. Französischer Philosoph, Mathematiker und Naturwissenschaftler. 1604-1614 Besuch der Jesuitenschule in La Flèche; 1614-1629 Reisen durch ganz Europa; 1618-1621 in Kriegsdiensten; ging 1629 in die Niederlande und 1649, eingeladen von der Königin Christine, nach Stockholm. Descartes' Bemühungen galten von Anfang an erkenntnistheoretischen, mathematischen und, wesentlich beeinflußt von I. Beeckman, physikalischen Fragestellungen. Daneben beschäftigte er sich mit biologischen, psychologischen und medizinischen Untersuchungen. Veröffentlichungen bedeutender wissenschaftlicher Werke.

DIESEL Rudolf (Rudolphe Chretien Charles); geb. 18.3.1858 in Paris; deutscher Herkunft. Ausgeprägtes Bedürfnis nach Reichtum, was ihn zu enormem Ehrgeiz beflügelte; beste Schulleistungen. 1870 verließ die Familie Diesel Paris und zog nach London. Rudolf Diesel besuchte auf Anraten des Augsburger Mathematikers Barnickel drei Jahre lang die Kreisgewerbeschule in Augsburg, in der sein Pflegevater unterrichtete; Klassenbester. Seine anfänglichen Sprachschwierigkeiten kompensierte er mit weltmännischer Gewandtheit, er war so selbstsicher und zugleich distanziert, daß man ihm Hochmut nachsagte. Ab 1873 besuchte er zwei Jahre die Industrieschule. 1874 glanzvolles Examen, Stipendium für das Maschinenbaustudium an der Technischen Hochschule München. Er immatrikulierte sich gegen den Willen seiner Eltern, die ihn in das Berufsleben drängen wollten, damit er seinen Pflegeeltern das Geld für seinen jahrelangen Unterhalt zurückzahlen konnte. Schüler von Prof. Carl Linde, der seine Begabung erkannte. Linde schickte ihn zum Praktikum in die MASCHINENFABRIK SULZER nach Winterthur, die vorwiegend Dampfmaschinen und LINDE'SCHE Eismaschinen herstellte. 1880 ausgezeichnetes Examen an der TH München. Direktor der LINDE'SCHEN EISMASCHINENFABRIK in Paris. Entwicklung eines »rationellen Wärmemotors zum Ersatz von Dampfmaschinen und heutiger Verbrennungsmotoren«. Am 27.2.1892 legte er die »neue rationelle Wärmekraftmaschine« in theoretischer Ausführung dem Patentamt vor. Er fand Linzenzabnehmer in den Firmen MAN und KRUPP. Diesel gab seine Tätigkeit auf und widmete sich Versuchsarbeiten an seinem Motor. Am 17.1.1894 lief Diesels erster Versuchsmotor mit Erfolg. 1903

Tafel 3 — 4

| Jahr | | Erfinder | Patent / Staat | Vorführung | | Überlieferung | Kurzbeschreibung | | Ansicht | Bemerkungen |
Erst-erwäh-nung	einer Entwick-lung	Herkunft	Nummer Anspruch	Art	Ort	durch	des Motors	des Fahrzeugs	des Fahrzeugs u./o. des Motors	
1883 22. 12.		G. Daimler und W. Maybach (Forts.)	Deutschland/ DRP 28243 auf Kurvennuten-steuerung der Ventile mit dreh-zahlabhängiger Aussetzer-Regu-lierung			Patentschrift				Mit der Kurvennutensteuerung des Auslaß-ventils, der Aussetzerregulierung als Überdrehzahlschutz, der stehenden Bauart und dem gekapselten Kurbeltrieb schufen Daimler und Maybach die Bauart eines zuverlässigen Kraftfahrzeugmotors, der eine entwicklungsfähige Ausgangsbasis bildete.
1884				Bau und Erprobung eines stehenden Motors (»Stand-uhr«)		Zeichnungen, Photos	1-Zyl.-Ottomotor, stehend, mit unge-steuerter Glührohr-zündung; Einlaß-ventil ungesteuert; Auslaßventil über Kurvennutensteue-rung und Aussetzer-regulierung betä-tigt; Luftkühlung.			
1884 12. 2.		E. Delamare-Deboutte-ville und L. Malan-din (Frankreich)	Frankreich/ 160.267 auf einen »verbes-serten Gasmotor und seine Anwen-dung«.			Patentschrift	2-Zyl.-Ottomotor, liegend; elektr. Induktionszündung (ungest.). Ober-flächenvergaser; Wasserkühlung	4-Rad-Fahrzeug (Break); Motor unterflur über der Hinterachse; Kraft-übertragung von der Kurbelwelle durch Kette auf Vorgelegewelle mit Planetengetriebe, von dort durch Ketten auf die Hinterräder. Gang-wechsel durch Still-legung der einzelnen Zahnrad-gruppen des Plane-tengetriebes mittels Gesperre		Mit dem motorisierten Break der Patent-schrift verbindet Frankreich den Prioritäts-anspruch auf das Automobil mit 4-Takt-Vergasermotor. Dem steht die Darstellung von Malandin entgegen, wonach an diesem Fahrzeug bei Werkstattversuchen ein mechanisches Bauteil zerbrach und darauf-hin der Motor für den stationären Betrieb ausgebaut wurde. Demnach verließ der Break niemals das Herstellerwerk in Fontaine-Le-Bourg. Trotzdem wurde 1958 auf der Straße Fontaine-Le-Bourg/Cailly ein Gedenkstein mit einer Darstellung der Break errichtet, den der Text als das erste mit Benzinmotor betriebene Automobil der Welt bezeichnet und in das Jahr 1883 datiert. Bei der Datierung der Gedenkfeier 100 Jahre französisches Automobil, im

ville und L. Malan-din (Forts.)							Zahnsegment. Drehsinn des Handrades und des Drehschemels gegenläufig. Klotzbremse auf Hinterräder wirkend.		mobilindustrie.
	1884		Straßen-fahrt, ca. 50 m	Fontaine-Le-Bourg		1-Zyl.-Ottomotor, liegend, für Leuchtgasbetrieb	3-Rad-Fahrzeug, 2sitzig. Gasbevorratung in 2 kupfernen Druckbehältern. Länge: 1,67 m Spurweite: 1,20 m	Weder Abbildung noch Beschreibung des konstruktiven Aufbaus erhalten.	Mit diesem in eigener Werkstatt gebauten Versuchsfahrzeug sollten vor der Motorisierung des Break entscheidende Erkenntnisse gewonnen werden. Die Angaben Malandins im Zusammenhang mit den Patentnachträgen zu Vergaser und Zündung berechtigen zu der Annahme, daß die Umstellung auf Gasbetrieb erst nach gescheiterten Versuchen mit Benzinbetrieb, also im Laufe des Jahres 1884, erfolgte. Der erste mit Gasbetrieb unternommene Fahrversuch endete nach ca. 50 m mit einer Explosion des Gummischlauches, mit dem die beiden Behälter verbunden waren. Dieses Ereignis wurde in der französischen Automobilgeschichte in das Jahr 1883 datiert.
	1885 4. 2.	Zusatzpatent auf Zündfunkenstrecke im Kopf des Einlaßschiebers			Patentschrift				
	1885				Malandin	1-Zyl.-Ottomotor, liegend, für Benzinbetrieb; Dochtvergaser			Nach Anwendung des Dochtvergasers, auf den Lenoir 1883 ein Patent erhalten hatte, und Verlegung der Zündfunkenstrecke in den Kopf des Einlaßschiebers arbeitete der Motor zufriedenstellend. Mit dem damit angetriebenen 3-Rad-Fahrzeug wurden im Laufe des Jahres 1885 mehrere Fahrten unternommen. Zugunsten des fortschrittlicheren Patentmotorwagens von Carl Benz blieb dieses Versuchsfahrzeug jedoch ohne jeden Einfluß auf die Entstehung der Automobilindustrie.

Stapellauf des 1. Diesel-Motorschiffs »VANDAL«. 1911 überquerte das 1. Schiff mit einem Dieselmotor bestückt den Ozean, die dänische »SELANDIA«. 1903-1906 Errichtung des ersten Dieselkraftwerkes in Kiew durch MAN. Produktion von Vierzylinder-Viertakt-Motoren mit je 400 PS zum Antrieb von städtischen Straßenbahnen. Seinen Motor für Automobile brauchbar zu machen, um sein Lebenswerk zu komplettieren, gelang ihm nicht mehr. Er verschwand, auf der Höhe seines Ruhmes, in der Nacht vom 29. auf den 30. 9. 1913 auf einer Fahrt über den Kanal nach London. Sein Tod ist bis heute ungeklärt.

DION Albert de; geb. 9.3.1856 in Carquefou bei Nantes, gest. 19.8.1846 in Paris. Die von hohem Ansehen geprägte belgische Adelsfamilie de Dion-Leval bescherte ihm hoffnungsvollste Zukunftsaussichten. Der durch seine Größe und Korpulenz imponierende Graf durchlief eine bedeutende politische Karriere, letztlich gipfelte sie in der Stellung eines Senators, 1901, nach dem Tod seines Vaters, Marquis. Große gesellschaftliche Verpflichtungen, technisch sehr interessiert. Öftere Besuche kleinerer Werkstätten in seiner Umgebung, in denen an Dampfmaschinen gebastelt wurde. Sein Traum: Dampfwagen-Rennen zu veranstalten. Er stellte viele Überlegungen zur Konstruktion von zu diesem Zweck geeigneten Fahrzeugen an; das theoretische Wissen verlangte jedoch nach praktischer Umsetzung durch einen erfahrenen Techniker, er fand ihn in Georges Bouton. 1881 Zusammenarbeit beider mit dem Bau eines leichten Dreirades. 1887 Teilnahme von de Dion an einem Wettbewerb mit seinem Fahrzeug. Die Strecke von 32 km von Neuilly nach Versailles und zurück in einer Stunde 14 Minuten. Er war der einzige Teilnehmer. 1893 Entwicklung der DE-DION-Achse, eine Doppelgelenkachse, zur Anwendung in ihren Dampffahrzeugen. 1895 entstand ihr erster schnellaufender OTTO-Viertakt-Motor, der auf Daimler basierte. 1895 Gründung des 1. Automobil-Clubs der Welt in Frankreich.

FARADAY Michael; geb. 22.9.1791 in Newington/London, gest. 25.8.1867 in Hampton Court. Britischer Physiker und Chemiker. Zunächst Buchbinder, wurde 1813 Laborgehilfe von H. Davy an der Royal Institution in London, 1824 Mitglied der Royal Society und 1825 als Nachfolger von Davy Direktor des Laboratoriums, 1827 auch Professor der Chemie. Ihm wird die Erforschung chemischer Probleme, Elektrizität und u.a. der Nachweis der gegenseitigen Umwandlung der Naturkräfte zugeschrieben. Darstellung von flüssigem Chlor unter Druck. 1824 Entdeckung des Benzols. 1831 gelang ihm seine bedeutendste Entdeckung mit dem Nachweis der elektromagnetischen Induktion : er konstruierte den ersten Dynamo. Nach ihm wurden die Gesetze der Elektrolyse benannt. Er führte die Begriffe Elektrolyse, Elektrolyt, Kathode, Anode, Anion und Kation in die Elektrochemie ein. 1845 Entdeckung der Drehung der Polarisationsebene von Licht im magnetischen Feld (F-EFFEKT) und den Diamagnetismus. Faraday schrieb zahlreiche Werke.

FIAKER; besonders in Österreich Bezeichnung für eine (zweispännige) Pferdedroschke, auch für ihren Kutscher. Die Bezeichnung geht auf den Namen des Hl. Fiacrius zurück. Dieser gehörte zu einer Gruppe iroschottischer Mönche, die sich im Bistum Wedux niederließ. Fiacrius ist der Patron der Gärtner und gegen verschiedene Krankheiten (u.a. gegen Hämorrhoiden, volkstüml. franz. »mal de Saint Fiacre«). In seinem Haus in Paris, an dessen Wand sich ein Bild des Heiligen befand, soll um 1650 das erste Vermietungsbüro für Lohnkutschen gewesen sein.

FOURNESS Robert, meldete 1788 ein Patent an. Fortschrittliches Konzept für einen Dampfwagen.

GALVANI Luigi, geb. 9.9.1737 in Bologna, gest. 4.12.1798 in Bologna. Italienischer Arzt und Naturforscher. 1775 Professor für Anatomie und Gynäkologie in Bologna. 1780 Entdeckung der Kontraktion präparierter Froschmuskeln beim Überschlag elektrischer Funken. 1786 weitergehende Experimente, z.B. daß die gleiche Reaktion eintritt, wenn der Muskel lediglich mit zwei verschiedenen, miteinander verbundenen Metallen in Kontakt gebracht wird. Diese Erscheinung gab Anlaß zu Spekulationen über die »Lebenskraft«. Sie führte auch zur Entdeckung der elektrochemischen Elemente und zur Entwicklung des GALVANISMUS.

GURNEY Goldsworthy; geb. 14.2.1792 in Treator, gest. 28.2.1875 in Reeds. Kindheit und Jugend verbrachte er in Cornwall. Häufiger Kontakt zu Trevithick, sehr interessiert an seinen Dampfwagenversuchen. Gurney brachte viel Ideengut in die Entwicklung des Dampffahrzeugs ein. Nicht nur die Technik reizte ihn, er studierte Medizin und ließ sich als Chirurg in London nieder. Dort widmete er sich bald der Mechanik. Erfinderischer Geist, man schreibt ihm die Erfindung der Zentralheizung zu, des Gaslichtes, Drummond'sches Licht genannt, sowie einen Ammoniak-Motor. Entdeckung der Möglichkeit, Gebäude mit Beton zu fundamentieren. 1827-1828 Bau eines großen Fahrzeugs, bestehend aus einem Kutschenkasten auf einem sechsrädrigen Fahrgestell. Verfügte über großes Selbstbewußtsein und einen ausgeprägten Sinn für Publicity. So erreichte er über Abbildungen in vielen Zeitungen bald einen hohen Bekanntheitsgrad. 14.6.1828 Vorführung der besonderen Leistung des Fahrzeugs in der Bewältigung von Steigungen nach Highgate Hill sowie einer Fahrt von London nach Bath 1829. Im selben Jahr Neuerscheinung der eleganten Dampfzugmaschinen. 1830 Verkauf dreier solcher Fahrzeuge an Sir Charles Dance, der mit ihnen 1831 den Fahrdienst CLOUCHESTER-CHELTENHAM eröffnete. Attentatsvorfälle, die auf Machenschaften der Fuhrleute hinwiesen, Umsturz des Wagens und Kesselexplosion forderte fünf Menschenleben und machte die Bevölkerung gegenüber den neuen Transportmitteln skeptisch. Gurney verfügte über beste Beziehungen zu höchsten Regierungskreisen. 1863, nach Übernahme der Leitung über Heizungs-, Belüftungs- und Beleuchtungseinrichtungen, zum Ritter geschlagen. Dank Gurney wurde 1831 ein Parlamentsausschuß gebildet, welcher entschied, daß sich die Dampffahrzeuge für den Personentransport eignen.

HADRIAN (Publius Aelius Hadrianu); geb. 24.1.76 n.Chr. in Italica (Spanien), gest. 10.7.138 in Baide (heute Baia). Römischer Kaiser seit 117. Politik des Verzichts auf kostspielige Reichsexpansionen, verstärkte Grenzsicherung (Limesaushub) sowie Ausbau im Inneren: Straßen- Städte - und Wasserleitungsbau im ganzen Reich, Verbesserung des Verwaltungsapparates. Zur Kontrolle über die Durchführung der angeordneten Maßnahmen reiste Hadrian viel, wurde als Philosoph verehrt. Er wollte den Pax Augusta im gesamten Imperium realisieren. Hadrian verfaßte eine Autobiographie und Gedichte. Seine berühmtesten Bauwerke in Rom sind das Pantheon, der Doppeltempel der Venus und Roma, das Mausoleum, bei Tivoli die Villa Adriana, in Athen die Stoa mit Bibliothek und die Vollendung des Olympulions.

HANCOCK Walter; geb. 1799 in Marlborough, gest. 1852 in Stratford. Ausgezeichneter, produktiver Erfinder und Ingenieur, verfolgte Möglichkeiten der kommerziellen Personenbeförderung, baute zwischen 1824 und 1836 neun Omnibusse mit Dampfantrieb, Erfinder aus Berufung, war jeglicher Karriere und wirtschaftlicher Ausbeutung seiner Projekte abhold. Bruder Thomas, Begründer der englischen Gummi-Industrie. Hancock erwarb sich dort Kenntnisse über Beschaffenheit und Anwendungsmöglichkeiten, ersetzte Kolben durch sackartige Membranen, die aus gummiertem Stoff bestanden. 1827 Anfertigung seines ersten Fahrzeugs für vier Personen zu Versuchsfahrten. 1831 zweites Fahrzeug, der »INFANT«, Platz für 16 Personen, verkehrte regelmäßig zwischen Stratford und London. 1833 Auftrag der London and PADDINGTON STEAM CARRIAGE COMP. zum Bau eines Wagens für den öffentlichen Personenverkehr. Hancock wurde Opfer eines Betruges. Die Firma nahm die »ENTERPRISE« nicht ab, baute eine Kopie nach, das Exemplar war nicht verkehrstüchtig. Die Firma ging pleite, er selbst verlor dabei viel Geld. 1836 unterhielt Hancock nach weiteren schlechten Erfahrungen mit anderen Betriebsgesellschaften eigene Buslinien nach London, jedoch waren sie unrentabel. Mit der Verbreitung der Eisenbahn schwand das Interesse der Bevölkerung an der Beförderung durch Straßenfahrzeuge.

HERAKLES; Held der griechischen Mythologie; ihm entspricht Hercules in der römischen Mythologie. Verkörperung des körperlich und geistig um Vollkommenheit ringenden Menschen. In Rom galt er als Patron der Händler und Soldaten.

HERON H. von Alexandria, 1.Jh.n.Chr.; griechischer Mechaniker und Mathematiker. Wurde im Altertum in erster Linie als Mechaniker berühmt, so z.B. mit seinem mechanischen Theater und mit sich

Jahr		Erfinder	Patent / Staat	Vorführung		Überlieferung	Kurzbeschreibung		Ansicht	Bemerkungen
Erst-erwäh-nung	einer Entwick-lung	Herkunft	Nummer Anspruch	Art	Ort	durch	des Motors	des Fahrzeugs	des Fahrzeugs u./o. des Motors	
1885 29.8.		G. Daimler und W. Maybach	Deutschland/ DRP 36423 auf »Fahrzeug mit Gas- bzw. Petroleum-Kraft-maschine«.			Patentschrift; Zeichnungen; Nachbau im DB-Werksmuseum	1-Zyl.-Ottomotor in Anlehnung an die »Standuhr«; Schwimmervergaser (»Verdunstungs-apparat«). Bohrung: 52 mm Hub: 100 mm Leistung: 0,5 PS Drehzahl: 600 U/min	2-Rad-Fahrzeug, 1-sitzig (»Nieder-rad«, »Reitwagen«) mit seitlichen Stützrollen. Kraft-übertragung; von der Kurbelwelle über Keilriemen auf das Hinter-rad; Leerlauf bzw. Kraftschluß über eine Spannrolle.		Entwicklungsbasis des Motorrades, jedoch kein Basismodell für die Motorradindustrie. Diese begann 1894 mit den Erzeugnissen der Firma Hildebrand & Wolfmüller. Der darin angewandte 2-Zylinder-Motor und die Kraftübertragung auf das Hinterrad knüpfen an die Patentschrift Murnigottis an.
	1885 10.11.			1. Straßen-fahrt, 3 km	Cannstatt - Untertürk-heim	Gartenlaube 1888 Nr.10, S.148				
1885 Frühjahr		C. Benz (Deutsch-land)		Fertigstel-lung des Fahrzeugs, Erprobung von Motor und Len-kung	Mannheim, Fabrikhof Mannheim, Ringstraße	Carl Benz in seinem Buch »Lebensfahrt eines deutschen Erfin-ders«, S. 74	1-Zyl.-Ottomotor, liegend, für Ligroin-(Leichtben-zin-) Betrieb; elektr. Zündung; Schwim-mervergaser; Verdampfungsküh-lung. Motor über der Hinterachse.	3-Rad-Fahrzeug (Chaise), 2sitzig; Motor über Hin-terachse; Kraft-übertragung über Kegelräderpaar und Flachriemen auf Vorgelegewelle mit fester und loser Riemenscheibe (Leerlauf) auf 2-Vorgelegewelle mit Differentialge-triebe, von dort durch Ketten auf die Hinterräder.		Erste funktionsfähige Konstruktionsein-heit, die ein modifiziertes Anthropomobil und einen schnellaufenden Ottomotor zu einem automobilen Fahrzeugsystem in Form eines dreirädrigen Motorvelocipeds zusammenfaßte. Mit diesem leichten Fahrzeugkonzept nahm Benz auf den von ihm erreichten Entwicklungsstand der Motorentechnik und ein dem Motorfahr-zeug anpaßbares Lenksystem Rücksicht. Diese Auslegungsprinzipien und die Erstanwendung eines Differentialgetriebes in einem mehrspurigen Motorfahrzeug gaben diesem ersten Benzwagen einen so hohen Reifegrad, daß ein daraus abgeleite-tes Baumuster zum Basismodell der Auto-mobilindustrie werden konnte.
	1885 Spätjahr			Probe-fahrten		Carl Benz in AAZ 1913, H. 1, S. 18				
	1885 Oktober					Neue Mannheimer Zeitung, vom 15./16. 4. 1933, S. 1.				
	1886 29.1.	Benz & Co. Rheinische Gasmoto-ren-Fabrik (Deutsch-land)	Deutschland/ DRP 37435 auf »Ein durch Gas-maschine betrie-benes Fahrzeug …«, wie es 1885 bereits verwirk-licht worden war.	Straßen-fahrt		Patentschrift				
	1886					Neue Badische				

Datum	Land	Art	Ort	Quelle	Technische Daten	Beschreibung
1886 Herbst	(Deutschland)	Probefahrten Straßenfahrten	Hof der Maschinenfabrik Esslingen (ME) Esslingen/ Cannstatt/ Untertürkheim	Aussagen von Paul Daimler, Wilhelm Maybach, Baurat Groß, Ing. Geiger, Monteur Kübler, Karl Maybach 15.12.1934 (Vortrag)	Bohrung: 100 mm Hub: 180 mm Leistung: 2 PS Drehzahl: 400 U/min	Sohn, Stuttgart, an G. Daimler geliefert. Beginn der Umrüstung zum Motorfahrzeug. Luftgekühlter »Standuhr«-Motor im Fond; Kraftübertragung; von der Kurbelwelle über den Flachriemen auf die Zwischenwelle, von dort über je 1 Ritzel auf den Zahnkranz eines Hinterrades. Zweigangschaltung durch Ein- oder Ausrücken zweier Riemenscheiben verschiedenen Durchmessers. Leerlaufausrückung beider Scheiben; Rutschkupplungen zum Drehzahlausgleich der Hinterräder bei Kurvenfahrt; Drehschemellenkung: Drehkreuz, senkrechte Säule, Zahnrad/Zahnsegment. — Ottomotor, wie sie ähnlich, jedoch mit geringerer Drehzahl, Delamare-Deboutteville versuchte. Die mit dem schneller laufenden Daimlermotor vorerst erreichbare Leistung erwies sich für den Antrieb eines Hippomobils als zu niedrig und dessen nicht modifiziertes Konstruktionskonzept für den motorisierten Betrieb als ungeeignet. Daher diente dieses Fahrzeug zwar als Erprobungsträger schnellaufender Ottomotoren, nicht aber als Basismodell für die Automobilindustrie. Dieses stellte Daimler erst 1889 mit dem von Maybach konstruierten »Stahlradwagen« zur Verfügung, der an das besser geeignete Konzept des Vierrad-Velocipeds anknüpfte.
1887. 4.3. 1888		Probefahrten Straßenfahrten	Esslingen	Gartenlaube 1888 Nr. 10, S. 148 Schwäbische Chronik 1888 16.8.	Umstellung von Luft auf Wasserkühlung; Einbau eines kleineren 1-Zyl. Motors mit: Bohrung 70 mm Hub 100 mm Leistung 1,5 PS Drehzahl 720 U/min	

automatisch öffnenden Tempeltüren. Besonders bekannt ist der Heronsball. Verfaßte Schriften über Mechanik, Technik, Pneumatik, Vermessungskunde und Mathematik. In seinen »Mechanica« beschreibt Heron die Wirkungsweise der einfachen Maschinen und erklärt, wie man diese zu Flaschenzügen, Kränen u.a. zusammensetzen kann. Die »Metrica« stellen eine Sammlung von Formeln und Rechenverfahren der praktischen Mathematik dar.

HESIODOS; griechischer Dichter um 700 v.Chr. Er stellte die Welt des kleinen Bauern mit ihrem kärglichen Dasein dar. Neben seinem Hauptwerk, der »Theogonia« (Entstehung der Götter), ist sein Lehrbuch über den Landbau bedeutsam. Darin beschrieb er die Herstellung eines wagenähnlichen Radpfluges.

HUYGENS Christiaan; geb. 14.4.1629 in Den Haag, gest. 8.7.1695 in Den Haag. Für die Entstehung der modernen Motorenindustrie war seine Konstruktion der ersten Wärmekraftmaschine mit innerer Verbrennung und Energieumsetzung über einen Arbeitskolben von ausschlaggebender Bedeutung. Die von ihm vertretene Auffassung des Lichtes als Wellenerscheinung stand der Korpuskulartheorie Newtons solange gegenüber, bis Max Planck beide Erscheinungsformen des Lichtes als gleichwertig bestätigte. Wie Leibniz bereicherte Huygens die Erkenntnisse der Infinitesimalrechnung.

LANCHESTER Frederick William; geb. 23.10.1868 in London, gest. 8.3.1946 in Birmingham; engl. Automobil- und Luftfahrt-Pionier, der das erste britische Automobil baute. 1891, nach Ausbildung an der Hartley Universität und der Nationalen Schule der Wissenschaften, arbeitete Lanchester in einer Gasmotorenfabrik in Birmingham. Entwurf eines gesteuerten Pendels und eines Starters. 1896 Gründung einer eigenen Automobil-Firma, Produktion seines ersten Fahrzeugs, eines Ein-Zylinders mit 5 PS. Ein zweites Modell mit zwei Zylindern gewann die Gold-Medaille des Königlichen Automobil-Clubs und nach einem dritten Modell, das relativ frei von Erschütterungen lief, war die LANCHESTER MOTOREN-COMPANY so gestärkt, daß sie in den nächsten Jahren Hunderte von Fahrzeugen produzierte. – Lanchester's Interesse an der Luftfahrt wurde erstmals 1897 in einer Zeitung dargestellt, seiner Zeit voraus in Kenntnis des Prinzips des Fliegens »schwerer als Luft«. 1907-1908 veröffentlichte er ein zweibändiges Werk über seine fortschrittlichen aerodynamischen Ideen. Als Mitglied des Luftfahrt-Beratungs-Kommittes 1909 und später als Berater der Firma DAIMLER-BENZ AG trug er ebenfalls zur Entwicklungs- und Forschungsarbeit auf diesem Gebiet bei.

LANGEN Eugen; geb. 9.10.1833 in Köln, gest. 2.10.1895 in Köln. Sohn eines wohlhabenden Zucker-fabrikanten. Studium einiger Semester Ingenieurwesen am Polytechnikum in Karlsruhe, dann Tätigkeit im väterlichen Unternehmen. Er entwickelte eine Rostkonstruktion für Dampfkessel, die ihm zu Vermögen und Ansehen verhalf. Am 31.3.1864 gründete Langen mit Otto die »N.A. OTTO & CIE.« – die erste Motorenfabrik der Welt. Drei Jahre lang experimentierten Otto und Langen an der Verbesserung des Stationärmotors von Otto. Um seinen Partner besser unterstützen zu können, beschäftigte sich Langen intensiv mit der Motorentechnik. Der von beiden Erfindern entwickelte Flugkolben-Gasmotor wurde auf der Pariser Weltausstellung 1867 mit der Goldmedaille ausgezeichnet. Dieser im Verbrauch extrem niedrig liegende Motor erregte Aufsehen und zog zahlreiche Aufträge und eine Erweiterung der Produktionsstätten nach sich. 5.1.1872 Gründung der GASMOTOREN-FABRIK DEUTZ. Langen machte sich außerdem mit wichtigen Arbeitsverfahren der Zuckerraffinerie verdient und hatte 1893 die Idee für die Schwebebahn Barmen-Elberfeld.

LEIBNIZ Gottfried Wilhelm; geb. 1.7.1646 in Leipzig, gest. 14.11.1716 in Hannover. Studierte Philo-sophie und Rechtswissenschaften und beschäftigte sich mit physikalischen und mathematischen Proble-men. Er entwarf ein Wagenmodell mit Antrieb durch die Reaktionswirkung ausströmenden Dampfes und arbeitete die Grundlagen für die Infinitesimalrechnung aus. Außerdem entwickelte er die für die Computertechnik wichtige Dyadik.

LENOIR Jean Joseph Etienne; geb. 1822 in Mussy-la Ville (damals Luxemburg, heute Belgien), gest. 4.8.1900. Wuchs in ärmlichen Verhältnissen bei seiner verwitweten Mutter und mehreren Geschwistern auf. Er arbeitete auf den Feldern und zeigte am Abend beim Bilderrahmenbasteln handwerkliches Geschick. Mit 16 Jahren, er konnte kaum lesen und schreiben, verdiente er sich in Paris seinen Lebensunterhalt als Kellner und beschäftigte sich in der Freizeit mit Chemie und Elektrophysik. 1847 finanzielle Unabhängigkeit durch das von ihm entwickelte Emaillierverfahren. 1851 Erfindung einer neuen Methode zur Herstellung von Galvanoplastik und 1855 eine elektrische Bremse für Eisenbahnen. Für den nach sechsmonatiger Entwicklungszeit fertiggestellten »Motor mit Luftausdehnung durch Verbrennung von Gasen, gezündet mittels Elektrizität« Patenterteilung am 24.1.1860. Der Motor fand vor allem durch seine Laufruhe und Robustheit großen Anklang. Da Lenoir über keine eigenen Fabrikationsstätten verfügte, ließ er seinen Motor bei Pariser Unternehmern anfertigen, u.a. bei MARNIONI und LEFEBRE. 1863 baute er den Motor in ein Fahrzeug ein und legte eine 18 Kilometer lange Strecke damit zurück, er konnte jedoch nicht mit den leistungsstärkeren Dampffahrzeugen konkurrieren. Ungeachtet seiner Verbreitung erwies sich der LENOIR-Motor mit dem Fortschreiten der technischen Entwicklung durch seinen hohen Verbrauch als unwirtschaftlich, als Studienobjekt für Ingenieure leistete er jedoch weiterhin wertvolle Dienste. Nicolaus Otto wurde durch den LENOIR-Motor zu seinem Lebenswerk angeregt. Lenoir führte als erster Erfinder den Verbrennungsmotor über das Versuchsstadium hinaus zur praktischen Anwendung.

MACH Ernst; geb. 18.2.1838 in Turany (Mittelslowakisches Gebiet), gest. 19.2.1916 in Haar bei München. Österreichischer Physiker, Philosoph und Psychologe. Studium der Mathematik und Physik; ab 1864 Professor für Mathematik in Graz, ab 1867 für Experimentalphysik in Prag. 1895 Übernahme des in Wien eigens für ihn geschaffenen Lehrstuhls für Physik, insbes. Geschichte und Theorie der induktiven Wissenschaften. 1860 Nachweis der Abhängigkeit der Schallwellenfrequenz von der Bewegung der Schallquelle bei der experimentellen Erzeugung des Doppler-Effekts. 1872 erstmals stroboskopische Sichtbarmachung von Schallschwingungen, Entwicklung der wichtigsten Methoden der Stroboskopie und 1876 Durchführung von Messungen der Fortpflanzungsgeschwindkeit verschiedener Schall- und Explosionswellen. Mit Hilfe der Toeplerschen Schlierenmethode photographierte er 1887 erstmals Luftverdünnungen und -verdichtungen an fliegenden Projektilen und entdeckte dabei die nach ihm benannten »Machschen Wellen« sowie den »Machschen Kegel«. 1883, in seinem Werk »Die Mechanik in ihrer Entwicklung historisch-kritisch dargestellt«, entwarf Mach auch seine Lehre der Denkökonomie. Zahlreiche Veröffentlichungen weiterer Werke.

MALADIN Leo; geb. 2.10.1849 in Happetout (Departement Seine maritime), gest. 16.12.1918. Militärdienst bei der Marine in Brest, Einsatz als Mechaniker, dann als Taucher. 1878 Eintritt in die Delamare-Debouttevillesche Spinnerei als Werkmeister. Er galt als ständiger Mitarbeiter Delamare-Deboutevilles und ist in allen Patenten namentlich erwähnt. Er verfügte über umfassende praktische Kenntnisse und unterstützte seinen Chef mit Rat und Tat. Ab 1895 Mitwirkung an der Konstruktion der SIMPLEX-Motoren.

MANADEN (gr. Rasende) Begleiterin des Weingottes Dionysos in der griechischen Mythologie.

MARCUS Siegfried; geb. 18.9.1831 in Malchin (Mecklenburg), gest. 1899. Sohn wohlhabender jüdischer Eltern erlernte er den Mechanikerberuf. 1848 erste Anstellung bei der Firma SIEMENS & HALSKE in Berlin. Marcus beteiligte sich am Bau der Telegraphenlinie Berlin-Magdeburg und verbesserte die telegraphischen Apparate. 1852 Übersiedlung nach Wien, wo er 1855 als Mitarbeiter von Professor Karl Ludwig, Lehrer für Physiologie und Physik an der medizinischen Josephsakademie, einen »Antigraphen« zum Reproduzieren von Zeichnungen anfertigte. 1858 bis 1862 erhielt er fünf Patente bezüglich Erfindungen, die das Telegraphensystem verbesserten. Ab 1860 arbeitete Marcus selbständig. 1867 Bekanntschaft von Franz Reuleaux, Professor des königlichen Gewerbeinstituts in Berlin, der ihn auf den atmosphärischen Motor von Otto und Langen aufmerksam machte. 1868 in Anlehnung an diese Maschine

Tafel 3 – 6

| Jahr | | Erfinder | Patent / Staat | Vorführung | | Überlieferung | Kurzbeschreibung | | Ansicht | Bemerkungen |
Erst-erwähnung	einer Entwicklung	Herkunft	Nummer Anspruch	Art	Ort	durch	des Motors	des Fahrzeugs	des Fahrzeugs u./o. des Motors	
1888		S. Marcus (Deutschland/Österreich)				Schreiben der Herstellerfirma Märky, Bromowsky und Schulz, Adamsthal bei Brünn, vom 17. 1. 1901	1-Zylinder-4-Taktmotor mit Balancierkurbeltrieb und liegendem Bürstenvergaser; magnetelektrische Niederspannungszündung	4-Rad-Fahrzeug, 2sitzig; Motor in Radstandmitte im Fahrgestell angeordnet. Kraftübertragung von Kurbelwelle durch 5 Lederschnüre auf die Hinterachse über Rillenscheibe mit Reibkupplung für Drehzahlausgleich bei Kurvenfahrt. Drehschemellenkung durch Handrad über Schnecke/Schneckenrad.		Aufgrund mißverstandener Angaben von Marcus nannte Prof. L. Czichek 1898 in einem Artikel für die Zeitschrift »Automobile« 1875 als Baujahr dieses Fahrzeugs. Von Dr. G. Goldbeck in »Siegfried Marcus – Ein Erfinder-Leben« 1961 berichtigt. Konstruktion des Motors und der Kraftübertragung im Vergleich zu den Erzeugnissen von Daimler und Benz technisch rückständig und daher kein alternatives Basismodell für die Automobilindustrie; Fahrversuche zu Marcus' Lebzeiten blieben ohne Erfolg.

Konstruktion eines Motors, den er mit einem selbst erfundenen Zündapparat ausstattete. 1883 Patent für seinen Bürstenvergaser. Er leistete auch auf anderen Gebieten Beachtliches. Er stellte Gaslampen her, entwarf eine Schnellfeuerpistole, die während des Schießens geladen werden konnte, entwickelte eine Masse zum Plombieren von Zähnen und baute einem befreundeten Artisten verschiedene Zaubergeräte für Vorführungen im Prater. Bei elektrischen Versuchen Verletzung einer Gesichtshälfte. Um die Verunstaltung zu verdecken, trug er eine künstliche Wange aus Pelz, die er wahrscheinlich auch selbst angefertigt hatte. Bei der Verletzung war der Gesichtsnerv getroffen, der ihm offensichtlich so starke Schmerzen verursachte, daß er ihn operativ entfernen lassen mußte. Er litte sehr unter der Entstellung seines Gesichtes und bezeichnete sich einmal als Menschen »mit krankem Körper, der aber im Vollgenuß seiner geistigen Kräfte sei«. 1899 wurde bei der Collektiv-Ausstellung der österreichischen Automobilindustrie ein vierrädriger Kraftwagen mit Viertakt-Motor gezeigt, den Marcus schon 1888 angefertigt haben soll. Dieser Wagen ist im Technischen Museum in Wien ausgestellt und befindet sich im fahrbereiten Zustand. Er wurde von Marcus selbst jedoch nicht erprobt. Marcus starb wenige Tage nach dieser Ausstellung an Herzversagen.

MAYBACH Wilhelm; geb. 9.2.1846 in Heilbronn, gest. 29.12.1929 in Stuttgart-Bad Cannstatt. Mit 10 Jahren bereits Vollwaise, wurde er ins Reutlinger »Bruderhaus« aufgenommen. In dieser pädagogischen Anstalt wurde Maybachs technisch-kreatives Talent erkannt, und man schickte ihn 1861 zur fünfjährigen Lehre in das technische Büro der hauseigenen Maschinenfabrik. Ab 1865 Tätigkeit als technischer Zeichner. Im Herbst d.J. kam Gottlieb Daimler als Leiter der Maschinenfabrik des Bruderhauses nach Reutlingen und erkannte Maybachs außerordentliche Fähigkeiten als Konstrukteur. Die Verbindung der beiden Männer wurde durch die Heirat Maybachs mit Bertha Habermaß, der Freundin von Daimlers Frau, gefestigt und positiv beeinflußt. 1869 folgte Maybach Daimler in die MASCHINENBAU-GESELLSCHAFT KARLSRUHE, einem auf Serienproduktion eingestellten Unternehmen. 1872 traten beide Männer - Maybach als Chefkonstrukteur Daimlers - in die GASMOTORENFABRIK DEUTZ ein. 1882 folgte Maybach Daimler nach Bad Cannstatt, wo letztgenannter sich selbständig gemacht hatte. 1883 konstruierten die beiden den ersten schnellaufenden leichten Motor. 1889 stellte Daimler den von Maybach konzipierten »Stahlradwagen« auf der Pariser Weltausstellung vor. 1891 setzte Maybach auf Geheiß von Daimler seine Entwicklungsarbeiten selbständig im Hotel Hermann fort, an deren Ende der neue Wege einleitende PHOENIX-Motor stand. 1900 konstruierte er den epochemachenden »MERCEDES«. 1905 stellte er den Rennmotor für den Grand Prix 1906 her und leitete mit ihm die Ära der modernen Hochleistungsmotoren ein. Sein hier realisiertes Ideengut ließ sich auch auf Luftschiff- und Flugmotoren übertragen. 1909 mit Graf Zeppelin Gründung einer Fabrik zur Herstellung von Motoren für Luftschiffe. Sein Wirken gipfelte in der Weltfahrt des Luftschiffes »Graf Zeppelin« in seinem Todesjahr 1929. Sein Sohn Karl Maybach setzte das Werk des Vaters fort.

MICHAUX Pierre und sein Sohn Ernest. 1861 baute die Familie Michaux in Paris ein Fahrzeug, bei welcher sie 2 Kurbeln am vorderen Lenkrad befestigten. Diese Kurbeln (Pedalen) konnten mit den Füßen des Fahrers gedreht werden, eine Anordnung, die der Erfinder bei Harry Michaux 1883 gesehen hatte, ähnlich eines senkrecht stehenden Schleifsteines. Dieses Fahrzeug fuhr augenblicklich an, der Holz- und Eisenrahmen brachte ihr den Spitznamen »Knochenschüttler« ein. In dem Jahr machten sie nur zwei Fahrzeuge. 1862, als man sie bereits in München kopiert hatte (sie ist dort im Deutschen Museum ausgestellt), bauten sie 142 dieser Räder. Ab 1865 stellte die Michaux-Familie 400 Stück pro Jahr her. 1866 emigrierte ihr Mechaniker, Pierre Lallement, in die USA, wo er zusammen mit James Carroll aus Ansonia, Conn., sein erstes US-Patent darauf bekam.

MURDOCK William; geb. 21.8.1754 in Auchinleck, Ayrshire, gest. 15.11.1839 in Birmingham. Pionier in der Geschichte der Dampfkraftentwicklung, hat sich aber auch mit der Verbreitung der Anwendung von Stadtgas als Lichtquelle verdient gemacht. 1777 bewarb er sich bei der Firma BOULTON & WATT in Soho bei Birmingham, die ihn nicht einstellen wollten. Erst als Boulton in den Händen des schüchternen jungen Mannes einen Zylinder sah, den dieser sich vergeblich bemühte, zusammenzudrücken, stellte

TAFEL 4

ENTWICKLUNG DES MOTORRADES
UND DES AUTOMOBILS

sich heraus, daß jener aus Holz und von Murdock selbst oval gedrechselt worden war. Murdock wurde eingestellt und erwies sich als begabter und gewissenhafter Mitarbeiter. 1779 schickte ihn die Firmenleitung nach Redruth in Cornwall, wo er die Aufsicht über die Aufstellung der Wattschen Dampfmaschinen für den Bergbau führte. In seinem Haus experimentierte Murdock mit der Verkokung und richtete in seinen Räumen und im Büro Gasbeleuchtung ein. Er stellte auch Versuche bezüglich der Nutzung von Dampfkraft an. 1786 erhielt Boulton von dem leitenden Techniker River ein Schreiben mit der Bemerkung, daß Murdock ein kleines Fahrzeug mit drei Rädern gebaut habe, das sich mittels Dampfantrieb fortbewegen lasse. Boulton reiste sofort nach Cornwall und konnte Murdock gerade noch daran hindern, zur Patentierung seines Fahrzeuges nach London zu fahren. Er überredete ihn, ihm das Fahrzeug vorzuführen. Boulton schrieb an Watt, er habe den Wagen im großen Salon von River eine oder auch zwei Meilen weit fahren sehen. Es sei mit einer Kohlenschippe, einem Schürhaken und einer Feuerzange beladen gewesen. Man könne so ein eigenwilliges Benehmen von Murdock doch nicht durchgehen lassen! Beide rieten ihm, die Beschäftigung mit Dampffahrzeugen Träumern wie Symington und Sadler zu überlassen und von solchen Hirngespinsten Abstand zu nehmen. Trotz der Mißbilligung durch seine beiden Vorgesetzten blieb das Fahrzeug bis in unsere Zeit erhalten. Es wurde von Generation zu Generation weitervererbt und steht heute in der Art Gallery von Birmingham. Es wird als erstes betriebsfähiges Dampfwagenmodell Englands aus dem Jahr 1786 gewürdigt. 1799, nach Murdocks Rückkehr nach Birmingham, perfektionierte er praktische Verfahren zum Herstellen, Speichern und Reinigen von Gas. 1802 strahlte er zur Feier des Friedens von Amiens die Gebäude der Firma BOULTON & WATT mit Gaslicht an. 1803 installierte er auch im Inneren der Fabrik Gasbeleuchtung. Benachbarte Betriebe, z.B. die Phillips- und die Lee-Baumwollmühle, übernahmen das Murdocksche Beleuchtungssystem. 1830 ging Murdock in den Ruhestand.

NEWCOMEN Thomas; geb. 1663 in Dartmouth, gest. 5.8.1729 in London. Über seine Kindheit und Jugend sind keine Informationen auffindbar. Er arbeitete als Schmiedemeister in Dartmouth. Durch Gespräche mit seinen Kunden hörte er von dem großen Aufwand an Kosten und Leistung, den der Einsatz von Pferden zum Abpumpen des Wassers aus den Zinnminen in Cornwall erforderte. Zum gleichen Zeitpunkt erfuhr er von der einfachen, unter der Bezeichnung »The Miners Friend« (des Bergmanns Freund) bekannten Wasserpumpe, die Thomas Savery konstruiert hatte. Man nimmt an, daß Newcomen für den in Dartmouth ansässigen Savery Teile für diese Pumpe schmiedete. Newcomen war über die Funktionsweise der PAPIN-Maschine gut informiert, wahrscheinlich über Savery, denn es gab darüber eine Veröffentlichung in lateinischer Sprache und es ist unwahrscheinlich, daß Newcomen dieser Sprache mächtig war. 1711/12 konstruierte er zusammen mit J. Calley, seinem Assisten u. Klempner, ein Modell der SAVERY-Maschine, die er durch den Balancier und andere Bauelemente wesentlich verbesserte. Savery hatte seine Pumpe bereits 1698 durch weitreichende Patente geschützt, so daß Newcomen nur über den Weg einer Partnerschaft mit Savery eine Fortsetzung seines Schaffens gestalten konnte. Letzterer soll von dieser Verbindung ziemlich profitiert haben. 1712 wurde die erste NEWCOMENsche Maschine bei Dudle Castle in Shaffordshire aufgestellt und in Betrieb genommen. Sechzig Jahre wurden diese Maschinen in Minen als Antrieb von Wasserpumpen und von Wasserrädern industriell genutzt.

NIKE in der griechischen Mythologie vergöttlichte Personifikation des Sieges (Nike = Sieg). Meist als geflügelte Jungfrau mit Kranz und Palme dargestellt. Ihr entsprach in der römischen Mythologie die Victoria.

ODYSSEE unter dem Namen Homers überliefertes Epos, das die zehn Jahre während Heimfahrt des Odysseus aus dem Trojanischen Krieg nach Ithaka und seine Abenteuer schildert.

OTTO Nicolaus August; geb. 10.6.1832 in Holzhausen/Nassau, gest. 26.1 1891 in Köln. Wenige Monate nach seiner Geburt starb sein Vater, die tatkräftige Mutter erzog ihren Sohn. Dank der Hinterlassenschaft des Vaters gute Schulbildung. Nach achtjährigem Besuch der Dorfschule besuchte er ab 1846

die Realschule in Langenschwalbach, die er nach zwei Jahren mit gutem Abschluß verließ. Kaufmanns-
lehre bei W. Guntrum in einem kleinen Warengeschäft. Sein Lehrer bescheinigte ihm nach Abschluß der
Ausbildung »treues, fleißiges und gesittetes Betragen«. Ab 1851 arbeitete Otto als »Handlungscommis« in
verschiedenen Kolonialwarengeschäften in Frankfurt und Köln. Er bereiste ganz Deutschland, um
Kaffee, Reis, Tee und Zucker zu verkaufen. 1860 starb seine Mutter und hinterließ ihm ein kleines Vermögen. Bruder Wilhelm und er hörten von der Lenoirschen Gasmaschine. Bedingt durch die bisherige
Unzufriedenheit in seinem Beruf, gab er seinem Leben selbst eine Wende. Die Gebrüder Otto richteten
die LENOIR-Maschine für den Betrieb mit Spiritus ein und wollten diese Verbesserung patentieren lassen.
Die Gutachter lehnten mit der Begründung, daß die Übereinstimmung mit der LENOIR-Maschine zu
groß sei, das Gesuch ab. Nach diesem Mißerfolg zog sich sein Bruder Wilhelm von der Mitarbeit an den
Plänen von Nicolaus zurück. Ab 1862 widmete sich Otto ausschließlich technischen Erfindungen und
arbeitete, unter Einsatz seiner gesamten Geldmittel, unverdrossen in einer kleinen, 1863 gemieteten
Werkstatt in Gereonswall bei Köln an der Entwicklung der atmosphärischen Gasmaschine. 1864 Gründung der GASMOTORENFABRIK DEUTZ (Name ab 1872) mit E. Langen, erfand 1867 mit Langen einen
atmosphärischen Gasmotor und schuf 1876 mit seinem Viertakt-Gasmotor mit verdichteter Ladung den
entwicklungsfähigen Motor, der das Vorbild für den gesamten weiteren Verbrennungsmotorenbau gab.
Die von Otto 1884 angegebene elektrische Zündung ermöglichte die Verwendung flüssiger Kraftstoffe.
Ottos Erfindung erfolgte unabhängig von dem französischen Ingenieur Alphonse Beau de Rochas (1815-
1893), der bereits 1862 die Viertaktarbeitsfolge (aber mit Selbstzündung des Gemisches) beschrieben,
jedoch nie praktisch verwirklicht hatte. Dennoch führte der Hinweis auf Beau de Rochas dazu, daß Otto
seine Patentrechte an dem neuen Motor verlor.

PANHARD René; geb. 1841 in Paris, gest. 1908 in La Bourbole. Französischer Automobil-Ingenieur
und Hersteller, der mit Emile Levassor das erste Fahrzeug mit innerer Verbrennung produzierte, deren
Motor anstatt unter dem Fahrersitz vorn auf dem Chassis montiert war. Ihr Fahrzeug war der Prototyp
des modernen Automobils. Es hatte ein Schieberad-Getriebe und ein Differential-Getriebe mit Kraftübertragung auf die Hinterachse durch einen Kettenantrieb. Panhard, ein Absolvent der Ecole Centrale
des Arts et Manufactures, tat sich 1886 mit Levassor zusammen, der die Kontrolle des französischen
Rechts über die Daimler-Patente führte. 1891-92 bauten Panhard und Levassor ihr Fahrzeug mit dem
Vorschalt-Motor nach Levassors Konstruktion. Es wurde ab 1892 verkauft und behauptete sich erfolgreich in frühen Rennen.

PAPIN Denis; getauft 22.8.1647 in Chiteny bei Blois, gest. zwischen 1712 und 1714 (verschollen). Französischer Naturforscher. Erfinder des Dampfkessels; führte Vakuum- und Wasserdampfexperimente
durch; bis 1675 Gehilfe von Ch. Huygens in Paris und R. Boyle in London (bis 1680/81). Da dem Huge-
notten Papin durch das Revolutionsedikt von Fontainebleau (1685) die Rückkehr nach Frankreich
verwehrt war, folgte er 1687 einer Einladung des Landgrafen Karl v. Hessen und betätigte sich bis 1696 als
Mathematikprofessor in Marburg, bis 1707 in Kassel. Er erfand um 1680 den Dampfkochtopf mit
Sicherheitsventil (Papinscher Topf), konstruierte eine Wasserhebemaschine und 1690 eine atmosphärische Dampfmaschine, 1707 ein Schaufelradboot (erfolgreiche Fahrt auf der Fulda von Kassel bis
Münden, wo aufsässige Bootsleute das Boot zerstörten).

PASCAL Blaise; geb. 19.6.1623 in Clermont-Ferrand, gest. 19.8.1662 in Paris. Französischer Philosoph, Mathematiker und Physiker. Pascal galt schon als Jugendlicher als mathem. Genie. Mit 16 Jahren
vollendete er eine Abhandlung über Kegelschnitte. Ab 1642 arbeitete er an der Konstruktion einer
Rechenmaschine zum Addieren und Subtrahieren. Durch seine Beschäftigung mit Glücksspielen befaßte
er sich mit Kombinatorik und Wahrscheinlichkeitstheorie und entwickelte das Pascal'sche Dreieck. Im
väterlichen Haus begegnete er dem Jansenismus (von Jansen ausgehende religiös-sittliche Reformbewe-
gung, deren Grundsätze asketische Verinnerlichung und strenge Moralgrundsätze sind), der ihn zu theo-
logischen Themen anregte. Pascal befaßte sich eingehend mit dem Studium menschlicher Verhältnisse
und der Einstellung zu Gott. Nach einem mystischen Erweckungserlebnis 1654 zog er sich ins Kloster

Additional material from *Fünf Jahrtausende Radfahrzeuge*
ISBN 978-3-642-93554-1 (978-3-642-93554-1_OSFO2),
is available at http://extras.springer.com

EXTRAS ONLINE

Port Royal zurück. Dort schrieb er Abhandlungen über religiöse Betrachtungsweisen. Pascal gilt als einer der ersten Wissenschaftskritiker. Er wies die Grenzen der mathematischen Methoden und des Rationalismus auf und wandte sich gegen das kartesische Wissenschafts- und Weltverständnis.

PEUGEOT Gebrüder; der Name Peugeot kann bis ins 15. Jahrhundert zurückverfolgt werden. Er bezeichnet ein Handwerk, das sich mit der Verarbeitung von aus Holzteer gewonnenem Pech befaßt. Es wurde zum Abdichten von Fässern und Schiffen benötigt. Die Familie Peugeot gründete in Herimoncourt eine Ölmühle, eine Gerberei, eine Spinnerei und eine Färberei. 1810 errichtete sie auf dem Gelände der Ölmühle eine Eisengießerei, in der Bandeisen, Sägeblätter und Uhrfedern hergestellt wurden. Bald ging man dort auch dazu über, Korsettstäbe aus Stahlbändern anzufertigen. Die Söhne des Firmengründers eröffneten eine weitere Fabrik für Werkzeuge und Eisenwaren, sowie eine Herstellungsstätte für Krinolinen in Beaulieu. Das Geschäft ging glänzend und die Produktion konnte durch Kaffeemühlen, Eßbestecke, Federn und Sägen erweitert werden. Viele Peugeot-Erzeugnisse wurden bis in die Türkei exportiert. Die gute Geschäftslage ermöglichte dem Unternehmen, soziale Einrichtungen zu schaffen, die zu dieser Zeit bemerkenswert waren. Dazu gehörten ein Arbeiter-Spital (1870), die Einführung des Zehnstunden-Arbeitstages (1871) und Wohnungen für die Fabrikangehörigen. 1885 begann der Zweitälteste der drei Peugeot-Söhne, Armand, mit der Herstellung von Fahrrädern. Er hatte die Vorzüge dieses Bewegungsmittels bei einem Studienaufenthalt in England kennengelernt. 1889 entstand mit Unterstützung von Leon Serpollet bei den FILS DE PEUGEOT FRÈRES in Valentigney ein dreirädriges Dampffahrzeug. 1890 entwickelte Armand Peugeot seinen ersten Benzinwagen. Bis 1897 verwendete die Firma Peugeot für ihre Motorwagen Daimler-Motoren, die in Lizenz bei Panhard et Levassor nachgebaut und an Peugeot geliefert wurden. Ab 1897 Herstellung eigener Motore und Gründung einer Aktiengesellschaft. Bis zum Ausbruch des 1. Weltkrieges hatten ungefähr 30 000 Autos die Werke in Audincourt, Beaulieu, Lille und Sochaux verlassen. Da nach dem Krieg 1918 die Automobilproduktion gänzlich darniederlag, stellte man bei Peugeot Rasierklingen und -apparate her. Seit 1914 war Robert Peugeot an die Firmenspitze getreten. Seine Söhne sowie die seiner verstorbenen Brüder saßen im Verwaltungsrat des Peugeot-Konzerns, der zwischen den beiden Weltkriegen seine höchste Absatzzahl erreichte. 1976 schloß sich Peugeot mit Citroen zusammen und kooperiert seit 1978 mit der US-Firma Chrysler.

PORSCHE Ferdinand; geb. 3.9.1875 in Maffersdorf/Böhmen, gest. 30.1.1951 in Stuttgart. Nachdem Porsche bereits 1897 ein Elektromobil (LOHNER-Porsche mit Radnabenantrieb) konstruiert hatte, wurde er 1916 Generaldirektor der »AUSTRO-Daimler«, Wiener Neustadt, und ging 1923 zur »DAIMLER-MOTORENGESELLSCHAFT« nach Stuttgart. 1931 Gründung eines eigenen Konstruktionsbüro in Stuttgart, die heutige DR.-ING. H.C.F. PORSCHE AG. Seit 1934 konstruierte Porsche den Volkswagen, war mit der Gesamtplanung des Volkswagenwerkes betraut und leitete dieses bis 1945. Vor und während des Krieges konstruierte Porsche u.a. Auto- und Flugmotoren, Auto-Union-Rennwagen, Panzer sowie Windkraftanlagen. Sein Sohn Ferdinand (Ferry) Anton Ernst Porsche (geb. 1909) übernahm nach dem Krieg die Leitung des Konstruktionsbüros und baute es zum Produktionsbetrieb für Sportwagen aus.

RENAULT Gebrüder; die Familie Renault war in Paris ansässig. Der Vater hatte sich mit viel Fleiß eine Tuch- und Knopffabrik erarbeitet, die der Familie zu Wohlstand verhalf. Drei der sechs Renault-Kinder spielten eine bedeutende Rolle im Automobilbau. Marcel (1863-1903), Fernand (1864-1909) und vor allem Luois, geb. 12.1.1877, gest. 1945, war die Hauptfigur in der Geschichte der Firma. Louis war ein schlechter Schüler, der oft die Schule schwänzte und seine Zeit lieber bei einem in der Nähe von Brillancourt arbeitenden Blechschmied namens Serrand verbrachte. Dort baute der achtjährige seine erste »Maschine«, einen Photoapparat. Zwei Jahre später fand man ihn statt in der Schule im Zug von Paris nach Rouen, wo er in den Kohlen des Tenders versteckt das Funktionieren der Lokomotive beobachten wollte. 1889 lernte er Serpollet und dessen Dampfauto kennen. Louis Vater war nicht gerade glücklich über die Experimentierfreudigkeit seines Sohnes, duldete sie jedoch und schenkte ihm sogar einen alten Motor, an dem der vierzehnjährige Louis herumbasteln konnte. 1898 baute er mit Erfolg aus einem dreirädrigen DE DION-Fahrzeug einen Vierradwagen. Am Heiligen Abend d. J. fuhren die Brüder Louis und Marcel mit dieser Konstruktion zu Freunden in eine Pariser Bar. Sie erregten großes Aufsehen und der Wagen fand so viel Anklang, daß Louis im Laufe des Abends mehrere Aufträge zum Bau eines solchen Fahrzeugs in der Tasche hatte. Louis und Marcel interessierten ihren Bruder Fernand für das Projekt und mit Hilfe der gemeinsamen Geldmittel sowie den Vorschüssen der Fahrzeugbesteller konnte die Produktionsstätte – der ehemalige Schuppen hinter dem Haus – den Anforderungen gemäß vergrößert und Maschinen gekauft werden. 1899 gründeten die Brüder die SOCIETE RENAULT-FRERES. Fernand kümmerte sich um die organisatorische Seite des Unternehmens, während Marcel und Louis sich als Techniker betätigten. Sechs Monate nach der Gründung Fertigstellung der ersten Limousine. Bald schon sah sich Louis Renault mit den vielen Aufgaben des Unternehmens allein. Sein Bruder Marcel, ein begeisterter Rennfahrer, verunglückte während eines Rennens Paris-Madrid 1903 tödlich. Sechs Jahre später verlor Louis seinen Bruder Fernand. Das Unternehmen vergrößerte sich schnell, und die Produkte erfreuten sich großer Beliebtheit. Einen besonderen Erfolg stellten die ab 1908 produzierten Taxis dar, die, rotlackiert mit schwarzem Dach, vor allem in Paris im Einsatz waren. 1914 brachten 1 000 Renault-Taxis französische Reservetruppen rechtzeitig zum Schlachtfeld an der Marne. 1938 verfügte die Firma Renault über Zweigwerke in Le Mans und Saint-Etienne mit insgesamt 35 000 Beschäftigten. Louis Renault besaß die Aktienmehrheit in drei Stahlwerken, war Eigentümer zweier Eisengießereien, einer Kugellager- und einer Reifenfabrik. Das Produktionsprogramm umfaßte mittlerweile außer PKW und LKW eine Reihe von Spezialfahrzeugen und Flugmotoren. 1940 mußte Louis Renault auf Anordnung des Kriegsministeriums Frankreich verlassen. Bis zuletzt weigerte er sich, seinen Betrieb auf Kriegsproduktion umzustellen. Er kehrte jedoch bald wieder zurück, um feststellen zu müssen, daß sein Neffe Francois Lehideux, der die Funktion des Vize-Chefs im Werk innehatte, ihn selbst aller Funktionen im Betrieb enthoben hatte. Die Erschütterung über dieses Geschehnis trug zur Verschlechterung seines Gesundheitszustandes bei. 1945 wurden sämtliche Renault-Werke verstaatlicht und in Regie Nationale des Usines Renault umbenannt. Louis Renault starb im selben Jahr.

RIVAZ Isaac de; geb. 19.12.1752 in Paris, gest. 1828. Sein Vater war in Paris als Mathematikprofessor tätig. Ursprünglich stammte die Familie aus dem Schweizer Wallis. De Rivaz diente als Leutnant in der französischen Armee. Von 1785-1791 hatte er den Rang eines Majors der Miliz in Monthey inne. Er besaß kurze Zeit eine Papiermühle und war ab 1798 als Staatsbeamter tätig. Sein technisches Interesse war wohl väterliches Erbgut. De Rivaz beschäftigte sich mit der Konstruktion von Dampfmaschinen und Verbrennungsmotoren. In der letztgenannten Maschinengattung machte er das Prinzip der Voltaschen Pistole nutzbar. Als Energieträger verwendete er jedoch kein Schießpulver, sondern Wasserstoffgas. Seit Beginn des 19. Jahrhunderts befaßte er sich mit der Vervollkommnung des »Explosionsmotors«, den er in ein Straßenfahrzeug einbauen wollte. Ein Patent für seinen Motor wurde ihm am 30. 1. 1807 in Frankreich verliehen. 1813 stellte de Rivaz in Vevey Fahrversuche mit einem Wagen an, der mit seinem Motor bestückt war. Dem Wasserstoff im Motor wurde ein bestimmtes Quantum Luft zugeführt. Es folgten bis zu 25 Explosionen, die den Wagen dann in Bewegung setzten. Obwohl de Rivaz die Vorteile seines Motors bezüglich des geringen Gewichtes und der Vermeidung von Rauch und Hitze unermüdlich hervorhob, und er auch die Gründung einer Aktiengesellschaft zur Beförderung von Reisenden über den Simplon vorschlug, fand er in maßgeblichen Kreisen weder ideelle noch finanzielle Unterstützung. Er war einer der ersten Erfinder, die die Bedeutung des Explosionsmotors für den Einsatz in Fahrzeugen zum Personen- und Gütertransport erkannte.

ROLLS Charles Steward, geb. 28.8.1877 in London, gest. 12.7.1910 in Bournemouth, Hampshire; britischer Autofahrer, Flieger und Automobil-Hersteller, einer der Gründer der ROLLS-ROYCE AUTOMO-BIL-GESELLSCHAFT. Erster Flieger, der den Englischen Kanal nonstop hin und zurück im Juni 1910 überflog. Rolls fuhr i. J. 1900 einen 12 PS Panhard in einem Tausend-Meilen-Test und nahm an vielen der ersten europäischen klassischen Rennen über Langdistanzen teil. 1902 wurde er Autohändler und im Jahre 1906 verschmolz er seine Firma mit der von Sir Henry Royce zur ROLLS-ROYCE LTD. Rolls starb als erster britischer Pilot bei einem Flugunfall.

ROYCE Sir Frederick Henry, Baronet; geb. 27.3.1863 in Alwalton, Huntingdonshire, gest. 22.4.1933 in West Wittering, Sussex; englischer Industrieller, einer der Gründer der ROLLS ROYCE LTD., Hersteller von Luxus-Automobilen und Flugmotoren. 1882 Chef-Elektrotechniker für Liverpools erstes elektrisches Straßen-Beleuchtungs-System. Zwei Jahre später zog er nach Manchester und eröffnete eine eigene technische Firma, die sich zur ROLLS ROYCE LTD. entwickelte. Er stellte elektrisch fahrbare Kräne, Dynamos und Motore her. 1904 baute er drei Versuchsfahrzeuge nach eigener Konstruktion; die hervorragende Qualität dieser Fahrzeuge zog die Aufmerksamkeit des Autohändlers C.S. Rolls auf sich, der sich sofort einverstanden erklärte, die ganze Produktion Royce's zu übernehmen. Sie fusionierten 1906 als ROLLS ROYCE LTD. Der Geschäftsbereich Motoren befand sich ab 1908 in Derby. 1930 verlieh man Royce den Baron-Titel (es gab jedoch keine Eintragung bezüglich seiner Heirat, so daß die Baronswürde mit seinem Tode wieder erlosch).

SAUERBRUNN Karl-Friedrich Freiherr Drais von; geb. 29.4.1785, Kind angesehener Leute. Vater Hof- und Regierungsrat, später Oberhofrichter, Mutter eine geborene Baronin von Kaltenthal. Große Erwartungen seitens der Familie in den einzigen männlichen Sproß. Gute und umfassende Schulbildung, jedoch strauchelte er bereits auf dem Gymnasium an seiner Schwäche in Latein. Ging 1800-1803 als Forstanwärter nach Pforzheim. Erfolgreiches Forstexamen mit 23 Jahren, durfte sich fortan Kammerjunker nennen und wurde Forstinspektor in Gengenbach. Weit mehr als sein Beruf begeisterten ihn technische Probleme; mit 25 Jahren ließ er sich auf unbestimmte Zeit beurlauben und widmete sich der Erfindung von ebenso ungewöhnlichen wie kuriosen Gegenständen, darunter eine Taschenschreibmaschine, eine Fleischhackmaschine, einen Doppelspiegel, mit dem man um die Ecke sehen konnte. 1816 erfolgreiche Konstruktion eines lenkbaren Laufrades, die DRAISINE. Öffentliche Fahrten folgten, 1817 fuhr er damit von Karlsruhe nach Kehl (ca. 50 km) in nur 4 Stunden, die Pferdepost benötigte dafür die vierfache Zeit. Es hatte einen hohen Freizeit- und Vergnügungswert, mit seinen 15 km/h stellte es eine zeitgenössische Sensation dar. Es gab aber auch zahlreiche Kritiker und Spötter und böse Karrikaturen. Eine Vorführung 1818 in Paris endete mit Hohngelächter. Bevor Drais seine Erfindung schützen konnte, ließen sie sich der Engländer Denis Johnson und der Amerikaner William Clarkson patentieren. 1830 verlor er durch den Tod seines Vater jeglichen Halt und Zuflucht, war ein gebrochener Mann und verfiel dem Alkohol. Er fristete seine letzten Jahre mit seiner Laufmaschine als fahrender Schausteller, man hänselte und verspottete den kleinen Mann mit dem viel zu großen Kopf und den verschlissenen Kleidern. Drais starb am 10.12.1851 völlig verarmt bei seinem Kostgeber in Karlsruhe.

SELDEN Georges Baldwin; geb. 14.9.1846 in New York, gest. 17.1.1922 in Worchester. Selden fühlte sich schon früh zum Erfinder berufen. Sein Vater brachte ihn jedoch dazu, Rechtswissenschaften zu studieren und Anwalt zu werden, was sich später als unschätzbaren Wert erwies. Der Techniker in ihm kam immer wieder zum Vorschein, so dachte er sich einen Vollgummireifen für Fahrräder aus, eine Schreibmaschine und einen Apparat zur Herstellung von Faßreifen. Um 1870 bereiste Selden Europa, er lernte den Dampfwagen kennen. Wieder zurück in USA, zeichnete er Pläne von Dampffahrzeugen und beschäftigte sich mit Verbrennungsmotoren für den Einsatz in Fahrzeugen. Dazu gab es zwei Möglichkeiten: den atmosphärischen Motor von Otto und Langen sowie den Ready-Motor von Brayton. Er wählte letzteren und ließ ihn nachbauen, führt ihn jedoch nie öffentlich vor. Am 8.5.1879 ließ sich Selden das berühmt-berüchtigte Patent erteilen, das er unter Ausnutzung seiner juristischen Kenntnisse als Patentanwalt so allgemeinverbindlich und umfassend formulierte, daß es jeden Versuch, eine Kraftfahrzeugindustrie ohne Seldens Mitwirkung aufzubauen, unterbinden konnte. Das Patent lautete ungefähr so: Der Gegenstand meiner (Seldens) Erfindung beruht auf der Herstellung einer Straßenlokomotive, die sicher und billig sowie einfach zu handhaben ist. Sie verfügt über eine hinreichende Kraftleistung, um jede Durchschnittssteigung überwinden zu können. – Dieses Patent beinhaltet nichts, was nicht schon seit dem Beginn des Dampffahrzeugs realisiert worden war, doch niemand hatte seither daran gedacht, den Vorgang zu patentieren. 1895 ließ sich Selden ein sogenanntes Kombinationspatent erteilen, das denselben Inhalt wie das erste Patent aufwies, jedoch an den neuesten Stand der Technik angeglichen war. Das Ergebnis dieser Patenterteilung war der Zusammenschluß von Interessenten zu einer von

Selden gegründeten »ASSOCIATION OF LICENSED AUTOMOBILE IMPORTEURS«. Durch diesen Zusammen-schluß wurden praktisch sämtliche Importe ausländischer Wagen durch Lizenzgebühren so überteuert, daß sie außerhalb jeglicher Konkurrenzfähigkeit lagen. Auch im eigenen Land hatten Automobilherstel-ler keine Chance, Wagen zu verkaufen, wenn sie sich weigerten, sich dem Trust oder Syndikat anzusch-ließen. Henry Ford begann 1903 einen nervenzermürbenden Prozeß gegen Selden und seine Monopol-stellung, der sich bis 1911 hinzog und den er schließlich gewann. Doch Selden soll nach den Worten seines Sohnes noch auf dem Sterbebett gesagt haben: »Der moralische Sieger war ich ...«

SIEMENS Werner von; geb. 13.12.1816 in Lenthe/Hannover, gest. 6.12.1892 in Berlin; Erfinder und Unternehmer. Der zu den großen Gründergestalten der deutschen Industrie zählende Siemens vereinte in besonderer Weise die Eigenschaften des exakten Naturforschers, die technische Erfindungsgabe des Ingenieurs, den Sinn für praktische Nutzanwendung und unternehmerische Fähigkeiten. Nach Ausbil-dung an der Berliner Artillerie- und Ingenieurschule war Siemens 1838-49 Artillerieoffizier. In diese Zeit fallen seine Erfindungen der galvanischen Versilberung und Vergoldung (1841), eines Dampfregulators, eines Zeiger- und Drucktelegraphen (1846) sowie einer Maschine zur Herstellung von vollständig in Guttapercha eingehüllten Kabeln. 1847 Gründung der ersten europäischen Telegraphenbauanstaltmit J.H. Halske (SIEMENS-HALSKE AG), die erstmals unterirdisch verlegbare Kabel einsetzte. Bau mehrerer Telegraphenlinien, u.a. von Berlin nach Frankfurt a.M.. Von Siemens schied 1849 aus der Armee aus und widmete sich ganz seiner Firma und der wissenschaftlichen Weiterentwicklung der Telegraphie. 1859 stellte er durch Einführung eines definierten Widerstandsmaßes die Stromstärke- und Spannungsmes-sung auf eine exakte Grundlage, erfand das Gegensprechen, entwickelte den Kurbelinduktor (1856), den Induktions-Schreibtelegraphen und einen polarisierten Morsetelegraphen. Mit seinen Brüdern Wilhelm und Carl gründete er Telegraphenfabriken in Petersburg (1853), London (1858), Wien und Paris und ließ die ersten Tiefseekabel durch das Mittelmeer (1857) und von Sues nach Indien (1867-70) verlegen. Er wurde zum Begründer der Starkstromtechnik. In seinem Werk (SIEMENS & HALSKE) wurden 1880 die erste brauchbare Elektrolokomotive, der erste elektrische Aufzug und 1881 die erste elektrische Straßen-bahn gebaut. Siemens setzte sich engagiert, auch materiell, für die Gründung der Physikalisch-Techni-schen Reichsanstalt ein. 1892 veröffentlichte er seine »Lebenserinnerungen«.

SKYTHEN Name für ein ostiranisches Reitervolk, das um das 9.-8. Jahrhundert v. Chr. in das Gebiet zwischen Don und Karpaten einwanderte. Die Skythen waren Viehzüchter und gefürchtete Bogen-schützen.

SÖHNLEIN Julius Wilhelm Heinrich; geb. 28.9.1856 in Schiersheim am Rhein, gest. 1941. Sohn des Gründers der bekannten Sektkellerei Söhnlein. Bereits als 16jähriger Gymnasiast soll er im Sommer 1873 aus dem Fahrgestell eines Geißenwagens und einem Zweitaktmotor mit Verdichtung ein Fahrzeug gebaut haben, welches jedoch nur im elterlichen Park erprobt wurde. Söhnlein blieb bei der Technik. Er forschte und konstruierte und erhielt mehrere Patente für seine Schöpfungen: so am 15.7.1884 für die Erfindung von zwei Petroleumkraftmaschinen, am 18.9.1893 für eine Zweitakt-Petroleum- bzw. Gas-maschine mit einem Vakuum zwischen den Arbeitsspielen und am 11.2.1896 für eine regelbare Abmeß-vorrichtung für Petroleumkraftmaschinen. Sein jüngerer Bruder Heinrich entwickelte nach der Jahr-hundertwende Stationär-Motoren mit dem Namen »SOLOS«, die einen gewissen Bekanntheitsgrad erreichten. Julius Söhnlein zog sich aus der Motorenentwicklung zurück und arbeitete als freischaffender Ingenieur in Eberswalde bei Berlin. Es heißt, er soll – bereits achtzigjährig – aus dem Gedächtnis ein Modell seines motorisierten Geißenkarrens von 1873 für das Deutsche Museum gezeichnet haben.

STEPHENSON Robert; geb. 16.10.1803 in Willington/Northumberland, gest. 12.10.1859 in London. Hervorragender englisch-viktorianischer Hoch- und Tiefbau-Ingenieur und Erbauer vieler großer Eisen-bahnbrücken, vor allem die Britannia-Brücke über den Menai Strait, North Wales. Als einziger Sohn von George Stephenson, Erfinder der Lokomotive, wurde Robert an der Bruce-Academy in Newcastle und an der Edingurgh-Universität erzogen. 1821 assistierte er seinem Vater bei Vermessungsarbeiten für die Stockton- und Darlington- sowie für die Liverpool- und Manchester-Eisenbahn. Als Bergbau-Ingenieur ging er zurück nach England, wo er viele Verbesserungen an Lokomotiven machte und 1833 wurde er Chef-Ingenieur der Londoner- und Birminghamer Eisenbahn. Er leitete verschiedene große Arbeiten, wie den Durchstich nach Blisworth und den Kilsby-Tunnel. Ein weiteres Projekt war die den Tyne-River überspannende 6bogige Eisenbahnbrücke.

STEVIN Simon; geb. 1548 in Brügge, gest. 1620 in Leiden oder Den Haag. Niederländischer Mathematiker und Ingenieur. Stevin war zuerst in der Finanzverwaltung tätig, ab 1581 als Lehrer in Leiden und ab 1593 beriet er Prinz Moritz von Oranien in mathematischen und physikalischen Angelegenheiten. Mit seiner 1585 erschienenen Schrift »de thiednde« beeinflußte er wesentlich die Einführung des Dezimalsystems. 1586 veröffentlichte Stevin systematische Darstellungen der Itatik (unter anderem die Theorie des Hebels, der schiefen Ebene und des Kräfteparallelogramms). Außerdem beschäftigte er sich mit Festungsbau, Heeresorganisation, Astronomie, Ortsbestimmungen auf See und Entwässerungsfragen.

SYMINGTON William; geb. im Oktober 1763 in Leadhills, gest. 22. 3. 1831 in London. Britischer Ingenieur. Mit der Absicht, den Straßenverkehr zu mechanisieren, unternahm der 1780 Versuche mit einem funktionsfähigen Dampfwagenmodell.

TREVITHICK Richard; geb. 13. 4. 1771 in der Nähe von Carn Brea, Cornwall, im Herzen des Zinn-, Kupfer- und Bronzeminengebietes, gest. 22. 4. 1833 in Kent. Als einziger Sohn von vier Geschwistern beschrieb ihn sein Lehrer als ungezogenes, oft abwesendes Kind mit schwerer Auffassungsgabe. Seine einzige Neigung zeigte sich im Rechnen. Er entwickelte sich zu einem auffallend großen und kräftigen Mann, der mühelos schwere Lasten schleppen konnte, was später in wahren Legenden aufging. 1790 erste Beschäftigung als Ingenieur in einer Mine. 1797 Heirat mit Jane Harvey, Tochter eines Gießerei-Besitzers. Beginn seiner produktiven Phase. 1797 Bau seiner ersten Dampfmaschine, 1801 des ersten, voll funktionsfähigen Straßendampfwagens von Großbritannien. 1801 Probefahrt in Camborne am Weihnachtsabend. In London entwickelte er mit seinem Vetter Andrew Vivian eine stationäre Hochdruckmaschine, die patentiert wurde und großen Anklang fand. Maschinen dieser Art arbeiteten wesentlich wirtschaftlicher und konnten mit kleineren Abmessungen gebaut werden als die Niederdruckmaschinen von James Watt. 1803 Explosion einer von Trevithick entwickelten Hochdruckmaschine in Manchester durch einen Bedienungsfehler; es wurden vier Menschen getötet und Watt sah seine Annahme der Gefährlichkeit dieser Maschinen bestätigt. Eingehende Verbesserung der Betriebssicherheit seiner Produkte. 1804 erste Lokomotive auf Schienen von Penyaaren nach Abercynon. 1808 letzter Versuch mit der »CATCH-ME-WHO-CAN« (fang mich wer kann) in London. Bau mehrerer Schiffe mit Maschinenantrieb, so z.B. 1806 einen Themse-Raddampfer. 1810 Typhuserkrankung, 1811 Bankrott. In der Folgezeit neue Leistungshöhepunkte durch die Entwicklung der »CORNWALL-Maschine« und dem »CORNWALL-Kessel«.

THURN & TAXIS Fürstenfamilie aus dem ursprünglich lombardischen Geschlecht der Taxis. Ab 1615 im Besitz des erblichen Reichspost-Generalamts. 1702 siedelte sich das Geschlecht in Frankfurt am Main an. 1867 mußten die Thurn und Taxis die gesamte Postorganisation an den preußischen Staat abgeben. Seit 1899 haben die heute Bank- und gewerbliche Unternehmen besitzenden Thurn und Taxis ihren Sitz in Regensburg.

VERANZIO Fausto; um 1615. Erfinder der Schenkelfeder zur elastischen Kopplung des Oberwagens an das Fahrgestell.

VERBIST Ferdinand; geb. 29. 10. 1623 in Pittem/Westflandern, gest. 28. 1. 1688 in Peking. Niederländischer katholischer Theologe und Astronom. Ab 1641 Jesuit; ab 1659 Missionar in China. 1669 Präsident des mathematischen Tribunals im kaiserlichen Hof; Ehrenmandarin. Er verfaßte theologische und astronomische Werke in chinesischer Schrift.

VINCI Leonardo da; geb. 15.4.1452 bei Vinci/Florenz, gest. 2.5.1519 im Schloß Cloux (heute Clos-Lucé /Amboise). Italienischer Maler, Bildhauer, Architekt, Kunsttheoretiker, Naturforscher und Ingenieur. Die Fähigkeiten da Vincis sind so vielseitig und einzigartig, daß eine kurze Beschreibung seiner Person und seines Wirkens dem Genie nicht gerecht werden kann.

VOLTA Alessandro Graf; geb. 18.2.1745 in Como, gest. 5.3.1827 ebd. Italienischer Physiker, Professor in Como und Pavia. 1800 wichtigste und folgenreichste seiner Entdeckungen, der »Säulenapparat« und die »Tassenkrone«. Beide Vorrichtungen lieferten als die ersten Formen der galvanischen Batterie Elektrizität von höherer Spannung auf anderem Wege als dem der Erzeugung durch Elektrisiermaschinen. Versuche über die Wärmeausdehnung von Gasen und Dämpfen, Erfindungen einer Anzahl heute nicht mehr gebräuchlicher elektrischer Apparate. Ihm zu Ehren wird die Einheit der elektromotorischen Kraft als »Volt« bezeichnet. In Como gibt es seit 1927 ein Volta-Museum.

WATT James; geb. 19.1.1736 in Greenock-on-Clyde/Schottland, gest. 25.8.1819 in Heathfield/Birmingham. Erfinder der Dampfmaschine; erlernte zunächst das Feinmechanikerhandwerk. James war ein schwächliches Kind, anfällig für Krankheiten, konnte daher nur unregelmäßig am Schulbesuch teilnehmen; er wurde zu Hause von seiner Mutter unterrichtet. Später besuchte er das humanistische Gymnasium, lernte Latein und Griechisch, besondere Fähigkeiten – wie schon der Großvater und Vater – Mathematik. Auch handwerklich war er begabt. Mit 17 Jahren wollte er Instrumentenbauer für mathematische Gerätschaften werden und begann 1755 in London eine Lehre. Trotz schwacher Gesundheit erreichte er innerhalb eines Jahres den Facharbeiterstatus. 1757 in Glasgow Eröffnung einer Werkstatt zur Herstellung von Instrumenten (Quadranten, Kompasse, Meßgeräte). Er hatte gute Kontakte zu Wissenschaftlern. 1764 Heirat mit seiner Cousine Margaret Miller, 6 Kinder. 1765 Entstehung der ersten wirtschaftlich arbeitenden doppeltwirkenden Niederdruck-Dampfmaschine, deren Entwicklung und weitläufige Verbreitung wesentlich zur industriellen Revolution beitrugen und ihm einigen Wohlstand einbrachte. 1775 Gründung einer Gesellschaft mit dem Silberwarenfabrikaten Matthew Boulton in Soho bei Birmingham. 1776 Ehe mit seiner 2. Frau Ann McGregor, 2 Kinder. 1800 trat Watt von seiner beruflichen Tätigkeit bei BOULTON & WATT zurück. Privat baute er Reproduktionen seiner Maschinen. 1806 Verleihung des Doktors der Rechte von der Universität Glasgow; das Angebot für die Verleihung der Baronetwürde lehnte er 1814 aus Bescheidenheit ab. Außer den bereits erwähnten Entwicklungen hat Watt das Planetengetriebe, den nach ihm benannten Fliehkraftregler zur Konstanthaltung der Drehzahl und das ebenfalls seinen Namen tragende Parallelogramm zur Führung der Kolbenstange erfunden. Er führte die Bezeichnung »horsepower« nach Experimenten mit kräftigen Zugpferden ein. Das elektronische Äquivalent für horsepower ist 736 Watt. Letzteres ist die international gültige Einheit für Leistung.

PATENTSCHRIFTENVERZEICHNIS
UND
QUELLENVERZEICHNIS

Jahr	Name	Patent-Nr.	Land
1780	PICKARD, James Crankshaft drive with movement converter (Kurbelantrieb mit Bewegungswandler)	1236	GB
1784	WATT, James Steam carriage with planetry gear train (Dampfwagen mit Planetenradsatz)	1432	GB
1788	FOURNESS, Robert Steam-Carriage (Dampfwagen)	…	GB
1799	LEBON, Philippe Ofen zur Leuchtgaserzeugung (28.09.1799)	356	F
1799	LEBON, Philippe Leuchtgaserzeugung, doppeltwirkender Leuchtgasmotor (25.08.1801)	..	F
1800	MEDHURST, George Driving carriages without the use of horses (28.02.1799)	2431	GB
1801	TREVITHICK, Richard VIVIAN, Andrew Steam Carriage (Hochdruck-Dampfwagen)	2599	GB
1807	RIVAZ, Isaac de Brevet d'invention de quinze ans, pour la manière de se servir de la déflagration des gaz inflammables (30.08.1807)	731	F
1816	ACKERMANN, Rudolph Ackermanns Specification (England) zur Achsschenkellenkung (25.05.1816) in Bayern LENKENSPERGER, Georg: Improvements of axle trees applicable to four wheeled carriages	4212	Bayern/ GB
1821	GRIFFITH, Julius Certain Inprovements in Steam Carriages, and with Steam Carriages are capable of Transporting Merchandize of all kinds, as well as Passengers, upon Common Roads, without the Aid of Horses (20.06.1822)	4530	GB

Jahr	Name	Patent-Nr.	Land
1823	BROWN, Samuel Gas Engines; An Engine or Instrument for Effecting a Vacuum, and thus Producing Power by which Water may be Raised and Machinery put in Motion. (04. 06. 1823)	4874	GB
1824	GORDON, David Dreirädriger Dampfwagen mit Schreitbeinantrieb	…	GB
1825	BURSTALL, Timothy; HILL, John Locomotive Steam Carriage A Locomotive or Steam carriage for the conveyance of mails, passengers and goods (02. 08. 1825)	5090	GB
1826	BROWN, Samuel Obtaining Motive Power Certain improvements on my former patent, dated 4. Dec. 1823, for an engine or instrument for effecting a vacuum, and thus producing power, by which water may be raised and machinery put in motion. (25. 10. 1826)	5350	GB
1828	PECQUEUR, Ouésiphore Differentialgetriebe (25. 04. 1828)	3524	F
1832	JAMES, William Henry Steam Carriages Certain improvements in the construction of Steam Carriages, and in the apparatus or machinery for propelling the same, part of which improvements is applicable to other purposes.(15. 02. 1833)	6297	GB
1832	ROBERTS, Richard Steam Engine A certain improvement or certain improvements in Steam engines, and also in the mechanism through which the Elactic force of Steam is made to give impulse to and to regulate the speed of locomotive carriages. (13. 10. 1832)	6258	GB
1836	BROWN, Samuel Generating Gas Invention of Certain Improvements for Generating Gas, which Improvements are also applicable to other useful Purposes. (14. 01. 1837)	7151	GB
1845	THOMSON, Robert William Carriage Wheels An improvement in carriage wheels, which is also aplicable to other rolling bodies. (10. 06. 1846)	10990	GB
1860	LENOIR, Jean Joseph Un système de moteur à air dilaté pour la combustion des gaz. (24. 01. 1860) (15. 07. 1860 – Nr. 3524)	43624	F

Jahr	Name	Patent-Nr.	Land
1867	PERREAUX Michauline mit Dampfmaschinenantrieb	...	F
1871	BISSHOP, Alexis de Direktwirkender Gasmotor ohne Verdichtung	1594	GB
1872	GASMOTORENFABRIK DEUTZ in Deutz bei Köln Gasmotor (04.08.1877)	532	D
1872	BRAYTON, Motor für Benzinmotor (02.04.1872)	125166	USA
1879	MURNIGOTTI, Giuseppe Velocipedi con motori a gaz (31.03.1879).	Vol. 21, N 284	I
1879	FUNCK, Leo Glührohrzündung (14.10.1880)	125, 7408	D
1880	WARRINGTON, Curtiss H. Road Engine. Light and convenient road-vehicle driven by power. (30.11.1880)	230.051	USA
1880	LAWSON, Henry John Improvements in the construction of velocipedes, and in apparatus in connection therewith. (25.06.1880)	2591	GB
1881	LAWSON, Henry John Improvements in velocipedes, and in the application of motive power thereto, such improvements being also applicable to tram cars, traction engines, and other road locomotives (3913). (27.09.1880)	3913	GB
1881	WATSON Verbesserung der Funckschen Glührohrzündung (21.10.1881). Feuerfeste Fütterung der Verbrennungskammer bei Gasmotoren.	4608/5487	GB
1882	MARCUS, Siegfried Neuerungen an Explosionsmotoren (23.05.1882). Darüber hinaus mehrere Patente in F, GB, USA.	26706	D
1883	DAIMLER, Gottlieb Gasmotor (16.12.1883)	28022	D
1883	DAIMLER, Gottlieb Neuerung an Gasmotoren. (22.12.1883)	28243	D
1884	DELAMARE-DEBOUTTEVILLE, Edouard MALANDIN, , Léon Paul Charles Moteur à gaz perfectionné et des applications. (12.02.1884)	160.167	F

Jahr	Name	Patent-Nr.	Land
1884	SÖHNLEIN, Julius Petroleumkraftmaschine (15.07.1884)	31634	D
1885	DAIMLER, Gottlieb Gas- bzw. Petroleum-Kraftmaschine (03.04.1885)	34926	D
1885	DAIMLER, Gottlieb Fahrzeug mit Gas- bzw. Petroleumkraftmaschine (29.08.1885)	36423	D
1886	BENZ & CO. Fahrzeug mit Gasmotorenbetrieb (29.01.1886)	37435	D
1886	DAIMLER, Gottlieb Apparat zum Verdunsten von Petroleum (Oberflächenvergaser) (25.03.1886)	36811	D
1887	BENZ & CO. RHEINISCHE GASMOTOREN-FABRIK in Mannheim Neuerung an Petroleum.-Kraftmaschinen.	43638	D
1887	BENZ & CO. RHEINISCHE GASMOTOREN-FABRIK MANNHEIM Neuerungen an Fahrzeugen mit Motorbetrieb. (01.12.1887)	43742	D
1892	DIESEL, Rudolf Arbeitsverfahren und Ausführungsart für Verbrennungs-kraftmaschinen. (28.02.1892)	67207	D
1892	MAYBACH, Wilhelm Wechselgetriebe (13.09.1892)	68492	D
1893	DAIMLER, Rudolf Ergänzung zu Patent Nr. 67207 (30.11.1893)	82168	D
1893	DION, Albert de Train moteur pour véhicules automobiles (20.03.1893)	228748	F
1893	BENZ, Carl Verbesserte Achsschenkellenkung	73515	D
1894	DION, Albert de Antriebsvorrichtung für Motorwagen (05.08.1894)	82789	F
1894	MAYBACH, Wilhelm Brenner, Regulierung, Schmierung (12.10.1894)	…	D
1895	BOLLÉE, Amedée Motorfahrzeug (27.01.1895)	253437	F
1895	SELDEN, George B. Road Engine (05.11.1895)	549.160	USA
1909	BENZ & CIE Verbrennungskraftmaschine für flüssige Brennstoffe (14.03.1909)	230517	D

AAZ BERLIN: 1903 Nr. 1 – 1903, Nr. 9, S. 9-11 – 1908, Nr. 52, S. 53-54

AAZ WIEN: 1903, Nr. 1, S. 33 – 1905, Nr. 15, S. 17 – 1908, Nr. 12, S. 38, 207 – 1913, Nr. 25, S. 53

AUTOMOBIL REVUE BERN: 1984, Nr. 40, S. 40

AUTOMOBIL TECHNISCHE ZEITUNG (ATZ): 1961, Nr. 63

AUTOMOBIL WELT: 1903, Nr. 8, S. 175 – 1903, Nr. 49, S. 1207, 1261

BARDOU, J.-P.; CHANARON, J.-J.; FRIDENSON, P.; LAUX, J. M.: The Automobile Revolution. The Impact of an Industry. Translated from French. (La Revolution automobile. o.J.) Chapel Hill: Univ. of North Carolina Press 1982.

BAUDRY DE SAUNIER, L.; DOLLFUS, CHARLES; GEOFFREY, EDGAR DE: Histoire de la Locomotion Terrestre. La Locomotion naturelle, l'àttelage, la voiture, le cyclisme, la locomotion mécanique, l'Automobile. Paris: L'Illustration 1936.

BAUDRY DE SAUNIER, L.: Das Automobil in Theorie und Praxis. Elementarbegriffe der Fortbewegung mittelst mechanischer Motoren. Aus d. Franz. Bd 2. Automobilwagen mit Benzin-Motoren. Wien, Pest. Leipzig: Hartleben 1901.

BENZ, CARL: Carl Benz. Lebensfahrt eines deutschen Erfinders. Die Erfindung des Automobils. Erinnerungen eines Achtzigjährigen. Leipzig: Köhler u. Amelang 1925.

BISCARETTI DI RUFFIA, C.; Jappelli, D. (Bearb.): Carrozzieri di ieri e di oggi. Torino: ANFIA 1963.

BRENTJES, B.; RICHTER, S.; SONNEMANN, R.: Geschichte der Technik. Köln: Aulis Verl. 1978.

BULLETIN DE LA SOCIETÉ INDUSTRIELLE DE ROUEN

COMITÉ, 100 ANS D'AUTOMOBILE FRANCAIS: Postkarte

CUMMINS, C. LYLE JR.: Internal Fire. Warrendale, PA: Society of Automotive Engineers, Inc.

DAIMLER, G. (Biogr.): Daimler-Benz. Gottlieb Daimler zum Gedächtnis. Eine Dokumenten-Sammlung. Stuttgart: Daimler-Benz 1950.

DAIMLER-BENZ AG (MERCEDES) MUSEUM AGM

DEUTSCHES MUSEUM MÜNCHEN, ARCHIV

DUBROWSKY, KATHARINA: Vom Zauber alter Kutschen und Schlitten. Mit über 100 Abb. Freiburg i. Br.: Rombach 1982.

LA FRANCE AUTOMOBILE: 1901, Nr. 1

FRANKENBERG, R. VON; MATTEUCCI, M.: Geschichte Automobils 1973. Geschichte des Automobils. Überarb. Aufl. v. Storia dell'Automobile (1970). Künzelsau: Sigloch Service Ed. (cop. 1973).

GARTENLAUBE: 1888, Nr. 10

GINZROT, J. C.: Die Wagen und Fuhrwerke. Von der Antike bis zum 19. Jahrhundert, nebst Bespannung, Zäumung und Verzierung der Zug-, Reit- und Lasttiere. Gütersloh: Prisma Verl. 1981.

GOLDBECK, GUSTAV: Siegfried Marcus. Erfinderleben. 1961. Siegfried Marcus, ein Erfinderleben. Düsseldorf: VDI-Verl. 1961. Beiträge zur Technikgeschichte.

GÜLDNER, H.: Das Entwerfen und Berechnen der Verbrennungsmotoren. Handbuch für Konstrukteur u. Erbauer von Gas- und Ölkraftmaschinen. 2., erw. Aufl. Berlin: Springer 1905.

HORSELESS AGE: 1909, Nr. 7, S. 82

HUSS, W.; SCHENK, W.: Omnibus-Geschichte. T. 1. Die Entwicklung bis 1924. München: Huss-Verl. 1982.

ICKX, J.: Ainsi naquit l'Automobile. Tome 2. Lausanne: Edita (1961).

KÜHNER, K.: Zahnradfabrik Friedrichshafen. Geschichtliches zum Fahrzeugantrieb. Friedrichshafen: Zahnradfabrik Friedrichshafen 1965.

LEVINE, G.: The Car Solution. The Steam Engine Comes of Age. New York: Horizon Press (cop. 1974).

MECHANICS MAGAZINE: 1825, Bd. 4, S. 433-438

MERCEDES, DAIMLER-BENZ MUSEUM AGM

MOTOR: 1925, Heft 3, S. 15 – 1932, Heft 7, S. 22

MOTORWAGEN, DER: 1900 H.8, S. 112; H.14, S. 207, 208, 209; H.16, S. 242 – 1902; H.8, S. 145, 146; H.16, S. 242, 303 – 1905 H.2, S. 60; H.11, S. 215, 216, 217, 218, 219

MÜNCHNER TAGBLATT: 1888 v. 18.09.1888.

NATIONALBIBLIOTHEK PARIS: Pressefoto

NOVINS, ALLAN; Hill, FRANK ERNEST (Mitarb.): Ford. The Times, the Man, the Company. New York: Scribner (cop. 1954). 1954.

OMNIA-LOCOMOTION: 1904 Nr. 193, S. 171 – 1906 Nr. 30, S. 62 – 1909 Nr.183, S. 170/171 – 1911 Nr. 269, S. 91

RAUCK, M. J. B.; VOLKE, G.; PATURI, F. R.: Mit dem Rad durch zwei Jahrhunderte. Das Fahrrad und seine Geschichte. Aaarau, Stuttgart: AT Verlag 1979

RAUCK, M. J. B.: Wilhelm Maybach. Der große Automobilkonstrukteur. Baar: Rauck 1979

RAUSCH, W.: Theoretisch-praktisches Handbuch für Wagenfabrikanten und alle beim Wagenbau beschäftigten Handwerker,... Mit einem Atlas von 30 Foliotafeln, enthaltenen neuesten Zeichnungen ... 3. verm. u. verb. Aufl. Faksimile d. Originalausg. von 1891. Hannover: Schäfer 1984.

REHBEIN, E.: Zu Wasser und zu Lande. Die Geschichte des Verkehrswesens von den Anfängen bis zum Ende des 19. Jahrhunderts. München: Beck 1984. Lizenzausg. d. DDR.

REICHARDT, HANS; NOTKIN, JEROME J.; GULKIN, SIDNEY: Elektrizität. Hamburg: Tessloff 1981.

RÖRING, C. W.: Bonn, Univ., Philosoph. Fak. Untersuchungen zu römischen Reisewagen. Diss. Koblenz: Forneck 1983.

REVUE TECHNIQUE AUTOMOBILE: 1984, Juni, Nr. 445

SASS, F. (Hrsg.); BOUCHE, C. (Hrsg.): Dubbels Taschenbuch für den Maschinenbau. (In 2 Bdn.) Bd 2. 12. völlig neubearb. Aufl. Berlin u.a.: Springer 1961.

SCIENTIWC AMERICAN: 1928, January, S. 41-45.

SIEBERTZ, P.: Gottlieb Daimler. Ein Revolutionär der Technik. 3. Aufl. München, Berlin: Lehmann 1942.

SCHREIBER, HERMANN: Sinfonie der Strasse. Der Mensch und seine Wege von den Karawanenpfaden bis zum Super-Highway. Düsseldorf: Econ-Verl. 1959.

SCHWÄBISCHE CHRONIK: 1888. 16.08.1888

TECHNISCHES MUSEUM BIRMINGHAM. GB

TREUE, W. (Hrsg.); DECKER, W. (Mitarb.); DEWALL, M. VON (Mitarb.) u.a.: Achse, Rad und Wagen. Fünftausend Jahre Kultur- u. Technikgeschichte. Die vorliegende Ausg. wurde gegenüber d. 1965 unter gleichem Titel erschienenen völlig neu konzipiert. Göttingen: Vandenhoeck & Ruprecht 1986.

UEXKÜLL, GUDRUN VON: Jakob von Uexküll. Seine Welt und seine Umwelt. Eine Biographie. Hamburg: Wegner 1964.

VDI-BERICHTE 595: S. 38, Bild 2; S. 41, Bild 3

VERFASSER: Abb.

LA VIE AUTOMOBILE: 1905, Nr. 194, S. 370 – 1906, 04.08.1906 – 1920, 16. Nr. 699, 10.02.1920

WALTON, J.N.: Doble Steam Cars 1965. Doble Steam Cars. Busses, Lorries and Railcars. Whitby: Horne 1965.

WIMPFF U. SOHN, FA.: Geschäftsbuch 1886.

ZEITSCHRIFT DES MITTELEUROPÄISCHEN MOTORWAGEN-VEREINS: 1902, Heft 8, S. 145, 147 – 1902, Heft 11, versch. – 1906, Heft 16, S. 414-421

NAMENSVERZEICHNIS
UND
STICHWORTVERZEICHNIS

Unter dem Stichwort »Firmen« sind alle im Buch zitierten Firmen in alphabetischer Reihenfolge aufgeführt.

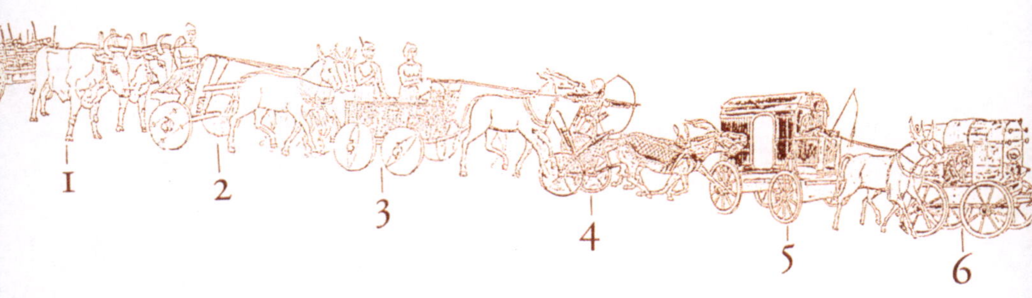

Zwei Jahrhunderte Straßenverkehr mit Wärmeenergie

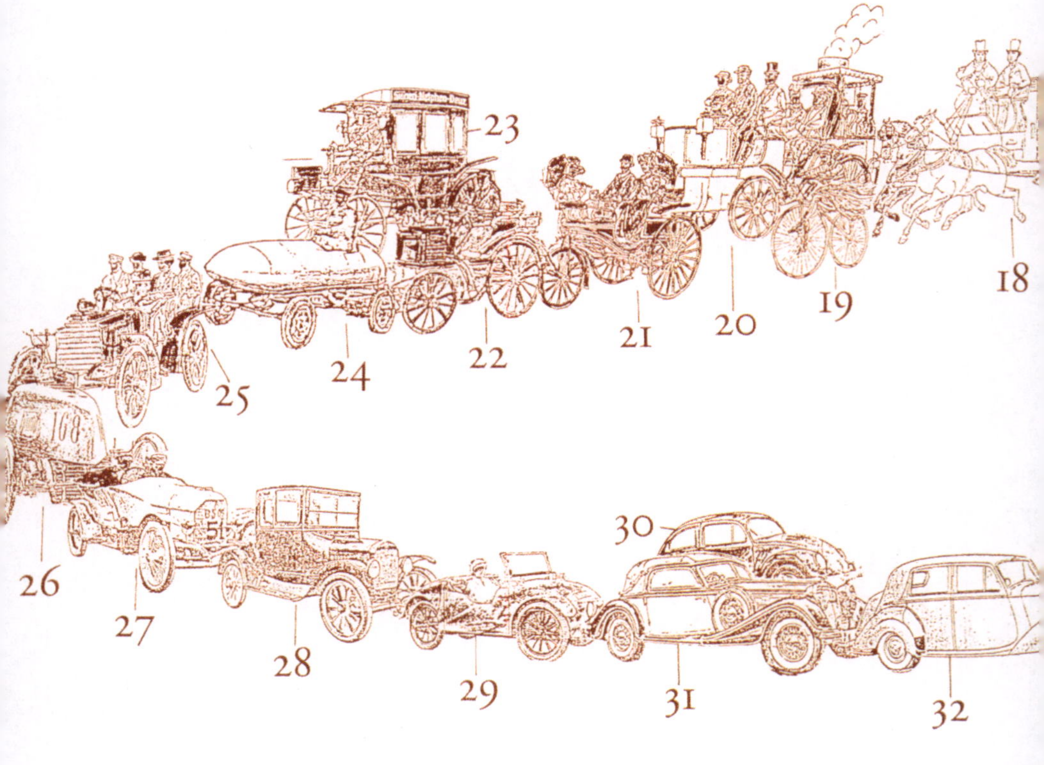

Fünf Jahrtausende Radfahrzeuge

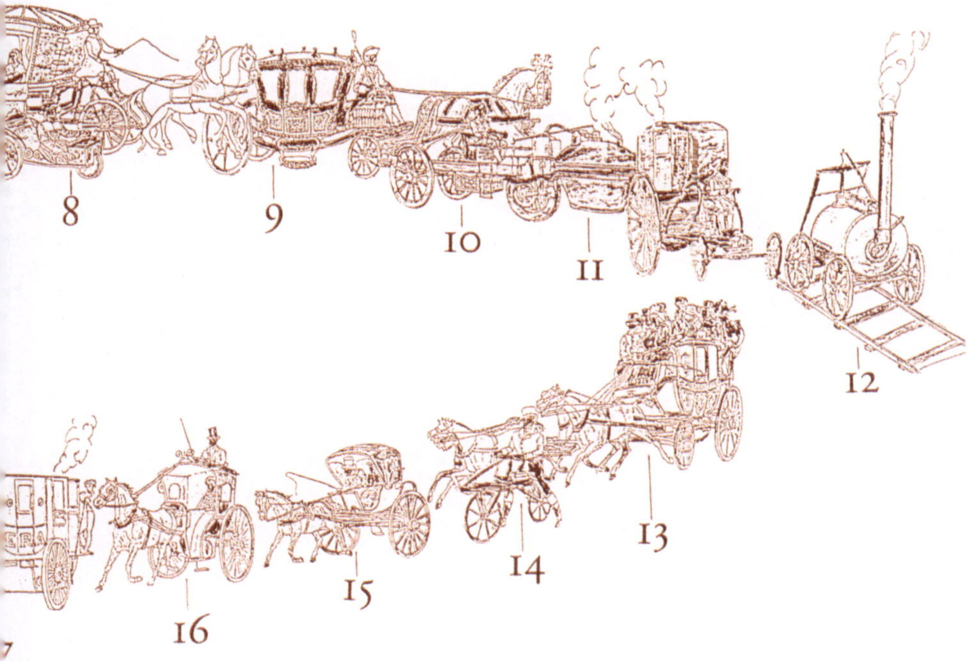

Über hundert Jahre Automobil

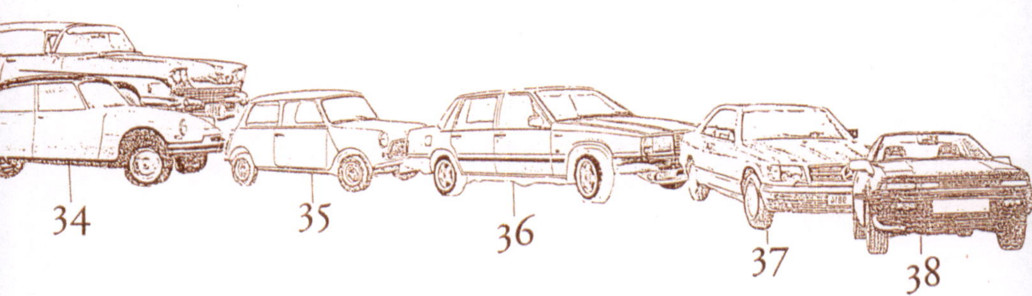